武陵山区维管植物编目

张代贵　谭敦炎◎主编

科学技术文献出版社
SCIENTIFIC AND TECHNICAL DOCUMENTATION PRESS
·北京·

图书在版编目（CIP）数据

武陵山区维管植物编目 / 张代贵，谭敦炎主编. —北京：科学技术文献出版社，2022. 12
ISBN 978-7-5189-9794-7

Ⅰ．①武⋯　Ⅱ．①张⋯ ②谭⋯　Ⅲ．①山区—维管植物—编目—西南地区　Ⅳ．① Q949.4

中国版本图书馆 CIP 数据核字（2022）第 223108 号

武陵山区维管植物编目

策划编辑：孙江莉　　　责任编辑：刘　硕　　　责任校对：张吲哚　　　责任出版：张志平

出　版　者　科学技术文献出版社
地　　　址　北京市复兴路15号　邮编 100038
编　务　部　（010）58882938，58882087（传真）
发　行　部　（010）58882868，58882870（传真）
邮　购　部　（010）58882873
官 方 网 址　www.stdp.com.cn
发　行　者　科学技术文献出版社发行　全国各地新华书店经销
印　刷　者　北京虎彩文化传播有限公司
版　　　次　2022 年 12 月第 1 版　2022 年 12 月第 1 次印刷
开　　　本　889×1194　1/16
字　　　数　758千
印　　　张　29
书　　　号　ISBN 978-7-5189-9794-7
定　　　价　98.00元

《武陵山区维管植物编目》
编委会

主　　编　张代贵　谭敦炎

参编人员（按姓氏拼音排序）

陈功锡　邓　涛　邓洪平　邓云飞　黄　升

刘世彪　龙春林　孟　盈　牟　村　聂泽龙

彭　华　彭春良　田代科　田向荣　吴　玉

肖佳伟　谢　丹　严岳鸿　杨亲二　喻勋林

张　婷　张梦华　张宪春　张小霜　周喜乐

编写单位

吉首大学

中国科学院昆明植物研究所

中国科学院植物研究所

中国科学院华南植物园

西南大学

中央民族大学

中南林业科技大学

湖北民族大学

湖南省植物园

湘西土家族苗族自治州林业局

编写说明

1987—1988 年间，中国科学院组织中国科学院植物研究所、中国科学院昆明植物研究所、中国科学院华南植物研究所、中国科学院武汉植物研究所、中国科学院成都生物研究所等单位组成植物资源调查队伍，对武陵山区的 42 个县（区、市）范围内开展野生植物资源的调查，共记录蕨类植物 44 科，111 属，586 种；裸子植物（含引种栽培）9 科，29 属，49 种；被子植物（含引种栽培）164 科，899 属，3172 种；共计有维管植物 217 科，1039 属，3807 种。

近 40 年来，各相关高校和研究机构持续关注了武陵山区生物多样性研究，尤其是在植物物种资源的调查研究中取得了长足进步。1983 年，位于武陵山区腹地的高校——吉首大学创办了生物系，并从那时起参与武陵山区植物物种调查。经过 3 年的努力，吉首大学植物学团队联合中国科学院昆明植物研究所、中国科学院华南植物园、西南大学、中央民族大学、中南林业科技大学、湖北民族学院、湖南省植物园和湘西土家族苗族自治州林业局等单位共同对 40 年来积累的研究成果进行了整理，形成了本编目。

本编目收录武陵山区的蕨类植物 32 科，94 属，572 种；裸子植物 6 科，29 属，58 种；被子植物 184 科，1220 属；共计有维管植物 222 科，1343 属，5030 种。

本书是一本集体创作的作品，科、属和物种编列及标本核对的工作都由团队集体完成，并最后由牵头编写单位审核。

本书所有物种的编列采用了分类系统。蕨类植物按 PPG 系统，裸子植物按郑万均系统，被子植物按 APG Ⅳ 系统。采用上述系统，是为了更方便地与分子系统相衔接。

本书所界定的武陵山区，并非广义的武陵山片区，而是依据自然地理对山脉的定义，参考王文采院士主编的《武陵山地区维管植物检索表》所界定的区域，其范围包括以下 44 个县（区、市）：

湖南省：石门、桃源、慈利、桑植、武陵源、永定、沅陵、辰溪、溆浦、麻阳、鹤城、芷江、新晃、吉首、泸溪、凤凰、保靖、古丈、永顺、龙山、花垣。

湖北省：恩施、宣恩、咸丰、来凤、鹤峰、五峰。

贵州省：碧江、万山、江口、松桃、印江、余庆、玉屏、石阡、思南、德江、沿河、镇远、施秉。

重庆市：秀山、酉阳、彭水、黔江。

本书中每个科所含的属、种数目及地理分布，以及每个属所含种的数目及地理分布均有简要说明。如为武陵山区特有种时，则先写出县（区、市）名，如在武陵山区外也有分布并为中国特有种时，则先列出武陵山区的县（区、市）名，再在句号后列出其他省（区、市）的名称；若在国外也有分布时，则在国内有关省（区、市）后列出有关国家的名称，也用句号隔开。

本书编写的时间较短，可能有错误和遗漏，欢迎批评指正。

目　录

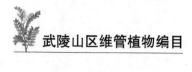

一、石松科 Lycopodiaceae（7:15）

1. 扁枝石松属 Diphasiastrum Holub（1:1:0）

（1）扁枝石松 ***Diphasiastrum complanatum***（Linnaeus）Holub

李洪钧 2541，2484

桑植。

吉林、辽宁、四川、贵州、云南、湖北、广东、广西、台湾。

全世界温带和亚热带高山地区。

2. 石杉属 Huperzia Bernhardi（8:8:0）

（1）中华石杉 ***Huperzia chinensis***（Herter ex Nessel）Ching

桑植、五峰。

陕西、湖北、四川。

（2）厚叶石杉 ***Huperzia crassifolia*** W.M.Chu et B.Y.Zhang ex Z.Y.Guo

桑植、江口。

湖南、贵州。

（3）皱边石杉 ***Huperzia crispata***（Ching）Ching

桑植、江口。

四川、贵州、云南。

（4）峨眉石杉 ***Huperzia emeiensis***（Ching et H. S. Kung）Ching et H. S. Kung

石门、桑植。

四川、湖北。

（5）长柄石杉 ***Huperzia javanica***（Swartz）C. Y. Yang

彭辅松 606

除西北地区部分地区、华北地区外，全国均有分布。

亚洲其他国家（如日本、朝鲜半岛、泰国、越南、老挝、柬埔寨、印度、尼泊尔、缅甸、斯里兰卡、菲律宾、马来西亚、印度尼西亚等）、太平洋地区、俄罗斯、大洋洲、中美洲。

（6）南川石杉 ***Huperzia nanchuanensis***（Ching & H. S. Kung）Ching & H. S. Kung

印江、江口。

重庆、云南。

（7）金发石杉 ***Huperzia quasipolytrichoides***（Hayata）Ching

桑植。

安徽。

（8）四川石杉 ***Huperzia sutchueniana***（Herter）Ching

永顺、桑植、松桃。

四川、湖北、江西、浙江。

3. 藤石松属 Lycopodiastrum Holub（1:1:0）

（1）藤石松 ***Lycopodiastrum casuarinoides***（Spring）Holub ex R. D. Dixit

F.T.Wang 22729；080313 杉木河 026–030 photo

永顺、岑巩、德江、江口、思南、石阡、松桃、印江、沿河。

华东、华南、华中及西南地区。

亚洲其他热带及亚热带地区。

4. 石松属 Lycopodium Linnaeus（2:2:0）

（1）石松 ***Lycopodium japonicum*** Thunberg

四川大学 13；李洪钧 259，2476，9080，3837，5122，7340

武陵山区广泛分布。

新疆、西藏、贵州、安徽、浙江、江西、江苏、湖北、湖南、福建、广东、广西、台湾。

日本、缅甸、印度、越南、尼泊尔、不丹、马来西亚、印度尼西亚、菲律宾、老挝、柬埔寨。

（2）笔直石松 ***Lycopodium verticale*** Li Bing Zhang

龙山、桑植、石门、炎陵、江口、印江。

四川、贵州、湖北。

日本。

5. 垂穗石松属 Palhinhaea Franco（1:1:0）

（1）垂穗石松 ***Palhinhaea cernua***（Linnaeus）F.T.Wang 20673

武陵山区广泛分布。

四川、贵州、云南、江西、浙江、福建、广

东、广西、海南、台湾。

亚洲其他热带地区、大洋洲、中美洲、南美洲、欧洲南部。

6. 马尾杉属 Phlegmariurus（Herter）Holub（1:1:0）

（1）柳杉叶马尾杉 *Phlegmariurus cryptomerianus*（Maximowicz）Ching ex H. S. Kung et Li Bing Zhang

桑植。

湖南、浙江、台湾。

印度、日本、朝鲜半岛、菲律宾。

7. 石杉叶石松属 Spinulum Linnaeus（1:1:0）

（1）石杉叶石松 *Spinulum annotinum*（Linnaeus）A. Haines

桑植。

重庆、甘肃、黑龙江、湖北、吉林、辽宁、陕西、四川、台湾。

不丹、印度、日本、朝鲜半岛、尼泊尔、俄罗斯、欧洲。

二、卷柏科 Selaginellaceae（1:20）

1. 卷柏属 Selaginella P. Beauvois（20:20:0）

（1）薄叶卷柏 *Selaginella delicatula*（Desvaux ex Poiret）Alston

桑植、古丈、石门、永顺、龙山、沅陵、江口、沿河、松桃、德江、印江、岑巩、施秉、酉阳、秀山。

四川、贵州、云南、湖北、江西、浙江、福建、广东。

（2）布朗卷柏 *Selaginella braunii* Baker

保靖、古丈、永顺、吉首、石门、松桃、碧江、德江、思南、岑巩、镇远、施秉。

四川、贵州、云南、湖北、江西、安徽、浙江。

（3）翠云草 *Selaginella uncinata*（Desvaux ex Poiret）Spring

黔北队 1577，1952，1919；李洪钧 7022；湘西调查队 505，517，357，482；刘林翰 9848，9813；谭士贤 114

新晃、芷江、凤凰、沅陵、古丈、永顺、石门、江口、松桃、印江、碧江、万山、玉屏、岑巩、施秉。

四川、贵州、云南、安徽、浙江、江西、福建、广东、广西、台湾。

（4）大叶卷柏 *Selaginella bodinieri* Hieronymus

保靖、永顺、桑植、石门、德江、江口、施秉。

四川、贵州、云南。

（5）地卷柏 *Selaginella prostrata*（H. S. Kung）Li Bing Zhang

桑植。

云南、四川、贵州、云南。

（6）垫状卷柏 *Selaginella pulvinata*（Hooker & Greville）Maximowicz

B.Bartholomew et al. 69；王培善 s.n.；Yan Yue-Hong 2

松桃、秀山。

辽宁、河北、北京、山西、河南、陕西、甘肃、江西、湖南、湖北、四川、重庆、贵州、云南、西藏、福建、台湾、广西。

蒙古、俄罗斯西伯利亚地区、朝鲜半岛、日本、印度北部、越南、泰国。

（7）伏地卷柏 *Selaginella nipponica* Franchet & Savatier

Yan Yue-Hong 1；刘林翰 10189，962；Anonymous 150

古丈、永顺、石门、江口、岑巩、玉屏、石阡、镇远、德江、沿河。

陕西、河南、长江流域以南大部分地区。

日本。

（8）江南卷柏 *Selaginella moellendorffii* Hieronymus

黔北队 1444，1951，1151；B.Bartholomew et

al. 1109；简焯波、张秀实、金泽鑫等 32566，32332；李洪钧 4545；Yan Yue-Hong 5；湖南队 240

凤凰、沅陵、古丈、保靖、永顺、桑植、石门、江口、施秉、印江、松桃、酉阳。

陕西及长江流域以南各地区。

越南、柬埔寨、菲律宾。

（9）卷柏 *Selaginella tamariscina*（P. Beauvois）Spring

沅陵、石门、秀山、酉阳、鹤峰。

全国各地区。

朝鲜、日本、菲律宾、印度、俄罗斯西伯利亚地区。

（10）镰叶卷柏 *Selaginella drepanophylla* Alston

松桃。

广西。

（11）蔓生卷柏 *Selaginella davidii* Franchet

桑植、石门、梵净山、施秉、黔江、酉阳、鹤峰。

黑龙江、河北、山西、陕西、甘肃、河南、四川、云南、山东、浙江、福建、广东、广西。

（12）毛边卷柏 *Selaginella chaetoloma* Alston

桑植、石门。

陕西、四川、贵州、云南。

（13）毛枝卷柏 *Selaginella trichoclada* Alston

彭华 163；Anonymous 75325，275，100；刘林翰 9682

五峰、凤凰、石门、松桃、碧江、岑巩、镇远、施秉、思南、德江。

安徽、江西、浙江、福建。

（14）膜叶卷柏 *Selaginella leptophylla* Baker

广西、贵州、台湾、云南、香港、四川。

日本南部、印度、越南、缅甸、泰国。

（15）鞘舌卷柏 *Selaginella vaginata* Spring

五峰、桑植、石门、梵净山。

陕西、四川、贵州、云南。

（16）深绿卷柏 *Selaginella doederleinii* Hieronymus

保靖、永顺、桑植、江口。

四川、贵州、云南、江西、浙江、福建、广东、广西、台湾。

日本、中南半岛。

（17）疏叶卷柏 *Selaginella remotifolia* Spring

桑植、石门、江口、施秉、黔江。

四川、贵州、云南、江西、福建、台湾。

印度尼西亚、菲律宾、日本。

（18）细叶卷柏 *Selaginella labordei* Hieronymus ex Christ

B.Bartholomew et al. 465，391，2050；黔北队 1726；李学根 204661

永顺、桑植、石门、江口、德江、松桃、印江、黔江、恩施。

陕西、甘肃、河南、安徽、湖北、四川、贵州、云南、浙江、福建、广西、台湾。

（19）兖州卷柏 *Selaginella involvens*（Swartz）Spring

B.Bartholomew et al. 1204；Y.Tsiang 7830；李洪钧 5071，3753，6775，6366，2846，7559，7022，4545

沅陵、永顺、桑植、石门、江口、印江、松桃、德江、鹤峰、宣恩。

陕西、西藏、四川、云南、湖北、江西、福建、广东、广西。

尼泊尔、印度、不丹、缅甸、越南、老挝、泰国、斯里兰卡、菲律宾、印度尼西亚、日本、朝鲜。

（20）异穗卷柏 *Selaginella heterostachys* Baker

张宪春 1215

古丈、桑植、石门、江口、德江。

四川、贵州、云南、安徽、江西、浙江、福建、广东、广西、台湾。

日本、越南。

三、木贼科 Equisetaceae（1:6）

1. 木贼属 Equisetum Linnaeus（6:6:0）

（1）问荆 *Equisetum arvense* Linnaeus

鹤峰。

东北地区、新疆、陕西、河南、四川、贵州、湖北、山东。

北半球温带地区。

（2）披散木贼 *Equisetum diffusum* D. Don

五峰、龙山、石门。

甘肃、上海、江苏、湖南、广西、四川、重庆、贵州、云南、西藏。

日本、印度、尼泊尔、不丹、缅甸、越南有分布。

（3）木贼 *Equisetum hyemale* Linnaeus

李洪钧 24997

五峰。

黑龙江、吉林、辽宁、内蒙古、北京、天津、河北、陕西、甘肃、新疆、河南、湖北、四川、重庆。

日本、朝鲜半岛、俄罗斯、欧洲、北美及中美洲有分布。

（4）犬问荆 *Equisetum palustre* Linnaeus

桑植、石门。

吉林、辽宁、内蒙、陕西、西藏、河北、湖北。

欧洲及亚洲的温带。

（5）节节草 *Equisetum ramosissimum* Desfontaines

安顺队 101；李洪钧 7023，7606，7532；湘黔队 2967；桑植县林科所 741，1361；李恒、彭淑云 1607

吉首、永顺、龙山、桑植、松桃、沿河、德江、印江、思南、石阡、余庆、施秉、岑巩、玉屏、碧江、万山、黔江、咸丰、鹤峰、宣恩。

陕西、西藏、四川、贵州、云南。

欧洲、亚洲及非洲温带地区。

（6）笔管草 *Equisetum ramosissimum* subsp. *debile*（Roxburgh ex Vaucher）Hauke

武陵山区广泛分布。

西藏、云南、贵州、湖北、安徽、江西、广东、广西、福建。

印度、斯里兰卡、马来西亚、菲律宾、印度尼西亚、斐济。

四、瓶尔小草科 Ophioglossaceae（2:8）

1. 阴地蕨属 Botrychium Swartz（5:5:0）

（1）薄叶阴地蕨 *Botrychium daucifolium* Wallich ex Hooker & Greville

永顺。

贵州、云南、广东、广西。

越南、缅甸、锡兰、苏门答腊。

（2）华东阴地蕨 *Botrychium japonicum*（Prantl）Underwood

永顺、桑植。

安徽、江西、浙江、福建、江苏、广东、台湾。

日本。

（3）阴地蕨 *Botrychium ternatum*（Thunberg）Swartz

B.Bartholomew et al. 2320，1400；刘林翰 10093

花垣、芷江、石门、沅陵、江口、松桃。

四川、贵州、安徽、浙江、江苏、湖北、江西、福建、台湾。

朝鲜、日本、越南。

（4）绒毛阴地蕨 *Botrypus lanuginosus*（Wallich ex Hooker & Greville）Holub

五峰、石门。

湖南、四川、贵州、云南、西藏、台湾、广西。

喜马拉雅山脉、缅甸、越南、泰国、苏门答腊。

（5）蕨萁 *Botrychium virginianum*（Linnaeus）Swartz

五峰、桑植、石门。

陕西、甘肃、山西、河南、河北、云南、浙江。

朝鲜、日本、巴西、北美、欧洲。

2. 瓶尔小草属 Ophioglossum Linnaeus（3:3:0）

（1）心叶瓶尔小草 *Ophioglossum reticulatum* Linnaeus

石门、江口、镇远。

四川、贵州、云南、江西、福建、台湾。

朝鲜、日本、印度、越南、马来西亚、南美洲。

（2）狭叶瓶尔小草 *Ophioglossum thermale* Komarov

保靖。

东北地区、河北、陕西、四川、云南、江西、江苏。

俄罗斯远东地区堪察加半岛、朝鲜、日本也产。

（3）瓶尔小草 *Ophioglossum vulgatum* Linnaeus

Anonymous 2338；西南师院生物系 2338

石门、德江、酉阳。

陕西、西藏、四川、贵州、云南、湖北、台湾。

欧洲、亚洲、美洲。

五、松叶蕨科 Psilotaceae（1:1）

1. 松叶蕨属 Psilotum Swartz（1:1:0）

（1）松叶蕨 *Psilotum nudum*（Linnaeus）P. Beauvois

石门。

安徽、重庆、福建、广东、广西、贵州、海南、湖南、湖北、江苏、江西、陕西、四川、台湾、云南、浙江。

广泛分布于新旧世界的热带和亚热带地区，向北延伸到朝鲜和日本。

六、合囊蕨科 Marattiaceae（1:1）

1. 观音座莲属 Angiopteris Hoffmann（1:1:0）

（1）福建观音座莲 *Angiopteris fokiensis* Hieronymus

武陵山区广泛分布（除湖北省外）。

福建、广东、广西、贵州、海南、湖北、湖南、江西、四川、云南、浙江。

七、紫萁科 Osmundaceae（2:4）

1. 紫萁属 Osmunda Linnaeus（2:2:0）

（1）紫萁 *Osmunda japonica* Thunberg

张志松、党成忠、肖心楠、戴金容等 400300，400743，400347，401507；候学煜 862

武陵山区广泛分布。

四川、贵州、云南、山东、广东、广西。

朝鲜、日本、印度。

（2）华南紫萁 *Osmunda vachellii* Hooker

Anonymous 550

石门、桃源、慈利、桑植、武陵源、永定、沅陵、辰溪、溆浦、麻阳、新晃、芷江、泸溪、凤凰、保靖、古丈、永顺、龙山、花垣、吉首、江口、施秉。

四川、贵州、云南、浙江、福建、广东、广西、香港、海南。

印度、缅甸、越南。

2. 桂皮紫萁属 Osmundastrum C. Presl（2:2:0）

（1）桂皮紫萁 *Osmundastrum cinnamomeum*（Linnaeus）C. Presl

五峰、石门、桑植。

吉林、黑龙江、四川、云南。

苏联、朝鲜、日本、印度、越南。

（2）绒紫萁 *Osmundastrum claytonianum*（Linnaeus）Tagawa

五峰、石门、慈利。

东北地区、四川、贵州、云南、台湾。

俄罗斯远东地区、印度北部、尼泊尔。

八、膜蕨科 Hymenophyllaceae（3:12）

1. 假脉蕨属 Crepidomanes C. Presl（4:4:0）

（1）长柄假脉蕨 *Crepidomanes latealatum*（Bosch）Copeland

李洪钧 2541，2484

永顺、桑植。

浙江、福建、广东、广西。

朝鲜、印度、越南、老挝、日本，亚热带高山地区。

（2）阔边假脉蕨 *Crepidomanes latemarginale*（D. C. Eaton）Copeland

永顺。

广东、香港、台湾。

（3）团扇蕨 *Crepidomanes minutum*（Blume）K. Iwatsuki

永顺、桑植、石门、江口、松桃。

东北地区、安徽、四川、贵州、云南、浙江、江西、福建、广东、海南、台湾。

俄罗斯远东地区、朝鲜、日本、越南、柬埔寨、印度尼西亚、非洲地区。

（4）西藏假脉蕨 *Crepidomanes schmidianum*（Zenker ex Taschner）K. Iwatsuki

江口。

贵州、云南、西藏、台湾、广西。

2. 膜蕨属 Hymenophyllum J. Smith（4:4:0）

（1）蕗蕨 *Hymenophyllum badium* Hooker & Greville

武陵源、桑植、石门、沅陵、江口、松桃、印江。

湖北、贵州、云南、江西、福建、广东、广西、海南、台湾。印度、越南、马来西亚。

（2）华东膜蕨 *Hymenophyllum barbatum*（Bosch）Baker

Sino-American Guizhou Botanical Expedition 661

武陵山区广泛分布。

安徽、浙江、江西、贵州、福建、广东、台湾及西南诸地区。

朝鲜、日本、越南、印度、缅甸。

（3）线叶蕗蕨 *Huperzia crispata*（Ching）Ching

永顺、桑植、松桃、印江、江口。

贵州、福建、广东、广西、香港。

印度、越南、柬埔寨、尼泊尔、斯里兰卡。

（4）长柄蕗蕨 *Hymenophyllum polyanthos*（Swartz）Swartz

永顺、桑植、松桃、印江、江口。

贵州、福建、广东、广西、香港。

印度、越南、柬埔寨、尼泊尔、斯里兰卡。

3. 瓶蕨属 Vandenboschia Copeland（4:4:0）

（1）瓶蕨 *Vandenboschia auriculata*（Blume）Copeland

永顺、永定、武陵源、桑植及湘西南部的通道、江华等地、松桃、印江、江口。

四川、贵州、云南、浙江、广东、广西、海

南、台湾。

印度、日本、菲律宾、印度尼西亚、马来半岛。

（2）城口瓶蕨 *Vandenboschia fargesii*（Christ）Ching

印江。

四川、贵州。

（3）管苞瓶蕨 *Vandenboschia kalamocarpa*（Hayata）Ebihara

B.Bartholomcw.et al. 171，2236；刘林翰 9718；

刘炳荣 870560；刘炳荣 870809；严岳鸿 539

桑植、石门。

江西、台湾。

（4）南海瓶蕨 *Vandenboschia striata*（D. Don）Ebihara

永顺、桑植、石门、沅陵、松桃、江口、鹤峰。

四川、贵州、云南、广东、广西、海南、台湾。

琉球群岛、越南、老挝。

九、里白科 Crepidomanes（2:4）

1. 芒萁属 Dicranopteris Bernhardi（1:1:0）

（1）芒萁 *Dicranopteris pedata*（Houttuyn）Nakaike

简焯坡等 30491；Ho Chang 1858；李洪钧 7569，3186，5935，5935，5081，4829；李学根 204723，204349；J.Miyake mull

武陵山区广泛分布。

安徽、湖北、四川、贵州、云南、江西、浙江、江苏、福建、广东、广西、香港、台湾。

印度、越南、日本。

2. 里白属 Diplopterygium（Diels）Nakai（3:3:0）

（1）中华里白 *Diplopterygium chinense*（Rosenstock）De Vol

武陵山区广泛分布。

浙江、江西、湖南、四川、重庆、贵州、云南、西藏、福建、台湾、广东、广西、海南、香港、澳门。

（2）里白 *Diplopterygium glaucum*（Thunberg ex Houttuyn）Nakai

武陵山区广泛分布。

四川、贵州、云南、湖北、江西、浙江、福建、广东、广西、台湾。

（3）光里白 *Diplopterygium laevissimum*（Christ）Nakai

武陵山区广泛分布。

安徽、湖北、四川、贵州、云南、江西、浙江、福建、广西。

越南、日本、菲律宾。

十、海金沙科 Lygodiaceae（1:1）

1. 海金沙属 Lygodium Swartz（1:1:0）

（1）海金沙 *Lygodium japonicum*（Thunberg）Swartz

王大兰 522230191117003L；李洪钧 7439，5920，7623；杨泽伟 522226191004047LY；张迅 522224161105018LY；朱太平、刘忠福 2196；简

卓波 30506；张代贵等 0613；向良考 07058

武陵山区广泛分布。

安徽、陕西、四川、贵州、云南、湖北、浙江、江苏、福建、广东、广西、香港、台湾。

印度、日本、菲律宾、印度尼西亚、澳大利亚等。

十一、槐叶蘋科 Salviniaceae（2:2）

1. 满江红属 Azolla Lamarck（1:1:0）

（1）满江红 *Azolla pinnata* subsp. *asiatica* R. M. K. Saunders & K. Fowler

武陵山区广泛分布。

华东、华南、西南地区。

亚洲热带地区、非洲、澳大利亚、日本。

2. 槐叶蘋属 Salvinia Séguier（1:1:0）

（1）槐叶蘋 *Salvinia natans*（Linnaeus）Alli-oni

李洪钧 7668；粟林 4331261409070641；刘林翰 9755；贵州队 677

武陵山区广泛分布。

贵州、广东、台湾、江苏、江西、浙江、江西、河南、山东、陕西、河北、东北地区。

北温带。

十二、蘋科 Marsileaceae（1:1）

1. 蘋属 Marsilea Linnaeus（1:1:0）

（1）蘋 *Marsilea quadrifolia* Linnaeus

严岳鸿、金摄郎 TQS040；张代贵 ZDG423

武陵山区广泛分布。

全国各地均有分布。世界广泛分布种。

十三、瘤足蕨科 Plagiogyriaceae（1:5）

1. 瘤足蕨属 Plagiogyria（Kunze）Mettenius（5:5:0）

（1）瘤足蕨 *Plagiogyria adnata*（Blume）Beddome

北京队 1557，2425；林祁 860；湖南队 779；武陵山考察队 2343，856，2698；张志松等 401984；王培善 1124；候学煜 931

永顺、永定、武陵源、桑植。

江西、福建、海南、台湾。

印度、越南、泰国、菲律宾、南洋群岛。

（2）华中瘤足蕨 *Plagiogyria euphlebia*（Kunze）Mettenius

李洪钧 4335，5028；武陵考察队 1712，2698；周辉、周大松 15063026；北京队 1066；吴利肖 1028；严岳鸿、张代贵 5178，5141；李学根 204075；王培善 1124

永顺、桑植、慈利、石门、松桃、印江、江口。

四川、贵州、云南、湖北、安徽、江西、福建、广东、广西、台湾。

朝鲜、日本、印度、缅甸。

（3）华东瘤足蕨 *Plagiogyria japonica* Nakai

鲁道旺 522222141109064LY；李洪钧 6254，5028，7668；金摄郎、张九兵 JSL-WLSQ 705；实习学生 5138；陈日民 035536；杨丽华、王军、李运华 070320；简焯坡等 30620；王培善 1943

武陵山区广泛分布。

安徽、四川、贵州、浙江、江苏、福建、广东、广西、台湾。

朝鲜、日本、印度。

（4）镰羽瘤足蕨 *Plagiogyria falcata* Copeland

严岳鸿、金摄郎、张锐 JSL3774；商辉、顾钰峰 SG828

桑植、永顺。

安徽，福建，广东，广西，贵州，海南，湖南，江西，台湾，浙江。

菲律宾。

（5）耳形瘤足蕨 *Plagiogyria stenoptera*（Hance）Diels

李浩钧 8356；王映明 6579；金摄郎、张九兵 JSL-WLSQ 500；金摄郎、张锐 JSL3906；谭

策铭、易桂花、张丽萍、易发彬、胡兵、桑植样060；张代贵 080604071；唐勇清 029；简焯坡等31143；王培善 2362；张志松 401984

永顺、慈利、武陵源、桃源、桑植、印江、江口、松桃。

四川、贵州、云南、广西、台湾。

越南、菲律宾、琉球群岛。

十四、桫椤科 Cyatheaceae（1:1）

1. 桫椤属 Alsophila R. Brown（1:1:0）

（1）粗齿桫椤 *Alsophila denticulata* Baker

严岳鸿、金摄郎、张锐 JSL3806

武陵源、保靖。

浙江、江西、湖南、四川、重庆、贵州、云南、福建、台湾、广东、广西。

十五、金毛狗科 Cibotiaceae（1:1）

1. 金毛狗属 Cibotium Kaulfuss（1:1:0）

（1）金毛狗蕨 *Cibotium barometz*（Linnaeus）J. Smith

宿秀江、刘和兵 433125D00181114001；李杰 5222291407721077LY

武陵山区广泛分布（除湖北省外）。

河南、浙江、江西、湖南、湖北、四川、重庆、贵州、云南、西藏、福建、台湾、广东、广西、海南、香港、澳门。

十六、鳞始蕨科 Lindsaeaceae（3:4）

1. 鳞始蕨属 Lindsaea Dryander ex Smith（2:2:0）

（1）爪哇鳞始蕨 *Lindsaea javanensis* Blume

金摄郎、张九兵 JSL-WLSQ 773

桑植。

江西、湖南、贵州、云南、福建、台湾、广东、广西、海南。

2. 乌蕨属 Odontosoria Fée（1:1:0）

（1）乌蕨 *Odontosoria chinensis*（Linnaeus）J. Smith

李洪钧 3100，7104；宿秀江、刘和兵 433125D00061003027；张代贵 zdg10128，008；粟林 4331261503021134；严岳鸿、金摄郎

TQS083；向刚 20201；李永康 8209；王锋 91016

武陵山区广泛分布。

长江流域以南各地区。

亚洲热带地区、马达加斯加。

3. 香鳞始蕨属 Osmolindsaea（K. U. Kramer）Lehtonen & Christenhusz（2:2:0）

（1）日本香鳞始蕨 *Osmolindsaea japonica*（Baker）Lehtonen & Christenhusz

广东、贵州、海南、江西、四川，台湾。

日本、韩国。

（2）香鳞始蕨 *Osmolindsaea odorata*（Roxburgh）Lehtonen & Christenhusz

雷开东 4331271503051541

武陵山区广泛分布。

浙江、江西、湖南、四川、贵州、云南、西

藏、福建、台湾、广东、广西、海南。

十七、凤尾蕨科 Pteridaceae（8：67）

1. 铁线蕨属 Adiantum Linnaeus（11：11：0）

（1）铁线蕨 *Adiantum capillus-veneris* Linnaeus

李洪钧 6024，4688；金摄郎、张九兵 JSL-WLSQ 278，JSL-WLSQ 980，JSL2913；金摄郎 JSL-WLSQ 061；陈功锡 邓涛 080729060；周辉、周大松 15070206；张代贵 00638；王锋 576

武陵山区广泛分布。

广西、山东、台湾、云南，华中、华南地区。

日本、非洲、美洲、亚洲温带地区。

（2）普通铁线蕨 *Adiantum edgeworthii* Hooker

林亲众 011034；喻勋林 徐期瑚 16031406，16031407，16031409

武陵源。

辽宁、河北、天津、北京、山东、河南、陕西、甘肃、四川、重庆、贵州、云南、西藏、台湾、广西。

（3）肾盖铁线蕨 *Adiantum erythrochlamys* Diels

金摄郎、张九兵 JSL-WLSQ 815

五峰、桑植、石门。

湖北、四川、贵州、西藏、陕西。

（4）扇叶铁线蕨 *Adiantum flabellulatum* Linnaeus

张代贵 ZDG80；李佳佳 070716010；欧阳海波、曾德武、丁江城 291；严岳鸿、张代贵 YZ5008

五峰、保靖、石门。

台湾、福建、江西、广东、海南、浙江、广西、四川、云南。

日本、越南、缅甸、印度、斯里兰卡、马来群岛。

（5）白垩铁线蕨 *Adiantum gravesii* Hance

李洪钧 3114；向良凤、向良笔 WJD049；金摄郎、张九兵 JSL-WLSQ 900；严岳鸿、金摄

郎、张锐 JSL3812；席建明、贺海生 08062；罗超 522223150426027 LY；中美梵净山联合考察队 797B.Bartholomew et al. 797

武陵山区广泛分布。

云南、贵州、广西、广东。

越南。

（6）粤铁线蕨 *Adiantum lianxianense* Ching et Y. X. Lin

李振基、吕静 20060181；金摄郎、张九兵 JSL-WLSQ 232；肖艳、莫海波、张成、刘阿梅 LS-782

慈利、石门。

广东。

（7）假鞭叶铁线蕨 *Adiantum malesianum* Ghatak

刘起衔 18；粟林 4331261408280540；王锋 91002

保靖、永顺、慈利、石门。

云南、四川、贵州、湖北、广东、广西。

印度、缅甸、泰国、越南、菲律宾、马来西亚、印度尼西亚、斯里兰卡、南太平洋诸岛屿。

（8）小铁线蕨 *Adiantum mariesii* Baker

科考队 A023；周喜乐、严岳鸿、金冬梅 ZXL09685；张代贵 00638；金摄郎、张九兵 JSL-WLSQ 233

石门、德江。

贵州、湖北、广西。

（9）灰背铁线蕨 *Adiantum myriosorum* Baker

中科院武汉植物园 5141；李振基、吕静 20060026；金摄郎、周喜乐 JSL4979；金摄郎、张九兵 JSL-WLSQ 965，JSL-WLSQ 303，JSL-WLSQ 1598；严岳鸿、金摄郎、张锐 JSL3816；植被调查队 967；B.Bartholomew et al. 1815，2249

桑植、石门、印江、松桃、江口、鹤峰、宣恩、咸丰。

云南、四川、贵州、湖北。

（10）月芽铁线蕨 *Adiantum refractum* Christ

刘林翰 9178；喻勋林 徐期瑚 16031406，16031407；侯学煜 910；Anonymous 1051；简焯坡、张秀实、金泽鑫等 30763；安顺队 F0656；谢欢欢 522230190915012LY；王培善 77231，77217

五峰、桑植、石门、印江。

云南、四川、贵州、陕西、湖北。

（11）陇南铁线蕨 *Adiantum roborowskii* Maximowicz

科考队 q031

石门。

陕西、甘肃、青海、湖北、四川、重庆、贵州、西藏、台湾。

2. 粉背蕨属 Aleuritopteris Fée（5:5:0）

（1）小叶中国蕨 *Aleuritopteris albofusca*（Baker）Pichi Sermolli

石门。

北京、河北、甘肃、湖南、四川、贵州、云南、西藏。

（2）粉背蕨 *Aleuritopteris anceps*（Blanford）Panigrahi

邢公侠、郎楷永 05745；刘炳荣 870105；肖艳、莫海波、张成、刘阿梅 LS-605

石门。

广东、广西、云南、贵州、四川、西藏。

印度、尼泊尔。

（3）银粉背蕨 *Aleuritopteris argentea*（S. G. Gmelin）Fée

路端正 810731；邓涛 000578；雷开东 4331271404250066；杨丽华、王军、李运华 070297；07 科考队 a-006；武陵队 1383；金摄郎、张九兵 JSL2909；王锋 584；屠玉麟 82-034；周大友 522623160603492 LY

武陵山区广泛分布。

云南、贵州、四川、广西、江西、福建。

（4）陕西粉背蕨 *Aleuritopteris argentea* var. *obscura*（Christ）Ching

武陵队 1383

凤凰。

云南、贵州、四川、广西、江西、福建。

（5）阔盖粉背蕨 *Aleuritopteris grisea*（Blanford）Panigrahi

五峰。

云南、贵州、四川、广西、江西、福建。

3. 车前蕨属 Antrophyum Kaulfuss（2:2:0）

（1）长柄车前蕨 *Antrophyum obovatum* Baker

科考队 H006；刘炳荣 870653，870422；刘文剑、宋晓飞、张茜茜 19092979；中美梵净山联合科考队 1206，1491；B.Bartholomew et al. 1491，1206；Y.Tsiang 7943

桑植、石门、印江、江口。

广东、广西、云南、贵州、四川。

（2）书带车前蕨 *Antrophyum vittarioides* Baker

石门。

贵州、云南。

4. 碎米蕨属 Cheilanthes Swartz（5:4:0）

（1）滇西旱蕨 *Cheilanthes brausei* Fraser-Jenkins

中美联合考察队 1274

五峰、古丈、保靖、印江、江口。

云南、贵州、湖南、陕西。

（2）中华隐囊蕨 *Cheilanthes chinensis*（Baker）Domin

严岳鸿、商辉、刘子玥 SG1604；祝文志 BHF097；06 科考队 A086；席建明、贺海生 07785；刘炳荣 870812；刘正宇 18088；邓涛 080729057；粟林 4331261408280542；鲁道旺 522222160725008LY；金摄郎、张九兵 JSL2911

沅陵、永顺、龙山、桑植、永定、武陵源、石门、思南、江口、碧江。

湖北、四川、广西。

（3）毛轴碎米蕨 *Cheilanthes chusana* Hooker

李振基、吕静 20060182；祝文志 XFB122；李洪钧 8031；金摄郎、张九兵 JSL-WLSQ 987；金摄郎 JSL-WLSQ 060；汪香艳 0481；唐勇清 098；壹瓶山考察队 0870；彭华 0256；张迅 522224160128012LY

武陵山区广泛分布。

河南、甘肃、陕西、江苏、浙江、安徽、江西、湖南、广西。

越南、菲律宾、日本。

（4）旱蕨 *Cheilanthes nitidula* Wallich ex Hooker

刘林翰 9814、1971；张贵志、周喜乐 1105093；田连成、谷志容、廖春林等 2981

桑植、保靖、沅陵。

云南、贵州、湖南、陕西。

（5）平羽碎米蕨 *Cheilanthes patula* Baker

07 科考队 70905037；科考队 V021；金摄郎、张九兵 JSL-WLSQ 155，JSL2910

五峰、石门、慈利、花垣、施秉。

湖南、湖北、重庆。

5. 凤丫蕨属 Coniogramme Fée（14:14:0）

（1）尖齿凤丫蕨 *Coniogramme affinis* Hieron.

刘炳荣 870145；张迅 522224160218053LY；鲁道旺 522226191005006LY

沅陵、江口。

黑龙江、河南、陕西、甘肃、四川、云南、西藏。

缅甸、印度、尼泊尔。

（2）尾尖凤丫蕨 *Coniogramme caudiformis* Ching et Shing

永顺、石门。

湖南、四川。

（3）峨眉凤丫蕨 *Coniogramme emeiensis* Ching et Shing

张静 040910017；彭志钢 040910053；张代贵 08310309，zdg10165，zdg1-084；王断 1207；张五 1219；张仕燕 1131；吴利肖 160；雷开东 4331271408070836

五峰、石门、桑植。

四川。

（4）镰羽凤丫蕨 *Coniogramme falcipinna* Ching et Shing

王承凤 016；王伟 0406200406；李晓腾 080605017；刘林翰 09266

永顺、桑植。

湖南、四川。

（5）普通凤丫蕨 *Coniogramme intermedia* Hieron.

肖艳、赵斌 LS-2458；严岳鸿、刘炳荣 Y.L0511072；张代贵 080605011；严岳鸿 523；肖艳、赵斌 LS-2452；肖艳、李春、张成 LS-367；周喜乐、严岳鸿、金冬梅 ZXL09650；B.Bartholomew et al. 1209，2149；屠玉麟 86-2195

武陵山区广泛分布。

河南、陕西、甘肃、四川、云南。

日本、印度。

（6）无毛凤丫蕨 *Coniogramme intermedia* var. *glabra* Ching

Anonymous 109，201，109，106

永顺、桑植、江口、印江。

西藏、四川、贵州、河南、陕西、甘肃、吉林、浙江。

日本、朝鲜、越南、俄罗斯远东地区。

（7）凤丫蕨 *Coniogramme japonica*（Thunberg）Diels

北京队 01393；朱胜、席建明 07328；贺海生等 034；李学根 203331；张代贵 890702070；张新 07140411；严岳鸿、张代贵 YZ4967；杨泽伟 522226190505010LY；武陵山考察队 2444；李义 522230190119016LY

武陵山区广泛分布。

江苏、浙江、福建、台湾、江西、湖北、广西、四川、贵州、广东。

（8）井冈山凤丫蕨 *Coniogramme jinggangshanensis* Ching et Shing

吴利肖 029；席建明，贺海生 07762

沅陵、桑植、石门、江口。

江西、福建、贵州。

（9）黑轴凤丫蕨 *Coniogramme robusta* Christ

祝文志 DS1652；科考队 T057；刘炳荣 050126；周喜乐、丁文灿 1541；张灿明 00801，8808297；B.Bartholomew et al. 547，2098；张迅 522224161105059LY；商辉、顾钰峰 SG881

沅陵、桑植、石门、印江。

湖南、贵州。

（10）黄轴凤丫蕨 *Coniogramme robusta* var. *splendens* Ching ex Shing

石门、桑植、沅陵。

陕西、甘肃、湖北、四川、贵州、云南。

（11）乳头凤丫蕨 *Coniogramme rosthornii* Hieron.

陕西、甘肃、湖南、湖北、四川、贵州、云南。

（12）紫柄凤丫蕨 *Coniogramme sinensis* Ching

五峰、桑植、石门。

河南、陕西、甘肃、四川。

（13）上毛凤丫蕨 *Coniogramme suprapilosa* Ching

五峰。

陕西、四川、云南。

（14）疏网凤丫蕨 *Coniogramme wilsonii* Hieronymus

刘林翰 9266；B.Bartholomew et al. 879

桑植、石门、江口。

陕西、甘肃、河南、湖北、四川、贵州。

6. 书带蕨属 Haplopteris C. Presl（2:2:0）

（1）书带蕨 *Haplopteris flexuosa*（Fée）E. H. Crane

周喜乐、严岳鸿、金冬梅 ZXL9733，ZXL09733；金摄郎 JSL-WLSQ 079；严岳鸿、金摄郎、张锐 JSL3763；严岳鸿、张代贵 5120，5246；Anonymous 1029；B.Bartholomew et al. 1193，1116；侯学煜 1028

武陵山区广泛分布。

台湾、贵州及秦岭以南地区。

日本、亚洲热带地区。

（2）平肋书带蕨 *Haplopteris fudzinoi*（Makino）E. H. Crane

严岳鸿、商辉、刘子玥 SG1654；金摄郎、张九兵 JSL-WLSQ 448；陈世贵 522623150813428 LY

永顺、印江、江口。

贵州、广西、湖北、江西、安徽、福建、云南、四川。

日本。

7. 金粉蕨属 Onychium Kaulfuss（3:3:0）

（1）黑足金粉蕨 *Onychium cryptogrammoides* Christ

L.H.Liu 1866；屠玉麟 F0657；B.Bartholomew et al. 463；李学根 203334，203365，204637；中美联合考察队 463

江口。

甘肃、四川、云南、西藏。

（2）野雉尾金粉蕨 *Onychium japonicum*（Thunberg）Kunze

徐小东等 150452；李洪钧 2744；彭辅松 610；沈、李 190；周喜乐、丁文灿 1376；席建明、贺海生 07797；张代贵 080502060；曾伟 522230190117006LY；付琳 117；张银山 522223150807030 LY

武陵山区广泛分布。

长江流域以南地区、北达河北西部、河南南部及秦岭南坡。

朝鲜南部、日本。

（3）栗柄金粉蕨 *Onychium japonicum* var. *lucidum*（Don）Christ

中科院武汉植物园 2744，8155；朱胜、席建明 07236；吴磊、王开向 1668；严岳鸿、张代贵 5446，5197；秦林川、李小腾 535；商辉、顾钰峰 SG799；中美联合考察队 942；黄娟 522224161105015LY

武陵山区广泛分布。

甘肃、陕西、湖北、四川、贵州、云南、台湾。

尼泊尔。

8. 凤尾蕨属 Pteris Linnaeus（25:25:0）

（1）猪鬣凤尾蕨 *Pteris actiniopteroides* Christ

金摄郎、张九兵 JSL-WLSQ 184，JSL-WLSQ 157；张代贵 043，492，0903092。

凤凰、永顺、桑植、石门、酉阳。

河南、湖北、陕西、甘肃、云南、四川、贵州、广西。

（2）欧洲凤尾蕨 *Pteris cretica* Linnaeus

李洪钧 3262；徐小东、卫振泽等 2174329；武陵考察队 35，1922；严岳鸿、张代贵 5177；严岳鸿、金摄郎、张锐 JSL3728；金摄郎、张九兵 JSL-WLSQ 213；严岳鸿、金摄郎 TQS047；王锋 579，522

武陵山区广泛分布。

河南、陕西、湖北、江西、浙江、福建、广西、广东、贵州、四川、云南、西藏。

日本、菲律宾、越南、老挝、柬埔寨、印度、尼泊尔、斯里兰卡、斐济群岛、夏威夷群岛。

（3）粗糙凤尾蕨 *Pteris cretica* var. *laeta*（Wallich ex Ettingshausen）C. Christensen & Tardieu

李洪钧 6054

武陵山区广泛分布。

福建、湖南、江西、广东、广西、贵州、四川、云南、西藏。

越南、柬埔寨、印度、尼泊尔、不丹。

（4）指叶凤尾蕨 *Pteris dactylina* Hooker

金摄郎、张九兵 JSL-WLSQ 322，JSL-WLSQ 305；商辉、顾钰峰 SG77；侯学煜 939

武陵山区广泛分布。

湖南、四川、重庆、贵州、云南、西藏、台湾。

（5）岩凤尾蕨 *Pteris deltodon* Baker

金摄郎、商辉 JSL-186；肖艳、李春、张成 LS-430；邓涛 00646；周辉、周大松 15041730；金摄郎、张九兵 JSL-WLSQ 648，JSL-WLSQ 196；粟林 4331261408280537；B.Bartholomew et al. 2372；姚红 522222140506101LY；张迅 522224160126009LY

武陵山区广泛分布。

云南、四川、贵州、广西、广东、台湾。

日本、越南、老挝。

（6）刺齿半边旗 *Pteris dispar* Kunze

祝文志 BHF079；金摄郎、张九兵 JSL-WLSQ 139；金摄郎 JSL-WLSQ 129；金摄郎、张锐 JSL3925；秦林川、李小腾 556；贺海生等 s.n.；张代贵 zdg9889；陈世贵 522623150218218 LY；杨龙 F0622；李义 522230191123007LY

武陵山区广泛分布。

山东、河南、安徽、江苏、上海、浙江、江西、湖南、湖北、四川、重庆、贵州、福建、台湾、广东、广西、香港、澳门。

（7）剑叶凤尾蕨 *Pteris ensiformis* Burman

李振基、吕静 20060029，20060188；L.H.Liu 10107；张迅 522224161105020LY；贺海生 070508013

武陵山区广泛分布。

浙江、江西、福建、台湾、广东、广西、贵州、四川、云南。

日本及亚洲其他地方。

（8）阔叶凤尾蕨 *Pteris esquirolii* Christ

刘炳荣 050031；周喜乐、严岳鸿、金冬梅 ZXL09927；金摄郎、张九兵 JSL-WLSQ 675，JSL-WLSQ 862

桑植、石门。

四川、贵州、广东、广西。

越南。

（9）傅氏凤尾蕨 *Pteris fauriei* Hieronymu

祝文志 BHF109；严岳鸿、张代贵 YZ4978；严岳鸿、金摄郎 TQS025；严岳鸿 4410；席建明、贺海生 07755；刘炳荣 870630；吴磊、王开向 1680；严岳鸿、刘炳荣 Y.L0511036；B.Bartholomew et al. 2103；郭佳林 522224161105032LY

武陵山区广泛分布。

安徽、浙江、江西、湖南、四川、重庆、贵州、云南、西藏、福建、台湾、广东、广西、海南、澳门。

（10）鸡爪凤尾蕨 *Pteris gallinopes* Ching ex Ching et S. H. Wu

李洪钧 4153；金摄郎、张九兵 JSL-WLSQ 205，JSL-WLSQ 618；金摄郎、商辉 JSL-177；张代贵 ZDG192；粟林 4331261408280534；周喜乐、严岳鸿、金冬梅 ZXL09688；刘炳荣 050143；金摄郎、周喜乐 JSL4774；周建军 16091510

武陵山区广泛分布。

河南、陕西、四川、贵州、云南、广西。

（11）广东凤尾蕨 *Pteris guangdongensis* Ching ex Ching et S. H. Wu

周喜乐、张九兵 ZXL05621；金摄郎、张九兵 JSL-WLSQ 265，JSL-WLSQ 201，JSL-WLSQ 197；席建明、贺海生 07743A，07801，07723，07724，07725

武陵山区广泛分布。

广东、广西。

（12）狭叶凤尾蕨 *Pteris henryi* Christ

祝文志 BHF010；金摄郎、张九兵 JSL-WLSQ 619；严岳鸿、张代贵 5486；武陵队 1351；张迅

522224160129005LY，522224160129005LY；李洪钧 3259；张义长 522224161104037LY；王峰、赵平、姚光渝 91153

石门、桃源、慈利、桑植、武陵源、永定、沅陵、辰溪、溆浦、麻阳、新晃、芷江、泸溪、凤凰、保靖、古丈、永顺、龙山、花垣、吉首、德江、石阡、余庆、岑巩、施秉。

河南、陕西、四川、贵州、云南、广西。

（13）微毛凤尾蕨 *Pteris hirsutissima* Ching ex Ching et S. H. Wu

桑植。

湖南、四川。

（14）中华凤尾蕨 *Pteris inaequalis* Baker
邓涛 071003004

永顺、桑植、石门、印江、施秉、黔江。

浙江、江西、福建、广东、广西、贵州、四川、云南。

日本、印度。

（15）全缘凤尾蕨 *Pteris insignis* Mettenius ex Kuhn

无采集人 f0617；简焯坡 32596；简焯波、张秀实、金泽鑫等 32596

江口。

江西、浙江、福建、广西、广东、海南、贵州、云南。

越南、马来西亚。

（16）平羽凤尾蕨 *Pteris kiuschiuensis* Hieronymus

雷开东 4331271408080866；金摄郎、张九兵 JSL-WLSQ 830；严岳鸿、刘炳荣 Y.L0511034，Y.L0511058；刘林翰 9719；简焯波、张秀实、金泽鑫等 32571

保靖、芷江、永顺、桑植、江口。

福建、江西、广东、广西、贵州。

日本。

（17）华中凤尾蕨 *Pteris kiuschiuensis* var. *centrochinensis* Ching & S. H. Wu

祝文志 1529；刘志祥 BLF076；严岳鸿、金摄郎 TQS133；金摄郎、张九兵 JSL-WLSQ 570；陈功锡 080729001；张代贵 1528

保靖、永顺。

福建、江西、广东、广西、贵州、云南。

（18）井栏边草 *teris multifida* Poiret

王大兰 522230191123006LY；金摄郎、张九兵 JSL-WLSQ 142；林亲众 107916；谷忠村 840406129；杨彬 070611043；唐永清 060731097；张代贵 060902，zdg10017；林祁 887；冯兵 522223140331031 LY

武陵山区广泛分布。

除云南外，广泛分布长江流域以南地区，北到河北南部地区。

越南、菲律宾、日本。

（19）斜羽凤尾蕨 *Pteris oshimensis* Hieronymus

严岳鸿、金摄郎 TQS134，TQS024；金摄郎、张九兵 JSL-WLSQ 774，JSL-WLSQ 989；粟林 4331261410030984；吴磊、王开向 1658；周喜乐、严岳鸿、金冬梅 ZXL09662；科考队 E058；刘炳荣 050001；张迅 522224161105103LY

桑植、黔江。

福建、江西、广东、广西、贵州、四川。

越南、日本。

（20）尾头凤尾蕨 *Pteris oshimensis* var. *paraemeiensis* Ching ex Ching et S.H.Wu

张代贵 zdg10104；谢亮 080713XL01；金摄郎、张九兵 JSL-WLSQ 819，JSL-WLSQ 687，JSL-WLSQ 976

武陵山区广泛分布。

湖南、四川、重庆、广西。

（21）栗柄凤尾蕨 *Pteris plumbea* Christ

严岳鸿、金摄郎 TQS072；刘炳荣 050034；周喜乐、丁文灿 1323；吴磊、王开向 1602；席建明、贺海生 07753；张代贵等 0613053；武陵队 1249；秦林川、李小腾 672；严岳鸿、刘炳荣 Y.L0511054；王培善 798

武陵山区广泛分布。

江苏、浙江、江西、湖南、贵州、福建、台湾、广东、广西、香港。

（22）半边旗 *Pteris semipinnata* Linnaeus

印朝华 65-799；林祁 877；张仕燕 0801135；杨慧 0617040；王岚 522223150807017 LY；陈世贵 522623150218218 LY；王大兰

522230191117026LY；卢峰 522230191123004LY

桑植、桃源。

云南、贵州、四川、江西、福建、台湾、广东、广西。

斯里兰卡、印度、缅甸、泰国、老挝、越南、菲律宾、日本。

（23）溪边凤尾蕨 *Pteris terminalis* Wallich ex J. Agardh

李振基、吕静 20060204；秦林川、李小腾 566；严岳鸿、张代贵 5251；李家湘 346；刘炳荣 8710558；严岳鸿、张代贵 5110；金摄郎 JSL-WLSQ 040；武陵队 1353；简焯坡 30788；黔东队 75333

武陵山区广泛分布。

江西、福建、台湾、广东、广西、贵州、四川、云南、西藏。

印度、尼泊尔、缅甸、越南、马来西亚、菲律宾、日本。

（24）蜈蚣草 *Pteris vittata* Linnaeus

祝文志 1103；刘志祥 1473；李洪钧 5493，5379，9419；金摄郎 JSL-WLSQ 027；陈功锡、邓涛 080729015；李学根 204635；贺海生 080502054；冉冲 522222140504105LY

武陵山区广泛分布。

广泛分布于我国热带和亚热带地区，北以秦岭南坡为界。

亚洲其他热带、亚热带地区。

（25）西南凤尾蕨 *Pteris wallichiana* Agardh

刘志祥 BXE041；金摄郎、张九兵 JSL-WLSQ 571；北京队 1533；陈伯淼 080713CBM02；宿秀江、刘和兵 433125D00181114003；粟林 4331261410020955；刘炳荣 870925；严岳鸿、张代贵 YZ4977；中美梵净山联合考察队 498；B.Bartholomew et al. 498

武陵山区广泛分布。

西藏、云南、贵州、四川、广东、广西、台湾、海南。

日本、尼泊尔、不丹、印度、中南半岛、菲律宾、马来西亚、印度尼西亚。

十八、碗蕨科 Dennstaedtiaceae（5:19）

1. 碗蕨属 Dennstaedtia Bernhardi（4:4:0）

（1）光叶碗蕨 *Dennstaedtia glabrescens* Ching

金摄郎 JSL-WLSQ 426，JSL3723，JSL-WLSQ 1458，JSL-WLSQ 1458；张九兵 JSL-WLSQ 426，JSL-WLSQ 1458；严岳鸿 JSL3723，5370，20131024-02，5268；张锐 JSL3723；张代贵 5370、5268；周喜乐、丁文灿 1554；科考队、杰 068；商辉、顾钰峰 SG894；应俊生、张秀实、金泽鑫等 32168

武陵山区广泛分布。

云南、广东、广西。

越南。

（2）细毛碗蕨 *Dennstaedtia hirsuta*（Swartz）Mettenius ex Miquel

李振基、吕静 20060083；金摄郎、张九兵 JSL-WLSQ 371，JSL-WLSQ 469、JSL-WLSQ 1247；向良凤、向良笔 LYJ102；周喜乐、丁文灿 1520；王培善 265；张迅 522224161105048LY；商辉、顾钰峰 SG873；刘燕 522226190809028LY

武陵山区广泛分布。

广泛分布于长江流域各地区，以及山东、山西、河北、内蒙、辽宁、吉林、黑龙江。

日本、朝鲜。

（3）碗蕨 *Dennstaedtia scabra*（Wallich ex Hooker）T. Moore

李洪钧 8359；罗蕾 080713LL002；张代贵 840628126、060729028；刘炳荣 870305；粟林 4331261503021166；杨丽华、王军、李运华 070326；中美梵净山联合考察队 184；张冠荪、罗税、陈绍辉 F631；简焯坡 31609

武陵山区广泛分布。

四川、贵州、云南、西藏、浙江、江西、广西、台湾。

日本、朝鲜、印度、斯里兰卡、中南半岛、

菲律宾、马来西亚。

（4）溪洞碗蕨 *Dennstaedtia wilfordii*（T. Moore）Christ

B.Bartholomew et al. 482；中美梵净山联合考察队 482

桑植、石门、江口、酉阳。

广泛分布于长江中下游地区、华北地区、东北地区。

朝鲜、日本、俄罗斯西伯利亚地区东部。

2. 姬蕨属 Hypolepis Bernhardi（2:2:0）

（1）无腺姬蕨 *Hypolepis polypodioides*（Blume）Hooker

桑植。

湖南、云南、台湾、广东、海南。

（2）姬蕨 *Hypolepis tenuifolia*（G. Forster）Bernhardi

严岳鸿、商辉、刘子玥 SG1660；祝文志 BLF086；朱胜、席建明 07263；湖南调查队 0238；贺海生等 025；商辉、黄科瑞 SG1002；严岳鸿 20131026-02；商辉、顾钰峰 SG888；王培善 1992；张义长 522224161105073LY

武陵山区广泛分布。

四川、贵州、云南、江西、福建、浙江、安徽、广东、台湾。

日本、印度、中南半岛、菲律宾、马来西亚、澳大利亚、新西兰、夏威夷、美洲热带地区。

3. 鳞盖蕨属 Microlepia C. Presl（8:8:0）

（1）边缘鳞盖蕨 *Microlepia marginata*（Panzer）C. Christensen

祝文志 1131；金摄郎、周喜乐 JSL4999；田代科、肖艳、陈岳 LS-1312；张仕燕 060721019；唐勇清 981010050；张代贵 890705028；李晓腾 070610016；屠玉麟 82-046；王大兰 522230191117041LY；简焯坡 30411

武陵山区广泛分布。

长江流域以南地区广泛分布。

日本、越南、印度、尼泊尔、斯里兰卡。

（2）光叶鳞盖蕨 *Microlepia marginata* var. *calvescens*（Wallich ex Hooker）C. Christensen

张贵志 周喜乐 1105018

保靖。

浙江、福建、广东、海南、广西、湖南、贵州、四川、云南。

越南、印度。

（3）西南鳞盖蕨 *Microlepia khasiyana*（Hooker）C. Presl

肖艳、赵斌 LS-2343；严岳鸿、金摄郎 TQS071

龙山、桑植。

云南。

缅甸、印度。

（4）边缘鳞盖蕨 *Microlepia marginata*（Panzer）C. Christensen

武陵山区广泛分布。

安徽、重庆、福建、甘肃、广东、广西、贵州、海南、河南、湖北、湖南、江苏、江西、四川、台湾、云南、浙江。

印度、印度尼西亚、日本、尼泊尔、巴布亚新几内亚、斯里兰卡、越南。

（5）二回边缘鳞盖蕨 *Microlepia marginata* var. *bipinnata* Makino

张代贵 zdg10314；金摄郎、张九兵 JSL-WLSQ 306、JSL-WLSQ 160、JSL-WLSQ 1555；严岳鸿、金摄郎 TQS001

石门、龙山、桑植。

安徽、重庆、福建、广东、广西、贵州、海南、湖北、江苏、江西、四川、台湾、云南、浙江。

印度、日本、尼泊尔、巴布亚新几内亚、斯里兰卡、越南。

（6）毛叶边缘鳞盖蕨 *Microlepia marginata* var. *villosa*（C. Presl）Wu

严岳鸿、金摄郎 TQS001；金摄郎、张九兵 JSL-WLSQ 964、JSL-WLSQ 261；张仕燕 019；周喜乐、丁文灿 1447，1355；贺海生等 s.n.；秦林川、李小腾 484；商辉、顾钰峰 SG844，SG844

武陵山区广泛分布。

安徽、重庆、福建、广东、广西、贵州、海南、湖北、江苏、江西、四川、台湾、云南、浙江。

印度、日本、尼泊尔、巴布亚新几内亚、斯里兰卡、越南。

（7）假粗毛鳞盖蕨 *Microlepia pseudostrigosa* Makino

肖艳、赵斌 LS-2478；严岳鸿、金摄郎 TQS076；周喜乐、严岳鸿、金冬梅 ZXL9740；金摄郎、张九兵 JSL-WLSQ 1060；严岳鸿、张代贵 5147；科考队 A088；秦林川等 546；王锋 585；简焯坡 30796；中美梵净山联合考察队 2082

武陵山区广泛分布。

四川、贵州、云南、湖北、江西、广东、广西。

（8）粗毛鳞盖蕨 *Microlepia strigosa*（Thunberg）C. Presl

祝文志 1532、DS1532；武陵队 62；Anonymous 6；刘炳荣 870385；严岳鸿 4446；严岳鸿、金摄郎、张锐 JSL3740；金摄郎、周喜乐 JSL4666、JSL4736；商辉、顾钰峰 SG814

桑植、石门。

四川、云南、江西、浙江、福建、台湾。

日本、菲律宾、马来西亚、印度尼西亚。

4. 稀子蕨属 Monachosorum Kunze（3:3:0）

（1）尾叶稀子蕨 *Monachosorum flagellare*（Maximowicz ex Makino）Hayata

李洪钧 8613；金摄郎、周喜乐 JSL4967；丁金香 090718008；雷开东 4331271503051549；金摄郎、张九兵 JSL-WLSQ 473；张代贵 zdg1550；侯学煌 932

武陵山区广泛分布。

江西、贵州。

日本。

（2）稀子蕨 *Monachosorum henryi* Christ

祝文志 HFB243；刘志祥 XFB106；肖艳、孙林 LS-2916；严岳鸿、张代贵 5160、5383；金摄郎、张九兵 JSL-WLSQ 576；邓涛 070625013；夏忠富 28；黔北队 01057；王培善 86-1957

五峰、桑植、保靖、永顺。

台湾、广东、广西、贵州、云南。

日本、越南。

（3）岩穴蕨 *Monachosorum maximowiczii*（Baker）Hayata

祝文志 1384；严岳鸿、张锐 RS219；祁承经 30164；商辉、顾钰峰 SG768、SG781；侯学煌 936

恩施、中方。

安徽、江西、湖南、贵州、台湾。

日本及琉球群岛。

5. 蕨属 Pteridium Gleditsch ex Scopoli（2:2:0）

（1）蕨 *Pteridium aquilinum* var. *latiusculum*（Desvaux）Underwood ex A. Heller

李洪钧 5433；彭辅松 320；徐小东、卫振泽等 2173834；祝文志 BHF006；吴磊、王开向 1639；严岳鸿 4504；严岳鸿、张代贵 YZ4989；商辉、顾钰峰 SG793；应俊生 张秀实 金泽鑫等 31563；B.Bartholomew et al. 191

武陵山区广泛分布。

全国各地。

世界其他热带及温带地区。

（2）毛轴蕨 *Pteridium revolutum*（Blume）Nakai

李洪钧 6595；金摄郎、张九兵 JSL-WLSQ 420；吴磊 罗金龙 5354；唐勇清 0731127；周喜乐、金冬梅 ZXL09743；严岳鸿、张代贵 5146；商辉、顾钰峰 SG749；中美梵净山联合考察队 362；严岳鸿 4505

武陵山区广泛分布。

台湾、江西、广东、广西、湖南、湖北、陕西、甘肃、四川、贵州、云南、西藏。

广泛分布于亚洲热带及亚热带地区。

十九、冷蕨科 Cystopteridaceae（2:3）

1. 亮毛蕨属 Acystopteris Nakai（2:2:0）

（1）亮毛蕨 *Acystopteris japonica*（Luerssen）Nakai

金摄郎 JSL-WLSQ 087；黄邓珊 060714150；绉颖 0806002；谷忠村 920728051；严岳鸿，刘炳荣 Y.L0511018；金摄郎、张九兵 JSL-WLSQ

832；严岳鸿、张代贵 5156，5233，5135，5236

石门、桑植、保靖、永顺、沅陵、桃源、江口、松桃、印江。

浙江、江西、福建、台湾、湖北、广西、四川、重庆、贵州、云南。

日本。

（2）禾秆亮毛蕨 *Acystopteris tenuisecta*（Blume）Tagawa

周喜乐、严岳鸿、金冬梅 ZXL09731；金摄郎、张锐 JSL3896；金摄郎、张九兵 JSL-WLSQ 831

桑植。

台湾、广西、四川、云南、西藏。

新西兰、日本、越南、缅甸、印度东北部、马来西亚、新加坡、印度尼西亚和菲律宾等亚洲热带地区。

2. 羽节蕨属 Gymnocarpium Newman（1:1:0）

（1）东亚羽节蕨 *Gymnocarpium oyamense*（Baker）Ching

刘炳荣 870545870909

五峰、石门、桑植。

陕西、甘肃、安徽、浙江、江西、台湾、河南、湖北、四川、重庆、贵州、云南、西藏。

尼泊尔、日本、新几内亚岛。

二十、轴果蕨科 Rhachidosoraceae（1:1）

1. 轴果蕨属 Rhachidosorus Ching（1:1:0）

（1）轴果蕨 *Rhachidosorus mesosorus*（Makino）Ching

科考队 a032

石门、桑植。

江苏、浙江、湖北。

日本、韩国。

二十一、肠蕨科 Diplaziopsidaceae（1:1）

1. 肠蕨属 Diplaziopsis C. Christensen（1:1:0）

（1）川黔肠蕨 *Diplaziopsis cavaleriana*（Christ）C. Chr.

张代贵 C026；粟林 4331261503021159；李洪钧 9366；刘炳荣 870384，870910；北京队

2348；严岳鸿 7541

桑植、石门。

浙江、江西、福建、湖北、四川、重庆、贵州、云南。

越南、日本。

二十二、铁角蕨科 Aspleniaceae（2:30）

1. 铁角蕨属 Asplenium Linnaeus（28:28:0）

（1）王氏铁角蕨 *Asplenium × wangii* C. M. Kuo

桑植、武陵源。

湖北、四川、重庆、贵州、台湾。

日本。

（2）西南铁角蕨 *Asplenium aethiopicum*（N. L.

Burman）Becherer

张代贵 1069

永顺、龙山、石门。

四川、贵州、云南。

印度、缅甸、越南、泰国、马来西亚、印度尼西亚。

（3）广泛分布铁角蕨 *Asplenium anogram-*

moides Christ

金摄郎、周喜乐 JSL4759

思南。

贵州、安徽、福建、广东、贵州、河北、湖北、湖南、江苏、江西、吉林、辽宁、宁夏，陕西、山东、山西、四川、云南、浙江。

印度、日本、韩国、越南。

（4）华南铁角蕨 *Asplenium austrochinense* Ching

张志松 402318；张代贵 zdg1031；雷开东 4331271408251042；粟林 4331261503021159；宿秀江、刘和兵 433125D00031114007

武陵山区广泛分布。

四川、贵州、云南、江西、浙江、福建、广东、广西、安徽、湖北、湖南。

日本、越南。

（5）大盖铁角蕨 *Asplenium bullatum* Wallich ex Mettenius

李洪钧 6039；刘炳荣 870569；严岳鸿 4456

武陵源、石门、桑植、鹤峰。

湖南、西藏、四川、贵州、云南、福建、台湾。

印度、斯里兰卡、缅甸、越南、日本、不丹、尼泊尔。

（6）线柄铁角蕨 *Asplenium capillipes* Makino

彭水、黔江。

甘肃、贵州、湖南、陕西、四川、台湾、云南。

不丹、印度、日本、韩国、尼泊尔、朝鲜、日本。

（7）线裂铁角蕨 *Asplenium coenobiale* Hance

北京队 001754；席建明、贺海生 07718；金摄郎、张九兵 JSL-WLSQ 1411，JSL-WLSQ 685

保靖、花垣、永顺、桑植、石门、沅陵、思南、江口。

湖南、四川、贵州、云南、福建、广东、广西。

越南、日本。

（8）毛轴铁角蕨 *Asplenium crinicaule* Hance

张代贵 y1107；金摄郎、张九兵 JSL-WLSQ 1523

保靖、永顺、石门、沅陵、江口。

福建、广东、广西、贵州、海南、湖南、江西、四川、西藏、云南。

印度、马来西亚、缅甸、菲律宾、泰国、越南、澳大利亚。

（9）剑叶铁角蕨 *Asplenium ensiforme* Wallich ex Hooker & Greville

武陵山考查队 333；刘炳荣 871132

永顺、桑植、印江、松桃、江口。

湖南、广东、江苏、西藏、四川、贵州、云南、江西、广西、海南、台湾。

不丹、印度、缅甸、越南、泰国、斯里兰卡、尼泊尔、日本。

（10）江南铁角蕨 *Asplenium holosorum* Christ

金摄郎、张九兵 JSL-WLSQ 843；张代贵 YD241008

古丈、武陵源、桑植、鹤峰。

广东、广西、贵州、海南、湖北、湖南、江西、四川、台湾、云南。

越南、日本。

（11）虎尾铁角蕨 *Asplenium incisum* Thunberg

邢公侠、夏群 5722；北京队 001688；北京队 01385

武陵山区广泛分布。

陕西、甘肃、河南、安徽、福建、广东、贵州、河北、黑龙江、湖南、江苏、江西、辽宁、山东、山西、四川、台湾、云南。

朝鲜、日本、俄罗斯。

（12）胎生铁角蕨 *Asplenium indicum* Sledge

张代贵 4038；刘炳荣 870800，050122；金摄郎、张九兵 JSL-WLSQ 563；张代贵、王业清，朱晓琴 zdg，wyq，zxq0438

永顺、石门、桑植、五峰、印江。

安徽、贵州、湖北、甘肃、浙江、江西、福建、台湾、湖南、广东、广西、四川、云南、西藏。

尼泊尔、印度、缅甸、泰国、越南、菲律宾、不丹、斯里兰卡、日本。

（13）江苏铁角蕨 *Asplenium kiangsuense* Ching & Y. X. Jing

武陵源、慈利。

安徽、福建、湖南、江苏、江西、云南、浙江。

（14）倒挂铁角蕨 *Asplenium normale* Don

严岳鸿等 5364；刘炳荣 870832；简焯坡、张秀实等 31602；北京队 1423

石门、永顺、武陵源、桑植、江口、印江、石阡。

湖南、海南、西藏、四川、贵州、云南、江西、山东、安徽、浙江、江苏、福建、广东、广西、台湾。

朝鲜、日本、不丹、印度、马来西亚、缅甸、尼泊尔、菲律宾、斯里兰卡、泰国、越南、非洲热带地区、澳大利亚、太平洋岛屿。

（15）北京铁角蕨 *Asplenium pekinense* Hance

王锋 91173a；严岳鸿、张代贵 5347；严岳鸿，刘炳荣 4872；邢公侠、夏群 05633

吉首、永顺、龙山、慈利、石门、沅陵、印江、江口。

内蒙古、新疆、甘肃、宁夏、陕西、山西、青海、安徽、重庆、福建、广东、广西、贵州、河北、河南、湖北、湖南、江苏、辽宁、山东、四川、台湾、西藏、云南、浙江。

朝鲜、印度，日本，韩国，巴基斯坦，俄罗斯。

（16）长叶铁角蕨 *Asplenium prolongatum* Hooker

刘林翰 10013；L.H.Liu 10013；张宪春、严岳鸿、魏雪苹 6128；张代贵等 058；严岳鸿 4386；刘炳荣 050039，051168；张灿明 00005

永顺、保靖、龙山、武陵源、桑植、沅陵、石门、江口、松桃、印江、咸丰、鹤峰。

安徽、福建、甘肃、广东、广西、贵州、海南、河南、湖北、湖南、江西、四川、台湾、西藏、云南、浙江。

印度、日本、韩国、马来西亚、缅甸、斯里兰卡、越南、太平洋群岛、朝鲜。

（17）骨碎补铁角蕨 *Asplenium ritoense* Hayata

沅陵。

贵州、江西、福建、台湾、广东、海南。

日本、韩国、朝鲜。

（18）卵叶铁角蕨 *Asplenium sarelii* Hooker

刘正宇等 6690

永顺、永定、桑植、石门、酉阳。

重庆、甘肃、贵州、湖南、辽宁、内蒙古、陕西、河北、宁夏、新疆、西藏、山西、四川、云南、台湾，东北地区。

阿富汗、印度、日本、克什米尔地区、哈萨克斯坦、韩国、吉尔吉斯斯坦、尼泊尔、巴基斯坦、俄罗斯、塔吉克斯坦、非洲西北部、亚洲西南部、欧洲、北美。

（19）华中铁角蕨 *Asplenium sarelii* Hooker

刘林翰 10138；刘炳荣 870824；严岳鸿、刘炳荣 475、4757；北京队 002598；严岳鸿、张代贵 5144、5479

花垣、吉首、保靖、永顺、花垣、龙山、桑植、石门、沅陵、松桃、江口、酉阳。

安徽、重庆、贵州、河南、湖北、湖南、江苏、陕西、四川、浙江。

朝鲜、日本。

（20）石生铁角蕨 *Asplenium saxicola* Rosenstock

保靖、江口。

湖南、广东、广西、贵州、云南、四川。

越南。

（21）黑边铁角蕨 *Asplenium speluncae* Christ

武陵源、永顺、沅陵。

湖南、贵州、江西、广东、广西。

（22）钝齿铁角蕨 *Asplenium tenuicaule* var. *subvarians*（Ching）Viane

龙山。

重庆、甘肃、贵州、河北、黑龙江、河南、湖南、江苏、江西、吉林、辽宁、内蒙古、青海、陕西、山东、山西、四川、西藏、云南、浙江。

不丹、印度、日本、韩国、尼泊尔、巴基斯坦、菲律宾、俄罗斯。

（23）细裂铁角蕨 *Asplenium tenuifolium* D. Don

刘炳荣 870823

桑植。

湖南、台湾、海南、广西、贵州、四川、云

南、西藏。

印度、斯里兰卡、不丹、尼泊尔、缅甸、越南、马来西亚、印度尼西亚（爪哇）、菲律宾、泰国也有分布。

（24）铁角蕨 **Asplenium trichomanes** Linnaeus

刘林翰 9117；L.H.Liu 10013；张志松、党成忠等 402547，401322，401097；简焯坡、张秀实等 32166，31401，31501

保靖、江口、印江、松桃、沿河、宣恩。

安徽、福建、甘肃、广东、广西、贵州、河南、湖北、湖南、江苏、江西、陕西、山西、四川、台湾、新疆、西藏、云南、浙江。

全世界温带、亚热带、热带高山地区。

（25）三翅铁角蕨 **Asplenium tripteropus** Nakai

刘林翰 9117，9117；李洪钧 3321；严岳鸿 4426；刘炳荣 870831，850124，870380；张宪春、魏雪苹 6172

武陵山区广泛分布。

陕西、甘肃、河南、安徽、福建、贵州、湖北、湖南、江西、四川、台湾、云南、浙江。

日本、韩国、缅甸。

（26）变异铁角蕨 **Asplenium varians** Wallich ex Hooker & Greville

祝文志 HFB249；刘炳荣 8710514

鹤峰、桑植、石门、印江。

重庆、贵州、湖北、湖南、西藏、陕西、山西、河南、四川、云南、广东、广西、台湾。

印度、尼泊尔、斯里兰卡、不丹、缅甸、越南、日本、南非。

（27）狭翅铁角蕨 **Asplenium wrightii** Eaton ex Hooker

刘林翰 9297；严岳鸿，张代贵 5379、5387；向良凤、向良笔 66、27；刘炳荣 0510695

武陵山区广泛分布。

安徽、湖南、江西、江苏、云南、浙江、四川、贵州、福建、广东、广西、台湾。

越南、日本、韩国。

（28）湘黔铁角蕨 **Asplenium xianqianense** C. M. Zhang

永顺、沅陵。

贵州、江西、广东、广西。

2. 膜叶铁角蕨属 Hymenasplenium Hayata（2:2:0）

（1）中华膜叶铁角蕨 **Hymenasplenium sinense** K.W. Xu，Li Bing Zhang & W.B.Liao

武陵源。

广西、贵州、江西、云南、福建。

（2）培善膜叶铁角蕨 **Hymenasplenium wangpeishanii** Li Bing Zhang & K.W. Xu

严岳鸿、金摄郎 TQS152；金摄郎、张九兵 JSL-WLSQ 937；金摄郎、周喜乐 JSL4946、JSL4855、JSL4885

武陵山区广泛分布。

湖南、贵州、四川、福建、重庆。

（3）齿果膜叶铁角蕨 **Hymenasplenium cheilosorum**（Kunze ex Mettenius）Tagawa

江口。

福建、广东、广西、贵州、海南、台湾、西藏、云南、浙江。

不丹、尼泊尔、印度、斯里兰卡、缅甸、泰国、越南、菲律宾、马来西亚、印度尼西亚及日本南部。

（4）切边膜叶铁角蕨 **Hymenasplenium excisum**（C. Presl）S. Lindsay

张代贵 ly-113

保靖。

广东、广西、贵州、海南、台湾、西藏、云南。

不丹、印度、印度尼西亚、马来西亚、缅甸、尼泊尔、菲律宾、斯里兰卡、泰国、越南、非洲热带地区。

二十三、金星蕨科 Thelypteridaceae（11:60）

1. 小毛蕨属 Christella H.Léveillé（10:10:0）

（1）渐尖毛蕨 **Christella acuminata**（Houttuyn）
H.Léveillé

向良凤、向良笔 WJD004，70，LYJ067；严
岳鸿等 9170

龙山、古丈、芷江、凤凰、沅陵、永顺、龙
山、桑植、慈利、石门、江口、石阡、松桃、印
江、沿河、咸丰、来凤、鹤峰。

广泛分布长江流域以南各地区，北达陕西南
部。

越南、老挝、柬埔寨、日本、韩国。

（2）干旱毛蕨 **Christella arida**（D. Don）Holt-
tum

张代贵 2012102202，0716047；严岳鸿等
9100

古丈、吉首、沅陵、永顺、石门、江口。

湖南、重庆、贵州、云南、四川、广西、广
东、海南、江西、台湾、安徽、浙江、西藏。

尼泊尔、印度、马来西亚、越南、越南、菲
律宾、不丹、克什米尔地区、澳大利亚、太平洋
群岛。

（3）齿牙毛蕨 **Christella dentatus**（Forsskål）
Ching

雷开东 4331271408281169；吴磊、席建明
1757

吉首、石门、永顺。

重庆、湖南、四川、西藏、浙江、台湾、福
建、广东、海南、广西、云南、贵州、江西。

越南、泰国、缅甸、印度、非洲北部地区、
美洲热带地区。

（4）展羽毛蕨 **Christella evoluta**（C. B. Clarke
et Baker）Holttum

石门。

四川、重庆、广西、贵州、湖南、云南。

印度、泰国。

（5）闽台毛蕨 **Christella jaculosa**（Christ）
Holttum

古丈。

福建、广东、广西、贵州、湖南、江西、台
湾、云南、浙江。

不丹、印度、日本、尼泊尔、越南。

（6）宽羽毛蕨 **Christella latipinna**（Bentham）
H.Léveillé

云南、浙江、福建、广东、香港、海南、广
西、贵州、湖南、台湾、浙江。

印度、印度尼西亚、斯里兰卡、越南、马来
西亚、波利尼西亚、菲律宾、澳大利亚、泰国、
缅甸。

（7）华南毛蕨 **Christella parasitica**（Linnaeus）
H.Léveillé

周喜乐、吴磊 1267；吴磊、席建明 1139；吴
磊、王开向 1604；周喜乐、吴磊 1255；北京队
001746

吉首、凤凰、古丈、沅陵、永顺、沿河、石
阡。

重庆、福建、广东、广西、贵州、海南、湖
南、江西、四川、台湾、云南、浙江。

印度、印度尼西亚、日本、韩国、老挝、缅
甸、尼泊尔、菲律宾、斯里兰卡、泰国、越南。

（8）石门毛蕨 **Christella shimenense**（K. H.
Shing et C. M. Zhang）X. L. Zhou et Y. H. Yan

06 科考队 H022；侯学煜 832

石门、酉阳。

湖南、重庆、贵州。

（9）中华齿状毛蕨 **Christella sinodentata**
（Ching et Z. Y. Liu）X. L. Zhou et Y. H. Yan

严岳鸿、刘炳荣 4795，4896，4797，4804，
4889，4785，4750；周喜乐、吴磊 1291；席建明、
贺海生 07793

吉首、花垣、石门。

湖南、重庆、贵州。

（10）武陵毛蕨 **Christella wulingshanense**（C.
M. Zhang）X. L. Zhou et Y. H. Yan

张代贵 YD241070，YD260011，YD260075；

金摄郎、张九兵 JSL-WLSQ 217；张宪春、魏雪
苹 6198

永顺、古丈、慈利、石门。

重庆、广西、湖南、四川、西藏、云南。

2. 栗柄金星蕨属 Coryphopteris Holttum（7:7:0）

（1）钝角金星蕨 *Parathelypteris angulariloba*（Ching）ching

慈利。

福建、台湾、广东、广西。

日本。

（2）中华金星蕨 *Parathelypteris chinensis*（Ching）ching

北京队 4462，002808

桑植、江口。

湖南、安徽、广西、贵州、云南、浙江、江西、福建、广东、四川。

（3）毛脚金星蕨 *Parathelypteris hirsutipes*（C. B. Clarke）Holttum

桑植。

云南。印度、缅甸。

（4）光脚金星蕨 *Parathelypteris japonica*（Baker）L. J. He et X. C. Zhang

北京队 s.n.001591；邢公侠、夏群 05655；简焯坡、张秀实等 31748；周喜乐、吴磊 1213

慈利、吉首、永顺、桑植、印江、江口、鹤峰。

安徽、福建、贵州、湖北、湖南、江苏、江西、四川、云南。

日本、朝鲜。

（5）黑叶金星蕨 *Parathelypteris nigrescens* Ching ex K. H. Shing

武陵山考察队 2357

芷江。

湖南、广西、云南。

（6）阔片金星蕨 *Parathelypteris pauciloba* Ching ex S.H.Wu

永顺。

湖南、福建。

（7）毛盖金星蕨 *Parathelypteris trichochlamys* Ching ex K. H. Shing

永顺。

广东、湖南。

3. 钩毛蕨属 Cyclogramma Tagawa（5:5:0）

（1）耳羽钩毛蕨 *Cyclogramma auriculata*（J. smith）Ching

金摄郎、周喜乐 JSL4653

江口。

贵州、台湾、云南。

尼泊尔、缅甸、不丹、印度和印度尼西亚。

（2）焕镛钩毛蕨 *Cyclogramma chunii*（Ching）Tagawa

金摄郎 JSL-WLSQ 124

沅陵。

湖南、广东。

（3）小叶钩毛蕨 *Cyclogramma flexilis*（Christ）Tagawa

金摄郎 JSL-WLSQ 077；周喜乐、张九兵 ZXL05604，JSL-WLSQ 597；周喜乐、严岳鸿、金冬梅 ZXL09651，ZXL09651

沅陵、桑植、永顺、石门。

湖南、四川、贵州。

（4）狭基钩毛蕨 *Cyclogramma leveillei*（Christ）Ching

邢公侠、夏群 5664；向良凤、向良笔 85；严岳鸿等 5175，5225A、s.n.；周喜乐等 1457；严岳鸿、张代贵 5222，5256，5313；严岳鸿、刘炳荣 4919

吉首、慈利、古丈、桑植、永顺、印江、江口。

湖南、云南、四川、贵州、福建、台湾、广东。

日本。

（5）峨眉钩毛蕨 *Cyclogramma omeiensis*（Baker）Tagawa

张代贵 140921057；刘正宇等 6016；北京队 001600，000345

酉阳、古丈、永顺。

四川、云南。

4. 方秆蕨属 Glaphyropteridopsis Ching（3:3:0）

（1）毛囊方秆蕨 *Glaphyropteridopsis eriocarpa*

Ching

彭水、黔江。

重庆。

（2）方秆蕨 *Glaphyropteridopsis erubescens*（Wallich ex Hooker）Ching

桑植。

湖南、四川、贵州、湖北、台湾。

不丹、印度、日本、克什米尔地区、缅甸、尼泊尔、巴基斯坦、菲律宾、越南。

（3）粉红方秆蕨 *Glaphyropteridopsis rufostraminea*（Christ）Ching

候学煜 1037，969；武陵山考察队 0991

印江、石门。

湖南、云南、贵州、湖北、四川、重庆。

5. 针毛蕨属 Macrothelypteris（H. Itô）Ching（4:4:0）

（1）针毛蕨 *Macrothelypteris oligophlebia*（Baker）Ching

吴磊等 1569，1721；席建明等 5020；严岳鸿等 5403，5448，4366，4860；严岳鸿、张代贵 5403；周喜乐等 1401

武陵山区广泛分布。

安徽、福建、广东、广西、贵州、河北、河南、湖北、湖南、江苏、江西、台湾、浙江。

日本、韩国。

（2）雅致针毛蕨 *Macrothelypteris oligophlebia* var. *elegans*（Koidzumi）Ching

刘志祥 BLF009；张代贵 zdg00045；吉首大学生物资源与环境科学学院 GWJ20170611_0538，GWJ20170610_0042，GWJ20170610_0041，GWJ20170611_0539；刘正宇、张进伦 6187-2，6187-1；吴玉、刘雪晴等 YY20181005_0027

武陵山区广泛分布。

重庆、安徽、福建、广东、广西、贵州、河南、湖北、湖南、江苏、江西、台湾、浙江。

日本、韩国。

（3）普通针毛蕨 *Macrothelypteris torresiana*（Gaudichaud）Ching

刘林翰 19581021；北京队 002912，00764，4318，003582，00756，00763，003693；王映明 5202

武陵山区广泛分布。

安徽、重庆、福建、广东、广西、贵州、海南、河南、湖北、湖南、江苏、江西、四川、台湾、西藏、云南、浙江。

日本、印度、越南、马来西亚、印度尼西亚、澳大利亚、不丹、缅甸、菲律宾、美国、尼泊尔、太平洋岛屿的热带和亚热带地区。

（4）翠绿针毛蕨 *Macrothelypteris viridifrons*（Tagawa）Ching

周喜乐、吴磊 1217，1247；邢公侠、夏群 5608 下，5608 中，5608 上，5627；贺海生等 039；杨丽华、王军、李运华 070065

吉首、慈利、凤凰、溆浦。

江苏、浙江、安徽、江西、福建、湖南。

韩国、日本。

6. 凸轴蕨属 Metathelypteris（H. Itô）Ching（4:4:0）

（1）三角叶凸轴蕨 *Metathelypteris deltoideofrons* Ching ex W. M. Chu et S. G. Lu

金摄郎、周喜乐 JSL4657

江口。

贵州、湖南、云南。

（2）林下凸轴蕨 *Metathelypteris hattorii*（H. Itô）Ching

北京队 2226；周喜乐、丁文灿 1357、1499；严岳鸿、张代贵 5107、5427；秦林川、李小腾 375；周喜乐、吴磊 1258；吴磊、王开向 1617

古丈、吉首、凤凰、保靖、桑植、石门、永顺、龙山、江口。

安徽、广西、湖南、浙江、贵州、福建、江西、四川。

日本。

（3）疏羽凸轴蕨 *Metathelypteris laxa*（Franchet & Savatier）Ching

秦林川、李小腾 505；周喜乐、丁文灿 1436；张灿明等 00125；严岳鸿、秦林川、席建明 5047；严岳鸿 4495

古丈、吉首、芷江、永顺、沅陵、龙山、桑植、石门、江口、鹤峰、宣恩。

重庆、广东、海南、湖北、江苏、湖南、浙江、福建、台湾、安徽、江西、贵州、四川、广

25

西、云南。

朝鲜、日本。

（4）有柄凸轴蕨 *Metathelypteris petiolulata* Ching ex K. H. Shing

桑植。

浙江、安徽、浙江、湖南、福建。

7. 金星蕨属 Parathelypteris（H. Itô）Ching（5:5:0）

（1）狭脚金星蕨 *Parathelypteris borealis*（Hara）K. H.Shing

刘正宇等 7082

酉阳。

重庆、安徽、福建、广西、贵州、湖南、江西、陕西、四川。

日本。

（2）金星蕨 *Parathelypteris glanduligera*（Kunze）Ching

北京队 00728、000310、407；席建明、朱胜 07406；张代贵等 00240、00240；周喜乐、丁文灿 1428；严岳鸿、席建明、秦林川 5068；周喜乐、吴磊 1219；严岳鸿、张代贵 5235

武陵山区广泛分布。

重庆、湖南、福建、广东、广西、贵州、江西、浙江、云南、四川、湖北、安徽、江苏、台湾、海南。

印度、斯里兰卡、老挝、越南、朝鲜、日本、韩国、尼泊尔。

（3）中日金星蕨 *Parathelypteris nipponica*（Franchet & Savatier）Ching

壶瓶山考察队 0752；北京队 2043、00741、01351；王映明 4111；武陵队 237；武陵山考察队 2093

沅陵、永顺、桑植、石门、印江、咸丰、宣恩、鹤峰。

福建、甘肃、广西、贵州、河南、湖北、湖南、江苏、江西、陕西、山东、四川、云南、浙江。

日本、朝鲜、尼泊尔。

（4）秦岭金星蕨 *Parathelypteris qinlingensis* Ching ex K. H. Shing

石门。

湖南、甘肃、陕西。

（5）有齿金星蕨 *Parathelypteris serrutula*（Ching）Ching

吴磊、席建明 1735；北京队 00744

吉首、永顺。

湖南、四川、贵州、浙江。

8. 卵果蕨属 Phegopteris（C. Presl）Fée（2:2:0）

（1）卵果蕨 *Phegopteris connectilis*（Michaux）Watt

吉首大学生物资源与环境科学学院 GWJ20180712_0169、GWJ20170611_0522、GWJ20170611_0521

五峰、印江、江口。

湖南、贵州、黑龙江、吉林、辽宁、陕西、云南、河南、陕西、四川、台湾。

广泛分布在北半球的温带地区，亚洲南部和喜马拉雅山脉以南。

（2）延羽卵果蕨 *Phegopteris decursive-pinnata*（H. C. Hall）Fée

L.H.Liu 10105、9743；周喜乐、吴磊 1268；严岳鸿、张代贵 5395；秦林川、李小腾 384；周喜乐、丁文灿 1330；贺海生等 035；杨丽华、王军、李运华 070145；吴磊、席建明 1701；安明先 3860

武陵山区广泛分布。

甘肃、安徽、重庆、福建、广东、广西、贵州、河南、湖北、湖南、江苏、江西、陕西、四川、台湾、云南、浙江。

越南、韩国、日本。

9. 新月蕨属 Pronephrium C. Presl（2:2:0）

（1）红色新月蕨 *Pronephrium lakhimpurense*（Rosenstock）Holttum

张迅 522224161105014LY、522224161105014LY

石阡。

贵州、福建、广东、广西、江西、四川、云南。

不丹、印度、尼泊尔、泰国、越南。

（2）披针新月蕨 *Pronephrium penangianum*（Hook.）Holttum

黔北队 2855；向良凤、向良笔 67、RTG020、

2；李辛缘、沈祥淦 113；席建明、朱胜 07410；严岳鸿 7511；武陵山考察队 860；安明先 3632；周喜乐、吴磊 1264

武陵山区广泛分布。

湖南、河南、浙江、湖北、江西、四川、贵州、云南、广西、广东。

缅甸、印度、不丹、克什米尔地区、尼泊尔、巴基斯坦。

10. 假毛蕨属 Pseudocyclosorus Ching（7:7:0）

（1）狭羽假毛蕨 *Pseudocyclosorus angustipinnus* Ching ex Y. X.

刘林翰 9261；林祁 888

桑植、梵净山。

湖南、贵州。

（2）西南假毛蕨 *Pseudocyclosorus esquirolii*（Christ）Ching

严岳鸿 4350、4449、4351；严岳鸿、张代贵 5005、5491；秦林川、李小腾 364

武陵山区广泛分布。

湖南、江西、台湾、广西、云南、四川、湖北、贵州、福建。

印度、缅甸、尼泊尔、泰国、斯里兰卡。

（3）镰片假毛蕨 *Pseudocyclosorus falcilobus*（Hooker）Ching

北京队 00727、003494、4041；武陵山考察队 1000

永顺、桑植、石阡、印江。

湖南、云南、福建、四川、贵州、广西、广东、海南、台湾、浙江。

印度、缅甸、老挝、日本、泰国、越南。

（4）青城假毛蕨 *Pseudocyclosorus qingchengensis* Y. X. Lin

邢公侠、夏群 05641

慈利。

湖南、广西、四川。

（5）普通假毛蕨 *Pseudocyclosorus subochthodes*（Ching）Ching

严岳鸿 4424、4347；严岳鸿、张代贵 YE4962；北京队 4117、003776、0434、0492、1462；武陵山考察队 1718；简焯坡、张秀实等 32477。

桑植、古丈、芷江、保靖、永顺、桑植、松桃、印江、江口。

安徽、福建、广东、广西、贵州、湖南、江西、四川、云南、浙江。

日本、韩国。

（6）景烈假毛蕨 *Pseudocyclosorus tsoi* Ching

严岳鸿等 5006、5316、5207；周喜乐等 1483、1536；秦林川等 446、343、560、335、440

古丈、永顺、慈利、玉屏。

贵州、福建、广东、广西、湖南、江西、浙江。

（7）假毛蕨 *Pseudocyclosorus tylodes*（Kunze）Ching

吉首大学生物资源与环境科学学院 GWJ20170610_0109、GWJ20170610_0110、GWJ20170610_0111；张代贵、邓涛 20060830181；邢公侠、夏群 5641 上

古丈、保靖、慈利、永顺。

湖南、海南、台湾、西藏、广东、广西、贵州、云南、四川。

越南、老挝、柬埔寨、缅甸、印度、菲律宾、斯里兰卡、泰国。

11. 紫柄蕨属 Pseudophegopteris Ching（4:4:0）

（1）耳状紫柄蕨 *Pseudophegopteris aurita*（Hooker）Ching

秦林川、李小腾 518；严岳鸿、张代贵 5512；张代贵等 0613032；周喜乐、丁文灿 1559；严岳鸿 4441、4395

古丈、保靖、龙山、永顺、桑植、石门、江口。

湖南、重庆、福建、贵州、江西南、西藏、云南。

不丹、印度、印度尼西亚、日本、马来西亚、缅甸、尼泊尔、巴布亚新几内亚、菲律宾、越南。

（2）星毛紫柄蕨 *Pseudophegopteris levingei*（C. B. Clarke）Ching

五峰。

27

甘肃、陕西、四川、台湾、西藏、云南。

阿富汗、不丹、印度、克什米尔地区、巴基斯坦。

（3）紫柄蕨 *Pseudophegopteris pyrrhorhachis*（Kunze）Ching

中香花 20060714151；张翼 040711014；雷开东 4331271410051415；苏玉莲 SYL642；金摄郎、张九兵 JSL-WLSQ 411、JSL-WLSQ 581；张代贵 ZZ100713790

石门、桑植、武陵源、永顺、沅陵、龙山、印江、松桃、江口、鹤峰、宣恩。

甘肃、重庆、福建、广东、广西、贵州、河南、湖北、湖南、江西、四川、台湾、云南、西藏。

越南、缅甸、印度、尼泊尔、不丹、斯里兰卡。

（4）光叶紫柄蕨 *Pseudophegopteris pyrrhorhachis* var. *glabrata*（C. B. Clarke）Holttum

刘正宇 882023

五峰、石门、龙山、酉阳。

重庆、贵州、湖北、四川、云南。

印度、缅甸、喜马拉雅山脉的西南地区。

12. 溪边蕨属 Stegnogramma Blume（8:8:0）

（1）华中茯蕨 *Stegnogramma centrochinensis*（Ching ex Y. X. Lin）X. L. Zhou et Y. H. Yan

严岳鸿、张代贵 5312

永顺。

湖南、湖北。

（2）贯众叶溪边蕨 *Stegnogramma cyrtomioides*（C. Christensen）Ching

祝文志 1140；北京队 002583

石门、桑植、宣恩。

湖南、云南、贵州、四川。

（3）金佛山溪边蕨 *Stegnogramma jinfoshanensis* Ching et Z. Y. Liu

金摄郎、周喜乐 ZXL07783

咸丰。

湖北、重庆、四川、云南。

（4）戟叶圣蕨 *Stegnogramma sagittifolia*（Ching）L. J. He et X. C. Zhang

武陵山考察队 1008；张百誉、唐安科 87-2764

桑植、江口、松桃。

贵州、广西、广东、湖南和江西。

（5）峨眉茯蕨 *Stegnogramma scallanii*（Christ）K. Iwats.

湘西考察队 899；简焯坡、张秀实等 30612；张志松、党成忠等 401949；北京队 1447、0726

慈利、永顺、桑植、武陵源、石门、印江、江口、玉屏、余庆。

福建、广东、广西、贵州、湖南、江西、四川、云南、浙江。

越南。

（6）小叶茯蕨 *Stegnogramma tottoides*（H. Itô）K. Iwats.

严岳鸿、张代贵 5307，5181；邢公侠、夏群 5769；简焯坡 30680；周喜乐、丁文灿 1529；简焯坡、张秀实等 30680；北京队 00731、002648；武陵考察队 1855

保靖、慈利、古丈、芷江、永顺、桑植、武陵源、石门、松桃、印江、江口、余庆。

江西、湖南、贵州、浙江、福建、台湾。

（7）羽裂圣蕨 *Stegnogramma wilfordii*（Hooker）J. Smith

刘炳荣 870443A，870443

武陵源、桑植、江口。

湖南、台湾、福建、浙江、广东、广西、贵州、四川、云南、江西。

日本、越南。

二十四、岩蕨科 Woodsiaceae（2:2）

1. 膀胱蕨属 Protowoodsia Ching（1:1:0）

（1）膀胱蕨 *Protowoodsia manchuriensis*

（Hooker）Ching

刘正宇等 6972

五峰、西阳。

重庆、黑龙江、吉林、辽宁、河北、山东、安徽、浙江、江西、河南、四川、贵州。

日本、朝鲜、俄罗斯。

2. 岩蕨属 Woodsia R. Brown（1:1:0）

（1）耳羽岩蕨 *Woodsia polystichoides* Eaton

刘林翰 17611，17756，9118；张进伦 6652；刘炳荣 870830；向良凤、向良笔 LYJ080

武陵山区广泛分布。

东北地区、华北地区、西北地区、西南地区、华中地区、华东地区。

俄罗斯、韩国、日本。

二十五、蹄盖蕨科 Athyriaceae（3:74）

1. 蹄盖蕨属 Athyrium Roth（33:33:0）

（1）羽裂安蕨 *Anisocampium × saitoanum*（Sugim）M. Kato

桑植。

湖南。

日本。

（2）尖羽角蕨 *Cornopteris christenseniana*（Koidzumi）Tagawa

金摄郎、王莹 YYH13247

沅陵。

浙江。

日本、韩国。

（3）宿蹄盖蕨 *Athyrium anisopterum* Christ

侯学煜 996

江口。

贵州、江西、台湾、湖南、广东、广西、四川、云南、西藏。

越南、泰国、缅甸、不丹、尼泊尔、印度、斯里兰卡、马来西亚、菲律宾、印度尼西亚。

（4）阿里山蹄盖蕨 *Athyrium arisanense*（Hayata）Tagawa

彭水。

台湾。

日本。

（5）大叶假冷蕨 *Athyrium atkinsonii* Beddome

张代贵 zdg1160；吴利肖 060731099；徐亮 060714101；张代贵、王业清、朱晓琴 2669

保靖、永顺、桑植、石门、江口、五峰。

重庆、甘肃、西藏、云南、贵州、四川、湖南、湖北、江西、台湾、福建、山西、河南、陕西。

克什米尔、韩国、印度、尼泊尔、缅甸、不丹、日本、巴基斯坦。

（6）短柄蹄盖蕨 *Athyrium brevistipes* Ching

李晓腾 060731126；吴利肖 060730077；张代贵 890715123；刘炳荣 85089；北京队 2286，002403，002613；武陵山考察队 2303；王映明 5554，4590

吉首、保靖、石门、桑植、永顺、石阡、鹤峰、宣恩。

湖南、陕西、湖北、重庆、贵州。

（7）长尾蹄盖蕨 *Athyrium caudiforme* Ching

保靖、石门。

湖南、四川。

（8）坡生蹄盖蕨 *Athyrium clivicola* Tagawa

祝文志 2819，XFB009；张灿明 8808215；北京队 4394，4488，002625

桑植、永顺、印江、宣恩、咸丰、恩施。

安徽、江西、福建、湖南、四川、重庆、浙江、台湾、湖北、贵州、广西。

日本、朝鲜半岛。

（9）合欢山蹄盖蕨 *Athyrium cryptogrammoides* Hayata

金摄郎、张九兵 JSL-WLSQ 413

桑植、永顺、梵净山、鹤峰、宣恩。

湖南、浙江、台湾、湖北、贵州、广西。

日本。

（10）角蕨 *Cornopteris decurrenti-alata*（Hooker）Nakai

北京队 000693；邢公侠、夏群 5762；简焯坡、张秀实等 31705

慈利、沅陵、桑植、武陵源、石门、永顺、

松桃、印江、江口。

台湾、湖南、河南、安徽、江苏、浙江、江西、福建、广东、广西、四川、重庆、贵州、云南。

日本、韩国。

（11）毛叶角蕨 *Cornopteris decurrenti-alata* f. *pillosella*（H.Ito）W.M.Chu

金摄郎、张九兵 JSL-WLSQ 543，JSL-WLSQ 544

桑植。

浙江、江西、湖南、四川、贵州、云南。

日本。

（12）翅轴蹄盖蕨 *Athyrium delavayi* Christ

中美梵净山联合考察队 2052

武陵源、松桃、江口。

湖南、台湾、湖北、广西、四川、重庆、贵州、云南。

缅甸、印度。

（13）薄叶蹄盖蕨 *Athyrium delicatulum* Ching et S. K. Wu

粟林 4331261503031209；张代贵 zdg1492，2012102201；雷开东 4331271503041491；谌容 411

古丈、永顺、印江、江口。

湖南、广西、四川、重庆、贵州、云南、西藏。

（14）溪边蹄盖蕨 *Athyrium deltoidofrons* Makino

北京队 4331，002851；简焯坡、张秀实等 30392

沅陵、桑植、印江。

湖南、浙江、江西、福建、四川、贵州。

朝鲜半岛、日本。

（15）湿生蹄盖蕨 *Athyrium devolii* Ching

杨丽华、王军、李运华 070108；北京队 003495、002660、2081、002668

桑植、溆浦。

湖南、浙江、福建、江西、广西、四川、重庆、贵州、云南、西藏。

（16）疏叶蹄盖蕨 *Athyrium dissitifolium*（Baker）C. Christensen

周喜乐、金冬梅 ZXL9763

永顺、桑植。

湖南、广西、四川、贵州、云南。

越南、泰国、缅甸、不丹、尼泊尔。

（17）毛翼蹄盖蕨 *Athyrium dubium* Ching

吴利肖 060730055

保靖、石门、桑植、梵净山。

湖南、四川、贵州、云南、西藏。

（18）轴果蹄盖蕨 *Athyrium epirachis*（Christ）Ching

中美贵州联合考察队 1314；简焯坡 31731，30391；王映明 5658；侯学煜 875；李洪钧 9387，9378；北京队 002809；邓涛 050523093

保靖、桑植、印江、酉阳、鹤峰、咸丰。

重庆、云南、贵州、四川、湖南、湖北、台湾、福建、广西、广东。

日本。

（19）长江蹄盖蕨 *Athyrium iseanum* Rosen-stock

李洪钧 4292；秦林川等 360，421，346，424；周喜乐等 1431，1371；北京队 002448，4333；武陵考察队 1627

古丈、武陵源、桑植、芷江、江口、印江、宣恩。

湖南、江苏、安徽、浙江、江西、福建、台湾、广东、广西、湖北、四川、重庆、贵州、云南、西藏。

日本、朝鲜。

（20）长柄蹄盖蕨 *Athyrium longius* Ching

简焯坡、应俊生、马成功等 31206；侯学煜 998

桑植、石门、印江。

湖南、贵州。

（21）川滇蹄盖蕨 *Athyrium mackinnonii*（C. Hope）C. Christensen

王大兰 5222301909222007LY；酉阳队 500242-330

石门、桑植、永顺、沅陵、印江、万山、酉阳、宣恩。

四川、湖南、陕西、甘肃、湖北、广西、重庆、贵州、云南、西藏。

越南、泰国、缅甸、尼泊尔、印度、巴基斯坦、阿富汗。

（22）日本安蕨 *Anisocampium niponicum*（Beddome）Yea C. Liu W. L. Chiou & M. Kato

金摄郎、张九兵 JSL-WLSQ 833，JSL-WLSQ 293，JSL-WLSQ 143；商辉、顾钰峰 SG885；金摄郎、周喜乐 JSL4866

武陵山区广泛分布。

安徽、重庆、甘肃、广东、广西、贵州、河北、河南、湖北、湖南、江苏、江西、辽宁、宁夏、陕西、山东、山西、四川、台湾、云南、浙江。

日本、朝鲜半岛、越南、缅甸、尼泊尔、印度。

（23）峨眉蹄盖蕨 *Athyrium omeiense* Ching

石门、桑植。

湖南、贵州、陕西、甘肃、湖北、四川、重庆、云南。

（24）光蹄盖蕨 *Athyrium otophorum*（Miquel）Koidzumi

祝文志 1664；刘正宇 500243-001-066；彭水队 500243-001-032；刘林翰 1881；周喜乐、丁文灿 1435；秦林川、李小腾 423；周喜乐等 1549；酉阳队 500242-357

龙山、古丈、凤凰、沅陵、永顺、桑植、武陵源、江口、印江、松桃、彭水、酉阳、鹤峰、宣恩。

湖南、安徽、浙江、福建、台湾、广东、广西、四川、重庆、湖北、贵州、云南。

日本、朝鲜半岛。

（25）裸囊蹄盖蕨 *Athyrium pachyphyllum* Ching

武陵源、桑植、永顺。

湖南、广西、贵州、云南。

（26）贵州蹄盖蕨 *Athyrium pubicostatum* Ching et Z. Y. Liu

刘炳荣 871559，870779；Y.Tsiang 7567；商辉、顾钰峰 SG823；刘正宇等 846768；吴世福 612；彭海军 060729006；酉阳队 500242-347

保靖、石门、桑植、永顺、沅陵、芷江、印江、酉阳。

湖南、湖北、四川、重庆、贵州、广西、云南、台湾。

（27）华东安蕨 *Anisocampium sheareri*（Baker）Ching

李洪钧 9380；刘林翰 1931；吴磊、王开向 1576；吴磊、席建明 1699；严岳鸿、秦林川、席建明 5032；贺海生等 029

武陵山区广泛分布。

湖南、甘肃、江苏、安徽、浙江、江西、福建、湖北、广东、广西、重庆、四川、台湾、贵州、云南。

日本、韩国。

（28）软刺蹄盖蕨 *Athyrium strigillosum*（Moore ex Lowe）Moore ex Salom

严岳鸿、张代贵 5355，5358；刘林翰 9479；严岳鸿、张代贵 5353；简焯坡 31749

永顺、沅陵、保靖、桑植、武陵源、印江。

湖南、江西、台湾、广东、广西、四川、贵州、云南、西藏。

日本、缅甸、尼泊尔、印度、克什米尔、不丹。

（29）尖头蹄盖蕨 *Athyrium vidalii*（Franchet & Savatier）Nakai

北京队 2042，1451，2337，2079，4293；武陵山考察队 738

桑植、石门、永顺、江口、酉阳、恩施。

湖南、湖北、贵州、福建、重庆、陕西、甘肃、安徽、浙江、江西、福建、台湾、河南、广西、四川、云南。

日本、朝鲜半岛。

（30）胎生蹄盖蕨 *Athyrium viviparum* Christ

刘林翰 9479；北京队 00769

永顺、桑植、江口、印江、松桃。

湖南、江西、广东、广西、四川、重庆、贵州、云南。中国特有种。

（31）华中蹄盖蕨 *Athyrium wardii*（Hooker）Makino

中美梵净山联合考察队 1198；北京队 2387，000696；冉冲 522222140427005LY；秦林川、李小腾 373；杨彬 080504045；周喜乐、严岳鸿、金

冬梅 ZXL9714；张代贵 080604019

古丈、沅陵、永顺、龙山、桑植、石门、江口、印江、鹤峰、宣恩。

湖南、四川、安徽、浙江、江西、福建、湖北、广西、贵州、重庆、云南。

日本、朝鲜。

（32）无毛华中蹄盖蕨 *Athyrium wardii* var. *glabratum* Y. T. Hsieh & Z. R. Wang

周喜乐等 1333；北京队 4399；周喜乐、陈红锋 1333；周喜乐、丁文灿 1403

古丈、桑植、石门。

湖南、浙江、福建。

（33）禾秆蹄盖蕨 *Athyrium yokoscense* （Franchet & Savatier）Christ

北京队 002416，002427，002807；酉阳队 500242-332

石门、桑植、江口、印江、酉阳。

湖南、黑龙江、吉林、辽宁、贵州、重庆、江西、浙江、江苏、安徽、河南、山东。

日本、朝鲜半岛、俄罗斯。

2. 对囊蕨属 Deparia Hooker & Greville（19:19:0）

（1）对囊蕨 *Deparia boryana*（Willd）M. Kato

江口。

福建、广东、广西、贵州、海南、湖南、陕西、四川、台湾、西藏、云南、浙江。

印度、印度尼西亚、马来西亚、尼泊尔、菲律宾、斯里兰卡、泰国、越南、非洲、缅甸。

（2）美丽对囊蕨 *Deparia concinna*（Z. R. Wang）M. Kato

金摄郎、商辉 JSL-196

贵州、湖南、四川、重庆、云南。

（3）钝羽对囊蕨 *Deparia conilii*（Franchet & Savatier）M. Kato

保靖、石门。

湖南、河南、甘肃、山东、江苏、安徽、浙江、江西、台湾。

日本、韩国。

（4）斜生对囊蕨 *Deparia dickasonii* M. Kato

周喜乐、吴磊 1250，1230；杨丽华、王军，

李运华 070151

桑植、溆浦。

湖南、贵州、云南。

缅甸。

（5）直立对囊蕨 *Deparia erecta* M. Kato

桑植、鹤峰。

湖南、湖北、四川、重庆、贵州、云南。

（6）镰小羽对囊蕨 *Deparia falcatipinnula*（Z. R. Wang）Z. R. Wang

桑植。

湖南、四川。

（7）全缘对囊蕨 *Deparia formosana*（Rosenstock）R. Sano

金摄郎、张九兵 JSL-WLSQ 669；严岳鸿、张锐 RS216

桑植。

湖南、台湾、云南。

日本。

（8）鄂西对囊蕨 *Deparia henryi*（Baker）M. Kato

张代贵 q0907006，ZZ090729046，YH140821-473，FH20170412_0014

保靖、凤凰、永顺、桑植、石门、鹤峰。

湖南、陕西、甘肃、福建、河南、湖北、四川、重庆、贵州、云南。

（9）东洋对囊蕨 *Deparia japonica*（Thunberg）M. Kato

金摄郎、张九兵 JSL-WLSQ 860，JSL-WLSQ 730，JSL-WLSQ 855，JSL-WLSQ 284，JSL-WLSQ 151，JSL-WLSQ 1428；金摄郎 JSL-WLSQ 013，JSL-WLSQ 118

沅陵、新晃、凤凰、保靖、永顺、龙山、桑植、慈利、石门、江口、印江、松桃、鹤峰。

湖南、山东、安徽、河南、甘肃、江苏、上海、浙江、江西、福建、台湾、湖北、广东、广西、四川、重庆、贵州、云南。

韩国、日本、尼泊尔、印度、缅甸。

（10）单叶对囊蕨 *Deparia lancea*（Thunberg）Fraser-Jenkins

肖艳、莫海波、张成、刘阿梅 LS-757；金摄郎、张九兵 JSL-WLSQ 835，JSL-WLSQ

308；张代贵 zdg1407220922，FH20170412_0037，YD24-1079；吉首大学生物资源与环境科学学院 GWJ20170610_0036

武陵山区广泛分布。

河南、江苏、安徽、浙江、江西、福建、台湾、湖南、广东、海南、广西、四川、贵州、云南。

日本、菲律宾、越南、缅甸、尼泊尔、印度、斯里兰卡。

（11）狭叶对囊蕨 *Deparia longipes*（Ching）Shinohara

黔江。

湖南、四川、云南、西藏、台湾。

（12）大久保对囊蕨 *Deparia okuboana* Kato

金摄郎、张九兵 JSL-WLSQ 478，JSL-WLSQ 953，JSL-WLSQ 271；田代科、肖艳、莫海波、张成 LS-2635；金摄郎 JSL-WLSQ 099；向良凤、向良笔 RTG023

龙山、沅陵、永顺、桑植、石门、松桃、德江、印江、江口、宣恩。

湖南、甘肃、陕西、安徽、江苏、浙江、江西、福建、河南、湖北、广东、广西、四川、贵州、云南。

日本、越南。

（13）毛叶对囊蕨 *Deparia petersenii*（Kunze.）M. Kato

金摄郎、张九兵 JSL-WLSQ 546，JSL-WLSQ 865，JSL-WLSQ 366

武陵山区广泛分布。

安徽、重庆、福建、甘肃、广东、广西、贵州、海南、河南、湖北、湖南、江苏、江西、山东、山西、四川、台湾、西藏、云南、浙江。

日本、韩国、大洋洲。

（14）刺毛对囊蕨 *Deparia setigera*（Ching ex Y. T. Hsieh）Z. R. Wang

桑植、石门。

湖南、浙江、重庆。

（15）华中对囊蕨 *Deparia shennongensis*（Ching, Boufford & K. H. Shing）X. C. Zhang

张代贵 lj0122053；金摄郎、张九兵 JSL-WLSQ 650，JSL-WLSQ 437，JSL-WLSQ 299

石门、桑植、永顺、江口、印江、酉阳、鹤峰、宣恩。

湖南、四川、陕西、安徽、浙江、江西、河南、湖北、重庆、贵州、云南。

（16）川东对囊蕨 *Deparia stenopterum*（Christ）Z. R. Wang

周喜乐、吴磊 1283；秦林川、李小腾 406；北京队 1054，2082，4157，4063；向良凤、向良笔 86；严岳鸿、刘炳荣 4886；席建明、贺海生 07800；周喜乐、丁文灿 1386

古丈、花垣、吉首、保靖、永顺、桑植、石门。

湖南、湖北、四川、贵州、云南。

（17）单叉对囊蕨 *Deparia unifurcata*（Baker）Kato

金摄郎、张九兵 JSL-WLSQ 610，JSL-WLSQ 941，JSL-WLSQ 264，JSL-WLSQ 881，JSL-WLSQ 207，JSL-WLSQ 916；金摄郎 JSL-WLSQ 072

凤凰、吉首、桑植、石门、永顺、沅陵、江口、印江、咸丰、宣恩、鹤峰。

重庆、湖南、湖北、四川、贵州、云南、陕西、浙江、台湾。

日本。

（18）河北对囊蕨 *Deparia vegetior*（Kitagawa）X. C. Zhang

印江、鹤峰。

甘肃、河南、重庆、云南、贵州、四川、湖北、河南、陕西、河北、山东、山西。

（19）绿叶对囊蕨 *Deparia viridifrons* Kato

金摄郎、周喜乐 ZXL07769，JSL4949；金摄郎、张九兵 JSL-WLSQ 1378，JSL-WLSQ 225，JSL-WLSQ 258

保靖、芷江、永顺、桑植、石门、江口、印江、酉阳、黔江。

湖南、浙江、江西、福建、四川、贵州、云南。

日本，朝鲜半岛。

3. 双盖蕨属 Diplazium Swartz（22：22：0）

（1）中日双盖蕨 *Diplazium × kidoi* Sa. Kurata

金摄郎、张九兵 JSL-WLSQ 766，JSL-WLSQ

671。

桑植。

湖南、福建。

（2）中华双盖蕨 *Diplazium chinense*（Baker）C. Christensen

凤凰、永顺、德江、酉阳。

上海、台湾、重庆、贵州、四川、广西、湖南、江西、福建、浙江、江苏。

朝鲜、日本、越南。

（3）边生双盖蕨 *Diplazium conterminum* Christ

永顺、江口。

福建、江西、台湾、湖南、浙江、广东、广西、重庆、贵州、云南。

越南、泰国、日本。

（4）毛柄双盖蕨 *Diplazium dilatatum* Blume

芷江。

重庆、海南、浙江、云南、贵州、四川、广西、广东、湖南、福建、台湾。

越南、菲律宾、印度尼西亚、波利尼西亚、澳大利亚、泰国、尼泊尔、老挝、马来西亚、缅甸、印度、日本。

（5）光脚双盖蕨 *Diplazium doederleinii*（Luerss）Makino

石门、江口。

湖南、浙江、福建、台湾、广东、广西、四川、贵州、云南。

日本、越南。

（6）食用双盖蕨 *Diplazium esculentum*（Retzius）Swartz

武陵山区广泛分布。

江西、安徽、浙江、福建、台湾、广东、海南、香港、湖南、广西、四川、贵州、云南、西藏。

亚洲热带地区和亚热带地区、波利尼西亚热带地区。

（7）镰羽双盖蕨 *Diplazium griffithii* T. Moore

桑植。

湖南、广西、贵州、云南。

印度、越南。

（8）薄盖双盖蕨 *Diplazium hachijoense* Nakai

金摄郎、张九兵 JSL-WLSQ 805，JSL-WLSQ 690；金摄郎 JSL-WLSQ 085，JSL-WLSQ 084

沅陵、永顺、桑植、石门、保靖、江口、印江。

湖南、安徽、浙江、江西、福建、广东、广西、四川、重庆、贵州。

韩国、日本。

（9）异果双盖蕨 *Diplazium heterocarpum* Ching

金摄郎、张九兵 JSL-WLSQ 853；肖艳、赵斌 LS-2342；金摄郎、商辉 JSL-106

龙山、石门、桑植、凤凰、德江、江口、酉阳。

湖南、重庆、贵州。

（10）鳞轴双盖蕨 *Diplazium hirtipes* Christ

金摄郎、张九兵 JSL-WLSQ 660，JSL-WLSQ 442，JSL-WLSQ 409，JSL-WLSQ 751；严岳鸿 20131026-01；金摄郎、商辉 JSL-121A，JSL-120；侯学煜 671a

桑植、印江、黔江、鹤峰。

湖南、广西、四川、贵州、湖北、重庆、云南。

越南。

（11）异裂双盖蕨 *Diplazium laxifrons* Rosenstock

金摄郎、张九兵 JSL-WLSQ 816，JSL-WLSQ 549，JSL-WLSQ 256；严岳鸿、刘炳荣 4926；严岳鸿、张代贵 5435，5437；席建明、贺海生 07747；北京队 001693

石门、保靖、花垣、桑植、吉首、沅陵、永顺、江口、松桃。

湖南、福建、台湾、广西、广东、四川、重庆、贵州、云南、西藏。

不丹、印度、克什米尔地区、尼泊尔。

（12）江南双盖蕨 *Diplazium mettenianum*（Miquel）C. Christensen

张代贵 zdg1547；金摄郎、张九兵 JSL-WLSQ 551，JSL-WLSQ 748；吉首大学生物资源与环境科学学院 GWJ20180713_0376

古丈、保靖、永顺、桑植、江口、印江、松桃。

安徽、重庆、福建、广东、广西、贵州、海南、湖南、江西、四川、台湾、云南、浙江。

日本、越南、泰国。

（13）小叶双盖蕨 *Diplazium mettenianum* var. *fauriei*（Christ）Tagawa

沅陵。

福建、浙江、江西、广东。

日本、越南。

（14）假耳羽双盖蕨 *Diplazium okudairai* Makino

金摄郎、张九兵 JSL-WLSQ 930，JSL-WLSQ 712；贺海生等 s.n.；简焯坡、张秀实等 32588；严岳鸿 7462；向良凤、向良笔 81；吴世福 1148

凤凰、吉首、保靖、桑植、江口、印江、咸丰。

湖南、湖北、江西、四川、重庆、贵州、云南、台湾。

日本、韩国。

（15）卵果双盖蕨 *Diplazium ovatum*（W. M. Chu ex Ching & Z. Y. Liu）Z. R. He

肖艳、赵斌 LS-2425；田代科、肖艳、陈岳 LS-1539，LS-1507；金摄郎、张九兵 JSL-WLSQ 820，JSL-WLSQ 550，JSL-WLSQ 970

龙山、凤凰、永顺、桑植、石门。

湖南、四川、重庆、贵州、云南。

越南。

（16）薄叶双盖蕨 *Diplazium pin-faense* Ching

李洪钧 6050；严岳鸿 4408；金摄郎、周喜乐 ZXL07779；张迅 522224161106033LY

吉首、桑植、石阡、黔江、鹤峰。

湖北、湖南、重庆、福建、贵州、广西、江西、四川、云南、浙江。

日本。

（17）双生双盖蕨 *Diplazium prolixum* Rosenstock Repert.

金摄郎、周喜乐 JSL4748

思南。

重庆、贵州、广西、云南。

越南。

（18）矩圆双盖蕨 *Diplazium pseudosetigerum*（Christ）Fraser-Jenkins

酉阳。

重庆、贵州、四川。

越南。

（19）鳞柄双盖蕨 *Diplazium squamigerum*（Mettenius）Matsum

金摄郎、张九兵 JSL-WLSQ 548，JSL-WLSQ 459；北京队 1513，3952；李洪钧 5273；吴世福 1144；中科院武汉植物园 5273

沅陵、永顺、桑植、石门、印江、江口、宣恩。

河南、江苏、四川、湖南、甘肃、安徽、浙江、江西、福建、台湾、广西、湖北、重庆、贵州、云南、西藏。

日本、朝鲜、印度、尼泊尔。

（20）淡绿双盖蕨 *Diplazium virescens* Kunze

严岳鸿 4447；北京队 4116；邢公侠，夏群 5603 上；雷开东 4331271410051406；粟林 4331261407070464；祝文志 XFB096；王映明 6680；侯学煜 794a；金摄郎、张九兵 JSL-WLSQ 783；吉首大学生物资源与环境科学学院 GWJ20170610_0065

慈利、永顺、古丈、保靖、桑植、石门、江口、印江、酉阳、咸丰。

湖北、湖南、四川、重庆、安徽、浙江、江西、福建、台湾、广东、广西、贵州、云南。

日本、韩国、越南。

（21）深绿双盖蕨 *Diplazium viridissimum* Christ

张代贵 YD260037，YD241005，YD241004，YH060401491，C027；金摄郎、张九兵 JSL-WLSQ 209

永顺、古丈、保靖、桑植、石门、江口、印江、咸丰。

四川、海南、贵州、湖南、湖北、广西、安徽、浙江、江西、福建、台湾、广东、广西、贵州、云南。

喜马拉雅山脉、韩国、越南、缅甸、尼泊尔、菲律宾、印度。

（22）耳羽双盖蕨 *Diplazium wichurae*（Mettenius）Diels

金摄郎、张九兵 JSL-WLSQ 767；北京队

4061；张代贵等 YD00201；向良凤、向良笔 7；张代贵 phx093；侯学煜 671

永定、沅陵、古丈、永顺、桑植、石门、江口、德江、黔江。

安徽、福建、广东、贵州、江苏、江西、四川、台湾、浙江。

朝鲜、日本。

二十六、乌毛蕨科 Blechnaceae（3:5）

1. 乌毛蕨属 Blechnum Linnaeus（1:1:0）

（1）乌毛蕨 *Blechnum orientale* Linnaeus

胡银新 060714138；北京队 000929；张代贵 xm310，YD260001，YD260065，YD241098

古丈、永顺、沅陵、吉首、沿河、德江、思南、印江、江口、松桃、余庆、石阡、岑巩、施秉、镇远、玉屏。

湖南、四川、贵州、云南、江西、福建、广东、广西、台湾、海南、香港、澳门、重庆、西藏、浙江。

日本、马来西亚、印度、斯里兰卡、澳大利亚、波里尼西亚。

2. 荚囊蕨属 Struthiopteris Scopoli（1:1:0）

（1）荚囊蕨 *Struthiopteris eburnea*（Christ）Ching

刘林翰 1812；黔南队 2760；黔北队 2852；张灿明等 178；武陵山考察队 2645；刘炳荣 870810；席建明、贺海生 07792；李洪钧 7583；席建明、贺海生 07760；张代贵等 20070617152

武陵山区广泛分布。

福建、湖南、台湾、安徽、湖北、四川、贵州、广西。

3. 狗脊属 Woodwardia J. E. Smith（3:3:0）

（1）狗脊 *Woodwardia japonica*（Linnaeus f.）Smith

L.H.Liu 9693；严岳鸿、张代贵 5126，4988，5383；严岳鸿、秦林川、席建明 05098；周喜乐、丁文灿 1317；吴磊、王开向 1632

武陵山区广泛分布。

长江流域以南各地区、台湾。

日本、韩国、越南。

（2）顶芽狗脊 *Woodwardia unigemmata*（Makino）Nakai

黔北队 2772；候学煜 738；向良凤、向良笔 22，76；严岳鸿、张代贵 5474，5170；张代贵等 00257，070617118

武陵山区广泛分布。

福建、甘肃、广东、广西、贵州、湖北、湖南、江西、山西、四川、台湾、西藏、云南。

不丹、印度、日本、克什米尔地区、缅甸、尼泊尔、巴基斯坦、菲律宾、越南。

（3）东方狗脊 *Woodwardia orientalis* Swartz

张代贵 pcn081；贺海生等 200772011

龙山、凤凰。

安徽、福建、广东、广西、湖南、江西、台湾、浙江。

日本、菲律宾。

二十七、球子蕨科 Onocleaceae（1:2）

1. 东方荚果蕨属 Pentarhizidium Hayata（2:2:0）

（1）中华荚果蕨 *Pentarhizidium intermedium*（C. Christensen）Hayata

李振基、吕静 1172

龙山、五峰。

贵州、甘肃、河北、湖北、四川、山西、陕西、云南。

（2）东方荚果蕨 *Pentarhizidium orientale* Hayata

张代贵 GZ0083，1026，YD2100111，06072-9036

武陵山区广泛分布。

贵州、河南、安徽、重庆、广东、广西、湖南、河北、陕西、山西、甘肃、四川、云南、湖北、江西、台湾、西藏、浙江。

印度、日本、韩国、俄罗斯。

二十八、肿足蕨科 Hypodematiaceae（1:4）

1. 肿足蕨属 Pentarhizidium Hayata（4:4:0）

（1）肿足蕨 *Hypodematium crenatum*（Forsskål）Kuhn & Decken

B.Bartholomew et al. 712；北京队 4161；张宪春、魏雪苹 6188；席建明、贺海生 07714；武陵队 1236；严岳鸿、张代贵 5488；谷中村 903-69；邢公侠、夏群 05777A

武陵山区广泛分布。

北京、河南、江西、浙江、湖南、贵州、安徽、甘肃、四川、云南、广东、广西、台湾。

印度、越南、日本、马来西亚、缅甸、菲律宾、非洲。

（2）福氏肿足蕨 *Hypodematium fordii*（Baker）Ching

桑植。

安徽、福建、广东、贵州、江西。

日本。

（3）光轴肿足蕨 *Hypodematium hirsutum*（Don）Ching

严岳鸿、刘炳荣 4869；严岳鸿、秦林川、席建明 5003；无采集人 624

吉首、永顺、石门。

贵州、湖南、河南、四川、西藏、云南、陕西、甘肃。

印度、缅甸、尼泊尔、不丹。

（4）鳞毛肿足蕨 *Hypodematium squamulo-so-pilosum* Ching

祝文志 1601

宣恩。

贵州、山东、安徽、浙江、湖南、北京、山西、江苏、福建、湖北、江西。

二十九、鳞毛蕨科 Dryopteridaceae（7:149）

1. 复叶耳蕨属 Arachniodes Blume（22:22:0）

（1）斜方复叶耳蕨 *Arachniodes amabilis*（Blume）Tindale

宿秀江、刘和兵 433125D00160808067；粟林 4331261409070652；向良凤、向良笔 BZS008；唐永清 1076；张代贵 080502049，2011；田代科、肖艳、陈岳 LS-1299；金摄郎、张九兵 JSL-WLSQ 502

武陵山区广泛分布。

重庆、湖南、江苏、安徽、浙江、江西、福建、台湾、湖北、广东、广西、四川、贵州、云南。

菲律宾、斯里兰卡、尼泊尔、韩国、印度、印度尼西亚、日本。

（2）美丽复叶耳蕨 *Arachniodes speciosa*（D. Don）Ching

金摄郎、张九兵 JSL-WLSQ 584；浙黔队 002519；中美联合考察队 1115；B.Bartholomew et al. 1115；武陵山考察队 88-104；严岳鸿、张代贵 5260

桑植、永顺、松桃、江口、印江。

湖南、重庆、甘肃、海南、湖北、浙江、江

苏、台湾、云南、四川、福建、江西、贵州、广西、广东。

不丹、印度、日本、尼泊尔、新几内亚、泰国、越南。

（3）刺头复叶耳蕨 *Arachniodes aristata*（G. Forster）Tindale

金摄郎、张九兵 JSL-WLSQ 326，792，490；陈功锡 080731218；田代科、肖艳、陈岳 LS-1388

龙山、永顺、石门、沅陵、桑植、印江、思南、江口。

贵州、河南、湖南、山东、江苏、安徽、浙江、江西、福建、台湾、广东、广西。

印度、日本、韩国、马来西亚、尼泊尔、菲律宾、澳大利亚、太平洋岛屿。

（4）西南复叶耳蕨 *Arachniodes assamica*（Kuhn）Ohwi

印江。

四川、云南、贵州、广西。

（5）粗齿黔蕨 *Arachniodes blinii*（H. Léveillé）T. Nakaike

张代贵 YD2100094，zdg10337；金摄郎 JSL-WLSQ 111，JSL-WLSQ 033；金摄郎、张九兵 JSL-WLSQ 761；李晓腾 080510017；张仕燕 0715100

吉首、永顺、桑植、沅陵、慈利、江口、印江、松桃、秀山。

江西、云南、贵州、四川、湖南。

（6）中华复叶耳蕨 *Arachniodes chinensis*（Rosenstock）Ching

简焯坡 32586；张志松 400503；严岳鸿、张代贵 5404；北京队 00533，003516；向良凤、向良笔 30，25，31

沅陵、保靖、永顺、桑植、江口。

长江流域以南各地区。

越南、日本、泰国、马来西亚、印度尼西亚。

（7）细裂复叶耳蕨 *Arachniodes coniifolia*（T. Moore）Ching

唐勇清 29004，29001；无采集人 F0684；中美联合考察队 2299；酉阳队 500242-355；彭水

队 500243-003-058

保靖、江口、松桃、彭水、酉阳。

重庆、广西、贵州、四川、云南。

不丹、尼泊尔。

（8）华南复叶耳蕨 *Arachniodes festina*（Hance）Ching

严岳鸿、张代贵 5326，5337；无采集人 90-5 905-3；金摄郎、张九兵 JSL-WLSQ 776；吴世福 1120；杨丽华、王军、李运华 070321；刘林翰 1909；B.Bartholomew et al. 2299

永顺、桑植、沅陵、龙山、松桃。

四川、云南、湖南、江西、福建、台湾、广东、广西、贵州。

（9）假斜方复叶耳蕨 *Arachniodes hekiana* Sa. Kurata

金摄郎 JSL-WLSQ 127；肖艳、龚理 LS-2955；无采集人 F0604；简焯坡 32589；中美联合考察队 371，1112

龙山、沅陵、永顺、桑植、江口。

云南、贵州、湖南、四川、安徽、重庆、福建、广东、广西、浙江。

日本。

（10）湖南复叶耳蕨 *Arachniodes hunanensis* Ching

北京队 00721，00717；谷忠村 GZC448

永顺、古丈、吉首、沅陵。

湖南特有。

（11）毛枝蕨 *Arachniodes miqueliana*（Maximowicz ex Franchet & Savatier）Ohwi

吉首大学生物资源与环境科学学院 GWJ20180712_0095；金摄郎、张九兵 JSL-WLSQ 475，JSL-WLSQ 747；北京队 2357，4447

古丈、桑植、永定、武陵源。

安徽、贵州、吉林、云南、湖南、浙江、江西、四川。

日本、朝鲜。

（12）贵州复叶耳蕨 *Arachniodes nipponica*（Rosenstock）Ohwi

保靖、江口。

四川、浙江、江西、湖南、广东、贵州、云南。日本。

（13）假西南复叶耳蕨 *Arachniodes pseudoas-samica* Ching

凤凰、沅陵、桑植。

湖南、云南。

（14）四回毛枝蕨 *Arachniodes quadripinnata*（Hayata）Serizawa

金摄郎、张九兵 JSL-WLSQ 458，741

桑植。

安徽、湖南、贵州、江西、四川、台湾、广西和云南。

日本。

（15）长尾复叶耳蕨 *Arachniodes simplicior*（Makino）Ohwi

壶瓶山考察队 1112；吴磊等 1572；严岳鸿等 5082；向良凤、向良笔 28；秦林川等 453

武陵山区广泛分布。

安徽、重庆、福建、甘肃、广西、贵州、河南、湖北、湖南、江苏、江西、陕西、四川、西藏、云南、浙江。

日本。

（16）华西复叶耳蕨 *Arachniodes simulans*（Ching）Ching

张代贵 zdg1528，080308016；中美联合考察队 1027；严岳鸿、张代贵 5375；B.Bartholomew et al. 1027；雷开东 4331271503051527；唐勇清 0607029004

吉首、保靖、永顺、桑植、石门、江口、松桃、印江、鹤峰、宣恩。

甘肃、陕西、四川、云南、贵州、四川、湖南、湖北、安徽、江西。

不丹、日本、印度。

（17）无鳞毛枝蕨 *Arachniodes sinomiquelia-na*（Ching）Ohwi

简焯波 31699

桑植、印江。

浙江、重庆、江西、湖南、四川、贵州、云南。

日本。

（18）中华斜方复叶耳蕨 *Arachniodes sinor-homboidea* Ching

严岳鸿、金摄郎 TQS106；吉首大学生物资源与环境科学学院 GWJ20170611_0440，0441，GWJ20180712_0177，0331；张代贵 170705016

武陵山区广泛分布。

四川、贵州、湖南、江西、浙江、安徽、江苏。

（19）美观复叶耳蕨 *Arachniodes speciosa*（D. Don）Ching

金摄郎、张九兵 JSL-WLSQ 537；金摄郎 JSL-WLSQ 096；张代贵、王业清、朱晓琴 zdg，wyq，zxq0181；田代科、肖艳、陈岳 LS-1208

沅陵、桑植、永顺、江口、松桃、印江。

甘肃、湖北、重庆、海南、四川、云南、贵州、广西、甘肃、广东、湖南、江西、福建、台湾、浙江、安徽、江苏。

日本、不丹、尼泊尔、新几内亚、泰国、越南、印度。

（20）武陵山复叶耳蕨 *Arachniodes wuling-shanensis* S. F. Wu

北京队 00745；张代贵 GZ2016071003782

古丈、永顺。

湖南。

（21）东洋复叶耳蕨 *Arachniodes yoshinagae*（Makino）Ohwi

植被调查队 824

桑植。

重庆、湖南。

日本。

（22）紫云山复叶耳蕨 *Arachniodes ziyunshan-ensis* Y. T. Hsieh

金摄郎、张九兵 JSL-WLSQ 538，146；张代贵 YD2100088，GZ2016071303811，YD2100135，YH150518687；肖艳、赵斌 LS-2329

龙山、沅陵、古丈、凤凰、永顺、桑植、慈利、石门。

重庆、贵州、云南、湖南、浙江。

2. 实蕨属 Bolbitis Schott（1:1:0）

（1）长叶实蕨 *Bolbitis heteroclita*（Presl）Ching

宿秀江、刘和兵 433125D000181114015；张代贵 qq1010；宿秀江 ZZ121114387

保靖。

湖南、台湾、福建、海南、广西、广东、四川、贵州、云南。

日本、印度、尼泊尔、孟加拉国、越南、泰国、缅甸、马来西亚、菲律宾、印度尼西亚、美拉尼西亚、印度、新几内亚。

3. 肋毛蕨属 Ctenitis（C. Christensen）C. Christensen（4:4:0）

（1）二型肋毛蕨 **Ctenitis dingnanensis** Ching

严岳鸿、金摄郎 TQS081

五峰、石门、永顺、吉首、泸溪。

湖南、广东、江西。

（2）直鳞肋毛蕨 **Ctenitis eatonii**（Baker）Ching

刘炳荣 051013；雷开东 4331271408281161；严岳鸿、刘炳荣 4949，4803；张代贵 zdg1499；雷开东 4331271408070854；严岳鸿、席建明、秦林川 5043；严岳鸿等 4949

五峰、桑植、吉首、永顺、沅陵、石门、沿河。

广东、广西、贵州、湖南、台湾、四川、江西。

日本。

（3）厚叶肋毛蕨 **Ctenitis sinii**（Ching）Ohwi

吉首（德夯）。

福建、广东、广西、湖南、江西、浙江。

日本。

（4）亮鳞肋毛蕨 **Ctenitis subglandulosa**（Hance）Ching

黔北队 27147；肖艳、李春、张成 LS-456；周喜乐、严岳鸿、金冬梅 ZXL09930；金摄郎、张九兵 JSL-WLSQ 616；邓涛 080729018；王培善 86-66；金摄郎、张九兵 JSL-WLSQ 1518；吉首大学生物资源与环境科学学院 GWJ20170610_0200，GWJ20170610_0078；皱颖 08606012；刘慧娟 080504052

武陵山区广泛分布。

福建、广东、广西、贵州、海南、湖北、湖南、江西、四川、台湾、云南、浙江。

不丹、印度、马来西亚、菲律宾、越南、东南亚。

4. 贯众属 Cyrtomium Presl（16:16:0）

（1）等基贯众 **Cyrtomium aequibasis**（C. Christensen）Ching

严岳鸿、刘炳荣 4829；严目华 10510；金摄郎 JSL-WLSQ 056；金摄郎、张九兵 JSL-WLSQ 872，893；席建明、贺海生 07774A

桑植、花垣、吉首、沅陵。

湖南、重庆、贵州、四川、云南。

（2）奇叶贯众 **Cyrtomium anomophyllum**（Zenker）Fraser-Jenkins

黔江。

四川、台湾、西藏、云南。

不丹、印度、日本、尼泊尔、巴基斯坦。

（3）刺齿贯众 **Cyrtomium caryotideum**（Wallich ex Hooker & Greville）C. Presl

严岳鸿 4407；中美联合考察队 801；武陵队 1239；刘正宇等 6317；鲁道旺 522222160718010LY；粟林 433126141003986；肖艳、李春、张成 LS-278

古丈、龙山、凤凰、沅陵、永顺、桑植、石门、江口、石阡、余庆、酉阳、宣恩。

重庆、广西、湖南、陕西、甘肃、江西、台湾、湖北、广东、四川、贵州、云南、西藏。

菲律宾、日本、越南、尼泊尔、不丹、印度、巴基斯坦。

（4）披针贯众 **Cyrtomium devexiscapulae**（Koidzumi）Koidzumi & Ching

黔江队 500114-483；壶瓶山考察队 01016

桑植、石门、黔江。

台湾、湖南、重庆、浙江、江西、福建、广东、广西、四川、贵州。

日本、越南。

（5）贯众 **Cyrtomium fortunei** J. Smith Ferns

李洪钧 3166，8016；刘起衔 4132；严岳鸿，张代贵 5476；壶瓶山考察队 0057；简焯坡 30407；西师生物系 74 级 03284；田腊梅 522222140502124LY；赵佐成 88-1675；李杰 522229141016733LY

武陵山区广泛分布。

重庆、湖南、河北、山西、陕西、甘肃、山东、江苏、安徽、浙江、江西、福建、台湾、河南、湖北、广东、广西、四川、贵州、云南。

日本、朝鲜、越南、泰国、尼泊尔、印度。

（6）大叶贯众 *Cyrtomium macrophyllum*（Makino）Tagawa

曹亚玲、溥发鼎 0119；刘林翰 9254；B.Bartholomew et al. 1325；简焯坡、张秀实等 30769；商辉、顾钰峰 SG850；张志松、党成忠、肖心楠等 401978；周喜乐、丁文灿 1534；金摄郎、张九兵 JSL-WLSQ 1257；秦林川、李小腾 404；秦林川等 404

古丈、永顺、桑植、印江、江口、松桃、彭水。、

重庆、安徽，甘肃、贵州、湖北、湖南、江西、陕西、四川、台湾、西藏、云南。

不丹、印度、日本、克什米尔、尼泊尔、巴基斯坦。

（7）钝羽贯众 *Cyrtomium muticum*（Christ）Ching

侯学煜 714；无采集人 751

桑植、黔江、鹤峰。

重庆、云南、贵州、四川、湖南、湖北、陕西、甘肃。

（8）低头贯众 *Cyrtomium nephrolepioides*（Christ）Copeland

张代贵 070506011；杨彬 0610002；酉阳队 500242-169-1，2，3；刘炳荣 870490；吴世福 1105

五峰、永顺、桑植、石门、沅陵、德江、江口、酉阳。

重庆、四川、贵州、广西、湖南。

（9）斜基贯众 *Cyrtomium obliquum* Ching et Shing ex Shing

无采集人 1680；无采集人 5008

沅陵、永顺、永定、武陵源、桑植。

湖南、浙江、广东、广西。

（10）峨眉贯众 *Cyrtomium omeiense* Ching et Shing ex Shing

张代贵 zdg1494+1；严岳鸿 4460；周喜乐、严岳鸿、金冬梅 ZXL09655，ZXL9719；金摄郎、张九兵 JSL-WLSQ 723；金摄郎、周喜乐 JSL4961，JSL4976；湘西调查队 0304；雷开东 4331271503041493

桑植、石门、鹤城、永顺、江口、印江、松桃、咸丰、鹤峰。

湖南、湖北、四川、贵州、台湾、西藏。

（11）台湾贯众 *Cyrtomium taiwanianum* Tagawa

吉首。

湖南、云南、台湾。

（12）秦岭贯众 *Cyrtomium tsinglingense* Ching et Shing ex Shing

周喜乐、吴磊 1243，1253；严岳鸿 4394；吴磊、王开向 1672；秦林川、李小腾 365；席建明、贺海生 07819，07735

古丈、花垣、吉首、凤凰、桑植、江口。

湖南、陕西、甘肃、广西、四川、贵州、云南。

（13）齿盖贯众 *Cyrtomium tukusicola* Tagawa

谷忠村 176-2，GZC174；金摄郎、张九兵 JSL-WLSQ 607；刘林翰 9254；吴磊、王开向 1669；谭士贤、刘玲妮 0233；武陵山考察队 878；张代贵、王业清、朱晓琴 zdg，wyq，zxq0132；北京队 2036

武陵源、凤凰、沅陵、石门、桑植、龙山、印江、德江、江口、秀山、五峰。

湖北、湖南、台湾、浙江、四川、重庆、贵州、云南。

日本。

（14）线羽贯众 *Cyrtomium urophyllum* Ching

金摄郎、张九兵 JSL-WLSQ 772；B.Bartholomew et al. 1269B；武陵山考察队 1214；北京队 4133；刘炳荣 870505

桑植、江口、印江。

湖南、广西、四川、贵州、云南。

（15）武陵贯众 *Cyrtomium wulingense* S. F. Wu

刘炳荣 870505

桑植、石门。

湖南、广西、贵州、四川。

（16）阔羽贯众 *Cyrtomium yamamotoi* Tagawa

刘炳荣 850114；金摄郎、张九兵 JSL-WLSQ 434；许素环 018；秦林川、李小腾 479；金摄郎、周喜乐 JSL4997；严岳鸿 s.n.；北京队 003752；向良考 07042；吉首大学生物资源与环

境科学学院 GWJ20180713_0377；严岳鸿、张代贵 5163

保靖、桑植、古丈、石门、永定、武陵源、梵净山、咸丰。

重庆、河南、台湾、云南、湖南、陕西、甘肃、安徽、浙江、江西、湖北、广西、四川、贵州。

日本。

5. 鳞毛蕨属 Dryopteris Adanson（54:54:0）

（1）暗鳞鳞毛蕨 **Dryopteris atrata**（Kunze）Ching

植被调查队 765，822；李洪钧 4014，5679；王映明 5679；祝文志 BHF128；吴世福 770

永顺、桑植、石门、印江、松桃、宣恩、鹤峰。

安徽、福建、甘肃、广东、广西、贵州、海南、湖北、湖南、江苏、江西、陕西、山东、山西、四川、台湾、西藏、云南、浙江。

印度、斯里兰卡、不丹、尼泊尔、缅甸、泰国、中南半岛、越南。

（2）大平鳞毛蕨 **Dryopteris bodinieri**（Christ）C. Christensen

金摄郎、商辉 JSL-109；金摄郎、张九兵 JSL-WLSQ 674；周喜乐、严岳鸿、金冬梅 ZXL09672；科考队 H010

石门、桑植。

贵州、湖南、四川、云南。

（3）阔鳞鳞毛蕨 **Dryopteris championii**（Bentham）C. Christensen ex Ching

刘正宇 6188；严岳鸿 4473；金摄郎、张九兵 JSL-WLSQ 829；张代贵等 043；秦林川、李小腾 396；李建强 541；王映明 6311，5229；黔北队 561；中美梵净山联合考察队 257

武陵山区广泛分布。

山东、江苏、浙江、江西、福建、河南、湖南、湖北、广东、香港、广西、四川、贵州、云南、西藏。

日本、朝鲜。

（4）桫椤鳞毛蕨 **Dryopteris cycadina**（Franchet & Savatier）C. Christensen

北京队 001589；秦林川、李小腾 438；壶瓶山考察队 1414；商辉、顾钰峰 SG812；金摄郎、张九兵 JSL-WLSQ 1617，750；刘正宇 7062；王晖 1005078；祝文志 2785；李建强 550

桑植、古丈、石门、永顺、印江、江口、酉阳、宣恩、鹤峰。

重庆、福建、广西、贵州、湖北、湖南、江西、四川、台湾、云南、浙江。

日本。

（5）迷人鳞毛蕨 **Dryopteris decipiens**（Hooker）Kuntze

科考队 W075；杨彬 080502046；胡银新 113；唐勇清 123；中美梵净山联合考察队 365，2346；Y.Tsiang 7679；简焯坡 32573；李洪钧 7633；祝文志 1481

保靖、沅陵、凤凰、永顺、桑植、石门、江口、印江、松桃、宣恩、来凤。

湖南、湖北、江苏、安徽、浙江、江西、福建、广东、广西、四川、贵州。

日本。

（6）深裂迷人鳞毛蕨 **Dryopteris decipiens** var. **diplazioides**（Christ）Ching

秦林川、李小腾 527；祝文志 1709；金摄郎、张九兵 JSL-WLSQ 744；严岳鸿、张代贵 5272；邓涛 05080903；周喜乐、丁文灿 1341；吴利肖 074；金摄郎 JSL-WLSQ 109

保靖、永顺、古丈、沅陵、桑植、宣恩。

湖北、湖南、安徽、福建、贵州、江苏、江西、四川、台湾、浙江。

日本。

（7）德化鳞毛蕨 **Dryopteris dehuaensis** Ching et Shing

贺海生等 042；吴磊、席建明 1715，1760；吴磊、王开向 1678；周喜乐、丁文灿 1350

凤凰、吉首、古丈。

湖南、福建、江西、浙江。

（8）远轴鳞毛蕨 **Dryopteris dickinsii**（Franchet & Savatier）C. Christensen Index

Y.Tsiang 7946，7872；吴利肖 027；王映明 5206；彭辅松 5667；祝文志 1550；金摄郎、周喜乐 JSL4662；周喜乐、金冬梅 ZXL9768；金摄郎、张九兵 JSL-WLSQ 512；吉首大学生物资源

与环境科学学院 GWJ20180712_0055，0056

古丈、沅陵、保靖、桑植、石门、江口、印江、鹤峰、五峰。

浙江、湖南、安徽、江西、福建、台湾、湖北、四川、广西、贵州、云南、西藏。

印度、日本。

（9）红盖鳞毛蕨 *Dryopteris erythrosora*（D. C. Eaton）Kuntze

刘正宇 7029，6714；张代贵等 zdg3832；吴磊，席建明 1717；周喜乐、严岳鸿、金冬梅 ZXL9716；粟林 4331261503021149；张仕燕 090；李建强 549

保靖、沅陵、凤凰、古丈、桑植、德江、酉阳、鹤峰。

福建、广西、广东、湖北、云南、贵州、四川、湖南、江西、浙江、安徽、江苏。

日本、韩国。

（10）硬果鳞毛蕨 *Dryopteris fructuosa*（Christ）C. Christensen Index

武陵山区广泛分布。

湖北、四川、台湾、西藏、云南。

不丹、印度、缅甸、尼泊尔。

（11）黑足鳞毛蕨 *Dryopteris fuscipes* C. Christensen Index

向良考 07079；严岳鸿 4396；周喜乐、丁文灿 1342；吴世福 860048；张仕燕 0729022；贺海生等 019；李洪钧 5287；祝文志 1135；简焯坡 30610

武陵山区广泛分布。

安徽、福建、广东、广西、贵州、湖北、湖南、江苏、江西、四川、台湾、云南、浙江。

日本、朝鲜、越南。

（12）裸果鳞毛蕨 *Dryopteris gymnosora*（Makino）C. Christensen Index

金摄郎、张九兵 JSL-WLSQ 646，539；杨丽华、王军、李运华 070289；向良凤、向良笔 WLS045；严岳鸿 4485；北京队 00750；简焯坡 30688；严岳鸿、张代贵 5292，5314；王映明 6581

永顺、龙山、沅陵、桑植、石门、印江、咸丰。

湖南、福建、四川、云南、江苏、安徽、浙江、江西、河南、湖北、贵州。

日本、朝鲜半岛。

（13）边生鳞毛蕨 *Dryopteris handeliana* C. Christensen

简焯坡 31261；北京队 2023；祝文志 2784；Y.Tsiang 7945；中美梵净山联合考察队 1382；金摄郎、张九兵 JSL-WLSQ 718；李振基、吕静 1236；刘炳荣 870211，870821；谷忠村 GZC551

武陵源、桑植、石门、印江、江口、五峰、宣恩、鹤峰。

湖北、云南、贵州、四川、湖南、浙江、安徽。

日本。

（14）异鳞鳞毛蕨 *Dryopteris heterolaena* C. Christensen

严岳鸿、金摄郎、张锐 JSL3782

武陵源。

广东、广西、贵州、湖南、四川、西藏、云南、浙江。

（15）假异鳞毛蕨 *Dryopteris immixta* Ching

王映明 5549；北京队 0149；吴世福 201；邢公侠、夏群 5574；严岳鸿 4416A，4416B；席建明、朱胜 07393；严岳鸿、张代贵 5396

武陵山区广泛分布。

福建、甘肃、贵州、湖北、湖南、江苏、江西、陕西、四川、云南、浙江。

（16）平行鳞毛蕨 *Dryopteris indusiata*（Makino）Yamamoto ex Yamamoto

严岳鸿、张代贵 5289；周喜乐、丁文灿 1562；李建强 523；简焯坡、张秀实等 30414；北京队 2324

保靖、古丈、永顺、桑植、印江、宣恩。

福建、广西、贵州、湖南、江西、四川、云南、浙江。

日本。

（17）吉首鳞毛蕨 *Dryopteris jishouensis* G. X. Chen & D. G. Zhang

金摄郎、张九兵 JSL-WLSQ 334

吉首。

湖南。

（18）粗齿鳞毛蕨 **Dryopteris juxtaposita** Christ

金摄郎、张九兵 JSL-WLSQ 1622

江口。

甘肃、湖南、四川、贵州、云南、西藏、贵州。

不丹、印度、克什米尔、尼泊尔。

（19）泡鳞鳞毛蕨 **Dryopteris kawakamii** Hayata

金摄郎、张九兵 JSL-WLSQ 405，454；金摄郎、商辉 JSL-112

桑植。

重庆、广东、湖南、江西、四川、贵州、云南、广西、福建、浙江、台湾。

（20）齿果鳞毛蕨 **Dryopteris labordei**（Christ）C. Christensen

中美梵净山联合考察队 573，2193；简焯坡31701；吴世福 772，1096A；B.Bartholomew et al.2193；邢公侠、夏群 05644；李洪钧 8361；金摄郎、张九兵 JSL-WLSQ 692

桑植、慈利、江口、印江、松桃、鹤峰。

安徽、福建、广东、广西、贵州、湖北、湖南、江西、四川、台湾、云南、浙江。

日本。

（21）狭顶鳞毛蕨 **Dryopteris lacera**（Thunberg）Kuntze

严岳鸿 7557；北京队 1514；李建强 526；吴世福 763；王映明 4087；W.Y.Msia 4311；金摄郎、张九兵 JSL-WLSQ 719

沅陵、凤凰、永顺、桑植、石门、宣恩。

湖南、黑龙江、台湾、浙江、江西、湖北、四川、云南。

朝鲜、日本。

（22）轴鳞鳞毛蕨 **Dryopteris lepidorachis** C. Christensen

金摄郎、张九兵 JSL-WLSQ 752；张代贵11042；吴世福 173

凤凰、古丈、桑植、永定、武陵源、石门。

湖南、江苏、安徽、浙江、江西、福建。

（23）马氏鳞毛蕨 **Dryopteris maximowicziana** Koidzumi

金摄郎、张九兵 JSL-WLSQ 714

桑植、石门。

江西、湖南、福建、台湾、浙江、四川、贵州。

日本。

（24）黑鳞远轴鳞毛蕨 **Dryopteris namegatae**（Kurata）Kurata

金摄郎、张九兵 JSL-WLSQ 763，541；刘志祥 3984；张代贵 zdg1516

永顺、桑植、石门、恩施。

湖北、湖南、甘肃、浙江、江西、四川、云南。

日本。

（25）太平鳞毛蕨 **Dryopteris pacifica**（Nakai）Tagawa

吴磊、王开向 1609；朱胜、席建明 07246；肖艳、李春、张成 LS-143；彭鹏 07008；付琳099；王培善 86-752；严岳鸿、张代贵 YZ5022，5124；贺海生等 012；刘志祥 3504；向良凤、向良笔 BZS066；严岳鸿 4352；张代贵 zdg10277；北京队 000325

武陵山区广泛分布。

江苏、安徽、浙江、江西、福建。

日本、韩国。

（26）鱼鳞鳞毛蕨 **Dryopteris paleolata**（Pichi Sermolli）Li Bing Zhang

金摄郎、张九兵 JSL-WLSQ 520

永顺、武陵源、桑植。

西藏、云南、四川、贵州、广西、广东、湖南、江西、福建、台湾、海南。

印度、不丹、尼泊尔、越南、菲律宾、日本。

（27）大果鳞毛蕨 **Dryopteris panda**（C. B. Clarke）Christ

侯学煜 911；B.Bartholomew et al. 461

石门、江口、印江。

湖南、甘肃、四川、贵州、云南、西藏。

尼泊尔、巴基斯坦。

（28）半岛鳞毛蕨 **Dryopteris peninsulae** Kitagawa

酉阳队 500242-542；祝文志 1576；壶瓶山考察队 0582；B.Bartholomew et al. 1547；刘正宇

6822；北京队 003514，2044；向良考 07001

桑植、石门、松桃、印江、德江、施秉、酉阳、宣恩。

湖南、辽宁、甘肃、陕西、山东、江西、河南、湖北、四川、贵州、云南。

（29）微孔鳞毛蕨 *Dryopteris porosa* Ching

Y.Tsiang 7858，7832；简焯坡、张秀实等 31301；B.Bartholomew et al. 1308；中美梵净山联合考察队 1308；简焯坡 31301

印江。

贵州、四川、云南。

不丹、印度、尼泊尔、泰国。

（30）密鳞鳞毛蕨 *Dryopteris pycnopteroides* （Christ） C. Christensen

周喜乐、金冬梅 ZXL09751；张志松、党成忠、肖心楠等 402028；秦林川、李小腾 403，466，474；金摄郎、张九兵 JSL-WLSQ 431；张志松 402028；周喜乐、丁文灿 1459；壶瓶山考察队 1466；粟林 4331261407090521；宿秀江、刘和兵 433125D00030810018

保靖、古丈、永顺、桑植、石门、江口。

湖南、湖北、四川、贵州、云南。

日本。

（31）倒鳞鳞毛蕨 *Dryopteris reflexosquamata* Hayata

刘正宇 6700

酉阳。

重庆、贵州、湖南、四川、台湾、云南。

（32）川西鳞毛蕨 *Dryopteris rosthornii*（Diels） C. Christensen

刘正宇 847071，6707，6789；周喜乐、金冬梅 ZXL9765；王映明 5843，5567；吴世福 641；李洪钧 8357；B.Bartholomew et al. 1583；中美梵净山联合考察队 1583

石门、江口、印江。

甘肃、山西、湖北、四川、贵州、云南。

阔羽鳞毛蕨 *Dryopteris ryo-itoana* Kurata

龙山。

浙江、江西、湖南。

日本。

（34）棕边鳞毛蕨 *Dryopteris sacrosancta* Koidzumi

石门、桑植。

辽宁、山东、江苏、浙江、湖南。

日本、韩国。

（35）无盖鳞毛蕨 *Dryopteris scottii*（Beddome） Ching ex C. Christensen

金摄郎、张九兵 JSL-WLSQ 796；秦林川、李小腾 549；中美梵净山联合考察队 588；李连春 141；北京队 003504；秦林川等 550；刘志祥 BHF075；邓涛 08061012；彭水队 500243-003-048-01；Y.Tsiang 7885

古丈、龙山、保靖、永顺、桑植、永定、武陵源、石门、江口、印江、松桃、彭水、鹤峰。

江苏、安徽、浙江、江西、福建、台湾、广东、广西、海南、四川、贵州、云南。

印度、不丹、泰国、缅甸、越南、日本。

（36）两色鳞毛蕨 *Dryopteris setosa*（Thunberg） Akasawa

彭水队 500243-001-142-01；付琳 008；B.Bartholomew et al. 1131；刘正宇 6185；曹子余 1969；周喜乐、丁文灿 1393；金摄郎、张九兵 JSL-WLSQ 847；向良考 07064

古丈、桑植、沅陵、永顺、松桃、江口、印江、酉阳、彭水。

湖南、福建、山西、陕西、河南、山东、江苏、安徽、浙江、江西、湖北、四川、贵州、云南。

朝鲜、日本。

（37）东亚鳞毛蕨 *Dryopteris shikokiana*（Makino） C. Christensen

金摄郎、张九兵 JSL-WLSQ 327，882，781，488；金摄郎、商辉 JSL-111

桑植、石门。

广西、贵州、湖南、四川、云南。

日本。

（38）奇羽鳞毛蕨 *Dryopteris sieboldii*（Van Houtte ex Mettenius） Kuntze

鲁道旺 522222160723003LY；武陵考察队 612；粟林 4331261409060590；陈欢 1217；吴磊，王开向 1555，1613；刘正宇 7038；张代贵等 GZ20170909_8362；刘炳荣 870561；周喜乐、严

岳鸿、金冬梅 ZXL09712

永顺、凤凰、古丈、沅陵、桑植、江口、酉阳。

重庆、安徽、浙江、江西、福建、湖南、广东、广西、贵州。

日本。

（39）高鳞毛蕨 *Dryopteris simasakii*（H. Itô）Kurata

严岳鸿、张代贵 5119，YZ4960；严岳鸿 4363；简焯坡、张秀实、金泽鑫等 30414；吴磊、王开向 1625；秦林川、李小腾 378

古丈、保靖、凤凰、沅陵、永顺、桑植、石门、印江。

湖南、浙江、广西、四川、贵州、云南。

日本。

（40）稀羽鳞毛蕨 *Dryopteris sparsa*（D. Don）Kuntze

金摄郎、周喜乐 JSL4919；秦林川、李小腾 553；简焯坡、张秀实、金泽鑫等 31917；向良考 07023；杨丽华、王军、李运华 070290；雷开东 4331271503011446；周喜乐、丁文灿 1358

武陵山区广泛分布。

湖南、湖北、重庆、山西、安徽、浙江、江西、福建、台湾、广东、海南、香港、广西、四川、贵州、云南、西藏。

印度、不丹、尼泊尔、缅甸、泰国、越南、日本、印度尼西亚。

（41）半育鳞毛蕨 *Dryopteris sublacera* Christ

刘志祥 2786；粟林 4331261503021154；严岳鸿、商辉、刘子玥 SG1616；张代贵 20080512022

石门、古丈、永顺、宣恩、恩施。

湖南、陕西、台湾、湖北、四川、云南、西藏。

印度、不丹、尼泊尔。

（42）无柄鳞毛蕨 *Dryopteris submarginata* Rosenstock Repert.

严岳鸿、张代贵 5151，5417；简焯坡、张秀实等 31701；周喜乐、丁文灿 1434；吴磊、刘清平 416

保靖、永顺、古丈、印江。

福建、广西、贵州、湖南、江西、四川、浙

江。

（43）华南鳞毛蕨 *Dryopteris tenuicula* Matthew et Christ

黄定铭 0417；吉首大学生物资源与环境科学学院 GWJ20170611_0517，0532，0531；周喜乐、严岳鸿、金冬梅 ZXL09702；金摄郎 JSL-WLSQ 080，102；金摄郎、张九兵 JSL-WLSQ 1559；宿秀江、刘和兵 433125D00181114020；张代贵 0907134017，201207151010；余君 0714112；邓涛 07140417

永顺、古丈、芷江、保靖、桑植、石门、印江、江口。

台湾、湖南、浙江、广东、广西、四川、贵州。

日本、朝鲜。

（44）陇蜀鳞毛蕨 *Dryopteris thibetica*（Franchet）C. Christensen

五峰、鹤峰。

云南、四川、湖北、甘肃。

（45）东京鳞毛蕨 *Dryopteris tokyoensis*（Matsumura ex Makino）C. Christensen

五峰。

湖南、湖北、江西、福建、浙江。

日本。

（46）巢形鳞毛蕨 *Dryopteris transmorrisonense*（Hayata）Hayata

印江。

四川、贵州、台湾、西藏、云南。

不丹、印度、尼泊尔。

（47）观光鳞毛蕨 *Dryopteris tsoongii* Ching

张顺民 04071218；严岳鸿、张代贵 5325，5016，YZ4992；周喜乐、吴磊 1235；杨丽华、王军、李运华 070300；张友婕 040910166；金摄郎、张九兵 JSL-WLSQ 540；朱明剑 01053

永顺、沅陵、古丈、吉首、保靖、桑植、永定、武陵源。

湖南、广东、福建、江西、浙江、安徽。

（48）同形鳞毛蕨 *Dryopteris uniformis*（Makino）Makino

吴磊、席建明 1744，1745，1759；吴磊、王开向 1664，1559，1570，1565；张迅 5222241611050761Y

凤凰、桑植、石门、吉首、石阡。

江苏、安徽、浙江、江西、福建。

日本、朝鲜半岛。

（49）变异鳞毛蕨 *Dryopteris varia*（Linnaeus）Kuntze

武陵队 1716，1662；祝文志 BHF022；杨丽华、王军、李运华 070113，070301；张志松、党成忠、肖心楠等 400167；严岳鸿、秦林川、席建明 5025；吴磊、王开向 1629；朱胜、席建明 07277；严岳鸿、张代贵 5526，5523；周喜乐、丁文灿 1444；酉阳队 500242-083-01；王锋 91027，481，91003；金摄郎、周喜乐 JSL4923

武陵山区广泛分布。

重庆、安徽、福建、广东、广西、贵州、河南、湖北、湖南、江苏、江西、四川、台湾、云南、浙江。

日本、朝鲜、菲律宾、印度、越南。

（50）大羽鳞毛蕨 *Dryopteris wallichiana*（Sprengel）Hylander

金摄郎、张九兵 JSL-WLSQ 433，432，421，291；周喜乐、金冬梅 ZXL9764；王映明 5843；刘志祥 3104；中美梵净山联合考察队 451；张迅 522224161105074LY

桑植、石门、江口、石阡、五峰、鹤峰。

山西、江西、福建、台湾、四川、贵州、云南、西藏。

马来西亚、尼泊尔、缅甸、印度、日本、不丹。

（51）贵州鳞毛蕨 *Dryopteris wallichiana var. kweichowicola*（Ching et P.S.Wang）S.K.Wu

胡春 HC177；田代科、肖艳、陈岳 LS-1519；吉首大学生物资源与环境科学学院 GWJ20170610_0082

龙山、古丈、永顺、江口。

湖南、贵州。

（52）武陵山鳞毛蕨 *Dryopteris wulingshanensis* J. P. Shu，Y. H. Yan & R. J. Wang

吉首、永定、武陵源。

湖南、湖北、重庆。

（53）栗柄鳞毛蕨 *Dryopteris yoroii* Serizawa

刘正宇 6720，6978，6976；商辉、顾钰峰 SG752；金摄郎、周喜乐 JSL4969；金摄郎、张九兵 JSL-WLSQ 403

桑植、印江、酉阳、咸丰。

湖南、重庆、湖北、台湾、广西、四川、贵州、云南、西藏。

印度、尼泊尔、不丹、缅甸。

（54）维明鳞毛蕨 *Dryopteris zhuweimingii* Li Bing Zhang

商辉、顾钰峰 SG789

桑植、印江。

广西、贵州、湖北、湖南、四川、台湾、云南。

菲律宾。

6. 舌蕨属 Elaphoglossum Schott（3:3:0）

（1）华南吕宋舌蕨 *Elaphoglossum luzonicum var. mcclurei*（Ching）F. G. Wang & F. W. Xing

武陵源。

广东、海南。

（2）舌蕨 *Elaphoglossum marginatum* T. Moore

武陵源。

广西、贵州、四川、台湾、西藏、云南。

不丹、印度、印度尼西亚、马来西亚、尼泊尔、菲律宾、越南。

（3）华南舌蕨 *Elaphoglossum yoshinagae*（Yatabe）Makino

刘炳荣 050900；中美梵净山联合考察队 2233，368，2233；吉首大学生物资源与环境科学学院 GWJ20170610_0028，0026；B.Bartholomew et al. 368；科考队 003；鲁道旺 522222150511013LY

慈利、石门、桑植、古丈、江口、松桃。

福建、广东、广西、贵州、海南、湖南、江西、台湾。

日本。

7. 耳蕨属 Polystichum Roth（49:49:0）

（1）尖齿耳蕨 *Polystichum acutidens* Christ

李洪钧 3265；张代贵等 12035，17195，17468，17168；易能 1527；严岳鸿、刘炳荣 4774，4800A，4861；谷中村 311；刘正宇 7077

吉首、凤凰、保靖、永顺、桑植、石门、江口、酉阳、宣恩。

湖南、浙江、台湾、湖北、广西、四川、贵

州、云南、西藏。

越南、印度、泰国、缅甸。

（2）尖头耳蕨 *Polystichum acutipinnulum* Ching et Shing

李洪钧 4296，8339，5272；刘正宇 6995；张代贵等 13031；严岳鸿 4392；严岳鸿、张代贵 YZ4970；杨丽华、王军、李运华 070062；许天全 309

保靖、古丈、溆浦、永顺、桑植、石门、酉阳、鹤峰、五峰、宣恩。

湖南、福建、河南、湖北、四川、贵州、云南。

（3）角状耳蕨 *Polystichum alcicorne*（Baker）Diels

黔北队 2226，1732；刘正宇 500242-262

思南、德江、沿河、酉阳。

重庆、贵州、四川。

（4）上斜刀羽耳蕨 *Polystichum assurgentipinnum* W. M. Chu et B. Y. Zhang

科考队 T032

石门。

湖南、重庆、四川。

（5）小狭叶芽胞耳蕨 *Polystichum atkinsonii* Beddome

中美联合考察队 484；刘正宇 6722，6910；金摄郎、张九兵 JSL-WLSQ 400

桑植、江口、酉阳。

湖南、陕西、湖北、重庆、四川、贵州、云南、西藏。

日本、不丹、尼泊尔。

（6）巴郎耳蕨 *Polystichum balansae* Christ

金摄郎 JSL-WLSQ 030；张代贵 zdg10238，zdg9910，zdg10145，zdg1517；金摄郎、周喜乐 JSL4819；金摄郎、张九兵 JSL-WLSQ 350，577

沅陵、永顺、桑植、石门、江口、印江、松桃、秀山。

安徽、浙江、江西、广东、福建、广西、海南、贵州。

日本、越南。

（7）宝兴耳蕨 *Polystichum baoxingense* Ching et H. S. Kung

席建明等 07721；科考队 f023；简焯坡、张秀实、金泽鑫等 31496；李洪钧 5852；北京队 003794

花垣、石门、桑植、印江、鹤峰。

湖南、四川、贵州、湖北、陕西。

（8）布朗耳蕨 *Polystichum braunii*（Spenner）Fée

王映明 5707；吉首大学生物资源与环境科学学院 GWJ20170611_0566，0565，0564

古丈、鹤峰。

湖南、安徽、甘肃、河北、黑龙江、湖北、吉林、辽宁、陕西、四川、新疆、西藏。

日本、朝鲜、欧洲、俄罗斯西伯利亚地区、美国夏威夷及北美洲。

（9）陈氏耳蕨 *Polystichum chunii* Ching

金摄郎、周喜乐 JSL4671

江口。

湖南、广西、贵州。

（10）华北耳蕨 *Polystichum craspedosorum*（Maximowicz）Diels

金摄郎、张九兵 JSL-WLSQ 206；金摄郎、周喜乐 JSL4986；金摄郎 JSL-WLSQ 069；田代科、肖艳、陈岳 LS-1057；田代科、肖艳、李春、张成 LS-1996；刘志祥 BHF101

凤凰、保靖、沅陵、永顺、龙山、桑植、慈利、石门、印江、江口、咸丰、鹤峰。

湖北、甘肃、贵州、河北、黑龙江、河南、湖南、吉林、辽宁、宁夏、陕西、山东、山西、四川、江苏、安徽、浙江、江西、福建、广西。

朝鲜半岛、日本、俄罗斯。

（11）粗脉耳蕨 *Polystichum crassinervium* Ching ex W. M. Chu & Z. R. He

吴世福 860070；北京队 001679

古丈、永顺。

广东、广西、湖南、贵州。

（12）对生耳蕨 *Polystichum deltodon*（Baker）Diels

陈、谷 449；谷中村 德夯 -311；鄂五峰队 10172；刘正宇 0769；黔江队 500114-486；周喜乐、严岳鸿、金冬梅 ZXL9681；金摄郎、张九兵 JSL-WLSQ 840，694，355

吉首、沅陵、桑植、石门、江口、施秉、秀山、黔江、五峰。

重庆、湖南、安徽、浙江、台湾、湖北、四川、贵州、云南。

日本、菲律宾、缅甸。

（13）圆顶耳蕨 *Polystichum dielsii* Christ

金摄郎、张九兵 JSL-WLSQ 863，590，622，842；田代科、肖艳、李春、张成 LS-2039；宿秀江、刘和兵 433125D00030504003；黔北队 2652

龙山、保靖、桑植、石门、德江、沿河、酉阳。

重庆、云南、贵州、四川、广西、湖南。

越南。

（14）蚀盖耳蕨 *Polystichum erosum* Ching et Shing

刘正宇 6866，882029；金摄郎、张九兵 JSL-WLSQ 297；金摄郎、周喜乐 JSL4974

桑植、石门、江口、酉阳、咸丰。

重庆、湖南、河南、湖北、四川、贵州、云南。

（15）杰出耳蕨 *Polystichum excelsius* Ching et Z. Y. Liu

金摄郎、商辉 JSL-108；金摄郎、张九兵 JSL-WLSQ 226，857，922；周喜乐、严岳鸿、金冬梅 ZXL09928；席建明、贺海生 07727，07751；科考队 T029，II044；严岳鸿、刘炳荣 4948

吉首、花垣、凤凰、桑植、石门。

重庆、四川、广西、湖南、湖北。

（16）柳叶耳蕨 *Polystichum fraxinellum* （Christ） Diels

金摄郎、张九兵 JSL-WLSQ 202，235，170，695；金摄郎、周喜乐 JSL4906；严岳鸿、商辉、刘子玥 SG1665；金摄郎 JSL-WLSQ 050

沅陵、石门、永定、桑植、酉阳。

广西、贵州、湖南、四川、台湾、云南。越南。

（17）小戟叶耳蕨 *Polystichum hancockii* （Hance） Diels

李洪钧 8642

鹤峰。

湖北、安徽、福建、广东、广西、湖南、江西、台湾、浙江。

日本、韩国。

（18）芒刺耳蕨 *Polystichum hecatopterum* Diels

金摄郎、张九兵 JSL-WLSQ 408

桑植。

浙江、江西、台湾、湖北、湖南、广西、四川、贵州、云南。

（19）草叶耳蕨 *Polystichum herbaceum* Ching et Z. Y. Liu ex Z. Y. Liu

周喜乐、严岳鸿、金冬梅 ZXL09713；商辉、顾钰峰 SG839；金摄郎、张九兵 JSL-WLSQ 324，309；张迅 5222224160130007LY；张涛 522222150907008LY；田代科、肖艳、李春、张成 LS-1980

桑植、石门、印江、石阡、江口。

湖南、贵州、四川、重庆。

（20）虎克耳蕨 *Polystichum hookerianum* （C. Presl） C. Christensen

金摄郎、张九兵 JSL-WLSQ 708，745；商辉、顾钰峰 SG818；金摄郎、周喜乐 JSL4984

石门、桑植、江口、印江、松桃、宣恩。

湖南、湖北、台湾、广西、四川、贵州、云南、西藏。

日本、越南、印度、不丹、尼泊尔。

（21）宜昌耳蕨 *Polystichum ichangense* Christ

金摄郎、张九兵 JSL-WLSQ 724，246；刘林翰 9255；祝文志 XFB082；谷中村 s.n.；北京队 002591；田代科、肖艳、李春、张成 LS-1773；田代科、肖艳、莫海波、张成 LS-2730

龙山、桑植、石门、咸丰。

重庆、湖南、湖北、贵州。

（22）深裂耳蕨 *Polystichum incisopinnulum* H. S. Kung & Li Bing Zhang

金摄郎、张九兵 JSL-WLSQ 834；肖艳、赵斌 LS-2418；金摄郎、周喜乐 JSL4746，JSL4869；科考队 F073

龙山、桑植、石门、思南、秀山。

湖南、四川、重庆、贵州。

（23）宪需耳蕨 *Polystichum kungianum* H. He & Li Bing Zhang

石门。

湖南、重庆。

（24）亮叶耳蕨 *Polystichum lanceolatum*（Baker）Diels

刘正宇 6988，6985，6824；金摄郎、周喜乐 JSL4980；金摄郎、张九兵 JSL-WLSQ 1403，204，589，726

保靖、沅陵、桑植、石门、印江、酉阳、咸丰。

河南、四川、湖南、江西、湖北、贵州。

（25）浪穹耳蕨 *Polystichum langchungense* Ching ex H. S. Kung

科考队 B052，0520；金摄郎、张九兵 JSL-WLSQ 165

石门。

湖南、贵州、四川、云南。

（26）宽鳞耳蕨 *Polystichum latilepis* Ching et H. S. Kung

金摄郎、周喜乐 JSL4972

咸丰、鹤峰。

安徽、重庆、湖北、江西、浙江、安徽。

（27）鞭叶耳蕨 *Polystichum lepidocaulon*（Hooker）J. Smith

彭辅松 5832；谷中村 374；武陵队 1255，66；赵午平 05034；谷忠村、陈功锡 s.n.；刘正宇 6831

吉首、凤凰、保靖、沅陵、永顺、龙山、桑植、慈利、石门、印江、江口、酉阳、五峰。

台湾、湖南、江苏、安徽、浙江、江西、福建、广西。

朝鲜半岛、日本。

（28）正宇耳蕨 *Polystichum liui* Ching

酉阳队 500242-287；周喜乐、严岳鸿、金冬梅 ZXL9722；金摄郎、周喜乐 JSL4884，JSL4994；鲁道旺 522222150807009LY

凤凰、桑植、石门、江口、酉阳、咸丰。

重庆、广西、贵州、四川、湖南。

（29）长芒耳蕨 *Polystichum longiaristatum* Ching

北京队 001588

永顺。

湖南、陕西、甘肃、湖北、西藏。

（30）长鳞耳蕨 *Polystichum longipaleatum* Christ

李学根 204177；刘志祥 XFB103；周喜乐、金冬梅 ZXL9767；张代贵 080604006；金摄郎、张九兵 JSL-WLSQ 441，425

永顺、慈利、桑植、江口、印江、鹤峰、咸丰。

湖南、湖北、广西、四川、贵州、云南、西藏。

尼泊尔、印度、不丹。

（31）长刺耳蕨 *Polystichum longispinosum* Ching ex Li Bing Zhang & H. S. Kung

恩施。

贵州、四川、云南。

（32）黑鳞耳蕨 *Polystichum makinoi*（Tagawa）Tagawa

李洪钧 3421，5272；王映明 6602，4389；祝文志 BHF015；林祁 892；林亲众 01094；严岳鸿、张代贵 5112，5336；周喜乐、丁文灿 1349，1327

保靖、古丈、永顺、桑植、石门、印江、松桃、江口、岑巩、鹤峰、宣恩、咸丰。

贵州、湖南、江西、宁夏、河北、陕西、甘肃、江苏、安徽、浙江、江西、福建、河南、湖北、广西、四川、贵州、云南、西藏。

尼泊尔、不丹、日本。

（33）斜基柳叶耳蕨 *Polystichum minimum*（Y. T. Hsieh）Li Bing Zhang

金摄郎、张九兵 JSL-WLSQ 235

石门。

湖南、贵州、广西、重庆。

（34）革叶耳蕨 *Polystichum neolobatum* Nakai

刘正宇 180726，6841；彭辅松 5868；金摄郎、张九兵 JSL-WLSQ 656；刘炳荣 87505；科考队 K047；李洪钧 8198

桑植、石门、印江、江口、德江、施秉、酉阳、五峰、鹤峰。

重庆、湖南、宁夏、陕西、甘肃、安徽、浙江、江西、台湾、河南、湖北、四川、贵州、云南、西藏。

印度、尼泊尔、不丹、日本。

（35）渝黔耳蕨 *Polystichum normale* Ching ex P. S. Wang & Li Bing Zhang

彭水、江口。

重庆、贵州、湖南。

（36）拟对生耳蕨 *Polystichum pseudodeltodon* Tagawa

桑植。

湖南、台湾。

（37）假黑鳞耳蕨 *Polystichum pseudomakinoi* Tagawa

李洪钧 5272；秦林川，李小腾 362；周喜乐，丁文灿 1466；周喜乐等 1310；谭策铭、张丽萍、易发彬、胡兵、易桂花 桑植样 082；张志松 400784，402083；商辉、顾钰峰 SG860；祝文志 BHF015；湖南队 184

古丈、永顺、桑植、印江、江口、鹤峰、宣恩。

湖南、江苏、安徽、浙江、江西、福建、河南、广东、广西、四川、贵州。

日本。

（38）洪雅耳蕨 *Polystichum pseudoxiphophyllum* Ching ex H. S. Kung

科考队 A–058；严岳鸿、刘炳荣 4865；杨丽华、王军、李运华 070043；金摄郎、张九兵 JSL–WLSQ 186，638

石门、吉首、桑植、溆浦。

湖南、重庆、广东、贵州、江西、四川、云南。

（39）菱羽耳蕨 *Polystichum rhomboideum* Ching

龙山（乌龙山）。

甘肃、湖南、四川、云南。。

（40）相似柳叶耳蕨 *Polystichum simile*（Ching ex Y. T. Hsieh）Li Bing Zhang

沅陵、桑植、石门。

湖南、广西、四川、贵州、云南。

（41）中华对马耳蕨 *Polystichum sinotsussimense* Ching & Z. Y. Liu

刘志祥 5388；刘正宇 7034，6316；周喜乐、严岳鸿、金冬梅 ZXL9729；商辉、顾钰峰 SG795；金摄郎、周喜乐 JSL4677；金摄郎、张九兵 JSL–WLSQ 735，715，851

桑植、江口、印江、酉阳、秀山。

湖南、四川、贵州、重庆。

（42）粗齿耳蕨 *Polystichum subdeltodon* Ching

酉阳。

重庆。

（43）离脉柳叶耳蕨 *Polystichum tenuius*（Ching）Li Bing Zhang

金摄郎、张九兵 JSL–WLSQ 202，695；严岳鸿、商辉、刘子玥 SG1665；金摄郎 JSL–WLSQ 050

永定、沅陵、桑植、石门。

湖南、广西、四川、贵州、云南。

越南。

（44）尾叶耳蕨 *Polystichum thomsonii*（J. D. Hooker）Beddome Ferns

梵净山。

甘肃、贵州、四川、台湾、西藏、云南。

阿富汗、不丹、印度、克什米尔、缅甸、尼泊尔。

（45）戟叶耳蕨 *Polystichum tripteron*（Kunze）Presl

李洪钧 6962；王晖 1005075；金摄郎、张九兵 JSL–WLSQ 455

桑植、印江、鹤峰。

安徽、福建、甘肃、广东、广西、贵州、河北、黑龙江、河南、湖北、湖南、江苏、江西、吉林、辽宁、陕西、山东、四川、浙江。

韩国、俄罗斯、日本。

（46）对马耳蕨 *Polystichum tsus-simense*（Hooker）

李洪钧 8320，8471；杨丽华、王军、李运华 070310；严岳鸿、刘炳荣 4882；谷中村、德夯 –336；武陵队 54

武陵山区广泛分布。

吉林、陕西、甘肃、山东、安徽、浙江、江西、福建、台湾、河南、湖北、湖南、广西、四川、贵州、云南、西藏。

朝鲜、日本、越南、印度。

（47）单行耳蕨 *Polystichum uniseriale*（Ching ex K. H. Shing）Li Bing Zhang

刘林翰 1995；刘炳荣 85080

桑植。

重庆、四川。

（48）武陵山耳蕨 *Polystichum wulingshan-ense* S. F. Wu

谷忠村 0430020

武陵源、桑植。

湖北、湖南。

（49）剑叶耳蕨 *Polystichum xiphophyllum*（Baker）Diels

金摄郎、张九兵 JSL-WLSQ 627，311；张代贵 zdg10006；金摄郎、周喜乐 JSL4987

石门、桑植、永顺、咸丰。

甘肃、贵州、湖北、湖南、四川、台湾、云南。

三十、肾蕨科 Nephrolepidaceae（1:1）

1. 肾蕨属 Nephrolepis Schott（1:1:0）

（1）肾蕨 *Nephrolepis cordifolia*（L.）C. Presl

覃海宁、傅德志、张灿明等 4010；北京队 00366；严岳鸿等 4330；张代贵等 18013；田儒明 522229141022745LY；张代贵 qq1034；宿秀江、刘和兵 433125D00160808006；周喜乐等 1560；刘正宇 2090144；唐海华 522229140816144LY

武陵山区广泛分布。

重庆、福建、广东、广西、贵州、海南、湖南、台湾、西藏、云南、浙江。

孟加拉国、不丹、柬埔寨、印度、印度尼西亚、日本、韩国、老挝、马来西亚、缅甸、尼泊尔、巴基斯坦、菲律宾、新加坡、斯里兰卡、泰国、越南、非洲、东南亚西南部、澳大利亚、南美洲、北美洲、太平洋岛屿。

三十一、三叉蕨科 Tectariaceae（1:1）

1. 叉蕨属 Tectaria Cavanilles（1:1:0）

（1）大齿叉蕨 *Tectaria coadunata*（J. Smith）C. Christensen

彭水。

四川、贵州、云南、广西、广东、台湾。

印度、尼泊尔、泰国、越南、老挝、马达加斯加。

三十二、水龙骨科 Polypodiaceae（14:66）

1. 节肢蕨属 Arthromeris（T. Moore）J. Smith（3:3:0）

（1）节肢蕨 *Arthromeris lehmannii*（Mettenius）Ching

湘西考察队 1054；杨丽华等 070148；刘炳荣 850112；张代贵 06703；杨丽华、王军、李运华 070148；唐勇清 060；武陵山考察队 993

慈利、保靖、桑植、溆浦、印江。

浙江、江西、湖南、湖北、四川、重庆、贵州、云南、西藏、台湾、广东、广西、海南。

（2）龙头节肢蕨 *Arthromeris lungtauensis* Ching

吴世福 1053，778；杨丽华等 070307；简焯坡、张秀实等 31489；刘炳荣 870900；候学

煜 942；简焯坡等 31489；黔北队 2111；湘黔队 002594；杨丽华、王军、李运华 070307

沅陵、石门、桑植、武陵源、江口、印江、松桃、来凤、鹤峰。

浙江、江西、湖南、湖北、四川、重庆、贵州、云南、福建、广东、广西。

（3）多羽节肢蕨 *Arthromeris mairei*（Brause）Ching

桑植。

陕西、江西、湖南、湖北、四川、重庆、贵州、云南、西藏、广西。

2. 槲蕨属 Drynaria (Bory) J. Smith (1:1:0)

（1）槲蕨 *Drynaria roosii* Nakaike

黔北队 1399，313；吴磊等 1663；席建明等 07720；严岳鸿等 5052，5027；周喜乐等 1278；杨丽华等 070012；张志松、党成忠、肖心楠等 400169，401444

武陵山区广泛分布。

江苏、安徽、江西、浙江、福建、台湾、海南、湖北、湖南、广东、广西、四川、重庆、贵州、云南。

越南、泰国、印度。

3. 棱脉蕨属 Goniophlebium (Blume) C. Presl (3:3:0)

（1）友水龙骨 *Goniophlebium amoenum*（Wallich ex Mettenius）Beddome

保靖、桑植、江口、印江、松桃、秀山、鹤峰。

湖南、广西、广东、贵州、四川、西藏、云南、浙江、山西、台湾、江西、安徽、湖北、陕西、甘肃。

尼泊尔、越南、老挝、不丹、印度、缅甸。

（2）中华水龙骨 *Goniophlebium chinense*（Christ）X.C.Zhang

科考队 K030；刘林翰 1998，17633；简焯坡 21260，31492；黔东队 75328，75332；邢公侠、夏群 5605；徐亮 090715037；张代贵 080521002

古丈、沅陵、龙山、桑植、石门、印江、鹤峰、宣恩。

河北、山西、河南、陕西、甘肃、安徽、江苏、浙江、江西、湖南、湖北、四川、贵州、云

南、台湾、广西、广东、福建。

日本。

（3）日本水龙骨 *Goniophlebium niponicum*（Mettenius）Beddome

严岳鸿 526；严岳鸿等 5187，5401；周喜乐等 1558；秦林川等 520，487；科考队 Q057；简焯坡、张秀实、金泽鑫等 31769；向良凤、向良笔 WLS023；周喜乐等 1455

古丈、永顺、石门、桑植、龙山、印江。

山西、河南、甘肃、安徽、江苏、浙江、江西、湖南、湖北、四川、重庆、贵州、云南、西藏、福建、台湾、广东、广西。

日本、越南、印度。

4. 伏石蕨属 Lemmaphyllum C. Presl (3:3:0)

（1）披针骨牌蕨 *Lemmaphyllum diversum*（Rosenstock）Tagawa

刘林翰 9262；北京队 4308，4255，001607；简焯坡 30772；张代贵 080510123，q090701；科考队 B048；李良千 60；严岳鸿 4338

武陵山区广泛分布。

湖南、广东、浙江、福建、台湾、贵州、广西、甘肃、湖北、江西、山西、四川、云南。

（2）抱石莲 *Lemmaphyllum drymoglossoides*（Baker）Ching

周喜乐等 1521，1410；壶瓶山考察队 0457；赵佐成 88-1670；北京队 4206，001763；张志松、党成忠等 402483；简焯坡、张秀实等 32585；简焯坡、张秀实 32548；秦林川等 488

古丈、石门、桑植、保靖、永顺、沅陵、凤凰、芷江、石阡、江口、印江、德江、松桃、余庆、思南、玉屏、黔江。

上海、江苏、浙江、安徽、福建、江西、河南、湖北、湖南、广东、广西、海南、重庆、四川、贵州、云南、西藏、陕西、甘肃、台湾、香港、澳门。

（3）骨牌蕨 *Lemmaphyllum rostratum*（Beddome）Tagawa

严岳鸿、张代贵 5109；黔北队 1829；陈功锡 080731007；金摄郎、张九兵 JSL-WLSQ 759；金摄郎、张九兵 JSL-WLSQ 462；植被调查队 814；张宪春、黄升 7035

桑植、保靖、永顺、松桃、印江、恩施。

甘肃、香港、湖北、浙江、四川、西藏、台湾、云南、贵州、广西、广东、湖南。

印度、缅甸、泰国、越南。

5. 鳞果星蕨属 Lepidomicrosorum Ching et Shing（3:3:0）

（1）鳞果星蕨 Lepidomicrosorium buergerianum（Miquel）Ching et K. H. Shing ex S. X. Xu

张灿明 8808262；严岳鸿、张代贵 5173，5424，4979；严岳鸿 4846；秦林川、李小腾 482；刘林翰 9611；金摄郎、张九兵 JSL-WLSQ 1565；陈寿军 522229141103805LY；刘燕 5222261904122001LY

武陵山区广泛分布。

重庆、云南、台湾、广西、浙江、贵州、四川、湖南、湖北、江西、安徽、甘肃。

日本。

（2）滇鳞果星蕨 Lepidomicrosorium subhemionitideum（Christ）P. S. Wang

金摄郎、张九兵 JSL-WLSQ 509，JSL-WLSQ 728，JSL-WLSQ 958

桑植。

湖南、湖北、四川、重庆、贵州、云南、西藏、广东、广西。

（3）表面星蕨 Lepidomicrosorium superficiale（Blume）Li Wang

北京队 003746；简焯坡等 31726；席先银 0185；周喜乐、严岳鸿、金冬梅 ZXL09680；金摄郎、张九兵 JSL-WLSQ 667，JSL-WLSQ 279；张代贵 063563；向良凤、向良笔 LYJ017，RTG024；李学根 204479

桑植、龙山、石门、慈利、印江。

安徽、浙江、江西、福建、台湾、湖北、湖南、广东、广西、四川、贵州、云南、西藏。

日本、越南。

6. 瓦韦属 Lepisorus（J. smith）Ching（13:13:0）

（1）狭叶瓦韦 Lepisorus angustus Ching

湖南队 0115；吴世福 558；李良千 66；刘正宇 500243-001-129；金摄郎、张九兵 JSL-WLSQ 733，JSL-WLSQ 810；李衡 522227160525007LY

石门、桑植、永顺、德江、彭水。

广西、重庆、贵州、湖南、浙江、陕西、甘肃、河南、安徽、湖北、四川、云南。

（2）黄瓦韦 Lepisorus asterolepis（Baker）Ching ex S. X. Xu

李良千 71；北京队 4204，2020；壶瓶山考察队 0749，0749，0151；吴世福 685，1056，2010；简焯坡等 31203

桑植、石门、印江。

安徽、重庆、福建、广西、贵州、湖北、湖南、江苏、江西、陕西、四川、西藏、云南、浙江。

印度、日本、尼泊尔。

（3）两色瓦韦 Lepisorus bicolor（Takeda）Ching

武陵山考察队 2938

桑植、石阡、江口、印江、鹤峰、宣恩。

湖南、西藏、云南、贵州、四川、湖北、陕西、台湾。

印度、斯里兰卡、尼泊尔。

（4）扭瓦韦 Lepisorus contortus（Christ）Ching

湘西考察队 1055，1056；吴世福 604；北京队 4456，4392；候学煜 903；简焯坡等 30759；张志松等 19640504；简焯坡 30759；无采集人 2048

慈利、沅陵、桑植、石门、江口、印江、鹤峰、宣恩。

湖南、重庆、福建、河南、江西、浙江、湖北、四川、贵州、甘肃、陕西、云南、西藏。

不丹、印度、尼泊尔。

（5）鳞瓦韦 Lepisorus kawakamii（Hayata）Tagawa

吴世福 554；金摄郎、张九兵 JSL-WLSQ 811，JSL-WLSQ 807；严岳鸿、商辉、刘子玥 SG1663

永定、桑植。

湖南、台湾。

（6）大瓦韦 Lepisorus macrosphaerus（Baker）Ching

吴世福 s.n.；北京队 001595；简焯坡、张秀实等 32583；简焯坡等 32583；无采集人 698；简焯坡 31203；黔北队 788；吴利肖 156；金摄郎、

张九兵 JSL-WLSQ 668

永顺、桑植、石门、江口、印江、松桃、酉阳、来凤、鹤峰。

湖北、湖南、重庆、云南、贵州、四川、广西、江西、浙江。

越南、缅甸。

（7）丝带蕨 *Lepisorus miyoshianus*（Makino）Fraser-Jenkins & Subh. Chandra

吴世福 552

桑植、石门、松桃、宣恩。

湖南、陕西、西藏、浙江、台湾、广东、云南、四川、贵州、湖北。

印度、日本。

（8）粤瓦韦 *Lepisorus obscurevenulosus*（Hayata）Ching

吴世福 S986；简焯坡、张秀实等 32551；张志松、党成忠等 400519；张志松等 401704；严岳鸿、商辉、刘子玥 SG1666；张代贵 lxq0123131，lxq0123132，lxq0123133，lxq0123154

永定、吉首、永顺、桑植、石门、江口、松桃。

安徽、重庆、湖南、四川、云南、浙江、江西、福建、台湾、广东、河南、广西、贵州。

越南。

（9）稀鳞瓦韦 *Lepisorus oligolepidus*（Baker）Ching

石门、桑植。

河南、陕西、安徽、浙江、江西、湖南、湖北、四川、重庆、贵州、云南、西藏、福建、广东、广西。

（10）瓦韦 *Lepisorus thunbergianus*（Kaulfuss）Ching

张志松、党成忠等 3400219，400489；简焯坡、张秀实等 32486；张志松等 401101；张代贵等 0716364，0716037；北京队 3881，4372，3951；武陵考察队 331

吉首、保靖、永顺、桑植、石门、江口、印江、鹤峰、宣恩。

湖南、湖北、西藏、云南、重庆、甘肃、海南、河南、河北、陕西、江苏、浙江、安徽、江西、福建、台湾、广东、广西、贵州、四川。

不丹、印度、克什米尔、尼泊尔、朝鲜、日本、菲律宾、越南、老挝。

（11）阔叶瓦韦 *Lepisorus tosaensis*（Makino）H. Itô

张志松等 400338，400489，400219；简焯坡等 32486；吴世福 S55；北京队 4411，001603；刘林翰 9691；刘正宇 6827，7637

保靖、沅陵、永顺、桑植、江口、石阡、酉阳。

新疆、安徽、江苏、浙江、江西、湖南、湖北、四川、重庆、贵州、云南、西藏、福建、台湾、广东、广西、海南、香港。

（12）乌苏里瓦韦 *Lepisorus ussuriensis*（Regel & Maack）Ching

吴世福 S740；简焯坡、张秀实等 30578，30503，31670；张志松、张秀实等 401101；湖南队 0115

永顺、石门、桑植、江口、印江、宣恩。

湖南、湖北、贵州、北京、河北、山西、内蒙古、辽宁、吉林、黑龙江、浙江、安徽、江西、山东、河南。

朝鲜、日本、俄罗斯。

（13）远叶瓦韦 *Lepisorus ussuriensis* var. *distans*（Makino）Tagawa

保靖、桑植、石门、江口。

云南、贵州、四川、湖南、江西、浙江、安徽、山东。

日本、韩国。

7. 薄唇蕨属 Leptochilus Kaulfuss（5:5:0）

（1）线蕨 *Leptochilus ellipticus*（Thunberg）Nooteboom

北京队 0414，001698；吴世福 1062，82；严岳鸿 4401；向良考 07022；唐勇清 116；田代科、肖艳、莫海波、张成 LS-2574；刘正宇 273，6243

古丈、保靖、龙山、永顺、桑植、石门、江口、黔江、酉阳。

甘肃、安徽、江苏、浙江、江西、湖南、四川、重庆、贵州、云南、西藏、福建、台湾、广东、广西、海南、香港、澳门。

不丹、印度、日本、韩国、缅甸、尼泊尔、

菲律宾、泰国、越南。

（2）曲边线蕨 *Leptochilus ellipticus* var. *flexi-lobus*（Christ）X. C. Zhang

严岳鸿、秦林川、席建明 5081，5016；简焯坡、张秀实等 32572；秦林川、李小腾 330，486；武陵山考察队 332；壶瓶山考察队 1540；简焯坡 32572；武陵队 1218；湖南队 0360

吉首、芷江、凤凰、沅陵、古丈、保靖、永顺、桑植、石门、松桃、印江、江口、德江。

重庆、台湾、云南、湖南、贵州、四川、广西、江西。

越南。

（3）宽羽线蕨 *Leptochilus ellipticus* var. *pothifolius*（Buchanan–Hamilton ex D. Don）X. C. Zhang

刘林翰 9720；严岳鸿 4385，4377；向良考 07032；张贵志、周喜乐 1105025；张代贵等 17168，634，00634

吉首、沅陵、保靖、桑植、石门、桃源、江口、松桃。

浙江、江西、湖南、湖北、重庆、贵州、云南、福建、台湾、广东、广西、海南、香港。

尼泊尔、缅甸、越南、日本、不丹、印度、菲律宾、泰国。

（4）矩圆线蕨 *Leptochilus henryi*（Baker）X. C. Zhang

席建明等 07795，07757；刘正宇 500114-485，500243-003-118；严岳鸿等 5462；黔北队 2242，2241，2242；北京队 4141，1580

花垣、龙山、凤凰、沅陵、永顺、桑植、石门、武陵源、沿河、德江、印江、彭水、黔江、鹤峰。

重庆、福建、广西、陕西、台湾、湖南、四川、云南、浙江、贵州、湖北。

（5）绿叶线蕨 *Leptochilus leveillei*（Christ）X. C. Zhang & Noot.

杨明林 B0003

保靖、江口。

湖南、福建、广东、广西、贵州、江西。

8. 剑蕨属 Loxogramme（Blume）C. Presl（4:4:0）

（1）中华剑蕨 *Loxogramme chinensis* Ching

简焯坡 31681；简焯坡、张秀实、金泽鑫等 31681；简焯坡、张秀实等 31681；周喜乐、丁文灿 1416；金摄郎、张九兵 JSL-WLSQ 1686，JSL-WLSQ 727；严岳鸿、商辉、刘子玥 SG1614，SG1652，SG1667

永定、保靖、古丈、桑植、石门、印江、恩施。

湖南、云南、贵州、江西、云南、西藏、浙江、台湾、安徽、重庆、福建、广东、广西、四川、湖北。

不丹、印度、泰国、尼泊尔、缅甸、越南。

（2）褐柄剑蕨 *Loxogramme duclouxii* Christ

谷中村 0016，GZC3005；周喜乐、金冬梅 ZXL9752；刘正宇 0465，6840；张代贵 057，YD11050；金摄郎、张九兵 JSL-WLSQ 457，JSL-WLSQ 932；严岳鸿 20131024-03

保靖、古丈、吉首、沅陵、永顺、桑植、石门、石阡、印江、江口、酉阳、彭水、鹤峰。

河南、陕西、甘肃、安徽、浙江、江西、湖南、湖北、四川、重庆、贵州、云南、台湾、广西。

印度、韩国、泰国、越南、日本。

（3）匙叶剑蕨 *Loxogramme grammitoides*（Baker）C. Chr.

北京队 2037，1459，3938；李良千 83；简焯坡、张秀实等 31890；严岳鸿、商辉、刘子玥 SG1669，SG1658，SG1615；周喜乐、金冬梅 ZXL9753；金摄郎、张九兵 JSL-WLSQ 476

永定、沅陵、永顺、桑植、石门、印江、江口、恩施。

河南、陕西、甘肃、安徽、浙江、江西、湖南、湖北、四川、重庆、贵州、云南、西藏、台湾。

日本。

（4）柳叶剑蕨 *Loxogramme salicifolia*（Makino）Makino

覃海宁、傅德志、张灿明等 3985；吴世福 702；严岳鸿 519；刘正宇 500114-047，6967；北京队 003722；张代贵 zdg1126，060716061；金摄郎、张九兵 JSL-WLSQ 703；吉首大学生物资源与环境科学学院 GWJ20170611_0380

古丈、永顺、石门、桑植、慈利、江口、酉阳、黔江、鹤峰。

河南、陕西、甘肃、安徽、浙江、江西、湖南、湖北、四川、重庆、贵州、云南、西藏、台湾、广东、广西、香港。

朝鲜、日本、越南。

9. 星蕨属 Microsorum Link（1:1:0）

（1）羽裂星蕨 *Microsorum insigne*（Blume）Copeland

黔北队 2229；吴世福 95；邓涛 060710028；张代贵 228；金摄郎、张九兵 JSL-WLSQ 614，JSL-WLSQ 223，JSL-WLSQ 876

吉首、古丈、保靖、永顺、桑植、石门、沿河。

福建、湖南、海南、江西、西藏、台湾、广东、广西、贵州、云南、四川。

不丹、印度、印度尼西亚、日本、马来西亚、缅甸、尼泊尔、菲律宾、斯里兰卡、泰国、越南。

10. 盾蕨属 Neolepisorus Ching（5:5:0）

（1）盾蕨 *Lepisorus ovatus*（C.Presl）C.F.Zhao, R.Wei & X.C.Zhang

向良凤、向良笔 21；席建明等 07812；严岳鸿等 5078；严岳鸿 531；武陵队 63；北京队 003715，00715；武陵山考察队 2679，345；周喜乐等 1390

花垣、吉首、古丈、永顺、凤凰、保靖、桑植、石门、芷江、沅陵、德江、江口、石阡、松桃、印江、沿河、玉屏、余庆。

云南、四川、贵州、台湾。

日本、韩国、印度。

（2）江南盾蕨 *Neolepisorus fortunei*（T. Moore）Li Wang

黔北队 1305，1526，1416，1313，2260；刘林翰 1719，10012；严岳鸿 541；朱胜、席建明 07227；杨丽华、王军、李运华 070351

武陵山区广泛分布。

山东、河南、陕西、甘肃、安徽、江苏、浙江、江西、湖南、湖北、四川、重庆、贵州、云南、西藏、福建、台湾、广东、广西、海南、香港。

日本、越南。

（3）卵叶盾蕨 *Neolepisorus ovatus*（Wallich ex Beddome）Ching

供秋燕 153；谷忠村 161；陈功锡 522；谭沛祥 62491；金摄郎、张九兵 JSL-WLSQ 770，JSL-WLSQ 557，JSL-WLSQ 280，JSL-WLSQ 936；金摄郎、商辉 JSL-105；吉首大学生物资源与环境科学学院 GWJ20170610_0117

武陵山区广泛分布。

安徽、江苏、浙江、江西、湖南、湖北、四川、重庆、贵州、云南、福建、广东、广西。

（4）三角叶盾蕨 *Neolepisorus ovatus* f. *deltoideus*（Baker）Ching

桑植。

四川、贵州。

（5）截基盾蕨 *Neolepisorus ovatus* f. *truncates*（Ching & P. S. Wang）L. Shi & X. C. Zhang

李学根 204982；简焯坡、张秀实、金泽鑫等 31756；邢公侠、夏群 5551；吴世福 1060；刘正宇 6259，6269

慈利、桑植、沅陵、永顺、花垣、印江、酉阳。

重庆、四川、贵州、广西、湖南。

11. 睫毛蕨属 Pleurosoriopsis Fomin（1:1:0）

（1）睫毛蕨 *Pleurosoriopsis makinoi*（Maximowicz ex Makino）Fomin

刘炳荣 870804，870804；吴世福 s.n.；北京队 002454，2058；严岳鸿 RS-111；金摄郎、张九兵 JSL-WLSQ 764

桑植、石门、印江。

陕西、甘肃、黑龙江、吉林、辽宁、河南、陕西、甘肃、湖南、湖北、四川、重庆、贵州、云南。

日本、韩国、俄罗斯。

12. 石韦属 Pyrrosia Mirbel（12:12:0）

（1）石蕨 *Pyrrosia angustissima*（Giesenhagen ex Diels）Tagawa et K. Iwats.

壶瓶山考察队 A138；武陵队 1346；张桂才等 596；北京队 003477，4073，1444；钟补求 675；黔北队 1396；张代贵 lxq0121031，lxq0121037

古丈、凤凰、沅陵、永顺、龙山、桑植、石门、德江、松桃、印江、鹤峰。

湖南、重庆、山西、浙江、福建、台湾、广东、广西、贵州、四川、江西、安徽、湖北、河南、陕西、甘肃。

日本、泰国。

（2）相近石韦 *Pyrrosia assimilis*（Baker）Ching

武陵队 1247；武陵山考察队 2142，1106；北京队 00711，1428，001833；张志松、党成忠等 401464，401443；简焯坡、张秀实等 32594；湖南队 0323

凤凰、永顺、花垣、万山、印江、江口。

河南、新疆、安徽、浙江、江西、湖南、湖北、四川、重庆、贵州、云南、福建、广东、广西。

（3）光石韦 *Pyrrosia calvata*（Baker）Ching

张灿明等 0059；北京队 001844；刘炳荣 871093；朱胜、席建明 7237，07247；黔北队 1305；无采集人 91202B；科考队 D029

花垣、石门、江口、松桃、德江、思南、秀山、来凤、鹤峰。

湖南、重庆、甘肃、云南、四川、贵州、广西、广东、湖北、福建、浙江、陕西。

越南。

（4）华北石韦 *Pyrrosia davidii*（Giesenhagen ex Diels）Ching

北京队 003446；李小腾 080510007；张代贵 080510124，zdg1407260928，zdg9906；张代贵、张代富 FH20170408_0069，BJ20170325_0009，BJ20170323_0006；刘林翰 1802；吉首大学生物资源与环境科学学院 GWJ20180713_0405

吉首、古丈、保靖、永顺、凤凰、龙山、桑植、石门。

辽宁、内蒙古、河北、天津、北京、山西、山东、河南、陕西、宁夏、甘肃、湖南、湖北、四川、重庆、贵州、云南、西藏、台湾。

朝鲜。

（5）毡毛石韦 *Pyrrosia drakeana*（Franchet）Ching

覃海宁、傅德志、张灿明等 4016；武陵山考察队 0157；李良千 20；曹亚玲、溥发鼎 0160；谭策铭、张丽萍、易桂花、胡兵、易发彬 桑植 114，096；王映明 4224；祝文志 BHF017；刘正宇 6322；程佐辉 256

桑植、石门、思南、松桃、彭水、酉阳、宣恩、鹤峰。

广西、西藏、湖南、重庆、河南、陕西、湖北、四川、云南、贵州、甘肃。

印度。

（6）戟叶石韦 *Pyrrosia hastata*（Houttuyn）Ching

桑植。

湖南、浙江、安徽。

日本、韩国。

（7）平滑石韦 *Pyrrosia laevis*（J. Sm. ex Beddome）Ching

桑植。

云南。

印度、缅甸。

（8）石韦 *Pyrrosia lingua*（Thunberg）Farw.

彭延辉 393；刘正宇 7003；张志松 401990；杨小玲 522222140502005LY；马金双、寿海洋 SHY00762；武陵山考察队 2075；科考队 B015；张代贵 zdg9943；北京队 000953

武陵山区广泛分布。

河南、甘肃、安徽、江苏、浙江、江西、湖南、湖北、四川、重庆、贵州、云南、西藏、福建、台湾、广东、广西、海南、香港、澳门。

越南、日本、印度、缅甸。

（9）有柄石韦 *Pyrrosia petiolosa*（Christ）Ching

张宪春、魏雪苹 6155；壶瓶山考察队 0304，0517，A139；北京队 4095；武陵队 1231；彭水队 500243-002-203；刘林翰 17905；黔东队 75345；刘炳荣 850938

武陵山区广泛分布。

北京、天津、河北、山西、内蒙古、辽宁、吉林、黑龙江、江苏、浙江、安徽、福建、江西、山东、河南、湖北、湖南、广西、重庆、四川、贵州、云南、陕西、甘肃。

韩国、蒙古、俄罗斯。

（10）柔软石韦 **Pyrrosia porosa**（C. Presl）Hovenkamp

卢 峰 522230190125009LY； 李 义 522226190501021LY

永顺、石门、万山、印江、松桃、思南。

湖南、海南、西藏、浙江、福建、台湾、广东、广西、云南、贵州、四川、湖北、陕西。

不丹、印度、缅甸、菲律宾、斯里兰卡、泰国、越南。

（11）庐山石韦 **Pyrrosia sheareri**（Baker）Ching

简焯坡、张秀实等 30574；刘炳荣 97026；张志松、党成忠等 401863；壶瓶山考察队 0558；北京队 2059，001276，4461；武陵山考察队 2897；赵佐成 88-1390；侯学煜 685

永顺、龙山、桑植、石门、德江、江口、思南、石阡、松桃、印江、沿河、余庆、黔江、鹤峰、咸丰、宣恩。

河南、安徽、江苏、浙江、江西、湖南、湖北、四川、重庆、贵州、云南、福建、台湾、广东、广西。

越南。

（12）相似石韦 **Pyrrosia similis** Ching

张景震 0607150427；谷中村 311；无采集人 021+2，19910702；彭海军 080416029；屈永贵 080416029

吉首、花垣、永顺。

湖南、四川、贵州、广西。

13. 修蕨属 Selliguea Bory（11:11:0）

（1）交连假瘤蕨 **Selliguea conjuncta**（Ching）S. G. Lu，Hovenkamp & M. G. Gilbert

侯学煜 902

石门、江口、印江、鹤峰。

河南、陕西、甘肃、安徽、湖南、湖北、四川、重庆、贵州、云南、西藏、福建、广西。

（2）指叶假瘤蕨 **Selliguea dactylina**（Christ）S. G. Lu

桑植。

重庆、四川、浙江。

（3）掌叶假瘤蕨 **Selliguea digitata**（Ching）S. G. Lu

严岳鸿 TMS201502004；无采集人 s.n.；张百誉、唐安科 2832

永定、江口。

湖南、浙江、贵州、广东。

（4）大果假瘤蕨 **Selliguea griffithiana**（Hooker）Fraser-Jenk.

严 岳 鸿 517； 吴 世 福 686； 刘 炳 荣 850011，871183，850147；谷忠村 78；张代贵 LL20140822022；植被调查队 813；金摄郎、张九兵 JSL-WLSQ 465

桑植、石门、武陵源、保靖、江口。

安徽、四川、湖南、贵州、西南、西藏。

印度、不丹、泰国、缅甸、尼泊尔、越南。

（5）金鸡脚假瘤蕨 **Selliguea hastata**（Thunberg）Fraser-Jenkins

黔北队 1970； 姚杰 522227160531060LY；刘正宇 500242-081，0195；张代贵等 18012；科考队 N024；严岳鸿、张代贵 5308；周喜乐、丁文灿 1526；向良凤、向良笔 WLS058；唐海华 522229140828181LY

武陵山区广泛分布。

辽宁、山东、河南、陕西、甘肃、安徽、江苏、浙江、江西、湖南、湖北、四川、重庆、贵州、云南、西藏、福建、台湾、广东、广西。

朝鲜、日本、俄罗斯、菲律宾。

（6）宽底假瘤蕨 **Selliguea majoensis**（C. Christensen）Fraser-Jenkins

湘西考察队 892；邢公侠、夏群 5652；席先银 146；李丙贵、万绍宾 750193；刘炳荣 850267；伍明 09176

慈利、龙山、桑植、江口、印江、鹤峰、宣恩。

湖南、四川、云南、贵州、广西、湖北、安徽、陕西、江西。

（7）喙叶假瘤蕨 **Selliguea rhynchophylla**（Hooker）Fraser-Jenkins

宿秀江、刘和兵 433125D00181114008；雷开东 4331271408060824；植被调查队 887

永顺、保靖、桑植、石门、江口。

湖北、江西、云南、湖南、福建、台湾、广东、广西、贵州、云南、四川。

柬埔寨、印度、印度尼西亚、老挝、缅甸、

尼泊尔、菲律宾、泰国、越南。

（8）陕西假瘤蕨 *Selliguea senanensis*（Maximowicz）S. G. Lu

石门、宣恩。

湖南、云南、山西、陕西、西藏、河南、四川、湖北。

日本。

（9）斜下假瘤蕨 *Selliguea stracheyi*（Ching）S. G. Lu

印江、江口。

西藏、云南、四川、贵州、湖北。

印度、不丹、尼泊尔。

（10）细柄假瘤蕨 *Selliguea tenuipes*（Ching）S. G. Lu

邢公侠、夏群 5666，5555；陈日民 无采集号

慈利、桑植、石门。

湖南、贵州、四川。

（11）屋久假瘤蕨 *Selliguea yakushimensis*（Makino）Fraser-Jenkins

严岳鸿 4470

桑植、江口、松桃。

台湾、贵州、广西、湖南、江西、福建、浙江。

日本、韩国。

14. 裂禾蕨属 Tomophyllum（1:1:0）

（1）裂禾蕨 *Tomophyllum donianum*（Sprengel）Fraser-Jenkins et Parris

北京队 002691

桑植。

安徽、湖南、四川、台湾、西藏、云南。

不丹、印度、尼泊尔。

三十三、苏铁科 Cycadaceae（1:3）

1. 苏铁属 Cycas Linnaeus（3:3:0）

（1）苏铁 *Cycas revoluta* Thunberg

邓涛 1501

吉首。

湖南、福建、台湾、广东。

日本。

（2）台东苏铁 *Cycas taitungensis* C. F. Shen et al.

台湾。

（3）南盘江苏铁 *Cycas szechuanensis* W. C. Cheng & L. K. Fu

福建、广东、广西、贵州、云南。

越南。

三十四、银杏科 Ginkgoaceae（1:1）

1. 银杏属 Ginkgo Linnaeus（1:1:0）

（1）银杏 *Ginkgo biloba* Linnaeus

By Albert et al. 720；武陵山考察队 1965

芷江、梵净山。

湖南、浙江、安徽、福建、甘肃、贵州、河南、河北、湖北、江苏、江西、陕西、山东、山西、四川、云南。

朝鲜、日本、欧美。

三十五、南洋杉科 Araucariaceae（1:1）

1. 南洋杉属 Araucaria Jussieu（1:1:0）

（1）异叶南洋杉 *Araucaria heterophylla*

（Salisbury）Franco

北京、福建、广东、广西、海南、江西、上

海、台湾、云南、浙江。

澳大利亚。

三十六、松科 Pinaceae（9:25）

1. 冷杉属 Abies Miller（3:3:0）

（1）资源冷杉 *Abies beshanzuensis* var. *ziyuanensis*（L. K. Fu & S. L. Mo）L. K. Fu & Nan Li

湖南、广西、江西。

（2）梵净山冷杉 *Abies fanjingshanensis* W. L. Huang et al.

徐友源 81-39；杨龙 83-427

梵净山。

贵州。

（3）日本冷杉 *Abies firma* Siebold & Zuccarini

台湾、湖北、辽宁、上海、江苏、浙江、福建、江西、山东、河南、广西、贵州。

日本。

2. 银杉属 Cathaya Chun & Kuang（1:1:0）

（1）银杉 *Cathaya argyrophylla* Chun & Kuang

湖南、广西、贵州、重庆、四川。

3. 雪松属 Cedrus Trew（1:1:0）

（1）雪松 *Cedrus deodara*（Roxburgh）G. Don

辰溪、永顺。

安徽、河南、湖南、云南、北京、河北、山西、辽宁、上海、江苏、浙江、江西、山东、河南、湖北、广东、广西、重庆、四川、贵州、云南、陕西。

阿富汗、印度。

4. 油杉属 Keteleeria Carrière（2:2:0）

（1）铁坚油杉 *Keteleeria davidiana*（Bertrand）Beissner

石门、龙山、桑植、沅陵、永顺、保靖、鹤峰、恩施、五峰。

甘肃、陕西、湖北、湖南、四川、贵州、广西、台湾、云南。

（2）柔毛油杉 *Keteleeria pubescens* W. C. Cheng & L. K. Fu

石阡、印江。

贵州、湖南、广西、重庆、四川。

5. 落叶松属 Larix Miller（2:2:0）

（1）华北落叶松 *Larix gmelinii* var. *principis-rupprechtii*（Mayr）Pilger

北京、天津、河北、山西、内蒙古、辽宁、吉林、黑龙江、山东、河南、四川、陕西、甘肃、青海。

（2）日本落叶松 *Larix kaempferi*（Lambert）Carrière

桑植、五峰、咸丰。

湖南、湖北、北京、河北、辽宁、吉林、黑龙江、浙江、江西、山东、河南、重庆、四川、贵州、青海、台湾。

日本。

6. 松属 Pinus Linnaeus（11:11:0）

（1）华山松 *Pinus armandii* Franchet

桑植、石门、鹤峰、恩施、五峰。

甘肃、湖南、湖北、山西、河南、陕西、安徽、四川、贵州、云南、西藏、台湾、海南。

缅甸。

（2）白皮松 *Pinus bungeana* Zuccarini ex Endlicher

石门。

山东、江苏、湖南、河北、山西、河南、甘肃、陕西、湖北、四川。

（3）湿地松 *Pinus elliottii* Engelmann

澳门、浙江、台湾、湖北、北京、云南、安徽、上海、江苏、福建、江西、山东、河南、湖南、广东、广西、海南、重庆。

美国。

（4）海南五针松 *Pinus fenzeliana* Handel-Mazzetti

河南、湖北、江苏、福建、湖南、广西、海南、重庆、四川、贵州、云南、陕西。

越南。

（5）华南五针松 *Pinus kwangtungensis* Chun ex Tsiang

贵州、湖南、广东、广西、海南、云南。越南。

（6）马尾松 *Pinus massoniana* Lambert

安明态 5606、3290

沿河、德江。

河南、陕西、安徽、江苏、江西、浙江、湖南、湖北、贵州、四川、云南、福建、台湾、广东、广西、海南、澳门。

（7）日本五针松 *Pinus parviflora* Siebold & Zuccarini

宣恩。

北京、重庆、福建、广东、广西、湖北、四川、陕西、台湾、云南、辽宁、上海、江苏、浙江、江西。

日本。

（8）油松 *Pinus tabuliformis* Carrière

黔北队 912；武陵山考察队 2214

石门、江口、五峰。

吉林、辽宁、河北、湖南、湖北、内蒙古、陕西、甘肃、宁夏、青海、四川。

（9）巴山松 *Pinus tabuliformis* var. *henryi* （Masters） C. T. Kuan

—武陵松 *Pinus massoniana* var. *wulingensis* C. J. Qi et Q. Z. Lin

石门、慈利、武陵源、保靖、永顺、恩施、五峰。

湖南、重庆、湖北、四川、陕西。

（10）黄山松 *Pinus taiwanensis* Hayata

钟补勤 909；黔北队 912

江口。

贵州、安徽、福建、广西、河南、湖北、湖南、江苏、江西、台湾、云南、浙江。

（11）黑松 *Pinus thunbergii* Parlatore

永顺、石阡、恩施、宣恩。

湖南、贵州、湖北、吉林、四川、北京、河北、山西、内蒙古、辽宁、上海、江苏、浙江、安徽、福建、江西、山东、河南、广东、广西、重庆、陕西、台湾。

日本、朝鲜。

7. 黄杉属 Pseudotsuga Carrière （1:1:0）

（1）黄杉 *Pseudotsuga sinensis* Dode

黔北队 1620

桑植、慈利、龙山、永顺、古丈、保靖、松桃、来凤、宣恩、鹤峰、恩施、咸丰、五峰。

陕西、安徽、江西、浙江、湖南、湖北、四川、贵州、云南、福建。

8. 金钱松属 Pseudolarix Gordon （1:1:0）

（1）金钱松 *Pseudolarix amabilis* （J. Nelson） Rehder

恩施。

湖南、安徽、江苏、浙江、山东、江西、福建、四川、湖北。

9. 铁杉属 Tsuga(Endlicher)Carrière(3:3:0)

（1）铁杉 *Tsuga chinensis* （Franchet） E. Pritzel

张秀实 31308

永顺、石门、桑植、武陵源、沅陵、江口、印江、宣恩、鹤峰。

湖南、贵州、湖北、甘肃、浙江、江苏、江西、安徽、福建、广东、广西、云南。

（2）大果铁杉 *Tsuga chinensis* var. *robusta* W. C. Cheng & L. K. Fu

湖北、四川。

（3）长苞铁杉 *Tsuga longibracteata* W. C. Cheng Y.Tsiang 7712，7673；黔北队 520

永顺、江口、印江。

江西、湖南、福建、广东、广西、贵州。

三十七、柏科 Cupressaceae （ 12:19 ）

1. 扁柏属 Chamaecyparis Spach （ 2:2:0 ）

（1）日本扁柏 *Chamaecyparis obtusa* （Siebold & Zuccarini） Endlicher

石门、桑植、永顺。

云南、湖南、河北、上海、江苏、浙江、福建、江西、山东、河南、湖北、广东、广西、重庆、贵州、台湾。

日本。

（2）日本花柏 *Chamaecyparis pisifera*（Siebold & Zuccarini）Endlicher

Anonymous758；万绍宾 27465；He Qi-guo 130-1；乔英林 994

武陵源、永顺、恩施、宣恩。

湖南、河北、辽宁、上海、江苏、浙江、安徽、福建、江西、山东、河南、广东、广西、重庆、四川、贵州、云南、陕西。

日本。

2. 柳杉属 Cryptomeria D. Don（2:2:0）

（1）柳杉 *Cryptomeria japonica* var. *sinensis* Miquel

石门、桑植、沅陵、芷江、吉首、凤凰、古丈、永顺、秀山、五峰、恩施、宣恩、鹤峰。

湖南、贵州、重庆、湖北、辽宁、江苏、浙江、安徽、福建、江西、山东、河南、广东、广西、四川、贵州、云南、甘肃。

（2）日本柳杉 *Cryptomeria japonica*（Thunberg ex Linnaeus f.）D. Don

李平 629

武陵源、桑植、泸溪、古丈、永顺、龙山、黔江、酉阳、五峰、鹤峰。

湖南、重庆、湖北、山西、上海、江苏、浙江、安徽、福建、江西、山东、河南、广东、广西、四川、贵州、云南、陕西、甘肃、台湾。

3. 杉木属 Cunninghamia R. Brown ex Richard & A. Richard（1:1:0）

（1）杉木 *Cunninghamia lanceolata*（Lambert）Hooker

尚简文 5523；安明态 3301；李洪钧 6251

沿河、德江、鹤峰。

河南、陕西、甘肃、安徽、福建、广东、贵州、湖北。

越南、柬埔寨、老挝。

4. 柏木属 Cupressus Linnaeus（2:2:0）

（1）柏木 *Cupressus funebris* Endlicher

尚简文 5529；武陵山考察队 1000

新晃、沿河。

浙江、福建、江西、湖南、湖北、四川、贵州、广东、广西、云南。

（2）墨西哥柏木 *Cupressus lusitanica* Miller

江苏、江西。

墨西哥。

5. 福建柏属 Fokienia A. Henry & H. H. Thomas（1:1:0）

（1）福建柏 *Fokienia hodginsii*（Dunn）A. Henry & H. H. Thomas

江苏、浙江、福建、江西、湖南、广东、广西、四川、贵州、云南。

老挝、越南。

6. 刺柏属 Juniperus Linnaeus（4:4:0）

（1）圆柏 *Juniperus chinensis* Linnaeus

刘林翰 1880

龙山。

湖南、内蒙古、广东、陕西、甘肃、广西、河北、黑龙江、贵州、福建。

日本、朝鲜、缅甸、俄罗斯。

（2）刺柏 *Juniperus formosana* Hayata

湘西考察队 351；席先银等 615

慈利。

湖南、福建、甘肃、陕西、甘肃、青海、台湾、西藏、安徽。

（3）垂枝香柏 *Juniperus pingii* W. C. Cheng ex Ferre

江西、湖北、广西、四川、云南、西藏、陕西、甘肃、青海。

（4）铺地柏 *Juniperus procumbens*（Endlicher）Siebold ex Miquel

宣恩。

辽宁、江苏、浙江、山东、湖北、安徽、福建、江西、山东、云南。

日本。

7. 水杉属 Metasequoia Hu & W. C. Cheng（1:1:0）

（1）水杉 *Metasequoia glyptostroboides* Hu & W. C. Cheng

龙山。

湖北、福建、广东、广西、贵州、河北、河

南、湖北、湖南、江苏、江西、辽宁、陕西、山东、山西、四川、云南、浙江。

8. 侧柏属 Platycladus Spach（1:1:0）

（1）侧柏 *Platycladus orientalis*（Linnaeus）Franco

宣恩。

内蒙古、吉林、辽宁、河北、山西、山东、江苏、浙江、福建、安徽、江西、河南、陕西、甘肃、四川、云南、贵州、湖北、湖南、广东、广西。

朝鲜、俄罗斯。

9. 台湾杉属 Taiwania Hayata（1:1:0）

（1）台湾杉 *Taiwania cryptomerioides* Hayata

酉阳。

重庆、江苏、福建、江西、河南、湖北、四川、贵州、云南、台湾。

缅甸。

10. 落羽杉属 Taxodium Richard（2:2:0）

（1）落羽杉 *Taxodium distichum*（Linnaeus）Richard

四川、上海、江苏、浙江、安徽、福建、江西、山东、河南、湖北、湖南、广东、广西、重庆、贵州、云南、台湾。

美国。

（2）池杉 *Taxodium distichum* var. *imbricatum*（Nuttall）Croom

溆浦、宣恩。

湖南、湖北、江苏、浙江、安徽、福建、江西、山东、河南、广东、广西、贵州。

美国。

11. 崖柏属 Thuja Linnaeus（1:1:0）

（1）北美香柏 *Thuja occidentalis* Linnaeus

河北、四川、北京、吉林、上海、江苏、浙江、安徽、福建、江西、山东、河南、湖北、湖南、广东、广西、重庆、贵州、西藏。

加拿大、美国。

12. 罗汉柏属 Thujopsis Siebold & Zuccarini ex Endlicher（1:1:0）

（1）罗汉柏 *Thujopsis dolabrata*（Thunberg ex Linnaeus f.）Siebold & Zuccarini

辽宁、江苏、浙江、安徽、江西、山东、河南、湖北、广西、贵州、云南、陕西。

日本。

三十九、红豆杉科 Taxaceae（5:9）

1. 穗花杉属 Amentotaxus Pilger（1:1:0）

（1）穗花杉 *Amentotaxus argotaenia*（Hance）Pilger

黔北队 2104

保靖、梵净山、恩施、五峰。

甘肃、湖北、浙江、江西、湖南、甘肃、广西、广东、四川、贵州、西藏。

越南。

2. 三尖杉属 Cephalotaxus Siebold & Zuccarini ex Endlicher（3:3:0）

（1）三尖杉 *Cephalotaxus fortunei* Hooker

浙江、安徽、福建、江西、湖南、湖北、河南、陕西、甘肃、四川、云南、贵州、广西、广东。

缅甸。

（2）篦子三尖杉 *Cephalotaxus oliveri* Masters

钟补勤 1033

梵净山。

湖南、云南、广西、贵州、四川、广东、湖北、江西。

越南。

（3）粗榧 *Cephalotaxus sinensis*（Rehder & E. H. Wilson）H. L. Li

李丙贵 75003

桑植、龙山、来凤、宣恩、鹤峰、恩施、咸丰、五峰。

安徽、湖南、湖北、福建、甘肃、广西、广东、山东、河南、陕西。

3. 白豆杉属 Pseudotaxus W. C. Cheng（1:1:0）

（1）白豆杉 *Pseudotaxus chienii*（W. C. Cheng）

W. C. Cheng

湘西考察队 352；席先银等 159；湘西考察队 432

慈利、桑植、武陵源。

湖南、浙江、江西、广东、广西。

4. 红豆杉属 Taxus Linnaeus（2:2:0）

（1）红豆杉 ***Taxus wallichiana*** var. ***chinensis***（Pilger）Florin

李洪钧 8504；李洪钧 6876

桑植、石门、永顺、来凤、宣恩、鹤峰、恩施、咸丰、五峰。

湖南、江西、甘肃、陕西、湖北、四川、贵州、云南、广西、安徽。

越南。

（2）南方红豆杉 ***Taxus wallichiana*** var. ***mairei***（Lemée & H. Léveillé）L. K. Fu & Nan Li

莫华 6055；席先银等 107

慈利、松桃。

湖南、贵州、安徽、福建、江苏、浙江、台湾、江西、广东、广西、湖北、河南、陕西、甘肃。

印度、越南、老挝、缅甸。

5. 榧树属 Torreya Arnott（2:2:0）

（1）巴山榧树 ***Torreya fargesii*** Franchet

湘西考察队 412；黔北队 1448

石门、永顺、武陵源、慈利、桑植、保靖、松桃、五峰。

贵州、湖南、江西、云南、陕西、甘肃、河南、湖北、四川、安徽。

（2）榧树 ***Torreya fargesii*** Franchet

武陵源、古丈、凤凰、松桃。

江苏、湖南、河南、贵州、湖北、浙江、江西、安徽、福建。

三十八、睡莲科 Nymphaeaceae（3:7）

1. 芡属 Euryale Salisbury（1:1:0）

（1）芡实 ***Euryale ferox*** Salisbury

我国南北各省，从黑龙江至云南、广东。

2. 萍蓬草属 Nuphar Smith（2:2:0）

（1）萍蓬草 ***Nuphar pumilum***（Hoffmann）de Candolle

黑龙江、吉林、河北、江苏、浙江、江西、福建、广东。

苏联、日本、欧洲北部及中部。

（2）中华萍蓬草 ***Nuphar pumila*** subsp. ***Sinensis***（Handel–Mazzetti）D. Padgett

湖南、贵州、江西。

3. 睡莲属 Nymphaea Linnaeus（4:4:0）

（1）白睡莲 ***Nymphaea alba*** Linnaeus

河北、山东、陕西、浙江。

印度、北高加索地区及欧洲。

（2）蓝睡莲 ***Nymphaea stellata*** Willdenow

湖北、广东。

印度、越南、缅甸、泰国、非洲。

（3）柔毛齿叶睡莲 ***Nymphaea lotus*** var. ***pubescens***（Willdenow）J. D. Hooker & Thomson

云南、台湾。

印度、越南、缅甸、泰国。

（4）睡莲 ***Nymphaea tetragona*** Georgi

吉首、保靖、永顺、桑植、武陵源、慈利、石门、黔江、酉阳、秀山。

日本、朝鲜、俄罗斯、印度、越南。

三十九、五味子科 Schisandraceae（3:17）

1. 八角属 Illicium Linnaeus（6:6:0）

（1）红花八角 ***Illicium dunnianum*** Tutcher

龙成良 87235；廖衡松 15808；蔡平成 20064；谢欢欢 522230190125011LY；酉阳队 500242-364，500242-380；张代贵 20170429，1406050150，314；龙成良 87129

石门、古丈、永顺、武陵源、万山、酉阳。

湖南、贵州、广西、广东、福建。

（2）红茴香 *Illicium henryi* Diels

李洪钧 8767；刘林翰 9127；壶瓶山考察队 87235；黔北队 0696，1846；植被队 724；张代贵 00640

凤凰、江口、印江、松桃。

河南、陕西、安徽、江西、湖北、湖南、四川、贵州、广西、云南。

（3）红毒茴 *Illicium lanceolatum* A. C. Smith Sargentia

红毒茴 1946；周丰杰 065，191

沅陵、松桃。

江苏、安徽、浙江、江西、福建、湖北、湖南、贵州。

（4）大八角 *Illicium majus* Hooker f. et Thomsom

黔北队 0519，0921；黔南队 无编号；张志松、党成忠等 401552，400636；溆浦林业局 兰 -71；刘克旺 30054；张代贵 YH900601877

芷江、江口。

湖南、四川、贵州、广西、广东。

中南半岛、缅甸。

（5）小花八角 *Illicium micranthum* Dunn

张志松等 401224，401297；沈中瀚 01220；莫华 6084；张代贵 YH090703756；溥发鼎、曹亚玲 0057；周邦楷、顾健 09；湘西考察队 286；彭春良 86372；武陵山考察队 875

古丈、慈利、印江、江口、松桃、彭水、宜恩。

湖北、湖南、广东、广西、四川、贵州、云南。

（6）野八角 *Illicium simonsii* Maximowicz Bull.

黔江队 500114-223；黔南队 2974

永顺。

云南、四川。

缅甸、印度。

2. 南五味子属 Kadsura Jussieu（3:3:0）

（1）黑老虎 *Kadsura coccinea*（Lemaire）A. C. Smith

简焯坡、张秀实等 32255；黔北队 983

江口。

江西、湖南、广东、香港、海南、广西、四川、贵州、云南。

（2）异形南五味子 *Kadsura heteroclita*（Roxburgh）Craib

北京队 2228，000934，003537；壶瓶山考察队 1249；王映明 4854；湘黔队 002584；简焯坡 30798；张代贵 hhx0122113；黔北队 1254；吉首大学生物资源与环境科学学院 GWJ20170611_0467

新晃、芷江、永顺。

湖北、广东、海南、广西、贵州、云南。

孟加拉、越南、老挝、缅甸、泰国、印度、斯里兰卡等。

（3）南五味子 *Kadsura longipedunculata* Finet et Gagnepain

安明态 SQ-0557；刘林翰 9588；姜孝成、唐妹 等 JiangXC0450，JiangXC0461；黔北队 308；徐亮 090703-2-33；李杰 522229160312975LY；谢彪 522222150111025LY；张代贵 1007146067，2013071301055

桑植、江口、秀山、来凤、鹤峰。

江苏、安徽、浙江、江西、福建、湖北、湖南、广东、广西、四川、云南。

3. 五味子属 Schisandra Michaux（8:8:0）

（1）二色五味子 *Schisandra bicolor* Cheng

沅陵。

安徽、浙江、江西、湖南。

（2）金山五味子 *Schisandra glaucescens* Diels

谭策铭、易桂花、张丽萍、易发彬、胡兵、桑植样 108

桑植。

湖北、四川。

（3）大花五味子 *Schisandra grandiflora*（Wallich）J. D. Hooker & Thomson

西部科学院 3701；壶瓶山考察队 1437；北京队 002688

石门、桑植。

西藏、云南。

（4）翼梗五味子 *Schisandra henryi* Clarke

谭沛祥 62490；壶瓶山考察队 0339，0714；王映明 4854；北京队 1809，0527；武陵山考察队 2001，606；贵州省松桃县 1972；张志松、党成忠等 400195

芷江、石门、花垣、永顺、印江、松桃、石阡、江口、宣恩。

浙江、江西、福建、河南、湖北、湖南、广东、广西、四川、贵州、云南。

（5）兴山五味子 *Schisandra incarnata* Stapf

张代贵 080825001

古丈。

湖北。

（6）铁箍散 *Schisandra propinqua* subsp. *sinensis*（Oliver）R. M. K. Saunders

植被调查队 952；祁承经 30325；雷开东 4331271408100924；贺海生 080501019；曾宪锋 ZXF09427；张代贵 4331221510260696LY，ZZ170815861，YH140802609，YH090731797，090729001

桑植、永顺、泸溪、古丈、吉首、恩施。

陕西、甘肃、江西、河南、湖北、湖南、四川、贵州、云南。

（7）毛叶五味子 *Schisandra pubescens* Hemsler et Wilson

李良千 148；北京队 2294，4302；付国勋、张志松 1373；刘正宇 6940；李良千 14

桑植、酉阳、恩施。

湖北、四川。

（8）华中五味子 *Schisandra sphenanthera* Rehder & E. H. Wilson

张志松、党成忠等 401450；黔北队 0308；彭春良 86017；安明态 SQ-0545，SQ-1012；张代贵 zdg1405040199，00445，LC161，YH140820606；丁文灿 070818004

吉首、永顺、慈利、凤凰、保靖、印江、石阡、松桃、鹤峰。

甘肃、陕西、山西、云南、贵州、湖南、湖北、江西、江苏。

四十一、三白草科 Saururaceae（3:3）

1. 裸蒴属 Gymnotheca Decaisne（1:1:0）

（1）裸蒴 *Gymnotheca chinensis* Decaisne

陈功锡 080729025，080729025；张代贵 zdg05280321，070612017；黔北队 2221；宿秀江、刘和兵 433125D00100509022；曹亚宁、溥发鼎 2855，2900，2922；雷开东 4331271405280387

永顺、保靖、吉首、沿河、印江。

云南、四川、贵州、湖南、湖北、广西、广东。

亚洲。

2. 蕺菜属 Houttuynia Thunberg（1:1:0）

（1）蕺菜 *Houttuynia cordata* Thunberg

谭沛祥 60872；张志松 402292，402439；李学根 204441，203845，203816；李洪钧 2992；李启和 1510；方明渊 24307；刘林翰 9432

桑植、石门、龙山、芷江、沅陵、永顺、龙山、江口、德江、松桃、黔江、秀山、酉阳、鹤峰、来凤、五峰、宣恩、咸丰。

台湾、云南、西藏、陕西、甘肃。

3. 三白草属 Saururus Linnaeus（1:1:0）

（1）三白草 *Saururus chinensis*（Loureiro）Baillon

廖博儒 1074；何友义 860195；桑植县林科所 1074；张代贵 zdg140630001，06-35-109；雷开东 4331271406300168；杨祥学 10416；刘天俊 522222140403011LY

桑植、桃源、永顺、石门、江口。

河北、山东、河南和长江流域。

四十二、胡椒科 Piperaceae（2:4）

1. 草胡椒属 Peperomia Ruiz et Pavon（1:1:0）

（1）草胡椒 *Peperomia pellucida*（Linnaeus）Kunth

福建、广东、广西、云南。

2. 胡椒属 Piper Linnaeus（3:3:0）

（1）竹叶胡椒 *Piper bambusifolium* Y. C. Tseng

四川、湖南、贵州。

（2）山蒟 *Piper hancei* Maximowicz

张代贵 YH150809498，YH150809529；麻超柏、石琳军 HY201807070339、YH150814597

花垣、古丈、慈利。

云南、贵州、广西、广东、海南、湖南、江西、福建、浙江。

（3）石南藤 *Piper wallichii*（Miquel）Handel-Mazzetti

李学根 204530，204530；刘林翰 17398；简焯坡 32564；雷开东 4331271408251035，4331271408090902；张代贵 080511145；陈功锡 080730100；李佳佳 070719113；李恒、彭淑云、俞宏渊等 1572

永顺、桑植、武陵山区、沿河、江口、酉阳、咸丰、鹤峰。

云南、贵州、四川、甘肃、广西、湖南、湖北。

尼泊尔、印度东部、孟加拉、印度尼西亚。

四十三、马兜铃科 Aristolochiaceae（3:21）

1. 马兜铃属 Aristolochia Linnaeus（6:6:0）

（1）马兜铃 *Aristolochia debilis* Siebold & Zuccarini

黄仁煌 3307

桑植、思南、恩施。

长江流域以南各地区及山东、河南。

日本。

（2）线叶关木通 *Isotrema neolongifolium*（J. L. Wu & Z. L. Yang）X. X. Zhu，S. Liao & J. S. Ma

四川、重庆。

（3）异叶马兜铃 *Aristolochia heterophylla* Hemsley

北京队 2215，002463

永顺、桑植、石门。

陕西、甘肃、四川、湖北、湖南。

（4）寻骨风 *Aristolochia mollissima* Hance

李振基、吕静 20060086

五峰。

（5）淮通 *Aristolochia moupinensis* Franchet

北京队 002859

桑植。

（6）辟蛇雷 *Aristolochia tubiflora* Dunn

马元俊 288；谭士贤、王俊华等 7089-01，7089-02，7089-03

恩施。

四川。

2. 细辛属 Asarum Linnaeus（14:14:0）

（1）尾花细辛 *Asarum caudigerum* Hance

北京队 3946，351，001223，002838；湘西考察队 662；何顺志、郭高林 94016；无 360；植被调查队 805；徐永福 罗金龙 15060302；安明态等 YJ-2014-0048

桑植、慈利、永顺、印江、江口、松桃。

浙江、江西、福建、台湾、湖北、湖南、广东、广西、四川、贵州、云南。

（2）双叶细辛 *Asarum caulescens* Maximowicz

曹铁如 90261；贵州省中医药物调查队 59；谭策铭、张丽萍、易发彬、胡兵、易桂花、桑植 044；桑植县林科所 183；张代贵 zdg6998

桑植、古丈。

陕西、甘肃、湖北、湖南、四川、贵州。

日本。

（3）川北细辛 ***Asarum chinense*** Franchet

湖北、四川。

（4）铜钱细辛 ***Asarum debile*** Franchet

北京队 003428；吉首大学生物资源与环境科学学院 GWJ20170611_0513

古丈、桑植。

安徽、湖北、湖南、陕西、四川。

（5）杜衡 ***Asarum forbesii*** Maximowicz

武陵考察队 2076。

芷江。

江苏、安徽、浙江、江西、河南南部、湖北及四川。

（6）细辛 ***Asarum heterotropoides*** F. Schmidt

祁承经 30385；王加国、李晓芳等 YJ-2014-0048，YJ-2014-0035；王加国 YJ-2014-0048；李家美 4269；北京队 01047；桑植县林科所 0183，0139；曾宪锋 ZXF9512；田代科、肖艳、李春、张成 LS-2115

桑植、永顺、龙山、印江、江口、恩施、松桃。

浙江、江西、福建、台湾、湖北、湖南、广东、广西、四川、贵州、云南。

（7）苕叶细辛（单叶细辛）***Asarum himalaicum*** J. D. Hooker & Thomson ex Klotzsch

武陵山考察队 19；吉首大学生物资源与环境科学学院 GWJ20170611_0388；简焯坡、应俊生、马成功等 32066

古丈、松桃、印江。

（8）小叶马蹄香 ***Asarum ichangense*** C. Y. Cheng et C. S. Yang

武陵考察队 2076；桑植县林科所 354；张代贵 TY-WYJ-001A；刘林翰、胡光万 23603

芷江、桑植、古丈。

安徽、浙江、福建、江西、湖北、湖南、广东、广西。

（9）金耳环 ***Asarum insigne*** Diels

广东、广西、江西。

（10）祁阳细辛 ***Asarum magnificum*** Tsiang ex C. Y. Cheng & C. S. Yang

浙江、江西、湖北、陕西、湖南、广东。

（11）大叶细辛 ***Asarum maximum*** Hemsley

李杰 522229141026793LY。

松桃。

湖北、四川。

（12）长毛细辛 ***Asarum pulchellum*** Hemsley

廖博儒 0272；田代科、肖艳、陈岳 LS-1041；田代科、肖艳、李春、张成 LS-1817；宿秀江、刘和兵 433125D00030429005；北京队 003444；粟林 4331261503031217；谭士贤 7045，7090；吉首大学生物资源与环境科学学院 GWJ20170610_0241；湘西考察队 486

桑植、慈利、龙山、保靖、古丈。

安徽、江西、湖北、湖南、四川、贵州、云南。

（13）花脸细辛（青城细辛）***Asarum splendens***（F.Maekawa）C. Y. Cheng & C. S. Yang

湖北、四川、贵州、云南。

（14）五岭细辛 ***Asarum wulingense*** C. F. Liang

武陵考察队 1946；贾安静 104-3；陈寿军 522229141023772LY；蓝开敏 98-0129

芷江、江口、松桃、石阡。

江西、湖南、广东、广西、贵州。

3. 马蹄香属 Saruma Oliver（1:1:0）

（1）马蹄香 ***Saruma henryi*** Oliver

江西、湖北、河南、陕西、甘肃、四川、贵州。

四十四、木兰科 Magnoliaceae（8:34）

1. 厚朴属 Houpoea N. H. Xia & C. Y. Wu（1:1:0）

（1）厚朴 *Houpoea officinalis*（Rehder & E. H. Wilson）N. H. Xia & C. Y. Wu

简焯坡、张秀实等 30302；付、刘、陈 44；张志松、闵天禄、许介眉等 401535；张代贵 zdg1-071，20120429026；粟林 4331261405020329；雷开东 4331271405200374；谭士贤 181；西师生物系 02260；李杰 5222291604181028LY

保靖、龙山、慈利、石门、石阡、思南、松桃。

湖南、四川、陕西、甘肃。

2. 长喙木兰属 Lirianthe Spach（1:1:0）

（1）山玉兰 *Lirianthe delavayi*（Franchet）N. H. Xia & C. Y. Wu

石门、江口。

云南、四川、贵州。

3. 鹅掌楸属 Liriodendron Linnaeus（1:1:0）

（1）鹅掌楸 *Liriodendron chinense*（Hemsley）Sargentia

莫华 6098；简焯坡、张秀实等 30824；王映明 5335；赵佐成、马建生 2906；郑家仁 80058；廖衡松 16016；植被调查队 651；张发海 无编号；蓝开敏 98-0056；田代科、肖艳、陈岳 LS-1585

桑植、芷江、凤凰、龙山、慈利、石门、印江、松桃、鹤峰。

浙江、江西、福建、湖北、湖南、广西、四川、贵州、云南、陕西、安徽、秦岭以南、南岭以北各地区。

越南北部。

4. 木兰属 Magnolia Linnaeus（1:1:0）

（1）荷花木兰 *Magnolia grandiflora* Linnaeus

新晃、吉首。

原产于北美东南部。

5. 木莲属 Manglietia Blume（5:5:0）

（1）桂南木莲 *Manglietia conifera* Dandy

广东、云南、广西、贵州。

（2）落叶木莲 *Manglietia decidua* Q. Y. Zheng

江西。

（3）木莲 *Manglietia fordiana* Oliver

黔北队 2250；肖定春 80323；沈中瀚 01413；郑家仁 80363

新晃、芷江、镇远、印江。

福建、广东、广西、贵州、云南。

（4）红花木莲 *Manglietia insignis*（Wallich）Blume

黔南队 3213；路端正 810903

雷公山、梵净山、安龙。

湖南、广西、四川、贵州、云南、西藏。

尼泊尔、印度东北部、缅甸北部。

（5）巴东木莲 *Manglietia patungensis* Hu

永顺、桑植、武陵山区。

湖北、四川。

6. 含笑属 Michelia Linnaeus（14:14:0）

（1）白兰 *Michelia ×alba* Candolle

张代贵 1121，pcn053；张代贵、任强 2271

永顺、梵净山。

原产于印度尼西亚（爪哇）。

（2）平伐含笑 *Michelia cavaleriei* Finet et Gagnepain

张志松等 400542，31678，31142；杨龙 83-426；杨成华 008；黔北队 0869；屠玉麟 535

新晃、印江。

四川、贵州、广西、云南。

（3）阔瓣含笑 *Michelia cavaleriei* var. *platypetala*（Handel-Mazzetti）N. H. Xia

简焯坡、张秀实等 31678，32176，31142，30874；壶瓶山考察队 1549；安明态 SQ-0385，SQ-1019；徐友源、杨业勤 无编号；李克纲、张代贵 等 TY20141226_0063，TY20141226_0062；张代贵 YH150411783，pxh139

石门、桃源、古丈、永顺、石阡、江口、印江。

湖北、湖南、广东、广西、贵州。

（4）乐昌含笑 *Michelia chapensis* Dandy

刘林翰 9726；林学院 77-0010；湘西考察队 424；席先银等 230；麻超柏、石琳军 HY20180322_0265；张代贵 ZZ100808662，zdg5110

保靖、慈利、花垣、永顺、古丈、江口。

江西、湖南、广东、广西。

越南。

（5）紫花含笑 *Michelia crassipes* Law

广东、湖南、广西。

（6）含笑花 *Michelia figo*（Loureiro）Sprengel

张代贵 080501003；屠玉麟 82-0029

桑植。

原产于华南南部各地区，广东。

（7）多花含笑 *Michelia floribunda* Finet & Gagnepain

湘黔队 002560；保靖林业局 无；C.L.Long 120304；黔北队 869；邓 0328016；张代贵 YH120411704

保靖、慈利、吉首、古丈、印江、江口。

湖北、四川、云南。

缅甸。

（8）金叶含笑 *Michelia foveolata* Merrill ex Dandy

武陵山考察队 2329；沈中瀚 1281，229；C.J.Qi、Z.H.Shen 311；李学根 203959

贵州、湖北、湖南、江西、广东、广西、云南。

越南北部。

（9）醉香含笑 *Michelia macclurei* Dandy

黔北队 0869；刘标 0563；张代贵 zsy0019，DXY328

保靖、古丈、印江。

广东、海南、广西。

越南北部。

（10）黄心含笑 *Michelia martini*（H. Léveillé）Finet & Gagnepain ex H. Léveillé

张代贵、王业清、朱晓琴 zdg，wyq，zxq0178；廖博儒 8253；沈中瀚 01402；彭春良 86340；保靖林业局 86340；植被调查队 479；武陵山考察队 2693；谷忠村 024；蔡平成 20061；保靖林业局

无采集号

桑植、龙山、慈利、保靖、石门、石阡、五峰。

湖南。

（11）深山含笑 *Michelia maudiae* Dunn

宿秀江、刘和兵 433125D00100415040；粟林 4331261410071058，4331261503021161；张代贵 090910011，201507134039，y090807066，3092；张代贵、王业清、朱晓琴 zdg，wyq，zxq0039；宿秀江 ZZ120415373。

保靖、古丈、吉首、五峰。

浙江、福建、湖南、广东、广西、贵州。

（12）观光木 *Tsoongiodendron odorum* Chun

江西、福建、广东、海南、广西、云南。

（13）野含笑 *Michelia skinneriana* Dunn

刘、林、申 33754；刘克旺 33754；贺海生 070505034

桃源、吉首。

浙江、江西、福建、湖南、广东、广西。

（14）川含笑 *Michelia wilsonii* subsp. *szechuanica*（Dandy）J. Li

谷忠村 0910021

永顺。

湖北、四川、贵州、云南。

7. 拟单性木兰属 Parakmeria Hu & W. C. Cheng（2:2:0）

（1）乐东拟单性木兰 *Parakmeria lotungensis*（Chun & C. H. Tsoong）Y. W. Law

张代贵 080602098；谷忠村 1570，GZC157。

沅陵、保靖、慈利。

江西、福建、湖南、广东、海南、广西、贵州、广东、海南。

（2）光叶拟单性木兰 *Parakmeria nitida*（W. W. Smith）Law

西藏、云南。

缅甸北部。

8. 玉兰属 Yulania Spach（9:9:0）

（1）二乔玉兰 *Yulania ×soulangeana*（Soulange-Bodin）D. L. Fu

浙江、广东。

（2）天目木兰（天目玉兰）*Yulania amoena*（W.

C. Cheng）D. L. Fu

张代贵 080511138，YD270006

永顺、古丈。

浙江。

（3）望春玉兰 *Yulania biondii*（Pampanini）D. L. Fu

林亲众 469；张代贵、王业清、朱晓琴 zdg，wyq，zxq0245；文德其 6309

陕西、甘肃、河南、湖北、四川、山东。

（4）光叶玉兰 *Yulania dawsoniana*（Rehder & E. H. Wilson）D. L. Fu

刘林翰 17852；北京队 3857

四川。

（5）玉兰 *Yulania denudata*（Desrousseaux）D. L. Fu

向晟、藤建卓 JS20180301_0144；张代贵 2013071402020，05091015；酉阳队 500242678，500242-550，500242644；席先银等 28

吉首、古丈、永顺。

江西、浙江、湖南、贵州。

（6）紫玉兰 *Yulania liliiflora*（Desrousseaux）D. L. Fu

武陵山考察队 820；武陵考察队 838；吉首大学生物资源与环境科学学院 GWJ20180712_0067，

GWJ20180712_0068，GWJ20180712_0069；张代贵 YH090410990，20090731015；田代科、肖艳、陈岳 LS-1394

新晃、芷江、鹤峰。

华中地区、华东地区、福建、湖北、四川、云南。

（7）凹叶玉兰 *Yulania sargentiana*（Rehder & E. H. Wilson）D. L. Fu

四川、云南。

（8）武当玉兰 *Yulania sprengeri*（Pampanini）D. L. Fu

北京队 000948，4454；周卯勤等 615；壶瓶山考察队 1535；聂敏祥、李启和 1261；梵净山管理处科研室 83-1058；梵净山队 037；席先银等 608；谭士贤 412；西师生物系 02343

桑植、永顺、石门、慈利、梵净山、彭水、恩施。

陕西、甘肃、河南、湖北、湖南、四川。

（9）宝华玉兰 *Yulania zenii*（W. C. Cheng）D. L. Fu

黔北队 382，0382

印江。

江苏。

四十五、番荔枝科 Annonaceae（1:2）

1. 瓜馥木属 Fissistigma Griffith（2:2:0）

（1）瓜馥木 *Fissistigma oldhamii*（Hemsley）Merrill

北京队 852，001700

永顺、保靖、古丈。

云南、广西、广东、湖南、江西、浙江、福建、台湾。

（2）凹叶瓜馥木 *Fissistigma retusum*（H.

Léveillé）Rehder

刘鸣锋 070718030；李恒、彭淑云等 1819；北京队 852；粟林 4331261503011109；张代贵 180，xm367，ZCJ120412026，ZZ100712689，zdg396

永顺、保靖、古丈。

西藏、云南、贵州、广西、海南。

四十六、蜡梅科 Calycanthaceae（1:1）

1. 蜡梅属 Chimonanthus Lindley（1:1:0）

（1）蜡梅 *Chimononthus praecox*（Linn）Link

武陵队 1978；安明态 3116；张志松，张永田 401404；简焯坡 401404；杨彬 080418031+1；谷忠村 004486，0338；贺海生 070617123

芷江、永顺、吉首、德江、印江。

云南、贵州、四川、陕西、河南、湖北、湖南、江西、福建、浙江、安徽、江苏、山东、广东、广西。

四十七、莲叶桐科 Hernandiaceae（1:1）

1. 青藤属 Illigera Blume（1:1:0）

（1）短蕊青藤 *Illigera brevistaminata* Y. R. Li

吉首大学生物资源与环境科学学院

GWJ20180713_0368

古丈。

贵州、湖南。

四十八、樟科 Lauraceae（9:83）

1. 黄肉楠属 Actinodaphne Nees（5:5:0）

（1）红果黄肉楠 *Actinodaphne cupularis*（Hemsley）Gamble

李洪钧 8165，4524，7067；黔北队 2659，1675，2249；L.H.Liu 10015；彭春良 86296；龙成良 87258；酉阳组 1620

凤凰、沅陵、永顺、桑植、石门、石阡、江口、印江、德江、沿河。

湖北、湖南、四川、广西、云南、贵州。

（2）广东黄肉楠 *Actinodaphne koshepangii* Chun ex H. T. Chang

宿秀江 ZZ120427411；宿秀江、刘和兵 433125D00020427004；刘林翰 10020

保靖、桑植、武陵源。

广东、湖南。

（3）柳叶黄肉楠 *Actinodaphne lecomtei* C. K. Allen

四川、贵州、广东。

（4）峨眉黄肉楠 *Actinodaphne omeiensis*（Liou）Allen

李洪钧 8878；安明态 3940

江口。

四川、贵州。

（5）华南桂 *Cinnamomum austrosinense* Hung T. Chang

广东、广西、福建、江西、浙江。

2. 樟属 Cinnamomum Schaeffe（14:14:0）

（1）毛桂 *Cinnamomum appelianum* Schewe

陶光富 186，92；武陵山队 1559，2080；宿秀江、刘和兵 433125D00180929007；张代贵 4331221510200628LY，4331221605080344LY；黔北队 1830；莫华 6044

芷江、保靖、泸溪、松桃、德江、咸丰。

湖南、江西、广东、广西、贵州、四川、云南。

（2）猴樟 *Cinnamomum bodinieri* H. Léveillé

李洪钧 3254，11505；方明渊 24387；王映明 4348；植被调查队 892；彭春良 86050；刘正宇 0495；黔北队 1920，2412；安明先 3365

芷江、吉首、保靖、龙山、慈利、石门、江

口、印江、德江、沿河、松桃、来凤、鹤峰、宣恩、五峰。

贵州、四川、湖北、湖南、云南。

（3）阴香 *Cinnamomum burmannii*（Nees & T.Nees）Blume

广东。

（4）樟 *Cinnamomum camphora*（Linnaeus）J. Presl

彭辅松 514；陶光富 132，131；王映明 6345；吴福川、查学洲等 226；武陵山队 2137；蒋俊忠、刘泽；黔江队 500114-310-01，500114-310-02；安明先 3121

新晃、芷江、花垣、桑植、秀山、宣恩。

南方及西南各地区。

（5）天竺桂 *Cinnamomum japonicum* Siebold

彭水队 500243-002-221

彭水。

江苏、浙江、安徽、江西、福建、台湾。

朝鲜、日本。

（6）野黄桂 *Cinnamomum jensenianum* Handel-Mazzetti

方明渊 24481；刘林翰 17333，9165；黔北队 657

桑植、石门。

湖南、湖北、四川、江西、广东、福建。

（7）兰屿肉桂 *Cinnamomum kotoense* Kanehira et Sasaki

台湾。

（8）油樟 *Cinnamomum longepaniculatum*（Gamble）N. Chao ex H. W. Li

张迅 522230190119027LY；吉首大学生物资源与环境科学学院 GWJ20170610_0053，GWJ20170610_0281；吴福川、陈启超 217

古丈、万山。

四川。

（9）沉水樟 *Cinnamomum micranthum*（Hayata）Hayata

刘克明、蔡秀珍 SCSB-HN-0204；沈中翰 116；徐永福、黎明、周大松 14073110；席先银等 387，718；湘西考察队 254；麻超柏、石琳军 HY20180715_0678；张代贵 lxq0123256，

ZZ090715075，090715604

保靖、泸溪、慈利。

广西、广东、湖南、江西、福建、台湾。

（10）黄樟 *Cinnamomum parthenoxylon*（Jack）Meisner

贺善安等 85025；吴福川，查学洲等 227A，229A；彭水对 500243-002-009；钟补勤 722；唐海华 522229141023760LY

新晃、凤凰、沅陵、永顺、石门。

广东、广西、福建、江西、湖南、贵州、贵州、云南。

印度、马来西亚。

（11）少花桂 *Cinnamomum pauciflorum* Nees

肖定春 80335；沈中瀚 114；周杰丰 089；方明渊 24481；L.H.Liu 9165；蓝开敏 98-0132

龙山、桑植、慈利、石门、江口、德江。

湖南、湖北、四川、云南、贵州、广西、广东。

印度。

（12）银木 *Cinnamomum septentrionale* Handel-Mazzetti

张代贵 090712001，ZZ100713765；陶光富 106

吉首、永顺、咸丰。

产四川、陕西、甘肃。

（13）辣汁树 *Cinnamomum tsangii* Merrill Lingnan

喻勋林、徐期瑚 2221

古丈。

广东、湖南、江西、福建。

（14）川桂 *Cinnamomum wilsonii* Gamble

方明渊 24481；李洪钧 8907；陶光富 185，142；李洪钧 7820；湘西考察队 859；席先银等 434；刘正宇、张近伦 6231；黔北队 0657；张志松、党成忠等 401760

永顺、石门、石阡、江口、印江、德江。

陕西、四川、湖北、湖南、广西、广东、江西。

3. 山胡椒属 Lindera Thunberg（17:17:0）

（1）乌药 *Lindera aggregata*（Sims）Kosterm

李洪钧 2730；王映明 6841；徐永福、黎明、周大松 14073102；田代科、肖艳、陈岳 LS-

1602，LS-1527；北京队 573

桑植、慈利、石门、印江。

浙江、江西、福建、安徽、湖南、广东、广西、台湾。

越南、菲律宾。

（2）狭叶山胡椒 *Lindera angustifolia* W. C. Cheng

谭沛祥 62632；陈寿军 522229141003544LY

新晃、沅陵、保靖、石门。

山东、浙江、福建、安徽、江苏、江西、湖南、湖北、陕西、广东、广西。

（3）香叶树 *Lindera communis* Hemsley

李洪钧 9160，3784，9138，9303；刘林翰 9245；周丰杰 184；湘西调查队 0545；曹亚玲、薄发鼎 2817；简焯坡、张秀实等 30126；王金敖 241

新晃、芷江、凤凰、沅陵、保靖、桑植、石阡、江口、思南、印江、德江、沿河、松桃、万山、咸丰、来凤、鹤峰、宣恩、五峰。

陕西、甘肃、湖南、湖北、江西、芷江、福建、台湾、广东、广西、云南、贵州、四川。

（4）红果山胡椒 *Lindera erythrocarpa* Makino

王映明 6532；曹铁如 090205；北京队 2178；无采集人 488；湘黔队 3420，2509，2631；曹铁如 90205

沅陵、桑植、慈利、石门。

陕西、河南、山东、江苏、安徽、浙江、江西、湖北、湖南、福建、台湾、广东、广西、四川。

（5）绒毛钓樟 *Lindera floribunda*（C. K. Allen）H. P. Tsui

傅国勋、张志松 1472；李洪钧 9362；林文豹 653；彭春良 86054；龙成良 120337；武陵队 1230，1498；张桂才等 511，460；徐永福、张帆 15060611

永顺、桑植、石门、石阡、松桃、万山。

广东、广西、福建、江西、四川、云南、西藏、贵州、湖南。

尼泊尔、印度、缅甸、越南。

（6）香叶子 *Lindera fragrans* Oliver Hooker

赵子恩 4571；王映明 5511，4361，1532；陶

光富 127；北京队 1011；张代贵 lxq0121005；李勇康 8152；湘黔队 2638；刘正宇 6538-01

沅陵、永顺。

陕西、湖北、湖南、四川、贵州、广西。

（7）山胡椒 *Lindera setchuenensis* Gamble

李洪钧 2932

咸丰、来凤、鹤峰、宣恩。

山东、河南，陕西、甘肃、山西、江苏、安徽、浙江、江西、福建、台湾、广东、广西、湖北、湖南、四川。

中南半岛、朝鲜、日本。

（8）广东山胡椒 *Lindera kwangtungensis*（Liou）Allen

桑植县林科所 314，359，1684；刘林翰 10051

桑植。

广东、广西、福建、江西、贵州、四川。

（9）黑壳楠 *Lindera megaphylla* Hemsley

鄂五峰队 30265；王业华 107；彭辅松 6202；王映明 672；刘林翰 10038，9195；曹铁如 090256；安明态 YJ-0416；西师生物系 02197

芷江、凤凰、沅陵、麻阳、保靖、永顺、桑植、武陵源、石门、松桃、沿河、酉阳、秀山、来凤、鹤峰、宣恩、五峰。

陕西、甘肃、四川、云南、湖南、湖北、广东、广西、安徽、福建、台湾。

（10）绒毛山胡椒 *Lindera nacusua*（D. Don）Merrill

赵子恩 4463；壶瓶山考察队 0859；李良千 99；宿秀江、刘和兵 433125D00030810010；张代贵 zdg1030；屈永贵 080416055；贺海升 080403022；安明态 SQ-0531；杨龙 88－2019；西师 03157

永顺、桑植、石门、石阡、松桃、万山。

广东、广西、福建、江西、四川、云南、西藏、贵州、湖南。

尼泊尔、印度、缅甸、越南。

（11）绿叶甘橿 *Lindera neesiana*（Wallich ex Nees）Kurz

王映明 4029，6636，6690，5719，5715；谭策铭、易桂花、张丽萍、易发彬、胡兵、桑植

077；刘克明 776534，SQ-0848，SQ-0506；刘正宇 6218

沅陵、桑植、石门、石阡、江口、印江、德江、沿河、松桃、酉阳、秀山、咸丰、鹤峰、宣恩、五峰。

湖北、湖南、安徽、浙江、江西、四川、云南、西藏。

（12）三桠乌药 *Lindera obtusiloba* Blume

彭辅松 5800；鄂五峰队 30149；傅国勋、张志松 1262；王映明 437，4479；刘林翰 17647，9017；祁承经 30372；武陵山考察队 798；安明态 SQ-0677

永顺、桑植、石阡、江口、印江、德江、鹤峰、宣恩、五峰。

安徽、江苏、河南、陕西、甘肃、浙江、江西、福建、湖南、湖北、四川、西藏。

朝鲜、日本。

（13）峨眉钓樟 *Lindera prattii* Gamble

向晟、藤建卓 JS20180824_1138，JS201808-14_0866；张志松 402414

江口、印江、德江。

四川、贵州。

（14）香粉叶 *Lindera pulcherrima* var. *attenuata* C. K. Allen

赵佐成、马建生 2813，2846；王金敖 147；赵佐成 88-1534；赵子恩 4290；方明渊 24301；王映明 4482；李洪钧 9136；壶瓶山考察队 87232；李永康 8258

新晃、芷江、凤凰、沅陵、永顺、桑植、慈利、石门、石阡、江口、印江、德江、沿河、松桃、万山、黔江、咸丰、宣恩、五峰。

广东、广西、湖南、湖北、云南、贵州、四川。

（15）川钓樟 *Lindera pulcherrima* var. *hemsleyana*（Diels）H.P.Tsui

赵子恩 3970；李洪钧 888，8816，2730；蔡平成 20287；龙成良 120253；廖博儒 340；沈中翰 006；蓝开敏 98-0058；秀山队 0583

石门、慈利、桑植、沅陵、石阡、秀山、五峰、恩施、宣恩。

四川、贵州、甘肃、陕西、湖南、湖北、广

东、广西。

（16）山橿 *Lindera reflexa* Hemsley

王映明 615；林亲众 15470；朱国兴 021；彭春良 86121；路端正 811009；刘克旺 30027；宿秀江、刘和兵 433125D00020804098；李洪钧 5435；张志松 402147；秀山队 0519

新晃、芷江、凤凰、沅陵、花垣、永顺、桑植、石门、江口、松桃、万山、咸丰、鹤峰。

河南、江苏、安徽、浙江、江西、湖南、湖北、贵州、云南、广西、广东、福建。

（17）菱叶钓樟 *Lindera supracostata* Lecomte

肖定春 80201；曹铁如 85324；肖定春 80161；张代贵 zdg00021，080621001；郑家仁 80196；蔡平成 20144，20172，20127；廖衡松 15991

永顺、石门、新晃、芷江、沅陵、桑植、鹤峰。

云南、四川、贵州。

4. 木姜子属 *Litsea* Lamarck（16:16:0）

（1）毛豹皮樟 *Litsea coreana* var. *lanuginosa*（Migo）Yang et P.H.Huang

浙江、安徽、河南、江苏、福建、江西、湖南、湖北、四川、广东、广西、贵州、云南。

（2）山鸡椒 *Litsea cubeba*（Loureiro）Persoon

付素静 522222140510001LY；武陵山考察队 2919；简焯坡 30384；黄威廉 74-3217；李杰 522229140611018LY；聂敏祥、李启和 1292；傅国勋、张志松 1292；郑家仁 80369；林亲众 15470；刘林翰 9148

沅陵、桑植、石阡、鹤峰、宣恩、五峰。

广东、广西、福建、台湾、浙江、江苏、安徽、湖南、湖北、江西、贵州、四川、云南、西藏。

亚洲热带地区。

（3）黄丹木姜子 *Litsea elongata*（Nees）J. D. Hooker

凤凰、沅陵、永顺、桑植、石门、桃源、石阡、印江、沿河、松桃、万山、黔江、酉阳、秀山、鹤峰、宣恩、五峰。

广东、广西、湖南、湖北、四川、贵州、云南、西藏、安徽、浙江、江西、福建。

（4）石木姜子 **Litsea elongata** var. **faberi** （Hemsley）Yen C. Yang & P. H. Huang

肖定春 80439；彭春良 120412，86056；祁承经 30188；廖衡松 16179，16130；北京队 2063；沈中翰 190；蔡平成 20603；刘克旺 30113

桑植、慈利、石门、桃源。

四川、贵州、云南。

（5）湖北木姜子 **Litsea hupehana** Hemsley

桑植。

湖北、湖南、四川。

（6）宜昌木姜子 **Litsea ichangensis** Gamble

傅国勋、张志松 1254；李洪钧 5544，2725，5544；彭辅松 820；王映明 5546，5721；张志松 400374；李永康 8039；秀山队 0426

桑植、慈利、石门、桃源、印江、鹤峰。

湖北、四川、湖南。

（7）秃净木姜子 **Litsea kingii** J. D. Hooker

曹铁如 90368，90457；吴磊、李雄、刘昂、刘文剑 7656

桑植。

（8）毛叶木姜子 **Litsea mollis** Hemsley

武陵山考察队 1039，1187，853；黄威廉 051；蓝开敏 98-0094；秀山队 0968，140；涪陵野生植物普查队 02867；郑家仁 80444；龙成良 87265

新晃、芷江、沅陵、永顺、桑植、石门、石阡、江口、印江、松桃、万山、黔江、恩施。

广东、广西、湖南、湖北、四川、贵州、云南、西藏。

（9）红皮木姜子 **Litsea pedunculata**（Diels）Yen C. Yang & P. H. Huang

北京队 4450，2234；张桂才等 573，516；付国勋、张志松 1480，1404；李洪钧 4122；王映明 4848，6557，6567

新晃、芷江、沅陵、保靖、桑植、石门、江口、鹤峰、宣恩。

湖北、四川、湖南、江西、广西、贵州、云南。

（10）木姜子 **Litsea pungens** Hemsley

黔北队 0370，0487；安明态 SQ-0682；李勇康 8162；武陵山考察队 2932；西师生物系

02209；谭士贤 124；蔡平成 20212；J.R.Zheng 80020；傅国勋，张志松 1340

保靖、花垣、永顺、桑植、慈利、石门、石阡、江口、印江、德江、松桃、黔江、酉阳、秀山、咸丰、鹤峰、宣恩、五峰。

湖北、湖南、广东、广西、四川、贵州、云南、西藏、甘肃、陕西、河南、山西、浙江。

（11）红叶木姜子 **Litsea rubescens** Lecomte

方明渊 24463；周洪富、方明渊、张泽荣 24396；李洪钧 3339，4055，9080；廖衡松 15992；李学根 204231；李雄、邓创发、李健玲 19061322；西南师范学院生物系 02303；张志松 402295

新晃、芷江、沅陵、永顺、桑植、石门、石阡、江口、印江、松桃、万山、黔江、恩施。

广东、广西、湖南、湖北、四川、贵州、云南、西藏。

（12）桂北木姜子 **Litsea subcoriacea** Yang et P. H. Huang

彭春良 86221；席先银等 513，549，223；湘黔队 2631；鲁道旺 522222150703011LY；陈谦海 K-012；李学根 203930；武陵山考察队 1205；张志松 402198

桑植、石阡、江口。

广西、贵州、湖南、广东。

（13）栓皮木姜子 **Litsea subcoriacea** Yang et P. H. Huang

李洪钧 8813；聂敏祥、李启和 1404；傅国勋、张志松 1404，1480；林亲众 11036；曹铁如 85395；吉首大学生物资源与环境科学学院 GWJ20170611_0577，GWJ20170611_0578，GWJ20170611_0579

桑植、江口、宣恩。

广东、湖南、湖北、四川。

（14）秦岭木姜子 **Litsea tsinlingensis** Yang et P. H. Huang

陕西、甘肃。

（15）钝叶木姜子 **Litsea veitchiana** Gamble

蔡平成 20115；廖衡松 15949，15945；壶瓶山考察队 1222；彭春良 86367；李洪钧 5437；无采集人 2209；西南师范学院生物系 02595，

02574；赵佐成 88-1957

永顺、龙山、桑植、慈利、石门、鹤峰、宣恩、五峰。

湖北、湖南、四川、贵州、云南。

（16）灰岩润楠 *Machilus calcicola* C. J. Qi

张代贵、张代富 LS20170326032_0032

古丈。

5. 润 楠 属 Machilus Rumphius ex Nees（10：10：0）

（1）川黔润楠 *Machilus chuanchienensis* S. K. Lee Acta Phytotax

张 志 4010；8001-IV 30886；8001-IV 30885；8001-IV 30887；徐友源、杨业勤 81-377，81-272，81-510；徐友源 81-513

江口。

四川、贵州。

（2）道真润楠 *Machilus daozhenensis* Y. K. Li

沈中翰 1297；林亲众 1297；廖博儒 无采集号

桑植。

贵州、湖南。

（3）宜昌润楠 *Machilus ichangensis* Rehder & E. H. Wilson

张志松 401958，400483，401904；黔南队 2580；安明态 SQ-1094；西师生物系 02596；李洪钧 8876，3303，9134；壶瓶山考察队 0437

桑植、慈利、石门、咸丰、鹤峰、宣恩。

湖北、湖南、四川、陕西、甘肃。

（4）滑叶润楠 *Machilus ichangensis* var. *leiophylla* Handel-Mazzetti

廖衡松 15819；郑家仁 80122；龙成良 87321；林亲众 15484；廖博儒 8230；张志松 400966；朱太平、刘忠福 456，449，400；张志松 401606

江口、印江。

湖南、广西、贵州。

（5）薄叶润楠 *Machilus leptophylla* Handel-Mazzetti

姚从怀 83078；无采集人 1305；刘克旺 30195；沈中翰 01617，186；孙吉良 1330；张桂才等 186；武陵山考察队 2362，1755；植被调查队 405

芷江、沅陵、保靖、花垣、桑植。

福建、浙江、江苏、湖南、广东、广西、贵州。

（6）利川润楠 *Machilus lichuanensis* Cheng ex S. Lee

古丈、桑植、慈利、石门。

湖北、湖南、贵州。

（7）木姜润楠 *Machilus litseifolia* S. Lee

沈中翰 0994；龙成良 87234；陈日民 无采集号；廖衡松 16027；宿秀江、刘和兵 433125D00100609004，433125D00160808060；武陵山考察队 2318；张代贵、王业清、朱晓琴 zdg，wyq，zxq0334；吉首大学生物资源与环境科学学院 GWJ20170611_0516；安明态 SQ-0715

永顺、石门、桑植、保靖、芷江、古丈、石阡、五峰。

广西、广东、浙江、贵州。

（8）小果润楠 *Machilus microcarpa* Hemsley

刘林翰 17911；沈中翰 1225；李洪钧 5157，157，8384，8382，8641；黄仁煌、彭辅松 751；李雄、邓创发、李健玲 19061638；西师生物系 02642

桑植、慈利、石门、鹤峰、宣恩。

四川、湖北、湖南、贵州。

（9）建润楠 *Machilus oreophila* Hance

张代贵 090807005，09080705

永顺、古丈。

福建、广东、湖南、广西、贵州。

（10）狭叶润楠 *Machilus rehderi* C. K. Allen

张志松 400208；武陵山考察队 2724，725，540；黔北队 588；无采集人 535；李雄、邓创发、李健玲 19061524

桑植、石阡、江口。

贵州、广西、湖南。

6. 新樟属 Neocinnamomum H. Liu（1：1：0）

（1）川鄂新樟 *Neocinnamomum fargesii*（Lecomte）Kostermans

四川、湖北。

7. 新木姜子属 Neolitsea（Bentham & J. D. Hooker）Merrill（9:9:0）

（1）红楠 *Machilus thunbergii* Siebold & Zuccarini

沈中翰 228；张贵志、周喜乐 1105010；武陵山考察队 2131；冬升、新晃 101，102，103，104，105，106，107

新晃、凤凰、沅陵、古丈、永顺、龙山、桃源。

山东、江苏、浙江、安徽、台湾、福建、江西、湖南、广东、广西。

日本。

（2）新木姜子 *Neolitsea aurata*（Hayata）Koidzumi

黄威廉 59-054；杨龙 030；武陵山考察队 2920，2330；安明态 SQ-0650；简焯坡 32418；简焯坡、应俊生、马成功、李雅茹、闵天禄等 31635；李洪钧 8762，5677；席先银等 538

石门、石阡、印江、恩施、鹤峰。

台湾、福建、江苏、江西、湖南、湖北、广东、广西、四川、贵州、云南。

（3）粉叶新木姜子 *Neolitsea aurata* var. *glauca* Yang

中南队 0215；蓝开敏 98-0052

桑植。

湖南、四川。

（4）云和新木姜子 *Neolitsea aurata* var. *paraciculata*（Nakai）Yen C. Yang & P. H. Huang

刘克旺 020；曹铁如 85205；赵万义、刘忠成、张忠、谭维政、张记军、叶矾、冯欣欣 LXP-13-09865，LXP-13-09743；喻勋林、周建军、周辉 130724002；贺海升 080513023；北京队 1497

桑植、慈利、石门。

浙江、江西、湖南、广东、广西。

（5）簇叶新木姜子 *Neolitsea confertifolia*（Hemsley）Merrill

李洪钧 8818，5438，5679，8486，8165；郑家仁 80469，80184；肖定春 80533；酉阳队 1463；肖定春 80415

桑植、慈利、石门。

广东、广西、四川、贵州、陕西、河南、湖北、湖南、江西。

（6）湘桂新木姜子 *Neolitsea hsiangkweiensis* Yen C. Yang & P. H. Huang

L. H. Liu 9756；刘林翰 9756

保靖。

湖南、广西。

（7）大叶新木姜子 *Neolitsea levinei* Merrill

李洪钧 8762；林文豹 669；武陵山考察队 1221，2315，2686；湘黔队 2571；蔡平成 20282；龙成良 87315；壶瓶山考察队 1084，87315

沅陵、永顺、石门、石阡、江口、印江、松桃。

广东、广西、湖南、湖北、江西、福建、四川、贵州、云南。

（8）羽脉新木姜子 *Neolitsea pinninervis* Yen C. Yang & P. H. Huang

雷开东 4331271408251049，ZB140825723；张代贵、王业清、朱晓琴 zdg，wyq，zxq0208，zdg，wyq，zxq0260，zdg，wyq，zxq0234，zdg，wyq，zxq0163，1736

永顺、五峰。

广东、广西、湖南、贵州。

（9）巫山新木姜子 *Neolitsea wushanica*（Chun）Merrill

李洪钧 8030，8040；廖博儒 175；简焯坡、张秀实等 31171，31788；张志松、张永田 402469；朱太平、刘忠福 487；张志松 402461；Y.Tsiang7744

桑植、鹤峰、印江。

湖南、湖北、四川、贵州、陕西、广东、福建。

8. 楠属 Phoebe Nees（10:10:0）

（1）闽楠 *Phoebe bournei*（Hemsley）Yen C. Yang

傅国勋、张志松 1461；黔北队 336；李永康 8298；黄威廉 628；杨龙 83-431；屠玉麟 79-628；C.J.Qi30244；祁承经 30466；曹铁如 090245；沈中翰 113

鹤城、永顺、桑植、慈利、石门。

江西、福建、浙江、广东、广西、湖南、湖

北、贵州。

（2）赛楠 *Nothaphoebe cavaleriei*（H. Léveillé）Yen C. Yang

西南师范学院生物系 02537。

桑植、酉阳。

湖南、四川、贵州、云南。

（3）浙江楠 *Phoebe chekiangensis* C. B. Shang in Act. Phytotax. Sin

浙江、福建、江西。

（4）竹叶楠 *Phoebe faberi*（Hemsley）Chun

保靖林业局 61；J.R.Zheng 80014；周丰杰 227；P. W. Sweeney & D. G. Zhang PWS3017；Z.H.Shen 438；D.C.Xiao 80013；张代贵、张代富 LS20170327032_0032；张代贵 20080723046，YH090729763

保靖、永顺、龙山、桑植、石门、桃源、咸丰、来凤、宣恩。

陕西、四川、湖南、湖北、贵州、云南。

（5）细叶楠 *Phoebe hui* W. C. Cheng ex Yen C. Yang

吉首大学生物资源与环境科学学院 GWJ20170611_0471，GWJ20170611_0472；王育民 无采集号

古丈、印江。

陕西、四川、云南。

（6）湘楠 *Phoebe hunanensis* Handel-Mazzetti

曹子余 1096；黔北队 1055；廖国藩、郭志芬 214；彭春良 86067，120328；湘西考查队 651；湘西考察队 336；席先银等 35，550，419

新晃、芷江、凤凰、沅陵、永顺、石门。

甘肃、陕西、江西、江苏、湖北、湖南。

（7）白楠 *Phoebe neurantha*（Hemsley）Gamble

刘林翰 17946；廖衡松 086，00113；祁承经 30223；沈中翰 1231；壶瓶山考察队 0648；李洪钧 3291；付国勋、张志松 1461；黔北队 746；简焯坡 31765

沅陵、永顺、石阡、江口、松桃。

江西、湖北、湖南、广西、贵州、陕西、甘肃、四川、云南。

（8）光枝楠 *Phoebe neuranthoides* S. K. Lee & F. N. Wei

黔北队 2407；安明态 SQ-0418，SQ-1043；武陵山考察队 1882，2730；西师生物系 02430；李洪钧 3313，2822；壶瓶山考察队 0648；李雄、邓创发、李健玲 19061527

永顺、桑植、石门、石阡、德江。

陕西、四川、湖北、贵州、湖南。

（9）紫楠 *Phoebe sheareri*（Hemsley）Gamble

张志松 401953，401931；安明态 95019；张杰 4022；王映明 4399；壶瓶山考察队 87230；武陵山考察队 1200，2357；李学根 203543；夏江林 211

新晃、芷江、凤凰、永顺、慈利、石门、江口、松桃、宣恩、石门。

长江流域及以南地区。

（10）楠木 *Phoebe zhennan* S. Lee et F. N. Wei

祝文志 9148；沈中翰 01460；吉首大学生物资源与环境科学学院 GWJ20170611_0403，GWJ20170611_0404，GWJ20170611_0410；周杰丰 93，093；贵州珍稀树种调查组 01；安明态 YJ-B-0458；西师 03098

新晃、芷江、鹤城、辰溪、凤凰、保靖、龙山、永顺、桑植、武陵源、慈利、石门。

湖北、湖南、贵州、四川。

9. 檫木属 Sassafras J. Presl（1:1:0）

（1）檫木 *Sassafras tzumu*（Hemsley）Hemsley

李洪钧 3803，2762；王映明 5544；郑家仁 80132；肖定春 80226；席先银等 258；李学根 204294；沈中翰 024；张桂才等 315；张华海 273

新晃、吉首、泸溪、沅陵、古丈、保靖、花垣、永顺、龙山、桑植、慈利、石门、石阡、江口、松桃、秀山、鹤峰、宣恩、五峰。

浙江、江苏、安徽、江西、福建、广东、广西、湖南、湖北、四川、贵州、云南。

四十九、金粟兰科 Chloranthaceae（2:6）

1. 金粟兰属 Chloranthus Swartz（5:5:0）

（1）狭叶金粟兰 *Chloranthus angustifolius* Oliver

保靖、永顺、桑植、石门、石阡、江口、德江、沿河、松桃、秀山、咸丰、来凤。

云南、贵州、四川、广西、广东、湖南、湖北、江西、福建、台湾、浙江、安徽。

马来西亚、印度、越南、柬埔寨、斯里兰卡、菲律宾、日本、朝鲜。

（2）丝穗金粟兰 *Chloranthus fortunei*（A. Gray）Solms-Laub

山东、江苏、安徽、浙江、台湾、江西、湖北、湖南、广东、广西、四川。

（3）宽叶金粟兰 *Chloranthus henryi* Hemsley

沅陵、永顺、龙山、桑植、石门、石阡、江口、德江、沿河、松桃、鹤峰、宣恩、五峰。

贵州、四川、广西、广东、湖南、湖北、江西、福建、浙江、安徽、陕西、甘肃。

（4）多穗金粟兰 *Chloranthus multistachys* Pei in Sinensia

永顺、龙山、桑植、慈利、石门、印江、咸丰、鹤峰、宣恩。

四川、贵州、广西、广东、湖南、湖北、江西、福建、浙江、江苏、安徽、河南、陕西、甘肃。

（5）及已 *Chloranthus serratus*（Thunberg）Roemer & Schultes

保靖、桑植、慈利、鹤峰、宣恩。

四川、广西、广东、湖南、湖北、江西、福建、浙江、江苏、安徽。

日本。

2. 草珊瑚属 Sarcandra Gardner（1:1:0）

（1）草珊瑚 *Sarcandra glabra*（Thunberg）Nakai

保靖、永顺、桑植、石门、石阡、江口、德江、沿河、松桃、秀山、咸丰、来凤。

云南、贵州、四川、广西、广东、湖南、湖北、江西、福建、台湾、浙江、安徽。

马来西亚、印度、越南、柬埔寨、斯里兰卡、菲律宾、日本、朝鲜。

五十、菖蒲科 Acoraceae（1:2）

1. 菖蒲属 Acorus Linnaeus（2:2:0）

（1）菖蒲 *Acorus calamus* Linnaeus

全国各地区均产。

南北两半球的温带、亚热带地区。

（2）金钱蒲 *Acorus gramineus* Solander

沅陵、龙山、桑植、慈利、石门、石阡、江口、德江、沿河、松桃、酉阳。

西南、华中、华南及华东地区。

五十一、天南星科 Araceae（16:35）

1. 广东万年青属 Aglaonema Schott（1:1:0）

（1）广东万年青 *Aglaonema modestum* Schott ex Engler

广东、广西、云南。

越南、菲律宾。

2. 海芋属 Alocasia（Schott）G. Don（2:2:0）

（1）尖尾芋 *Alocasia cucullata*（Loureiro）Schott

刘正宇 1557

浙江、福建、广西、广东、四川、贵州、云南。

孟加拉、斯里兰卡、缅甸、泰国。

（2）海芋 *Alocasia odora*（Roxburgh）K. Koch

江西、福建、台湾、湖南、广东、广西、四川、贵州、云南。孟加拉、印度、中南半岛、菲律宾、印度尼西亚。

3. 魔芋属 Amorphophallus Blume ex Decaisne（3:3:0）

（1）东亚磨芋 *Amorphophallus kiusianus*（Makino）Makino

江苏、浙江、福建。

（2）花蘑芋 *Amorphophallus konjac* K. Koch

张代贵 20090716058；宿秀江 ZZ120421400

陕西、甘肃、宁夏至江南各地区。

喜马拉雅山脉至泰国、越南。

（3）滇魔芋 *Amorphophallus yunnanensis* Engler

广西、贵州、云南。

泰国。

4. 雷公连属 Amydrium Schott（1:1:0）

（1）雷公连 *Amydrium sinense*（Engler）H. Li

田代科、肖艳、陈岳 LS-1127，LS-1483；刘正宇 1250，0266，123；北京队 000346；涪陵调查组 038；李杰 522229141224909LY

辰溪、永顺、镇远。

湖南、贵州、四川、云南、广西、湖北。

5. 天南星属 Arisaema Martius（13:13:0）

（1）刺柄南星 *Arisaema asperatum* N. E. Brown

北京队 1489。

永顺、梵净山。

湖南、贵州、四川、湖北、河南、秦岭南北、甘肃。

（2）长耳南星 *Arisaema auriculatum* Buchet

四川、云南。

（3）灯台莲 *Arisaema bockii* Engler

安明态 YJ-2014-0061；刘正宇 0901；鲁道旺 522222140501025LY；周辉、罗金龙 15032555；兰开敏 98-0174；蓝开敏 98-0183；杨泽伟 5222226190428002LY；B.Barhtolomew et al.

2022；卢峰 522230190915034LY；王映明 4326，4714

永顺、桑植、石门、松桃、鹤峰、宣恩。

湖南、贵州、湖北、长江流域以南地区。

日本。

（4）棒头南星 *Arisaema clavatum* Buchet

宿秀江、刘和兵 433125D00100415037；粟林 4331261403031201；肖艳、付乃峰 LS-2776；雷开东 4331271503041499；张代贵 zdg10318，zdg10316，zdg1500，zdg150308012，zdg10378

利川。

湖北、四川、贵州。

（5）雪里见 *Arisaema decipiens* Schott

江口、印江、松桃。

西藏东南部、贵州。

（6）一把伞南星 *Arisaema erubescens*（Wallich）Schott

武陵考察队 778；李洪钧 2406；何友义 860117；酉阳队 500242-023-08；彭水队 500243-003-049-01，500243-003-049-02，500243-003-049-03；刘燕 522226190427028LY

沅陵、永顺、桑植、石门、江口、印江、黔江、酉阳、鹤峰、宣恩。

除东北地区、内蒙古、新疆、江苏外，各地区均有。

印度北部至缅甸、泰国。

（7）螃蟹七 *Arisaema fargesii* Buchet

利川、巴东、建始、鹤峰。

湖北、四川、甘肃。

（8）象头花 *Arisaema franchetianum* Engler

卢峰 522230190922013LY；壶瓶山考察队 1152

桑植、石门、石阡、梵净山。

贵州、湖南、四川、云南、贵州、广西。

（9）天南星 *Arisaema heterophyllum* Blume

酉阳队 500242-042；黔江队 500114-015；杨小玲 522222140427028LY；张志松、闵天禄、许介眉等 400145；鲁道旺 522222160722001LY；张迅 522224160713085LY；廖国藩、郭志芳 07；彭水队 500243-001-007；李学根 204713

沅陵、桑植。

除西北地区、西藏外，全国大部分地区都有。

朝鲜、日本。

（10）湘南星 *Arisaema hunanense* Handel-Mazzetti

新化、衡山、零陵、宜章。

湖南、广东、四川。

（11）花南星 *Arisaema lobatum* Engler

刘正宇等 6952；无采集人 02055，02834；西南师范学院生物系 02442；蓝开敏 98-0182；武陵山考察队 2798；李洪钧 856；彭辅松 205；壶瓶山考察队 1074；北京队 4254

石门、石阡、梵净山、酉阳。

贵州、湖南、西南地区、华中至华东地区，南至南岭山脉，北至黄河。

（12）云台南星 *Arisaema silvestrii* Pampanini

田代科、肖艳、陈岳 LS-1234，LS-1348，LS-1039；周辉、罗金龙 15031009，15031011，15031013，15031014；

太白山。

湖南、河南、江西、浙江、安徽、江苏、福建、广东、陕西。

（13）双耳南星 *Arisaema wattii* J. D. Hooker

云南。

6. 芋属 Colocasia Schott（2:2:0）

（1）芋 *Colocasia esculenta*（Linnaeus）Schott

宿秀江、刘和兵 433125D00030929001；晏朝超 522227140515004LY；北京队 0163，001198；李洪钧 2367；向晟、藤建卓 JS20180704_0580；罗超 522223150426005 LY；麻超柏、石琳军 HY20180823_1220；张代贵 YH090703997；王大兰 522230190915054LY

武陵山区。

湖南、全中国各地。

埃及、亚洲热带地区。

（2）大野芋 *Leucocasia gigantea*（Blume）Schott

欧邦洪 080731229，080731229+1；徐亮 080731229

永顺、镇远。

湖南、江南地区。

7. 麒麟叶属 Epipremnum Schott（1:1:0）

（1）绿萝 *Epipremnum aureum*（Linden et Andre）Bunting

广东、福建、上海。

8. 浮萍属 Lemna Linnaeus（2:2:0）

（1）浮萍 *Lemna minor* Linnaeus

北京队 288

湘西、黔东。

湖南、贵州、全国各地。

（2）品藻 *Lemna trisulca* Linnaeus

桑植、松桃、碧江。

湖南、贵州、全国各地。

世界温暖地区广泛分布。

9. 龟背竹属 Monstera Adans（1:1:0）

（1）龟背竹 *Monstera deliciosa* Liebm

福建、广东、云南、北京、湖北。

10. 半夏属 Pinellia Tenore（3:3:0）

（1）滴水珠 *Pinellia cordata* N. E. Brown

田代科、肖艳、李春、张成 LS-2131；周辉、周大松 15041221；刘正宇 0659；张代贵 zdg0506244；壶瓶山考察队 01070；吴磊 4597；武攻队 572；鲁道旺 522222160725028LY；张代贵、王业清、朱晓琴 1875；无采集人 0659

沅陵、永顺、桑植、石门。

湖南、贵州，长江中下游以南地区。

（2）虎掌 *Pinellia pedatisecta* Schott

酉阳队 500242-004；谭士贤 195；刘正宇 0560；杨泽伟 522226190501004LY；安明态 3416；王映明 6337；壶瓶山考察队 1515；武陵队 703；粟林 4331261406040072；雷开东 4331271407240768

沅陵、永顺、石门、黔东。

湖南、河北至华南地区、云南、四川。

（3）半夏 *Pinellia ternata*（Thunberg）Tenore ex Breitenbach

刘正宇 0976；酉阳队 500242-063；彭水队 500243-002-259；杨小玲 522222140503008LY；卢小刚 522227160521015LY；彭辅松 233；张迅 522224160713102LY；粟林 4331261407060448；宿秀江、刘和兵 433125D00160518012；张代贵 zdg4331270143

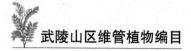

沅陵、麻阳、永顺、龙山、桑植、慈利、石门、酉阳。

除高寒地区外，全国各地均产。

朝鲜、日本。

11. 大薸属 Pistia Linnaeus（1:1:0）

（1）大薸 ***Pistia stratiotes*** Linnaeus

湘西考察队 1123；李洪钧 7041

福建、台湾、广东、广西、云南。

全球热带及亚热带地区广泛分布。

12. 斑龙芋属 Sauromatum Schott（1:1:0）

（1）独角莲 ***Sauromatum giganteum***（Engler）Cusimano & Hetterscheid

沅陵、永顺、石门、黔东。

湖南、贵州、河北、云南、四川。

13. 紫萍属 Spirodela Schleiden（1:1:0）

（1）紫萍 ***Spirodela polyrhiza***（Linnaeus）Schleiden

北京队 001218

永顺、江口、松桃、碧江。

湖南、贵州、全国各地。

全球温带至热带地区。

14. 犁头尖属 Typhonium Schott（1:1:0）

（1）犁头尖 ***Typhonium blumei*** Nicolson & Sivadasan

浙江、江西、福建、湖南、广东、广西、四川、云南。

印度、缅甸、越南、泰国、印度尼西亚、帝汶岛、琉球群岛、日本九洲南部。

15. 无根萍属 Wolggia Horkel ex Schleiden（1:1:0）

（1）无根萍 ***Wolffia globosa***（Roxburgh）Hartog & Plas

天津、江苏、上海、台湾、广东、云南。

全球各地。

16. 马蹄莲属 Zantedeschia Spreng（1:1:0）

（1）马蹄莲 ***Zantedeschia aethiopica***（L.）Spreng

北京、江苏、福建、台湾、四川、云南秦岭地区。

五十二、岩菖蒲科 Tofieldiaceae（1:1）

1. 岩菖蒲属 Tofieldia Hudson（1:1:0）

（1）岩菖蒲 ***Tofieldia thibetica*** Franchet

喻勋林、黎明 13101402

江口。

贵州、云南、四川。

五十三、泽泻科 Alismataceae（3:7）

1. 泽泻属 Alisma Linnaeus（3:3:0）

（1）窄叶泽泻 ***Alisma canaliculatum*** A. Braun & C. D. Bouché

武陵队 959，1739；湘西考查队 1064；向晟、藤建卓 JS20180816_0900；麻超柏、石琳军 HY20180810_0900

新晃、芷江、桑植。

贵州、湖北，华中地区、华南地区、西南地区。

日本、朝鲜。

（2）泽泻 ***Alisma plantago-aquatica*** Linnaeus

李雄、邓创发、李健玲 19061347；刘昂、丁聪、谢勇、龚 LK0515

施秉、德江、咸丰、鹤峰。

贵州、湖北和华北地区、华中地区、华南地区、西南地区。

日本、朝鲜、印度、蒙古。

（3）东方泽泻 ***Alisma orientale***（Samuelsson）

Juzepczuk

B.Bartholomew，D.E.Boufford，Q.H.Chen et al. 2400；黔北队 2783，1776；安明态 3253

黑龙江、吉林、辽宁、内蒙古、河北、山西、陕西、宁夏、甘肃、青海、新疆、山东、江苏、安徽、浙江、江西、福建、河南、湖北、湖南、广东、广西、四川、贵州、云南。

苏联、蒙古、日本。

2. 泽苔草属 Caldesia Parlatore（1:1:0）

（1）泽苔草 *Caldesia parnassifolia*（Bassi ex Linnaeus）Parlatore

黑龙江、内蒙古、江苏、云南。

日本、朝鲜、苏联、欧洲、非洲、大洋洲。

3. 慈姑属 Sagittaria Linnaeus（3:3:0）

（1）矮慈姑 *Sagittaria pygmaea* Miquel

刘正宇 0710，0637；刘正宇、张进伦 6210-01，6210-02，6210-03；赵佐成 88-1389；李洪钧 4997，325；刘林翰 9752

桑植、新晃、石阡、江口、思南、德江、沿河、黔江、酉阳、咸丰、来凤、鹤峰、宣恩、五峰。

湖南、贵州、湖北和华东地区、华中地区、华南地区、西南地区。

不丹、泰国、越南、朝鲜、日本。

（2）野慈姑 *Sagittaria trifolia* Linnaeus

李洪钧 4984；王映明 6438；刘正宇、张军等 RQHZ06403-01，RQHZ06403-02，RQHZ06403-03，RQHZ06403-04；田代科、肖艳、莫海波、张成 LS-2698；武陵山考察队 1907；张代贵 071002060，090730003；彭海军 080817014

几乎全国各地均有分布。

（3）华夏慈姑 *Sagittaria trifolia* subsp. *leucopetala*（Miquel）Q. F. Wang

安徽、福建、广西、贵州、海南、河南、陕西、云南、浙江。

日本、韩国。

五十四、水鳖科 Hydrocharitaceae（6:10）

1. 水筛属 Blyxa Noronha ex Thouars（3:3:0）

（1）无尾水筛 *Blyxa aubertii* Richard

浙江、江西、福建、台湾、湖南、广东、海南、广西、四川。

马达加斯加、印度、马来西亚、澳大利亚。

（2）有尾水筛 *Blyxa echinosperma*（C. B. Clarke）J. D. Hooker

李恒等 1622，1654

石阡、松桃、黔江、酉阳、秀山、咸丰、来凤、鹤峰、五峰。

广东、广西、福建、江苏、江西、安徽、湖南、陕西、贵州、重庆、湖北、四川。

东南亚、日本。

（3）水筛 *Blyxa japonica*（Miquel）Maximowicz

李恒等 1624

石阡、江口、酉阳、咸丰、来凤、鹤峰、五峰。

广东、广西、台湾、福建、浙江、江苏、贵州、重庆、湖北、江西、安徽、华南地区、四川。

广泛分布于世界热带地区。

2. 黑藻属 Hydrilla Richard（1:1:0）

（1）黑藻 *Hydrilla verticillata*（Linnaeus f.）Royle

刘林翰 9980；张代贵 4331221606290466LY，LC0043，LL20130825003，1025009；无采集人 0190；麻超柏、石琳军 HY20171212_0042；向晟、谢欢欢 522230191006036LY；藤建卓 JS20180312_0192

江口、松桃、黔江、酉阳、秀山、来凤、鹤峰、五峰。

贵州、重庆、湖北、华南地区、云南向北至东北地区广泛分布。

马来西亚、印度、日本、俄罗斯、法国、英国、加拿大、澳大利亚。

3. 水鳖属 Hydrocharis Linnaeus（1:1:0）

（1）水鳖 *Hydrocharis dubia*（Blume）Backer

东北地区、河北、陕西、山东、江苏、安

徽、浙江、江西、福建、台湾、河南、湖北、湖南、广东、海南、广西、四川、云南。

大洋洲、亚洲。

4. 茨藻属 Najas Linnaeus（3:3:0）

（1）纤细茨藻 *Najas gracillima*（A. Braun ex Engelmann）Magnus

吉林、辽宁、内蒙古、台湾、浙江、湖北、福建、广西、海南、贵州、云南。

日本、北美洲、南美洲。

（2）草茨藻 *Najas graminea* Delile

咸丰、鹤峰、五峰。

广东、江苏、浙江、湖北、湖南、河北。

亚洲东部及南部地区、非洲北部地区。

（3）小茨藻 *Najas minor* Allioni

李恒等 1626；吉首大学生物资源与环境科学学院 GWJ20170610_0069

咸丰、鹤峰、五峰。

广东、江苏、湖南、湖北、河南、河北、新疆。

日本、北美洲、欧洲。

5. 海菜花属 Ottelia Persoon（1:1:0）

（1）龙舌草 *Ottelia alismoides*（Linnaeus）Persoon

刘林翰 9753

东北地区、河北、河南、江苏、安徽、浙江、江西、福建、台湾、湖北、湖南、广东、海南、广西、四川、贵州、云南。

非洲东北部、亚洲东部、东南部至澳大利亚热带地区。

6. 苦草属 Vallisneria Linnaeus（1:1:0）

（1）苦草 *Vallisneria natans*（Loureiro）H. Hara

吉林、河北、陕西、山东、江苏、安徽、浙江、江西、福建、台湾、湖北、湖南、广东、广西、四川、贵州、云南。

伊拉克、印度、中南半岛、日本、马来西亚、澳大利亚。

五十五、眼子菜科 Potamogetonaceae（2:10）

1. 眼子菜属 Potamogeton Linnaeus（9:9:0）

（1）菹草 *Potamogeton crispus* Linnaeus

田代科、肖艳、莫海波、张成 LS-2670；粟林 4331261409070640；李恒等 1778；张代贵 LL20130608002；吉首大学生物资源与环境科学学院 GWJ20170610_0094，GWJ20170610_0095，GWJ20180712_0265，GWJ20180712_0266，GWJ20180712_0267

咸丰、来凤、鹤峰、宣恩、五峰。

湖北、南北各地区。

全世界广泛分布。

（2）鸡冠眼子菜 *Potamogeton cristatus* Regel & Maack

安徽、福建、河北、黑龙江、河南、湖北、湖南、江苏、江西、辽宁、四川、台湾、浙江。

日本、韩国、俄罗斯。

（3）眼子菜 *Potamogeton distinctus* A. Bennett

刘正宇 0942；安明态 3424；肖简文 5886；何景彪 149；粟林 4331261409120822；雷开东 4331271509121631；张志松、闵天禄、许介眉等 402384；北京队 001634；杨彬 070910010；邓涛 070503008

永顺、桑植、酉阳、秀山、咸丰、来凤、鹤峰、五峰。

湖南、重庆、湖北、华东地区、华中地区、华南地区、西南地区。

日本、朝鲜。

（4）穿叶眼子菜 *Potamogeton perfoliatus* Linnaeus

刘林翰 9978；张代贵 130612019

保靖。

湖南，南北各地区。

全世界广泛分布。

（5）微齿眼子菜 *Potamogeton pusillus* Linnaeus

永顺。

湖南、内蒙古、河北、湖南、四川、贵州、西藏、东北地区。

朝鲜、日本、俄罗斯西伯利亚。

（6）钝叶眼子菜 **Potamogeton wrightii** Morong

黑龙江。

日本、哈萨克斯坦、吉尔吉斯斯坦、蒙古、缅甸、俄罗斯、欧洲、北美。

（7）小眼子菜 **Potamogeton pusillus** Linnaeus

谷中村 018

五峰。

湖北、广东、广西、福建、浙江、台湾、江苏、江西、湖南、四川、河南、东北地区。

朝鲜、日本。

（8）竹叶眼子菜 **Potamogeton wrightii** Morong

保靖、来凤。

湖南、湖北、台湾、广东、河南、河北、吉林、辽宁、云南、四川。

东南亚、印度、朝鲜、日本。

（9）篦齿眼子菜 **Stuckenia pectinata**（Linnaeus）Borner

安徽、福建、甘肃、贵州、海南、河北、黑龙江、河南、湖北、江苏、辽宁、内蒙古、宁夏、青海、陕西、山东、山西、四川、台湾、新疆、西藏、云南、浙江。

阿富汗、孟加拉国、印度、印度尼西亚、日本、哈萨克斯坦、韩国、吉尔吉斯斯坦、蒙古、缅甸、尼泊尔、巴基斯坦、菲律宾、俄罗斯、斯里兰卡、塔吉克斯坦、土库曼斯坦、乌兹别克斯坦；非洲、东南亚西南部、澳大利亚、欧洲、南美洲、北美洲、太平洋岛屿。

2. 角果藻属 Zannichellia Linnaeus（1:1:0）

（1）角果藻 **Zannichellia palustris** Linnaeus

安徽、河北、黑龙江、湖北、江苏、辽宁、内蒙古、宁夏、青海、陕西、山东、台湾、新疆、西藏、浙江。

五十六、沼金花科 Nartheciaceae（1:5）

1. 粉条儿菜属 Aletris Linnaeus（5:5:0）

（1）高山粉条儿菜 **Aletris alpestris** Diels

张志松、党成忠等 400685；武陵山考察队 1378；吉首大学生物资源与环境科学学院 GWJ20180713_0392

江口、印江。

云南、四川、贵州、陕西。

（2）无毛粉条儿菜 **Aletris glabra** Bureau & Franchet

冉冲 522222140430051LY

湖北、陕西、甘肃、四川、贵州、西藏、云南、福建、台湾。

（3）短柄粉条儿菜 **Aletris scopulorum** Dunn

壶瓶山考察队 0306

石门。

湖南、广东、江西、福建、浙江。

（4）粉条儿菜 **Aletris spicata**（Thunberg）Franchet

西南师范学院生物系 02324；西师生物系 74级 02842；刘正宇 0392；方明渊 24374；李洪钧 2366；姚红 522222140507107LY；王岚 522223140410001 LY；壶瓶山考察队 0604；张银山 522222140504102LY；粟林 4331261405020335

沅陵、永顺、龙山、桑植、石门、松桃。

广西、广东、贵州、湖南、湖北、江西、福建、台湾、浙江、江苏、安徽、河南、河北、山西、陕西、甘肃南部。

日本。

（5）狭瓣粉条儿菜 **Aletris stenoloba** Franchet

刘正宇 0029；李洪钧 2366；张志松，党成忠等 402351；武陵山考察队 2035；谷忠村 DH910720001；壶瓶山考察队 0746，1211；无采集人 0029，258，24374

桑植、石门、江口、印江、松桃、黔江、酉阳、秀山、咸丰、宣恩。

云南、四川、贵州、广西、贵州、重庆、湖南、湖北、陕西、甘肃南部。

五十七、薯蓣科 Dioscoreaceae（1:18）

1. 薯蓣属 Dioscorea Linnaeus（18:18:0）

（1）参薯 *Dioscorea alata* Linnaeus
慈利。
湖南、长江流域以南地区。
亚洲东南部及南部、非洲、美洲。

（2）黄独 *Dioscorea bulbifera* Linnaeus
桑植、梵净山、沿河。
湖南、贵州、长江流域以南地区、西南地区、陕西、甘肃南部。

（3）薯莨 *Dioscorea cirrhosa* Loureiro
永顺、镇远、石阡。
湖南、贵州、西南地区、华中地区、浙江、台湾、华南地区。

（4）叉蕊薯蓣 *Dioscorea collettii* J. D. Hooker
沅陵、永顺、石门、石阡、江口、印江、松桃、黔江。
湖南、重庆、贵州、西南地区。

（5）粉背薯蓣 *Dioscorea collettii* var. *hypoglauca*（Palibin）C. T. Ting
龙山、桑植
湖南、贵州、华中地区、华南北部地区。

（6）日本薯蓣 *Dioscorea japonica* Thunberg
湘黔队 2419；潘承魁 522222160721033LY；鲁道旺 522222160723012LY；刘正宇 0993，6568，961；张银山 522223150804049 LY；田代科、肖艳、李春、张成 LS-1865；肖艳、李春、张成 LS-422；罗超 522223150426013 LY
新晃、芷江、永顺、桑植、慈利、施秉、石阡、江口、印江、松桃、秀山、咸丰、来凤。
湖北、湖南、重庆、贵州、西南地区、华南地区、华中地区、华东地区。
日本。

（7）细叶日本薯蓣 *Dioscorea japonica* var. *oldhamii* Uline ex R. Knuth
宿秀江、刘和兵 433125D00170923057；张代贵 1407040438，YH150809493，YH100913879；吴星星 070718003

凤凰、保靖、古丈、永顺、龙山、花垣、吉首。
台湾、广东、广西。

（8）毛藤日本薯蓣 *Dioscorea japonica* var. *pilifera* C. T. Ting & M. C. Chang
安徽、江苏、浙江、福建、江西、湖北、湖南、广西、贵州。

（9）毛芋头薯蓣 *Dioscorea kamoonensis* Kunth
王映明 6617；简焯坡、张秀实、金泽鑫等 31337，30900；刘正宇 1127，1512，1248，0973；秦云程等 13；壶瓶山考察队 A67；湘西考察队 745
芷江、凤凰、永顺、桑植、慈利、石门、施秉、印江、咸丰。
湖北、湖南、贵州、浙江、福建、华中地区、华南至西南地区。

（10）柔毛薯蓣 *Dioscorea martini* Prain & Burkill
四川、贵州、云南。

（11）穿龙薯蓣 *Dioscorea nipponica* Makino
刘正宇 7020；张进伦 6422；李启和、聂敏祥 1428；聂敏祥、李启和 1428；李洪钧 5550；刘曙、简永兴、陈征 LJC0068；湘黔队 002914
江西、陕西、山东、河南、安徽、浙江、甘肃、宁夏、青海、四川、东北地区、华北地区。
日本本州、朝鲜、俄罗斯远东地区。

（12）柴黄姜 *Dioscorea nipponica* subsp. *rosthornii*（Prain & Burkill）C. T. Ting
李洪钧 8840，830，6576，8632；傅国勋、张志松 1428；方明渊 24324；彭辅松 合 1068；B.Bartholomew et al. 1422；湘西考察队 1110；李丙贵、万绍宾 750036
桑植、慈利、石门、鹤峰、宣恩。
湖北、湖南、陕西、甘肃、四川、贵州。

（13）黄山药 *Dioscorea panthaica* Prain & Burkill
张志松、闵天禄、许介眉、党成忠、周竹

禾、肖心楠、吴世荣、戴金 402546；刘林翰 9258，9259，9043，1728

桑植。

湖南、湖北、西南地区。

（14）褐苞薯蓣 **Dioscorea persimilis** Prain et Burkill

湖南、广东、广西、贵州南部、云南南部。

越南。

（15）薯蓣 **Dioscorea polystachya** Turczaninow

刘正宇 0722；酉阳队 500242-289-01，500242-289-02；傅国勋、张志松 1441；曾宪锋 ZXF09431；李洪钧 3889，2966；刘天俊 522222140430129LY；刘林翰 9161；李学根 204898

凤凰、沅陵、花垣、永顺、桑植、石门、石阡、江口、思南、印江、德江、松桃、碧江、万山、酉阳、黔江、咸丰、宣恩。

贵州、重庆、湖南、湖北。

（16）细柄薯蓣 **Dioscorea tenuipes** Franchet & Savatier

桑植。

湖南、华东地区、广东北部。

（17）山萆薢 **Dioscorea tokoro** Makino

田儒明 522229141004592LY；周云、王勇 XiangZ053；吉首大学生物资源与环境科学学院 GWJ20180712_0157，GWJ20180712_0158，GWJ20180712_0159

江苏、四川、河南、安徽、浙江、福建、江西、湖北、湖南、贵州。

（18）盾叶薯蓣 **Dioscorea zingiberensis** C. H. Wright

无采集人 1201；瘳博如 895；徐永福、黎明、周大松 14073106；张代贵 zdg140628002，pph1159；李恒等 1644；谭士贤、刘正宇 6348，6346；刘正宇 6024；彭水队 500243-003-106-01

桑植。

湖南、华中地区、陕西、甘肃、四川。

五十八、百部科 Stemonaceae（1:1）

1. 百部属 Stemona Loureiro（1:1:0）

（1）大百部 **Stemona tuberosa** Loureiro

张志松 张永田 2370，5786，101；曹子余 1045；黔江队 500114-137-01，500114-137-02；武陵队 114；彭水队 500243-002-001-01，500243-002-001-02。

沅陵、永顺、石门。

湖南、长江流域以南地区。

印度、越南、老挝、柬埔寨、菲律宾。

五十九、藜芦科 Melanthiaceae（4:20）

1. 重楼属 Paris Linnaeus（14:14:0）

（1）巴山重楼 **Paris bashanensis** F. T. Wang & Tang

聂敏祥、李启和 975

兴山。

四川。

（2）凌云重楼 **Paris cronquistii**（Takhtajan）H. Li

广西、贵州、四川、云南。

（3）金线重楼 **Paris delavayi** Franchet

酉阳队 500242-229

贵州、湖北、湖南、江西、四川、云南。

越南。

（4）球药隔重楼 **Paris fargesii** Franchet

李丙贵、万绍宾 750148；黔北队 2666；武陵考察队 625，2865，008；北京队 002692，2430；

杨彬 08050207020080502；肖艳、孙林 LS-2929；方明渊 24426

　　江西、湖北、广东、四川、贵州。

　　（5）毛重楼 *Paris mairei* H. Léveillé

　　四川、云南。

　　（6）亮叶重楼 *Paris nitida* G.W.Hu，Z.Wang & Q.F.Wang

　　浏阳、铜山。

　　湖北、湖南。

　　（7）七叶一枝花 *Paris polyphylla* Smith

　　武陵队 55，1121；赵佐成 88-2001；武陵山考察队 2215，2250；壶瓶山考察队 1074；北京队 002586，1559，01371；张代贵 zdg4331270011

　　西藏、云南、四川、贵州。

　　不丹、尼泊尔、越南。

　　（8）白花重楼 *Paris polyphylla* var. *alba* H. Li & R. J. Mitchell

　　贵州，湖北，云南。

　　（9）华重楼 *Paris polyphylla* var. *chinensis* （Franchet）H. Hara

　　武陵考察队 2250，1121，775，3277；麻超柏、石琳军 HY20180711_0461；林祁 318；壶瓶山考察队 0829；北京队 0541；方辉云 80052；晏朝超 5222271406017005LY

　　永顺、桑植、石门、石阡、江口、印江、松桃、鹤峰、宣恩。

　　云南、四川、贵州、广西、广东、湖南、湖北、江西、福建、台湾、江苏、浙江。

　　越南北部。

　　（10）长药隔重楼 *Paris polyphylla* var. *pseudothibetica* H. Li

　　张代贵 05080902

　　四川、云南。

　　（11）狭叶重楼 *Paris polyphylla* var. *stenophylla* Franchet

　　林祁 314；武陵山考察队 2867；壶瓶山考察队 1501；黔北队 744；无采集人 374；刘正宇 67580，67581，67582，67583；黔北队 774

　　龙山、石门、石阡、印江、碧江、鹤峰

　　云南、西藏、四川、贵州、广西、湖南、湖北、江西、福建、台湾、浙江、江苏、安徽、山

西、陕西、甘肃。

　　不丹。

　　（12）滇重楼 *Paris polyphylla* var. *yunnanensis* （Franchet）Handel-Mazzetti

　　贵州、四川、西藏、云南。

　　印度、缅甸。

　　（13）黑籽重楼 *Paris thibetica* Franchet

　　甘肃、贵州、四川、西藏、云南。

　　不丹、缅甸。

　　（14）卷瓣重楼 *Paris undulata* H. Li & V. G. Soukup

　　四川。

　　2. 延龄草属 Trillium Linnaeus（1:1:0）

　　（1）延龄草 *Trillium tschonoskii* Maximowicz

　　袁、王、吕 90007

　　西藏、云南、四川、陕西、甘肃、安徽。

　　不丹、印度、朝鲜、日本。

　　3. 藜芦属 Veratrum L.（4:4:0）

　　（1）毛叶藜芦 *Veratrum grandiflorum* （Maximowicz ex Baker）Loesener

　　石门。

　　四川、湖南、湖北、江西、台湾、浙江。

　　（2）藜芦 *Veratrum nigrum* Linnaeus

　　李杰 5222291605311152LY；黔北队 2851；北京队 002747；刘燕 522226190420010LY；张代贵 130331033

　　桑植、德江、酉阳。

　　四川、湖北、河南、陕西、甘肃、山西、山东、河北、内蒙古、辽宁、吉林、黑龙江。

　　亚洲北部、欧洲中部。

　　（3）长梗藜芦 *Veratrum oblongum* Loesener

　　湖北、四川。

　　（4）牯岭藜芦 *Veratrum schindleri* Loesener

　　石门。

　　广西、广东、湖北、江西、福建、浙江、江苏、安徽。

　　4. 丫蕊花属 Ypsilandra Franch（1:1:0）

　　（1）丫蕊花 *Ypsilandra thibetica* Franchet

　　酉阳队 500242-071-01，500242-071-02；田儒明 5222291704231235LY；张成、周建军 ZC0044；冉冲 522222150430051LY；鲁道旺

522226190427013LY，522226190809016LY

江口、印江。

湖南、广西、广东。

六十、秋水仙科 Colchicaceae（1:6）

1. 万寿竹属 Diphasiastrum Holub（6:6:0）

（1）万寿竹 *Disporum cantoniense*（Loureiro）Merrill

凤凰、保靖、龙山、桑植、石门、施秉、石阡、江口、德江、黔江、咸丰、宣恩。

贵州、湖南、重庆、湖北、西藏、云南、四川、广西、广东、福建、台湾、安徽、陕西。

不丹、尼泊尔、印度、泰国。

（2）长蕊万寿竹 *Disporum longistylum*（H. Léveillé & Vaniot）H. Hara

壶瓶山考察队 0060，0284，0262，0896；北京队 002930；雷开东 4331271405170361；李良千 80；彭水队 500243-001-080-01，500243-001-080-02；黔江队 500114-594

桑植、慈利、石门、施秉、德江、咸丰、来凤。

贵州、湖南、湖北、西藏、云南、四川、陕西、甘肃。

（3）大花万寿竹 *Disporum megalanthum* F. T. Wang & Tang

关韦峰 05091043；吉首大学生物资源与环境科学学院 GWJ20170611_0575；黔江队 500114-474；彭水队 500243-002-012，500243-002-105

四川、湖北、陕西、甘肃。

（4）南川万寿竹 *Disporum nanchuanense* X.X.Zhu & S.R.Yi

重庆。

（5）山东万寿竹 *Disporum smilacinum* A. Gray

山东。

朝鲜、日本。

（6）少花万寿竹 *Disporum uniflorum* Baker ex S. Moore

张代贵 zdg427137，zdg10347，1403030347，20090718040，ZZ090718024，YH121012166，YH101011165，0907134013；张代贵、张代富 LX20170414018_0018；张成 SZ20190427_0085

安徽、河北、湖北、江苏、江西、辽宁、陕西、山东、四川。

朝鲜。

六十一、菝葜科 Smilacaceae（2:31）

1. 肖菝葜属 Heterosmilax Kunth（3:3:0）

（1）华肖菝葜 *Heterosmilax chinensis* Wang

四川、云南、广西、广东。

（2）肖菝葜 *Heterosmilax japonica* Kunth

北京队 002969；李学根 203993；张代贵 zdg10040，4331221606080410LY；刘正宇 0124，0515；宿秀江、刘和兵 433125D00030810128；李衡 522227160714012LY；麻超柏、石琳军 HY20171211_0017

安徽、浙江、江西、福建、台湾、广东、湖南、四川、云南、陕西。

（3）短柱肖菝葜 *Heterosmilax septemnervia* F. T. Wang & Tang

张志松、党成忠等 402500，402525；肖简文 5919；安明先 3216；李洪钧 8743，8911；酉阳队 500242-209-01，500242-209-02，500242-209-03；徐亮 20090714004

湖北、四川、贵州、云南、广西、广东。

2. 菝葜属 Smilax Linnaeus（28:28:0）

（1）弯梗菝葜 *Smilax aberrans* Gagnepain

周辉、罗金龙 15032625，15032725；黔北队 2204；覃海宁、傅德志、张灿明等 4012；吴磊、宋晓飞 9234；刘昂、丁聪、谢勇、龚佑科 LK0682

桑植、江口、沿河。

贵州、广西、湖南、云南、四川、贵州、广东。

（2）尖叶菝葜 **Smilax arisanensis** Hayata

张志松、党成忠等 401813；安明先 3575

江西、浙江、福建、台湾、广东、广西、四川、贵州、云南。

越南。

（3）西南菝葜 **Smilax biumbellata** T. Koyama

武陵山考察队 927，3037，2760，927；湘西调查队 0375；李义 5222301901121007LY

甘肃、四川、湖南、贵州、广西、云南、西藏。

缅甸。

（4）密疣菝葜 **Smilax chapaensis** Gagnepain

北京队 003632，003542；武陵队 1313；壶瓶山考察队 01040，0228；湖南队 0364；张代贵 090804028；李克纲、张成 LS20160315_0018；安明先 3966；张代贵、张代富 LS20170326044_0044

湖北、湖南、广西、四川、贵州、云南。

越南。

（5）菝葜 **Smilax china** Linnaeus

黄升 DS1215；周丰杰 086；刘林翰 9192；李学根 204416，204165；87-2 班 44；黄顶铭 0607140419；李衡 522227160714012LY；张代贵 080525024，4331221510190567LY

山东、江苏、浙江、福建、台湾、江西、安徽、河南、湖北、四川、云南、贵州、湖南、广西、广东。

缅甸、越南、泰国、菲律宾。

（6）柔毛菝葜 **Smilax chingii** F. T. Wang & Tang

刘正宇 0275；李洪钧 8751

梵净山、德江、来凤。

云南、四川、贵州、广西、广东、湖南、湖北、江西、福建。

（7）银叶菝葜 **Smilax cocculoides** Warburg

张志松、党成忠等 400488；武陵山考察队 2681；王映明 4581；彭水队 500243-001-082；壶瓶山考察队 0261；北京队 01337；武陵队 1227，28；刘林翰 9173；周辉、罗金龙 15032724

湖北、湖南、广东、广西、四川、贵州、云南。

（8）小果菝葜 **Smilax davidiana** A. de Candolle

武陵队 28，282，454；武陵山考察队 2381，225，328；湖南队 106；谭沛祥 62510；李学根 205015，204293

沅陵、永顺、江口、松桃。

贵州、湖南、江西、福建、浙江、广西、广东、江苏、安徽。

越南、老挝、泰国。

（9）托柄菝葜 **Smilax discotis** Warburg

湖南队 743；刘林翰 1682；酉阳队 500242-340-02；林祁 727；壶瓶山考察队 0688；秦云程等 44；北京队 4494，002646；安明态 SQ-0663；黔江队 500114-233-02

永顺、龙山、桑植、石门、印江、咸丰、鹤峰、宣恩。

云南、四川、贵州、湖南、湖北、江西、福建、安徽、河南、甘肃。

（10）长托菝葜 **Smilax ferox** Wallich ex Kunth

李良千 68；酉阳队 500242-366；北京队 002659，003555；武陵考察队 604，1155，348，2776；彭水队 500243-001-156；壶瓶山考察队 0761

芷江、沅陵、永顺、桑植、石门、施秉、石阡、江口、印江、德江、松桃、黔江、咸丰、来凤、宣恩。

云南、四川、贵州、广西、广东、湖南、湖北。

尼泊尔、不丹、印度、缅甸、越南。

（11）土伏苓 **Smilax glabra** Roxburgh

赵佐成 88-2662；北京队 000654；武陵考察队 1694；周丰杰 083；简焯坡、张秀实等 30364；武陵山考察队 958，1834；湘西考察队 0067；黔北队 2782，2645

甘肃、长江、台湾、海南、云南。

越南、泰国、印度。

（12）黑果菝葜 **Smilax glaucochina** Warburg

黔北队 2225, 1802；武陵队 1250；黔江队 500114-464-02；北京队 000938, 003440；武陵山考察队 2027；湘西调查队 0106；安明先 3119；壶瓶山考察队 1178

芷江、凤凰、永顺、龙山、桑植、石门、江口、印江、德江、沿河、松桃、碧江、咸丰、来凤、鹤峰、宣恩。

贵州、湖南、湖北、江西、浙江、安徽、河南、四川、广西、广东、江苏、山西、陕西秦岭山脉、甘肃。

（13）马甲菝葜 **Smilax lanceifolia** Roxburgh

张志松、党成忠等 401034；武陵队 1465, 1307, 1382；张兵、向新 090604016；武陵考察队 2043, 1844, 852, 88-0286；黔北队 0736

云南、贵州、四川、湖北、广西。

不丹、印度、缅甸、老挝、越南、泰国。

（14）折枝菝葜 **Smilax lanceifolia** var. **elongata** （Warburg）F. T. Wang & T. Tang

张志松、党成忠等 401590；北京队 003602, 001261

江西、浙江、广东、广西、四川、贵州。

（15）粗糙菝葜 **Smilax lebrunii** H. Léveillé

谷忠村 066

甘肃、四川、湖南、广西、贵州、云南。

（16）防己叶菝葜 **Smilax menispermoidea** A. de Candolle

壶瓶山考察队 0389；武陵山考察队 1279；北京队 002500；谷忠村 910715047；张代贵 00528；卢峰 5222301911116013LY

甘肃、陕西、四川、湖北、贵州、云南、西藏。

印度。

（17）小叶菝葜 **Smilax microphylla** C. H. Wright

壶瓶山考察队 0333；武陵山考察队 2609, 1652；薄发鼎、曹亚玲 0171；湘西调查队 0429；肖简文 5781；湖南调查队 0429；刘林翰 09999；酉阳队 500242-234；粟林 4331261407050371

甘肃、陕西、四川、湖北、湖南、贵州、云南。

（18）黑叶菝葜 **Smilax nigrescens** F. T. Wang & Tang ex P. Y. Li

龙山。

贵州、湖南、湖北、云南、四川、陕西、甘肃。

（19）白背牛尾菜 **Smilax nipponica** Miquel

湘西考察队 1015；刘林翰 9075, 1646；壶瓶山考察队 0401；王映明 5394, 5545, 4100, 4636；北京队 01017, 01029

芷江、沅陵、永顺、龙山、桑植、永定、武陵源、慈利、石门、沿河、酉阳、湖北、鹤峰、宣恩。

贵州、湖南、重庆、辽东半岛、山东半岛、河南、安徽、江西、浙江、福建、台湾、广东、湖南、湖北、贵州、四川。

朝鲜、日本。

（20）武当菝葜 **Smilax outanscianensis** Pampanini

湘西考查队 002；张代贵 zdg1407200832

永定、武陵源、慈利、鹤峰、宣恩。

湖南、湖北、四川、江西。

（21）红果菝葜 **Smilax polycolea** Warburg

简焯坡、张秀实等 32125, 32240；张代贵 zdg10315, zdg1085, 4331221607231148LY；黔北队 2042；武陵山考察队 1155, 500；雷开东 4331271407200584；李小腾 080510024

印江、松桃、咸丰、鹤峰。

四川、贵州、湖北、广西。

（22）牛尾菜 **Smilax riparia** A. de Candolle

张兵、向新 090604003；壶瓶山考察队 0555, 0823, 1196, 0693；武陵山考察队 490, 2221；李良千 74；酉阳队 500242-554-01；黔江队 500114-504-02

新晃、芷江、沅陵、古丈、永顺、龙山、桑植、石门、石阡、印江、松桃、宣恩。

除内蒙古、新疆、青海、宁夏、西藏、云南、四川的高山地区外，其余全国各地区均有分布。

朝鲜、日本、菲律宾。

（23）尖叶牛尾菜 **Smilax riparia** var. **acuminata** （C. H. Wright）F. T. Wang & Tang

雷开东 4331271407240722；武陵山考察队 679；宿秀江、刘和兵 433125D00150427001,

433125D00050807065，433125D00030810093；麻超柏、石琳军 HY20180822_1184；向晟、藤建卓 JS20180729_0709；严思思 GZ20180624_6863；付明刚 0807127MG005；张代贵 20100712028

松桃、鹤峰。

四川、贵州、湖北、陕西、河南。

（24）短梗菝葜 *Smilax scobinicaulis* C. H. Wright

武陵山考察队 2764，2068；北京队 1574，002546；黔北队 1693；壶瓶山考察队 0415，0681，0454；酉阳队 500242-014；付国勋、张志松 1316

芷江、凤凰、沅陵、花垣、永顺、龙山、桑植、永定、武陵源、慈利、石门、施秉、石阡、江口、梵净山、印江、德江、沿河、松桃、咸丰、鹤峰、宣恩。

云南、四川、贵州、湖南、湖北、江西、陕西、甘肃、山西、河南、河北。

（25）鞘柄菝葜 *Smilax stans* Maximowicz

北京队 001240，2273，002462；李洪钧 2437；谭策铭、张丽萍、易桂花、胡兵、易发彬、桑植样 157；肖艳、赵斌 LS-2242；无采集人 0619

河北、山西、陕西、甘肃、四川、湖北、河南、安徽、浙江、台湾。

日本。

（26）糙柄菝葜 *Smilax trachypoda* J. B. Norton

陕西、甘肃、四川、湖北、河南。

（27）三脉菝葜 *Smilax trinervula* Miquel

江西、浙江、福建、湖南、贵州。

日本。

（28）梵净山菝葜 *Smilax vanchingshanensis*（F. T. Wang & T. Tang）F. T. Wang & T. Tang

刘正宇 6616，359；壶瓶山考察队 0997；武陵山考察队 2010，0098，670，286；黔北队 776

湖北、四川、贵州。

六十二、百合科 Liliaceae（8:24）

1. 老鸦瓣属 Amana Honda（1:1:0）

（1）老鸦瓣 *Amana edulis*（Miquel）Honda

辽宁、山东、江苏、浙江、安徽、江西、湖北、湖南、陕西。

朝鲜、日本。

2. 大百合属 Cardiocrinum（Endlicher）Lindley（3:3:0）

（1）荞麦叶大百合 *Cardiocrinum cathayanum*（E. H. Wilson）Stearn

李学根 204131；黄琪 080712HQ002；王映明 4534；曹亚玲、溥发鼎 0118；北京队 003507，001599，0008；张桂才等 496；武陵队 179；壶瓶山考察队 1406

沅陵、永顺、桑植、石门、咸丰、宣恩。

湖南、湖北、江西、浙江、安徽、江苏。

（2）大百合 *Cardiocrinum giganteum*（Wallich）Makino

粟林 4331261407080487；刘正宇 0925，1044；周丰杰、刘克明 SCSB-HN-1326；刘林翰 9536；李克纲、张代贵等 TY20141226_0077；周文海 GZ20180624_6868；无采集人 02920

西藏、四川、陕西、湖南、广西。

印度、尼泊尔、不丹。

（3）云南大百合 *Cardiocrinum giganteum* var. *yunnanense*（Leichtlin ex Elwes）Stearn

马晟 080713MS02；王开向 070716287

印江。

四川、贵州、广西、湖南、陕西。

3. 七筋菇属 Clintonia Rafinesque（1:1:0）

（1）七筋菇 *Clintonia udensis* Trautvetter & C. A. Meyer

黑龙江、吉林、辽宁、河北、山西、河南、湖北、陕西、甘肃、四川、云南、西藏。

俄罗斯西伯利亚地区、日本、朝鲜、不丹、印度。

4. 贝母属 Fritillaria Linnaeus（3:3:0）

（1）天目贝母 *Fritillaria monantha* Migo

贺海生 031

浙江、河南。

（2）太白贝母 *Fritillaria taipaiensis* P. Y. Li

张代贵 qq1039，130501004

陕西、甘肃、四川、湖北。

（3）浙贝母 *Fritillaria thunbergii* Miquel

黔江队 500114-511；酉阳队 500242648

江苏、浙江、湖南。

日本。

5. 百合属 Lilium Linnaeus（11:11:0）

（1）野百合 *Lilium brownii* F. E. Brown ex Miellez

刘林翰 9131；刘林翰、彭水队 500243-002-093-02 9494；方明渊 24486；北京队 00540；武陵山考察队 910，2113，1285；彭水队 500243-002-093；庄平、张超、冯正波 980550；壶瓶山考察队 01313

沅陵、永顺、石阡、咸丰。

辽宁、河北、山东、河南、安徽、江苏、浙江、江西、湖北、湖南、福建、台湾、广东、广西、云南、贵州、四川、西藏。

越南、缅甸、泰国、印度、菲律宾、朝鲜、日本。

（2）百合 *Lilium brownii* var. *viridulum* Baker

林祁 734；彭水队 500243-002-283；李学根 204206；李杰 522229140615036LY；武陵山考察队 2371；黔江队 500114-139；北京队 002478；田儒明 522229140927476LY；肖简文 5912；张代贵 4331221606300509LY

新晃、芷江、凤凰、吉首、沅陵、古丈、保靖、花垣、永顺、龙山、桑植、石门、施秉、石阡、江口、印江、松桃、碧江、鹤峰、宣恩、五峰。

云南、四川、贵州、广西、广东、湖南、湖北、江西、福建、浙江、安徽、陕西、甘肃、河南。

（3）川百合 *Lilium davidii* Duchartre ex Elwes

四川、云南、陕西、甘肃、河南、山西、湖北。

（4）绿花百合 *Lilium fargesii* Franchet

云南、四川、湖北、陕西。

（5）湖北百合 *Lilium henryi* Baker

宿秀江、刘和兵 433125D00150707012；雷开东 4331271408251013；吉首大学生物资源与环境科学学院 GWJ20170610_0325；壶瓶山考察队 0971；赵佐成 88-2008；北京队 002721；安明先 3621；张代贵 090808043；宿秀江 ZZ120707390

桑植、石门、德江。

贵州、湖南、湖北、江西。

（6）宜昌百合 *Lilium leucanthum*（Baker）Baker

刘林翰 9494；武陵山考察队 1822；无采集人 547

永顺、石阡、酉阳。

贵州、四川、湖北、湖南。

（7）麝香百合 *Lilium longiflorum* Thunb

台湾。

日本。

（8）南川百合 *Lilium rosthornii* Diels

喻勋林、周建军、黎明 14080701；黔北队 2740，2210；武陵山考察队 1397；北京队 4144，4514；武陵队 1354；雷开东 4331271408070850；张代贵 00612

凤凰、桑植、江口、德江、沿河。

贵州、四川、湖南、湖北。

（9）药百合 *Lilium speciosum* var. *gloriosoides* Baker

安徽、江西、浙江、湖南、广西。

（10）大理百合 *Lilium taliense* Franchet

张云休、崔生、陈岩 074

云南、四川。

（11）卷丹 *Lilium tigrinum* Ker Gawler

北京队 003581；武陵考察队 918；黔江队 500114-247-02，500114-247-01

新晃、永顺、桑植、石门、宣恩。

广西、湖南、四川、湖北、江西、浙江、安徽、江苏、山东、河南、陕西、甘肃、青海、西藏、山西、河北、吉林。

朝鲜、日本。

6. 洼瓣花属 Lloydia Reichenbach（1:1:0）

（1）西藏洼瓣花 *Lloydia tibetica* Baker ex Oliver

西藏、四川、湖北、陕西、甘肃、山西。

尼泊尔。

7. 油点草属 Tricyrtis Wallich（3:3:0）

（1）宽叶油点草 *Tricyrtis latifolia* Maximowicz

河北、河南、湖北、陕西、四川。

日本。

（2）油点草 *Tricyrtis macropoda* Miquel

湘西考察队 328；田代科、文香英 TDK0048；张代贵 zdg4028，zdg1-135，3-150，2013071304053，zdg2095，YH150810006；粟林 4331261410071032；蒋知桦 GZ20180625_7135

桑植、永定、武陵源、慈利、梵净山。

贵州、广西、广东、湖南、湖北、江西、福建、浙江、江苏。

日本。

（3）黄花油点草 *Tricyrtis pilosa* Wallich

王映明 5436；赵佐成 88-1986；武陵考察队 852，1599；北京队 002629，001920，s.n.；壶瓶山考察队 1487；彭水队 500243-003-027-01；刘林翰 9264

新晃、芷江、永顺、桑植、石门、江口、黔江、宣恩。

云南、四川、贵州、湖南、湖北、河南、陕西、甘肃、河北。

尼泊尔、不丹、印度东北部。

8. 郁金香属 Tulipa Linnaeus（1:1:0）

（1）郁金香 *Tulipa gesneriana* Linnaeus

欧洲。

六十三、兰科 Orchidaceae（52:143）

1. 无柱兰属 Amitostigma Schlechter（4:4:0）

（1）峨眉无柱兰 *Amitostigma faberi*（Rolfe）Schlechter

江口。

四川、云南。

（2）无柱兰 *Amitostigma gracile*（Blume）Schlechter

辽宁、河北、陕西、山东、江苏、安徽、浙江、福建、台湾、河南、湖北、湖南、广西、四川、贵州。

朝鲜半岛、日本。

（3）一花无柱兰 *Ponerorchis monantha*（Finet）X. H. Jin

陕西、甘肃、四川、云南、西藏。

（4）金线兰 *Anoectochilus roxburghii*（Wallich）Lindley

浙江、江西、福建、湖南、广东、海南、广西、四川、云南、西藏。

日本、泰国、老挝、越南、印度、不丹、尼泊尔、孟加拉国。

2. 竹叶兰属 Arundina Blume（1:1:0）

（1）竹叶兰 *Arundina graminifolia*（D. Don）Hochreutiner Bull

榕江、兴义。

浙江、江西、福建、台湾、湖南、广东、海南、广西、四川、贵州、云南、西藏。

尼泊尔、不丹、印度、斯里兰卡、缅甸、越南、老挝、柬埔寨、泰国、马来西亚、印度尼西亚、琉球群岛、塔希提岛。

3. 白及属 Bletilla H. G. Reichenbach（3:3:0）

（1）小白及 *Bletilla formosana*（Hayata）Schlechter

施秉、石阡。

贵州、甘肃、陕西、四川、西藏、云南、贵州、广西、江西、台湾。

（2）黄花白及 *Bletilla ochracea* Schlechter

龙山、石门、秀山。

重庆、甘肃、陕西、四川、云南、贵州、广西、湖北、湖南。

（3）白及 *Bletilla striata*（Thunberg）H. G. Reichenbach

保靖、龙山、桑植、慈利、石门、黔江、酉阳、鹤峰、宣恩。

河北、河南、江苏、安徽、陕西、甘肃、四川、云南、贵州、广西、湖北、湖南、江西、浙江、广东。

朝鲜、日本。

4. 苞叶兰属 Brachycorythis Lindley（1:1:0）

（1）短距苞叶兰 *Brachycorythis galeandra*（H. G. Reichenbach）Summerhayes

石门。

云南、四川、贵州、广西、湖南、广东、台湾。

越南、缅甸、印度。

5. 石豆花属 Bulbophyllum Thouars（7:7:0）

（1）梳帽卷瓣兰 *Bulbophyllum andersonii*（J. D. Hooker）J. J. Smith

桑植。

云南、四川、贵州、广西。

越南、缅甸、印度。

（2）猫齿卷瓣兰

（3）瘤唇卷瓣兰 *Bulbophyllum japonicum*（Makino）Makino

福建、台湾、湖南、广东、广西。

日本。

（4）广东石豆兰 *Bulbophyllum kwangtungense* Schlechter

永顺、石门、鹤峰、五峰。

云南、四川、贵州、湖北、湖南、江西、浙江、福建、广东、海南、广西。

（5）毛药卷瓣兰 *Bulbophyllum omerandrum* Hayata

桑植。

台湾、福建、浙江、广东、广西、湖北。

（6）斑唇卷瓣兰 *Bulbophyllum pecten-veneris*（Gagnepain）Seidenfaden

石门。

四川、湖北、湖南、广西、广东、海南、福建、台湾、浙江。

越南、老挝。

（7）密花石豆兰 *Bulbophyllum odoratissimum*（Smith）Lindley

福建、广东、广西、四川、西藏、云南。

不丹、印度、老挝、缅甸、尼泊尔、泰国、越南。

6. 虾脊兰属 Calanthe R. Brown（21:21:0）

（1）泽泻虾脊兰 *Calanthe alismatifolia* Lindley

刘昂、丁聪、谢勇、龚 LK0515；李雄、邓创发、李健玲 19061347

桑植、慈利、宣恩。

西藏、云南、四川、湖北、湖南、广西。

越南、印度。

（2）流苏虾脊兰 *Calanthe alpina* J. D. Hooker ex Lindley

刘昂、丁聪、谢勇、龚 LK0515；李雄、邓创发、李健玲 19061347

桑植、石门。

西藏、云南、四川、甘肃、陕西、湖北、湖南。

（3）弧距虾脊兰 *Calanthe arcuata* Rolfe

桑植、印江。

西藏、云南、四川、甘肃、陕西、湖北、湖南、台湾。

（4）翘距虾脊兰 *Calanthe aristulifera* H. G. Reichenbach Bot.

福建、台湾、广东、广西。

日本。

（5）短叶虾脊兰 *Calanthe arcuata* Rolfe

新宁、兴山。

陕西、甘肃、台湾、湖南、湖北、四川、贵州、云南。

（6）肾唇虾脊兰 *Calanthe brevicornu* Lindley

湖北、广西、四川、云南、西藏。

尼泊尔、不丹、印度。

（7）剑叶虾脊兰 *Calanthe davidii* Franchet

李雄、邓创发、李健玲 19061625；壶瓶山考察队 0872

凤凰、沅陵、桑植、石门、施秉。

西藏、甘肃、陕西、四川、云南、贵州、广西、湖北、湖南、江西、安徽、浙江、福建。

（8）虾脊兰 *Calanthe discolor* Lindley

凤凰、梵净山。

安徽、江苏、浙江、福建、广东、江西、湖南、湖北、四川、贵州。

日本。

（9）天府虾脊兰 *Calanthe fargesii* Finet

甘肃、四川、贵州。

（10）钩距虾脊兰 *Calanthe graciliflora* Hayata

肖艳、孙林 LS-2917

凤凰、沅陵、永顺、龙山、桑植、慈利、石门、桃源、江口、印江、鹤峰。

云南、贵州、广西、湖北、湖南、安徽、江西、浙江、福建、广东。

（11）雪峰虾脊兰 *Calanthe graciliflora* var. *xuefengensis* Z. H. Tsi

肖艳、孙林 LS-2917

凤凰、沅陵、永顺、龙山、桑植、慈利、石门、桃源、江口、印江、鹤峰。

云南、贵州、广西、湖北、湖南、安徽、江西、浙江、福建、广东。

（12）叉唇虾脊兰 *Calanthe hancockii* Rolfe

广西、四川、云南。

（13）疏花虾脊兰 *Calanthe henryi* Rolfe

张珂阡 433

湖北、四川。

（14）乐昌虾脊兰 *Calanthe lechangensis* Z. H. Tsi et T. Tang

广东。

（15）细花虾脊兰 *Calanthe mannii* J. D. Hooker

江西、湖北、广东、广西、四川、贵州、云南、西藏。

尼泊尔、不丹、印度。

（16）反瓣虾脊兰 *Calanthe reflexa* Maximowicz

北京队 2231、2383；王映明 5469、5657

永顺、桑植、石门、施秉、石阡、鹤峰、宣恩。

陕西、四川、贵州、广西、湖北、湖南、安徽、江西、浙江、台湾、广东。

朝鲜、日本。

（17）大黄花虾脊兰 *Calanthe sieboldii* Decaisne

台湾、湖南。

日本。

（18）三棱虾脊兰 *Calanthe tricarinata* Lindley

印江。

西藏、云南、四川、甘肃、陕西、湖北、贵州。

（19）三褶虾脊兰 *Calanthe triplicata*（Willemet）Ames

江口。

西藏、云南、贵州、广西、广东、海南、福建、台湾。

日本、菲律宾、印度尼西亚、马来群岛、澳大利亚、马来西亚、越南、老挝、柬埔寨、缅甸、印度东北部。

（20）无距虾脊兰 *Calanthe tsoongiana* Tang & F. T. Wang

江口。

贵州、福建、浙江。

（21）贵州虾脊兰 *Calanthe tsoongiana* var. *guizhouensis* Z.H.Tsi

贵州。

7. 头蕊兰属 Cephalanthera Richard（3:3:0）

（1）银兰 *Cephalanthera erecta*（Thunberg ex A. Murray）

刘昂、丁聪、谢勇、龚 LK0559

桑植、印江。

山西、陕西、甘肃、西藏东南部、四川、贵州、广西、湖北、湖南、安徽、江西、浙江、广东。

朝鲜、日本。

（2）金兰 *Cephalanthera falcata*（Thunberg）Blume

肖艳、孙林 LS-2936

芷江、花垣、永顺、石门、印江、黔江。

江苏、安徽、河南、江西、浙江、湖南、湖北、贵州、四川、甘肃。

朝鲜、日本。

（3）头蕊兰 *Cephalanthera longifolia*（Linnaeus）Fritsch

山西、陕西、甘肃、河南、湖北、四川、云南。

欧洲、中亚、非洲大陆北部地区至喜马拉雅山脉。

8. 叠鞘兰属 Chamaegastrodia Makino & F. Maekawa（1:1:0）

（1）川滇叠鞘兰 *Chamaegastrodia inverta*（W. W. Smith）Seidenfaden

四川、云南。

9. 独花兰属 Changnienia S. S. Chien（1:1:0）

（1）独花兰 *Changnienia amoena* Chien

沅陵、桃源。

陕西、四川、湖北、湖南、江西、安徽、江苏、浙江。

10. 隔距兰属 Cleisostoma Blume（1:1:0）

（1）红花隔距兰 *Cleisostoma williamsonii*（H. G. Reichenbach）Garay

永顺。

云南、贵州、广西、海南。

不丹、印度东北部、缅甸、越南、老挝、柬埔寨、马来西亚、印度尼西亚。

11. 吻兰属 Collabium Blume（1:1:0）

（1）台湾吻兰 *Collabium formosanum* Hayata

武陵源。

云南、四川、广西、湖南、江西、广东、台湾。

越南。

12. 铠兰属 Corybas Salisb（1:1:0）

（1）梵净山铠兰 *Corybas fanjingshanensis* Y. X. Xiong

碧江。

贵州。

13. 杜鹃兰属 Cremastra Lindley（2:2:0）

（1）无叶杜鹃兰 *Cremastra aphylla* T.Yukawa

湖南。

（2）杜鹃兰 *Cremastra appendiculata*（D. Don）Makino

肖艳、孙林 LS-2927

凤凰、沅陵、永顺、桑植、石门、桃源、松桃、秀山。

西藏、云南、贵州、四川、甘肃、陕西、山西、安徽、河南、湖北、湖南、江西、浙江、福建、台湾、广东、广西。

尼泊尔、不丹、印度、泰国、日本、朝鲜。

14. 沼兰属 Crepidium Blume（1:1:0）

（1）浅裂沼兰 *Crepidium acuminatum*（D. Don）Szlachetko Fragm

广东、贵州、台湾、西藏、云南。

不丹、柬埔寨、印度、印度尼西亚、老挝、缅甸、尼泊尔、菲律宾、泰国、越南、澳大利亚。

15. 兰属 Cymbidium Swartz（9:9:0）

（1）建兰 *Cymbidium ensifolium*（Linnaeus）Sw

慈利、秀山。

西藏、云南、四川、贵州、广西、广东、福建、台湾、浙江、江西、湖南、安徽。

印度、缅甸、泰国、印度尼西亚、斯里兰卡、日本。

（2）蕙兰 *Cymbidium faberi* Rolfe

安明态 SQ-1034

芷江、永顺、石门。

云南、四川、甘肃、陕西、湖北、湖南、安徽、河南、江西、浙江、广东、广西。

（3）多花兰 *Cymbidium floribundum* Lindley

无采集人 1337

沅陵、永顺、桑植、石门、桃源、石阡、江口、印江。

云南、四川、贵州、广西、湖北、湖南、江西、浙江、福建、台湾、广东。

（4）春兰 *Cymbidium goeringii*（H. G. Reichenbach）H. G. Reichenbach

张迅 522230190123002LY

桑植、石门、酉阳、鹤峰。

云南、四川、甘肃、陕西、贵州、湖北、湖南、河南、安徽、江苏、浙江、福建、台湾、广东、广西。

朝鲜、日本。

（5）寒兰 *Cymbidium kanran* Makino

保靖、永顺、桑植。

云南、四川、湖南、广西、广东、福建、台湾、浙江。

（6）兔耳兰 *Cymbidium lancifolium* Hooker

福建、广东、广西、贵州、海南、湖南、四川、台湾、西藏、云南、浙江。

不丹、柬埔寨、印度、印度尼西亚、日本、老挝、马来西亚、缅甸、尼泊尔、巴布亚新几内亚、泰国、越南。

（7）大根兰 *Cymbidium macrorhizon* Lindley

四川、贵州、云南。

尼泊尔、巴基斯坦、印度北部、缅甸、越

南、老挝、泰国、日本。

（8）墨兰 *Cymbidium sinense*（Jackson ex Andr）Willd

桑植。

云南、四川、广西、广东、福建、台湾。

日本。

（9）春剑 *Cymbidium tortisepalum* var. *longibracteatum*（Y. S. Wu & S. C. Chen）S. C. Chen & Z. J. Liu

四川、贵州、云南。

16. 杓兰属 Cypripedium Linnaeus（6:6:0）

（1）毛瓣杓兰 *Cypripedium fargesii* Franchet

重庆、甘肃、湖北、四川。

（2）大叶杓兰 *Cypripedium fasciolatum* Franchet

重庆、湖北、四川。

（3）毛杓兰 *Cypripedium franchetii* E. H. Wilson Horticulture

甘肃、山西、陕西、河南、湖北、四川。

（4）绿花杓兰 *Cypripedium henryi* Rolfe

王映明 6755

石门、黔江、咸丰。

青海、甘肃、宁夏、陕西、四川、云南、贵州、湖北、湖南。

（5）扇脉杓兰 *Cypripedium japonicum* Thunberg

北京队 2113；肖艳、孙林 LS-2920

龙山、桑植、石门、梵净山、黔江、秀山。

安徽、河南、陕西、甘肃、四川、湖北、湖南、江西、江苏、浙江、台湾。

日本。

（6）离萼杓兰 *Cypripedium plectrochilum* Franchet

湖北、四川、云南、西藏。

17. 肉果兰属 Cyrtosia Blume（1:1:0）

（1）血红肉果兰 *Cyrtosia septentrionalis*（H. G. Reichenbach）Garay

安徽、浙江、河南、湖南。

日本。

18. 石斛属 Dendrobium Swartz（10:10:0）

（1）钩状石斛 *Dendrobium aduncum* Wallich ex Lindley

湖南、广东、香港、海南、广西、贵州、云南。

不丹、印度、缅甸、泰国、越南。

（2）黄石斛 *Dendrobium catenatum* Lindley

江西、台湾。

日本。

（3）梵净山石斛 *Dendrobium fanjingshanense* Z. H. Tsi ex X. H. Jin & Y. W. Zhang

梵净山。

贵州。

（4）曲茎石斛 *Dendrobium flexicaule* Z. H. Tsi

河南、湖北、湖南、四川。

（5）细叶石斛 *Dendrobium hancockii* Rolfe

陕西、甘肃、河南、湖北、湖南、广西、四川、贵州、云南。

（6）美花石斛 *Dendrobium loddigesii* Rolfe

罗甸、兴义、关岭。

广西、广东、海南、贵州、云南。

老挝、越南。

（7）罗河石斛 *Dendrobium lohohense* Tang et Wang

沅陵、花垣、石门、印江。

云南、四川、贵州、湖北、广西、广东。

（8）细茎石斛 *Dendrobium moniliforme*（Linnaeus）Sw

壶瓶山考察队 0946

桑植、石门、桃源、江口、咸丰。

西藏、云南、四川、甘肃南部、贵州、广西、湖北、湖南、安徽、江西、浙江、福建、台湾、广东。

朝鲜、日本、印度。

（9）石斛 *Dendrobium nobile* Lindley

谷忠村 12

台湾、湖北、香港、海南、广西、四川、贵州、云南、西藏。

印度、尼泊尔、不丹、缅甸、泰国、老挝、越南。

（10）大花石斛 *Dendrobium wilsonii* Rolfe

桑植、安化、石门、习水、遵义、梵净山、咸丰、巴东、利川、鹤峰。

福建、湖北、湖南、广东、广西、四川、贵州、云南。

19. 厚唇兰属 Epigeneium Gagnepain（2:2:0）

（1）厚唇兰 *Epigeneium clemensiae* Gagnepain

梵净山。

云南、贵州、海南。

老挝、越南。

（2）单叶厚唇兰 *Epigeneium fargesii*（Finet）Gagnepain

李洪钧 8732

鹤峰。

四川、湖北、广西、湖南、安徽、江西、浙江、福建、台湾、广东。

泰国、印度、不丹。

20. 火烧兰属 Epipactis Zinn（2:2:0）

（1）火烧兰 *Epipactis helleborine*（Linnaeus）Crantz

辽宁、河北、山西、陕西、甘肃、青海、新疆、安徽、湖北、四川、贵州、云南、西藏。

不丹、尼泊尔、阿富汗、伊朗、非洲北部地区、俄罗斯、欧洲、北美。

（2）大叶火烧兰 *Epipactis mairei* Schlechter

凤凰、桑植、石门、宣恩。

西藏、云南、四川、甘肃、陕西、湖北、湖南。

21. 美冠兰属 Eulophia R. Brown（1:1:0）

（1）长距美冠兰 *Eulophia dabia*（D. Don）Hochreutiner

江苏、湖北、四川。

22. 山珊瑚属 Galeola Loureiro（1:1:0）

（1）毛萼山珊瑚 *Galeola lindleyana*（J. D. Hooker & Thomson）H. G. Reichenbach

北京队 2202、2225；刘昂、龚佑科 LK0941

桑植、梵净山、秀山、鹤峰、宣恩。

安徽、河南、陕西、四川、西藏、云南、贵州、广西、湖北、广东。

印度、尼泊尔。

23. 盆距兰属 Gastrochilus D. Don（3:3:0）

（1）台湾盆距兰 *Gastrochilus formosanus*（Hayata）Hayata

五峰。

陕西、四川、湖北、湖南、台湾。

（2）中华盆距兰 *Gastrochilus sinensis* Z. H.

浙江、贵州、云南。

（3）宣恩盆距兰 *Gastrochilus xuanenensis* Z. H.

李洪钧 2982

宣恩。

湖北。

24. 天麻属 Gastrodia R. Brown（1:1:0）

（1）天麻 *Gastrodia elata* Blume

北京队 2333

桑植、石门、印江、酉阳、秀山、宣恩。

黑龙江、吉林、辽宁、河北、内蒙古、河南、陕西、甘肃、四川、西藏、云南、贵州、广西、湖北、湖南、安徽、江西、浙江。

日本、朝鲜、俄罗斯西伯利亚地区、印度。

25. 斑叶兰属 Goodyera R. Brown（6:6:0）

（1）大花斑叶兰 *Goodyera biflora*（Lindley）Hooker

李雄、邓创发、李健玲 190611132

桑植、慈利。

西藏、四川、甘肃、陕西、江苏、安徽、浙江、广东。

印度、尼泊尔。

（2）多叶斑叶兰 *Goodyera foliosa*（Lindley）Benth ex Clarke

吴磊、刘文剑、邓创发、宋晓飞 8704；刘文剑、邓创发、张茜茜 19092952、19092963、19092962

福建、台湾、广东、广西、四川、云南、西藏。

尼泊尔、不丹、印度、缅甸、越南、日本、朝鲜半岛。

（3）光萼斑叶兰 *Goodyera henryi* Rolfe

王映明 5712

咸丰、鹤峰。

云南、四川、甘肃、贵州、广西、广东、湖北、湖南、江西、浙江。

朝鲜、日本。

（4）小斑叶兰 *Goodyera repens*（Linnaeus）R. Brown

黑龙江、吉林、辽宁、内蒙古、河北、山西、陕西、甘肃、青海、新疆、安徽、台湾、河南、湖北、湖南、四川、云南、西藏。

日本、朝鲜半岛、俄罗斯西伯利亚至欧洲、缅甸、印度、不丹至克什米尔地区、北美洲。

（5）斑叶兰 *Goodyera schlechtendaliana* H. G. Reichenbach Linnaea

田儒明 522229141011662LY；张代贵 00265；刘林翰 10167；北京队 2253；潘勃、冯贵祥 17092201；刘文剑、邓创发、张茜茜 19092980；吴仕彦 522230191124035LY

芷江、沅陵、保靖、花垣、永顺、桑植、慈利、石门、印江、秀山、鹤峰、五峰。

西藏、云南、四川、甘肃、陕西、湖北、湖南、江西、江苏、安徽、浙江、福建、台湾、广东、广西、贵州。

朝鲜、日本、越南、泰国、缅甸、印度、不丹、尼泊尔。

（6）绒叶斑叶兰 *Goodyera velutina* Maxim

刘正宇 1561

桑植。

四川、湖北、湖南、福建、台湾、广东、广西。

朝鲜、日本。

26. 玉凤花属 Habenaria Willdenow（5:5:0）

（1）毛葶玉凤花 *Habenaria ciliolaris* Kraenzlin

芷江、凤凰、沅陵、永顺、桑植、永定、武陵源、石门、来凤。

湖南、湖北、甘肃、四川。

（2）长距玉凤花 *Habenaria davidii* Franchet

施秉、酉阳、宣恩。

西藏、云南、四川、贵州、湖北、湖南。

（3）鹅毛玉凤花 *Habenaria dentata*（Swartz）Schlechter

安徽、浙江、江西、福建、台湾、湖北、湖南、广东、广西、四川、贵州、云南、西藏。

尼泊尔、印度、缅甸、越南、老挝、泰国、柬埔寨、日本。

（4）裂瓣玉凤花 *Habenaria petelotii* Gagnepain

肖海华 0607125013；壶瓶山考察队 0931

安徽、浙江、江西、福建、湖南、广东、广西、四川、贵州、云南。

（5）橙黄玉凤花 *Habenaria rhodocheila* Hance

江西、福建、湖南、广东、香港、海南、广西、贵州。

越南、老挝、柬埔寨、泰国、马来西亚、菲律宾。

27. 舌喙兰属 Hemipilia Lindley（1:1:0）

（1）裂唇舌喙兰 *Hemipilia henryi* Rolfe

湖北、四川。

28. 角盘兰属 Herminium Linnaeus（1:1:0）

（1）叉唇角盘兰 *Herminium lanceum*（Thunberg）Vuijk

北京队 2377

花垣、桑植、龙山、石门、石阡、印江、黔江、酉阳、秀山、咸丰、鹤峰、宣恩。

河南、陕西、甘肃、西藏、云南、四川、贵州、广西、湖北、湖南、江西、浙江、福建、台湾。

印度、缅甸、越南、老挝、柬埔寨、马来西亚、日本。

29. 瘦房兰属 Ischnogyne Schlechter（1:1:0）

（1）瘦房兰 *Ischnogyne mandarinorum*（Kraenzlin）Schlechter

陕西、甘肃、湖北、四川、贵州。

30. 旗唇兰属 Kuhlhasseltia J. J. Sm.（1:1:0）

（1）旗唇兰 *Kuhlhasseltia yakushimensis*（Yamamoto）Ormerod

陕西、安徽、浙江、台湾、湖南、四川。

日本、菲律宾。

31. 羊耳蒜属 Liparis Richard（10:10:0）

（1）镰翅羊耳蒜 *Liparis bootanensis* Griff

永定、武陵源、江口。

西藏、云南、四川、贵州、广西、广东、福建、台湾、浙江、江西、湖南。

不丹、印度、缅甸、越南、老挝、柬埔寨、马来西亚、印度尼西亚、菲律宾、日本。

（2）羊耳蒜 *Liparis campylostalix* H. G. Reichenbach

桑植、石门、石阡、印江、黔江、酉阳、秀山。

内蒙古、甘肃、陕西、山西、黑龙江、吉

林、辽宁、山东、河北、安徽、湖南、湖北、四川、西藏、云南、贵州。

日本、朝鲜。

（3）大花羊耳蒜 *Liparis distans* C. B. Clarke

台湾、海南、广西、四川、贵州。

印度、泰国、老挝、越南。

（4）小羊耳蒜 *Liparis fargesii* Finet

永顺、桑植、鹤峰。

甘肃、陕西、四川、云南、贵州、湖北、湖南。

（5）尾唇羊耳蒜 *Liparis krameri* Franchet & Savatier

宣恩。

日本、朝鲜半岛。

（6）黄花羊耳蒜 *Liparis luteola* Lindley Gen

桑植。

海南、广东、湖南。印度、缅甸、泰国。

（7）见血青 *Liparis nervosa* （Thunberg）Lindley

田儒明 522229140828180LY；刘文剑、邓创发、张茜茜 19092988；张代贵 080507099

福建、广东、广西、贵州、湖北、湖南、江西、四川、台湾、西藏、云南、浙江。

（8）香花羊耳蒜 *Liparis odorata* （Willdenow）Lindley Gen

石门、秀山。

西藏、云南、四川、贵州、广西、广东、福建、台湾、浙江、江西、湖南。

日本、老挝、印度、尼泊尔。

（9）长唇羊耳蒜 *Liparis pauliana* Handel–Mazzetti Anz

刘昂、龚佑科 LK0769

龙山、桑植、石门。

安徽、江西、浙江、广东、广西、湖南、湖北、贵州。

（10）柄叶羊耳蒜 *Liparis petiolata* （D. Don）P. F. Hunt et Summerh

桑植、永定、武陵源、石门。

西藏、云南、广西、广东、江西、湖南。

印度、不丹、尼泊尔。

32. 钗子股属 Luisia Gaudichaud（1:1:0）

（1）叉唇钗子股 *Luisia teres* （Thunb ex A. Murray）

台湾、广西、四川、贵州、云南。

日本、朝鲜半岛。

33. 原沼兰属 Malaxis Solander ex Swartz（1:1:0）

（1）原沼兰 *Malaxis monophyllos* （Linnaeus）Swartz

黑龙江、吉林、辽宁、内蒙古、河北、山西、陕西、甘肃、台湾、河南、四川、云南、西藏。

日本、朝鲜半岛、西伯利亚、欧洲、北美。

34. 风兰属 Neottia Guett（1:1:0）

（1）短距风兰 *Neofinetia richardsiana* Christenson

仅见于中国（无详细地点）。

35. 鸟巢兰属（1:1:0）

（1）大花对叶兰 *Neottia wardii* （Rolfe）Szlachetko

湖北、四川、西藏、云南。

36. 兜被兰属 Neottianthe（Reichenbach）Schlechter（1:1:0）

（1）二叶兜被兰 *Neottianthe cucullata* （Linnaeus）Schlechter Repert

安徽、福建、甘肃、贵州、河北、黑龙江、河南、湖北、江西、吉林、辽宁、内蒙古、青海、陕西、山西、四川、西藏、云南、浙江。

不丹、印度、日本、韩国、蒙古、尼泊尔、俄罗斯、欧洲东部。

37. 齿唇兰属 Odontochilus Blume（1:1:0）

（1）西南齿唇兰 *Odontochilus elwesii* C. B. Clarke ex Hooker f

台湾、广西、四川、贵州、云南。

不丹、印度、缅甸、泰国、越南。

38. 鸢尾兰属 Oberonia Lindler（1:1:0）

（1）狭叶鸢尾兰 *Oberonia caulescens* Lindley Gen

台湾、广东、四川、云南、西藏。

尼泊尔、印度、越南。

39. 山兰属 Oreorchis Lindley（2:2:0）

（1）长叶山兰 *Oreorchis fargesii* Finet

桑植、石门。

安徽、陕西、湖北、湖南、广西、浙江。

（2）山兰 *Oreorchis patens*（Lindley）Lindley

赵运林 764575；李丙贵、万绍宾 750100；北京队 2362

桑植。

黑龙江、吉林、辽宁、陕西、甘肃、西藏、云南、四川、贵州、广西、湖南。

朝鲜、俄罗斯西伯利亚、日本。

40. 阔蕊兰属 Peristylus Blume（3:3:0）

（1）小花阔蕊兰 *Peristylus affinis*（D. Don）Seidenf

酉阳、宣恩。

云南、四川、贵州、广西、湖北、湖南、江西、广东。

尼泊尔、印度东北部、缅甸、老挝、泰国。

（2）长须阔蕊兰 *Peristylus calcaratus*（Rolfe）S. Y. Hu

江苏、江西、浙江、台湾、湖南：黔阳、广东、香港、广西、云南。

中南半岛。

（3）阔蕊兰 *Peristylus goodyeroides*（D. Don）Lindley

西师生物系 03102

浙江、江西、台湾、湖南、广东、广西、四川、贵州、云南。

尼泊尔、不丹、印度、缅甸、越南、泰国、老挝、柬埔寨、马来西亚、菲律宾、印度尼西亚至新几内亚岛。

41. 鹤顶兰属 Phaius Loureiro（2:2:0）

（1）黄花鹤顶兰 *Phaius flavus*（Blume）Lindley

赵运林 764566；刘文剑、邓创发、张茜茜 19092976

石门、梵净山。

福建、台湾、湖南、广东、广西、香港、海南、贵州、四川：雷波、天全、筠连、合江、南川、峨眉山、云南、西藏。

斯里兰卡、尼泊尔、不丹、印度东北部、日本、菲律宾、老挝、越南、马来西亚、印度尼西亚、新几内亚岛。

（2）鹤顶兰 *Phaius tancarvilleae*（L' Héritier）Blume

石门。

西藏、云南、广西、湖南、广东、台湾。

印度、缅甸、越南、泰国、斯里兰卡、马来西亚、波利尼西亚、澳大利亚、日本。

42. 蝴蝶兰属 Phalaenopsis Blume（1:1:0）

（1）华西蝴蝶兰 *Phalaenopsis wilsonii* Rolfe

兴义、盘县。

广西、贵州、四川、云南、西藏。

43. 石仙桃属 Pholidota Lindley ex Hooker（2:2:0）

（1）细叶石仙桃 *Pholidota cantonensis* Rolfe

浙江、江西、福建、台湾、湖南、广东、广西。

（2）云南石仙桃 *Pholidota yunnanensis* Rolfe

广西、湖北、湖南、四川、贵州、云南。

越南。

44. 苹兰属（1:1:0）

（1）马齿苹兰 *Pinalia szetschuanica*（Schlechter）S. C. Chen & J. J. Wood

广东、四川、云南。

45. 舌唇兰属 Platanthera Richard（7:7:0）

（1）密花舌唇兰 *Platanthera hologlottis* Maximowicz

黑龙江、吉林、辽宁、内蒙古、河北、山东、江苏、安徽、浙江、江西、福建、湖南、广东、四川、云南。

俄罗斯、朝鲜半岛、日本。

（2）舌唇兰 *Platanthera japonica*（Thunberg）Lindley

龙山、桑植、石门、江口、宣恩。

黑龙江、吉林、辽宁、山东、河北、河南、陕西、甘肃、四川、湖北、湖南、安徽、浙江、福建。

朝鲜、日本。

（3）尾瓣舌唇兰 *Platanthera mandarinorum* H. G. Reichenbach

刘林翰 1514

龙山、宣恩。

山东、安徽、江苏、江西、浙江、福建、台湾、湖南、湖北、贵州、四川、陕西。

朝鲜、日本。

（4）小舌唇兰 *Platanthera minor*（Miquel）H. G. Reichenbach

李雄、邓创发、李健玲 19061547

凤凰、沅陵、永顺、龙山、桑植、武陵源、石门、印江、黔江、秀山。

黑龙江、吉林、辽宁、河北、安徽、江苏、江西、福建、台湾、广东、广西、湖南、湖北、四川、贵州、云南。

朝鲜、日本。

（5）西南尖药兰 *Platanthera opsimantha* T. Tang et F. T. Wang

梵净山。

四川、云南。

（6）蜻蜓舌唇兰 *Platanthera souliei* Kraenzlin

黑龙江、吉林、辽宁、内蒙古、河北、山西、陕西、甘肃、青海东部、山东、河南、四川、云南西北部（德钦）。

朝鲜半岛、俄罗斯西伯利亚地区、日本。

（7）东亚舌唇兰 *Platanthera ussuriensis*（Regel et Maack）Maxim

吉林、河北、陕西、江苏、安徽、浙江、江西、福建、河南、湖北、湖南、广西东北部、四川。

朝鲜半岛、俄罗斯远东地区乌苏里斯克，日本。

46. 独蒜兰属 Pleione D. Don（3:3:0）

（1）独蒜兰 *Pleione bulbocodioides*（Franchet）Rolfe

桑植、慈利、石门、石阡、江口、印江、鹤峰、宣恩。

陕西、甘肃、西藏、云南、四川、贵州、广西、湖北、湖南、安徽、江西、浙江、福建、台湾、广东。

（2）毛唇独蒜兰 *Pleione hookeriana*（Lindlon）B. S. Williams

广东、广西、贵州、云南、西藏。

尼泊尔、不丹、印度、缅甸、老挝、泰国。

（3）云南独蒜兰 *Pleione yunnanensis*（Rolfe）Rolfe

印江。

四川、贵州、云南、西藏。

47. 朱兰属 Pogonia Jussieu（1:1:0）

（1）朱兰 *Pogonia japonica* H. G. Reichenbach

张代贵 pcn076；刘林翰 1822，9151，1773，1790；谭士贤 768；刘正宇 6173

桑植、龙山、江口、松桃、酉阳、秀山、宣恩。

内蒙古、黑龙江、吉林、山东、安徽、浙江、福建、江西、湖南、湖北、四川、贵州、广西。

朝鲜、俄罗斯远东地区、日本。

48. 菱兰属 Rhomboda Lindley（1:1:0）

（1）艳丽菱兰 *Rhomboda moulmeinensis*（E. C. Parish & H. G. Reichenbach）

梵净山。

广西、四川、贵州、云南、西藏。

缅甸、泰国。

49. 鸟足兰属 Satyrium Swartz（1:1:0）

（1）缘毛鸟足兰 *Satyrium nepalense var. ciliatum*（Lindley）Hooker f.

赵运林 764545

石门。

四川、贵州、湖南。

不丹、尼泊尔。

50. 萼脊兰属 Sedirea Garay & H. R. Sweet（1:1:0）

（1）短茎萼脊兰 *Sedirea subparishii*（Z. H. Tsi）Christenson

桑植、梵净山、咸丰。

浙江、福建、湖北、湖南、广东、贵州、四川。

51. 绶草属 Spiranthes Richard（2:2:0）

（1）香港绶草 *Spiranthes hongkongensis* S. Y. Hu & Barretto

香港。

（2）绶草 *Spiranthes sinensis*（Persoon）Ames

刘林翰 9299

吉首、永顺、龙山、桑植、石门、江口、印

江、黔江、酉阳、秀山、宣恩。

新疆、西藏、青海、甘肃、宁夏、陕西、山西、内蒙古、黑龙江、吉林、辽宁、河北、山东、河南、江苏、浙江、福建、台湾、广东、海南、江西、湖南、湖北、四川、云南、贵州、广西。

蒙古、俄罗斯西伯利亚地区、朝鲜、日本、菲律宾、澳大利亚、马来西亚、泰国、越南、缅甸、印度、不丹至克什米尔地区、阿富汗。

52. 白点兰属 Thrixspermum Loureiro(2:2:0)

（1）小叶白点兰 *Thrixspermum japonicum*（Miquel）Rchb. F

桑植、石门、江口、酉阳、鹤峰。

四川、贵州、重庆、湖北、湖南、广东、福建。

日本。

（2）长轴白点兰 *Thrixspermum saruwatarii*（Hayata）Schlechter

龙山、永顺、保靖、花垣、凤凰、泸溪、古丈、吉首。

福建、台湾、湖南。

六十四、仙茅科 Hypoxidaceae（2:3）

1. 仙茅属 Curculigo Gaertner（2:2:0）

（1）大叶仙茅 *Curculigo capitulata*（Loureiro）Kuntze

王 65

福建、台湾、广东、广西、四川、贵州、云南、西藏。

印度、尼泊尔、孟加拉、斯里兰卡、缅甸、越南、老挝、马来西亚。

（2）仙茅 *Curculigo orchioides* Gaertner

李杰 5222291605311153LY；刘林翰 1689

浙江、江西、福建、台湾、湖南、广东、广西、四川、云南、贵州。

东南亚、日本。

2. 小金梅草属 Hypoxis Linnaeus（1:1:0）

（1）小金梅草 *Hypoxis aurea* Loureiro

刘林翰 1689；李洪钧 2409、2804、2409；刘正宇 0547、840；刘林 01689；黔江队 500114-200-01、500114-200-02；安明态 3302

龙山、宣恩。

浙江、福建、江西、台湾、湖北、湖南、广东、广西、云南。

越南、印度、印度尼西亚、日本。

六十五、鸢尾科 Iridaceae（5:14）

1. 射干属 Belamcanda Adanson（1:1:0）

（1）射干 *Belamcanda chinensis*（Linnaeus）Redouté

李学根 203871；武陵队 2221、48、0212；廖国藩 311；赵佐成 88-1310；武陵山考察队 2221、0085；湘西考察队 1019；黔北队 1397

永顺、桑植、慈利、石门、江口、松桃、来凤、鹤峰、宣恩。

全国南北均有分布。

俄罗斯、朝鲜、日本、印度。

2. 雄黄兰属 Crocosmia Planch（1:1:0）

（1）雄黄兰 *Crocosmia × crocosmiiflora*（Lemoine）N.E.Br.

李杰 522229150609936LY

浙江、云南。

3. 唐菖蒲属 Gladiolus Linnaeus（1:1:0）

（1）唐菖蒲 *Gladiolus gandavensis* Van Houtte

吉首。

湖南、贵州。

原产于非洲南部。

4. 香雪兰属 Freesia Eckl. ex Klatt（1:1:0）

（1）香雪兰 *Freesia refracta* Klatt

非洲南部。

5. 鸢尾属 Iris Linnaeus（10:10:0）

（1）单苞鸢尾 *Iris anguifuga* Y. T. Zhao & X. J. Xue

安徽、湖北、广西、浙江、江西、贵州。

（2）扁竹兰 *Iris confusa* Sealy

广西、贵州、四川、云南。

（3）长柄鸢尾 *Iris henryi* Baker

安徽、甘肃、湖北、湖南、四川。

（4）蝴蝶花 *Iris japonica* Thunberg

龙山、桑植、慈利、石门、江口、印江、宣恩。

湖南、贵州、湖北、几乎遍布全国。

日本。

（5）白花马蔺 *Iris lactea* Pallas

吉林、内蒙古、青海、新疆、西藏。

（6）红花鸢尾 *Iris milesii* Foster

四川、云南、西藏。

印度。

（7）小鸢尾 *Iris proantha* Diels

龙山、永顺、保靖、花垣、凤凰、泸溪、古丈、吉首。

湖南、湖北、浙江、江苏、安徽。

（8）黄菖蒲 *Iris wilsonii* C. H. Wright

湖北、陕西、甘肃、四川、云南。

（9）小花鸢尾 *Iris speculatrix* Hance

龙山、永顺、保靖、花垣、凤凰、泸溪、古丈、吉首。

湖南、四川、贵州、长江中下游地区。

（10）鸢尾 *Iris tectorum* Maximowicz

桑植。

湖南、贵州、华东地区至西南地区。

缅甸、日本。

六十六、黄脂木科 Xanthorrhoeaceae（2:5）

1. 芦荟属 Aloe Linnaeus（1:1:0）

（1）芦荟 *Aloe vera*（Linnaeus）N. L. Burman

南方各地区。

2. 萱草属 Hemerocallis Linnaeus（4:4:0）

（1）黄花菜 *Hemerocallis citrina* Baroni

武陵山考察队 2011；田代科、肖艳、陈岳 LS-1386；无采集人 690、1030

甘肃、陕西、河北、山西、山东。

（2）萱草 *Hemerocallis fulva*（Linnaeus）Linnaeus

林祁 735；张桂才等 318；张志松等 402355；壶瓶山考察队 0246；王映明 4274；曹亚玲、薄发鼎 0183；李洪钧 2815；武陵山考察队

2103、383、279

安徽、福建、广东、广西。

印度、日本、朝鲜、俄罗斯。

（3）北黄花菜 *Hemerocallis lilioasphodelus* Linnaeus

黑龙江、辽宁、河北、山东、江苏、山西、陕西、甘肃。

苏联、欧洲。

（4）小黄花菜 *Hemerocallis minor* Miller

赵佐成 88-1381

黑龙江、吉林、辽宁、内蒙古、河北、山西、山东、陕西、甘肃。

朝鲜、苏联。

六十七、石蒜科 Amaryllidaceae（10:34）

1. 百子莲属 Agapanthus L'Hé r.（1:1:0）

（1）百子莲 *Agapanthus africanus* Hoffmgg.

广东。

非洲南部。

2. 葱属 Allium Linnaeus（17:17:0）

（1）洋葱 *Allium cepa* Linnaeus
国内外均广泛分布。

（2）火葱 *Allium cepa* var. *aggregatum* G. Don
南方分布较为广泛。

（3）薤头 *Allium chinense* G. Don
长江流域及其以南各地区。
日本、越南、老挝、柬埔寨、美国。

（4）野葱 *Allium chrysanthum* Regel
青海、甘肃、陕西、四川、湖北、云南、西藏。

（5）天蓝韭 *Allium cyaneum* Regel
陕西、宁夏、甘肃、青海、西藏、四川、湖北。

（6）葱 *Allium fistulosum* Linnaeus
张代贵 126、0829126、125；黔江队 500114-587；鲁道旺 522226191003020LY；无采集人 0033、0050、0012
全国各地。

（7）宽叶韭 *Allium hookeri* Thwaites
酉阳队 500242688；黔江队 500114-597；刘林翰 1950；无采集人 1389、0865
四川、云南、西藏。
斯里兰卡、不丹、印度。

（8）玉簪叶山葱 *Allium funckiifolium* Handel-Mazzetti
湖北、四川。

（9）薤白 *Allium macrostemon* Bunge
方明渊 24472；壶瓶山考察队 0499；北京队 001172；李杰 522229141022738LY0419；安明先 3300；田代科、肖艳、李春、张成 LS-2085；刘正宇 0161、0145；张志松、党成忠、肖心楠等 401937；李洪钧 2595
除新疆、青海外，全国各地区均产。
苏联、朝鲜、日本。

（10）卵叶山葱 *Allium ovalifolium* Handel-Mazzetti
张代贵 zdg1405310354
云南、贵州、四川、青海、甘肃、陕西、湖北。

（11）天蒜 *Allium paepalanthoides* Airy Shaw
武陵队 1195
山西、河南、陕西、四川。

（12）多叶韭 *Allium plurifoliatum* Rendle
四川、甘肃、陕西、湖北、安徽。

（13）太白山葱 *Allium prattii* C. H. Wright ex Hemsley
张代贵 130727010
西藏、云南、四川、青海、甘肃、陕西、河南、安徽。
印度、尼泊尔、不丹。

（14）蒜 *Allium sativum* Linnaeus
刘正宇 0153
南北普遍分布。
亚洲、欧洲。

（15）北葱 *Allium schoenoprasum* Linnaeus
新疆阿尔泰山区。
欧洲、中亚、西伯利亚、日本、北美。

（16）韭 *Allium tuberosum* Rottler ex Sprengel
何友义 860404；湘西调查队 0638；壶瓶山考察队 A106（a）；张代贵 zdg1248、090202、20161005016；刘正宇、张军等 RQHZ06576、RQHZ06576-01、RQHZ06576-04
全国广泛分布。
亚洲东南部。

（17）茖葱 *Allium victorialis* Linnaeus
黑龙江、吉林、辽宁、河北、山西、内蒙古、陕西、甘肃、四川、湖北、河南、浙江。

3. 君子兰属 Clivia Lindley（1:1:0）

（1）君子兰 *Clivia miniata* Regel Gartenflora
北京。
非洲南部。

4. 文殊兰属 Crinum Linnaeus（1:1:0）

（1）文殊兰 *Crinum asiaticum* var. *sinicum*（Roxburgh ex Herbert）Baker
福建、台湾、广东、广西、香港。

5. 朱顶红属 Hippeastrum Herbert（2:2:0）

（1）朱顶红 *Hippeastrum rutilum*（Ker-Gawler）Herbert
巴西。

（2）花朱顶红 *Hippeastrum vittatum*（L 'Herbert）Herbert

秘鲁。

6. 石蒜属 Lycoris Herbert（7:7:0）

（1）忽地笑 *Lycoris aurea*（L'Héritier）Herbert

武陵队 2147；刘林翰 9475；曹铁如 90260；赵佐成 88-2447；北京队 4167；宿秀江、刘和兵 433125D00060705008；周辉、周大松 15080433；张代贵 0608130049、4331221509060950LY；邓涛 050501036

福建、台湾、湖北、湖南、广东、广西、四川、云南。

日本、缅甸。

（2）中国石蒜 *Lycoris chinensis* Traub

河南、江苏、浙江。

（3）湖南石蒜 *Lycoris* × *hunanensis* M.H.Quan, L.J.Ou & C.W.She

湖南。

（4）石蒜 *Lycoris radiata*（L'Héritier）Herbert

刘林翰 9762；李洪钧 4662；赵佐成 88-2448，88-2446，88-2624；张代贵 06090100502，zdg3838；刘正宇 1136，1177；陈功锡 080729048

山东、河南、安徽、江苏、浙江、江西、福建、湖北、湖南、广东、广西、陕西、四川、贵州、云南。

日本。

（5）玫瑰石蒜 *Lycoris* × *rosea* Traub & Moldenke

江苏、浙江、安徽。

（6）稻草石蒜 *Lycoris straminea* Lindley

江苏、浙江。

日本。

（7）武陵石蒜 *Lycoris wulingensis* S.Y.Zhang

武陵山区。

湖南。

7. 水仙属 Narcissus Linnaeus（1:1:0）

（1）水仙 *Narcissus tazetta* var. *chinensis* M. Roemer

浙江、福建。

亚洲东部的海滨温暖地区。

8. 紫娇花属 Tulbaghia Linnaeus（1:1:0）

（1）紫娇花 *Tulbaghia violacea* Harv.

南非。

9. 葱莲属 Zephyranthes Herbert（3:3:0）

（1）葱莲 *Zephyranthes candida*（Lindley）Herbert

张迅 522224160909010LY

南美洲。

（2）韭莲 *Zephyranthes carinata* Herbert

南美。

（3）玫瑰葱莲 *Zephyranthes rosea* Lindley

广东。

六十八、天门冬科 Asparagaceae（19:57）

1. 龙舌兰属 Agave Linnaeus（1:1:0）

（1）龙舌兰 *Agave americana* Linnaeus

云南、华南地区、西南地区。

2. 天门冬属 Asparagus Linnaeus（6:6:0）

（1）天门冬 *Asparagus cochinchinensis*（Loureiro）Merrill

安明先 3539，3608；刘正宇 0343，1147；溥发鼎、曹亚玲 0256；北京队 001731、01046；张代贵 zdg1407251020；彭水队 500243-002-039-01；许玥、祝文志、刘志祥、曹远俊 ShenZH7886

永顺、石门、酉阳、宣恩。

贵州、湖南、湖北、重庆、陕西、甘肃、河北。

日本、朝鲜、老挝、越南。

（2）非洲天门冬 *Asparagus densiflorus*（Kunth）Jessop

非洲。

（3）羊齿天门冬 *Asparagus filicinus* D. Don

武陵队 1225；北京队 002978；壶瓶山考察队 1455、0791、0820、1430、0594；杨泽伟 522226191004033LY

凤凰、桑植、石门。

云南、四川、贵州、湖南、湖北、河南、山西、陕西、甘肃。

缅甸、不丹、印度。

（4）短梗天门冬 *Asparagus lycopodineus*（Baker）F. T. Wang & T. Tang

刘正宇 0408；张代贵 zdg9996、zdg9817、201007132051；陈功锡、样线 110；乐雍建 087；李晓腾 080729205；蓝开敏 98-0023；李雄、邓创发、李健玲 19061382

保靖、印江。

云南、四川、贵州、广西、湖南、湖北、陕西、甘肃。

缅甸、印度。

（5）石刁柏 *Asparagus officinalis* Linnaeus

新疆。

（6）文竹 *Asparagus setaceus*（Kunth）Jessop

我国各地常见。

非洲。

3. 蜘蛛抱蛋属 Aspidistra Ker Gawler（5:5:0）

（1）蜘蛛抱蛋 *Aspidistra elatior* Blume

李晓芳 YJ-2014-0030；张代贵 071003005；安明态 YJ-2014-0030；粟林 4331261410020926；唐海华 522229140926458LY；刘正宇 208；彭水队 500243-001-158；刘正宇 0341、6587；陈建祥等 522632181125781LY

芷江、凤凰、永顺、宣恩、来凤。

四川、贵州、广西、广东、湖南、湖北、江西、福建、台湾、浙江。

（2）凤凰蜘蛛抱蛋 *Aspidistra fenghuangensis* K. Y. Lang

凤凰。

湖南。

（3）海南蜘蛛抱蛋 *Aspidistra hainanensis* Chun et How

广东、广西、海南。

（4）湖南蜘蛛抱蛋 *Aspidistra triloba* F. T. Wang & K. Y. Lang

祁阳。

湖南、江西。

（5）四川蜘蛛抱蛋 *Aspidistra sichuanensis* K. Y. Lang & Z. Y. Zhu

张代贵 zdg4331270091，zdg4331270120；贺海生 070411018；邓涛 080731001，080729014，080714002；李洪钧 2651；谭士贤 330；武陵山考察队 2253；北京队 001787

四川。

4. 绵枣儿属 Barnardia Lindley（1:1:0）

（1）绵枣儿 *Barnardia japonica*（Thunberg）Schultes & J. H. Schultes

武陵队 1195；吉首大学生物资源与环境科学学院 GWJ20170610_0074；湘西调查队 0714

凤凰。

东北地区、华北地区、华中地区、湖南、广东、四川、云南、江西、江苏、浙江、台湾。

俄罗斯、朝鲜、日本。

5. 开口箭属 Campylandra Baker（2:2:0）

（1）开口箭 *Campylandra chinensis*（Baker）M. N. Tamura

黔北队 0683；张志松、党成忠等 402018；北京队 4387；刘正宇 6955、6764；傅国勋、张志松 1352；麻超柏、石琳军 HY20180322_0264；宿秀江、刘和兵 433125D00030811011；李洪钧 4162、5244

桑植、石门、江口、印江、宣恩。

贵州、云南、四川、广西、广东、湖南、湖北、江西、福建、台湾、浙江、安徽、河南、陕西秦岭以南地区。

（2）筒花开口箭 *Campylandra delavayi*（Franchet）M. N. Tamura

程、吕、王 90048；康健 060716009；谭策铭、张丽萍、易发彬、胡兵、易桂花、桑植 112；张成、周建军 ZC0038；张代贵 yd0403；张代贵、王业清、朱晓琴 zdg，wyq，zxq0131；西师 02110；吴磊、刘文剑、邓创发、宋晓飞 8751；肖艳、孙林 LS-2943

梵净山、松桃。

云南、贵州、四川、湖南、湖北。

6. 吊兰属 Chlorophytum Ker Gawler（1:1:0）

（1）吊兰 *Chlorophytum comosum*（Thunberg）Baker

全国各地广泛分布。

非洲。

7. 铃兰属 Convallaria Linnaeus（1:1:0）

（1）铃兰 *Convallaria majalis* Linnaeus

甘肃、河北、黑龙江、河南、湖南、吉林、辽宁、内蒙古、宁夏、陕西、山东、山西、浙江。

日本、朝鲜、蒙古、缅甸、俄罗斯、欧洲、北美洲。

8. 竹根七属 Disporopsis Hance（3:3:0）

（1）散斑竹根七 *Disporopsis aspersa*（Hua）Engler

黔江队 500114-136-02，500114-325；刘正宇 0135，339；彭水队 500243-001-054；刘克明 870320034；张代贵 433125D00020814036；肖艳、孙林 LS-2942；李洪钧 5240，8815

桑植、石门。

云南、四川、广西、湖南、湖北。

（2）竹根七 *Disporopsis fuscopicta* Hance

武陵山考察队 2914；安明态 YJ-2014-0050，YJ-2014-0110；周云、张勇 XiangZ105；宿秀江、刘和兵 433125D00020814036；李杰 522229141003557LY；北京队 284；张代贵 068；刘正宇 272，0406

永顺、石门、石阡。

云南、四川、贵州、广西、广东、湖南、江西、福建。

（3）深裂竹根七 *Disporopsis pernyi*（Hua）Diels

刘正宇 1566；彭水队 500243-003-069-01，500243-003-069-03，500243-003-069-02；张志松、党成忠等 400395，400522；简焯坡、张秀实等 31714；刘林翰 1679；黔北队 0753；黔江队 500114-325

石门、江口、印江。

云南、四川、贵州、广西、广东、湖南、江西、台湾、浙江。

9. 异黄精属 Heteropolygonatum M. N. Tamura & Ogisu（1:1:0）

（1）金佛山异黄精 *Disporopsis pernyi*（Hua）Diels

贵州、湖北、四川。

10. 玉簪属 Hosta Trattinnick（2:2:0）

（1）玉簪 *Hosta plantaginea*（Lamarck）Ascherson

刘正宇 1182，324；湘西考察队 1048；武陵队 253；李杰 5222291604011001LY；冉冲 522222140513002LY；陈功锡、张代贵 SCSB-HC-2008176；李娅芳 5222271606 02005LY，5222271606 02005LY

沅陵、武陵源、慈利、石门。

四川、湖北、湖南、广东、福建、浙江、江苏、安徽。

（2）紫萼 *Hosta ventricosa*（Salisbury）Stearn

李洪钧 3537；武陵队 253；曹铁如 90166；李学根 204204，203585，204449；刘林翰 9219；黔北队 1389；王映明 4548；曹亚玲、溥发鼎 0130

桑植、石门、石阡、印江、黔江、咸丰、宣恩。

云南、四川、贵州、广西、广东、湖南、湖北、江西、福建、浙江、江苏、安徽、陕西秦岭以南地区。

11. 山麦冬属 Liriope Loureiro（3:3:0）

（1）禾叶山麦冬 *Liriope graminifolia*（Linnaeus）Baker

酉阳队 500242-079-02，500242-079-01；黔江队 500114-232-02，500114-232-01；张代贵 zdg9968；雷开东 4331271408251051；刘正宇 861；陈功锡 558

安徽、福建、甘肃、广东、贵州、河北、河南、湖北、江苏、江西、陕西、山西、四川、台湾、浙江。

（2）阔叶山麦冬 *Liriope muscari*（Decaisne）L. H. Bailey

武陵队 203；曹铁如 90411；黔北队 2776；湘西调查队 518；刘林翰 9130；壶瓶山考察队 1476；酉阳队 500242-277；佘孟兰、杨修齐 8607；武陵山考察队 1189、2212

沅陵、永顺、桑植、石门、石阡、江口、印江、德江、沿河、松桃。

四川、贵州、广西、广东、湖南、湖北、江西、福建、浙江、江苏、安徽、河南、山东、南方各省。

日本。

（3）山麦冬 *Liriope spicata*（Thunberg）Loureiro

曹铁如 90401，90386；武陵考察队 620；武陵山考察队 1645，2762；王映明 4563；佘孟兰等 8606；李洪钧 4538；刘林翰 1526；武陵队 1064

永顺、龙山、桑植、石门、石阡、宣恩。

除东北地区、内蒙古、青海、新疆、西藏外，其余全国各地区广泛分布。

日本、越南。

12. 舞鹤草属 Maianthemum F. H. Wiggers（4:4:0）

（1）舞鹤草 *Maianthemum bifolium*（Linnaeus）F. W. Schmidt

甘肃、河北、黑龙江、吉林、辽宁、内蒙古、青海、陕西、山西、四川、新疆。

日本、朝鲜、蒙古、俄罗斯、欧洲、北美洲。

（2）管花鹿药 *Maianthemum henryi*（Baker）LaFrankie

张志松、党成忠等 401685、401724；谭策铭、易桂花、张丽萍、易发彬、胡兵、桑植 097；刘正宇 6763；李洪钧 4384；刘昂、丁聪、谢勇、龚佑科 LK0567；张志松、党成忠等 401715

印江。

贵州、西藏。

（3）鹿药 *Maianthemum japonicum*（A. Gray）LaFrankie

刘林翰 9104；张志松、党成忠等 402085；刘昂、丁聪、谢勇、龚佑科 LK0591

江口、鹤峰。

四川、贵州、湖南、湖北、江西、台湾、浙江、江苏、安徽、山东、河南、陕西、甘肃、山西、河北、辽宁、吉林、黑龙江。

日本、朝鲜、俄罗斯。

（4）窄瓣鹿药 *Maianthemum tatsienense*（Franchet）LaFrankie

李丙贵、万绍宾 750189；简焯坡、张秀实等 32092；刘克明 870520033；刘林翰 25466；李

雄、邓创发、李健玲 19061462；北京队 001922、002840；张代贵 YH100525760、YH100526766；无采集人 02912；刘正宇 500243-003-017-02、500243-003-017-01

桑植、印江。

云南、四川、贵州、广西、湖南、湖北。

印度。

13. 沿阶草属 Ophiopogon Ker Gawler（10:10:0）

（1）短药沿阶草 *Ophiopogon angustifoliatus*（F. T. Wang & T. Tang）S. C. Chen

湖南队 0167；傅国勋、张志松 1367；李洪钧 3966

永顺、鹤峰、宣恩。

贵州、四川、湖南、湖北。

（2）连药沿阶草 *Ophiopogon bockianus* Diels

黔北队 1845

广西、贵州、湖北、湖南、四川、云南。

（3）沿阶草 *Ophiopogon bodinieri* H. Léveillé

武陵考察队 603；张近轮、谭士贤 6472；黔江队 500114-377；张代贵 zdg10154；壶瓶山考察队 01312，01317；安明先 3353，3912；方明渊 24407，24467

桑植、石门、梵净山、松桃。

西藏、云南、贵州、四川、湖南、湖北、河南、陕西、甘肃、台湾。

（4）长茎沿阶草 *Ophiopogon chingii* F. T. Wang & Tang

吴利肖 060801152；吉首大学生物资源与环境科学学院 GWJ20170610_0127

广东、广西、贵州、海南、四川、云南。

（5）棒叶沿阶草 *Ophiopogon clavatus* C. H. Wright ex Oliver

曹铁如 90204；喻勋林 15060519；谭策铭 03099；谭策铭、张丽萍、易发彬、胡兵、易桂花、桑植 099；田代科、肖艳、李春、张成 LS-1771；李雄、邓创发、李健玲 19061413

广东、广西、贵州、湖北、湖南、四川。

（6）异药沿阶草 *Ophiopogon heterandrus* F. T. Wang & L. K. Dai

李丙贵、万绍宾 750265；谭策铭、易桂花、

张丽萍、胡兵等 03 桑植 099；覃海宁、张灿明、傅德志 3963

桑植、宣恩。

贵州、四川、湖南、湖北。

（7）间型沿阶草 *Ophiopogon intermedius* D. Don

赵佐成 88-2652，88-1795；壶瓶山考察队 0692，0118，340，3284；北京队 4440，4246，2118；李洪钧 5420

桑植、石门、石阡、江口、德江、松桃、黔江、咸丰、宣恩。

云南、西藏、四川、贵州、广西、广东、湖南、湖北、台湾、安徽、秦岭以南地区、河北。

印度、不丹、尼泊尔、孟加拉、越南、泰国、斯里兰卡。

（8）麦冬 *Ophiopogon japonicus*（Linnaeus f.）Ker Gawler

张桂才等 585；张近伦 6472；刘正宇 0339；壶瓶山考察队 01135，0056；北京队 00393，002805；王映明 4561；武陵山考察队 200；李洪钧 2984

沅陵、保靖、永顺、龙山、桑植、石门、江口、咸丰、宣恩。

云南、四川、贵州、广西、广东、江西、福建、台湾、江苏、浙江、安徽、湖南、湖北、河南、陕西、河北。

日本、越南、印度。

（9）西南沿阶草 *Ophiopogon mairei* H. Léveillé

武陵队 1215；林祁 733；曹铁如 90125；王映明 4562；李洪钧 3393；安明态 SQ-1069；刘正宇 0640，0286；张代贵 zdg10133；粟林 4331261409060575

桑植、咸丰、宣恩。

云南、四川、贵州、湖南、湖北。

（10）林生沿阶草 *Ophiopogon sylvicola* F. T. Wang & Tang

徐永福、罗金龙 15060512；张代贵 zdg1035，170909008，090804039，YD241039，YD260019，YD260054；粟林 4331261409060571；雷开东 4331271408251046；北京队 001712

永顺。

四川、湖南。

14. 球子草属 Peliosanthes Andrews（1:1:0）

（1）大盖球子草 *Peliosanthes macrostegia* Hance

田代科、肖艳、李春、张成 LS-2114；北京队 001233；张代贵 zdg9913、071002056、071002055；粟林 4331261503031221；贺海生 070617143、080503006；吴磊 4591

广东、广西、贵州、湖南、东北地区、四川、台湾、云南。

越南。

15. 黄精属 Polygonatum Miller（11:11:0）

（1）卷叶黄精 *Polygonatum cirrhifolium*（Wallich）Royle

黔江队 500114-361

甘肃、广西、宁夏、青海、陕西、四川、西藏、云南。

不丹、印度、尼泊尔。

（2）多花黄精 *Polygonatum cyrtonema* Hua

李洪钧 5723；壶瓶山考察队 0841；武陵队 139；刘燕 522226190427021LY；武陵考察队 702、2092、1641；张银山 522222140501165LY；黔北队 1607、1561

新晃、芷江、沅陵、永顺、龙山、桑植、武陵源、慈利、石门、石阡、德江、松桃、咸丰、宣恩。

贵州、四川、贵州、广西、广东、湖南、湖北、江西、福建、江苏、浙江、安徽、河南。

（3）长梗黄精 *Polygonatum filipes* Merrill ex C. Jeffrey & McEwan

田代科、肖艳、李春、张成 LS-1956；张代贵 zdg1405310381，zdg4018；宿秀江、刘和兵 433125D00020804102；湘西考察队 0080；壶瓶山考察队 0344；武陵山考察队 0159，2270；北京队 003445，001814

花垣、永顺、桑植、武陵源、慈利、石门、石阡、松桃。

湖南、贵州、广东北部、江西、福建、浙江、江苏、安徽。

（4）湘黄精 *Polygonatum hunanense* Hui H.

Liu & B. Z. Wang

湖南、湖北、四川、重庆。

（5）距药黄精 *Polygonatum franchetii* Hua

刘林翰 1611

龙山。

四川、湖南、湖北、陕西。

（6）滇黄精 *Polygonatum kingianum* Collett & Hemsley

简焯坡、张秀实等 32060；安明态 YJ-2014-0071；彭水队 500243-003-112；陈功锡、张代贵等 404；吴群英 522229140615037LY；刘天俊 522222140503008LY；陈功锡、张代贵等 404；姚红 522222140503110LY；刘燕 522226190411009LY

印江。

云南、四川、贵州。

越南、缅甸。

（7）节根黄精 *Polygonatum nodosum* Hua

刘正宇 6809

湖北、甘肃、四川、云南。

（8）玉竹 *Polygonatum odoratum*（Miller）Druce

曹铁如 90585；李杰 522229140912307LY；湘西考察队 1008；酉阳队 500242611；杨彬 070404003；田腊梅 522222140506103LY；热汗古丽 GZ20180624_6994；湘西考察队 212；武陵队 1228、2514

桑植、武陵源、慈利、石门。

湖南、湖北、江西、台湾、江苏、安徽、河南、河北、山西、山东、青海、甘肃、内蒙古、辽宁、吉林、黑龙江。

欧亚大陆温带地区广泛分布。

（9）武陵黄精

（10）轮叶黄精 *Polygonatum verticillatum*（Linnaeus）Allioni

西藏、云南、四川、青海、甘肃、陕西、山西。

尼泊尔、不丹。

（11）湖北黄精 *Polygonatum zanlanscianense* Pampanini

武陵考察队 1636，2354，1084；北京队 001908；李洪钧 4127；黔江队 500114-104；武陵山考察队 3124，3294；黔北队 1414，1866

新晃、芷江、凤凰、花垣、永顺、桑植、石门、石阡、江口、松桃、秀山、宣恩。

四川、贵州、湖南、湖北、江西、江苏、河南、陕西、甘肃。

16. 吉祥草属 Reineckea Kunth（1:1:0）

（1）吉祥草 *Reineckea carnea*（Andrews）Kunth

刘林翰 1732；李洪钧 3834，4131；王映明 5218；壶瓶山考察队 1160；湘西考察队 622；刘正宇 0773，285；黔江队 500114-379-01；张志松、党成忠等 400452

保靖、龙山、桑植、武陵源、慈利、石门、江口、印江、德江、松桃、来凤、宣恩。

云南、四川、贵州、广西、广东、湖南、湖北、江西、浙江、江苏、安徽、河南、陕西秦岭以南地区。

日本。

17. 万年青属 Rohdea Roth（1:1:0）

（1）万年青 *Rohdea japonica*（Thunberg）Roth

李衡 522227160527077LY；杨永康、黄绕富等 8218

桑植、石门。

四川、贵州、广西、湖南、湖北、江西、浙江、江苏、山东。

日本。

18. 虎尾兰属（1:1:0）

（1）虎尾兰 *Sansevieria trifasciata* Prain

我国各地有栽培。

非洲。

19. 丝兰属 Yucca Linnaeus（2:2:0）

（1）象脚丝兰 *Yucca gigantea* Lemaire

西南、华南地区栽培。

墨西哥。

（2）凤尾丝兰 *Yucca gloriosa* Linnaeus

北京、江西。

六十九、棕榈科 Arecaceae（6:9）

1. 金果椰属 Dypsis Noronha ex Martius（2:2:0）

（1）散尾葵 *Dypsis lutescens*（H. Wendland）Beentje et J. Dransfield

海南、福建。

（2）无柱兰 *Ponerorchis gracilis*（Blume）X. H. Jin, Schuit. & W. T. Jin

辽宁、河北、陕西、山东、江苏、安徽、浙江、福建、台湾、河南、湖北、湖南、广西、四川、贵州。

2. 蒲葵属 Livistona R. Brown（1:1:0）

（1）蒲葵 *Livistona chinensis*（Jacquin）R. Brown

华南地区。

中南半岛。

3. 海枣属 Phoenix Linnaeus（2:2:0）

（1）加拿利海枣 *Phoenix canariensis* Chabaud

中国热带至亚热带地区、长江流域、黄淮地区。

非洲加拿利群岛。

（2）林刺葵 *Phoenix sylvestris* Roxburgh

福建、广东、广西、云南。

印度、缅甸。

4. 棕竹属 Rhapis Linnaeus f. ex Aiton（2:2:0）

（1）棕竹 *Rhapis excelsa*（Thunberg）A. Henry in Rehder

福建、广东、贵州、海南、云南。

泰国、越南。

（2）多裂棕竹 *Rhapis multifida* Burret

广西、云南。

越南。

5. 棕榈属 Trachycarpus H. Wendland（1:1:0）

（1）棕榈 *Trachycarpus fortunei*（Hooker）H. Wendland

粟林 4331261409070697；张代贵 zdg10157；田代科、肖艳、陈岳 LS-1185；刘林翰 1921；彭水队 500243-002-279；赵佐成 88-1407；王岚 522223140328010 LY；李衡 522227160603065LY

秦岭和长江流域以南地区。

不丹、印度、缅甸、尼泊尔、越南。

6. 丝葵属 Washingtonia H. Wendland（1:1:0）

（1）大丝葵 *Washingtonia robusta* H. Wendland

我国南方地区。

墨西哥。

七十、鸭跖草科 Commelinaceae（7:15）

1. 鸭跖草属 Commelina Linnaeus（2:2:0）

（1）饭包草 *Commelina benghalensis* Linnaeus

刘林翰 9847；田代科、肖艳、莫海波、张成 LS-2594；谭士贤、王俊华 7179-01；刘正宇 0791；粟林 4331261409120795；吴玉、刘雪晴等 YY20181005_0038；张代贵 zdg1407261059，09070261；谭士贤、王俊华 7179-03，7179-02

保靖、桑植。

湖南、陕西、河北、秦岭淮河以南地区。

亚洲、非洲。

（2）鸭跖草 *Commelina communis* Linnaeus

李洪钧 2986、5343；王映明 6474；蓝开敏 98-0117；刘正宇 0576；酉阳队 500242-596；黔江队 500114-313-01；武陵队 968；武陵考察队 1644；简焯坡、张秀实等 32291

永顺、龙山、桑植、慈利、石门、江口、印江、松桃、沿河。

贵州、湖南、四川东部。我国南北各地。

东亚、北美。

2. 聚花草属 Floscopa Loureiro（1:1:0）

（1）聚花草 **Floscopa scandens** Loureiro

刘林翰 9423

龙山、永顺、保靖、花垣、凤凰、泸溪、古丈、吉首。

湖南、西南、华南至华东地区。

印度至东南亚及大洋洲。

3. 水竹叶属 Murdannia Royle（5:5:0）

（1）根茎水竹叶 **Murdannia hookeri**（C. B. Clarke）Brückner

江口、印江。

广东、广西、湖南、贵州、云南、四川。

孟加拉。

（2）疣草 **Murdannia keisak**（Hasskarl）Handel-Mazzetti

吉首大学生物资源与环境科学学院 GWJ20170610_0088；张代贵 zdg00039

龙山、永顺、保靖、花垣、凤凰、泸溪、古丈、吉首、江口。

东北、华东、华中地区。

日本、朝鲜。

（3）牛轭草 **Murdannia loriformis**（Hasskarl）R. S. Rao & Kammathy

张代贵 YH150813627

西藏、云南、四川、贵州、安徽、浙江、台湾、福建、江西、湖南、广东、香港、海南、广西。

日本、菲律宾、巴布亚新几内亚、印度尼西亚、越南、泰国、印度、斯里兰卡。

（4）裸花水竹叶 **Murdannia nudiflora**（Linnaeus）Brenan

张代贵 YH150811576

龙山、永顺、保靖、花垣、凤凰、泸溪、古丈、吉首、梵净山。

湖南、贵州、华东地区、华中至西南地区。

印度、马来西亚。

（5）水竹叶 **Murdannia triquetra**（Wallich ex C. B. Clarke）Brückner

湘西调查队 0727；李洪钧 9331；武陵山考察队 183，2242，2374；北京队 000993；张代贵 4331221509081071LY；李沈 146；武陵队 1490；刘正宇 1124

芷江、永顺、梵净山、咸丰。

贵州、湖南、湖北、华中，华中至西南地区。

印度。

4. 杜若属 Pollia Thunberg（2:2:0）

（1）杜若 **Pollia japonica** Thunberg

李洪钧 4678、7349；刘正宇 1260；武陵考察队 1715；北京队 003465，0655；武陵山考察队 2159；Wuyi Exp. 095；湘西考察队 922；武陵队 1221

芷江、凤凰、永顺、桑植、慈利、石门、石阡、江口、印江、松桃、来凤、宣恩。

河北、湖南、河北、贵州、长江流域以南地区、台湾。

朝鲜、日本、越南、老挝、柬埔寨。

（2）小杜若 **Pollia miranda**（H. Léveillé）H. Hara

张代贵 20080805002、090808008；贵州队 2660；粟林 4331261409060581；安明态 SQ-1227；彭海军 080711009

四川、贵州、云南、广西、台湾。

日本。

5. 竹叶吉祥草属 Spatholirion Ridley（1:1:0）

（1）竹叶吉祥草 **Spatholirion longifolium**（Gagnepain）Dunn

王映明 6596，5234；刘正宇 6815-01，0735；谭士贤 404；简焯坡、张秀实等 32385，31722；武陵考察队 1619；北京队 2012，000954

桑植、鹤峰、咸丰。

云南、四川、贵州、湖北、湖南、广西、广东、江西、福建。

6. 竹叶子属 Streptolirion Edgeworth（1:1:0）

（1）竹叶子 **Streptolirion volubile** Edgeworth

李洪钧 5413，6358；刘正宇 0921，1148；酉阳队 500242-423；张代贵 090715007；北京队 3899；田代科、肖艳、莫海波、张成 LS-2681；湘西考察队 1130；肖艳、李春、张成 LS-587

花垣、慈利、桑植、思南、宣恩。

贵州、湖南、湖北、辽宁、河北、华中至西南。

朝鲜、日本、越南、老挝、柬埔寨。

7. 紫露草属 Tradescantia Linnaeus（3:3:0）

（1）紫露草 ***Tradescantia ohiensis*** Rafinesque

南北各地区。

日本、马来西亚、菲律宾、印度、尼泊尔、不丹。

（2）紫竹梅 ***Tradescantia pallida***（Rose）D. R. Hunt

墨西哥。

（3）吊竹梅 ***Tradescantia zebrina*** Bosse

雷开东 4331271404250061

福建、台湾、广西、香港。

七十一、雨久花科 Pontederiaceae（3:4）

1. 凤眼蓝属 Eichhornia Kunth（1:1:0）

（1）凤眼蓝 ***Eichhornia crassipes***（Martius）Solms

刘林翰 9748；张代贵 YH101012063，q0907016，YH120920062；刘正宇 0952；杨彬 080504028

长江、黄河流域、华南地区。

亚洲热带地区、巴西。

2. 雨久花属 Monochoria C. Presl（2:2:0）

（1）雨久花 ***Monochoria korsakowii*** Regel & Maack

东北地区、华北地区、华中地区、华东地区、华南地区。

朝鲜、日本、俄罗斯西伯利亚地区。

（2）鸭舌草 ***Monochoria vaginalis***（N. L. Burman）C. Presl ex Kunth

李洪钧 4901，7160；武陵队 1201；安明先 3612；肖简文 5882；赵佐成 88–2443；湘西调查队 0655；刘林翰 9748；刘正宇 1116，1083

凤凰、吉首、保靖、慈利、江口、德江、来凤。

湖南、贵州、湖北、我国南北各地。

东南亚。

3. 梭鱼草属 Pontederia Linnaeus（1:1:0）

（1）梭鱼草 ***Pontederia cordata*** Linnaeus

北美。

七十二、鹤望兰科 Strelitziaceae（1:1）

1. 鹤望兰属 Strelitzia Aiton（1:1:0）

（1）鹤望兰 ***Strelitzia reginae*** Aiton

南方城市的公园、花圃。

非洲南部。

七十三、芭蕉科 Musaceae（2:2）

1. 芭蕉属 Musa Linnaeus（1:1:0）

（1）芭蕉 ***Musa basjoo*** Siebold & Zuccarini

李衡 522227150710100LY；刘正宇 0919，0676；无采集人 02403

吉首、永顺、桑植。

湖南、长江流域以南各地区。

2. 地涌金莲属 Musella（Franchet）C. Y. Wu ex H. W. Li（1:1:0）

（1）地涌金莲 ***Musella lasiocarpa***（Franchet）C. Y. Wu ex H. W. Li

云南。

七十四、美人蕉科 Cannaceae（1:6）

1. 美人蕉属 Canna Linnaeus（1:1:0）

（1）蕉芋 *Canna edulis* Ker Gawler

刘正宇 0194

武陵山区各地栽培。

我国南部、西南部。

西印度群岛、南美洲。

（2）大花美人蕉 *Canna × generalis* L.H.Bailey

武陵山区城镇。

湖北、湖南、贵州、重庆。

热带美洲。

（3）黄花美人蕉 *Canna indica var. flava* Roxburgh

广州、云南、北京。

印度、日本。

（4）美人蕉 *Canna indica* Linnaeus

张代贵 00534

武陵山区城镇。

湖北、湖南、贵州、重庆。

热带美洲。

（5）兰花美人蕉 *Canna orchioides* Bailey

各大城市公园。

（6）紫叶美人蕉 *Canna warscewiezii* A. Dietrich

浙江、云南、贵州。

七十五、竹芋科 Marantaceae（2:2）

1. 柊叶属 Phrynium Willdenow（1:1:0）

（1）柊叶 *Phrynium rheedei* Suresh & Nicolson

广东、广西、云南。

亚洲。

2. 水竹芋属 Thalia Linnaeus（1:1:0）

（1）再力花 *Thalia dealbata* Fraser

云南、北京。

墨西哥、美国。

七十六、姜科 Zingiberaceae（5:12）

1. 山姜属 Alpinia Roxburgh（2:2:0）

（1）三叶豆蔻 *Amomum austrosinense* D. Fang

朱太平 1139

广东、广西。

（2）山姜 *Alpinia japonica*（Thunberg）Miquel

向晟、藤建卓 JS20180208_0009；李雄、邓创发、李健玲 19061 安明态 等 YJ-2014-0183532；王大兰 522230191103035LY；张代贵 pph0138，YH150810517，zdg4331270030，131209001；田儒明 522229141015686LY；李克纲、张代贵等 TY20141225_1015；丛义艳、陈丰林 SCSB-HN-1161

永顺、桑植、石门、石阡、江口、印江、松桃、来凤。

湖北、湖南、贵州、长江流域以南地区。

日本。

2. 姜黄属 Curcuma Linnaeus（2:2:0）

（1）姜黄 *Curcuma longa* Linnaeus

花垣。

湖南、台湾、福建、广东、广西、云南、四川、西藏。

南亚、东南亚。

（2）莪术 *Curcuma phaeocaulis* Valeton

武陵山区栽培或野生。

湖南、贵州、重庆、湖北、华南至西南地区。

印度尼西亚、越南。

3. 舞花姜属 Globba Linnaeus（2:2:0）

（1）峨眉舞花姜 *Globba emeiensis* Z. Y. Zhu

张代贵 090806010，pcn017；吉首大学生物资源与环境科学学院 GWJ20170610_0064

四川。

（2）舞花姜 *Globba racemosa* Smith

麻超柏、石琳军 HY20180714_0629；张迅 522224160704009LY；吴磊、刘文剑、邓创发、宋晓飞 8702；田儒明 5222291605171061LY；杨泽伟 522226191005037LY；宿秀江、刘和兵 433125D00060805009+1；张代贵 hhx0122136，hhx0122167；鲁道旺 522222160718023LY；桑植县林科所 1168

芷江、永顺、桑植、石门、石阡、江口、印江、来凤。

湖北、湖南、贵州、华南至西南地区。

印度。

4. 姜花属 Hedychium J. Koenig（2:2:0）

（1）姜花 *Hedychium coronarium* J. König

贺海生 080501014

广东、广西、湖南、四川、台湾、云南。

不丹、印度、印度尼西亚、马来西亚、缅甸、尼泊尔、斯里兰卡、泰国、越南、澳大利亚。

（2）黄姜花 *Hedychium flavum* Roxburgh

于子文 222

西藏、四川、云南、贵州、广西。

印度。

5. 姜属 Zingiber Miller（3:3:0）

（1）川东姜 *Zingiber atrorubens* Gagnepain

吉首大学生物资源与环境科学学院 GWJ20170610_0287；张代贵 YH090703768。

四川、广西。

（2）蘘荷 *Zingiber mioga*（Thunberg）Roscoe

武陵队 2429

安徽、江苏、浙江、湖南、江西、广东、广西、贵州。

日本。

（3）姜 *Zingiber officinale* Roscoe

贺海生 080501014

我国中部、东南部至西南部各地区广为栽培。

亚洲热带地区常见栽培。

（4）阳荷 *Zingiber striolatum* Diels

田代科、肖艳、莫海波、张成 LS-265；周辉、周大松 15091403；张代贵 090807059，YH140913492，YH160920494；武陵队 1564；湘黔队 003347；王映明 6547

松桃。

四川、贵州、广西、湖北、湖南、江西、广东。

七十七、香蒲科 Typhaceae（2:4）

1. 黑三棱属 Sparganium Linnaeus（2:2:0）

（1）曲轴黑三棱 *Sparganium fallax* Graebner

浙江、福建、台湾、贵州、云南。

日本、缅甸、印度。

（2）黑三棱 *Sparganium stoloniferum*（Buchanan-Hamilton ex Graebner）Buchanan-Hamilton ex Juzepczuk

泸溪、凤凰、保靖、古丈、永顺、龙山、花垣、吉首。

东北地区、西北地区、华中地区、西南地区。

亚洲东部、北美、欧洲。

2. 香蒲属 Typha Linnaeus（2:2:0）

（1）水烛 *Typha angustifolia* Linnaeus

张代贵 0812329

桑植、江口。

湖南、贵州、云南、四川、东北地区、华北地区、西北地区、华中地区、华东地区。

（2）东方香蒲 *Typha orientalis* C. Presl

安徽、广东、贵州、河北、黑龙江、河南、

湖北、江苏、江西、吉林、辽宁、内蒙古、陕西、山东、山西、台湾、云南、浙江。

日本、韩国、蒙古、缅甸、菲律宾、俄罗斯、澳大利亚。

七十八、谷精草科 Eriocaulaceae（1:2）

1. 谷精草属 Eriocaulon Linnaeus（2:2:0）

（1）谷精草 *Eriocaulon buergerianum* Körnicke

田代科，肖艳，莫海波，张成 LS-2704；李杰 522229141004606LY；张代贵 j0125019；雷开东 4331271509121683；严岳鸿 7471；武陵队 1490；张代贵 088-1-2。

桑植、镇远、梵净山、松桃。

贵州、湖南、秦岭以南地区广泛分布。

日本。

（2）白药谷精草 *Eriocaulon cinereum* R. Brown

刘正宇 1180，zsy0060；L.H.Liu 刘林翰 9747

泸溪、凤凰、保靖、古丈、永顺、龙山、花垣、吉首、江口。

贵州、湖南、陕西、华中地区、华南地区、华东地区。

日本。

七十九、灯心草科 Juncaceae（3:12）

1. 灯芯草属 Juncus Linnaeus（7:7:0）

（1）翅茎灯心草 *Juncus alatus* Franchet & Savatier

刘林翰 1503；北京队 300；武陵山考察队 677；安明先 3039；北京队 002567；壶瓶山考察队 1012；刘林翰 1575；周辉、周大松 15050730；黔北队 1997，0826；张代贵 080525023，4331221505010041LY。

永顺、龙山、桑植、石门、印江、松桃、宣恩。

贵州、湖南、湖北、陕西、四川、华中地区、华南地区、华东地区。

日本。

（2）葱状灯心草 *Juncus allioides* Franchet

陕西、宁夏、甘肃、青海、四川、贵州、云南、西藏。

（3）星花灯心草 *Juncus diastrophanthus* Buchenau

朱太平、刘忠福 1997

陕西、甘肃、山东、江苏、安徽、浙江、河南、湖北、湖南、四川、贵州。

日本、朝鲜、印度。

（4）灯心草 *Juncus effusus* Linnaeus

武陵队 243，2506，934；张志松 400806，402252；聂敏祥 1229；黔兆队 827；赵佐成、马建生 2875；张志松、党成忠、肖心楠、戴金荣等 402252，400846；邓涛 070430011

新晃、芷江、石门、江口、黔阳、德江、酉阳、宣恩。

贵州、湖南、重庆、湖北、全国各地区。

全世界广泛分布。

（5）单枝灯心草 *Juncus potaninii* Buchenau

江口。

贵州、甘肃、陕西、湖北、四川。

（6）笄石菖 *Juncus prismatocarpus* R. Brown

吉首大学生物资源与环境科学学院 GWJ20170610_0013；李晓芳、王加国 B-SN-2014-0051

新晃、永顺、江口、印江。

贵州、湖南、陕西、长江流域以南地区。

日本、印度。

（7）野灯心草 *Juncus setchuensis* Buchenau ex Diels

张代贵、王业清、朱晓琴 1906；周辉、周大松 15050644；张代贵 4331221505010007LY，zdg05310428；王加国 YJ-2014-0031；李晓芳，王加国 B-SN-2014-0035；安明态 2014-0031；宿秀江、刘和兵 433125D00070806064；黔江队 500114-030-03；邓涛 20070718026

山东、江苏、安徽、浙江、江西、福建、河南、湖北、湖南、广东、广西、四川、贵州、云南、西藏。

2. 地杨梅属 Luzula de Candolle（3:3:0）

（1）散序地杨梅 *Luzula effusa* Buchenau

武陵山考察队 739；刘正宇 1047；黔北队 1027；张志松、党成忠、肖心楠、戴金荣等 401125

江口、宣恩。

贵州、湖北、陕西、西南地区。

（2）多花地杨梅 *Luzula multiflora*（Ehrhart）Lejeune

吉首大学生物资源与环境科学学院 GWJ20170611_0506；张代贵 YH140802809，Q223073，Q223074

泸溪、凤凰、保靖、古丈、永顺、龙山、花垣、吉首、黔东。

我国东部经中部至西南地区。

欧洲、北美。

（3）羽毛地杨梅 *Luzula plumosa* E. Meyer

张代贵 zdg10340；张代贵、王业清、朱晓琴 zdg，wyq，zxq0248；王映明 5432；宿秀江、刘和兵 433125D00020814017；北京队 0049；张志松 40098；桑植县林科所 0203；张志松等 401125，400449；刘林翰 1574

永顺、龙山、江口、印江、宣恩。

贵州、湖南、湖北、长江中下游地区、陕西、云南。

日本、印度。

3. 球柱草属 Bulbostylis Clarke（2:2:0）

（1）球柱草 *Bulbostylis barbata*（Rottb.）C. B. Clarke

辽宁、河北、河南、山东、浙江、安徽、江西、福建、台湾、湖北、广东、海南、广西。

日本、朝鲜、菲律宾、老挝、越南、柬埔寨、泰国、印度。

（2）丝叶球柱草 *Bulbostylis densa*（Wallich）Handel-Mazzetti

德江、鹤峰。

河北、山东、江苏、安徽、浙江、福建、台湾、江西、湖北、湖南、广东、广西、贵州、四川、云南。

亚洲东南部至非洲热带地区、大洋洲热带地区。

八十、莎草科 Cyperaceae（14:114）

1. 薹草属 Carex Linnaeus（67:67:0）

（1）葱状薹草 *Carex alliiformis* C. B. Clarke

台湾、湖北、湖南、四川、贵州。

日本、越南。

（2）禾状薹草 *Carex alopecuroides* D. Don ex Tilloch & Taylor

张志松、闵天禄、许介眉、党成忠、周竹禾、肖心楠、吴世荣、戴金 400843；聂敏祥、李启和 1270

台湾、浙江、湖北、四川、云南。

尼泊尔、印度、日本。

（3）宜昌薹草 *Carex ascotreta* C. B. Clarke ex Franchet

张代贵、王业清、朱晓琴 zdg，wyq，zxq0010；张代贵 170407018

陕西、浙江、台湾、湖北、湖南、四川、贵州。

朝鲜、日本。

（4）浆果薹草 *Carex baccans* Nees

张代贵 zdg9826，qq1021，lxq0123243；李衡 522227160714007LY；黎斌、陈昊 LB18696；沐先运 1123

福建、台湾、广东、广西、海南、四川、贵州、云南。

马来西亚、越南、尼泊尔、印度。

（5）基花薹草 *Carex basiflora* C. B. Clarke

陕西、四川。

（6）短芒薹草 *Carex brevicuspis* C. B. Clarke

陕西、甘肃、安徽、浙江、湖南。

（7）青绿薹草 *Carex breviculmis* R. Brown

刘正宇 362

黑龙江、吉林、辽宁、河北、山西、陕西、甘肃、山东、江苏、安徽、浙江、江西、福建、台湾、河南、湖北、湖南、广东、四川、贵州、云南。

俄罗斯、朝鲜、日本、印度、缅甸。

（8）短尖薹草 *Carex brevicuspis* C. B. Clarke

安徽、浙江、江西、福建、台湾、湖南。

（9）亚澳薹草 *Carex lanceolata* var. *subpediformis* Kukenth.

张代贵 YH140821352

江苏、浙江、台湾、江西、安徽、河南、四川东部、陕西、甘肃。

澳大利亚、新西兰、印度尼西亚、日本、朝鲜。

（10）褐果薹草 *Carex brunnea* Thunberg

宿秀江、刘和兵 433125D00061104033；祝文志、刘志祥、曹远俊 ShenZH0046；刘林翰 9796；张代贵 zdg3993；武陵队 1098，1479；李洪钧 7069，9265

江苏、浙江、福建、台湾、广东、广西、安徽、湖南、湖北、四川、云南、陕西。

日本、朝鲜、越南、印度、菲律宾、澳大利亚、尼泊尔。

（11）丝叶薹草 *Carex capilliformis* Franchet

张代贵 70916007

陕西、四川。

（12）陈氏薹草

浙江、江西、湖南。

（13）中华薹草 *Carex chinensis* Retzius

李衡 522227160606064LY；刘林翰 1688；李学根 204241；张贵志、周喜乐 1105011；张代贵 4331221604240289LY，YH140422440，A117

陕西、浙江、江西、福建、湖南、广东、四川、贵州。

（14）十字薹草 *Carex cruciata* Wahlenberg

麻超柏、石琳军 HY20180708_0381；张代贵、张代富 BJ20170324002_0002；向晟、藤建卓 JS20180703_0528；雷开东 4331271407240755；鲁道旺 522226190809018LY；粟林 43312614100-31005；张代贵 zdg1407251003；李克纲、张代贵等 TY20141226_1113

浙江、江西、福建、台湾、湖北、湖南、广东、广西、海南、四川、贵州、云南、西藏。

喜马拉雅山脉、印度、马达加斯加、印度尼西亚、中南半岛、日本。

（15）无喙囊薹草 *Carex davidii* Franchet

陕西、甘肃、安徽、浙江、湖北、四川。

（16）大庸薹草 *Carex dayuongensis* Z. P. Wang

湖南。

（17）流苏薹草 *Carex densifimbriata* Tang & F. T. Wang

湖南、贵州、广西。

（18）二形鳞薹草 *Carex dimorpholepis* Steudel

辽宁、陕西、甘肃、山东、江苏、安徽、浙江、江西、河南、湖北、广东、四川。

斯里兰卡、印度、缅甸、尼泊尔、越南、朝鲜、日本。

（19）秦岭薹草 *Carex diplodon* Nelmes

吉首大学生物资源与环境科学学院 GWJ20180713_0393；张代贵 M019

陕西、甘肃。

（20）长穗薹草 *Carex dolichostachya* Hayata

陕西、安徽、浙江、台湾、四川。

日本、菲律宾。

（21）签草 *Carex doniana* Sprengel

张代贵 4331221604250314LY，ly003；张代贵、王业清、朱晓琴 zdg，wyq，zxq0313；李雄、邓创发、李建玲 19061205；张志松 402159

陕西、江苏、浙江、福建、台湾、湖北、广东、广西、四川、云南。

日本、朝鲜、菲律宾、印度尼西亚、喜马拉雅山脉东部地区、尼泊尔。

（22）无脉薹草 *Carex enervis* C. A. Meyer

黑龙江、吉林、内蒙古、山西、甘肃、青

海、新疆、四川、云南、西藏。

俄罗斯、蒙古。

（23）川东薹草 *Carex fargesii* Franchet

湖北、湖南、四川、贵州。

（24）蕨状薹草 *Carex filicina* Nees

张志松等 400760；武陵队 2048；李洪钧 9379

浙江、江西、福建、台湾、湖北、湖南、广东、广西、海南、四川、贵州、云南、西藏。

印度、尼泊尔、斯里兰卡、缅甸、越南、马来西亚、印度尼西亚、菲律宾。

（25）丝柄薹草 *Carex filipedunculata* S. W. Su

安徽。

（26）穹隆薹草 *Carex gibba* Wahlenberg

张贵志、周喜乐 1105004；张代贵 43312-21604250313LY；吉首大学生物资源与环境科学学院 GWJ20170610_0040

辽宁、山西、陕西、甘肃、江苏、安徽、浙江、江西、福建、河南、湖北、湖南、广东、广西、四川、贵州。

朝鲜、日本。

（27）长芒薹草 *Carex gmelinii* Hooker & Arnott

吉林。

俄罗斯、朝鲜、日本、北美洲。

（28）大舌薹草 *Carex grandiligulata* Kükenthal

陕西、湖北、四川。

（29）亨氏薹草 *Carex henryi*（C. B. Clarke）L.K.Dai

武陵队 2056，1279

浙江、安徽、湖北、陕西、贵州、四川、云南。

（30）狭穗薹草 *Carex ischnostachya* Steudel

武陵队 136；刘林翰 1437

江苏、浙江、福建、江西、广东、广西、湖南、贵州、四川。

日本、朝鲜。

（31）日本薹草 *Carex japonica* Thunberg

辽宁、内蒙古、河北、山西、陕西、江苏、河南、湖北、四川、云南。

朝鲜、日本。

（32）大披针薹草 *Carex lanceolata* Boott

张代贵 H052；张志松、闵天禄 401726；张志松等 401271

黑龙江、吉林、辽宁、内蒙古、河北、山西、陕西、甘肃、山东、江苏、安徽、浙江、江西、河南、四川、贵州、云南

蒙古、朝鲜、日本、俄罗斯。

（33）亚柄薹草 *Carex lanceolata* var. *subpediformis* Kükenthal

辽宁、内蒙古、河北、山西、陕西、宁夏、甘肃、湖北、四川。

俄罗斯、日本。

（34）披针薹草 *Carex lancifolia* C. B. Clarke

陕西、湖北。

（35）弯喙薹草 *Carex laticeps* C. B. Clarke

江苏、安徽、浙江、江西、福建、湖北、湖南。

朝鲜、日本。

（36）膨囊薹草 *Carex lehmannii* Drejer

陕西、青海、四川、云南、西藏。

尼泊尔、朝鲜、日本。

（37）舌叶薹草 *Carex ligulata* Nees ex Wight

黔江队 500114-068；张代贵 zdg1407220906，4331221505020078LY，YH140426444，YH140421452，T065；酉阳队 500242-219-03；张志松 402271；林祁 745

山西、陕西、江苏、浙江、福建、台湾、河南、湖北、湖南、四川、贵州、云南。

日本、尼泊尔、印度。

（38）长穗柄薹草 *Carex longipes* D. Don ex Tilloch & Taylor

湖北、四川、云南。

尼泊尔、印度、印度尼西亚。

（39）套鞘薹草 *Carex maubertiana* Boott

张代贵 YH951118664

浙江、福建、湖北、四川、云南。

越南、尼泊尔、印度。

（40）柔果薹草 *Carex mollicula* Boott

浙江、台湾。

朝鲜、日本。

（41）条穗薹草 *Carex nemostachys* Steudel

刘林翰 8325；张代贵 4331221510250680LY，yd00039，150414029；李永康 8252；武陵队 2084；屠玉麟 1539；李沈 106；宿秀江、刘和兵 433125D00061104013；张代贵、张代富 FH20170408051_0051

江苏、浙江、安徽、江西、湖北、湖南、贵州、云南、福建、广东。

印度、孟加拉国、泰国、越南、柬埔寨、日本。

（42）峨眉薹草 *Carex omeiensis* Tang

王映明 5358

四川、湖南、湖北、陕西。

（43）柄状薹草 *Carex pediformis* C. A. Meyer

张代贵 zdg997

黑龙江、吉林、内蒙古、山西、河北、陕西、甘肃、新疆。

俄罗斯、蒙古。

（44）霹雳薹草 *Carex perakensis* C. B. Clarke

福建、台湾、广东、海南、广西、四川、贵州、云南。

中南半岛、马来西亚、印度尼西亚。

（45）镜子薹草 *Carex phacota* Sprengel

安明态 YJ-2014-0092；麻超柏、石琳军 HY20180416_051；刘林翰 1634

山东、江苏、安徽、浙江、江西、福建、台湾、湖南、广东、海南、广西、四川、贵州、云南。

尼泊尔、印度、印度尼西亚、马来西亚、斯里兰卡、日本。

（46）粉被薹草 *Carex pruinosa* Boott

张代贵、张代富 LX20170414012_0012；向晟、藤建卓 JS20180311_0159；麻超柏、石琳军 HY20180321_0233；粟林 4331261405020324；张代贵 08051140；张志松、张永田 400964；刘林翰 1634

山东、江苏、安徽、浙江、江西、福建、河南、湖南、广东、广西、四川、贵州、云南。

印度、印度尼西亚。

（47）似舌叶薹草 *Carex pseudoligulata* L. K. Dai

湖南。

（48）假头序薹草 *Carex pseudophyllocephala* L. K. Dai

张代贵 80424063

湖南。

（49）丝引薹草 *Carex remotiuscula* Wahlenberg

黑龙江、吉林、辽宁、河北、山西、陕西、甘肃、安徽、河南、四川、云南。

俄罗斯、朝鲜、日本。

（50）高山穗序薹草 *Carex rochebrunii subsp. remotispicula*（Hayata）T. Koyama

陕西、甘肃、台湾、湖北、湖南、广西、四川、贵州。

（51）大理薹草 *Carex rubrobrunnea var. taliensis*（Franchet）Kukenthal

安明态 YJ-2014-0067

陕西、甘肃、安徽、浙江、江西、湖北、广东、广西、四川、云南。

（52）花葶薹草 *Carex scaposa* C. B. Clarke

田代科、肖艳、陈岳 LS-1342

浙江、江西、福建、湖南、广东、广西、四川、贵州、云南。越南。

（53）糙叶花葶薹草 *Carex scaposa var. hirsuta* P.C.Li

湖南、广东、四川。

（54）硬果薹草 *Carex sclerocarpa* Franchet

张代贵 F064

四川、湖南、安徽。

（55）仙台薹草 *Carex sendaica* Franchet

杨一光 3046

江苏、浙江、江西、湖北、贵州、四川、陕西。

日本。

（56）宽叶薹草 *Carex siderosticta* Hance

宿秀江、刘和兵 433125D00110413026；肖艳、赵斌 LS-2191；李杰 522229141015497LY；张代贵 80427041；杨泽伟 522226191005027LY

黑龙江、吉林、辽宁、河北、山西、陕西、山东、安徽、浙江、江西。

俄罗斯远东地区、朝鲜、日本。

（57）相仿薹草 *Carex simulans* C. B. Clarke

浙江、湖北、四川。

（58）柄果薹草 *Carex stipitinux* C. B. Clarke

刘林翰 9434；路端正 810844；吴福川、廖博儒等 07122

广西、江西、浙江、安徽、湖北、湖南、贵州、四川、陕西、甘肃。

（59）近蕨薹草 *Carex subfilicinoides* Kükenthal

刘正宇 1159；沈泽昊 HXE159

湖北、四川、云南。

（60）似柔果薹草 *Carex submollicula* Tang & F. T. Wang ex L. K. Dai

广东、福建、江西、浙江。

（61）长柱头薹草 *Carex teinogyna* Boott

路端正 199704；张代贵 4331221604250312LY

安徽、江西、浙江、广西、广东、湖南、云南。

印度、缅甸、越南、日本、朝鲜。

（62）藏薹草 *Carex thibetica* Franchet

张志松 400467；张代贵 zdg10270；粟林 4331261406080196；张代贵、王业清、朱晓琴 zdg, wyq, zxq0237

陕西、浙江、河南、湖北、湖南、广西、四川、贵州、云南。

（63）三穗薹草 *Carex tristachya* Thunberg

张志松 400159；刘林翰 1585

江苏、安徽、浙江、湖南、海南。

朝鲜、日本。

（64）截鳞薹草 *Carex truncatigluma* C. B. Clarke

刘林翰 1585

安徽、浙江、江西、福建、台湾、湖南、广东、海南、广西、四川、贵州、云南。

越南、马来半岛。

（65）单性薹草 *Carex unisexualis* C. B. Clarke

王岚 522223140524033 LY

江苏、安徽、浙江、江西、湖北、湖南、云南。

（66）湘西薹草 *Carex xiangxiensis* Z. P. Wang

湖南。

（67）遵义薹草 *Carex zunyiensis* Tang & F. T. Wang

刘林翰 1688；张贵志、周喜乐 1105011；张代贵 4331221604240289LY，YH140422440，A117；李衡 522227160606064LY；李学根 204241

遵义。

安徽、湖南、广东、四川、贵州。

2. 克拉莎属 Cladium P. Browne（1:1:0）

（1）克拉莎 *Cladium jamaicence* Crantz subsp. *chinense*（Nees）T. Koyama

张代贵、张代富 LS20170416019_0019；李克纲、张成 HY20160314_0010；张代贵 YY116

广西、云南、台湾。

朝鲜、日本。

3. 莎草属 Cyperus Linnaeus（12:12:0）

（1）阿穆尔莎草 *Cyperus amuricus* Maximowicz

李洪钧 9490

辽宁、吉林、河北、山西、陕西、浙江、安徽、云南、四川。

俄罗斯远东地区。

（2）扁穗莎草 *Cyperus compressus* Linnaeus

江苏、浙江、安徽、江西、湖南、湖北、四川、贵州、福建、广东、海南岛、台湾。

喜马拉雅山脉，印度、越南、日本。

（3）砖子苗 *Cyperus cyperoides*（Linnaeus）Kuntze

李衡 522227160611051LY；张代贵、王业清、朱晓琴 1856；王加国 B-SN-2014-103；张代贵 zdg1407240996；李胜华、伍贤进等 WuXJ820；刘正宇 0488

芷江、沅陵、花垣、桑植、石门、江口、黔江。

湖北、湖南、江西、安徽、江苏、浙江、福建、广东、广西、云南、贵州、四川、陕西。

亚洲、非洲、大洋洲的热带地区和亚热带地区。

（4）异型莎草 *Cyperus difformis* Linnaeus

麻超柏、石琳军 HY20180810_0910；李胜华、伍贤进等 WuXJ817；安明光 3930；武陵山考察队 3096；谭士贤等 6142；刘正宇 1183；湘

西考察队 967；张代贵 pph1133，YH160823533，zdg00009

石阡。

黑龙江、吉林、辽宁、河北、山西、陕西、甘肃、四川、云南、贵州、湖南、湖北、安徽、江苏、浙江、福建、台湾、广东、海南、广西。

俄罗斯、朝鲜、日本、印度、非洲、大洋洲、北美洲。

（5）畦畔莎草 *Cyperus haspan* Linnaeus

武陵队 2301

福建、台湾、广西、广东、云南、四川。

朝鲜、日本、越南、印度、马来西亚半岛、印度尼西亚、菲律宾、非洲。

（6）风车草 *Cyperus involucratus* Rottboll

南北各省。

（7）碎米莎草 *Cyperus iria* Linnaeus

安明光 3404；武陵队 1155；麻超柏、石琳军 HY20180817_1039；向晟、藤建卓 JS20180816_0879；粟林 4331261409080753；刘克明、周磊等 SCSB-HN-1356；武陵队 2449；武陵山考察队 3095；张代贵 20161003003，zdg9849

芷江、石阡、黔江、咸丰、鹤峰。

黑龙江、吉林、辽宁、河北、山东、河南、陕西、甘肃、新疆、江苏、浙江、安徽、江西、湖南、湖北、云南、四川、贵州、福建、广东、广西、台湾。

俄罗斯远东地区、朝鲜、日本、越南、印度、伊朗、大洋洲、非洲北部、美洲。

（8）具芒碎米莎草 *Cyperus microiria* Steudel

李良千 164；武陵队 1155；武陵考察队 930；湘西考察队 799；谭士贤 334；张代贵 070904055；李洪钧 9490；祝文志、刘志祥、曹远俊 ShenZH0056

新晃、凤凰、桑植、沿河、松桃、咸丰。

贵州、湖南、湖北、几乎遍布全国。

朝鲜、日本。

（9）矮莎草 *Cyperus pygmaeus* Rottb

广西。

地中海沿岸、非洲北部、苏联高加索地区、印度、越南。

（10）香附子 *Cyperus rotundus* Linnaeus

邓涛 00422；李衡 522227160608058LY；雷开东 4331271408271115；黔江队 500114-254；李杰 522229140917347LY；廖博儒、余祥洪、陈启超 SCSB-07126；北京队 001859；张代贵 20150520015，20150520015

花垣、咸丰、鹤峰、宣恩。

湖南、湖北、甘肃、陕西、山西、河南、河北、山东、江苏、浙江、江西、安徽、福建、台湾、广东、广西、贵州、云南、四川。

广泛分布于全世界。

（11）水莎草 *Cyperus serotinus* Rottb

莫华 6113；李胜华、伍贤进等 WuXJ1003；张代贵 070904088

东北地区、内蒙古、甘肃、新疆、陕西、山西、山东、河北、河南、江苏、安徽、湖北、浙江、江西、福建、广东、台湾、贵州、云南。

朝鲜、日本、喜马拉雅山脉西北部、欧洲中部、地中海地区。

（12）窄穗莎草 *Cyperus tenuispica* Steudel

武陵山考察队 2301

芷江。

湖南、贵州、广西。

非洲、印度、马来西亚、印度尼西亚、越南、朝鲜、日本。

4. 荸荠属 Eleocharis R. Brown（6:6:0）

（1）紫果蔺 *Eleocharis atropurpurea*（Retzius）J. Presl & C. Presl

武陵队 2106。

广东、海南、广西、江苏、湖南、四川、云南。

欧洲、非洲、亚洲、美洲。

（2）荸荠 *Eleocharis dulcis*（N. L. Burman）Trinius ex Henschel

粟林 ZB130913162；张代贵 ZZ140913233；张志松、闵天禄、许介眉 400217；简焯坡、应俊生、马成功等 30627

福建、广东。

（3）透明鳞荸荠 *Eleocharis pellucida* J. Presl & C. Presl

永顺。

河南、江西、湖南、湖北、四川、云南、贵

州、广西、广东、福建。

朝鲜、日本、印度、缅甸、中南半岛、印度尼西亚。

（4）稻田荸荠 *Eleocharis pellucida* var. *japonica*（Miquel）Tang & F. T. Wang

河南、安徽、江苏、浙江、江西、湖南、湖北、四川、贵州、云南、福建。

（5）龙师草 *Eleocharis tetraquetra* Nees

张代贵 80511082；肖简文 5553；安明态 3033

江苏、浙江、安徽、湖南、江西、河南、福建、广西、台湾。

日本。

（6）具刚毛荸荠 *Eleocharis valleculosa* var. *setosa* Ohwi

分布几遍全国。

朝鲜、日本。

（5）羽毛荸荠 *Eleocharis wichurae* Boeckeler

甘肃、河北、山东、浙江、东北地区。

朝鲜、俄罗斯远东地区、日本。

（6）牛毛毡 *Eleocharis yokoscensis*（Franchet & Savatier）Tang & F. T. Wang

松桃。

贵州、几乎遍布全国。

朝鲜、俄罗斯远东地区、日本、印度、缅甸、越南。

5. 羊胡子草属 Eriophorum Linnaeus（1:1:0）

（1）丛毛羊胡子草 *Eriophorum comosum*（Wallich）Nees

张代贵、张代富 LS20170327036_0036；张代贵 0324034

云南、四川、贵州、广西、湖北、甘肃。

印度、越南、缅甸、印度尼西亚。

6. 飘拂草属 Fimbristylis Vahl（7:7:0）

（1）复序飘拂草 *Fimbristylis bisumbellata*（Forsskål）Bubani

武陵队 2465

芷江。

湖南、河北、山东、山西、陕西、河南、湖北、四川、云南、新疆、广东、台湾。

日本、印度、非洲。

（2）扁鞘飘拂草 *Fimbristylis complanata*（Retzius）Link

湖南队 754；谭士贤 6462

印江、德江、松桃。

河南、江苏、江西、福建、台湾、广东、广西、湖南、贵州、四川、云南。

越南、老挝、柬埔寨、马来西亚、印度、日本、朝鲜。

（3）两歧飘拂草 *Fimbristylis dichotoma*（Linnaeus）Vahl

雷开东 4331271408271107；肖简文 5738；赵佐成 88-2508；李洪钧 7574；湖南队 460；简焯坡等 31017；张代贵 4331221509081018LY，pph1076

永顺、德江。

辽宁、河北、山西、山东、江苏、浙江、福建、台湾、广东、广西、湖南、湖北、四川、贵州、云南。

印度、中南半岛、大洋洲、非洲。

（4）拟二叶飘拂草 *Fimbristylis diphylloides* Makino

刘林翰 9569；湘西考察队 1069；肖简文 5714；安明先 3549

江口、印江、松桃。

安徽、江苏、浙江、福建、江西、湖南、湖北、四川、贵州、广西、广东。

日本、朝鲜。

（5）宜昌飘拂草 *Fimbristylis henryi* C. B. Clarke

张代贵 184；陈功锡、张代贵 SCSB-HC-2008245；刘林翰 10060；武陵队 1129；赵佐成 88-2609；湖南队 0735

凤凰、花垣、德江。

安徽、江苏、浙江、江西、广东、广西、湖南、湖北、陕西、四川、贵州、云南。

（6）烟台飘拂草 *Fimbristylis stauntonii* Debeaux & Franchet

东北地区、河北、山东、河南、陕西、湖北、江苏、浙江、安徽。

日本、朝鲜。

（7）水虱草 *Fimbristylis littoralis* Grandich

湘西考察队 969；谭士贤 258；简焯坡等

30886；张代贵 412；刘正宇 1134；安明先 3828

新晃、芷江、桑植、石阡、江口、印江、德江、沿河、黔江、秀山。

重庆、江苏、浙江、安徽、江西、广东、台湾、广西、湖南、湖北、四川、贵州、云南、甘肃、陕西、河南、河北。

朝鲜、日本、亚洲南部和东南部、大洋洲。

7. 水蜈蚣属 Kyllinga Rottb?ll（1:1:0）

（1）短叶水蜈蚣 *Kyllinga brevifolia* Rottb

向晟、藤建卓 JS20180822_1015；麻超柏、石琳军 HY20180822_1174；周辉、周大松 15062705；雷开东 4331271407200560；酉阳队 500242-525-01；黔江队 500114-339；李胜华、伍贤进等 WuXJ1025；武陵队 2275；张代贵 170629008，07090341

芷江、桑植、沅陵、石阡、德江、咸丰、鹤峰、宣恩。

湖北、湖南、贵州、四川、云南、安徽、浙江、江西、福建、广东、海南、广西。

全世界热带广泛分布。

8. 湖瓜草属 Lipocarpha R. Brown（2:2:0）

（1）华湖瓜草 *Lipocarpha chinensis*（Osbeck）J. Kern

东北地区至西南地区、台湾。

日本、越南、印度。

（2）湖瓜草 *Lipocarpha microcephala*（R. Brown）Kunth

辽宁、河北、山东、河南、安徽、江苏、浙江、江西、湖南、湖北、四川、贵州、云南、福建、台湾、广东、广西、海南。

9. 扁莎草属 Pycreus P. Beauvois（3:3:0）

（1）球穗扁莎 *Pycreus flavidus*（Retzius）T. Koyama

雷开东 4331271408271081；王映明 6664；赵佐成 88-1868；武陵山考察队 1994；肖简文 5761；莫华 6111；张代贵 4331221509081025LY，pph1060，ZZ141003237

芷江、凤凰、石阡、德江、秀山、咸丰。

湖南、重庆、河北、黑龙江、吉林、辽宁、河北、山西、山东、江苏、浙江、安徽、福建、广东、海南、云南、贵州、四川、陕西。

日本、朝鲜、印度、越南、马来西亚、大洋洲、热带非洲、欧洲南部。

（2）小球穗扁莎 *Pycreus flavidus var. nilagiricus*（Hochstetter ex Steudel）C. Y. Wu ex Karthikeyan

南北各省。

俄罗斯阿穆尔州、朝鲜、日本、越南、印度、马来西亚半岛、菲律宾、澳大利亚。

（3）红鳞扁莎 *Pycreus sanguinolentus*（Vahl）Nees ex C. B. Clarke

吉首大学生物资源与环境科学学院 GWJ20180712_0301；武陵队 2436，1293；赵佐成 88-2441；王映明 6768；武陵考察队 1840；湘西考察队 970；肖简文 5765；湖南队 733

东北地区、内蒙古、山西、陕西、甘肃、新疆、山东、河北、河南、江苏、湖南、江西、福建、广东、广西、贵州、云南、四川。

地中海地区、中亚地区、非洲、越南、印度、菲律宾、印度尼西亚至日本、俄罗斯阿穆尔州。

10. 刺子莞属 Rhynchospora Vahl（2:2:0）

（1）刺子莞 *Rhynchospora rubra*（Loureiro）Makino

湖南队 565；安明先 3833；黔北队 2723

长江流域以南各地区、台湾。

分布于亚、非、澳三洲的热带地区。

（2）白喙刺子莞 *Rhynchospora rugosa* subsp. *brownii*（Roemer & Schultes）T. Koyama

福建、台湾、广东、广西、湖南、云南。

全球热带及亚热带地区。

11. 水葱属 Schoenoplectus（Reichenbach）Palla（5:5:0）

（1）萤蔺 *Schoenoplectus juncoides*（Roxburgh）Palla

宿秀江、刘和兵 433125D00170907039；麻超柏、石琳军 HY20180707_0330；向晟、藤建卓 JS20180816_0889；李胜华、伍贤进等 WuXJ816；雷开东 4331271410041352；肖简文 5774；张代贵 4331221606300542LY，hhx0122137，070905046；杨龙 无采集号

永顺、施秉、江口、印江、德江、咸丰。

山东、江苏、浙江、福建、广东、海南岛、广西、湖南、湖北、安徽、河南、河北、山西、陕西、甘肃、四川、贵州、云南。

印度、缅甸、中南半岛、大洋洲、北美。

（2）水毛花 **Schoenoplectus mucronatus subsp. robustus**（Miquel）T. Koyama

张代贵 zdg4331270072，4331221606290478LY

安徽、福建、广东、广西、贵州、海南、黑龙江、河南、湖北、湖南、江苏、江西、陕西、山东、山西、四川、台湾、西藏、云南、浙江。

（3）水葱 **Schoenoplectus tabernaemontani**（C. C. Gmelin）Palla

浙江、福建、台湾、广东、广西、云南。

（4）三棱水葱 **Schoenoplectus triqueter**（Linnaeus）Palla

张代贵 80513003

江苏、湖南。

（5）猪毛草 **Schoenoplectus wallichii**（Nees）T. Koyama

武陵山考察队 2119，960

新晃、芷江。

江西、福建、广东、广西、湖南、贵州、云南。

朝鲜、日本、印度。

12. 藨草属 Scirpus Linnaeus（3:3:0）

（1）庐山藨草 **Scirpus lushanensis** Ohwi

刘林翰 9419；李洪钧 9018；许玥、祝文志、刘志祥、曹远俊 ShenZH7888

桑植、石阡、咸丰。

贵州、河南、湖北、湖南、四川、云南。

（2）球穗藨草 **Scirpus wichurae** Boeckeler

东北地区、山东、河南、江苏、浙江、安徽、江西、湖北、贵州、四川、云南。

朝鲜、日本、俄罗斯远东地区、印度。

（3）百球藨草 **Scirpus rosthornii** Diels

永顺、石门。

山东、浙江、福建、广东、湖南、湖北、四川、云南、西藏。

13. 珍珠茅属 Scleria P. J. Bergius（2:2:0）

（1）黑鳞珍珠茅 **Scleria hookeriana** Boeckeler

张代贵 zdg10375；吉首大学生物资源与环境科学学院 GWJ20170610_0267；野植所 0001513；张志松、闵天禄、许介眉 402350

福建、湖南、湖北、贵州、四川、云南、广东、广西。

喜马拉雅山脉东部地区、越南。

（2）毛果珍珠茅 **Scleria levis** Retzius

湖南队 493；刘正宇 0988；武陵山考察队 234

江口。

浙江、福建、台湾、广东、海南、广西、湖南、贵州、四川、云南。

印度、斯里兰卡、越南、马来西亚、印度尼西亚、大洋洲、日本。

14. 蔺藨草属 Trichophorum Persoon（2:2:0）

（1）三棱蔺藨草 **Trichophorum mattfeldianum**（Kükenthal）S. Yun Liang

浙江、贵州、广东。

（2）玉山蔺藨草 **Trichophorum subcapitatum**（Thwaites & Hooker）D. A. Simpson

张代贵 YH150515790，hhx0122029；周辉、罗金龙 15032718

梵净山。

贵州、台湾。

八十一、禾本科 Poaceae（98:232）

1. 芨芨草属 Achnatherum P. Beauvois（1:1:0）

（1）湖北芨芨草 **Achnatherum henryi**（Rendle）S. M. Phillips & Z. L. Wu

甘肃、陕西、湖北、四川。

2. 酸竹属 Acidosasa C.D.Chu & C.S.Chao ex Keng（1:1:0）

（1）毛花酸竹 **Acidosasa purpurea**（Hsueh & T. P. Yi）P. C. Keng

武陵源。

广西、云南。

3. 剪股颖属 Agrostis Linnaeus（3:3:0）

（1）大锥剪股颖 *Agrostis brachiata* Munro ex J. D. Hooker

四川、甘肃。

（2）华北剪股颖 *Agrostis clavata* Trinius

李洪钧 4379，2461

宣恩。

东北地区、华北地区、山东、陕西。

（3）小花剪股颖 *Agrostis micrantha* Steudel

西藏、四川、云南，甘肃、陕西。

缅甸、印度。

4. 看麦娘属 Alopecurus Linnaeus（2:2:0）

（1）看麦娘 *Alopecurus aequalis* Sobolewski

张志松、党成忠等 400789，400104；张银山 522223150503007 LY；刘正宇 0064，0017；李洪钧 2903；王加国 B-SN-2014-0088；王映明 4163；北京队 2135；张代贵 zdg4331270022

江口、印江、玉屏、思南、秀山、黔江、永顺、桑植、宣恩。

华中地区、华东地区、华北地区、东北地区、西北地区。

北温带地区广泛分布，欧亚大陆的寒温带和温暖地区、北美。

（2）日本看麦娘 *Alopecurus japonicus* Steudel

张代贵 zdg4331270026；宿秀江、刘和兵 433125D00110813049

永顺、保靖。

广东、浙江、江苏、湖北、陕西。

日本、朝鲜。

5. 荩草属 Arthraxon P. Beauvois（2:2:0）

（1）荩草 *Arthraxon hispidus*（Thunberg）Makino

姚红 522222140430138LY；刘林翰 10018，9868，9736；张银山 522222140427000LY；杨泽伟 522226190808015LY

保靖、江口、印江。

云南。

南半球热带地区。

（2）茅叶荩草 *Arthraxon prionodes*（Steudel）

Dandy

无采集人 1738；武陵队 1212

凤凰、酉阳。

西南地区、华中地区、华东地区、华北地区、陕西。

越南、老挝、柬埔寨、印度经中东至埃及。

6. 北美箭竹属 Arundinaria Michaux（1:1:0）

（1）巴山木竹 *Arundinaria fargesii* E. G. Camus

陕西、甘肃、湖北、四川的大巴山脉、米仓山至秦岭一带。

7. 野古草属 Arundinella Raddi（4:4:0）

（1）溪边野古草 *Arundinella fluviatilis* Handel-Mazzetti

张代贵 4331221606290472LY；麻超柏、石琳军 HY20180809_0845

泸溪、花垣。

江西、湖北、湖南、四川、贵州。

（2）毛秆野古草 *Arundinella hirta*（Thunberg）Tanaka

西南综考黔队 5；简焯坡、张秀实等 38124；赵佐成 88-2060，88-2023；李洪钧 9046；王映明 6737，6877，6440，5769；李良千 119

桑植、余庆、江口、秀山、黔江、咸丰、鹤峰。

江苏、江西、湖北、湖南。

俄罗斯远东地区、朝鲜、日本。

（3）石芒草 *Arundinella nepalensis* Trinius

路端正 810845

桑植。

福建、湖南、湖北、广东、广西、贵州、云南、西藏。

东南亚热带地区至大洋洲、非洲广泛分布。

（4）刺芒野古草 *Arundinella setosa* Trinius

李振基、吕静 20060038，20060217；湖南调查队 0673，0745；刘林翰 9805，9525

辰溪、溆浦、保靖、永顺、五峰。

华东、华中、华南及西南地区。

8. 芦竹属 Arundo Linnaeus（1:1:0）

（1）芦竹 *Arundo donax* Linnaeus

酉阳队 500242625；黔江队 500114-522；简焯坡、张秀实等 31886；张代贵 20090718058；壶

瓶山考察队 0568

古丈、石门、江口、思南、酉阳、黔江。

西南地区、华南地区、华中地区、华东地区。

亚洲热带地区、地中海地区广泛分布。

9. 燕麦属 Avena Linnaeus（2:2:0）

（1）莜麦 *Avena chinensis*（Fischer ex Roemer & Schultes）Metzger

李洪钧 2912

宣恩。

西北地区、西南地区、华北地区、湖北。

（2）野燕麦 *Avena fatua* Linnaeus

宿秀江、刘和兵 433125D00020508007；张代贵 4331221505020079LY，150412015，phx106；姜孝成、唐妹等 JiangXC0462；刘瑛 21；李洪钧 2912；An Ming-xian3195；姚本刚 5222291605221132LY

保靖、泸溪、石门、永顺、德江、松桃、宣恩。

广泛分布于我国南北各地区。

欧、亚、非三洲的温带、寒带地区。

10. 地毯草属 Axonopus P. Beauv.（1:1:0）

（1）地毯草 *Axonopus compressus*（Swartz）P. Beauvois

台湾、广东、广西、云南。

世界各热带、亚热带地区。

11. 簕竹属 Bambusa Schreber（4:4:0）

（1）花竹 *Bambusa albolineata* L. C. Chia

凤凰、永顺、石门、石阡、印江、江口。

浙江、江西、福建、台湾、广东，长江流域及其以南各地区。

（2）慈竹 *Bambusa emeiensis* L. C. Chia & H. L. Fung

杨传东 870031，880380，870031

武陵源、桑植、龙山、沅陵、花垣。

陕西、湖北、四川、贵州、云南、广西、湖南、福建。

（3）孝顺竹 *Bambusa multiplex*（Loureiro）Raeuschel ex Schultes & J. H. Schultes

北京队 001738；张吉华等 78013

永顺、沿河。

我国东南部至西南部。

（4）小佛肚竹 *Bambusa ventricosa* McClure

广东。

我国南方各地。

马来西亚、北美洲、南美洲。

12. 菵草属 Beckmannia Host（1:1:0）

（1）菵草 *Beckmannia syzigachne*（Steudel）Fernald

张代贵 ZZ131008016，4331221604250302LY；雷开东 4331271404270079，4331271404210174；谢丹 090825006

永顺、泸溪。

全国各地。

广泛分布于全世界。

13. 扁穗草属 Blysmus Panzer ex Schultes（1:1:0）

（1）扁穗草 *Blysmus compressus*（Linnaeus）Panzer ex Link

新疆。

欧洲、中亚地区。

14. 孔颖草属 Bothriochloa Kuntze（2:2:0）

（1）臭根子草 *Bothriochloa bladhii*（Retzius）S. T. Blake

安徽、湖南、福建、台湾、广东、广西、贵州、四川、云南、陕西。

非洲、亚洲至大洋洲的热带、亚热带地区。

（2）白羊草 *Bothriochloa ischaemum*（Linnaeus）Keng

杨龙 92-911

沿河。

广泛分布于我国南北各地区。

欧洲南部、非洲大陆北部地区、喜马拉雅山脉西北部。全世界亚热带和温带地区。

15. 臂形草属 Brachiaria（Trinius）Grisebach（1:1:0）

（1）毛臂形草 *Brachiaria villosa*（Lamarck）A. Camus

刘林翰 9699；李丙贵 08310；张代贵 YH150811560；刘正宇 875004；安明先 3772；肖简文 2725

保靖、沅陵、古丈、新晃、桑植、德江、沿

河、黔江、酉阳、鹤峰。

河南、陕西、甘肃、安徽、江西、浙江、湖南、湖北、四川、贵州、福建、台湾、广东、广西、云南、西南地区、华南地区、华中地区、华东地区。

印度和东南亚广泛分布。

16. 短柄草属 Brachypodium P. Beauvois（2:2:0）

（1）短柄草 *Brachypodium sylvaticum*（Hudson）P. Beauvois

方明渊 24353；壶瓶山考察队 1382；北京队 002525；赵佐成 88-2021

桑植、石门、黔江。

江苏、浙江、安徽、湖南、江西、湖北、四川、贵州、云南、陕西、甘肃、青海、西藏、新疆、西南地区、华东地区。

欧洲、亚洲温带和热带山区、中亚、俄罗斯西伯利亚、日本、印度、伊朗、巴基斯坦、伊拉克。

（2）日本短颖草 *Brachyelytrum japonicum*（Hackel）Matsumura ex Honda

安徽、浙江、江西。

日本、北美。

17. 雀麦属 Bromus Linnaeus（2:2:0）

（1）雀麦 *Bromus japonicus* Thunberg in Murray

肖简文 5636；谭沛祥 60964；张代贵 4331221505040137LY，20150520008；吴福川、查学洲等 07065

芷江、泸溪、永定、吉首、沿河。

辽宁、内蒙古、河北、山西、山东、河南、陕西、甘肃、安徽、江苏、江西、湖南、湖北、新疆、西藏、四川、云南、台湾。

欧亚大陆温带地区广泛分布。

（2）疏花雀麦 *Bromus remotiflorus*（Steudel）Ohwi

壶瓶山考察队 0635；刘林翰 9087；李良千 98；张桂才等 340；武陵队 3；李洪钧 3707；王映明 5400，4799；溥发鼎、曹亚玲 0251；赵佐成 88-1547

新晃、沅陵、永顺、桑植、石门、石阡、印江、思南、黔江、宣恩。

江苏、安徽、浙江、福建、江西、湖南、湖北、河南、陕西、四川、贵州、云南、西藏、青海、华东地区、华中地区、西南地区、西北地区。

日本、朝鲜。

18. 拂子茅属 Calamagrostis Adanson（2:2:0）

（1）拂子茅 *Calamagrostis epigeios*（Linnaeus）Roth

赵佐成 88-1943，88-1539，88-1635；张志松、党成忠等 402308；武陵山考察队 2235；简焯坡、张秀实等 31240，30920；刘林翰 9235；李洪钧 3351；湘西调查队 0465

新晃、沅陵、花垣、桑植、石门、石阡、印江、松桃、江口、黔江、鹤峰、宣恩。

西南地区、华中地区、华北地区、东北地区、西北地区。分布遍及全国。

欧亚大陆温带地区。

（2）假苇拂子茅 *Calamagrostis pseudophragmites*（A. Haller）Koeler

广泛分布于东北地区、华北地区、西北地区、四川、云南、贵州、湖北。

欧亚大陆温带地区。

19. 细柄草属 Capillipedium Stapf（2:2:0）

（1）硬秆子草 *Capillipedium assimile*（Steudel）A. Camus

张代贵 zdg4331270074，ZZ141012992；西南综考队接壤分队 s.n.；刘正宇 6674，882008-01，882008-02，882008-03；路端正 810758；无采集人 0316

永顺、桑植。

华中地区、广东、广西、西藏。

印度东北部、中南半岛、马来西亚、印度尼西亚、日本。

（2）细柄草 *Capillipedium parviflorum*（R. Brown）Stapf

赵佐成 88-2086，88-1879，88-1490，88-1308，88-2238；谭士贤 159；刘正宇 1168；简焯坡、张秀实等 30912，31239，31419

新晃、芷江、石门、印江、德江、黔江、秀山、酉阳、鹤峰、宣恩。

西南、华中、华东地区。

旧大陆热带至中国、日本。

20. 寒竹属 Chimonobambusa Makino（4:4:0）

（1）狭叶方竹 *Chimonobambusa angustifolia* C. D. Chu & C. S. Chao

吉首大学生物资源与环境科学学院 GWJ20170611_0392，GWJ20170611_0423；蓝开敏 98-0116

古丈、石阡。

陕西、湖北、广西、贵州。

（2）方竹 *Chimonobambusa quadrangularis*（Franceschi）Makino

杨传东 880742，880937；蓝开敏 B-858109，B-858108，859014，859011，859009，859019；王金敖 140

沅陵、永顺、沿河、黔江。

云南、四川、贵州、广西、广东、福建、江西、安徽、浙江、台湾、湖南。

日本。

（3）桑植冷竹 *Chimonobambusa sangzhiensis*（B.M.Yang）N.H.Xia & Z.Y.Niu

桑植。

（4）金佛山方竹 *Chimonobambusa utilis*（Keng）P. C. Keng

四川、贵州、云南。

21. 隐子草属 Cleistogenes hackelii（1:1:0）

（1）朝阳隐子草 *Cleistogenes hackelii*（Honda）Honda

甘肃、河北、山西、山东、河南、陕西、江苏、安徽、湖北、湖南、四川、福建、贵州。

朝鲜、日本。

22. 薏苡属 Coix Linnaeus（1:1:0）

（1）薏苡 *Coix lacryma-jobi* Linnaeus

简焯坡、张秀实等 31892，32491；张迅 522224160909005LY；武陵山考察队 3244；张杰 4095；安明先 3816；肖简文 5768；酉阳队 500242-384；李洪钧 9306；廖国藩、郭志芬桃（瓦）270

芷江、桃源、江口、石阡、思南、德江、沿河、酉阳、黔江、鹤峰、咸丰。

辽宁、河北、山西、山东、河南、陕西、江苏、安徽、浙江、江西、湖北、湖南、福建、台

湾、广东、广西、海南、四川、贵州、云南。

亚洲东南部、太平洋岛屿、全世界的热带地区和亚热带地区、非洲、美洲的热湿地带。

23. 香茅属 Cymbopogon Sprengel（3:3:0）

（1）香茅 *Cymbopogon citratus*（Candolle）Stapf

（2）芸香草 *Cymbopogon distans*（Nees ex Steudel）Will. Watson

谭士贤、刘正宇 6364

酉阳

陕西、甘肃南部、四川、云南、西藏。

印度、克什米尔地区、尼泊尔、巴基斯坦。

（3）橘草 *Cymbopogon goeringii*（Steudel）A. Camus

河北、河南、山东、江苏、安徽、浙江、江西、福建、台湾、湖北、湖南。

日本、朝鲜。

24. 弓果黍属 Cyrtococcum Stapf（1:1:0）

（1）散穗弓果黍 *Cyrtococcum patens* var. *latifolium*（Honda）Ohwi

广东、广西、湖南、台湾、云南、贵州、西藏。

印度至马来西亚、日本。

25. 狗牙根属 Cynodon Richard（1:1:0）

（1）狗牙根 *Cynodon dactylon*（Linnaeus）Persoon

李衡 522227160527084LY；刘正宇 0166，881612，0074；姚本刚 5222291605201113LY；李洪钧 2972；不详 1502；李学根 203987；张代贵 zdg4331261120；麻超柏、石琳军 HY20180822_1191

永顺、桑植、龙山、慈利、花垣、德江、松桃、思南、秀山、彭水、酉阳、宣恩。

黄河流域以南地区广泛分布。

全世界温暖地区。

26. 鸭茅属 Dactylis Linnaeus（1:1:0）

（1）鸭茅 *Dactylis glomerata* Linnaeus

周云、王勇 XiangZ038

江口。

河北、河南、山东、江苏、西南地区、西北地区。

广泛分布于欧亚大陆温带地区、非洲北部地

区、北美。

27. 牡竹属 Dendrocalamus Nees（1:1:0）

（1）黔竹 *Dendrocalamus tsiangii*（McClure）L. C. Chia & H. L. Fung

蓝开敏 411；杨传东 880380

沿河。

贵州。

28. 野青茅属 Deyeuxia Clarion ex P. Beauvois（5:5:0）

（1）箱根野青茅 *Deyeuxia hakonensis*（Franchet & Savatier）Keng

傅国勋、张志松 1327，1245；简焯坡、张秀实、金泽鑫等 30743；简焯坡、张秀实等 30743，30742

印江、恩施。

安徽、浙江、江西、湖北、广州、四川、贵州、华东地区、华中地区、西南地区。

日本。

（2）大叶章 *Deyeuxia purpurea*（Trinius）Kunth

黑龙江、吉林、辽宁。

（3）疏穗野青茅 *Deyeuxia effusiflora* Rendle

四川、云南、陕西、河南。

（4）野青茅 *Deyeuxia pyramidalis*（Host）Veldkamp

张代贵、王业清、朱晓琴 2697；王映明 6731；雷开东 4331271410041303；湘西调查队 0759；粟林 4331261410030988；武陵山考察队 2144，1539，2112

芷江、古丈、永顺、溆浦、五峰、咸丰。

东北地区、华北地区、华中地区、陕西、甘肃、四川、云南、贵州。

欧亚大陆温带地区。

（5）糙野青茅 *Deyeuxia scabrescens*（Grisebach）Munro ex Duthie

壶瓶山考察队 1481

石门。

甘肃、西藏、青海、陕西、四川、云南、湖北、西南地区、华中地区、西北地区。

印度东北部。

29. 龙常草属 Diarrhena P. Beauv.（1:1:0）

（1）日本龙常草 *Diarrhena japonica* Franchet & Savatier

东北地区。

俄罗斯远东地区、朝鲜、日本。

30. 马唐属 Digitaria Haller（6:6:0）

（1）纤毛马唐 *Digitaria ciliaris*（Retzius）Koeler

（2）毛马唐 *Digitaria ciliaris* var. *chrysoblephara*（Figari & De Notaris）R. R. Stewart

黑龙江、吉林、辽宁、河北、山西、河南、甘肃、陕西、四川、安徽、江苏。

世界亚热带、温带地区。

（3）十字马唐 *Digitaria cruciata*（Nees ex Steudel）A. Camus

安明先 3837；李洪钧 6556；王映明 6699，6521；北京队 4422

桑植、德江、咸丰、鹤峰。

湖北、四川、贵州、云南、西藏、西南地区、华中地区。

喜马拉雅山脉东部。印度、尼泊尔。

（4）止血马唐 *Digitaria ischaemum*（Schreber）Muhlenberg

湖南队 697；湘西调查队 0697；刘正宇 882011-01，02，03

辰溪、酉阳。

黑龙江、吉林、辽宁、内蒙古、甘肃、新疆、西藏、陕西、山西、河北、四川、台湾。

欧亚大陆温带地区广泛分布。

（5）马唐 *Digitaria sanguinalis*（Linnaeus）Scopoli

赵佐成 88-1876，88-2578；刘正宇、张军等 RQHZ06579；王映明 6058，6333，5004；湘西调查队 0574，0695；武陵山考察队 2315，2448

新晃、芷江、凤凰、桑植、辰溪、永顺、德江、秀山、酉阳、鹤峰、宣恩。

西藏、四川、新疆、陕西、甘肃、山西、河北、河南、安徽。南北各地区广泛分布。

南、北半球的温带、亚热带地区。

（6）紫马唐 *Digitaria violascens* Link

武陵山考察队 2485；刘林翰 9460；王映明 6663；张代贵、王业清、朱晓琴 2183；陈功锡、张代贵 SCSB-HC-2008360；简焯坡、张秀实等 32308，32307；莫华 6129

芷江、永顺、江口、松桃、咸丰、五峰。

山西、河北、河南、山东、江苏、安徽、浙江、台湾、福建、江西、湖北、湖南、四川、贵州、云南、广西、广东、陕西、新疆。

南、北半球的热带地区广泛分布。美洲及亚洲的热带地区。

31. 雁茅属 Dimeria R. Brown（1:1:0）

（1）觽茅 *Dimeria ornithopoda* Trinius

广东、香港、广西、云南。

32. 稗属 Echinochloa P. Beauvois（5:5:0）

（1）长芒稗 *Echinochloa caudata* Roshevitz

张代贵 090919004，phx114

保靖、古丈。

黑龙江、吉林、内蒙古、河北、山西、新疆、安徽、江苏、浙江、江西、湖南、四川、贵州、云南。

日本、朝鲜、苏联。

（2）光头稗 *Echinochloa colona*（Linnaeus）Link

河北、河南、安徽、江苏、浙江、江西、湖北、四川、贵州、福建、广东、广西、云南、西藏。

全世界的温暖地区。

（3）稗 *Echinochloa crusgalli*（Linnaeus）P. Beauvois

姜超 178；张代贵 4331221509081109LY，4331221607180793LY；徐亮 080817019；吴福川，查学洲等 07080，07079；无采集人 9377；麻超柏、石琳军 HY20180711_0472；张代贵 pph1173；湘西调查队 0687

芷江、凤凰、沅陵、永顺、桑植、石门、吉首、泸溪、辰溪、江口、德江、黔江、秀山、咸丰、鹤峰、宣恩。

（4）西来稗 *Echinochloa crusgalli* var. *Zelayensis*（Kunth）Hitchcock

黔北队 1476

松桃。

华北地区、华东地区、西北地区、华南地区、西南地区。

美洲。

（5）湖南稗子 *Echinochloa frumentacea* Link

河南、安徽、台湾、四川、广西、云南。

亚洲热带地区、非洲温暖地区。

33. 穇属 Eleusine Gaertner（2:2:0）

（1）穇 *Eleusine coracana*（Linnaeus）Gaertner

长江流域以南地区、安徽、河南、陕西、西藏。

东半球热带、亚热带地区。

（2）牛筋草 *Eleusine indica*（Linnaeus）Gaertner

武陵山考察队 2447；武陵队 1206；李良千 112；湘西调查队 0088；张代贵 zdg1407240998，YH150814594，YH150813630，20161003002；向晟、藤建卓 JS20180701_0444；祝文志、刘志祥、曹远俊 ShenZH0096

芷江、凤凰、永顺、桑植、吉首、古丈、梵净山、思南、恩施。

我国南北各地区。

全世界热带、亚热带和温带地区广泛分布。

34. 披碱草属 Elymus Linnaeus（5:5:0）

（1）纤毛披碱草 *Elymus ciliaris*（Trinius ex Bunge）Tzvelev

在我国广为分布。

（2）日本纤毛草 *Elymus ciliaris* var. *Hackelianus*（Honda）G. Zhu & S. L. Chen

江苏、浙江。

朝鲜、日本。

（3）披碱草 *Elymus dahuricus* Turczaninow ex Grisebach

东北地区、内蒙古、河北、河南、山西、陕西、青海、四川、新疆、西藏。

苏联、朝鲜、日本、印度、土耳其。

（4）柯孟披碱草 *Elymus kamoji*（Ohwi）S. L. Chen

雷开东 ZB140425646；张代贵、王业清、朱晓琴 zdg, wyq, zxq0496, 2226；张代贵 y1111，y1108，201507134034，080419032，pph1193，zdg1407230946

古丈、保靖、龙山、永顺。

（5）秋披碱草 *Elymus serotinus*（Keng）Á. Löve ex B. Rong Lu

陕西、青海。

35. 画眉草属 Eragrostis Wolf（6:6:0）

（1）大画眉草 *Eragrostis cilianensis*（Allioni）Vignolo-Lutati ex Janchen

张代贵 y1069；李朝利 1122

古丈、彭水。

全国各地。

全世界热带、温带地区。

（2）知风草 *Eragrostis ferruginea*（Thunberg）P. Beauvois

李洪钧 5808，7342；王映明 6106；祝文志、刘志祥、曹远俊 ShenZH0071；湘西调查队 0478；武陵山考察队 945，1737；武陵队 1175；壶瓶山考察队 0358

永顺、新晃、芷江、凤凰、石门、印江、鹤峰、来凤、宣恩。

南北各地。

印度东北部、朝鲜、日本、东南亚。

（3）乱草 *Eragrostis japonica*（Thunberg）Trinius

武陵山考察队 2430；湘西调查队 0686；刘林翰 9639，10031；张代贵 HL082；张代贵、王业清、朱小琴 2182；赵佐成 88-2608

芷江、辰溪、保靖、花垣、德江、五峰。

安徽、浙江、台湾、湖北、江西、广东、云南。

（4）小画眉草 *Eragrostis minor* Host

全国各地。

全世界温暖地带。

（5）多秆画眉草 *Eragrostis multicaulis* Steudel

东北地区、华北地区、华南地区、长江流域地区。

日本。

（6）画眉草 *Eragrostis pilosa*（Linnaeus）P. Beauvois

湘西调查队 0665；张代贵 pph1062，xm250，4331221509081043LY，zdg141002937；吴福川，

廖博儒等 07123；雷开东 4331271410051390；刘林翰 1864；李洪钧 3023，5341

辰溪、龙山、古丈、永定、泸溪、永顺、龙山、宣恩、来凤。

全国各地。

全世界温暖地区。

36. 蜈蚣草属 Eremochloa Buse（1:1:0）

（1）假俭草 *Eremochloa ophiuroides*（Munro）Hackel

安明先 3827，3591；无采集人 1642；谭士贤 228

芷江、凤凰、酉阳、德江。

贵州、广东、华中、台湾、江苏、浙江、安徽、湖北、湖南、福建、广西。

越南、老挝、柬埔寨。中南半岛。

37. 野黍属 Eriochloa Kunth（1:1:0）

（1）野黍 *Eriochloa villosa*（Thunberg）Kunth

谭士贤 213，275；刘正宇 1169；赵佐成 88-1483，88-2521；王映明 5765；李洪钧 6375，6108，3857；刘林翰 9376

新晃、桑植、永顺、思南、德江、黔江、酉阳、宣恩、鹤峰。

西南地区、华中地区、华东地区、华北地区、东北地区、华南地区。

越南、老挝、柬埔寨、日本、印度。

38. 黄金茅属 Eulalia Kunth（1:1:0）

（1）金茅 *Eulalia speciosa*（Debeaux）Kuntze

武陵队 2398，1553；武陵山考察队 1553，2398；湘西考察队 1072；简焯坡、张秀实等 31241，31782；安明先 3648；刘正宇 882016

芷江、慈利、印江、德江、酉阳。

陕西、华东地区、华中地区、华南地区、西南地区。

印度东北部、泰国、朝鲜。

39. 箭竹属 Fargesia Franchet（5:5:0）

（1）毛龙头竹 *Fargesia decurvata* J. L. Lu

陕西、湖北、湖南、四川。

（2）华西箭竹 *Fargesia nitida*（Mitford）P. C. Keng ex T. P. Yi

甘肃、四川。

（3）拐棍竹 *Fargesia robusta* T. P. Yi

四川。

（4）箭竹 *Fargesia spathacea* Franchet

张代贵、李克纲 ZZ4456；壶瓶山考察队 0828；王献明 6671

石门、吉首、咸丰。

四川、湖北、湖南。

（5）毛叶箭竹 *Fargesia spubifolia* B.M.Yang

40. 羊茅属 Festuca Linnaeus（6:6:0）

（1）日本羊茅 *Festuca japonica* Makino

张志松、党成忠、吴世荣等 400729；张志松、党成忠等 402115，402077，402035

桑植、江口。

陕西、甘肃、安徽、浙江、台湾、湖北、四川、贵州。

日本、朝鲜。

（2）弱序羊茅 *Festuca leptopogon* Stapf

四川、云南、西藏。

印度东北部、尼泊尔、不丹、马来西亚。

（3）素羊茅 *Festuca modesta* Nees ex Steudel

张代贵 4331221505030126LY

泸溪。

四川、云南、陕西、甘肃、青海。

印度、尼泊尔。

（4）羊茅 *Festuca ovina* Linnaeus

张代贵、王业清、朱晓琴 2689；安明先 3254；黔南队 509

德江、梵净山。

黑龙江、吉林、内蒙古、陕西、甘肃、宁夏、青海、新疆、四川、云南、西藏、山东、安徽。

欧亚大陆的温带地区。

（5）小颖羊茅 *Festuca parvigluma* Steudel

张志松、党成忠等 401790，400858；张志松、党成忠、吴世荣等 400810，400738；张志松 400858，400738；赵佐成 88-2006，88-1936；武陵队 340，965

永顺、印江、思南、黔江。长江流域中、下游诸省、陕西。

日本、朝鲜。

（6）紫羊茅 *Festuca rubra* Linnaeus

壶瓶山考察队 0798；张志松、党成忠等

400691，402047

石门、新晃、沅陵、江口、印江、黔江。

黑龙江、吉林、辽宁、河北、内蒙古、山西、陕西、甘肃、新疆、青海、东北地区、西北地区、华北地区、华中地区、西南地区。

北半球寒温地带广泛分布。

41. 甜茅属 Glyceria R. Brown（1:1:0）

（1）卵花甜茅 *Glyceria tonglensis* C. B. Clarke

安徽、江西、四川、云南。

喜马拉雅山脉西北部、克什米尔地区、缅甸、日本。

42. 球穗草属 Hackelochloa Kuntze（1:1:0）

（1）球穗草 *Hackelochloa granularis*（Linnaeus）Kuntzei

云南、四川、贵州、广西、广东、福建、台湾。

全球热带地区。

43. 牛鞭草属 Hemarthria R. Brown（2:2:0）

（1）扁穗牛鞭草 *Hemarthria compressa*（Linnaeus f.）R. Brown

安明先 3700

德江。

广东、广西、云南。

印度、中南半岛。

（2）牛鞭草 *Hemarthria sibirica*（Gandoger）Ohwi

44. 黄茅属 Heteropogon Persoon（1:1:0）

（1）黄茅 *Heteropogon contortus*（Linnaeus）P. Beauvois ex Roemer & Schultes

湘西调查队 0718；刘林翰 9664；王金敖 239；西南综考黔队 161。

溆浦、保靖、余庆、彭水。

河南、陕西、甘肃、浙江、江西、福建、台湾、湖北、湖南、广东、广西、四川、贵州、云南、西藏。

全世界温暖地区。

45. 大麦属 Hordeum Linnaeus（1:1:0）

（1）大麦 *Hordeum vulgare* Linnaeus

南北各地。

46. 猬草属 Hystrix Moench（1:1:0）

（1）猬草 *Hystrix duthiei*（Stapf ex J. D. Hooker）Bor

北京队 0254，2483；壶瓶山考察队 0809；王映明 4521，44334；安明态 YJ-2014-0059；安明态等 无采集号；张志松、党成忠等 402025

永顺、桑植、石门、江口、印江、宣恩。

西藏、西南地区、华中地区、浙江、陕西、湖北、湖南、四川、云南。

喜马拉雅山脉。

47. 白茅属 Imperata Cirillo（1:1:0）

（1）大白茅 *Imperata cylindrica*（Linnaeus）Raeuschel var. major（Nees）C. E. Hubbard

山东、河南、陕西、江苏、浙江、安徽、江西、湖南、湖北、福建、台湾、广东、海南、广西、贵州、四川、云南、西藏。

广泛分布于东半球和温暖地区，自非洲东南部、马达加斯加、阿富汗、伊朗、印度、斯里兰卡、马来西亚、印度尼西亚（爪哇）、菲律宾、日本至大洋洲。

48. 箬竹属 Indocalamus Nakai（6:6:0）

（1）柔毛箬竹 *Indocalamus guangdongensis* var. *mollis* Zhao et Yang

永顺、江口。

广东、湖南、贵州。

（2）湖南箬竹 *Indocalamus hunanensis* B. M. Yang

湖南。

（3）阔叶箬竹 *Indocalamus latifolius*（Keng）Mcclure

刘正宇、谭士贤 6727

沅陵、酉阳。

江苏、安徽、浙江、江西、福建、湖南、山东、湖北、广东、四川。

（4）箬叶竹 *Indocalamus longiauritus* Handel-Mazzetti

张志松、党成忠等 400786；简焯坡、张秀实等 31074；王金敖 289；赵佐成 88-1551

芷江、古丈、永顺、桑植、武陵源、印江、思南、江口、酉阳、黔江。

贵州、四川、湖南、江西、福建、河南、广东。

（5）箬竹 *Indocalamus tessellatus*（Munro）P.

C. Keng

路端正 810945；文、刘 31；刘正宇 0367；赵佐成 88-1828，88-1759；无采集人 88-2013；简焯坡、张秀实等 31455

桑植、印江、黔江、秀山。

浙江、湖南。

（6）鄂西箬竹 *Indocalamus wilsonii*（Rendle）C. S. Chao & C. D. Chu

湖北、四川、贵州。

49. 大节竹属 Indosasa McClure（1:1:0）

（1）桑植大节竹 *Indosasa sangzhiensis* B.M.Yang

桑植。

50. 柳叶箬属 Isachne R. Brown（5:5:0）

（1）柳叶箬 *Isachne globosa*（Thunberg）Kuntze

刘正宇 0230，0018；黔北队 1570；朱太平、刘忠福 1570；安明先 3194；刘林翰 9966；陈功锡、张代贵 SCSB-HC-2008158；麻超柏、石琳军 HY20180809_0854；张代贵 10154，zdg1409130853

石门、花垣、永顺、德江、松桃、秀山、黔江。

辽宁、山东、河北、陕西、河南、江苏、安徽、浙江、江西、湖北、四川、贵州、湖南、福建、台湾、广东、广西、云南。

日本、印度、马来西亚、菲律宾、太平洋诸岛、大洋洲。

（2）广西柳叶箬 *Isachne guangxiensis* W. Z. Fang

福建、广西。

（3）日本柳叶箬 *Isachne nipponensis* Ohwi

刘艳春 673；吉首大学生物资源与环境科学学院 GWJ20180712_0296，0297，0298；刘正宇 882012；李朝利 1216；B.Bartholomew et al.1996，817

桑植、古丈、松桃、江口、酉阳、彭水。

浙江、江西、福建、湖南、广东、广西。

朝鲜、日本。

（4）矮小柳叶箬 *Isachne pulchella* Roth

安徽、浙江、江西、湖南、贵州、福建、台湾、广东、广西、云南。

尼泊尔、印度、越南、菲律宾。

（5）平颖柳叶箬 *Isachne truncata* A. Camus

简焯坡、张秀实等 32035

印江。

浙江、江西、福建、贵州、四川、广东、广西。

51. 洽草属 Koeleria Persoon（2:2:0）

（1）阿尔泰洽草 *Koeleria altaica*（Domin）Krylov

内蒙古、新疆。

（2）洽草 *Koeleria macrantha*（Ledebour）Schultes

东北地区、华北地区、西北地区、华中地区、华东地区、西南地区。

欧亚大陆温带地区。

52. 鸭嘴草属 Ischaemum Linnaeus（2:2:0）

（1）有芒鸭嘴草 *Ischaemum aristatum* Linnaeus

湖南队 728；武陵队 843

溆浦、新晃。

华东地区、华中地区、华南地区、西南地区。

印度、中南半岛、东南亚各国。

（2）粗毛鸭嘴草 *Ischaemum barbatum* Retzius

华北、华东、华中、华南及西南地区。

南亚至东南亚各国。

53. 假稻属 Leersia Solander ex Swartz（3:3:0）

（1）李氏禾 *Leersia hexandra* Swartz

武陵队 2202

芷江。

广西、广东、海南、台湾、福建。

全球热带地区。

（2）假稻 *Leersia japonica*（Makino ex Honda）Honda

吉首大学生物资源与环境科学学院 GWJ20180713_0401

古丈。

江苏、浙江、湖南、湖北、四川、贵州、广西、河南、河北。

日本。

（3）秕壳草 *Leersia Sayanuka* Ohwi

宿秀江、刘和兵 433125D00180903001

芷江、保靖。

安徽、江苏、浙江、广东、广西、华中地区、华东地区。

印度西北部、克什米尔地区、日本。

54. 千金子属 Leptochloa P. Beauvois（2:2:0）

（1）千金子 *Leptochloa chinensis*（Linnaeus）Nees

湖南队 721，720；廖春艳 080817007；湘西调查队 0720，0721；武陵山考察队 2480；谭士贤 6433；赵佐成 88-1917

芷江、吉首、溆浦、思南、酉阳、黔江。

陕西、山东、江苏、安徽、浙江、台湾、福建、江西、湖北、湖南、四川、云南、广西、广东。

亚洲东南部。

（2）虮子草 *Leptochloa panicea*（Retzius）Ohwi

马海英、邱天雯、徐志茹 GZ453；屠玉麟 64-673；谭士贤 107，174；刘林翰 9638；张代贵 lj0122028，lj0122090；湘西调查队 0475，0659

辰溪、永顺、古丈、保靖、石阡、沿河、酉阳。

陕西、河南、江苏、安徽、浙江、台湾、福建、江西、湖北、湖南、四川、云南、广西、广东。

全球热带、亚热带地区。

55. 黑麦草属 Lolium Linnaeus（2:2:0）

（1）多花黑麦草 *Lolium multiflorum* Lamarck

安明态 3514

德江。

新疆、陕西、河北、湖南、贵州、云南、四川、江西。

非洲、欧洲、亚洲西南部。

（2）黑麦草 *Lolium perenne* Linnaeus

广泛分布于克什米尔地区、巴基斯坦、欧洲、亚洲暖温带、非洲北部。

56. 淡竹叶属 Lophatherum Brongniart（1:1:0）

（1）淡竹叶 *Lophatherum gracile* Brongniart

沈泽昊 HXE166；王映明 6905；武陵队 1577，2065；湖南队 239；李学根 204358，

204659；刘林翰9329；刘正宇1098；刘珍妮0606

芷江、永顺、桑植、石门、施秉、江口、印江、德江、松桃、秀山。

江苏、安徽、浙江、江西、福建、台湾、湖南、广东、广西、四川、云南。华南地区及长江流域诸地区。

印度东北部、缅甸、马来西亚、斯里兰卡、印度尼西亚、澳大利亚。

57. 臭草属 Melica Linnaeus（3:3:0）

（1）广序臭草 *Melica onoei* Franchet & Savatier

河北、山西、陕西、甘肃、山东、江苏、安徽、浙江、江西、台湾、河南、湖北、湖南、四川、贵州、云南、西藏。

朝鲜、日本。

（2）甘肃臭草 *Melica przewalskyi* Roshevitz

陕西、甘肃、青海、四川、西藏。

（3）臭草 *Melica scabrosa* Trinius

东北地区、华北地区、西北地区、山东、江苏、安徽、河南、湖北、四川、云南、西藏。

朝鲜。

58. 莠竹属 Microstegium Nees（3:3:0）

（1）日本莠竹 *Microstegium japonicum*（Miquel）Koidzumi

B.Bartholomew et al.1541

印江。

江苏、安徽、浙江、江西、湖北、湖南。

东亚地区。

（2）竹叶茅 *Microstegium nudum*（Trinius）A. Camus

肖育枋40058；王映明6540，6484；吉首大学生物资源与环境科学学院GWJ20180712_0339，GWJ20180712_0340；简焯坡、张秀实等31933

芷江、永顺、古丈、江口、咸丰。

江苏、安徽、浙江、江西、湖北、湖南、西南地区、华中地区、华东地区。

印度、东南亚、日本。

（3）柔枝莠竹 *Microstegium vimineum*（Trinius）A. Camus

简焯坡、张秀实、金泽鑫等32307；B.Bar-tholomew et al.2199，541，1784；武陵山考察队2042

芷江、江口、松桃、印江。

河北、河南、山西、江西、湖南、福建、广东、广西、贵州、四川、云南。

印度、缅甸至菲律宾，北至朝鲜、日本。

59. 粟草属 Milium Linnaeus（1:1:0）

（1）粟草 *Milium effusum* Linnaeus

张代贵、王业清、朱晓琴zdg，wyq，zxq0265；张志松401474，400855，400586，401640，400668，400728，402240，400668，402008

江口、印江、五峰。

东北地区、新疆、甘肃、青海、陕西、河北、西藏、长江流域诸地区。

全世界温带地区。

60. 芒属 Miscanthus Andersson（3:3:0）

（1）五节芒 *Miscanthus floridulus*（Labillardière）Warburg ex K. Schumann & Lauterbach

简焯坡、张秀实等31191，31248，31247，30880；莫华6182；李衡522227160530058LY；刘正宇、张军等RQHZ06405-01，RQHZ06405-02，RQHZ06405-03，RQHZ06405-04

沅陵、永顺、桑植、印江、松桃、德江、彭水。

江苏、浙江、福建、台湾、广东、安徽、海南、广西、华南地区、华中地区。

自亚洲东南部太平洋诸岛屿至波利尼西亚。

（2）南荻 *Miscanthus lutarioriparius* L. Liu ex Renvoize & S. L.Chen

长江中下游以南地区。

（3）芒 *Miscanthus sinensis* Andersson

鲁道旺522222141108003LY；张志松、党成忠、肖心楠等401998；简焯坡、张秀实等32303，401997；冉冲522222140430106LY；王锋604，91011；吴海燕201905222066；武陵山考察队2241；简焯坡31114

芷江、永顺、桑植、江口、玉屏、石阡、印江、咸丰、鹤峰。

江苏、浙江、江西、湖南、福建、台湾、广东、海南、广西、四川、贵州、云南。我国南北各地区广泛分布。

朝鲜、日本。

61. 乱子草属 Muhlenbergia Schreber（3:3:0）

（1）乱子草 *Muhlenbergia huegelii* Trinius

李洪钧 5778

印江、咸丰、鹤峰。

西南地区、华中地区、华东地区、华北地区、东北地区、西北地区。

俄罗斯、印度、日本、朝鲜、菲律宾。

（2）日本乱子草 *Muhlenbergia japonica* Steudel

武陵山考察队 2258；武陵队 2258；B.Bartholomew et al.1345，2313

芷江、印江、松桃。

陕西、西南地区、华中地区、华东地区、东北地区。

日本。

（3）多枝乱子草 *Muhlenbergia ramosa*（Hackel ex Matsumura）Makino

B.Bartholomew et al.1236；刘林翰 09864

保靖、江口。

华东地区、湖南、四川、云南、贵州。

日本。

62. 类芦属 Neyraudia J. D. Hooker（2:2:0）

（1）山类芦 *Neyraudia montana* Keng

江西、浙江、安徽。

（2）类芦 *Neyraudia reynaudiana*（Kunth）Keng ex Hitchcock

简焯坡、张秀实等 10193；赵佐成 88-2540；赵儒林、无采集号；无采集人 1733；沈中翰 105；吴磊、李雄、刘昂、刘文剑 7662

新晃、沅陵、余庆、江口、印江、德江、酉阳。

海南、广东、广西、贵州、云南、四川、湖北、湖南、江西、福建、台湾、浙江、江苏、长江流域以南地区、西南地区。

印度、缅甸至马来西亚、亚洲东南部、中南半岛。

63. 少穗竹属 Oligostachyum Z. P. Wang & G. H. Ye（1:1:0）

（1）肿节少穗竹 *Oligostachyum oedogonatum*

（Z. P. Wang & G. H. Ye）Q.F. Zheng & K. F. Huang

特产于武夷山脉北段至浙江南部。

64. 求米草属 Oplismenus P. Beauvois（5:5:0）

（1）竹叶草 *Oplismenus compositus*（Linnaeus）P. Beauvois

B.Bartholomew et al.1081，1476；简焯坡、张秀实等 32151，30187，31390，31192，31257；黔北队 1790，2361

江口、印江、德江、沿河。

江西、四川、贵州、台湾、广东、云南。

东半球热带地区。

（2）中间型竹叶草 *Oplismenus compositus* var. *Intermedius*（Honda）Ohwi

刘林翰 9556

永顺。

浙江、台湾、四川、广东、广西、云南。

日本。

（3）大叶竹叶草 *Oplismenus compositus* var. *owatarii*（Honda）J. Ohwi

贵州、台湾、广东、云南。

日本、泰国。

（4）求米草 *Oplismenus undulatifolius*（Arduino）Roemer & Schultes

赵佐成 88-1887，88-2022；王金敖、王雅轩 123；刘正宇 0897，1124；祝文志、刘志祥、曹远俊 ShenZH0033；李洪钧 4794，9169，7321；王映明 6507

芷江、凤凰、桑植、江口、印江、黔江、秀山、咸丰、来凤。

广泛分布于我国南北各地区。

全世界温带、亚热带地区。

（5）日本求米草 *Oplismenus undulatifolius* var. *Japonicus*（Steudel）G. Koidzumi

粟林 4331261410030996；李克纲、张代贵等 TY20141225_1007；张代贵 1708150161，170815061；刘林翰 9721，9940，9556；李洪钧 9334

保靖、古丈、永顺、桃源、咸丰。

河北、山东、陕西、安徽、江苏、浙江、江西、四川、福建、广东、广西、云南。

日本。

65. 稻属 Oryza Linnaeus（1:1:0）

（1）稻 *Oryza sativa* Linnaeus

李洪钧 5372；肖艳、付乃峰 LS-2775；张代贵 zdg10038，zdg10181，130303021；宿秀江、刘和兵 433125D00100415038；张代贵、向晟、藤建卓 JS20180209_0031，JS20180224_0053；张代富 LX20170413043_0043；王岚 522223140404010 LY

龙山、永顺、保靖、古丈、吉首、玉屏、来凤

我国南北各省区。

亚洲热带广泛分布。

66. 黍属 Panicum Linnaeus（1:1:0）

（1）糠稷 *Panicum bisulcatum* Thunberg

B.Bartholomew et al.2191，1755；黔北队 2377；简焯坡、张秀实等 32292，31820；刘正宇 1229，1049；祝文志、刘志祥、曹远俊 Shen-ZH0049；李洪钧 9280；刘林翰 9902

芷江、凤凰、保靖、松桃、江口、沿河、黔江、恩施、咸丰。

我国东南部、南部、西南部和东北部。

印度、菲律宾、日本、朝鲜、大洋洲。

67. 雀稗属 Paspalum Linnaeus（7:7:0）

（1）两耳草 *Paspalum conjugatum* Bergius

台湾、云南、海南、广西。

全世界热带及温暖地区。

（2）双穗雀稗 *Paspalum distichum* Linnaeus

张代贵 LL20130825007；向晟、藤建卓 LL20130825007；粟林 4331261410020918

古丈、吉首。

江苏、台湾、湖北、湖南、云南、广西、海南。

全世界热带、亚热带地区。

（3）圆果雀稗 *Paspalum scrobiculatum* var. *Orbiculare*（G. Forster）Hackel

李胜华、伍贤进等 WuXJ1030；安明先 3830，3469

沅陵、德江。

江苏、浙江、台湾、福建、江西、湖北、四川、贵州、云南、广西、广东。

亚洲至大洋洲。

（4）百喜草 *Paspalum notatum* Flüggé

（5）鸭嘴草 *Paspalum scrobiculatum* Linnaeus

刘林翰 9498；武陵队 935

永顺、新晃。

台湾、云南、广西、海南。

印度、东南亚各国、全世界热带地区。

（6）雀稗 *Paspalum thunbergii* Kunth ex Steudel

李洪钧 7534；王映明 5309；刘林翰 9568，9498；张代贵 4331221606300517LY；湘西调查队 0715；雷开东 4331271407250781；廖国藩，郭志芬 76；壶瓶山考察队 0871

新晃、芷江、桑植、石门、永顺、泸溪、桃源、石门、印江、德江、黔江、宣恩、咸丰。

江苏、浙江、台湾、福建、江西、湖北、湖南、四川、贵州、云南、广西、广东、西南地区、华南地区、华中地区、华东地区。

日本、朝鲜。

（7）丝毛雀稗 *Paspalum urvillei* Steudel

全世界较温暖的地区。

68. 狼尾草属 Pennisetum Richard（4:4:0）

（1）狼尾草 *Pennisetum alopecuroides*（Linnaeus）Sprengel

李洪钧 9021，7694，6439，6380；王映明 6523，6423；刘正宇 1121，1080；简焯坡、张秀实等 32290

芷江、凤凰、桑植、江口、印江、德江、碧江、彭水、黔江、咸丰、来凤、鹤峰。

我国自东北、华北地区经华东、中南及西南各地区均有分布。我国南北各地区广泛分布。

东南亚至澳大利亚。日本、印度、朝鲜、缅甸、巴基斯坦、越南、菲律宾、马来西亚、大洋洲、非洲。

（2）长序狼尾草 *Pennisetum longissimum* S. L. Chen & Y. X. Jin

陕西、甘肃、四川、贵州、云南。

（3）象草 *Pennisetum purpureum* Schum.

江西、四川、广东、广西、云南、江苏。

印度、缅甸、大洋洲、美洲。

（4）皇竹草 *Pennisetum* × *sinese*

69. 显子草属 Phaenosperma Munro ex Bentham（1:1:0）

（1）显子草 *Phaenosperma globosa* Munro ex Bentham

刘正宇 0084；张志松，党成忠等 402487；唐海华 5222291605031041LY；黔北队 1537；朱太平，刘忠福 1537；李学根 204000，204032；武陵队 717，974；粟林 4331261406070166

新晃、沅陵、永顺、石门、慈利、永定、古丈、施秉、松桃、印江、思南、碧江、黔江、宣恩。

甘肃、西藏、陕西、华北地区、华东地区、中南、西南地区。

不丹、印度东北部、朝鲜、日本。

70. 虉草属 Phalaris Linnaeus（1:1:0）

（1）虉草 *Phalaris arundinacea* Linnaeus

张代贵 YH080420273

永顺。

黑龙江、吉林、辽宁、内蒙古、甘肃、新疆、陕西、山西、河北、山东、江苏、浙江、江西、湖南、四川。

71. 梯牧草属 Phleum Linnaeus（1:1:0）

（1）梯牧草 *Phleum pratense* Linnaeus

新疆。

欧亚两洲的温带地区。

72. 芦苇属 Phragmites Adanson（1:1:0）

（1）芦苇 *Phragmites australis*（Cavanilles）Trinius ex Steudel

晏朝超 522227140515003LY；唐海华 5222291412048 43LY；张代贵 pph1189；鲁道旺 5222221608 05005LY；粟林 4331261503031181

龙山、古丈、江口、德江、松桃。

全国各地。

全球广泛分布。

73. 刚竹属 Phyllostachys Siebold & Zuccarini（17:17:0）

（1）石绿竹 *Phyllostachys arcana* McClure

沅陵。

四川、湖南、浙江、江苏、安徽、陕西、甘肃、黄河及长江流域各地区。

（2）黄槽竹 *Phyllostachys aureosulcata* McClure

陈士强 CX84534

龙山。

北京、浙江。

（3）湖南刚竹 *Phyllostachys carnea* G. H. Ye & Z. P. Wang

武陵源。

（4）毛竹 *Phyllostachys edulis*（Carrière）J. Houzeau

田代科、肖艳、李春、张成 LS-2003，LS-2128，LS-2055；廖衡松 00057，00022；彭春良 86257；林亲众 10751；龙成良 87185；肖定春 80002；郑家仁 80373

凤凰、吉首、泸溪、沅陵、溆浦、石门、古丈、保靖、花垣、永顺、龙山、桑植、武陵源、慈利、梵净山、松桃。

陕西秦岭山脉、汉水流域至长江流域以南各地区、台湾。

（5）淡竹 *Phyllostachys glauca* McClure

刘正宇 0115，1098；刘珍妮 0606；酉阳队 500242-156；彭水队 500243-003-102；壶瓶山考察队 A1，01141；王映明 6905；冉冲 522222140501210LY；湘黔队 2531

石门、江口、秀山、酉阳、彭水、恩施。

黄河流域至长江流域各地区。

（6）水竹 *Phyllostachys heteroclada* Oliver

刘正宇 1124；彭水队 500243-002-071；李洪钧 9331；张代贵 4331221509081071LY；湘西调查队 0727；武陵山考察队 183，2242；武陵队 1490；北京队 000993，001949

泸溪、溆浦、芷江、凤凰、古丈、花垣、永顺、桑植、武陵源、慈利、石门、江口、松桃、碧江、秀山、彭水、咸丰。

江苏、安徽、浙江、福建、湖南、贵州、湖北、四川、黄河流域及其以南各地区。

（7）美竹 *Phyllostachys mannii* Gamble

桑植、碧江。

河南、江苏、安徽、浙江、湖南、贵州、云南。黄河至长江流域、西南地区至西藏南部。

印度。

（8）毛环竹 **Phyllostachys meyeri** McClure
北京队 0217
永顺。
安徽、浙江、福建、湖南、贵州、河南、陕西、长江流域及其以南各地区。
（9）篌竹 **Phyllostachys nidularia** Munro.
张志松、党成忠等 401143；黔南队 0716；武陵山考察队 3191；张迅 522230190114027LY；王金敖 276；杨钦周 00124；张代贵 zdg4367，130324072；北京队 4443
古丈、桑植、印江、石阡、万山、秀山。
（10）紫竹 **Phyllostachys nigra**（Loddiges ex Lindley）Munro
北京队 001273
沅陵、古丈、花垣、永顺、桑植、武陵源。
我国南北各地。
印度、日本、欧美地区。
（11）毛金竹 **Phyllostachys nigra** var. **henonis**（Mitford）Stapf ex Rendle
蓝开敏 859019，8590189，859014，859018
花垣、龙山、桑植、石门、德江、沿河。
黄河流域以南各地区。
（12）早园竹 **Phyllostachys propinqua** McClure
沅陵。
河南、江苏、安徽、浙江、福建、湖南、广西、湖北。
（13）桂竹 **Phyllostachys reticulata**（Ruprecht）K. Koch
张志松、党成忠等 401170，401144；钟补勤 762；北京队
沅陵、古丈、花垣、永顺、龙山、桑植、武陵源、慈利、印江、沿河。
黄河流域以南各地区。
（14）漫竹 **Phyllostachys stimulosa** H. R. Zhao & A. T. Liu
桑植。
浙江、福建、湖南、四川。
（15）刚竹 **Phyllostachys sulphurea** var. **viridis** R. A. Young

永顺、桑植。
黄河至长江流域、福建。
（16）早竹 **Phyllostachys violascens**（Carrière）Rivière & C. Rivière
浙江。
（17）乌哺鸡竹 **Phyllostachys vivax** McClure
江苏、浙江。
74. 落芒草属 Piptatherum P. Beauvois（1:1:0）
（1）钝颖落芒草 **Piptatherum kuoi** S. M. Phillips & Z. L. Wu
壶瓶山考察队 0449；北京队 001184；麻超柏、石琳军 HY20180415_0486；向晟、藤建卓 JS20180702_0468；周建军 18040604-1，18040604-2
永顺、石门、花垣、吉首、思南、印江。
陕西、台湾、湖北、湖南、四川、贵州、云南、广东。
75. 苦竹属 Pleioblastus Nakai（1:1:0）
（1）苦竹 **Pleioblastus amarus**（Keng）P. C. Keng
路端正 810840；关克俭 30964；武陵山考察队 2466
芷江、桑植、沅陵、武陵源、印江。
江苏、安徽、浙江、福建、江西、湖北、湖南、广东、广西、贵州、四川、云南。
76. 早熟禾属 Poa Linnaeus（4:4:0）
（1）白顶早熟禾 **Poa acroleuca** Steudel
李洪钧 2901；张代贵、王业清、朱晓琴 zdg，wyq，zxq0301，2227；王映明 5347；蒋祖德 51；朱国兴 060；刘林翰 1578，1474；北京队 0627，000221
慈利、龙山、永顺、桑植、江口、印江、五峰、宣恩。
河南、陕西、山东、江苏、安徽、湖北、四川、云南、西藏、贵州、广西、广东、湖南、江西、浙江、福建、台湾、西南地区、广西、华中地区、华东地区、河北。
日本、朝鲜。
（2）早熟禾 **Poa annua** Linnaeus
向晟、藤建卓 JS20180311_0167；张代贵 200907021002，YH150812646，150311019，

pph0082，pph0083，pph0084，pph0085，pph0086；
宿秀江、刘和兵 433125D00060403019

保靖、吉首、永顺、古丈、江口、印江、思南、鹤峰。

江苏、四川、贵州、云南、广西、广东、海南、台湾、福建、江西、湖南、湖北、安徽、河南、山东、新疆、甘肃、青海、内蒙古、山西、河北、辽宁、吉林、黑龙江。我国大多数温暖地区的地区。

欧洲、亚洲、美洲广泛分布。

（3）法氏早熟禾 *Poa faberi* Rendle

刘林翰 1499；张代贵 4331221505010040LY，pph1163；北京队 001828；蒋祖德 95；刘正宇 2090127，0151，176；吴士荣、谢法文等 401361；张志松、党成忠、肖心楠等 400728

龙山、泸溪、古丈、花垣、思南、印江、彭水、秀山、黔江、宣恩。

浙江、江苏、安徽、湖南、湖北、四川、西藏、云南、贵州。

东亚地区。

（4）硬质早熟禾 *Poa sphondylodes* Trinius

张志松 401422，401795，400860；王加国 B-SN-2014-0097；安明态等 YJ-2014-0151；朱国兴 060；吴士荣 401387；黔北队 0823，0871

慈利、印江、思南。

黑龙江、吉林、辽宁、内蒙古、山西、河北、山东、江苏。

77. 金发草属 Pogonatherum P. Beauvois（2:2:0）

（1）金丝草 *Pogonatherum crinitum*（Thunberg）Kunth

肖简文 5719；溥发鼎、曹亚玲 0269；刘正宇 1006，0573，2090130；刘珍妮 1000；李洪钧 4852，7346，2867；壶瓶山考察队 0117

凤凰、永顺、石门、沿河、彭水、秀山、黔江。

安徽、浙江、江西、福建、台湾、湖南、湖北、广东、海南、广西、四川、贵州、云南、西南地区、华南地区、华中地区。

印度、越南、老挝、柬埔寨、中南半岛、日本。

（2）金发草 *Pogonatherum paniceum*（Lamarck）Hackel

陈功锡 080729049；李晓腾 070718021；张代贵 zdg1410051378，4331221509081054LY，LC0-0143，pph1015，ZZ133，zdg00016，081016003；向晟、藤建卓 JS20180729_0687

永顺、泸溪、古丈、石门、吉首。

湖北、湖南、广东、广西、贵州、云南、四川。

印度、马来西亚至大洋洲。

78. 棒头草属 Polypogon Desfontaines（2:2:0）

（1）棒头草 *Polypogon fugax* Nees ex Steudel

方明渊 24355；无采集人 24355；李洪钧 2973；张代贵、张代富 BJ20170323029_0029，LX20170413046_0046；董佩萱 68；刘林翰 1490；张代贵 4331221604250304LY，LL20130303005；北京队 001736

湖南：永顺、泸溪、保靖、江口、思南、印江、恩施、宣恩。

我国南北各地。

不丹、苏联、印度、缅甸、朝鲜、日本。

（2）长芒棒头草 *Polypogon monspeliensis*（Linnaeus）Desfontaines

我国南北各地。

广泛分布于全世界的热带、温带地区。

79. 伪针茅属 Pseudoraphis Griffith ex Pilger（1:1:0）

（1）瘦脊伪针茅 *Pseudoraphis sordida*（Thwaites）S. M. Phillips et S. L. Chen

山东、江苏、浙江、湖北、湖南、云南。

印度、斯里兰卡。

80. 甘蔗属 Saccharum Linnaeus（5:5:0）

（1）斑茅 *Saccharum arundinaceum* Retzius

简焯坡、张秀实等 32200；刘正宇 882020，1182；武陵队 2443，2110；刘林翰 9950；宿秀江、刘和兵 433125D00031114005；雷开东 4331271410051371；陈功锡、张代贵 SCSB-HC-2008265；湘西调查队 0632

芷江、保靖、永顺、吉首、江口、思南、酉阳、彭水。

河南、陕西、浙江、江西、湖北、湖南、福

建、台湾、广东、海南、广西、贵州、四川、云南、西南地区、华南地区、华中地区、华东地区。

印度、缅甸、斯里兰卡、泰国、越南、马来西亚。

（2）河八王 *Saccharum narenga*（Nees ex Steudel）Wallich ex Hackel

江苏、江西、广东、广西、四川。

广泛分布于亚洲东南部的热带地区、印度、缅甸。

（3）甘蔗 *Saccharum officinarum* Linnaeus

台湾、福建、广东、海南、广西、四川、云南等南方热带地区。

东南亚太平洋诸岛国、大洋洲岛屿、古巴。

（4）蔗茅 *Saccharum rufipilum* Steudel

张代贵、王业清、朱晓琴 2133；无采集人 1182

彭水、五峰。

河南、陕西、湖北、四川、贵州、云南。

尼泊尔、印度。

（5）甜根子草 *Saccharum spontaneum* Linnaeus

陕西、江苏、安徽、浙江、江西、湖南、湖北、福建、台湾、广东、海南、广西、贵州、四川、云南等热带、亚热带至暖温带的广大区域。

印度、缅甸、泰国、越南、马来西亚、印度尼西亚、澳大利亚东部至日本，欧洲。

81. 囊颖草属 Sacciolepis Nash（1:1:0）

（1）囊颖草 *Sacciolepis indica*（Linnaeus）Chase

武陵队 2185，2282，1536，1845；刘林翰 9700；湖南队 755；张代贵 zdg10317；粟林 4331261410030995；简焯坡、张秀实等 32139；武陵考察队 1845

芷江、保靖、溆浦、永顺、古丈、江口。

华东地区、华南地区、华中地区、西南地区、中南地区、江浙一带。

印度至日本、大洋洲。

82. 赤竹属 Sasa Makino & Shibata（1:1:0）

（1）赤竹 *Sasa longiligulata* McClure

福建、湖南、广东。

83. 裂稃草属 Schizachyrium Nees（1:1；0）

（1）裂稃草 *Schizachyrium brevifolium*（Swartz）Nees ex Buse

武陵山考察队 2463，2463；刘林翰 9835，9700；湖南队 724；湘西调查队 0724；廖国藩、郭志芬 018；武陵考察队 1548；刘艳春 685；L.H.Liu9835

芷江、保靖、溆浦、桃源、桑植。

东北地区、华东地区、华中地区、华南地区、西南地区、陕西、西藏、东北地区南部至海南广泛分布。

广泛分布于全世界温暖地区。

84. 黑麦属 Secale Linnaeus（1:1；0）

（1）黑麦 *Secale cereale* Linnaeus

我国北方等较寒冷地区。

85. 狗尾草属 Setaria P. Beauvois（9:9:0）

（1）莩草 *Setaria chondrachne*（Steudel）Honda

刘林翰 9964；粟林 4331261409120785；张代贵 090702029，ZZ090715035，2016043004，phx177，LC0016

保靖、古丈、泸溪。

江苏、安徽、江西、湖北、湖南、广西、贵州、四川。

日本、朝鲜。

（2）大狗尾草 *Setaria faberi* R. A. W. Herrmann

刘正宇、张军等 RQHZ06593，RQHZ06593-01，RQHZ06593-02，RQHZ06593-03，RQHZ06593-04；李朝利 1518，0739；简焯坡、张秀实等 31387，30145，30583

彭水、印江。

黑龙江、江苏、浙江、安徽、台湾、江西、湖北、湖南、广西、四川、贵州。

日本至南海诸岛。

（3）西南莩草 *Setaria forbesiana*（Nees ex Steudel）J. D. Hooker

李洪钧 7584，4672，4900；许玥、祝文志、刘志祥、曹远俊 ShenZH7843；王映明 6071，6773；刘林翰 9491；向晟、藤建卓 JS20180701_0422，JS20180702_0509

永顺、吉首、思南、印江、宣恩、来凤、咸丰、鹤峰。

浙江、湖北、湖南、广东、广西、陕西、甘肃、贵州、四川、云南。西南、华南、华中、陕西。

喜马拉雅山脉温带地区，从尼泊尔、印度北部到缅甸。

（4）粟 *Setaria italica*（Linnaeus）P. Beauvois

张代贵 090731014；湘西调查队 0216，0220；赵佐成 88-1905

古丈、永顺、黔江。

黄河中上游地区。

欧亚大陆的温带、热带地区。

（5）棕叶狗尾草 *Setaria palmifolia*（J. König）Stapf

李衡 522227160611065LY；B.Bartholomew et al. 1076；简焯坡、张秀实等 30295；刘正宇 0203，1120；刘正宇、张军等 RQHZ06433，RQHZ06433-01，RQHZ06433-02，RQHZ06433-03，RQHZ06433-04

芷江、凤凰、印江、德江、秀山、彭水、黔江。

浙江、江西、福建、台湾、湖北、湖南、贵州、四川、云南、广东、广西、西藏、西南地区、华南地区、华中地区。

大洋洲、美洲和亚洲的热带、亚热带地区。

（6）莠狗尾草 *Setaria parviflora*（Poiret）Kerguélen

刘正宇、张军等 RQHZ06605-01，RQHZ06-605-02，RQHZ06605-03，RQHZ06605-04

黔江。

广东、广西、福建、台湾、云南、江西、湖南。

南、北半球的热带、亚热带地区。

（7）皱叶狗尾草 *Setaria plicata*（Lamarck）T. Cooke

赵佐成 2442，88-1351；刘正宇、张军等 RQHZ06438-01，RQHZ06438-02，RQHZ06438-03，RQHZ06438-04；黔南队 1643；张志松、党成忠等 402463；安明先 3814，3644

芷江、凤凰、永顺、桑植、石门、印江、德江、黔江、咸丰。

江苏、浙江、安徽、江西、福建、台湾、湖北、湖南、广东、广西、四川、贵州、云南、西南地区、华南地区、华中地区、华东地区。

印度、尼泊尔、斯里兰卡、马来西亚、马来群岛，日本。

（8）金色狗尾草 *Setaria pumila*（Poiret）Roemer & Schultes

张代贵 080716012；武陵考察队 1575，2355；粟林 4331261409080763；刘正宇、张军等 RQHZ06605，RQHZ06446-01，RQHZ06446-02，RQHZ06446-03，RQHZ06446-04；雷开东 4331271408271119

永顺、古丈、新晃、芷江、印江、德江、沿河、黔江、彭水、咸丰、鹤峰、宣恩。

全国各地。

朝鲜。

（9）狗尾草 *Setaria viridis*（Linnaeus）P. Beauvois

李洪钧 4671，3029，828；王映明 5032；壶瓶山考察队 0856；张代贵 zdg1407240995；雷开东 4331271407240747；贺海生 070716045；刘正宇 0715；简焯坡、张秀实等 070716045

永顺、新晃、芷江、凤凰、沅陵、桑植、石门、石阡、印江、鹤峰、宣恩。

全国各地。

广泛分布于全世界的温带、亚热带地区。

86. 高粱属 Sorghum Moench（3:3:0）

（1）高粱 *Sorghum bicolor*（Linnaeus）Moench

赵佐成 88-2093，88-1455；刘正宇、张军等 RQHZ06598，RQHZ06598-01；简焯坡、应俊生、马成功等 30303，30315；简焯坡 31129；黔北队 512；刘正宇、张军等 RQHZ06598-02，RQHZ06598-03

印江、秀山、黔江、彭水。

我国南北各地区。

（2）光高粱 *Sorghum nitidum*（Vahl）Persoon

山东、江苏、安徽、浙江、江西、福建、台湾、湖北、湖南、广东、广西、云南。

印度、斯里兰卡、中南半岛、日本、菲律

宾、大洋洲。

（3）拟高粱 *Sorghum propinquum*（Kunth）Hitchcock

张代贵 13091140，20130911040；刘正宇 1512

花垣、永顺、黔江。

台湾、广东。

中南半岛、马来半岛、菲律宾、印度尼西亚各岛屿。

87. 稗荩属 Sphaerocaryum Nees ex J. D. Hooker（1:1:0）

（1）稗荩 *Sphaerocaryum malaccense*（Trinius）Pilger

武陵队 2307，2479

芷江。

安徽、浙江、江西、福建、台湾、广东、广西、云南。

印度、斯里兰卡、马来西亚、菲律宾、越南、缅甸。

88. 大油芒属 Spodiopogon Trinius（2:2:0）

（1）油芒 *Spodiopogon cotulifer*（Thunberg）Hackel

无采集人 1123；武陵山考察队 1571；刘林翰 9785，9783；武陵队 1132，2209；李洪钧 9491，6491；宿秀江、刘和兵 433125D00061003035

芷江、凤凰、保靖、石阡、彭水、咸丰。

河南、陕西、甘肃、江苏、浙江、安徽、江西、湖北、湖南、台湾、贵州、四川、云南、西南地区、华南地区、华中地区、华东地区。

印度、日本。

（2）大油芒 *Spodiopogon sibiricus* Trinius

黑龙江、吉林、辽宁、内蒙古、河北、山西、河南、陕西、甘肃、山东、江苏、安徽、浙江、江西、湖北、湖南。

日本、俄罗斯西伯利亚地区、亚洲北部的温带区域广泛分布。

89. 鼠尾粟属 Sporobolus R. Brown（1:1:0）

（1）鼠尾粟 *Sporobolus fertilis*（Steudel）Clayton

粟林 4331261410030968；李洪钧 7344，5321，7174，7575；张代贵 zdg4331270129，4331221509081040LY，zdg4331270136；祝文志、

刘志祥、曹远俊 ShenZH0054；陈功锡、张代贵、邓涛等 SCSB-HC-2007423

永顺、古丈、泸溪、吉首、江口、印江、碧江、来凤、咸丰、恩施。

华东地区、华中地区、西南地区、陕西、甘肃、西藏、长江流域以南地区广泛分布。

印度、缅甸、斯里兰卡、泰国、越南、马来西亚、印度尼西亚、菲律宾、日本、苏联。

90. 钝叶草属 Stenotaphrum Trinius（1:1:0）

（1）钝叶草 *Stenotaphrum helferi* Munro ex Hooker

广东、云南。

缅甸、马来西亚等亚洲热带地区。

91. 菅属 Themeda Forssk l（2:2:0）

（1）黄背草 *Themeda triandra* Forsskal

芷江、凤凰、永顺、桑植、秀山。

西藏、西南地区、华南地区、华中地区、华东地区、华北地区、东北地区。

广泛分布于旧大陆热带至暖温带地区。

（2）菅 *Themeda villosa*（Poiret）A. Camus

刘正宇 1103；祝文志、刘志祥、曹远俊 ShenZH5784；刘林翰 09834；宿秀江、刘和兵 433125D00181114006；粟林 4331261409120799；张代贵 4331221509081074LY，LC0163；陈功锡、张代贵 SCSB-HC-2008272；刘艳春 LYC691，691

保靖、古丈、泸溪、凤凰、永顺、彭水、恩施。

浙江、江西、福建、湖北、湖南、广东、广西、四川、贵州、云南、西藏。

印度、中南半岛、马来西亚、菲律宾。

92. 穗三毛草属 Trisetum Persoon（2:2:0）

（1）三毛草 *Trisetum bifidum*（Thunberg）Ohwi

王映明 4634；张代贵 4331221505010039LY，YH140430445；刘林翰 1865；武陵考察队 925；壶瓶山考察队 1464；北京队 0479，01025；安明态 SQ-0185，SQ-0921

泸溪、龙山、古丈、新晃、永顺、石门、江口、石阡、思南、宣恩。

甘肃、西藏、陕西、河南、江苏、安徽、浙江、福建、江西、湖北、湖南、四川、贵州、云

南、广西、广东。

日本、朝鲜。

（2）湖北三毛草 **Trisetum henryi** Rendle

陕西、山西、河南、江苏、安徽、浙江、江西、湖北、四川。

93. 小麦属 Triticum Linnaeus（1:1:0）

（1）小麦 **Triticum aestivum** Linnaeus

我国南北各地。

94. 尾稃草属 Urochloa P. Beauvois（1:1:0）

（1）尾稃草 **Urochloa reptans**（Linnaeus）Stapf

湖南、四川、贵州、台湾、广西、云南。

全世界热带地区。

95. 玉山竹属 Yushania P. C. Keng（6:6:0）

（1）毛玉山竹 **Yushania basihirsuta**（McClure）Z. P. Wang & G. H. Ye

广东、湖南。

（2）梵净山玉山竹 **Yushania complanata** T. P. Yi

贵州。

（3）灰绿玉山竹 **Yushania canoviridis** G. H. Ye & Z. P. Wang

吉首大学生物资源与环境科学学院 GWJ20180713_0402

武陵源、古丈。

湖南。

（4）鄂西玉山竹 **Yushania confusa**（McClure）Z. P. Wang & G. H. Ye

北京队 s.n.002626

桑植。

陕西、湖北、湖南、四川、贵州。

（5）龙山玉山竹 **Yushania longshanensis** D.Z.Li & X.Y.Ye

龙山。

（6）匍匐玉山竹 **Yushania stoloniforma** D.Z.Li & X.Y.Ye

96. 玉蜀黍属 Zea Linnaeus（1:0:1）

（1）玉蜀黍 **Zea mays** Linnaeus

赵佐成 88-1652；刘正宇、张军等 RQHZ06414-01，RQHZ06414-02，RQHZ06414-03，RQHZ06414-04

黔江。

我国各地。

全世界热带和温带地区。

97. 菰属 Zizania Linnaeus（1:1:0）

（1）菰 **Zizania latifolia**（Grisebach）Turczaninow ex Stapf

谭士贤 1248；刘正宇 0205；无采集人 0205；无采集人 1238

秀山。

黑龙江、吉林、辽宁、内蒙古、河北、甘肃、陕西、四川、湖北、湖南、江西、福建、广东、台湾。

亚洲温带地区、日本、俄罗斯、欧洲。

98. 结缕草属 Zoysia Willdenow（1:1:0）

（1）结缕草 **Zoysia japonica** Steudel

东北地区、河北、山东、江苏、安徽、浙江、福建、台湾。

日本、朝鲜。

八十二、金鱼藻科 Ceratophyllaceae（1:1）

1. 金鱼藻属 Ceratophyllum Linnaeus（1:1:0）

（1）金鱼藻 **Ceratophyllum demersum** Linnaeus

永顺、桑植。

全国广泛分布。

全世界各大洲。

八十三、领春木科 Eupteleaceae（1:1）

1. 领春木属 Euptelea Siebold & Zucchini（1:1:0）

（1）领春木 *Euptelea pleiosperma* J. D. Hooker & Thomson

壶瓶山考察队 87340，1250；西南师范学院生物系 02608；傅国勋、张志松 1483；李洪钧 9159；喻勋林无采集号；蔡平成 20152；肖定春 80231；龙成良 87340；廖衡松 15904

桑植、武陵源、慈利、石门、酉阳、恩施、咸丰。

西藏、云南、四川、贵州、湖北、江西、浙江、安徽、河南、河北、山西、陕西、甘肃。

印度。

八十四、罂粟科 Papaveraceae（8:33）

1. 白屈菜属 Chelidonium Linnaeus（1:1:0）

（1）白屈菜 *Chelidonium majus* Linnaeus

酉阳队 500242696；黔江队 500114-603；彭水队 500243-002-244；刘林翰 17294

武陵源、桑植。

我国大部分地区。

朝鲜、日本、俄罗斯、欧洲。

2. 紫堇属 Corydalis Candolle（22:22:0）

（1）川东紫堇 *Corydalis acuminata* Franchet

张志松等 401712；无名 213；四川经济植物考察队 02449；朱少洲 1056

桑植、武陵源、江口、酉阳、宣恩。

四川、湖北、湖南。

（2）北越紫堇 *Corydalis balansae* Prain

张志松 400280；张代贵 zdg10241；无名 226；张志松等 401435；北京队 00626；宿秀江、刘和兵 433125D00060805062；张代贵、张成 TD20180508_5803；张代贵 zdg433127140416002；张代贵、张代富 LS20170416010_0010；刘林翰 17253

永顺、桑植、保靖、古丈、印江、江口、沅陵。

云南、广西、贵州、湖南、广东、香港、福建、台湾、湖北、江西、安徽、浙江、江苏、山东。

日本、越南、老挝。

（3）地丁草 *Corydalis bungeana* Turczaninow

李杰 5222229160319984LY；鲁道旺 5222261-90406009LY

松桃、印江。

吉林、辽宁、河北、山东、河南、山西、陕西、甘肃、宁夏、内蒙古、湖南、江苏。

蒙古、朝鲜、俄罗斯。

（4）地柏枝 *Corydalis cheilanthifolia* Hemsley

李洪钧 6094；无名 0232；北京队 001907；无名 1005；桑植县林科所 232；宿秀江、刘和兵 433125D00150807075；无名 1005；周建军、周辉 14040403；周辉、周大松 15041511；田代科、肖艳、陈岳 LS-924

桑植、花垣、保靖、武陵源、龙山、石门、彭水、恩施。

湖北、贵州、四川、重庆、甘肃。

（5）夏天无 *Corydalis decumbens*（Thunberg）Persoon

吴磊、张成 4280；张成 ZC0027；桑植县林科所 91；张代贵 13030001，pph0024，pph0025，150310001，pph0143

吉首、永顺、古丈、桑植。

江苏、安徽、浙江、福建、江西、湖南、湖北、山西、台湾。

日本。

（6）紫堇 *Corydalis edulis* Maximowicz

吴磊4602；王岚522223140331019 LY；张代贵ZB140410556，ZB140410557，DXY122，130324079；龙盛明522223140331015 LY；刘林翰18152

沅陵、吉首、保靖、古丈、玉屏。

辽宁、北京、河北、山西、河南、陕西、甘肃、四川、云南、贵州、湖北、江西、安徽、江苏、浙江、福建。

日本。

（7）纤细黄堇 *Corydalis gracillima* C. Y. Wu

四川、云南、西藏。

缅甸。

（8）巴东紫堇 *Corydalis hemsleyana* Franchet ex Prain

田代科、肖艳、陈岳LS-1605；张成、肖佳伟、孙林ZC0066；张代贵YH140531435，YH130721438，YH140712437，YH120512436；无名265

龙山、桑植、古丈、保靖。

湖北、四川。

（9）异齿紫堇 *Corydalis heterodonta* H. Léveillé

贵州。

（10）土元胡 *Corydalis humosa* Migo

浙江。

（11）刻叶紫堇 *Corydalis incisa*（Thunberg）Persoon

刘林翰1547；田代科、肖艳、陈岳LS-1625，LS-978，LS-1498；北京队0109，0051，398；喻勋林、周辉15011802；张兵、向新090426010；张代贵zdg10235

永顺、龙山、吉首、武陵源、桑植。

山西、河南、陕西、甘肃、四川、湖北、湖南、广西、安徽、江苏、浙江、福建、台湾。

日本、朝鲜。

（12）蛇果黄堇 *Corydalis ophiocarpa* Hooker f. & Thomson

武陵山考察队1358；刘林翰、刘应迪30036

吉首、江口。

西藏、云南、贵州、四川、青海、甘肃、宁夏、陕西、山西、河北、河南、湖北、湖南、江西、安徽、台湾。

不丹、日本。

（13）贵州黄堇 *Corydalis parviflora* Z. Y. Su et Liden

贵州、广西、云南。

（14）小花黄堇 *Corydalis racemosa*（Thunberg）Persoon

刘林翰1545；李洪钧2991；林祁831；壶瓶山考察队0139；黔北队758；钟补勤790；张志松等401118，400106；王映明4751；武陵山考察队85

永顺、龙山、沅陵、桑植、江口、印江、思南、宣恩。

甘肃、陕西、河南、四川、贵州、湖南、湖北、江西、安徽、江苏、浙江、福建、广东、香港、广西、云南、西藏、台湾。

日本。

（15）岩黄连 *Corydalis saxicola* Bunting

张代贵080419017，YD10041

永定、永顺。

浙江、湖北、陕西、四川、云南、贵州、广西。

（16）地锦苗 *Corydalis sheareri* S. Moore

江苏、安徽、浙江、江西、福建、湖北、湖南、广东、香港、广西、陕西、四川、贵州、云南。

（17）大叶紫堇 *Corydalis temulifolia* Franchet

张志松等402074；张代贵、王业清、朱晓琴zdg，wyq，zxq0435，zdg，wyq，zxq0282

桑植、江口、五峰。

陕西、湖北、湖南、四川、贵州、云南。

（18）鸡雪七 *Corydalis temulifolia* subsp. *aegopodioides*（H. Léveillé & Vaniot）C. Y. Wu

张代贵、王业清、朱晓琴zdg，wyq，zxq0293，zdg，wyq，zxq0060

五峰。

广西、四川、贵州、云南。

越南。

（19）神农架紫堇 *Corydalis ternatifolia* C. Y.

Wu

湖北、兴山、四川。

（20）毛黄堇 *Corydalis tomentella* Franchet

田代科、肖艳、陈岳 LS-1567；谭士贤、张进伦 6529-01；谭士贤等 6529-02，6529-03，6529-04；刘正宇 120201，120202-02，120202-01，120202-03

龙山、酉阳。

湖北、四川、重庆、陕西。

（21）川鄂黄堇 *Corydalis wilsonii* N. E. Brown

廖博儒 0232；湘西考察队 386

桑植、慈利。

湖北。

（22）延胡索 *Corydalis yanhusuo* W. T. Wang

安徽、江苏、浙江、湖北、河南、陕西、甘肃、四川、云南、北京。

3. 血水草属 Eomecon Hance（1:1:0）

（1）血水草 *Eomecon chionantha* Hance

刘林翰 1559；武陵队 134；林祁 833；张志松、党成忠等 400147，401241，401048；张兵、向新 090425011；黔北队 607；武陵山考察队 0091；赵估成 88-1725

沅陵、永顺、桑植、武陵源、印江、松桃、沅陵、江口、黔江、来凤、鹤峰、宣恩。

陕西、安徽、浙江、江西、福建、广东、广西、湖南、湖北、四川、贵州、云南。

4. 荷青花属 Hylomecon Maximowicz（3:3:0）

（1）荷青花 *Hylomecon japonica*（Thunb.）Prantl & Kündig

张兵、向新 090425015，090425012；张志松、闵天禄等 402074；刘林翰 17303，17289；无名 241；无名 677；张代贵 zdg00012；涪陵组 20；张代贵、王业清、朱晓琴 zdg, wyq, zxq0354

桑植、江口、黔江。

吉林、辽宁、山西、陕西、安徽、浙江、湖北、湖南、四川。

朝鲜、日本。

（2）多裂荷青花 *Hylomecon japonica* var. *Dissecta*（Franchet & Savatier）Fedde

湖北、陕西、四川。

日本。

（3）锐裂荷青花 *Hylomecon japonica* var. *subincisa* Fedde

宿秀江、刘和兵 433125D00070506023；徐昌义 2902

保靖、德江。

华北地区、华中地区。

5. 黄药属 Ichtyoselmis Lidén & Fukuhara（1:1:0）

（1）黄药 *Ichtyoselmis macrantha*（Oliver）Lidén

武陵队 721；北京队 001259；武陵山考察队 3315

沅陵、永顺、石门、石阡、江口。

江西、湖北、湖南、四川、广东、广西、贵州、云南。

6. 荷包牡丹属 Lamprocapnos Endlicher（1:1:0）

（1）荷包牡丹 *Lamprocapnos spectabilis*（Linnaeus）Fukuhara

涪陵组 12；无名 1207；桑植县林科所 0639

桑植、黔江、酉阳。

河北、甘肃、四川、云南、东北地区。

日本、朝鲜、俄罗斯西伯利亚地区。

7. 博落回属 Macleaya R. Brown（1:1:0）

（1）博落回 *Macleaya cordata*（Willdenow）R. Brown

湖南队 0021；武陵队 233，1551，978，2124；杜大华 4083；刘林翰 9447；李学根 203848，204111，204946

新晃、芷江、沅陵、永顺、石门、慈利、新晃、石阡、秀山、鹤峰。

西南地区、中南地区、华东地区、西北地区。

日本。

8. 罂粟属 Papaver Linnaeus（2:2:0）

（1）虞美人 *Papaver rhoeas* Linnaeus

酉阳队 500242613

酉阳。

（2）罂粟 *Papaver somniferum* Linnaeus

刘正宇 0234；吉首大学生物资源与环境科学学院 GWJ20170611_0590，GWJ20180712_0259，

GWJ20180712_0260，GWJ20180712_0261；张志松 400147

古丈、秀山。

印度、缅甸、老挝、泰国。

八十五、木通科 Lardizabalaceae（6:16）

1. 木通属 Akebia Decaisne（3:3:0）

（1）木通 *Akebia quinata*（Houttuyn）Decaisne

湘西调查队 0090；刘磊 0507140205；丁仁兴 522623141012003 LY；张代贵 20170327054；曹亚玲、溥发鼎 0268，2970

新晃、芷江、凤凰、花垣、永顺、桑植、石门、石阡、江口、印江、彭水、鹤峰。

长江流域各地区。

日本、朝鲜。

（2）三叶木通 *Akebia trifoliata*（Thunberg）Koidzumi

周洪富、粟和毅 108056；李洪钧 6313；壶瓶山考察队 0912；张志松 400398，401442，401124，400069，400584，401626；黔北队 2757

石门、江口、印江、德江、鹤峰、恩施。

河北、山西、山东、河南、陕西、甘肃、长江流域各地区。

日本。

（3）白木通 *Akebia trifoliata* subsp. *australis*（Diels）T. Shimizu

黔北队 1954；龙成良 87131；沈中瀚 061；林 80 级 1 班 124；祁承经 30234；张代贵 zdg10310，zdg016，4331221607231120LY，130414051；李学根 204230

桑植、石门、沅陵、新晃、慈利、永顺、沪溪、吉首、松桃、江口、思南、印江、德江、宣恩。

长江流域广泛分布，陕西、河南、山西。

2. 猫儿屎属 Decaisnea J. D. Hooker & Thomson（1:1:0）

（1）猫儿屎 *Decaisnea insignis*（Griffith）J. D. Hooker & Thomson

无名 421；无名 980；无名 1035；廖衡松 15882；植被调查队 628；林亲众 010959；谷忠村 556；谭策铭、易桂花、张丽萍、易发彬胡兵、桑植样 024；彭水队 500243-003-052；朱太平、刘忠福 2043

桑植、石门、吉首、石阡、江口、印江、松桃、黔江、彭水、秀山、鹤峰、宣恩。

云南、四川、贵州、甘肃、陕西、湖北、湖南、广西、江西、浙江、安徽。

3. 八月瓜属 Holboellia Wallich（5:5:0）

（1）五月瓜藤 *Holboellia angustifolia* Wallich

田代科、肖艳、陈岳 LS-998；肖艳、赵斌 LS-2274；周辉、罗金龙 15032728，15032732，15032517；宿秀江、刘和兵 433125D00021002031，433125D00170923059；张代贵 zdg3016；粟林 4331261407070468，4331261410030982

龙山、武陵源、保靖、永顺、古丈。

云南、贵州、四川、湖北、湖南、陕西、安徽、广西、广东、福建。

（2）鹰爪枫 *Holboellia coriacea* Diels

武陵队 142，524；张桂才等 524；壶瓶山考察队 0494；刘林翰 1653；肖定春 80179；彭春良 86386；田代科、肖艳、陈岳 LS-1240，LS-971；宿秀江、刘和兵 433125D00170923051

沅陵、永顺、石门、龙山、保靖。

四川、贵州、甘肃、陕西、湖北、湖南、广西、江西、浙江、安徽、江苏。

（3）牛姆瓜 *Holboellia grandiflora* Réaubourg

周辉、周大松 15041732，15051020；李杰 522229141026791LY；张志松 400587，400661；刘正宇 6906；桑植县林科所 169；张满英 无采集号

武陵源、桑植、古丈、松桃、江口、酉阳。

四川、贵州、陕西、湖北。

（4）小花鹰爪枫 *Holboellia parviflora*（Hemsley）Gagnepain

云南、贵州、广西、湖南。

（5）棱茎八月瓜 *Holboellia pterocaulis* T. Chen & Q. H. Chen

无名 181

彭水。

贵州、四川。

4. 大血藤属 Sargentodoxa Rehder & E. H. Wilson（1:1:0）

（1）大血藤 *Sargentodoxa cuneata*（Oliver）Rehder & E. H. Wilson

李洪钧 3201；谭沛祥 60856；武陵队 678；李学根 203951，204334；黔北队 0384，0368，1872；武陵山考察队 1126，2193

沅陵、永顺、桑植、石门、芷江、慈利、印江、松桃、江口、石阡。

陕西、四川、贵州、湖北、湖南、云南、广西、广东、海南、江西、浙江、安徽。

老挝、越南。

5. 串果藤属 Sinofranchetia（Diels）Hemsley（1:1:0）

（1）串果藤 *Sinofranchetia chinensis*（Franchet）Hemsley

王映明 4857；傅国勋、张志松 1411；聂敏祥、李启和 1411；廖衡松 16006；肖定春 80410；张代贵、王业清、朱晓琴 2526，1036

石门、鹤峰、宣恩、恩施、五峰。

甘肃、陕西、四川、湖北、湖南、云南、江西、广东。

6. 野木瓜属 Stauntonia de Candolle（5:5:0）

（1）黄蜡果 *Stauntonia brachyanthera* Handel-Mazzetti

李永康 8293；谢丹 090912004；宿秀江、刘

和兵 433125D00090812017；张代贵 DXY313，xm225

沅陵、永顺、保靖、古丈、江口。

贵州、广西、湖南、江西、浙江、安徽、江苏。

（2）羊瓜藤 *Stauntonia duclouxii* Gagnepain

云南、四川、贵州、甘肃、陕西、湖北、湖南。

（3）牛藤果 *Stauntonia elliptica* Hemsley

张代贵 605，615，080820005，zdg7666，00096，ZZ170811771，ZZ170811845，ZZ160815340，ZZ160815412；龙成良 120344

永顺、慈利、保靖、永顺、沪溪、江口。

四川、贵州、湖南、广东、广西、江西、云南。

印度。

（4）倒卵叶野木瓜 *Stauntonia obovata* Hemsley

陈谦海 616；黔北队 1131；喻勋林、徐期瑚、李传霞 2276

古丈、江口、印江。

福建、台湾、广东、广西、香港、江西、湖南、四川。

（5）尾叶那藤 *Stauntonia obovatifoliola* subsp. *urophylla*（Handel-Mazzetti）H. N. Qin

宿秀江、刘和兵 433125D00110813066；张代贵 zdg10265，ZZ130715711，y090703009；P. W. Sweeney & D. G. Zhang PWS2850；刘林翰、刘应迪 30036

永顺、保靖、古丈。

福建、广东、广西、江西、湖南、浙江。

八十六、防己科 Menispermaceae（8:20）

1. 木防己属 Cocculus Candolle（3:3:0）

（1）樟叶木防己 *Cocculus laurifolius* Candolle

（2）木防己 *Cocculus orbiculatus*（Linnaeus）Candolle

武陵队 682；湖南队 0013，0462；刘前裕 4024；李洪钧 2849，2946；李学根 203897，

204921，204493

芷江、沅陵、永顺、桑植、石门、鹤峰、宣恩、石阡、沿河、思南、印江、德江、酉阳。

我国大部分地区。

亚洲南部和东南部地区。

（3）毛木防己 *Cocculus orbiculatus* var. *mollis*

（Wallich ex J. D. Hooker & Thomson）H. Hara

刘正宇 0480，511；武陵山考察队 1651；刘林翰 775995，21110，776016

四川西昌一带和南川、云南南部、贵州西南部、广西西北部。

尼泊尔、印度东部。

2. 轮环藤属 Cyclea Arnott ex Wight（4:4:0）

（1）毛叶轮环藤 *Cyclea barbata* Miers

海南、广东的雷州半岛。

印度东北部、中南半岛至印度尼西亚。

（2）粉叶轮环藤 *Cyclea hypoglauca*（Schauer）Diels

湖南、江西、福建、云南、广西、广东、海南。

越南北部（大黄毛山）。

（3）轮环藤 *Cyclea racemosa* Oliver

张志松 401481，400046；李学根 204404；武陵队 2323，711；北京队 003661，003769，808；武陵山考察队 236；周丰杰 014

芷江、沅陵、桑植、石门、江口、印江、秀山。

我国西南部、南部。

（4）四川轮环藤 *Cyclea sutchuenensis* Gagnepain

林祁 847；张志松 400956；武陵队 5；张志松、闵天禄等 400956；湘西考察队 941；壶瓶山考查队 0276；北京队 0609；武陵山考察队 1004；溆浦林业局 302；张代贵 LL20131020033

沅陵、永顺、石门、江口。

云南、四川、贵州、湖北、湖南、广东、广西。

3. 秤钩风属 Diploclisia Miers（2:2:0）

（1）秤钩风 *Diploclisia affinis*（Oliver）Diels

周丰杰 169；湘西考察队 382；席先银等 276；沈中瀚 288；周辉、周大松 15050514；北京队 003527；宿秀江、刘和兵 433125D00100415033，ZZ120415891；吉首大学生物资源与环境科学学院 GWJ20180712_0319，GWJ20180712_0321

桑植、来凤、咸丰。

长江流域及其以南各地区。

（2）苍白秤钩风 *Diploclisia glaucescens*（Blume）Diels

文帆 080713WF02；部克明 777021；北京队 316，355

永顺、镇远。

我国西南部、南部。

亚洲热带地区。

4. 蝙蝠葛属 Menispermum Linnaeus（1:1:0）

（1）蝙蝠葛 *Menispermum dauricum* Candolle

我国东北部、北部和东部，湖北。

日本、朝鲜、俄罗斯西伯利亚地区南部。

5. 细圆藤属 Pericampylus Miers（1:1:0）

（1）细圆藤 *Pericampylus glaucus*（Lamarck）Merrill

李学根 204603；武陵山考查队 3109；宿秀江、刘和兵 433125D00070806023；张代贵 zdg1003

石阡。

我国西南部至东南部。

亚洲东南部地区。

6. 风龙属 Sinomenium Diels（1:1:0）

（1）风龙 *Sinomenium acutum*（Thunberg）Rehder & E. H. Wilson

刘林翰 9237，1816；武陵队 377，343，222；李良千 109；湘西考察队 882；壶瓶山考察队 1224，0637，1224

沅陵、永顺、桑植、石门、江口、松桃、鹤峰。

长江流域及其以南各地区，北至陕西和河南。

日本。

7. 千金藤属 Stephania Loureiro（7:7:0）

（1）金钱吊乌龟 *Stephania cephalantha* Hayata

新晃、凤凰、沅陵、花垣、永顺、桑植、石门、桃源、秀山、咸丰、宣恩。

（2）血散薯 *Stephania dielsiana* Y. C. Wu

广东、广西、贵州南部、湖南南部。

（3）江南地不容 *Stephania excentrica* H. S. Lo

李学根 203808；林祁 834；贵州队 402466；刘林翰 9211；武陵队 1395；张志松 402466；张代贵 090806017

桑植、松桃。

四川、贵州、湖南西部、江西、福建、广西北部。

（4）草质千金藤 *Stephania herbacea* Gagnepain

无名 1528；湘黔队 3209

我国特有。湖北西部、四川东南部至西南部、贵州。

（5）千金藤 *Stephania japonica*（Thunberg）Miers

武陵队 1395；肖艳、赵斌 LS-2163；雷开东 4331271408060826；宿秀江、刘和兵 433125D00170907054，433125D00060805026；粟林 4331261406060103；湘西考察队 720，956，274，107

河南、四川、湖北、湖南、江苏、浙江、安徽、江西、福建。

日本、朝鲜、菲律宾、汤加群岛和社会群岛、印度尼西亚、印度、斯里兰卡。

（6）汝兰 *Stephania sinica* Diels

李洪钧 4107；壶瓶山考察队 1336，1225；武陵山队 1144；谭士贤 419；武陵山考察队 1887，155；酉阳队 500242-296-01，500242-296-02，500242-296-03

石门、江口、德江、沿河、松桃、鹤峰。

云南东北部、四川、贵州北部、湖北西部、湖南西部。

（7）粉防己 *Stephania tetrandra* S. Moore

武陵考察队 938；龙成良 120191；彭春良 86207；彭水队 500243-001-052-01，500243-001-052-02，500243-001-052-03，500243-003-047；黔江队 500114-027；刘正宇 6331-02，6331-01

浙江、安徽、福建、台湾、湖南、江西、广西、广东、海南。

8. 青牛胆属 Tinospora Miers（1:1:0）

（1）青牛胆 *Tinospora sagittata*（Oliver）Gagnepain

武陵队 1741，2279，12；武陵山考查队 644；北京队 01049；湘西考察队 1111；田代科、肖艳、陈岳 LS-1503，LS-1052，LS-1453；宿秀江、刘和兵 433125D00110813029

芷江、沅陵、永顺、石门、碧江、松桃、咸丰、鹤峰、宣恩。

四川、贵州、湖北、陕西、湖南、广东、广西、江西、福建。

八十七、小檗科 Berberidaceae（7:58）

1. 小檗属 Berberis Linnaeus（19:19:0）

（1）黑果小檗 *Berberis atrocarpa* C. K. Schneider

刘林翰 1442；北京队 001855；武陵队 1441；武陵山考察队 2459

龙山、凤凰、芷江、花垣。

四川、云南、湖南。

（2）短柄小檗 *Berberis brachypoda* Maximowicz

四川、陕西、甘肃、湖北、河南、山西、青海。

（3）单花小檗 *Berberis candidula*（C. K. Schneider）C. K. Schneider

四川、湖北。

（4）华东小檗 *Berberis chingii* S. S. Cheng

黔北队 01531

松桃。

江西、湖南、福建、广东。

（5）直穗小檗 *Berberis dasystachya* Maximowicz

刘正宇 6882

酉阳。

甘肃、宁夏、青海、湖北、陕西、四川、河南、河北、山西。

（6）福建小檗 *Berberis fujianensis* C. M. Hu

黔北队 930；张志松 402101；周云 21

印江、松桃、江口。

福建。

（7）湖北小檗 *Berberis gagnepainii* C. K.

Schneider

黔北队 2116，0810，625；北京植物所 张志松、闵天禄等 400460，401267；无采集人 4031；刘、简、陈 0039；钟补勤 1751

石门、江口、印江、秀山。

四川。

（8）川鄂小檗 *Berberis henryana* C. K. Schneider

张志松，闵天禄 402237；张志松 402237；张代贵 TMS0402030；蔡平成 20223；肖定春 80266；谭士贤等 6882

石门、鹤峰。

湖北、湖南、甘肃、陕西、四川、贵州、河南。

（9）豪猪刺 *Berberis julianae* C. K. Schneider

张代贵、张代富 FH20170408065_0065，BJ20170323031_0031；张代贵 ZZ170815786，ZZ160811353；酉阳队 152；朱太平、刘忠福 1531；李洪钧 9225；李杰 522229140816155LY；宿秀江、刘和兵 433125D00150807056；湖南队 0552

永顺、凤凰、保靖、泸溪、松桃、酉阳、咸丰。

湖北、四川、贵州、湖南、广西。

（10）石门小檗 *Berberis oblanceifolia*

张代贵、王业清、朱晓琴 1951；张代贵 xm311

永顺、石门、五峰。

（11）刺黑珠 *Berberis sargentiana* C. K. Schneider

赵佐成 88-1720；湘西调查队 0552

黔江、宣恩、鹤峰。

湖北、四川。

（12）兴山小檗 *Berberis silvicola* C. K. Schneider

湖北。

（13）假豪猪刺 *Berberis soulieana* C. K. Schneider

王岚 522223140621063 LY；张代贵 xm356；雷开东 331271509131641；张迅 5222302001110004LY

永顺、玉屏、万山。

（14）亚尖叶小檗 *Berberis subacuminata* C. K.

Schneider

黔北队 0625；无采集人 1211

桃源、印江。

云南、贵州、湖南。

（15）日本小檗 *Berberis thunbergii* Candolle

吉首、武陵源。

日本。

（16）芒齿小檗 *Berberis triacanthophora* Fedde

李洪钧 8768；壶瓶山考察队 87164；桑植县林科所 0694；北京队 4186；李丙贵 750216；彭水队 674；田代科、肖艳、李春、张成 LS-1862；肖艳、赵斌 LS-2231；黄升 DS5847；张代贵、王业清、朱晓琴 2244

桑植、龙山、石门、彭水、恩施、五峰、宣恩。

湖南、湖北、四川、陕西。

（17）巴东小檗 *Berberis veitchii* C. K. Schneider

黔北队 0810，2116；武陵山考察队 2925

印江、江口、石阡。

四川、湖北、贵州。

（18）庐山小檗 *Berberis virgetorum* C. K. Schneider

武陵山考察队 1217；彭水队 332

江口、鹤峰、五峰。

广东、广西、福建、湖南、湖北、江西、安徽、浙江、江苏。

（19）梵净小檗 *Berberis xanthoclada* Schneider

贵州。

2. 红毛七属 Caulophyllum Michaux（1:1:0）

（1）红毛七 *Caulophyllum robustum* Maximowicz

廖博儒 0478；植被调查队 803；田代科、肖艳、李春、张成 LS-1892；田代科、文香英 TDK00508；黔北队 0945；简焯坡 31736；中国西部科学院 3727；酉阳队 02509；彭水队 02921；王映明 4442

桑植、龙山、印江、江口、酉阳、彭水、宣恩。

云南、贵州、四川、陕西、山西、甘肃、湖北、湖南、广东、广西、山东、安徽、浙江、辽宁、吉林、黑龙江。

朝鲜、日本、俄罗斯。

3. 山荷叶属 Diphylleia Michaux（1:1:0）

（1）南方山荷叶 **Diphylleia sinensis** H. L. Li

刘正宇等 2090103-01

彭水。

湖北、陕西、甘肃、云南、四川。

4. 鬼臼属 Dysosma Woodson（5:5:0）

（1）川八角莲 **Dysosma delavayi**（Franchet）Hu

西南师范学院生物系 02550；陈翔 94104

石阡、酉阳。

四川、贵州、云南。

（2）小八角莲 **Dysosma difformis**（Hemsley & E. H. Wilson）T. H. Wang ex T. S. Ying

酉阳队 1373；彭水队 373，1534；李丙贵、万绍宾 750179；刘林翰 10180；壶瓶山考察队 0420；北京队 003419，01307；李杰 5222291604151016LY；张代贵、王业清、朱晓琴 zdg，wyq，zxq0358

永顺、桑植、石门、松桃、酉阳、彭水、五峰。

四川、贵州、湖北、湖南、广西。

（3）贵州八角莲 **Dysosma majoensis**（Gagnepain）M. Hiroe

张志松、闵天禄等 401582；刘正宇 373；肖艳、孙林 LS-2914，LS-2932

龙山、印江、彭水。

（4）六角莲 **Dysosma pleiantha**（Hance）Woodson

秀山队 0612；酉阳队 0241；廖博儒 0180

桑植、秀山、酉阳。

台湾、浙江、福建、安徽、江西、湖北、湖南、广东、广西、四川、河南。

（5）八角莲 **Dysosma versipellis**（Hance）M. Cheng ex T. S. Ying

武陵队 1770，2513；北京队 002744，003768；张桂才等 594；武陵山考察队 3311；田代科、肖艳、李春、张成 LS-1957；宿秀江、刘和兵 433125D00030810103+1；罗宜富 89-0027；旷兴 522222140501028LY

芷江、沅陵、永顺、桑植。

云南、贵州、四川、河南、湖北、湖南、广西、广东、江西、浙江。

5. 淫羊藿属 Epimedium Linnaeus（19:19:0）

（1）粗毛淫羊藿 **Epimedium acuminatum** Franchet

酉阳队 500242667；刘林翰、胡光万 23552，23540；彭水队 500243-002-181；张志松、闵天禄等 401131；湘西调查队 0333

印江、鹤峰。

云南、贵州、四川、湖北。

（2）保靖淫羊藿 **Epimedium baojingensis** Q. L. Chen et B. M. Yang

宿秀江、刘和兵 433125D00020427023；张代贵 zdg10346，130502033，0404010，C023，YD11043；游文彪 GZ20180624_6963；张代贵、张代富 LS20170326054_0054，LS20170327018_0018；张代贵、王业清、朱晓琴 zdg，wyq，zxq0274

保靖、武陵源。

（3）黔北淫羊藿 **Epimedium borealiguizhouense** S. Z. He & Y. K. Yang

贵州。

（4）短茎淫羊藿 **Epimedium brachyrrhizum** Stearn

贵州。

（5）恩施淫羊藿 **Epimedium enshiense** B. L. Guo & P. K. Hsiao

湖北。

（6）紫距淫羊藿 **Epimedium epsteinii** Stearn

贺海生 080403005；田代科、肖艳、李春、张成 LS-1918

（7）木鱼坪淫羊藿 **Epimedium franchetii** Stearn

雷开东 4331271404270089，ZB140502693；粟林 4331261405020312；张代贵 zdg1405010002

永顺、古丈。

（8）黔岭淫羊藿 **Epimedium leptorrhizum** Stearn

向晟、藤建卓 JS20180325_0261；麻超柏、石琳军 HY20180322_0263；梵净山队 680；张代贵 YH150407432；肖艳、孙林 LS-2884；田代

科、肖艳、陈岳 LS-982；彭水队 500243-001-193-01；西阳队 1510；黔江队 500114-463；张志松、闵天禄等 401219

吉首、龙山、古丈、印江、彭水、黔阳、酉阳、桑植。

贵州、湖北、湖南。

（9）裂叶淫羊藿 *Epimedium lobophyllum* L. H. Liu et B. G. Li

湖南。

（10）直距淫羊藿 *Epimedium mikinorii* Stearn

湖北。

（11）多花淫羊藿 *Epimedium multiflorum* T. S. Ying

张志松 400466，400112，400292；张志松等 400316；陈谦海 80；饶伟源 79037

江口、玉屏。

（12）天平山淫羊藿 *Epimedium myrianthum* Stearn

赖茂祥、饶伟源 66512；湘黔队 3469；桑植县林科所 31；李恒、彭淑云、俞宏渊 1730；刘正宇 214；张志松、闵天禄等 400112，400466，400943，400292

保靖、桑植、永顺、江口、彭水。

（13）小叶淫羊藿 *Epimedium parvifolium* S. Z. He & T. L. Zhang

张天伦 92056；张成、肖佳伟、王金重 ZC0055；张代贵 YH150406681，YH150415682，YH080415718

古丈、保靖、永顺、松桃、江口。

（14）柔毛淫羊藿 *Epimedium pubescens* Maximowicz

代明倩 171

江口、鹤峰。

四川、甘肃、陕西、湖北。

（15）三枝九叶草 *Epimedium sagittatum* （Siebold & Zuccarini）Maximo-wicz

麻超柏、石琳军 HY20180319_0202；向晟、藤建卓 JS20180326_0274；王大璇 B0005；谢欢欢 522230190124020LY；张代贵、张代富 FH20170410027_0027，BJ20170323013_0013；李克纲、张成 HY20160314_0013；普查队 0405，

224；李洪钧 8738

花垣、吉首、永顺、桑植、凤凰、保靖、万山、江口、秀山、黔江、恩施、咸丰。

四川、湖北、湖南、江西、福建、浙江、安徽。

（16）神农架淫羊藿 *Epimedium shennongjiaense* Yan-J. Zhang & J.Q. Li

四川。

（17）偏斜淫羊藿 *Epimedium truncatum* H. R. Liang

张代贵 zdg140416008；宿秀江、刘和兵 433125D00030810122，433125D00150609023；杨彬 080513017；张成、肖佳伟、王金重 ZC0056；雷开东 ZB140416662，4331271404160008

保靖、武陵源。

湖南。

（18）巫山淫羊藿 *Epimedium wushanense* T. S. Ying

四川、贵州、湖北、广西。

（19）天门山淫羊藿 *Epimedium tianmenshanense* T.Deng，D.G.Zhang & H.Sun

湖南。

6. 十大功劳属 Mahonia Nuttall（12:12:0）

（1）阔叶十大功劳 *Mahonia bealei*（Fortune）Carri è re

张代贵 zdg9982；陆志松 522223140324016LY；秦旭峰 522230190114017LY；肖艳、付乃峰 LS-2799；杨小玲 522222140430115LY；彭水队 500243-002-245；刘林翰、胡光万 23686；陈谦海 94167；武陵队 571，1115

龙山、沅陵、永顺、凤凰、石阡、江口、玉屏。

贵州、四川、广西、广东、湖南、江西、安徽、浙江、福建、河南、陕西、甘肃。

（2）小果十大功劳 *Mahonia bodinieri* Gagnepain

彭水队 500243-002-127；周云 22；安明先 3664，3346；武陵山考察队 2682，3334，2264，1635；赵佐成 88-2610；武陵队 1115；简焯坡、应俊生等 31776

芷江、凤凰、印江、德江、石阡。

贵州、四川、湖南、广东、广西、浙江。

（3）鄂西十大功劳 *Mahonia decipiens* C. K. Schneider

湖北。

（4）宽苞十大功劳 *Mahonia eurybracteata* Fedde

李洪钧 7516，7432，8703，9107，6432；黔北队 1734；壶瓶山考察队 A11，0130，A222；肖定春 80304

石门。

四川。

（5）安坪十大功劳 *Mahonia eurybracteata* subsp. *Ganpinensis*（H. Léveillé）T. S. Ying & Boufford

田代科、肖艳、陈岳 LS-1472；肖艳、莫海波、张成、刘阿梅 LS-684；安明态 3985；刘正宇 1415

龙山、德江。

贵州、四川、湖北。

（6）北江十大功劳 *Mahonia fordii* C. K. Schneider

广东、四川。

（7）十大功劳 *Mahonia fortunei*（Lindley）Fedde

无采集人 842；刘林翰、胡光万 23673；孙全敏 053；谭沛祥 60869；无采集人 2315；张志松 401305；张代贵 1021007；刘和兵 ZZ120806472；吴磊、刘文剑、邓创发、宋晓飞 8734

印江、来凤、咸丰、鹤峰。

四川、浙江。

（8）细柄十大功劳 *Mahonia gracilipes*（Oliver）Fedde

刘简陈 0012

梵净山、鹤峰。

云南、四川、湖北。

（9）遵义十大功劳 *Mahonia imbricata* T. S. Ying & Boufford

张志松 401549；张志松、闵天禄等 401549

印江。

贵州、云南。

（10）阿里山十大功劳 *Mahonia oiwakensis* Hayata

西师生物系 川经涪 03196

彭水。

台湾、海南、贵州、四川、云南、西藏。

（11）峨眉十大功劳 *Mahonia polyodonta* Fedde

简焯坡、应俊生等 30749；张志松，闵天禄等 401305

桑植、吉首、印江。

湖北、湖南、四川。

（12）长阳十大功劳 *Mahonia sheridaniana* C. K. Schneider

湖北、四川。

7. 南天竹属 Nandina Thunberg（1:1:0）

（1）南天竹 *Nandina domestica* Thunberg

彭辅松 29；戴伦鹰、钱重海 610；Ho-Chang Chow 1975；普查队 0499；赵佐成 88-1488；田代科、肖艳、陈岳 LS-1116；王金敖 243；西师生物系 74 级 川经涪 3005；彭水队 0122；西师生物系 03106

永顺、石阡、黔江、酉阳、宣恩。

四川、陕西、湖北、广西、广东、江西、安徽、浙江、江苏。

日本。

八十八、毛茛科 Ranunculaceae（16:95）

1. 乌头属 Aconitum Linnaeus（10:10:0）

（1）大麻叶乌头 *Aconitum cannabifolium* Franchet ex Finet & Gagnepain

北京队 4531

石门、桑植。

湖北、四川、陕西。

（2）乌头 *Aconitum carmichaelii* Debeaux

李洪钧 8003；任再金人 076；无采集人 1039；无采集人 206；刘正宇 206；黔江队 500114-461-01，500114-461-02，500114-461-

03，500114-371-01，500114-371-02

芷江、凤凰、花垣、桑植、武陵源、石门、玉屏、江口、思南、德江、松桃、黔江、鹤峰、五峰。

陕西、北京、云南。

越南。

（3）瓜叶乌头 *Aconitum hemsleyanum* E. Pritzel

王映明 5678；李洪钧 6606；聂敏祥 1213；傅国勋、张志松 1213；田代科、肖艳、莫海波、张成 LS-2732；无采集人 1328；刘玲妮等 0750；陈功锡、张代贵 SCSB-HC-2008319；曹铁如 90513，90501

龙山、桑植、石门、秀山、鹤峰、宣恩、恩施、五峰。

四川、江西、浙江、安徽、河南、陕西。

（4）川鄂乌头 *Aconitum henryi* E. Pritzel

石门。

湖北、四川。

（5）展毛川鄂乌头 *Aconitum henryi* var. *villosum* W. T. Wang

吴磊、刘文剑、邓创发、宋晓飞 9049；文剑、宋晓飞、张茜茜 19092744，9092701

桑植、武陵源、永定。

湖北、四川、浙江、陕西、河南、山西。

（6）花莛乌头 *Aconitum scaposum* Franchet

刘林翰 17320；艳、赵斌 LS-2426；艳、莫海波、张成、刘阿梅 LS-611；艳、李春、张成 LS-453

石门、印江、桑植、龙山。

湖北、四川、江西、陕西、甘肃。

（7）等叶花莛乌头 *Aconitum scaposum* var. *hupehanum* Rapaics

凤凰、桑植、石门、宣恩。

云南、四川、陕西、甘肃。

缅甸、不丹、尼泊尔。

（8）聚叶花莛乌头 *Aconitum scaposum* var. *vaginatum*（E. Pritzel ex Diels）Rapaics

简焯坡 30748

慈利、江口、印江、德江、鹤峰。

云南、四川、陕西、甘肃。

（9）高乌头 *Aconitum sinomontanum* Nakai

李洪钧 6906；王映明 5888；曹亚玲、溥发鼎 150；彭水队 500243-003-030；刘正宇 1041，0830；无采集人 161；孙文厚 00877；北京队 002758，002750

桑植、慈利、石门、江口、彭水、秀山、鹤峰、宣恩。

四川、青海、甘肃、陕西、山西、河北。

（10）狭盔高乌头 *Aconitum sinomontanum* var. *angustius* W. T. Wang

湖南、广西、江西、安徽。

2. 类叶升麻属 Actaea Linnaeus（1:1:0）

（1）类叶升麻 *Actaea asiatica* H. Hara

北京队 002906，02594；廖博儒 0653；曹铁如 090600；刘林翰、胡光万 19719；李振基、吕静 1274，210；西南生物系 02561；无采集人 214；无采集人 209

桑植、石门、梵净山、酉阳、松桃、鹤峰、五峰。

甘肃、陕西。

俄罗斯、朝鲜、日本。

3. 银莲花属 Anemone Linnaeus（8:8:0）

（1）西南银莲花 *Anemone davidii* Franchet

刘正宇 0468；张志松 401706，400652，400346，402075；谭士贤等 6857；刘林翰 9100；张志松等 401706、400346、400652

桑植、江口、彭水、酉阳、宣恩。

西藏、云南、四川。

（2）鹅掌草 *Anemone flaccida* F. Schmidt

周洪富、粟和毅 108025；刘正宇、张军等 140203-01，140203-02，140203-03，140203-04，140203-05；张志松 401029，400470；廖博儒 0231，0170

江口、印江、彭水、酉阳、恩施。

湖南、云南、四川、甘肃、陕西、江西、浙江、江苏。

俄罗斯远东地区、日本。

（3）鹤峰银莲花 *Anemone flaccida* F. Schmidt var. *hofengensis*（W. T. Wang）Ziman et B. E. Dutton

桑植、鹤峰、宣恩。

（4）打破碗花花 *Anemone hupehensis*（Lemoine）Lemoine

李洪钧 217，6536，6109，5577；王映明 6047；聂敏祥 1456；黔江队 50114-292；刘正宇 0920，1122；赵佐成 88-1401

新晃、芷江、凤凰、保靖、永顺、龙山、桑植、武陵源、石门、石阡、德江、沿河、黔江、酉阳、咸丰、来凤、鹤峰、宣恩、恩施。

（5）秋牡丹 **Anemone hupehensis** var. **japonica**（Thunberg）Bowles et Stearn

云南、广东、江西、福建、浙江、江苏、安徽。

日本。

（6）草玉梅 **Anemone rivularis** Buchanan-Hamilton ex de Candolle

方明渊 24328；刘正宇 602；曹铁如 90165，90413；武陵山考察队 2817

桑植、石阡、彭水、恩施。

西藏、云南、广西、四川、甘肃、青海。

尼泊尔、不丹、印度、斯里兰卡。

（7）小花草玉梅 **Anemone rivularis** var. **flore-minore** Maximowicz

青海、新疆、甘肃、河南、山西、宁夏、陕西、辽宁。

（8）大火草 **Anemone tomentosa**（Maximowicz）C. P'ei

湖北、河北、河南、山西、甘肃、陕西、青海。

4. 耧斗菜属 Aquilegia Linnaeus（3:3:0）

（1）无距耧斗菜 **Aquilegia ecalcarata** Maximowicz

黔北队 0946

印江。

湖北、西藏、四川、河南、陕西、甘肃、青海。

（2）甘肃耧斗菜 **Aquilegia oxysepala** var. **kansuensis** Brühl

壶瓶山考察队 0800，1409；方明渊 24442

石门、鹤峰、恩施。

云南、四川、陕西、甘肃、青海。

（3）华北耧斗菜 **Aquilegia yabeana** Kitagawa

四川、陕西、河南、山西、山东、河北、辽

宁。

5. 星果草属 Asteropyrum J. R. Drummond & Hutchinson（1:1:0）

（1）裂叶星果草 **Asteropyrum cavaleriei**（H. Léveillé & Vaniot）J. R. Drummond & Hutchinson

刘林翰 1549，9113；曹铁如 90275；李丙贵 750074；北京队 3909；植化室样品凭证标本 100，sn；李丙贵、万绍宾 750074；肖艳、周建军 LS-070；李洪钧 3673

龙山、桑植、松桃、宣恩。

四川、云南、贵州、广西。

6. 铁破锣属 Beesia I. B. Balfour & W. W. Smith（1:1:0）

（1）铁破锣 **Beesia calthifolia**（Maximowicz ex Oliver）Ulbrich

刘林翰 9154；戴伦鹰、重海鄂 692；谭士贤、刘正宇等 6881；刘正宇等 6936-01，6936-02，6936-03，6936-04，6936-05，6936-06；张志松 402096

桑植、石门、江口、酉阳、鹤峰、宣恩、咸丰。

贵州、云南、四川、广西、陕西。

缅甸。

7. 升麻属 Cimicifuga Wernischeck（3:3:0）

（1）升麻 **Cimicifuga foetida** Linnaeus

张代贵 20130727009；刘正宇等 6923-01，6923-02，6923-03，6923-04

古丈、石门、酉阳、鹤峰。

西藏、云南、四川、青海、甘肃、陕西、河南、山西。

蒙古、俄罗斯。

（2）小升麻 **Cimicifuga japonica**（Thunberg）Sprengel

壶瓶山考察队 A95；北京队 4180；刘林翰 9243；张代贵、王业清、朱晓琴 2128，2390；王映明 5889，6821；刘正宇 1520，379；无采集人 105

龙山、桑植、石门、江口、印江、彭水、松桃、鹤峰、五峰。

四川、广东、浙江、安徽、河南、山西、陕西、甘肃。

日本。

（3）单穗升麻 *Cimicifuga simplex*（de Candolle）Wormskjöld ex Turczaninow

张代贵、王业清、朱晓琴 2202

五峰。

四川、甘肃、陕西、河北、内蒙古、辽宁、吉林、黑龙江。

俄罗斯、蒙古、日本。

8. 铁线莲属 Clematis Linnaeus（35:35:0）

（1）女萎 *Clematis apiifolia* Dc. Candolle

祁承经 30102；刘克明 772770；刘文剑、宋晓飞、张茜茜 19092745

慈利、石门、永定。

江西、福建、浙江、江苏、安徽。

朝鲜、日本。

（2）钝齿铁线莲 *Clematis apiifolia* var. *argentilucida*（H. Léveillé & Vaniot）W. T. Wang

林祁 804；刘林翰 9301；李学根 204410，204918，204553，203881；武陵队 267，776；谭沛祥 60859

新晃、凤凰、永顺、桑植、沅陵、古丈、芷江、武陵源、石门、碧江、石阡、江口、沿河、咸丰、鹤峰、宣恩、五峰。

云南、四川、甘肃、陕西、广西、广东、江西、浙江、安徽、江苏。

（3）小木通 *Clematis armandii* Franchet

李洪钧 7835；无采集人 0157；无采集人 0061；黔江队 500114-519，500114-138；刘正宇 157，0061；无采集人 260；彭水队 500243-002-261；刘正宇 260

凤凰、花垣、永顺、龙山、桑植、石门、酉阳、江口、镇远、印江、德江、沿河、彭水、松桃、咸丰、鹤峰。

西藏、云南、贵州、四川、甘肃、陕西、湖北、湖南、广东、广西、福建。

越南。

（4）大花小木通 *Clematis armandii* var. *farquhariana*（Rehder & E. H. Wilson）W. T. Wang

彭海军 080416004；李晓腾 080416004；杨彬 080403006；张代贵 070506012

沅陵。

（5）鹤峰铁线莲 *Clematis armandii* var. *hefengensis*（G. F. Tao）W. T. Wang

宿秀江、刘和兵 433125D00110513010；彭辅松 155；吉首大学生物资源与环境科学学院 GWJ20180713_0394；张代贵 zdg4331270885，YD310004，ZZ100713748，130322016，phx071

花垣、吉首、永顺、德江、鹤峰。

（6）短尾铁线莲 *Clematis brevicaudata* de Candolle

吉首大学生物资源与环境科学学院 GWJ20170611_0422；李、沈 62

古丈、凤凰。

西藏。

朝鲜、蒙古、俄罗斯、日本。

（7）威灵仙 *Clematis chinensis* Osbeck

周卯勤等 00602；无采集人 1186；雷开东 4331271405310450，4331271407210598，4331271405150345；粟林 4331261407090501；张迅 522222150101001LY；北京队 1403；陈寿军 522229140924445LY；郑家仁 80004

古丈、石门、永顺、保靖、永顺、江口、松桃、彭水、秀山、来凤。

云南、陕西。越南。

（8）山木通 *Clematis finetiana* H. Léveillé & Vaniot

彭辅松 241；章伟、李永权、汪惠峰 ANUB00785；刘正宇、慕泽泾 50022-405；酉阳队 500242670、500242632；张代贵 zdg1166；雷开东 4331271408100916；L.H.Liu 1692；简焯坡 30588；田腊梅 522222140508005LY

龙山、新晃、芷江、永顺、石门、江口、黔江、酉阳、鹤峰、宣恩。

贵州、云南、四川、广西、广东、江西、福建、浙江、安徽、江苏。

（9）小蓑衣藤 *Clematis gouriana* Roxburgh ex de Candolle

C.T.Kiang 5334；周鹤昌 1903；田代科、肖艳、莫海波、张成 LS-2584；田代科、肖艳、陈岳 LS-1455；肖艳、李春、张成 LS-236，LS-445；肖艳、莫海波、张成、刘阿梅 LS-772；陈功锡、张代贵、邓涛等 SCSB-HC-2007367；北京

队 841；湖南队 0483

吉首、龙山、凤凰、保靖、永顺、印江、德江、秀山、宣恩、来凤、恩施、鹤峰。

云南、四川、广西、广东。

尼泊尔、印度、缅甸、菲律宾。

（10）粗齿铁线莲 *Clematis grandidentata* (Rehder & E. H. Wilson) W. T. Wang

李洪钧 6362，5580，6178；彭辅松 278；黄升 DS2570；肖艳、李春、张成 LS-545；田代科、肖艳、李春、张成 LS-1929；黄河队 1479；酉阳队 500242-548，500242-531

龙山、石门、德江、酉阳、鹤峰、宣恩、五峰。

云南、四川、安徽、浙江、甘肃、陕西、河南、山西、河北。

（11）金佛铁线莲 *Clematis gratopsis* W. T. Wang

李洪钧 8164；彭水队 500243-003-178；无采集人 1638；刘林翰 17908；吴磊、邓创发 9015

永定、桑植、石门、彭水、酉阳、鹤峰。

四川、陕西、甘肃。

（12）戟状铁线莲 *Clematis hastata* Finet et Gagnep.

湖北、四川、陕西、甘肃。

（13）单叶铁线莲 *Clematis henryi* Oliver

李洪钧 8070，9405，8719；王映明 6670；Ho-Chang Chow 1831；无采集人 1452；酉阳队 500242-549；肖艳、莫海波、张成、刘阿梅 LS-847；张代贵 zdg10047，zdg0659

龙山、芷江、凤凰、永顺、桑植、慈利、石门、彭水、酉阳、松桃、鹤峰、咸丰、恩施。

云南、四川、广西、广东、江西、浙江、台湾、安徽、江苏。

（14）毛单叶铁线莲 *Clematis henryi* var. *mollis* W. T. Wang

北京队 312；李洪钧 Li Hung-jun 8070；无采集人 1452。

永顺、彭水、鹤峰。

（15）大叶铁线莲 *Clematis heracleifolia* de Candolle

宿秀江、刘和兵 433125D00021002017；张桂才 564；吴芜 860411

凤凰、沅陵、保靖、桃源。

湖北、浙江、安徽、江苏、河南、陕西、山西、山东、河北、辽宁、吉林。

朝鲜、日本。

（16）铁线莲 *Clematis kweichowensis* C. P'ei

肖艳、赵斌 LS-2188；北京队 001224

石门、桃源、慈利、桑植、武陵源、永定、沅陵、辰溪、溆浦、麻阳、新晃、芷江、泸溪、凤凰、保靖、古丈、永顺、龙山、花垣、吉首。

广西、广东、江西。

日本。

（17）毛蕊铁线莲 *Clematis lasiandra* Maximowicz

赵佑成 88-1556；李洪钧 8103，9241，9201，7918，8859；田代科、肖艳、莫海波、张成 LS-2610；黔江队 500114-133，500114-11，500114-362

龙山、芷江、凤凰、保靖、花垣、永顺、石门、梵净山、黔江、咸丰、鹤峰、恩施。

云南、四川、甘肃、陕西、河南、广西、广东、江西、浙江、安徽。

日本。

（18）绣毛铁线莲 *Clematis leschenaultiana* de Candolle

肖艳、付乃峰 LS-2773，LS-2829；田代科、肖艳、陈岳 LS-1146；壶瓶山考察队 87212；北京队 002933，846；无采集人 232；肖艳、周建军 LS-009；张代贵 zdg1503011464；邓涛 080308018

吉首、龙山、桑植、花垣、永顺、石门、鹤峰、五峰。

云南、四川、贵州、广西、广东、福建、台湾。

越南、菲律宾、印度尼西亚。

（19）毛柱铁线莲 *Clematis meyeniana* Walpers

谭士贤 6456-01，6456-02，6456-03；杨流秀 146；潘承魁 522222151105002LY；张志松 402527；陈寿军 522229140924448LY；谢欢欢 522230190126012LY；彭春良 86255；黔北队

0879

石门、桃源、慈利、桑植、武陵源、永定、沅陵、辰溪、溆浦、麻阳、新晃、芷江、泸溪、凤凰、保靖、古丈、永顺、龙山、花垣、吉首、印江、松桃、万山、酉阳。

云南、广西、广东、江西、福建、台湾、浙江。

越南、日本。

（20）绣球藤 *Clematis montana* Buchanan-Hamilton ex de Candolle

刘林翰 1851；无采集人 397；谭士贤 397；张志松、闵天禄、许介眉 400496，400614，402007；无采集人 0856；肖定春 80241；梵净山队 156

龙山、石门、江口、印江、彭水、秀山。

贵州、湖北、云南、广西、江西、福建、台湾、浙江、安徽、四川、甘肃、陕西、河南。

尼泊尔、印度北部。

（21）大花绣球藤 *Clematis montana* var. *longipes* W. T. Wang

张志松 4001213；吉首大学生物资源与环境科学学院 GWJ20180712_0015，GWJ20180712_0016，GWJ20180712_0017，GWJ20180712_0018

古丈、龙山、印江、酉阳、鹤峰、宣恩。

西藏、云南、四川、河南、陕西、甘肃。

（22）宽柄铁线莲 *Clematis otophora* Franchet ex Finet & Gagnepain

吴磊、邓创发 9009；吴磊、刘文剑、邓创发、宋晓飞 8860，8843

永定、永顺、鹤峰、五峰。

四川。

（23）长药裂叶铁线莲 *Clematis parviloba* var. *longianthera* W. T. Wang

北京队 777

永顺。

云南、四川。

（24）钝萼铁线莲 *Clematis peterae* Handel-Mazzetti

王映明 6782；无采集人 870；谭士贤等 870，1019；刘正宇 1096；无采集人 1019；刘玲妮等 1160；刘林翰 9624；谭士贤 221，220

凤凰、永顺、桑植、石门、彭水、秀山、酉阳、咸丰、来凤。

（25）毛果铁线莲 *Clematis peterae* var. *trichocarpa* W. T. Wang

黔江队 500114-403；酉阳队 500242-548，200242-587；壶瓶山考察队 A131，0785；安明态 3897

石门、德江、黔江、酉阳。

湖北、四川、甘肃、陕西、河南、江西、浙江、安徽、江苏。

（26）须蕊铁线莲 *Clematis pogonandra* Maximowicz

曹铁如 090312；王映明 5564；壶瓶山考察队 0819

石门、桑植、鹤峰。

四川、甘肃、陕西。

（27）华中铁线莲 *Clematis pseudootophora* M. Y. Fang

北京队 4528；陈功锡、张代贵、邓涛等 SCSB-HC-2007308；简焯坡、应俊生、马成功等 30905

吉首、慈利、桑植、印江、鹤峰。

江西、浙江、福建。

（28）扬子铁线莲 *Clematis puberula* var. *ganpiniana*（H. Léveillé & Vaniot）W. T. Wang

肖艳、莫海波、张成、刘阿梅 LS-623，LS-631；张代贵 zdg9957

龙山、永顺、石门、秀山、咸丰、来凤。

贵州、云南、广西、广东、江西、浙江、安徽、四川、陕西。

（29）五叶铁线莲 *Clematis quinquefoliolate* Hutchinson

壶瓶山考察队 87193；陈功锡、张代贵、邓涛等 SCSB-HC-2007340；北京队-武陵山队 001628；张志松、闵天禄、许介眉 401831，401911；雷开东 4331271408251024，ZB140825715；廖国藩、郭志芬桃 305；张代贵 4331221606300533LY，20070716325

石门、永顺、桃源区、泸溪、保靖、吉首、江口、印江。

贵州、湖北、四川。

（30）曲柄铁线莲 **Clematis repens** Finet & Gagnepain

张志松、党成忠等 400136；张无休、崔禾、陈岩 031；李永康 8040，08040；杨泽伟 522226191005020LY

江口、印江。

四川、广西、广东。

（31）圆锥铁线莲 **Clematis terniflora** de Candolle

石门、桃源、慈利、桑植、武陵源、永定、沅陵、辰溪、溆浦、麻阳、新晃、芷江、泸溪、凤凰、保靖、古丈、永顺、龙山、花垣、吉首。

湖北、陕西、河南、江西、浙江、江苏、安徽。

朝鲜、日本。

（32）柱果铁线莲 **Clematis uncinate** Champion ex Bentham

无采集人 799；傅发鼎、曹亚玲 0233；谭士贤 298；刘正宇 0787；无采集人 1690；酉阳队 500242-307-01，500242-307-02，500242-307-03，500242-307-04，500242-307-05

新晃、芷江、沅陵、永顺、龙山、桑植、石门、德江、松桃、秀山、彭水、酉阳。

（33）皱叶铁线莲 **Clematis uncinata** var. **coriacea** Pampanini

李学根 283844；壶瓶山考查队 0253

石门、桃源、慈利、桑植、武陵源、永定、沅陵、辰溪、溆浦、麻阳、新晃、芷江、泸溪、凤凰、保靖、古丈、永顺、龙山、花垣、吉首。

湖北、四川、甘肃、陕西。

（34）尾叶铁线莲 **Clematis urophylla** Franchet

李洪钧 6681，8610，6051，8437，8546；王映明 6700；无采集人 1060；C.Y.Chiao，H.C.Cheo 886；Y.Tsiang 7536；北京队 4502

桑植、印江、江口、黔江、鹤峰、咸丰。

四川、广西、广东。

（35）云贵铁线莲 **Clematis vaniotii** H. Léveillé & Porter

贵州、云南、四川。

9. 黄连属 Coptis Salisbury（1:1:0）

（1）黄连 **Coptis chinensis** Franchet

彭辅松 446，741；肖艳、周建军 LS-056；黔江队 500114-163；赵佐成 88-1546；雷开东 4331271405310435，4331271405040247，4331271406010473，4331271406250153；张代贵 00232

龙山、永顺、桑植、永定、武陵源、江口、松桃、黔江、宣恩、鹤峰。

四川、陕西。

10. 翠雀属 Delphinium Linnaeus（2:2:0）

（1）大花还亮草 **Delphinium anthriscifolium** var. **majus** Pampanini

李晓芳 YJ-2014-0035，YJ-2014-0103；彭辅松 268；谭士贤等 0321；刘正宇 2090117；安明态 2014-0035，YJ-2014-0035；张代贵 zdg10354，zdg1405290327，zdg4331270018

凤凰、沅陵、永顺、石门、印江、彭水、鹤峰、宣恩。

四川、陕西、安徽。

（2）卵瓣还亮草 **Delphinium anthriscifolium** var. **savatieri**（Franchet）Munz

张代贵 zdg028，120413005，150414030；张成 SZ20190427_0010；张代贵、王业清、朱晓琴 zdg，wyq，zxq0312，zdg，wyq，zxq0069

石门、桃源、慈利、桑植、武陵源、永定、沅陵、辰溪、溆浦、麻阳、新晃、芷江、泸溪、凤凰、保靖、古丈、永顺、龙山、花垣、吉首、五峰。

贵州、云南、四川、广西、广东、江西、浙江、江苏、陕西、澳门。

越南。

11. 人字果属 Dichocarpum W. T. Wang & P. K. Hsiao（5:5:0）

（1）耳状人字果 **Dichocarpum auriculatum**（Franchet）W. T. Wang & P. K. Hsiao

刘正宇等 7018-01，7018-02，7018-03

酉阳

贵州、湖北、云南、四川。

（2）蕨叶人字果 **Dichocarpum dalzielii**（J. R. Drummond & Hutchinson）W. T. Wang & P. K. Hsiao

刘林翰 18173；张志松、党成忠、肖心楠等 402178，400507

石门、桃源、慈利、桑植、武陵源、永定、沅陵、辰溪、溆浦、麻阳、新晃、芷江、泸溪、凤凰、保靖、古丈、永顺、龙山、花垣、吉首、江口、咸丰。

贵州、四川、广西、广东、江西、福建、浙江。

（3）纵肋人字果 *Dichocarpum fargesii*（Franchet）W. T. Wang & P. K. Hsiao

张代贵 130405001，YD11034；张志松、党成忠、肖心楠等 401319；谭策铭、张丽萍、易发彬、胡兵、易桂花、桑植 043；张代贵、王业清、朱晓琴 zdg, wyq, zxq0325；吉首大学生物资源与环境科学学院 GWJ20170610_0123，GWJ20170611_0419

桑植、古丈、花垣、印江、宣恩、五峰。
贵州、四川、甘肃、陕西、河南。

（4）小花人字果 *Dichocarpum franchetii*（Finet & Gagnepain）W. T. Wang & P. K. Hsiao

田代科、肖艳、陈岳 LS-997；张志松 401319；宿秀江、刘和兵 433125D00110422003；林亲众 10975；吉首大学生物资源与环境科学学院 GWJ20180712_0011；刘和兵 ZZ120422436；张代贵 YD11012，150410030；张代贵、王业清、朱晓琴 zdg, wyq, zxq0375；李雄、邓创发、李健玲 190611138

桑植、古丈、保靖、龙山、印江。
湖北、云南、四川、福建、台湾。
缅甸、尼泊尔。

（5）人字果 *Dichocarpum sutchuenense*（Franchet）W. T. Wang & P. K. Hsiao

北京队 001225；廖博儒 0481；田代科、文香英 TDK00512；无采集人 264；肖艳、付乃峰 LS-2790；田代科、肖艳、陈岳 LS-1120；肖艳、周建军 LS-110；张代贵 zdg030, zdg4331270020；宿秀江、刘和兵 433125D00020427044

永顺、桑植、保靖、龙山。
湖北、四川、浙江。

12. 獐耳细辛属 Hepatica Miller（1:1:0）

（1）川鄂獐耳细辛 *Hepatica henryi*（Oliver）Steward

张代贵 13043010，YD10071；张代贵、王业清、朱晓琴 zdg, wyq, zxq0238

石门、古丈、保靖、永顺、桑植、秀山、彭水、黔江、五峰。
湖北、四川。

13. 毛茛属 Ranunculus Linnaeus（9:9:0）

（1）禺毛茛 *Ranunculus cantoniensis* de Candolle

无采集人 522；刘正宇 859，0577；无采集人 859；刘林翰 9511；北京队 001619，001948；廖博儒 0855，0220；植化室样品凭证标本 304

凤凰、花垣、永顺、桑植、玉屏、江口、松桃。

湖北、云南、四川、广西、广东、陕西、河南、江西、福建、台湾、浙江、江苏、安徽。
不丹、越南、朝鲜、日本。

（2）茴茴蒜 *Ranunculus chinensis* Bunge

石门、桃源、慈利、桑植、武陵源、永定、沅陵、辰溪、溆浦、麻阳、新晃、芷江、泸溪、凤凰、保靖、古丈、永顺、龙山、花垣、吉首。

贵州、湖北、西藏、云南、四川、陕西、甘肃、青海、新疆、内蒙古、黑龙江、吉林、辽宁、河北、山西、河南、山东、江西、江苏、安徽、浙江、广东、广西。
印度、朝鲜、日本、苏联。

（3）西南毛茛 *Ranunculus ficariifolius* H. Léveillé & Vaniot

宿秀江、刘和兵 433125D00110813083；肖艳、周建军 LS-115；刘正宇 2090122

保靖、龙山、彭水。
贵州、湖北、云南、四川。

（4）毛茛 *Ranunculus japonicus* Thunberg

李洪钧 8464；田代科、肖艳、陈岳 LS-1012，LS-1061；刘林翰 1439；黔江队 500114-534；彭水队 500243-002-199；酉阳队 500242-502，500242662；张代贵 zdg4331270177；吴磊、刘文剑、邓创发、宋晓飞 8813

新晃、凤凰、沅陵、永顺、龙山、桑植、石门、梵净山、松桃、黔江、彭水、酉阳、咸丰、来凤、鹤峰。

西南地区、华南地区、东北地区。

朝鲜、苏联、日本。

（5）刺果毛茛 *Ranunculus muricatus* Linnaeus

江苏、浙江、广西。

（6）石龙芮 *Ranunculus sceleratus* Linnaeus

无采集人 0016；刘正宇 0015，0050；无采集人 0050；雷开东 4331271503301667；北京队 001631；粟林 4331261503031225；无采集人 307；张志松、党成忠、肖心楠等 400102，401472

永顺、古丈、桑植、江口、印江、彭水、黔江、鹤峰。

全国广泛分布。

北温带地区广泛分布。

（7）扬子毛茛 *Ranunculus sieboldii* Miquel

王应明 5607；戴伦膺、钱重海 624；刘林翰 1488；刘正宇 1178，0020；无采集人 859；无采集人 0051；无采集人 0187；无采集人 15；北京队 001614

芷江、凤凰、花垣、永顺、龙山、江口、印江、德江、彭水、秀山、黔江、恩施、鹤峰、宣恩。

（8）钩柱毛茛 *Ranunculus silerifolius* H. Léveillé

麻超柏、石琳军 HY20180316_0158；张代贵、张成 TD20180508_5794

花垣、古丈、芷江、永顺、石门、咸丰、鹤峰、宣恩。

四川、贵州、广西、广东、江西、福建、台湾。

越南、不丹、印度、印度尼西亚、朝鲜、日本。

（9）猫爪草 *Ranunculus ternatus* Thunberg

雷开东 4331271503051544；张代贵 zdg10313，zdg10240，zdg10046，yd00047

石门、桃源、慈利、桑植、武陵源、永定、沅陵、辰溪、溆浦、麻阳、新晃、芷江、泸溪、凤凰、保靖、古丈、永顺、龙山、花垣、吉首。

湖北、广西、台湾、江苏、浙江、江西、安徽、河南。

日本。

14. 天葵属 Semiaquilegia Makino（1:1:0）

（1）天葵 *Semiaquilegia adoxoides*（de Candolle）Makino

酉阳队 500242640，500242669；无采集人 02054

凤凰、永顺、龙山、万山、玉屏、思南、德江、沿河、酉阳、松桃、鹤峰。

15. 唐松草属（Thalictrum Linnaeus 13:13:0）

（1）尖叶唐松草 *Thalictrum acutifolium*（Handel-Mazzetti）B. Boivin

北京队 000648，001242；王映明 5214，6622；刘正宇 0971，0906；无采集人 971；谭士贤等 396；刘玲妮等 0750；张进伦 6419

凤凰、永顺、龙山、桑植、武陵源、江口、彭水、秀山、黔江、酉阳、咸丰、鹤峰、宣恩。

四川、广西、广东、江西、福建、浙江、安徽。

（2）大叶唐松草 *Thalictrum faberi* Ulbrich

麻超柏、石琳军 HY20180710_0417

石门、桃源、慈利、桑植、武陵源、永定、沅陵、辰溪、溆浦、麻阳、新晃、芷江、泸溪、凤凰、保靖、古丈、永顺、龙山、花垣、吉首。

江西、福建、浙江、江苏、安徽、河南。

（3）西南唐松草 *Thalictrum fargesii* Franchet ex Finet & Gagnepain

田代科、肖艳、陈岳 LS-954；张代贵 YD10128

石门、龙山、永定。

贵州、四川、湖北、河南、陕西、甘肃。

（4）盾叶唐松草 *Thalictrum ichangense* Lecoyer ex Oliver

方明渊 24406；无采集人 606；无采集人 1362；刘正宇 606，6446-01，6546-01，6546-03；刘正宇等 6471-01，6471-02，6471-03

彭水、酉阳、恩施。

云南、四川、陕西、浙江。

（5）爪哇唐松草 *Thalictrum javanicum* Blume

王映明 5916；刘正宇 0051；赵佐成 88-1829，88-1951，88-2007，88-1797，88-1938；刘玲妮等 0610；西师生物系 02049；谭士贤 190

永顺、桑植、石门、梵净山、黔江、酉阳、宣恩、鹤峰。

西藏、云南、四川、甘肃、广东、福建、台湾。

尼泊尔、印度、斯里兰卡、印度尼西亚。

（6）长喙唐松草 *Thalictrum macrorhynchum* Franchet

壶瓶山考察队 1397

石门。

湖北、四川、甘肃、陕西、山西、河北。

（7）小果唐松草 *Thalictrum microgynum* Lecoyer ex Oliver

无采集人 906；刘正宇 661，0351；无采集人 396；无采集人 1362；无采集人 0661；无采集人 0351；酉阳队 500242-313；西南师范学院生物系 02565；无采集人 1505

龙山、桑植、石门、彭水、黔江、秀山、酉阳、鹤峰。

云南、四川、陕西。

（8）东亚唐松草 *Thalictrum minus* var. *hypoleucum*（Siebold & Zuccarini）Miquel

李洪钧 5150，6150；戴伦鹰、钱重海鄂 611；黔江队 500114-458；无采集人 0610；刘正宇等 4948-01，4948-02，4948-03，6471；刘正宇 6678

新晃、芷江、凤凰、保靖、永顺、慈利、石门、印江、德江、沿河、万山、黔江、秀山、酉阳、鹤峰、宣恩、恩施。

广东、四川、安徽、江苏、河南、陕西、山西、山东、河北、内蒙古、华北地区、东北地区。

朝鲜、日本。

（9）川鄂唐松草 *Thalictrum osmundifolium* Finet & Gagnepain

湖北、四川。

（10）多枝唐松草 *Thalictrum ramosum* B. Boivin

张志松等 400061；田代科、肖艳、陈岳 LS-1145；无采集人 0890；无采集人 0057；谭士贤等 0890，288；无采集人 288

龙山、德江、江口、黔江、彭水。

四川、河南、广西。

（11）阴地唐松草 *Thalictrum umbricola* Ulbrich

石门、桃源、慈利、桑植、武陵源、永定、沅陵、辰溪、溆浦、麻阳、新晃、芷江、泸溪、凤凰、保靖、古丈、永顺、龙山、花垣、吉首。

广西、广东、江西。

（12）弯柱唐松草 *Thalictrum uncinulatum* Franchet ex Lecoyer

聂敏祥 1276；王映明 6550；傅国勋、张志松 1276；壶瓶山考察队 1237，1332，01316

石门、恩施、咸丰。

贵州、四川、陕西、甘肃。

（13）长柄唐松草 *Thalictrum przewalskii* Maximowicz

石门。

湖北、西藏、四川、青海、甘肃、陕西、河南、山西、河北、内蒙古。

16. 尾囊草属 Urophysa Ulbrich（1:1:0）

（1）尾囊草 *Urophysa henryi*（Oliver）Ulbrich

肖艳、付乃峰 LS-2750；喻勋林、黎明 15060303；无采集人 308；无采集人 1334；张代贵、王业清、朱晓琴 zdg，wyq，zxq0229

石门、桃源、慈利、桑植、武陵源、永定、沅陵、辰溪、溆浦、麻阳、新晃、芷江、泸溪、凤凰、保靖、古丈、永顺、龙山、花垣、吉首、五峰。

贵州、四川。

八十九、清风藤科 Sabiaceae（2:20）

1. 泡花树属 Meliosma Blume（13:13:0）

（1）珂南树 *Meliosma alba*（Schlechtendal）Walpers

湖南、四川、云南、江西、浙江。

缅甸北部。

（2）泡花树 *Meliosma cuneifolia* Franchet

西师生物系 74 级 02563；无采集人 1649；无采集人 0848；安明态 SQ-0436；王映明 5876，5786，4600；付国勋、张志松 1466；谭沛祥 62555；壶瓶山考察队 1147

芷江、凤凰、古丈、桑植、石门、石阡、印江、松桃、鹤峰、宣恩。

甘肃、陕西、河南、四川、西藏。

（3）垂枝泡花树 *Meliosma flexuosa* Pampanini

黄威廉 078；朱太平、刘忠福 399；武陵山考察队 2377；简焯坡、应俊生、马成功等 31083，31285；黔北队 0399；安明态、王加国、简焯坡等 31433；武陵考察队 863；刘林翰 9162

新晃、桑植、施秉、印江、沿河、松桃。

陕西、四川、广东、江西、浙江、安徽、江苏。

（4）香皮树 *Meliosma fordii* Hemsley

武陵山考察队 323

印江。

云南、广西、广东、江西、福建。

越南、老挝、柬埔寨、泰国。

（5）多花泡花树 *Meliosma myriantha* Siebold & Zuccarini

北京队 986；张代贵 zdg1138，091715056，YH090715708，YH090702838，y090807064；雷开东 4331271408080888

鹤城、沅陵、石门、古丈、永顺、印江、咸丰。

山东、江苏、贵州。

朝鲜、日本。

（6）异色泡花树 *Meliosma myriantha* var. *discolor* Dunn

武陵山考察队；壶瓶山考察队 87342；张桂才等 344；沈中瀚 307，378

沅陵、石门、永顺、印江、咸丰。

浙江、安徽、广西、广东、江西、福建。

（7）柔毛泡花树 *Meliosma myriantha* var. *pilosa*（Lecomte）Y. W. Law

王映明 4535；彭水队 500243-001-144-01，500243-001-144-02，500243-001-144-03；黔北队 992；朱太平、刘忠福 419，992；席先银等 352，609；庸林 84271

永顺、慈利、桑植、宣恩。

陕西、四川、江西、福建、浙江、江苏。

（8）红柴枝 *Meliosma oldhamii* Miquel ex Maximowicz

黔南队 2598；安明态 DJ-0905；李晓腾 08053104；冼荣军 1060；邓涛 070910008；张代贵 070506045；北京队 000987，00542；汤彬 21016；舒婷 071028025

永顺、保靖。

广西、广东、江西、浙江、江苏、安徽、河南、陕西。

（9）有腺泡花树 *Meliosma oldhamii* var. *glandulifera* Cufodontis

凤凰、保靖、古丈、永顺、龙山、花垣、吉首。

安徽、江西、广西。

（10）细花泡花树 *Meliosma parviflora* Lecomte

壶瓶山考察队 87326；彭水队 500243-003-026-01，500243-003-026-02

石门。

四川、江苏、浙江。

（11）笔罗子 *Meliosma rigida* Siebold & Zuccarini

安明态 DJ-1109；植被调查队 477；武陵山考察队 323；北京队 001252；蔡平成 20337

永顺、桑植、永定、江口、松桃、咸丰。

广西、广东、福建、浙江、台湾。

日本。

（12）毡毛泡花树 *Meliosma rigida* var. *pannosa*（Handel-Mazzetti）Y. W. Law

沈中瀚 226；植被调查队 447；张代贵 08052807，170701005，6079；喻勋林 91712；北京队 1252

福建、江西、广东、广西。

（13）暖木 *Meliosma veitchiorum* Hemsley

张代贵、王业清、朱晓琴 2641；曹铁如 90187；安明态 SQ-0895；植被调查队 662；谷忠村 6003

桑植、武陵源、梵净山、鹤峰。

四川、云南、陕西、河南、安徽、浙江。

2. 清风藤属 Sabia Colebrooke（7:7:0）

（1）鄂西清风藤 *Sabia campanulata* subsp. *ritchieae*（Rehder & E. H. Wilson）Y. F. Wu

刘克旺 30104；周辉、罗金龙 15030801；肖艳、付乃峰 LS-2834；北京队 00793；王映明 4403；肖艳、赵斌 LS-2271；雷开东 4331271404270099；李洪钧 3824；张成 SZ20190427_0075；雷开东 ZZ140427777

永顺、梵净山、鹤峰、宣恩。

江苏、安徽、浙江、福建、江西、广东、四川、甘肃、陕西。

（2）平伐清风藤 *Sabia dielsii* H. Léveillé

武陵山考察队 1293，2750；北京队 2107

桑植、江口。

云南、广西。

（3）凹萼清风藤 *Sabia emarginata* Lecomte

黔北队 0752；武陵山考察队 482，0150；肖定春 80172，80224；壶瓶山考察队 A150；郭玉生 188；曹铁如等 850338；宿秀江、刘和兵

433125D00160238004；张代贵 zdg10221

永顺、石门、永定、保靖、沅陵。

四川、广西。

（4）清风藤 *Sabia japonica* Maximowicz

无采集人 0540；无采集人 1143；李洪钧 7395，7057；彭辅松 588；简焯坡等 400310，400156；张志松等 400524；北京队 002618；杨彬 080503090+2

桑植、永顺、鹤峰。

江苏、浙江、安徽、广西、广东、江西、福建。

日本。

（5）四川清风藤 *Sabia schumanniana* Diels

彭水队 500243-001-133-01，500243-001-133-02；方明渊 24478；湘黔队 2470；张志松 400311；鲁道旺 522222160718028LY；无采集人 521；张迅 522224160705044LY；李丙贵、万绍宾 750176；谷忠村 82-0217

桑植、永定、印江、松桃、鹤峰、宣恩。

陕西、甘肃、四川、浙江。

（6）多花清风藤 *Sabia schumanniana* subsp. *pluriflora*（Rehder & E. H. Wilson）Y. F. Wu

四川。

（7）尖叶清风藤 *Sabia swinhoei* Hemsley

酉阳队 500242-540-01，500242-540-02；刘正宇、张军等 2008721-01；李洪钧 7395，7057；李永康 8121；武陵山考察队 355；湘黔队 2470；壶瓶山考察队 0195；彭春良 86022

新晃、芷江、沅陵、桑植、石门、慈利、石阡、来凤、宣恩。

四川、广西、广东、江西、福建、台湾、浙江、江苏。

九十、莲科 Nelumbonaceae（1:1）

1. 莲属 Nelumbo Adanson（1:1:0）

（1）莲 *Nelumbo nucifera* Gaertner

秀山普查队 0962；无采集人 0455；酉阳队 1157；赵佐成 88-1423；傅国勋、张志松 1454；

张志松、党成忠等 400677，401716；Sino-American Guizhou Botanical Expedition 85；伍旗福等 120；武陵考察队 2458；武陵队 2458

吉首、保靖、永顺、桑植、武陵源、慈利、

石门、芷江、溆浦、酉阳、秀山。　　　　　　　日本、朝鲜、俄罗斯、印度、越南。
　湖南、重庆。

九十一、悬铃木科 Platanaceae（1:2）

1. 悬铃木属 Platanus Linnaeus（2:2:0）
（1）法国梧桐 *Platanus acerifolia*（Aiton）
Willdenow
　郑家仁 80371

（2）一球悬铃木 *Platanus occidentalis* Linnaeus
谷忠村 0805131；刘正宇 0017
原产于北美洲，现广泛被引种于我国北部及中部。

九十二、山龙眼科 Proteaceae（2:2）

1. 银桦属 Grevillea R. Banksia（1:1:0）
（1）银桦 *Grevillea robusta* A. Cunn. ex R. Banksia
　无采集人 904；刘正宇 904
　彭水。
　云南、四川、贵州、广西、广东、福建、江西、浙江、台湾。
　澳大利亚。
2. 山龙眼属 Helicia Loureiro（1:1:0）
（1）小果山龙眼 *Helicia cochinchinensis* Loureiro

Ho-Chang Chow 1838；屠玉麟 79 — 783；湘黔队 2508；张涤 无采集号；武陵山考察队 3351；席先银等 4，5；湘西考察队 149，159；张代贵 zdg1407251010
　江口、恩施。
　云南、四川、湖南、湖北、贵州、广西、广东、江西、福建、浙江、台湾。
　越南、日本。

九十三、水青树科 Tetracentraceae（1:1）

1. 水青树属 Tetracentron Oliver（1:1:0）
（1）水青树 *Tetracentron sinense* Oliver
　酉阳队 500242-328-01，500242-328-02；刘正宇 6755；黄升 DS7879；李洪钧 5708，4232，3375；张志松、党成忠等 402024；中美梵净山调查队 655；沐先运 1005；廖衡松 15902

凤凰、古丈、桑植、武陵源、石门、江口、酉阳、五峰、鹤峰。
　四川、湖北、湖南、贵州、云南、陕西、甘肃。
　不丹、尼泊尔。

九十四、黄杨科 Buxaceae（3:15）

1. 黄杨属 Buxus Linnaeus（10:10:0）
（1）雀舌黄杨 *Buxus bodinieri* H. Léveillé

蔡平成 20196；谢欢欢 522230190928055LY
桑植、慈利、石门。

贵州、湖北、湖南、云南、四川、广西、广东、江西、浙江、河南、甘肃、陕西。

（2）匙叶黄杨 *Buxus harlandii* Hance

杨龙 88-009；李洪钧 8564；刘林翰 1707；无采集人 0119

广东。

（3）大花黄杨 *Buxus henryi* Mayr

无采集人 0508；无采集人 632；无采集人 0900；贺海生 080502033；林亲众 87260；张代贵 125，zdg10350；莫岚 070717069；梁小星 070716277

桑植。

贵州、湖北、湖南、四川。

（4）宜昌黄杨 *Buxus ichangensis* Hatusima

张代贵 4331221606300534LY；李良千 21；李洪钧 8564

（5）大叶黄杨 *Buxus megistophylla* H. Léveillé

曹铁如 83010；壶瓶山考察队 87260，1221；北京队 001211，001769；张桂才等 422

沅陵、石门。

贵州、广西、江西。

（6）杨梅黄杨 *Buxus myrica* H. Léveillé

李洪钧 5331；刘克旺 30056；张志松等 400508，400367；简焯坡等 31861；简焯坡、马成功等 31861

江口。

四川、广东、湖南、海南、江西。越南。

（7）锦熟黄杨 *Buxus myrica* H. Léveillé

（8）黄杨 *Buxus sinica*（Rehder & E. H. Wilson）M. Cheng

西师（生）02480；谭士贤 20；赵佐成 88-1907；李洪钧 8706，3566；聂敏祥、李启和 1272，1284；武陵山考察队 2949；张华海 2949；廖衡松 16002

沅陵、桑植、石门。

贵州、湖北、陕西、甘肃、四川、广西、广东、江西、浙江、安徽、江苏、山东。

（9）尖叶黄杨 *Buxus sinica* var. *aemulans*（Rehder & E. H. Wilson）P. Brückner & T. L. Ming

廖博儒 276，44；林亲众 444；周辉、周大松 15053001；章伟、李永权、汪惠峰 ANUB00794；李洪钧 5331

桑植、石门。

湖北、安徽、浙江、福建、江西、四川、广东、广西。

（10）越橘叶黄杨 *Buxus sinica* var. *vacciniifolia* M. Cheng

江西、重庆、湖南、广东。

2. 板凳果属 Pachysandra A. Michaux（2:2:0）

（1）多毛板凳果 *Pachysandra axillaris* var. *stylosa*（Dunn）M. Cheng

武陵队 13；张代贵、王业清、朱晓琴 zdg，wyq，zxq0256

陕西、江西、云南、福建、广东。

（2）顶花板凳果 *Pachysandra terminalis* Siebold & Zuccarini

涪陵调查组 047；李洪钧 6295，8237；壶瓶山考察队 A78；廖衡松 15996

桑植、石门。

湖北、甘肃、陕西、四川、浙江。

日本。

3. 野扇花属 Sarcococca Lindley（3:3:0）

（1）双蕊野扇花 *Sarcococca hookeriana* var. *digyna* Franchet

王映明 6924；李洪钧 6098、4835；聂敏祥、李启和 1284；傅国勋、张志松 1284、1272；廖衡松 16067；曹铁如 090443，090235

五峰。

贵州、湖北、四川、陕西。

（2）长叶柄野扇花 *Sarcococca longipetiolata* M. Cheng

湖南中医研究所 72

湖南、广东。

（3）野扇花 *Sarcococca ruscifolia* Stapf

贵州、湖北、湖南、山西、甘肃、四川、云南、广西。

九十五、芍药科 Paeoniaceae（1:6）

1. 芍药属 Paeonia Linnaeus（6:6:0）

（1）芍药 *Paeonia lactiflora* Pallas

谭士贤、刘正宇 11751-01，11751-02，11751-03；姚本岗 5222291604131003LY；刘正宇 0279，328，0170，0006；王岚 522223140604002LY；普查队 245；万枝伍 860093

桃源、玉屏、印江、松桃、秀山、彭水、黔江。

陕西、四川、贵州、安徽、山东、浙江、甘肃南部。

（2）草芍药 *Paeonia obovata* Maximowicz

曹亚玲、溥发鼎 129，886；黔江队 500114-205；彭辅松 170；王大兰 522230191103049LY；壶瓶山考察队 1317；T.R.Cao 090133；陈功锡、廖博儒等 165；谭策铭、张丽萍、易桂花、胡兵、易发彬、桑植 030

桑植、黔江。

四川、湖北、安徽、河南、陕西、山西、河北。

（3）拟草芍药 *Paeonia obovata* subsp. *willmottiae*（Stapf）D. Y. Hong & K. Y. Pan

四川、甘肃、陕西、湖北、河南、安徽。

（4）杨山牡丹 *Paeonia ostii* T. Hong & J. X. Zhang

安徽、河南、湖北、重庆、陕西。

（5）紫斑牡丹 *Paeonia rockii*（S. G. Haw et Lauener）T. Hong et J. J. Li

四川、甘肃、陕西。

（6）牡丹 *Paeonia suffruticosa* Andrew

刘正宇 0916；酉阳队 500242646；黔江队 500114-513；李杰 522229150530938LY；罗金祥 860157；雷开东 4331271404270074；谢根柱 011

新晃、黔江。

陕西。

九十六、蕈树科 Altingiaceae（1:2）

1. 枫香树属 Liquidambar Linnaeus（2:2:0）

（1）缺萼枫香树 *Liquidambar acalycina* H. T. Chang

M.T.An 950161，950162，950163；武陵山考察队 2155；李洪钧 3806，9028，7360，6348；张志松等 400033；刘林翰 1759

龙山、江口、咸丰。

四川、安徽、江苏、浙江、江西、广东、广西。

（2）枫香树 *Liquidambar formosana* Hance

李洪钧 4566，3806，5150，7554；张志松 400305，400033 钟补勤 1685；黔南队 2599；武陵山考察队 3345；肖定春 80313

龙山、江口、咸丰。

秦岭及淮河以南各地区。

越南、老挝、朝鲜。

九十七、金缕梅科 Hamamelidaceae（6:14）

1. 蜡瓣花属 Corylopsis Siebold & Zuccarini（6:6:0）

（1）鄂西蜡瓣花 *Corylopsis henryi* Hemsley

鄂西、四川万县。

（2）瑞木 *Corylopsis multiflora* Hance

林文豹 555；李洪钧 7059；简焯坡 32383；

李永康 8317；张志松 400074；武陵山考察队 363，1071；B.Barhtolomew et al. 113；祁、刘、林 39；刘林翰 1982；植被调查队 854

新晃、芷江、沅陵、古丈、花垣、永顺、龙山、桑植、石门、施秉、梵净山。

云南、四川、贵州、湖北、湖南、广西、广东、福建、台湾。

（3）黔蜡瓣花 **Corylopsis obovata** H. T. Chang

张志松 400722，411888，401602；简焯坡等 31300，31485；王映明 6476

梵净山、酉阳、咸丰。

贵州、四川东南部、湖北西南部。

（4）圆叶蜡瓣花 **Corylopsis rotundifolia** H. T. Chang

黔北队 644；简焯坡 31300；西南师院生物系 02212；武陵山考察队 2936；安明态 SQ-0673；赵佐成 88-2000

咸丰、石阡、印江、黔江。

贵州、四川、湖北。

（5）蜡瓣花 **Corylopsis sinensis** Hemsley

李洪钧 6453；张志松 401602，400518；李永康 8317；B.Barhtolomew et al. 1090；张志松 402167；朱太平、刘忠福 821；杨彬 070404045

古丈、永顺、桑植、永定、武陵源、石门、梵净山、咸丰、宣恩、五峰。

贵州、湖北、湖南、广西、广东、江西、福建、浙江、安徽。

（6）秃蜡瓣花 **Corylopsis sinensis** var. *calvescens* Rehder et E. H. Wilson

赵佑成 88-1639；李洪钧 4300，9453；王映明 4037；朱太平、刘忠福 542，1647；武陵山考察队 2741，2360；B.Bartholomew et al. 1781；蔡平成 20085

永顺、石门、黔江、石阡、德江、宣恩。

四川、贵州、湖南、江西、广东、广西。

2. 蚊母树属 Distylium Siebold & Zuccarini（5:5:0）

（1）小叶蚊母树 **Distylium buxifolium**（Hance）Merrill

章伟、李永权、汪惠峰 ANUB00787；傅国勋、张志松 1525；包满珠、方子兴等 Ⅳ 2-05-

8007；李洪钧 6435；张志 4004；郑家仁 80029，肖定春 80009；蔡平成 20054；桑植县林科所 193；祁承经 3033

吉首、永顺、桑植、石门、来凤、鹤峰。

四川、湖北、湖南、广西、广东、福建。

（2）中华蚊母树 **Distylium chinense**（Franchet ex Hemsley）Diels

傅国勋、张志松 1525；肖艳、付乃峰 LS-2783；屈永贵 080416056；李洪钧 4855，6435；朱太平、刘忠福 2613；刘锦、万秋生、石庆贤 2017-0114，2017-1104；张代贵 zsy0068

沅陵、保靖、花垣、桑植、石门、德江、来凤、鹤峰。

云南、贵州、四川、湖北、湖南。

（3）杨梅蚊母树 **Distylium myricoides** Hemsley

郑家仁 80338；植被调查队 867；武陵山考察队 3344；龙成良 120240；贺海生 0807142SJ003；张代贵 zdg4331270073；张芳莉 080714SB02；周香城 080714ZSJ003；北京队 901；沈中瀚 01195

沅陵、古丈、花垣、永顺、桑植、武陵源、慈利、石门、石阡。

贵州、湖南、广西、广东、福建、江西、安徽、浙江。

（4）蚊母树 **Distylium racemosum** Siebold & Zuccarini

杨引婷 522230190125005LY；张志松 400077，400836

福建、浙江、台湾、广东、海南。

朝鲜、日本琉球。

（5）黔蚊母树 **Distylium tsiangii** Chun ex Walker

张代贵 080907008；黔北 1831；麻超柏、石琳军 HY20180715_0486，HY20180321_0235

吉首、江口、印江、万山。

贵州。

3. 金缕梅属 Hamamelis Linnaeus（1:1:0）

（1）金缕梅 **Hamamelis** mollis Oliver

朱太平、刘忠福 1108；黔北队 1108，肖定春 80377，80209；郑家仁 80440；蔡平成 20015；龙成良 120154；刘林翰 9893；宿秀江、刘和兵

433125D00160808074

古丈、保靖、花垣、桑植、武陵源、石门、梵净山、松桃、鹤峰。

四川、湖北、贵州、湖南、江西、广西、安徽、江苏、浙江。

4. 檵木属 Loropetalum R. Brown（2:2:0）

（1）檵木 *Loropetalum chinense*（R. Brown）Oliver

王金敖、王雅轩 116；张志松 400095，402255，400129；李永康 8068；肖定春 80045

芷江、沅陵、古丈、花垣、永顺、龙山、桑植、武陵源、石门、桃源、石阡、江口、印江、德江、松桃、来凤、宣恩。

山东、长江流域以南至北回归线以北地区。

日本、印度。

（2）红花檵木 *Loropetalum chinense* var. rubrum Yieh

魏波 201905192016；何佩云 201905192023；王淏 201905192077

武陵源、石阡。

仅见栽培。湖南各地常有栽培。

5. 山白树属 Cercidiphyllum Siebold & Zuccarini

（1）山白树 *Sinowilsonia henryi* Hemsley

湖北、四川、河南，陕西、甘肃。

6. 水丝梨属 Sycopsis Oliver（1:1:0）

（1）水丝梨 *Sycopsis sinensis* Oliver

武陵山考察队 2710；Y.Tsiang 7685，7687，7658，7667；简焯坡等 31673；郑家仁 80080；肖定春 90394，80319；林亲众 450

芷江、古丈、花垣、永顺、桑植、武陵源、石门、桃源、印江。

陕西、四川、云南、贵州、湖北、湖南、广西、广东、江西、安徽、浙江、福建、台湾。

九十八、连香树科 Cercidiphyllaceae（1:1）

1. 连香树属 Cercidiphyllum Siebold & Zuccarini（1:1:0）

（1）连香树 *Cercidiphyllum japonicum* Siebold et Zuccarini

廖衡松 15912；壶瓶山考察队 87394

桑植、石门、梵净山、鹤峰。

四川、甘肃、湖北、安徽、江西。

九十九、虎皮楠科 Daphniphyllaceae（1:3）

1. 虎皮楠属 Daphniphyllum Blume（3:3:0）

（1）狭叶虎皮楠 *Daphniphyllum angustifolium* Hutchinson

彭春良 8608；吉首大学生物资源与环境科学学院 GWJ20170610_0282

桑植、慈利、古丈。

湖南、湖北、四川。

（2）交让木 *Daphniphyllum macropodum* Miquel

西南师范学院生物系 02545；傅国勋、张志松 1522；聂敏祥 1522；李洪钧 2403，5425；中美梵净山联合考察队 136；沈中瀚 01165

沅陵、永顺、桑植、石门、江口、松桃、酉阳、咸丰、鹤峰、宣恩。

台湾、浙江、安徽、湖北、江西、湖南、广东、广西、贵州、四川、云南。

（3）虎皮楠 *Daphniphyllum oldhamii*（Hemsley）K. Rosenthal

中国西部科学院 4103；酉阳队 500242-609-01，500242-609-02，500242-609-03；彭水队 500243-003-103；Ho-Chang Chow 1786；李洪钧 4963；张兵、向新 090529030；武陵山考察队 298；肖定春 80001

新晃、芷江、沅陵、永顺、桑植、石门、石阡、江口、来凤、鹤峰。

广西、浙江、福建、江西、湖北、湖南、广东、海南。

一百、鼠刺科 Iteaceae（1:3）

1. 鼠刺属 Itea Linnaeus（3:3:0）

（1）腺鼠刺 *Itea glutinosa* Handel-Mazzetti

张志松等 400895，400798，400798；蓝开敏 98-0003；武陵山考察队 2773，3017，3242；李学根 204147；曹铁如 084316

新晃、沅陵、永顺、石阡、江口。

湖南、广西、贵州。

（2）冬青叶鼠刺 *Itea ilicifolia* Oliver

溥发鼎、曹亚玲 0228；聂敏祥、李启和 1092

施秉、德江。

湖北、四川、贵州。

（3）峨眉鼠刺 *Itea omeiensis* C. K. Schneider

邓涛 075；杨欣悦 GZ20180624_6661；张代贵 JH041，qq1013，0907134054，ZZ140606234，yd00045，YD11067，YD10056；欧阳进发 0104

花垣、保靖、古丈、永顺。

安徽、浙江、江西、福建、湖南、广西、四川、贵州、云南。

一百零一、茶藨子科 Grossulariaceae（1:7）

1. 茶藨子属 Ribes Linnaeus（7:7:0）

（1）革叶茶藨子 *Ribes davidii* Franchet

李洪钧 6001；田代科、肖艳、陈岳 LS-990；肖艳、周建军 LS-105

龙山、新宁、鹤峰。

云南、贵州、重庆。

（2）鄂西茶藨子 *Ribes franchetii* Janczewski

陕西、湖北、四川。

（3）冰川茶藨子 *Ribes glaciale* Wallich

方明渊 24421，24323；李洪钧 5759；壶瓶山考察队 0780，87421，87395；李丙贵 750156；植被调查队 956；徐永福、罗金龙 1506030

桑植、石门、宣恩、恩施、咸丰。

河南、山西、陕西、甘肃、湖北、安徽。四川、云南、西藏。

克什米尔地区、尼泊尔、不丹。

（4）宝兴茶藨子 *Ribes moupinense* Franchet

张志松 400579；张志松等 400612；王长清、方子兴 Ⅳ 050122；黔北队 941，943；龙成良 87422；廖衡松 15899；刘林翰 17306；廖博儒

1045

石门、梵净山。

四川、云南、贵州、湖北、陕西、甘肃、安徽。

（5）渐尖茶藨子 *Ribes takare* D. Don

朱太平、刘忠福 1011

江口。

陕西、甘肃、湖北、四川、贵州、云南。

印度、尼泊尔、不丹、缅甸。

（6）细枝茶藨子 *Ribes tenue* Janczewski

方明渊 24323；张志松 400580，400612；武陵山考察队 1247；龙成良 87241；蔡平成 20231；北京队 002661

石门、桑植、江口、印江、恩施。

云南、四川、湖北、湖南、陕西、甘肃、河南。

（7）绿花茶藨子 *Ribes viridiflorum*（Cheng）L. T. Lu & G. Yao

浙江、安徽。

一百零二、虎耳草科 Saxifragaceae（7:27）

1. 落新妇属 Astilbe Buchanan–Hamilton ex D. Don（4:4:0）

（1）落新妇 *Astilbe chinensis*（Maximowicz）Franchet et Savatier

赵佐成 88-1537；武陵山考察队 701；李良千 129；刘林翰 9345；傅国勋、张志松 1233；张代贵 zdg2003；梁小星 070716276；潘晓 071864

龙山、桑植、石门、印江、松桃、黔江、鹤峰、宣恩。

黑龙江、吉林、辽宁、河北、山西、山东、河南、陕西、甘肃、青海东部、浙江、江西、湖南、湖北、四川、云南。

俄罗斯、朝鲜、日本。

（2）大落新妇 *Astilbe grandis Stapf* ex E. H. Wilson

谭士贤 187；张志松、党成忠 401941；北京队 001961，1417，002557；李良千 90；王映明 5308，6500，4593；赵佐成 88-1940

新晃、沅陵、永顺、桑植、江口、宣恩。

黑龙江、吉林、辽宁、山西、山东、安徽、浙江、江西、湖北、湖南、福建、广东、广西、四川、贵州。

朝鲜。

（3）大果落新妇 *Astilbe macrocarpa* Knoll

桑植、石门。

安徽、浙江、湖南、福建。

（4）多花落新妇 *Astilbe rivularis* var. *myriantha*（Diels）J. T. Pan

宣恩。

河南、陕西、甘肃、湖北、四川、贵州。

2. 岩白菜属 Bergenia Moench（1:1:0）

（1）厚叶岩白菜 *Bergenia crassifolia*（Linnaeus）Fritsch

新疆。

阿尔泰山脉、蒙古、俄罗斯、朝鲜。

3. 金腰属 Chrysosplenium Linnaeus（13:13:0）

（1）秦岭金腰 *Chrysosplenium biondianum* Engler

河南、陕西、甘肃。

（2）滇黔金腰 *Chrysosplenium cavaleriei* H. Leveille et Vaniot

吉首大学生物资源与环境科学学院 GWJ20180712_0004，GWJ20180712_0005，GWJ20180712_0006

湖北、贵州、云南。

（3）肾萼金腰 *Chrysosplenium delavayi* Franchet

张代贵、张代富 LS20170326021_0021；张志松、党成忠等 401869；张志松 401624

桑植、印江。

台湾、湖北、广西、四川、云南。

（4）舌叶金腰 *Chrysosplenium glossophyllum* H. Hara

四川。

（5）峨眉金腰 *Chrysosplenium hydrocotylifolium* var. *emeiense* J. T. Pan

肖艳、付乃峰 LS-2786，LS-2814；张代贵 zdg10187，zdgzdg10187；张成 SZ20190427_0103；向晟、藤建卓 JS20180228_0104；田代科、肖艳、李春、张成 LS-1741

桑植。

广西、贵州、云南。

（6）日本金腰 *Chrysosplenium japonicum*（Maximowicz）Makino

张代贵、张代富 LS20170326005_0005；雷开东 4331271503051511；麻超柏、石琳军 HY20180210_0062；张代贵 zdg1512，YD10116

永顺。

吉林、辽宁、安徽、浙江、江西。

朝鲜、日本。

（7）绵毛金腰 *Chrysosplenium lanuginosum* J. D. Hooker & Thomson

张志松 401869；张志松、党成忠等 401594；北京队 002475；王映明 5466；武陵山考察队

1296；曹铁如 090271；张代贵 zdg1552；张代贵、王业清、朱晓琴 zdg，wyq，zxq0326；刘和兵 ZZ120327354；田代科、肖艳、李春、张成 LS-1940

永顺、桑植、江口、宣恩。

湖北、四川、贵州、云南、西藏。

缅甸、不丹、尼泊尔、印度。

（8）大叶金腰 *Chrysosplenium macrophyllum* Oliver

林祁 718；张志松 400474；简焯坡、张秀实等 31080；张志松、党成忠等 400474，401279，401040；赵佐成 88-1718；北京队 0211；湘西考察队 347

永顺、桑植、慈利、黔江、咸丰、鹤峰、宣恩。

（9）微子金腰 *Chrysosplenium microspermum* Franchet

田代科、肖艳、李春、张成 LS-1935；肖艳、付乃峰 LS-2806；张代贵 yd00043；王映明 5312，14965。

古丈、龙山、宣恩。

陕西、湖北、四川。

（10）柔毛金腰 *Chrysosplenium pilosum* var. *valdepilosum* Ohwi

黑龙江、吉林、辽宁、河北、山西、陕西、甘肃、青海、浙江、湖北。

（11）桑植金腰 *Chrysosplenium sangzhiense* Hong Liu

（12）中华金腰 *Chrysosplenium sinicum* Maximowicz

田代科、肖艳、李春、张成 LS-2014；田代科、肖艳、陈岳 LS-1537，LS-1139；北京队 2054，2187，002473；田代科、肖艳、陈岳 LS-1249；张代贵 zdg10328，hhx0122013；李雄、邓创发、李健玲 19061458

永顺、桑植。

黑龙江、吉林、辽宁、湖北、山西、河南、陕西、甘肃、青海、安徽、江西、湖北、四川。

朝鲜、俄罗斯、蒙古。

（13）张家界金腰 *Chrysosplenium zhangjiajieense* X. L. Yu，Hui Zhou & D. S. Zhou

4. 独根草属 Oresitrophe Bunge（1:1:0）

（1）独根草 *Oresitrophe rupifraga* Bunge

喻勋林、黎明 15060301；P. W. Sweeney & D. G. Zhang PWS2851

桑植、古丈。

湖南、河北。

5. 鬼灯檠属 Rodgersia A. Gray（1:1:0）

（1）七叶鬼灯檠 *Rodgersia aesculifolia* Batalin

壶瓶山考察队 0831

石门、鹤峰。

云南、四川、陕西、甘肃、河南。

6. 虎耳草属 Saxifraga Linnaeus（6:6:0）

（1）零余虎耳草 *Saxifraga cernua* Linnaeus

喻勋林、徐永福 14041301

沅陵。

吉林、内蒙古、河北、山西、陕西、宁夏、青海、新疆。

俄罗斯、日本、朝鲜、不丹至印度及北半球其他高山地区和寒带。

（2）克纲虎耳草 *Saxifraga kegangii* D. G. Zhang，Ying Meng & M. H. Zhang

（3）扇叶虎耳草 *Saxifraga rufescens* var. *flabellifolia* C. Y. Wu

谭策铭、易桂花、张丽萍、易发彬、胡兵、桑植 131

咸丰。

四川、云南。

（4）单脉虎耳草 *Saxifraga rufescens* var. *ninervate* J. T. Pan

（5）球茎虎耳草 *Saxifraga sibirica* Linnaeus

黑龙江、河北、山西、陕西、甘肃、新疆、山东、四川、云南、西藏。

俄罗斯、蒙古、尼泊尔、印度、克什米尔地区、欧洲东部。

（6）虎耳草 *Saxifraga stolonifera* Curtis

沈中瀚 162；李学根 204093，204301；林祁 656；刘林翰 1736，9158；张志松 402260，402179；武陵山考察队 437；张志松、党成忠等 402158

沅陵、永顺、桑植、石门、江口、印江、松桃、鹤峰、宣恩。

河北、山东、河南、陕西、甘肃、四川、云南、贵州、湖北、湖南、安徽、江苏、浙江、江西、广东、广西、海南。

朝鲜、日本。

7. 黄水枝属 Tiarella Linnaeus（1:1:0）

（1）黄水枝 *Tiarella polyphylla* D. Don

张志松 401318，402039，401859；武陵山考察队 726，2398；北京队 001501；林祁 310；张志松、党成忠等 402225；溥发鼎、曹亚玲 0120；林亲众 010996

陕西、甘肃南部地区、江西、台湾、湖南、湖北、广东、广西、西南地区。

日本、中南半岛北部、缅甸北部、不丹、尼泊尔。

一百零三、景天科 Crassulaceae（7:27）

1. 落地生根属 Bryophyllnum Salisbury（1:1:0）

（1）落地生根 *Bryophyllum pinnatum*（Linnaeus f.）Oken

云南、广西、广东、福建、台湾。

原产于非洲。

2. 石莲花属 Echeveria DC.（1:1:0）

（1）养老石莲 *Echeveria peacockii* Baker

3. 八宝属 Hylotelephium H.Ohba（2:2:0）

（1）八宝 *Hylotelephium erythrostictum*（Miquel）H. Ohba

曹铁如 90280；彭水队 1049；张代贵 00494；吉首大学生物资源与环境科学学院 GWJ20170611_0371；武陵山考察队 2733

桑植、保靖、松桃、酉阳。

云南、贵州、四川、湖北、安徽、浙江、江苏、陕西、河南、山东、山西、河北、辽宁、吉林、黑龙江。

朝鲜、日本、俄罗斯。

（2）紫花八宝 *Hylotelephium mingjinianum*（S. H. Fu）H. Ohba

湘西考察队 1083

桑植。

广西、湖南、湖北、安徽、浙江。

4. 费菜属 Phedimus Rafinesque（2:2:0）

（1）费菜 *Phedimus aizoon*（Linnaeus）'t Hart

北京队 001234；刘林翰 10029；张代贵 zdg140702002；雷开东 4331271407020170；李杰 522229140710047LY，522229150806939LY；张迅 522224160712002LY；张代贵 ZZ130524006；壶瓶山考察队 0478，0588

花垣、永顺、石门、鹤峰、五峰、松桃、石阡。

四川、湖北、江西、安徽、浙江、江苏、青海、甘肃、内蒙古、宁夏、河南、山西、陕西、河北、山东、辽宁、吉林、黑龙江。

俄罗斯乌拉尔山脉至蒙古、日本、朝鲜。

（2）齿叶费菜 *Phedimus odontophyllus*（Fröderström）'t Hart

肖艳、赵斌 LS-2444；田代科、肖艳、陈岳 LS-1473；张代贵 090703027-5，pph1148，LL20130511028，LC0014。

石门、龙山、古丈、永顺。

5. 红景天属 Rhodiola Linnaeus（1:1:0）

（1）云南红景天 *Rhodiola yunnanensis*（Franchet）S. H. Fu

田代科、肖艳、李春、张成 LS-1844；钟补勤 1005；张志松、党成忠等 402011；简焯坡、张秀实等 32095；鲁道旺 522222160722004LY

龙山、梵净山。

西藏、云南、贵州、湖北西部、四川。

6. 景天属 Sedum Linnaeus（19:19:0）

（1）东南景天 *Sedum alfredii* Hance

武陵队 562；王映明 5475，4472，4763；刘林翰 1895；壶瓶山考察队 0402；北京队 001936，000258；宿秀江、刘和兵 433125D00110422004；张志松、党成忠等 401785

永顺、桑植、石门、江口、印江、来凤、鹤峰、宣恩。

广西、广东、台湾、福建、贵州、四川、湖南、湖北、江西、安徽、浙江、江苏。

朝鲜、日本。

（2）珠芽景天 **Sedum bulbiferum** Makino

谭沛祥 60897；林祁 632；肖简文 5690；安明先 3190；壶瓶山考察队 0015；武陵山考察队 452，135；北京队 001919，000815；刘林翰 1893

永顺、龙山、桑植、石门、沿河、松桃、鹤峰、宣恩。

广西、广东、福建、四川、湖北、湖南、江西、安徽、浙江、江苏。

日本。

（3）合果景天 **Sedum concarpum** Fröderström

王映明 4985

鹤峰、宣恩。

云南、湖北。

（4）梵净山景天 **Sedum fanjingshanense** C.D.Yang & X.Yu Wang

乳瓣景天 **Sedum dielsii** Raymond–Hamet

陕西、甘肃、四川、湖北。

（5）大叶火焰草 **Sedum drymarioides** Hance

张贵志、周喜乐 1105063；路端正 810947

慈利、桑植、道县、沅陵、洪江。

广西、广东、台湾、福建、湖北、江西、安徽、浙江、河南。

（6）细叶景天 **Sedum elatinoides** Franchet

张志松、党成忠等 400886；黔江队 326；彭水队 500243-002-018；李雄 17052809

桑植、洪江、十堰、竹溪、宜昌、兴山、巴东。

云南、四川、湖北、陕西、甘肃、山西。

缅甸北部。

（7）凹叶景天 **Sedum emarginatum** Migo

林祁 631；张志松、党成忠等 401434，400915；壶瓶山考察队 01117；王映明 4116；北京队 002798；武陵山考察队 450；湘西考察队 1118，790；田代科、肖艳、李春、张成 LS-1822

沅陵、龙山、桑植、石门、石阡、江口、沿河、松桃、咸丰、来凤、鹤峰、宣恩。

云南、四川、湖北、湖南、江西、安徽、浙江、江苏、甘肃、陕西。

（8）远齿粗壮景天 **Sedum engleri** var. **dentatum** S. H. Fu

咸丰。

（9）小山飘风 **Sedum filipes** Hemsley

简焯坡、张秀实等 32555；彭水队 500243-003-153

梵净山。

云南、四川、湖北、浙江、江苏、陕西、河南。

（10）薄雪万年草 **Sedum hispanicum** Linnaeus

（11）日本景天 **Sedum japonicum** Siebold ex Miquel

杨泽伟 522226190502105LY

印江。

（12）佛甲草 **Sedum lineare** Thunberg

武陵队 135；北京队 4202，002886；李良千 77；黔江队 0165；彭水队 0119；田代科、肖艳、李春、张成 LS-1937；田代科、肖艳、陈岳 LS-939；张贵志、周喜乐 1105046；张银山 522223150503058 LY

沅陵、龙山、桑植、慈利、松桃。

云南、四川、贵州、广东、湖北、湖南、甘肃、陕西、河南、安徽、浙江、江苏、福建、台湾。

日本。

（13）山飘风 **Sedum majus**（Hemsley）Migo

湖南队 958；李永康 8301；黔江队 0893；植被调查队 958；田代科、肖艳、莫海、张成 LS-2608；雷开东 4331271410051424；屠玉麟 81-1746；张银山 522222140514011LY；吉首大学生物资源与环境科学学院 GWJ20170611_0434，GWJ20170611_0434

凤凰、永顺、梵净山。

西藏、云南、贵州、四川、湖北、湖南、江苏、浙江、陕西。

（14）大苞景天 **Sedum oligospermum** Maire

北京队 2219，4238；廖博儒 170；肖艳、莫海波、张成、刘阿梅 LS-620；张代贵 YH100713653；李雄、邓创发、李健玲 19061214

桑植、酉阳、梵净山、鹤峰、五峰。

云南、贵州、四川、湖北、湖南、甘肃、陕西、河南。

缅甸。

（15）垂盆草 *Sedum sarmentosum* Bunge

壶瓶山考察队 0409，0446，0589；刘林翰 1894；彭水队 0119；张贵志、周喜乐 1105095，1105094；北京队 001990；张代贵 00223+1；贺海生 080503069

永顺、龙山、桑植、石门、来凤、鹤峰、宣恩。四川、贵州、湖北、湖南、江西、安徽、浙江、江苏、福建、甘肃、陕西、河南、山东、山西、河北、辽宁、吉林。

朝鲜、日本。

（16）火焰草 *Sedum stellariifolium* Franchet

花垣、永顺、石阡、江口、宣恩。

云南、贵州、四川、湖北、湖南、甘肃、陕西、河南、山东、山西、湖北、辽宁、台湾。

（17）土佐景天 *Sedum tosaense* Makino

（18）短蕊景天 *Sedum yvesii* Raymond-Hamet

北京队 1493

永顺、宣恩。

贵州、四川、湖北、湖南。

7. 石莲属 Sinocrassula A.Berger（1:1:0）

（1）绿花石莲 *Sinocrassula indica*（Decaisne）A. Berger var. viridiflora K. T. Fu

宿秀江、刘和兵 433125D00100809027；雷开东 4331271408070842；梁小星 070716365；张代贵 0186+1；吉首大学生物资源与环境科学学院 GWJ20180712_0345；毛咏渊 10086

四川、陕西。

一百零四、扯根菜科 Penthoraceae（1:1）

1. 扯根菜属 Penthorum Linnaeus（1:1:0）

（1）扯根菜 *Penthorum chinense* Pursh

武陵队 1285；刘林翰 9975；彭水队 312，1494；酉阳队 1155，1044；张代贵 zdg1066；宿秀江、刘和兵 433125D00150807004；雷开东 4331271408261066

凤凰、永顺、德江。

我国南北各地区。

日本、朝鲜、俄罗斯。

一百零五、小二仙草科 Haloragaceae（2:4）

1.小二仙草属 Gonocarpus Thunberg（1:1:0）

（1）小二仙草 *Gonocarpus micranthus* Thunberg

简焯坡、应俊生、马成功等 31010；北京队 002565，01001；武陵山考察队 315，662；王映明 4266；安明先 3374；刘林翰 9225；曹铁如 090279；安明态 SQ-585

沅陵、永顺、桑植、江口、印江、鹤峰、宣恩。

四川、贵州、广东、广西、湖南、江西、安徽、浙江、福建、台湾。

印度、越南、日本、马来半岛、印度尼西亚、澳大利亚、新西兰。

2.狐尾藻属 Myriophyllum Linnaeus（3:3:0）

（1）粉绿狐尾藻 *Myriophyllum* aquaticum

（2）穗状狐尾藻 *Myriophyllum spicatum* Linnaeus

刘林翰 9982；张代贵 4331221510250683LY，4331221509081036LY，4331221606290474LY，pph1002，LL20130825004，LL20130608001

保靖。

我国南北各地区。

欧亚大陆、非洲、北美洲、格陵兰。

（3）狐尾藻 *Myriophyllum verticillatum* Linnaeus

宜章、贵阳。

北京、天津、河北、山西、内蒙古、辽宁、吉林、黑龙江、上海、江苏、浙江、江西、山东、湖南、广东、广西。

一百零六、葡萄科 Vitaceae（8:52）

1. 蛇葡萄属 Ampelopsis Michaux（11:11:0）

（1）槭叶蛇葡萄 *Ampelopsis acerifolia* W. T. Wang

四川。

（2）蓝果蛇葡萄 *Ampelopsis bodinieri*（H. Leveille et Vaniot）Rehder

宿秀江、刘和兵 433125D00160808018, 433125D00020804004；粟林 4331261410071065；张代贵 0719119, ZDG434, 21307140494；邓涛 070719119；曾思春 080712ZSC001；肖艳、赵斌 LS-2302；张成、谢正新、蒋颖 BJ20180717_7400

沅陵、黔江、酉阳、来凤、鹤峰。

河北、山西、河南、陕西、甘肃、云南、西藏。

（3）灰毛蛇葡萄 *Ampelopsis bodinieri* var. *cinerea*（Gagnepain）Rehder

壶瓶山考察队 01045, 1186；武陵考察队 701；宿秀江、刘和兵 433125D00070806026；雷开东 4331271508301596；程洪锦 0716067, 07140409；陈谷 0817011；周芳芳 070716059；张代贵 080502008

沅陵、石门。

甘肃、陕西、湖北、四川、贵州、云南。

（4）三裂蛇葡萄 *Ampelopsis delavayana* Planchon ex Franchet

武陵山考察队 838, 487；肖艳、赵斌 LS-2317；宿秀江、刘和兵 433125D00020814018, 433125D00100809017；张代贵 zdg1405310404, 080716076；陈功锡 080731200；曾理 1502；徐亮 0715421

凤凰、沅陵、永顺、龙山、桑植、石门、思南、印江、德江、沿河、松桃、酉阳、来凤、鹤峰、宣恩。

河北、山西、河南、陕西、甘肃、安徽、江苏、浙江、江西、福建、广东、广西。

（5）毛三裂蛇葡萄 *Ampelopsis delavayana* var. *setulosa*（Diels & Gilg）C. L. Li

黔北队 2618, 1452, 1635, 2665；彭春良 86437；简焯坡、应俊生等 31358, 30550；朱太平、刘忠福 1452；黔南队 1910；武陵山考察队 440

思南、德江、沿河、黔江、酉阳、来凤、宣恩。

甘肃、陕西、云南。

（6）掌裂蛇葡萄 *Ampelopsis delavayana* var. *glabra*（Diels & Gilg）C. L. Li

吉林、辽宁、内蒙古、河北、河南、山东、江苏、湖北。

（7）蛇葡萄 *Ampelopsis glandulosa*（Wallich）Momiyama

武陵山考察队 261；谷忠村 00009；张代贵 4331221510200613LY, 4331221509060926LY, 4331221607160722LY, ZZ170815805；向晟、藤建卓 JS20180820_1011, JS20180701_0392；普查小组 5203251509090064 LY；张成、谢正新、蒋颖 BJ20180717_7417

芷江、凤凰、江口、印江、松桃、秀山。

河南、安徽、江苏、浙江、江西、湖北、福建、广东、广西、云南。

（8）异叶蛇葡萄 *Ampelopsis glandulosa* var. *heterophylla*（Thunberg）Momiyama

廖博儒 8190；刘云娇 080711LYJ004；陈功锡 080729041+1, 080729041；麻超柏、石琳军 HY20180802_0824

沅陵、永顺、石阡。

辽宁、安徽、江苏、浙江、湖北、福建、台湾、广东。

（9）牯岭蛇葡萄 *Ampelopsis glandulosa* var. *kulingensis*（Rehder）Momiyama

湘西调查队 0018；张代贵 zdg3067；宿秀

江、刘和兵 433125D00070806057；许素环 031；黔北队 1213，1175；朱太平、刘忠福 1213，1175；湘黔队 2379；李洪钧 4569

新晃、芷江、永顺、石阡、江口、松桃。

四川、湖北、江西、浙江、安徽、江苏、广东、广西。

（10）葎叶蛇葡萄 *Ampelopsis humulifolia* Bunge

内蒙古、辽宁、青海、河北、山西、陕西、河南、山东。

（11）白蔹 *Ampelopsis japonica*（Thunberg）Makino

雷开东 4331271406250152；张银山 52222315-0603069LY；张代贵 06250542，zsy0032，zsy0034，zdg00052，zdg00001，0907029023，070506044

永顺、古丈、玉屏。

章宁、吉林、河北、山西、陕西、江苏、浙江、江西、河南、湖北、湖南、广东、广西。

2. 乌蔹莓属 Cayratia Jussieu（2:2:0）

（1）乌蔹莓 *Cayratia japonica*（Thunberg）Gagnepain

肖艳、李春、张成 LS-234；宿秀江、刘和兵 433125D00020804037；张代贵 zdg5-022，4331-221509060921LY，4331221607180800LY；张银山 522222140501133LY；武陵山考察队 1007，185；湘黔队 3435

芷江、凤凰、沅陵、永顺、桑植、江口、石阡、德江、松桃、黔江、秀山、咸丰、鹤峰、宣恩。

云南、广西、广东、福建、台湾、浙江、江西、江苏、安徽、河南、山东、陕西、河北。

印度、越南、日本。

（2）尖叶乌蔹莓 *Causonis japonica* var. *pseudotrifolia*（W. T. Wang）G. Parmar & J. Wen

壶瓶山考察队 0153；赵佐成、马建生 2946，2930；赵佐成 88-1603；武陵山考察队 2113，1107；北京队 002727，001200，4298

芷江、凤凰、永顺、桑植、石门、黔江、酉阳、鹤峰、宣恩。

陕西、甘肃、浙江、江西、贵州、广东。

3. 白粉藤属 Cissus Linnaeus（1:1:0）

（1）苦郎藤 *Cissus assamica*（M. A. Lawson）Craib

湘黔队 2812

江口。

江西、福建、湖南、广东、广西、四川、贵州、云南、西藏。

越南、柬埔寨、泰国、印度。

4. 牛果藤属 Nekemias Rafinesque（4:4:0）

（1）羽叶牛果藤 *Nekemias chaffanjonii*（H. Léveillé & Vaniot）J. Wen & Z. L. Nie

（2）大齿牛果藤 *Nekemias grossedentata*（Handel-Mazzetti）J. Wen & Z. L. Nie

（3）大叶牛果藤 *Nekemias megalophylla*（Diels & Gilg）J. Wen & Z. L. Nie

（4）毛枝牛果藤 *Nekemias rubifolia*（wallichii）J. Wen & Z. L. Nie

5. 地锦属 Parthenocissus Planchon（9:9:0）

（1）异叶地锦 *Parthenocissus dalzielii* Gagnepain

林文豹 657；肖艳、赵斌 LS-2518；宿秀江、刘和兵 433125D00070806049；张代贵等 13071501009；张代贵 zdg1407200842，zdg5-008，5-091；简焯坡、应俊生等 30101，30559

河南、湖北、湖南、江西、浙江、福建、台湾、广东、广西、四川、贵州。

（2）长柄地锦 *Parthenocissus feddei*（H. Leveille）C. L. Li

曹亚玲、顾健 10，13，07，39；田代科、肖艳、陈岳 LS-1203，LS-1506；田代科、肖艳、李春、张成 LS-2024；宿秀江、刘和兵 433125D00021002028；张代贵 090702045

龙山、保靖、桑植、沅陵、宣恩。

湖北、湖南、广东、贵州。

（3）花叶地锦 *Parthenocissus henryana*（Hemsley）Graebner ex Diels & Gilg

壶瓶山考察队 01025；北京队 001176，01150；武陵考察队 919，692，1927，1081；肖艳、莫海波、张成、刘阿梅 LS-784；张代贵 4331221606080458LY

石门、沅陵。

陕西、甘肃、河南、湖北、四川、广西、贵州、云南。

（4）毛脉花叶地锦 *Parthenocissus henryana* var. *hirsuta* Diels & Gilg

西师 3159

陕西、河南、湖北、四川。

（5）绿叶地锦 *Parthenocissus laetevirens* Rehder

溥发鼎、曹亚玲 0224；张代贵 433122-1607190841LY，4331221510200589LY，090702118，090703-2-46，zsy0123，YH090703803，0830351；武陵山考察队 3316；宿秀江、刘和兵 433125D00110813060；雷开东 4331271408150939

河南、安徽、江西、江苏、浙江、湖北、湖南、福建、广东、广西。

（6）五叶地锦 *Parthenocissus quinquefolia* （Linnaeus）Planchon

（7）三叶地锦 *Parthenocissus semicordata* （Wallich）Planchon

刘林翰 9240；中国西部科学院四川植物 3508；张代贵 6056

新宁、武冈、石门、桑植。

甘肃、陕西、湖北、四川、贵州、云南、西藏。

（8）栓翅地锦 *Parthenocissus suberosa* Handel-Mazzetti

北京队 001655

永顺。

江西、广西、贵州。

（9）地锦 *Parthenocissus tricuspidata* （Siebold et Zuccarini）Planchon

宿秀江、刘和兵 433125D00060705007；北京队 001246，002755；张代贵 00408，00551+1，0830194，4331221510260694LY，4331221607160740LY

吉林、辽宁、河北、河南、山东、安徽、江苏、浙江、福建、台湾。

朝鲜、日本。

6. 拟乌蔹莓属 Pseudocayratia J.Wen，L.M. Lu & Z.D.Chen（2:2:0）

（1）异果拟乌蔹莓 *Pseudocayratia dichromocarpa* （H.Lév.）J.Wen & Z.D.Chen

（2）华中拟乌蔹莓 *Pseudocayratia oligocarpa* （H.Lév. & Vaniot）J.Wen & L.M.Lu

7. 崖爬藤属 Tetrastigma （Miquel）Planchon（4:4:0）

（1）三叶崖爬藤 *Tetrastigma hemsleyanum* Diels et Gilg

武陵山考察队 3171，1034，627，1756；北京队 847，410，1453，0156；安明先 3465；黔北队 1818

芷江、沅陵、桑植、永顺、龙山、石门、石阡、江口、印江、松桃、咸丰、来凤、宣恩。

江西、浙江、福建、台湾、广东、海南、广西、四川、云南。

（2）崖爬藤 *Tetrastigma obtectum* （Wallich ex M. A. Lawson）Planchon ex Franchet

李洪钧 5395；田代科、肖艳、李春、张成 LS-1723，LS-2129；肖艳、赵斌 LS-2360；安明态 YJ-2014-0148；植化室样品凭证标本 s.n；张代贵 zdg072，zdg072；宿秀江、刘和兵 433125D00030810065，433125D00020427014

凤凰、永顺、桑植、松桃、鹤峰、来凤。

陕西、四川、贵州、湖北、湖南、广西、广东。

（3）无毛崖爬藤 *Tetrastigma obtectum* var. *glabrum* （H. Léveillé）Gagnepain

石阡、印江、黔江、宣恩。

江西、福建、台湾、广东、广西、云南。

（4）狭叶崖爬藤 *Tetrastigma serrulatum* （Roxburgh）Planchon

黔北队 716，1194，2044；刘林翰 1705；李恒、鼓淑云、俞宏渊等 1477，1726；湘黔队 2818；喻勋林 1612，91760，91183；简焯坡、应俊生等 31336

龙山、江口、印江、松桃、宣恩。

8. 葡萄属 Vitis Linnaeus（16:16:0）

（1）华南美丽葡萄 *Vitis bellula* var. *pubigera*

C. L. Li

张代贵 083000085, 080502009, 080502010, 0830005；麻超柏、石琳军 HY20180708_0375

永顺、桑植、保靖、花垣。

江西、湖南、湖北、四川、广东、广西、云南。

（2）桦叶葡萄 *Vitis betulifolia* Diels et Gilg

刘林翰 9007；赵佐成 88-1749；壶瓶山考察队 01377；北京队 4334, 4317；武陵山考察队 763, 0043, 1818, 695；曹亚玲、溥发鼎 0106

龙山、桑植、石门、江口、黔江、酉阳、鹤峰、宣恩。

河南、陕西、甘肃、四川、云南、西藏。

（3）蘡薁 *Vitis bryoniifolia* Bunge

普格。

河北、陕西、山西、山东、江苏、安徽、浙江、湖北、湖南、江西、福建、广东、广西、云南。

（4）东南葡萄 *Vitis chunganensis* Hu

麻超柏、石琳军 HY20180708_0386；向晟、藤建卓 JS20180701_0428；谭沛祥 62546；张代贵 Q223105, Q223115, ZZ100703754, 20151020434, 4331221606080434LY, 4331221606290475LY, 090728024

芷江、泸溪、花垣、吉首。

安徽、江西、浙江、福建、广东、广西。

（5）刺葡萄 *Vitis davidii*（Romanet du Caillaud）Foex

张桂才等 323；武陵考察队 720；壶瓶山考察队 0719, 3291；龙成良 87272；郑家仁 80040；宿秀江、刘和兵 433125D00070806033；肖定春 80037；张代贵 080525006；北京队 01035

沅陵、永顺、石门、石阡、黔江、鹤峰、宣恩。

河南、甘肃、安徽、江苏、浙江、江西、广东、云南。

（6）葛藟葡萄 *Vitis flexuosa* Thunberg

黔北队 356, 1395；谭沛祥 62524；曹亚玲、何永华 87-45, 87-44；彭春良 86184；郑家仁 80039；张代贵 zdg1407200836；龙成良 86282, 87237

新晃、沅陵、永顺、桑植、石门、石阡、江口、印江、德江、松桃、咸丰、鹤峰、宣恩。

河北、山东、河南、安徽、江苏、浙江、江西、四川、福建、广东、广西、云南。

（7）毛葡萄 *Vitis heyneana* Roemer & Schultes

黔北队 1248, 1318, 1248；安明态 5672；简焯坡、应俊生、马成功等 31356；彭春良 86380；宿秀江、刘和兵 433125D00020804069；李洪钧 2907；张代贵 ZDG125, 0829080

芷江、慈利、保靖、松桃、沿河、宣恩。

山西、陕西、甘肃、山东、河南、安徽、江西、浙江、福建、广东、广西、湖北、湖南、四川、贵州、云南、西藏。

（8）桑叶葡萄 *Vitis heyneana* subsp. *ficifolia*（Bunge）C. L. Li

宜章。

河北、山西、陕西、山东、河南、江苏。

（9）鸡足葡萄 *Vitis lanceolatifoliosa* C. L. Li

谭沛祥 62509；张代贵 pph0126, pph0129, pph0125, pph0127, 4331221607160753LY, 4331221607180804LY, 4331221607241168LY, 080525008；武陵考察队 844

芷江、古丈、新晃、泸溪、龙山。

江西、湖南、广东。

（10）变叶葡萄 *Vitis piasezkii* Maximowicz

傅国勋、张志松 1318

南岳、祁东、新宁、广元、万源。

山西、陕西、甘肃、河南、浙江。

（11）华东葡萄 *Vitis pseudoreticulata* W. T. Wang

北京队 866；杨彬 080419019；张代贵、曾理 951；郑妹 1035；谢丹 0809008；向晟、藤建卓 JS20180729_0675, JS20180702_0484；宿秀江、刘和兵 433125D00070806035；北京队 0415, 01101

龙山、吉首、保靖、沅陵、永顺。

河南、安徽、江苏、浙江、江西、湖北、湖南、福建、广东、广西、贵州。

（12）秋葡萄 *Vitis romanetii* Romanet du Caillaud

曹亚玲、何永华 87-47；吉首大学生物

资源与环境科学学院 GWJ20170610_0001，GWJ20170610_0002

凤凰、古丈。

陕西、甘肃、江苏、安徽、河南、湖北、四川。

（13）小叶葡萄 *Vitis sinocinerea* W. T. Wang

新宁、石门。

江苏、浙江、福建、江西、湖北、湖南、台湾、云南。

（14）葡萄 *Vitis vinifera* Linnaeus

张代贵 YH150514784

古丈、武陵山区。

我国各地栽培。原产于亚洲西部和欧洲。

（15）网脉葡萄 *Vitis wilsoniae* H. J. Veitch

张兵、向新 090521011；黔北队 0326；张志松、党成忠等 401400；李洪钧 2392，5012，2392；壶瓶山考察队 1190，0350；安明先 3532；刘林翰 1660

龙山、石门、印江、松桃、咸丰、来凤、宣恩。

山西、安徽、浙江、福建、四川、云南。

（16）沅陵葡萄 *Vitis yuenlingensis* W. T. Wang

沅陵。

9. 俞藤属 Yua C.L.Li（3:3:0）

（1）大果俞藤 *Yua austro-orientalis*（F. P. Metcalf）C. L. Li

宜章、宁远、江华。

江西、福建、广东、广西。

（2）俞藤 *Yua thomsonii*（M. A. Lawson）C. L. Li

张代贵 4331221607190888LY；田儒明 522-229140828195LY；90-2 班 0703064

安徽、江苏、浙江、江西、湖北、广西、贵州、湖南、福建、四川。

（3）华西俞藤 *Yua thomsonii* var. *glaucescens*（Diels &Gilg）C. L. Li

张代贵 w20090806007

新宁、石门。

河南、湖北、贵州、四川、云南。

一百零七、蒺藜科 Zygophyllaceae（1:1）

1. 蒺藜属 Tribulus Linnaeus（1:1:0）

（1）蒺藜 *Tribulus terrestris* Linnaeus

全国各地。

一百零八、豆科 Fabaceae（67:154）

1. 相思树属 Acacia Miller（2:2:0）

（1）银荆 *Acacia dealbata* Link

云南、广西、福建。

澳大利亚。

（2）黑荆 *Acacia mearnsii* De Wildeman

张代贵 004396；王映明 5131

宣恩。

浙江、福建、台湾、广东、广西、云南、四川。

澳大利亚。

2. 合萌属 Aeschynomene Linnaeus（1:1:0）

（1）合萌 *Aeschynomene indica* Linnaeus

全国林区及其边缘地带。

朝鲜、日本、非洲、大洋洲、亚洲热带地区。

3. 合欢属 Albizia Durazzini（3:3:0）

（1）楹树 *Albizia chinensis*（Osbeck）Merrill

武陵山考察队 291，武陵山考察队 974，武陵山考察队 2122，武陵山考察队 2887，武陵山考察队 3213；王映明 6105；武陵队 275；北京队 0515；张桂才等 324；壶瓶山考察队 0633；尤兵 201905192059

沅陵、永顺、石门、石阡、江口、印江、万山、鹤峰。

贵州、湖北、湖南、福建、广东、广西、云南、西藏。

南亚至东亚。

（2）合欢 *Albizia julibrissin* Durazzini

中南林学院 30932；刘林翰 9561；壶瓶山考察队 0633；周丰杰 202；张志松 402448；席先银等 614；湖南考察队 910；王岚 522227160607052LY 旷兴 522222140507006LY；彭春良 86406；黄娟 522224160705024LY

桑植、江口、印江、咸丰、五峰。

东北地区至华南地区及西南地区。

非洲、中亚至东亚。

（3）山槐 *Albizia kalkora*（Roxburgh）Prain

武陵队 212，1267，1089；刘林翰 10166；北京队 00595；武陵山考察队 2274，1874；武陵考察队 921；壶瓶山考察队 0479；李洪钧 7552；黔北队 1070

新晃、芷江、凤凰、沅陵、永顺、桑植、石门、石阡、梵净山、咸丰、宣恩、五峰。

河北、西北地区、华东地区、华南地区至西南地区。

越南、缅甸、印度。

4. 紫穗槐属 Amorpha Linnaeus（1:1:0）

（1）紫穗槐 *Amorpha fruticosa* Linnaeus

桑植。

东北地区、华北地区、山东、河南、安徽、江苏、湖北、湖南、四川。

5. 两型豆属 Amphicarpaea Elliot ex Nuttall（1:1:0）

（1）两型豆 *Amphicarpaea edgeworthii* Bentham

周辉、周大松 15091116，15080606；张代贵 58，4331221509091053LY，pph1067；侯志菊 522623141020194 LY；刘林翰 10045；李恒，俞宏渊，彭淑云 1505；吴玉、刘雪晴等 YY20181005_0009；田代科、肖艳、莫海波、张成 LS-2694

芷江、永顺、桑植、石门、咸丰、来凤、鹤峰。

东北地区、河北、山西、陕西、安徽、四川、湖北、湖南、广东。

日本。

6. 土圞儿属 Apios Fabricius（1:1:0）

（1）土圞儿 *Apios fortunei* Maximowicz

周辉、周大松 15062903；安明先 3585；张代贵 090731004；刘正宇、谭士贤等 6465；沐先运 1131，1132

永顺、桑植、思南、印江、五峰。

四川、贵州、湖北、湖南、江西、广东、广西、福建、浙江、台湾。

日本。

7. 落花生属 Arachis Linnaeus（1:1:0）

（1）落花生 *Arachis hypogaea* Linnaeus

德江、黔江。

全国各地。

8. 黄芪属 Astragalus Linnaeus（3:3:0）

（1）蒙古黄耆 *Astragalus mongholicus* Bunge

山西、内蒙古、陕西、青海。

（2）紫云英 *Astragalus sinicus* Linnaeus

刘林翰 1568；朱国兴 8；李丙贵 750070；张志松等 401385；黔北队 0834；曹铁如 090131；周辉、罗金龙 15032749；北京队 58；安明态 YJ-2014-0013；田代科、肖艳、李春、张成 LS-2082

永顺、桑植、石门、鹤峰、宣恩。

湖南、湖北、江苏、浙江、福建、广东、广西、河南、陕西、四川、贵州、云南。

（3）武陵黄芪 *Astragalus wulingensis* Jia X.Li & X.L.Yu

9. 羊蹄甲属 Bauhinia Linnaeus（3:3:0）

（1）龙须藤 *Bauhinia championii*（Bentham）Bentham

永顺、桑植。

浙江、台湾、福建、广东、广西、湖南、湖北、贵州。

印度、越南、印度尼西亚。

（2）薄叶羊蹄甲 *Bauhinia glauca* subsp. *tenuiflora*（Watt ex C. B. Clarke）K. Larsen

张代贵 zdg1405040514，zdg1406060284，000113，ZZ238，YH880716904，027，20161002013，090807045

云南、广西。

缅甸、泰国、老挝。

（3）囊托羊蹄甲 ***Bauhinia touranensis*** Gagnepain

云南、贵州、广西。

越南。

10. 云实属 Caesalpinia Linnaeus（2：2：0）

（1）云 实 ***Caesalpinia decapetala***（Roth）Alston

武陵队 942，301；张志松等 401454；刘林翰 1472，10039；李洪钧 2819；李学根 203981；武陵山考察队 3472，3135；北京队 003682

新晃、芷江、沅陵、永顺、桑植、石门、石阡、江口、德江、松桃、碧江、咸丰、来凤、鹤峰。

广东、广西、云南、四川、贵州、湖南、湖北、江西、福建、浙江、江苏、安徽、河南、河北、陕西、甘肃。

亚洲热带和温带地区。

（2）鸡嘴簕 ***Caesalpinia sinensis***（Hemsley）J. E. Vidal

张代贵 4331221606290481LY；向晟、藤建卓 JS20180729_0710

广东、广西、云南、贵州、四川、湖北。

11. 木豆属 Cajanus Adanson Fam（1：1：0）

（1）木豆 ***Cajanus cajan***（Linnaeus）Huth

云南、四川、江西、湖南、广西、广东、海南、浙江、福建、台湾、江苏。

热带和亚热带地区。

12. 鸡血藤属 Callerya Endlicher（7：7：0）

（1）绿花鸡血藤 ***Callerya championii***（Bentham）X. Y. Zhu

雷开东 ZZ140809150

（2）灰毛鸡血藤 ***Callerya cinerea***（Bentham）Schot

四川、云南、西藏。

尼泊尔、不丹、孟加拉、印度、缅甸。

（3）香花鸡血藤 ***Callerya dielsiana***（Harms）P. K. L?c ex Z. Wei & Pedley

张成、谢正新、蒋颖 BJ20180717_7345；张代贵 zdg1147，zdg2183，pph1003，20130713145，090720021，YH081005690，y090703031，2009070279

新晃、芷江、凤凰、沅陵、保靖、花垣、永顺、桑植、石门、施秉、石阡、江口、印江、德江、松桃、万山、黔江、咸丰、来凤、鹤峰、宣恩、五峰。

浙江、江西、福建、湖北、湖南、广东、广西、四川、贵州、云南。

（4）雪峰山鸡血藤 ***Callerya dielsiana*** var. ***solida***（T. C. Chen ex Z. Wei）X.Y. Zhu ex Z. Wei & Pedley

宿秀江、刘和兵 433125D00030929010

黔阳。

湖南、广西。

（5）江西鸡血藤 ***Callerya kiangsiensis***（Z. Wei）Z. Wei & Pedley

（6）网络鸡血藤 ***Callerya reticulata***（Bentham）Schot

吉首大学生物资源与环境科学学院 GWJ20180712_0308，GWJ20180712_0309；1 组 153；张代贵 130912074，pph1100，zdg00029，phx086，ZZ090714109，20161002016

（7）锈毛鸡血藤 ***Callerya sericosema***（Hance）Z. Wei & Pedley

张代贵 L110086

保靖、江口、印江、德江、沿河、松桃、咸丰、来凤、宣恩。

贵州、四川、湖北、湖南、广西。

13. 杭子梢属 Campylotropis Bunge（2：2：0）

（1）杭子梢 ***Campylotropis macrocarpa***（Bunge）Rehder

北京队 4196；武陵队 1234；武陵山考察队 3480，3394；周辉、周大松 15080733；田代科、肖艳、莫海波、张成 LS-2585；李洪钧 3281；陈世贵 522623141020195 LY；张代贵 zdg4331270078；粟林 4331261409120783

凤凰、保靖、永顺、桑植、施秉、德江、辰溪。

山东、山西、陕西、河北、河南、安徽、浙江、江苏、湖北、湖南、广东、广西、云南、四川、贵州。

（2）太白山杭子梢 ***Campylotropis macrocarpa*** var. ***hupehensis***（Pampanini）Iokawa & H. Ohashi

贵州。

14. 刀豆属 Canavalia Adanson（1:1:0）

（1）刀豆 *Canavalia gladiata*（Jacquin）Candolle

张迅 52222416110505LY

武陵山区。

长江流域以南各地区。

15. 锦鸡儿属 Caragana Fabricius（1:1:0）

（1）锦鸡儿 *Caragana sinica*（Buc'hoz）Rehder

廖博儒 8259；田代科、肖艳、陈岳 LS-1055，LS-1413；李杰 522229160327991LY；万江华 201905192169

桑植、鹤峰。

河北、湖南、河南、陕西、湖北、湖南、西南地区、华东地区。

16. 紫荆属 Cercis Linnaeus（3:3:0）

（1）紫荆 *Cercis chinensis* Bunge

郑家仁 80003；刘林翰 10047；湘西考察队 909；聂君萱 2019052070；张代贵 467，YD20013；雷开东 4331271503301668；鲁道旺 522222141115063LY；酉阳队 500242631；贺丽娟 201905202085

桑植。

河北、广东、广西、云南、四川、陕西、浙江、江苏、山东。

（2）湖北紫荆 *Cercis glabra* Pampanini

沈中瀚 216；武陵队 219；北京队 1207；武陵山考察队 2487，2483；张志松 402514；王映明 4136；蔡平成 20163；谷忠村 121+1；向晟、藤建卓 JS20180820_1001

永顺、桑植、鹤峰。

湖北、河南、陕西、四川、云南、贵州、广西、广东、湖南、浙江、安徽。

（3）垂丝紫荆 *Cercis racemosa* Oliver

郑家仁 80157；肖定春 80126

石门。

湖北、湖南、四川、贵州、云南。

17. 山扁豆属 Chamaecrista Moench（1:1:0）

（1）山扁豆 *Chamaecrista mimosoides*（Linnaeus）Greene

安徽、浙江、江西、四川、重庆、贵州、云南、福建、台湾、广东、广西、香港。

18. 香槐属 Cladrastis Rafinesque（3:3:0）

（1）小花香槐 *Cladrastis delavayi*（Franchet）Prain

肖定春 80141；廖衡松 15830；蔡平成 20140；武陵山考察队 1220；王双金 38+3；刘林翰 09990；钟补勤 798；张代贵 DXY207

桑植、石门、鹤峰。

甘肃、陕西、湖北、湖南、云南、四川。

（2）翅荚香槐 *Cladrastis platycarpa*（Maximowicz）Makino

武陵队 615；肖简文 5721；无采集人 460；张代贵 511027；郑家仁 80174；廖傅儒 206；湘西考察队 290；钟补勤 789；谢婷 201905222064；安田艳 201905222003

沅陵、桑植、印江。

浙江、湖南、广东、广西、贵州。

日本。

（3）香槐 *Cladrastis wilsonii* Takeda

武陵队 194；喻勋林、徐期瑚 2283；武陵山考察队 792；曹铁如 090414；沈中瀚 399；李永康、徐友源 76032；张华海 003；谷忠村 1984070201

沅陵、桑植。

安徽、浙江、江西、湖北、湖南、贵州。

19. 猪屎豆属 Crotalaria Linnaeus（5:5:0）

（1）响铃豆 *Crotalaria albida* Heyne ex Roth

刘林翰 9705；武陵队 2487；廖傅儒 1489；粟林 4331261410030991；李恒、彭淑云等 1632；张代贵 qq1019，zdg1409120838，YH150813548，YH150811565

芷江、沅陵、保靖。

云南、四川、贵州、湖南、安徽、江西、浙江、福建、台湾、广东、广西。

越南、缅甸、菲律宾、印度。

（2）假地蓝 *Crotalaria ferruginea* Graham ex Bentham

宿秀江、刘和兵 433125D00070806008；贺海生 071103004；邓涛 05071502；张代贵 394；刘林翰 9745；麻超柏、石琳军 HY20180826_1157

桑植、来凤、鹤峰。

云南、四川、贵州、湖北、湖南、江西、安徽、江苏、浙江、福建、台湾、广东、广西、西藏。

越南、缅甸、泰国、印度、菲律宾。

（3）猪屎豆 *Crotalaria pallida* Aiton

福建、台湾、广东、广西、四川、云南、山东、浙江、湖南。

美洲、非洲、亚洲热带、亚热带地区。

（4）线叶猪屎豆 *Crotalaria linifolia* Linnaeus

桑植。

云南、四川、贵州、湖南、台湾、广东、广西。

印度、马来群岛、大西洋南部。

（5）农吉利 *Crotalaria sessiliflora* Linnaeus

辽宁、河北、山东、江苏、安徽、浙江、江西、福建、台湾、湖南、湖北、广东、海南、广西、四川、贵州、云南、西藏。

中南半岛、南亚、太平洋诸岛及朝鲜、日本。

20. 黄檀属 Dalbergia Linnaeus（5:5:0）

（1）秧青 *Dalbergia assamica* Bentham

张代贵 1025003，YD241095，YD260003，YD260063，YD260068，YD260100

广西、云南。

（2）大金刚藤 *Dalbergia dyeriana* Prain

黔北队 730，345，1562；武陵队 1347；武陵山考察队 2291；刘林翰 9323，9882；朱太平、刘忠福 1562；李洪钧 2415；张志松、闵天禄 400909

桑植、梵净山、鹤峰、宣恩。

云南、四川、贵州、湖南、浙江。

（3）藤黄檀 *Dalbergia hancei* Bentham

武陵山考察队 2170，956，1916；壶瓶山考察队 0642；赵佐成 88-1364；王映明 4048；北京队 002766；简焯坡 32502；北京队 1864；武陵队 1347

台湾、福建、广东、海南、广西、云南、西藏、贵州、湖南。

（4）黄檀 *Dalbergia hupeana* Hance

林祁 841；武陵队 393；刘林翰 10046；李学根 204122；周丰杰 217；武陵山考察队 3156；壶瓶山考察队 0137；李洪钧 3196；安明态 SQ-0736；张代贵 zdg140628004；宿秀江、刘和兵 433125D00110812017

沅陵、石阡、咸丰、来凤、鹤峰、宣恩。

安徽、江苏、浙江、江西、福建、湖北、湖南、广东、广西、贵州、四川。

（5）象鼻藤 *Dalbergia mimosoides* Franchet

壶瓶山考察队 1199，01087；安明态 SQ-0571；武陵队 1315，236；赵佐成、马建生 3023；张代贵 20150520056；北京队 001177；湘西考察队 1139；方明渊 24340

凤凰、沅陵、永顺、桑植、石门、酉阳、鹤峰、宣恩、五峰。

甘肃、陕西、湖北、湖南、浙江、江西、广东、广西、云南、四川、贵州。

21. 鱼藤属 Derris Loureiro（1:1:0）

（1）中南鱼藤 *Derris fordii* Oliver

武陵队 1387，696；北京队 001282；安明先 3512；祁承经 30263；彭春良 86517；张代贵 081005009，20090714058；宿秀江、刘和兵 433125D00180929013；谭士贤、刘正宇等 7046

凤凰、沅陵、永顺、桑植。

浙江、江西、福建、湖北、湖南、广东、广西、贵州。

22. 山黑豆属 Dumasia Candolle（4:4:0）

（1）硬毛山黑豆 *Dumasia hirsuta* Craib

武陵队 1049；张志松等 402288；刘林翰 1967；曹子余 2114；朱太平、刘忠福 1120，1552；武陵山考察队 1167

凤凰。

四川、湖南、广东。

（2）山黑豆 *Dumasia truncata* Siebold et Zuccarini

李晓腾 07120220；吉首大学生物资源与环境科学学院 GWJ20180712_0292；粟林 4331261409120780；张代贵 YH131015855，102+1，YH131020856

永顺、桑植、江口、石阡、江口。

四川、贵州、湖北、湖南、安徽、浙江、台湾、江西、广东、广西。

日本。

（3）柔毛山黑豆 *Dumasia villosa* Candolle

桑植。

云南、贵州、四川、湖南、湖北。

菲律宾、印度尼西亚、泰国、印度。

（4）张家界山黑豆 *Dumasia zhangjiajieensis* Y.K.Yang，L.H.Liu & J.K.Wu

23. 野 扁 豆 属 Dunbaria Wight & Arnott（1:1:0）

（1）野扁豆 *Dunbaria villosa*（Thunberg）Makino

麻超柏、石琳军 HY20180817_1047；向晟、藤 建 卓 JS20180817_0929，JS20180814_0831；张 代 贵 130912014，20161004017，140921033，zdg4331261132；雷开东 ZZ140827138

永顺。

四川、贵州、湖北、湖南、广西、广东、江苏。

24. 山豆根属 Euchresta Bennett（1:1:0）

（1）管萼山豆根 *Euchresta tubulosa* Dunn

曹铁如 85465；廖傅儒 1446；蔡平成 20104；黎明、张帆 15060507；周辉、周大松 15063024；谷忠村 114+1；李丽 05091075；张代贵 67；彭海军 080503017

沅陵、桑植。

四川、贵州、湖南、江西、广东、广西。

日本。

25. 千斤拔属 Flemingia Roxburgh ex W. T. Aiton（2:2:0）

（1）大叶千斤拔 *Flemingia macrophylla*（Willd.）Prain

广东、广西、云南、四川、贵州、湖南。

亚洲热带地区。

（2）千斤拔 *Flemingia prostrata* Roxburgh

桑植。

贵州、湖北、湖南、广西、广东、江西、福建、台湾。

菲律宾。

26. 皂荚属 Gleditsia Linnaeus（2:2:0）

（1）皂荚 *Gleditsia sinensis* Lamarck

武陵队 1194；沈中瀚 147；湖南队 457；武陵山考察队 1967，3189，2425；张杰 4063；黔北队 0855；钟补勤 783；张代贵 360

芷江、凤凰、石阡。

河北、山东、河南、山西、陕西、甘肃、四川、贵州、云南、江苏、安徽、浙江、江西、湖南、河北、福建、广东、广西。

（2）绒毛皂荚 *Gleditsia japonica* var. *velutina* L.C.Li

湖南。

27. 大豆属 Glycine Willdenow（2:2:0）

（1）大豆 *Glycine max*（Linnaeus）Merrill

武陵山区。

全国各地。

世界各地。

（2）野大豆 *Glycine soja* Siebold et Zuccarini

凤凰、碧江。

东北地区、河北、山东、甘肃、陕西、安徽、四川、湖北、湖南、广东。

日本。

28. 假地豆属 Grona Loureiro（1:1:0）

（1）假地豆 *Grona heterocarpos*（L.）H. Ohashi & K. Ohashi

刘林翰 9831；王金敖、王雅轩 280

德江。

云南、四川、贵州、广西、广东、江西、福建、台湾。

越南、缅甸、印度、菲律宾、日本。

29. 米 口 袋 属 Gueldenstaedtia Fischer（1:1:0）

（1）川鄂米口袋 *Gueldenstaedtia henryi* Ulbrich

湖北、四川。

30. 肥皂荚属 Gymnocladus Lamarck（1:1:0）

（1）肥皂荚 *Gymnocladus chinensis* Baillon

武陵山考察队 2497，1708；吉首大学生物资源与环境科学学院 GWJ20170610_0165

芷江、凤凰、石阡。

江苏、浙江、江西、安徽、福建、湖北、四川、贵州、湖南、广东、广西。

31. 长柄山蚂蝗属 Hylodesmum H.Ohashi & R.R.Mill（8:8:0）

（1）疏花长柄山蚂蝗 *Hylodesmum laxum*

（Candolle）H. Ohashi & R. R. Mill

福建、湖北、云南、西藏。

印度、尼泊尔、不丹、泰国、越南、日本。

（2）湘西长柄山蚂蝗 *Hylodesmum laxum* subsp. *falfolium*（H. Ohashi）H. Ohashi et R. R. Mill

泸溪、凤凰、保靖、古丈、永顺、龙山、花垣、吉首。

湖南。

（3）细长柄山蚂蝗 *Hylodesmum leptopus*（A. Gray ex Bentham）H. Ohashi & R. R. Mill

何瑶庆 080729209；贺海生 080503019；向晟、藤建卓 JS20180819_0968；张代贵 4331221509071007LY，100714025，130912008，000909，zdg4331270689；杨彬 080712242+1；麻超柏、石琳军 HY20180810_0894

保靖、永顺。

广东、广西、云南、四川、湖南、江西、福建、台湾。

菲律宾。

（4）羽叶长柄山蚂蝗 *Hylodesmum oldhamii*（Oliver）H. Ohashi et R. R. Mill

肖艳、赵斌 LS-2381；周辉、周大松 15091102；张代贵 139+1；喻勋林 91902；李克纲、张代贵 SN20150901_0177；刘珍妮 1130

永顺、桑植、施秉、沿河。

陕西、四川、贵州、湖北、湖南、江西、福建、浙江、江苏、吉林。

朝鲜、日本。

（5）长柄山蚂蝗 *Hylodesmum podocarpum*（Candolle）H. Ohashi et R. R. Mill

廖傅儒 1196；彭春良 120547；林亲众 10923；李洪钧 7949；武陵山考察队 2646；张代贵 zdg1091，170910009，2013071703148；田儒明 522229141004587LY；李衡 522227160607006LY

凤凰、保靖、施秉、印江、德江、宣恩。

河北、山东、河南、江苏、浙江、安徽、江西、湖北、湖南、广东、广西、四川、贵州、云南、西藏。

日本、印度。

（6）宽卵叶长柄山蚂蝗 *Hylodesmum podo-carpum* subsp. *fallax*（Schindler）H. Ohashi & R. R. Mill

彭水队 500243-002-124-01，500243-002-124-02；贺海生 070716237；高文前 070716036；粟林 4331261409060582，4331261407050397；周辉、周大松 15080602；黄燕群 070717002；张代贵 98；邓涛 458

芷江、凤凰、永顺、桑植、石门、施秉、石阡、印江、黔江、咸丰、鹤峰、宣恩。

黑龙江、吉林、辽宁、山西、陕西、甘肃、江苏、浙江、安徽、江西、福建、广东、湖南、湖北、四川、贵州、云南。

日本。

（7）尖叶长柄山蚂蝗 *Hylodesmum podocarpum* subsp. *oxyphyllum*（Candolle）H. Ohashi & R. R. Mill

曹铁如 090185；肖简文 5858；周辉、周大松 15091427；刘珍妮 0842；湘黔队 002511，002447；雷开东 4331271408271121；张雪 69+2；邓涛 220；彭海军 80503019+1

芷江、桑植、石阡、印江、德江、黔江、酉阳、咸丰、宣恩。

陕西、甘肃、浙江、江苏、安徽、江西、福建、广东、广西、云南、四川、贵州、湖北、湖南、西藏。

（8）四川长柄山蚂蝗 *Hylodesmum podocarpum* subsp. *szechuenense*（Craib）H. Ohashi & R. R. Mill

宿秀江、刘和兵 433125D00060805013；谷忠村 423；李晓腾 080729202；邓涛 620；彭海军 080503020；张代贵 20+3，20130911034，ZCJ090804148；向晟、藤建卓 JS20180813_0793，JS20180630_0351

凤凰、永顺、桑植、印江、酉阳、咸丰、来凤、鹤峰、宣恩。

陕西、甘肃、湖北、湖南、广东、云南、四川、贵州。

32. 木蓝属 Indigofera Linnaeus（4:4:0）

（1）多花木蓝 *Indigofera amblyantha* Craib

山西、陕西、甘肃、河南、河北、安徽、江苏、浙江、湖南、湖北、贵州、四川。

（2）河北木蓝 *Indigofera bungeana* Walpers

李洪钧 2457，7562；宿秀江 ZQ4189；张代贵 zdg1074，3063，2189，LC0052，pph1054，pph1210，zsy0098

辽宁、内蒙古、河北、山西、陕西。

（3）宜昌木蓝 *Indigofera decora* var. *ichangensis*（Craib）Y. Y. Fang & C. Z. Zheng

彭春良 86135；中南队 36；龙成良 87286；龙成良、曹铁如 850477；壶瓶山考察队 87286；祁承经 30458；孙文厚 00880；宿秀江、刘和兵 433125D00100509024；贺海生 070613022

花垣、石门。

河南、浙江、江西、湖北、湖南、广西、贵州。

（4）黑叶木蓝 *Indigofera nigrescens* Kurz ex King et Prain

李丙贵 8376；刘林翰 10103；向晟、藤建卓 JS20181206_1245+1

花垣、鹤峰、五峰。

江西、福建、广东、广西。

33. 鸡眼草属 Kummerowia Schindler（2:2:0）

（1）长萼鸡眼草 *Kummerowia stipulacea*（Maximowicz）Makino

粟林 4331261409070664；李洪钧 7766；李恒、彭淑云等 1436；张代贵 pph1165，zdg00011，4331221509081017LY；谭士贤等 7102

咸丰、来凤、宣恩。

江苏、安徽、浙江、江西、湖北、陕西、甘肃、山西、河北、河南、山东、东北地区。

（2）鸡眼草 *Kummerowia striata*（Thunberg）Schindler

李洪钧 9212，7538；刘林翰 08391，9578；武陵队 1150，1793；肖简文 5750；王映明 6709；安明先 3844；张杰 4092

凤凰、桑植、石门、秀山、咸丰、来凤、鹤峰、宣恩。

广东、广西、云南、四川、贵州、湖北、湖南、福建、江苏、河北、东北地区。

越南、朝鲜、日本、北美洲。

34. 扁豆属 Lablab Adanson（1:1:0）

（1）扁豆 *Lablab purpureus*（Linnaeus）Sweet

宿秀江、刘和兵 433125D00060705003；张代贵 112+1，1209004；李朝利 1025，0940；刘珍妮 1005

芷江、凤凰、沅陵、花垣、永顺、桑植、石门、石阡、黔江、咸丰、鹤峰。

全国各地。

35. 细蚂蝗属 Leptodesmia（Bentham）Bentham（1:1:0）

（1）小叶细蚂蝗 *Leptodesmia microphylla*（Thunberg）H.Ohashi & K.Ohashi

36. 山黧豆属 Lathyrus Linnaeus（1:1:0）

（1）山黧豆 *Lathyrus quinquenervius*（Miquel）Litvinov

泸溪、凤凰、保靖、古丈、永顺、龙山、花垣、吉首。

东北地区、华北地区、中南地区、西南地区。

朝鲜、日本、俄罗斯。

37. 胡枝子属 Lespedeza Michaux（11:11:0）

（1）胡枝子 *Lespedeza bicolor* Turczaninow

黑龙江、吉林、辽宁、河北、内蒙古、山西、陕西、甘肃、山东、江苏、安徽、浙江、福建、台湾、河南、湖南、广东、广西。

（2）美丽胡枝子 *Lespedeza thunbergii* subsp. *formosa*（Vogel）H. Ohashi

桑植、石门、鹤峰、五峰。

长江流域及其以南各地区。

朝鲜、日本。

（3）绿叶胡枝子 *Lespedeza buergeri* Miquel

武陵队 378，506；张桂才等 506，378；壶瓶山考察队 0727，0825；北京队 001837；周建军 20130613002

沅陵、花垣、石门。

安徽、江苏、浙江、台湾、江西、湖南、湖北、四川、河南、山西、陕西、甘肃。

日本。

（4）中华胡枝子 *Lespedeza chinensis* G. Don

李洪钧 7543；刘林翰 10130，8309，9804；武陵队 1517，1123；安明先 3880；北京队 3862，878；王映明 6902

芷江、凤凰、永顺、德江、咸丰、来凤。

广东、湖南、湖北、贵州、江苏、浙江、安徽、福建、台湾。

（5）截叶铁扫帚 *Lespedeza cuneata*（Dumont de Courset）G. Don

刘林翰 9662，9661；武陵队 1959，1300，2394；田儒明 522229140816149LY；赵佐成、马建生 2893；李衡 522227160522005LY；曹亚玲、薄发鼎 2900；曹铁如 090319

芷江、凤凰、桑植、石门、施秉、石阡、德江、沿河、黔江、酉阳、秀山、咸丰、来凤。

山东、河南、陕西中部以南至广东、云南各地区。

巴基斯坦、印度、日本。

（6）大叶胡枝子 *Lespedeza davidii* Franchet

刘林翰 09928，9445；武陵山考察队 2151，2890，1006，719，3051；草场组 002；湘西考察队 633；安明态 SQ-0342

芷江、凤凰、桑植、施秉、石阡、印江、松桃、鹤峰、五峰。

浙江、江西、广东、广西、贵州、湖南、湖北。

（7）多花胡枝子 *Lespedeza floribunda* Bunge

刘林翰 09983；肖简文 5847；刘林翰 10071，09983，9983；雷开东 ZZ141004120

桑植。

东北地区、华北地区、华东地区、四川、湖南、陕西、甘肃、青海。

（8）红花截叶铁扫帚 *Lespedeza lichiyuniae* T. Nemoto

（9）铁马鞭 *Lespedeza pilosa*（Thunberg）Siebold et Zuccarini

刘林翰 9649；武陵队 2321，1170；张银山 522223150807045 LY；曹铁如 090337；龙成良 1267；肖简文 5706；安明先 3709；张代贵 zdg1407251002；王岚 522223150426044 LY

芷江、凤凰、永顺、桑植、思南、印江、德江、黔江、咸丰、来凤、鹤峰。

江苏、浙江、安徽、湖南、湖北、江西、福建、广东、四川、甘肃。

朝鲜、日本。

（10）绒毛胡枝子 *Lespedeza tomentosa*（Thun-berg）Siebold ex Maximo-wicz

李洪钧 9483；武陵队 1278；刘林翰 9927，08305；雷开东 ZZ141004154。

除新疆及西藏外，全国各地。

（11）细梗胡枝子 *Lespedeza virgata*（Thunberg）Candolle

简焯坡等 30456，30450；肖简文 5909；安明先 3663，3890；谭士贤 314；宿秀江、刘和兵 433125D00090811025；张代贵 396，080510023，4331221607180828LY

桑植、印江、来凤。

四川、湖北、湖南、河南、安徽、福建、江西、山东、山西、陕西、河北。

朝鲜、日本。

38. 银合欢属 Leucaena Bentham（1:1:0）

（1）银合欢 *Leucaena leucocephala*（Lamarck）de Wit

台湾、福建、广东、广西、云南。

39. 百脉根属 Lotus Linnaeus（1:1:0）

（1）百脉根 *Lotus corniculatus* Linnaeus

李洪钧 2359，2739；武陵山考察队 2146，2228；黔北队 839；朱国兴 48；刘林翰 01824；王映明 5303；壶瓶山考察队 1438；北京队 001849

花垣、石门、石阡、万山、鹤峰、宣恩。

甘肃、陕西、四川、云南、贵州、湖北、湖南、广西。

亚洲、欧洲、大洋洲、北美洲、非洲。

40. 马鞍树属 Maackia Ruprecht（1:1:0）

（1）马鞍树 *Maackia hupehensis* Takeda

简焯坡、应俊生、马成功等 31804

陕西、江苏、安徽、浙江、江西、河南、湖北、湖南、四川。

41. 苜蓿属 Medicago Linnaeus（4:4:0）

（1）天蓝苜蓿 *Medicago lupulina* Linnaeus

刘林翰 1456；武陵队 735；刘瑛 13；张兵、向新 090426043；张志松 401417；廖傅儒 0846；王加国 YJ-2014-0166；张银山 522223150503015 LY；冯兵 522223140405002 LY

沅陵、印江。

东北地区、华北地区、西北地区、华中地

区、四川、云南。

（2）小苜蓿 *Medicago minima*（Linnaeus）

刘林翰 17250

黄河流域及长江以北各地区。

（3）南苜蓿 *Medicago polymorpha* Linnaeus

邓涛 070606032；彭海军 080416067；张代贵 4331221505020066LY；陈翔 94022；张代贵、张代富 LX20170413056_0056；向晟、藤建卓 JS20180312_0185；麻超柏、石琳军 HY20180316_0164

贵州东北部。

（4）紫苜蓿 *Medicago sativa* Linnaeus

张贵志、周喜乐 1105070

贵州东北部。西北地区、华中地区、东北地区。

42. 草木樨属 Melilotus（Linnaeus）Miller（2:2:0）

（1）白花草木樨 *Melilotus albus* Medikus

东北地区、华北地区、西北地区、西南地区。

（2）草木犀 *Melilotus officinalis*（Linn.）Lamarck

张代贵 zdg4331270071；宿秀江、刘和兵 433125D00020804066

宣恩。

西南地区、华中地区、华东地区、华北地区。

欧洲、北美洲、亚洲。

43. 崖豆藤属 Millettia Wight & Arnott（1:1:0）

（1）厚果崖豆藤 *Millettia pachycarpa* Bentham

李朝利 0237；刘林翰 9809；卢小刚 522227160521025LY；钟补勤 728；北京队 00778；吴玉、刘雪晴等 YY20181005_0042；简焯坡等 32007；肖简文 5834；沈中瀚 101；张代贵 zdg4331270420001

44. 含羞草属 Mimosa Linnaeus（1:1:0）

（1）含羞草 *Mimosa pudica* Lin

宿秀江、刘和兵 433125D00061104036；谷忠村 62；湘西调查队 0492；邓涛 05091013；谭策铭、张丽萍、易发彬、胡兵、易桂花、桑植样 353naeus

台湾、福建、广东、广西、云南。

45. 黧豆属 Mucuna Adanson（3:3:0）

（1）褶皮黧豆 *Mucuna pruriens*（Linnaeus）Candolle

磨素珍 080729218；陈功锡 080730123；张代贵 xm240；雷开东 ZZ140825152

浙江、江苏、江西、湖北、福建、广东、广西。

（2）刺毛黧豆 *Mucuna pruriens*（Linnaeus）Candolle

张代贵 582

云南南部、贵州西南部、海南、广西。

（3）常春油麻藤 *Mucuna sempervirens* Hemsley

壶瓶山考察队 87295；北京队 000928；雷开东 4331271404210173，4331271410051372；沈中瀚 102；周辉、周大松 15060411，15041212；宿秀江、刘和兵 433125D00180929002；刘克旺 30100；张代贵 158

永顺、桑植、石门、鹤峰、宣恩。

云南、四川、贵州、湖北、湖南、浙江、福建。

46. 小槐花属 Ohwia H. Ohashi（1:1:0）

（1）小槐花 *Ohwia caudata*（Thunberg）H. Ohashi

廖衡松 16242；龙成良 120250；黄威廉 64-898；刘珍妮 1174-01；武陵山考察队 1847；王育民 64.0850；肖艳、赵斌 LS-2433；酉阳队 500242-450-01；张代贵 zdg1407240989；宿秀江、刘和兵 433125D00070806009

芷江、凤凰、沅陵、桑植、石门、施秉、石阡、印江、德江、沿河、黔江、秀山、咸丰、来凤。

安徽、浙江、江西、福建、台湾、湖北、湖南、广东、广西、四川、贵州、云南。

印度、缅甸、马来西亚、日本。

47. 红豆属 Ormosia Jackson（2:2:0）

（1）花榈木 *Ormosia henryi* Prain

向晟、藤建卓 JS20180828_1181；武陵队 1649；杜大华 3981；湖南队 547；武陵山考察队 729，1649；湖南队 0547；蔡平成 20178；肖定春

80274；田代科、肖艳、陈岳 LS-1339

芷江、沅陵、桑植、秀山、来凤。

云南、贵州、四川、湖北、湖南、安徽、江西、浙江、福建、广东。

（2）红豆树 **Ormosia hosiei** Hemsley et E. H. Wilson

壶瓶山考察队 87196

桑植。

四川、陕西、湖北、湖南、广西、江苏。

48. 饿蚂蝗属 Ototropis Nees（1:1:0）

（1）饿蚂蝗 **Ototropis multiflora**（DC.）H. Ohashi & K. Ohashi

武陵考察队 1572；武陵队 1489；雷开东 4331271408251018；张代贵 zdg4331261007；刘林翰 9688；吴玉、刘雪晴等 YY20181005_0011；祁承经 30181；粟林 4331261409120810；鲁道旺 522222141115036LY；李杰 522229141023780LY

芷江、江口、印江、德江、咸丰、来凤、鹤峰、五峰。

广东、广西、云南、四川、贵州、湖北、湖南、江西、福建、台湾。

中南半岛、印度、尼泊尔。

49. 豆薯属 Pachyrhizus Richard ex Candolle（1:1:0）

（1）豆薯 **Pachyrhizus erosus**（Linnaeus）Urban

桑植、黔江。

中南地区。

50. 菜豆属 Phaseolus Linnaeus（3:3:0）

（1）荷包豆 **Phaseolus coccineus** Linnaeus

桑植。

贵州东北部。

全世界温带、热带地区。

（2）棉豆 **Phaseolus lunatus** Linnaeus

云南、广东、海南、广西、湖南、福建、江西、山东、河北。

（3）菜豆 **Phaseolus vulgaris** Linnaeus

张奠湘 05；刘珍妮 0682；湘西考察队 705，255，735；廖国藩、郭志芬等 86

广东、广西、湖南、湖北、云南、四川、江西、江苏、河北、山西。

51. 老虎刺属 Pterolobium R. Brown ex Wight & Arnott（1:1:0）

（1）老虎刺 **Pterolobium punctatum** Hemsley

付国勋、张志松 1526；安明先 3665；刘林翰 9360；杨保民 2202；刘林汉 9763；聂敏祥 1526；武陵队 1309；北京队 4071；黔北队 1464；傅国勋、张志松 1526

凤凰、桑植、来凤。

湖北、湖南、江西、福建、广东、广西、云南、贵州、四川。

52. 葛属 Pueraria Candolle（2:2:0）

（1）贵州葛 **Pueraria bouffordii** H. Ohashi

（2）葛 **Pueraria montana**（Loureiro）Merrill

武陵山考察队 2217，2498，2662；王映明 4792；赵佐成、马建生 2960；赵佐成 88-1369，88-2044；北京队 3823，000978；武陵队 1281

新晃、施秉、石阡、印江。

云南、四川、贵州、湖北、浙江、江西、湖南、福建、广西、广东、海南、台湾。

53. 瓦子草属 Puhuaea H. Ohashi & K. Ohashi（1:1:0）

（1）瓦子草 **Puhuaea sequax**（Wall.）H. Ohashi & K. Ohashi

凤凰、永顺、江口、印江、黔江、酉阳。

云南、四川、贵州、湖南。

缅甸、印度。

54. 鹿藿属 Rhynchosia Loureiro（3:3:0）

（1）中华鹿藿 **Rhynchosia chinensis** H. T. Chang ex Y. T. Wei & S. K. Lee

广西、广东、江西、贵州。

（2）菱叶鹿藿 **Rhynchosia dielsii** Harms

溥发鼎、曹亚玲 0184；曹亚玲、溥发鼎 2809；曹铁如 090535；安明先 3971；麻超柏、石琳军 HY20180707_0317；邓涛 080729035+1；张代贵 zdg1407251001，zdg1407261055；湘黔队 003192；粟林 4331261410020952

凤凰、永顺、桑植、石门、施秉、石阡、沿河、来凤。

四川、贵州、湖北、湖南、广东、广西。

（3）鹿藿 **Rhynchosia volubilis** Loureiro

武陵队 1277，1893；湖南中医研究所 26；

李学根 204945；李永康 8249；李洪钧 7568，9484；湖南队 575；曹亚玲、溥发鼎 2966；武陵山考察队 2646

芷江、凤凰、施秉、思南、德江、咸丰、来凤、宣恩。

江苏、安徽、江西、福建、台湾、广东、广西、四川、贵州、湖南、湖北。

朝鲜、日本。

55. 刺槐属 Robinia Linnaeus（1:1:0）

（1）刺槐 *Robinia pseudoacacia* Linnaeus

郑家仁 80356；刘林议 09990；周辉、周大松 15050526；贺海生 080503021；杨彬 080418025；李衡 522227160607009LY；麻超柏、石琳军 HY20180810_0922；张代贵 4331221607160758LY，13

全国各地。

56. 儿茶属 Senegalia Rafinesque（1:1:0）

（1）皱荚藤儿茶 *Senegalia rugata*（Lamarck）Britton & Rose

永顺、桑植、碧江。

江西、湖南、广东、广西、贵州、云南。

亚洲热带地区广泛分布。

57. 番泻决明属 Senna Miller（3:3:0）

（1）双荚决明 *Senna bicapsularis*（Linnaeus）Roxburgh

张代贵 20090716023，xm365，ZZ130715710

（2）望江南 *Senna occidentalis*（Linnaeus）Link

我国东南部、南部及西南部各地区。

（3）决明 *Senna tora*（Linnaeus）Roxburgh

安明先 3701，3689；马海英、邱天雯、徐志茹 GZ487；田儒明 5222291610121267LY；肖简文 5808；鲁道旺 522222141108020LY；张代贵 ZCJ121008084，L110048，L110094，121008001

湖南西北部、长江流域以南各地区。

58. 田菁属 Sesbania Scopoli（1:1:0）

（1）田菁 *Sesbania cannabina*（Retzius）Poiret

黔江。

四川、湖南、广西、广东、江苏、浙江、福建、台湾。

东半球热带地区。

59. 拿身草属 Sohmaea H. Ohashi & K. Ohashi（1:1:0）

（1）拿身草 *Sohmaea laxiflora*（DC.）H. Ohashi & K. Ohashi

田代科、肖艳、莫海波、张成 LS-2697；安明先 3787

江西、湖北、湖南、广东、广西、四川、贵州、云南、台湾。

印度、缅甸、泰国、越南、马来西亚、菲律宾。

60. 苦参属 Sophora Linnaeus（2:2:0）

（1）白刺花 *Sophora davidi*i（Franchet）Skeels

华北地区、陕西、甘肃、河南、江苏、浙江、湖北、湖南、广西、四川、贵州、云南、西藏。

（2）苦参 *Sophora flavescens* Aiton

李学根 203815；刘前裕 4156；赵佐成、马建生 2900；曹亚玲、溥发鼎 0043；李洪钧 4953；彭春良 86239；刘林翰 1948；蓝开敏 98-0162；安明先 3578；黔北队 1283

贵州东南部。

西南地区至陕西、甘肃、河南、浙江、江苏、华北地区。

61. 槐属 Styphnolobium Schott（1:1:0）

（1）槐 *Styphnolobium japonicum*（Linnaeus）Schott

张代贵 090528006，ZZ100713756，YH0809-13857；刘林翰 10127；湘西考察队 1082；席先银 653；李衡 5222271606605001LY；林有润 10127；武陵山考察队 1603；刘林翰 9840

全国各地。

日本、越南、朝鲜。

62. 车轴草属 Trifolium Linnaeus（3:3:0）

（1）杂种车轴草 *Trifolium hybridum* Linnaeus

（2）红车轴草 *Trifolium pratense* Linnaeus

张奠湘 01；李丙贵 750085；北京队 001968；聂敏祥、李启和 1290；傅国勋、张志松 1290；谭士贤 361；壶瓶山考察队 1439；李良千 96；王映明 5040；雷开东 ZZ141004144

桑植、石门、咸丰、鹤峰、宣恩。

我国南北各地区。

（3）白车轴草 **Trifolium repens** Linnaeus

宿秀江、刘和兵 433125D00160328005；安明态 YJ-2014-0096；张代贵 4331221606300495LY，hhx0122021；罗超 522223150426009 LY；唐海华 5222291605201115LY；周辉、周大松 15041-218；姚杰 522227160524059LY；向晟、藤建卓 JS20180819_0962；麻超柏、石琳军 HY20180416_0511

63. 野豌豆属 Vicia Linnaeus（9:9:0）

（1）华野豌豆 **Vicia chinensis** Franchet

梅超 03054；张代贵 4331221509060916LY，4331221606300525LY，pph1024，170910013，YH140820611

陕西、湖北、四川、云南。

（2）广泛分布野豌豆 **Vicia cracca** Linnaeus

陈少卿 2289；朱国兴 17；彭水队 500243-002-208-01；方明渊 24229；安明先 3599；雷开东 4331271404240038；黔江队 500114-557；曾宪锋 ZXF09464；张代贵 4331221604250301LY；酉阳队 500242-048-01

全国各地。

（3）蚕豆 **Vicia faba** Linnaeus

刘珍妮 0168

武陵山区。

世界各地。

（4）小巢菜 **Vicia hirsuta**（Linn.）Gray

朱国兴 10；林祁 638；田代科、肖艳、陈岳 LS-1457；周辉、周大松 15041219；贺海生 18+2；彭海军 080503015；丁文灿 080418028；北京队 000634；张代贵、张成 TD20180508_5789；张代贵 6152

永顺、桑植、思南、印江、五峰。

华中地区、华东地区、华南地区、西南地区。

俄罗斯、欧洲北部地区、北美洲。

（5）大叶野豌豆 **Vicia pseudo-orobus** Fischer et C. A. Meyer

黑龙江、吉林。

（6）救荒野豌豆 **Vicia sativa** Linnaeus

李洪钧 2469；刘林翰 1444；张志松 401-423；张志松 400227；廖傅儒 0851；李杰 5222-

29160304967LY；彭水队 500243-003-198；宿秀江、刘和兵 433125D00020427039；杨彬 080819050；黔江队 500114-554

桑植、鹤峰、宣恩。

全国各地。

俄罗斯、日本。

（7）窄叶野豌豆 **Vicia sativa** subsp. **nigra** Ehrhart

宣恩、鹤峰。

华北地区、华中地区、华东地区。

欧洲、非洲、亚洲。

（8）四籽野豌豆 **Vicia tetrasperma**（Linnaeus）Schreber

刘林翰 1434；田代科、肖艳、陈岳 LS-1065；雷开东 4331271404270082；宿秀江、刘和兵 433125D00160430011；黔江队 500114-539；粟林 4331261405020334；彭海军 080503013；张代贵 0427121；彭水队 500243-003-187-01；酉阳队 500242662

桑植、思南、印江。

河南、湖北、湖南、江西、江苏、安徽、浙江、台湾、陕西、四川、云南、贵州。

欧洲、非洲北部、北美洲、亚洲。

（9）歪头菜 **Vicia unijuga** A. Braun

桑植。

长江中下游各地区、青海、甘肃、陕西、内蒙古、山西、河北、东北地区。

朝鲜、日本、俄罗斯。

64. 狸尾豆属 Uraria Desvaux（1:1:0）

（1）中华狸尾豆 **Uraria sinensis**（Hemsley）Franchet

湖北、四川、贵州、云南、陕西、甘肃。

65. 豇豆属 Vigna Savi（7:7:0）

（1）赤豆 **Vigna angularis**（Willldenow）Ohwi & H. Ohashi

张代贵 22+1，164，5+2，29+1，021，27+2，12+2，20，158+1，150810002

桑植、石阡、梵净山、碧江。

全国各地。

（2）贼小豆 **Vigna minima**（Roxburgh）Ohwi et H. Ohashi

湘西、贵州东北部。

我国北部、东南部至西南部。

日本、菲律宾。

（3）绿豆 ***Vigna radiata***（Linnaeus）R. Wilczek

张代贵 20+1，2+2，1+2；刘珍妮 0934

芷江、凤凰、沅陵、保靖、花垣、桑植、石门、施秉、思南、梵净山、沿河、黔江、秀山、咸丰、来凤、宣恩。

全国各地。

（4）赤小豆 ***Vigna umbellata***（Thunberg）Ohwi & H. Ohashi

武陵队 1168，1128；李晓腾 07082009；张代贵 20161005018，YD241072

来凤、鹤峰。

我国中部和南部各地区。

越南、日本、菲律宾、印度。

（5）豇豆 ***Vigna unguiculata***（Linnaeus）Walpers

邓涛 071005007；张代贵 58+2；赵佐成 88-1929

桑植、黔江。

全国各地。

（6）眉豆 ***Vigna unguiculata*** subsp. ***cylindrica***（Linnaeus）Verdcourt

桑植。

全国各地。

（7）野豇豆 ***Vigna vexillata***（Linnaeus）A. Richard

中国西部科学院 4085；壶瓶山考察队 A228；赵佐成、马建生 3029；曹亚玲、溥发鼎 2963，2940；北京队 875；李洪钧 7646；武陵考察队 855；刘珍妮 1102；黔江队 500114-503-01

新晃、芷江、凤凰、桑植、石门、施秉、思南、德江、沿河、黔江、酉阳、咸丰、来凤。

陕西、甘肃、湖北、湖南、江西、江苏、浙江、福建、广东、广西、云南、四川、贵州。

全世界热带、亚热带地区广泛分布。

66. 紫藤属 Wisteria Nuttall（2:2:0）

（1）紫藤 ***Wisteria sinensis***（Sims）Sweet

彭春良 120453；杨彬 080418035；张代贵 080728101，YD10010；贺海生 080503018；黄威廉 65-0096

桑植。

我国各地。

（2）多花紫藤 ***Wisteria floribunda***（Willdenow）DC.

长江流域以南各地区。

67. 任豆属 Zenia Chun（1:1:0）

（1）任豆 ***Zenia insignis*** Chun

张代贵 ZB130606392，ZB130606604，YH14-0606374，pcn035，140606345

永顺。

广东、广西。

越南。

一百零九、远志科 Polygalaceae（2:10）

1. 远志属 Polygala Linnaeus（9:9:0）

（1）荷包山桂花 ***Polygala arillata*** Buchanan-Hamilton ex D. Don

方明渊 24445；武陵山考察队 2065；黔北队 1029，1118，660；张志松 401750；简焯坡 30378；张志松 401323，400996

桑植、石门、江口、印江、松桃、宣恩。

陕西、湖南、贵州、湖北、安徽、福建、江西、广东、广西、云南、四川、西藏。

越南、缅甸、尼泊尔、印度。

（2）尾叶远志 ***Polygala caudata*** Rehder & E. H. Wilson

彭辅松 841；武陵队 1303，687；刘林翰 9187；李洪钧 8708，9158；武陵山考察队 2614；雷开东 4331271503211657；杨彬 070411019；邓涛 0111+1

凤凰、桑植、思南、印江、松桃。

江西、湖南、贵州、湖北、四川、云南、广西、广东。

（3）香港远志 ***Polygala hongkongensis*** Hemsley

武陵队 658；沈中瀚 206；张贵志、周喜乐 1105087；张代贵 zdg042，080526013，00282，4331221605100388LY；谭沛祥 60876；田代科、肖艳、陈岳 LS-1562；雷开东 4331271405310407

芷江、鹤城、沅陵、保靖、永顺、印江、松桃、秀山。

福建、江西、湖南、贵州、重庆、广东、云南、四川。

（4）狭叶香港远志 *Polygala hongkongensis* var. *stenophylla* Migo

宿秀江、刘和兵 433125D00100809029；贺海生 070404015，070411003；张代贵 lxq0121006

湖南、江苏、安徽、浙江、江西、福建、广西。

（5）瓜子金 *Polygala japonica* Houttuyn

李洪钧 2369；曹亚玲、溥发鼎 0025；朱国兴 068；旷兴 522222140430101LY；谭沛祥 62573；武陵队 903；李衡 522227160524062LY；钟补勤 965；北京队 002563；武陵山考察队 971

新晃、芷江、鹤城、辰溪、花垣、龙山、桑植、慈利、石门、江口、印江、沿河、鹤峰、宣恩。

（6）西伯利亚远志 *Polygala sibirica* Linnaeus

李良千 135；安明先 3091；湘西队 194；谭士贤 337；黔北队 556；张志松 401163

永顺、保靖、桑植、印江。

东北地区、华北地区、华中地区、西北地区、西南地区、华南地区。

俄罗斯。

（7）小扁豆 *Polygala tatarinowii* Regel

北京队 4201；刘林翰 17707；李恒、彭淑云、俞宏渊等 1729；李恒、俞宏渊 4709

花垣、桑植、慈利、石门、德江、咸丰、鹤峰。

西南地区、华中地区、华北地区、东北地区。

（8）远志 *Polygala tenuifolia* Willdenow

黔北队 1984；张志松 400092，401181，400773，401185，401163，401750，401482，400996；张代贵 pxh135

桑植。

东北地区、华北地区、华中地区、西北地区。

俄罗斯。

（9）长毛籽远志 *Polygala wattersii* Hance

武陵队 618；刘林翰 9187；壶瓶山考察队 0201，0085，87159，0232；安明先 3250，3029；简焯坡、张秀实等 30378；张志松、党成忠等 401181

湖南、江西、湖北、广西、广东、四川、云南、西藏。

2. 齿果草属 Salomonia cantoniensis Loureiro（1:1:0）

（1）齿果草 *Salomonia cantoniensis* Loureiro

张代贵 YH150809524，150811047；安明先 3613

新晃、芷江。

云南、贵州、湖南、广西、江西、福建。

越南、柬埔寨、马来西亚至大洋洲。

一百一十、蔷薇科 Rosaceae（32:240）

1. 龙牙草属 Agrimonia Linnaeus（2:2:0）

（1）龙芽草 *Agrimonia* Pilosa Ledebour

安明先 3613；廖国藩、郭志芬等 049；湘西考察队 20；壶瓶山考察队 0930，A178；北京队 002526，003559；武陵队 1147；张杰 4062；无采集人 653

桃源区、凤凰、桑植、慈利、石门、德江、思南、秀山、鹤峰。

我国南北各地区。

俄罗斯、蒙古、朝鲜、日本、越南。

（2）黄龙尾 *Agrimonia pilosa ledebour* var. *nepalensis*（D. Don）Nakai

新晃、桑植、梵净山、德江、沿河、酉阳、咸丰、宣恩。

河北、山西、陕西、甘肃、河南、山东、江苏、安徽、浙江、江西、广东、广西、四川、云南、西藏。

印度、尼泊尔、缅甸、泰国、老挝、越南。

2. 唐棣属 Amelanchier Medikus（1:1:0）

（1）唐棣 *Amelanchier sinica*（C. K. Schneider）Chun

肖定春 80223，80178；蔡平成 20017；张代贵、王业清、朱晓琴 zdg，wyq，zxq0322

石门、五峰。

河南、甘肃、陕西、四川。

3. 假升麻属 Aruncus Linnaeus（1:1:0）

（1）假升麻 *Aruncus sylvester* Kosteletzky ex Maximowicz

王映明 4437，4861；北京队 2132；宿秀江、刘和兵 433125D00160808108

桑植、宣恩、保靖、宣恩。

黑龙江、吉林、辽宁、河南、甘肃、江西、福建、安徽、浙江、四川、西藏、云南、广西。

俄罗斯西伯利亚地区、日本、朝鲜。

4. 木瓜属 Pseudocydonia（C. K. Schneid.）C. K. Schneid.（3:3:0）

（1）毛叶木瓜 *Chaenomeles cathayensis*（Hemsley）C. K. Schneider

刘林翰 1668

龙山。

贵州、湖北、陕西、甘肃、江西、四川、云南、西藏、广西。

（2）木瓜 *Chaenomeles sinensis*（Thouin）Koehne

石门。

湖北、山东、陕西、江西、安徽、江苏、浙江、广东、广西。

（3）贴梗木瓜 *Chaenomeles speciosa*（Sweet）Nakai

贵州、陕西、甘肃、四川、云南、广东。

缅甸。

5. 无尾果属 Coluria R. Brown（1:1:0）

（1）大头叶无尾果 *Coluria henryi* Batalin

吉首大学生物资源与环境科学学院 GWJ20170610_0268，GWJ20170610_0269，GWJ20170610_0270；武陵山考察队 737

古丈、江口。

湖北、四川。

6. 栒子属 Cotoneaster Medikus（18:18:0）

（1）灰栒子 *Cotoneaster acutifolius* Turczaninow

黔北队 0679；壶瓶山考察队 1408，87354；北京队 4508；王映明 5418；李良千 100；傅国勋、张志松 1345，1344；郑家仁 80419；张代贵、王业清、朱晓琴 1779

桑植、石门、印江、恩施、五峰、宣恩。

内蒙古、河北、山西、河南、陕西、甘肃、青海、西藏。

（2）密毛灰栒子 *Cotoneaster acutifolius* var. *villosulus* Rehder & E. H. Wilson

傅国勋、张志松 1344

恩施。

河北、陕西、甘肃、四川。

（3）匍匐栒子 *Cotoneaster adpressus* Bois

简焯坡、张秀实等 32038；杨慧 011+2；王岚 522227160606057LY，522227160602007LY；赵佐成、马建生 2859，2849；张代贵 20081107

永定、龙山、德江、酉阳。

湖北、陕西、甘肃、青海、四川、云南、西藏。

印度、缅甸、尼泊尔。

（4）细尖栒子 *Cotoneaster apiculatus* Rehder & E. H. Wilson

湖北、甘肃、四川、云南。

（5）泡叶栒子 *Cotoneaster bullatus* Bois

傅国勋、张志松 1246，1300；简焯坡、张秀实等 31056，30752，32044；湘黔队 002693；武陵山考察队 1346；张代贵、王业清、朱小琴 2149，2415；张代贵 zsy0061

古丈、江口、印江、恩施、五峰、鹤峰。

四川、云南、西藏。

（6）矮生栒子 *Cotoneaster dammeri* C. K. Schneider

壶瓶山考察队 1379，87403；谭士贤 183；刘正宇 6229；傅国勋、张志松 1501；廖衡松 15840；龙成良 87403；喻勋林 无采集号；包满珠、方子兴等 IV 2-07-8032；张代贵、王业清、

朱晓琴 2598

石门、江口、印江、酉阳、恩施、鹤峰、五峰。

四川、云南。

（7）木帚栒子 *Cotoneaster dielsianus* Pritz.

李洪钧 2572，9035，9002，2563；简焯坡等 31035；壶瓶山考察队 0704；赵佐成、马建生 2943；王映明 4781；赵佐成 88-1637；武陵山考察队 1831

桑植、石门、石阡、印江、德江、黔江、酉阳、咸丰、宣恩。

四川、云南。

（8）散生栒子 *Cotoneaster divaricatus* Rehder & E. H. Wilson

壶瓶山考察队 87404，0703，1195；赵佐成 88-2246，88-2226；北京队 001817，3906；武陵山考察队 2888；溥发鼎、曹亚玲 0054；李洪钧 8912

石门、花垣、桑植、石阡、沿江、德江、彭水、恩施。

陕西、甘肃、江西、四川、云南、西藏。

（9）恩施栒子 *Cotoneaster fangianus* Yu

恩施。

（10）麻核栒子 *Cotoneaster foveolatus* Rehder et E. H. Wilson

傅国勋、张志松 1345，1344，1513；廖衡松 15906，16009；廖博儒 203

桑植、石门、梵净山、恩施。

陕西、甘肃、四川、云南。

（11）光叶栒子 *Cotoneaster glabratus* Rehder & E. H. Wilson

简焯坡、张秀实等 30955

印江。

四川、云南。

（12）细弱栒子 *Cotoneaster gracilis* Rehder & E. H. Wilson

湖北、陕西、甘肃、四川。

（13）平枝栒子 *Cotoneaster horizontalis* Dcne.

李洪钧 7545，8912，3749；湖南队 626；谭士贤 194；刘正宇 6328；莫华 6142；简焯坡、张秀实等 31303；姚淦 752；吉首大学生物资源与环境科学学院 GWJ20180712_0343

古丈、桑植、石门、印江、松桃、德江、酉阳、咸丰、宣恩、恩施。

陕西、甘肃、四川、云南。

尼泊尔。

（14）小叶平枝栒子 *Cotoneaster horizontalis* var. *perpusillus*. Schneider

彭水队 500243-061，500243-003-061-01，500243-003-061-02，500243-003-061-03；朱少洲 0412

贵州、湖北、陕西、四川。

（15）暗红栒子 *Cotoneaster obscurus* Rehder et E. H. Wilson

肖定春 80436

石门。

湖北、四川、云南。

（16）皱叶柳叶栒子 *Cotoneaster salicifolius franchet* var. *rugosus*（E. Pritzel）Rehder et E. H. Wilson

付国勋、张志松 1300；彭水队 500243-003-062，500243-003-062-02，5030243-003-062-03，500243-003-062-01；张代贵、王业清、朱晓琴 1920，2268；张代贵 LL131018054

古丈、彭水、五峰、鹤峰、宣恩。

四川。

（17）华中栒子 *Cotoneaster silvestrii* Pampanini

李丙贵、万绍宾 750232

桑植。

湖北、河南、安徽、江西、江苏、四川、甘肃。

（18）西北栒子 *Cotoneaster zabelii* C. K. Schneider

武陵队 196；壶瓶山考察队 87150；曹铁如 090175；龙成良 120459；林亲众 011007；李杰 522229141022754LY；张代贵、王业清、朱小琴 2530；蔡平成 20095；彭水队 500243-002-074-01；周辉、周大松 15080710

永定、沅陵、花垣、桑植、石门、慈利、松桃、彭水、五峰。

河北、山西、山东、河南、陕西、甘肃、宁夏、青海。

7. 山楂属 Crataegus Linnaeus（3:3:0）

（1）野山楂 *Crataegus cuneata* Siebold et Zuccarini

张代贵 zdg4331261140，ly150807055；武陵队 894；廖衡松 00119；吴星星 070718010；无采集人 793-2077+2；吉首大学生物资源与环境科学学院 GWJ20170610_0087

新晃、溆浦、永顺、古丈、保靖、咸丰、鹤峰。

贵州、河南、江西、安徽、江苏、浙江、云南、广东、广西、福建。

日本。

（2）湖北山楂 *Crataegus hupehensis* Sargent

蔡平成 20023，20009；肖定春 80327

石门。

湖北、江西、江苏、浙江、四川、陕西、山西、河南。

（3）华中山楂 *Crataegus wilsonii* Sargent

湖北、河南、陕西、甘肃、浙江、云南、四川。

8. 蛇莓属 Duchesnea Smith（1:1:0）

（1）蛇莓 *Duchesnea indica*（Andr.）Focke

李洪钧 2452，3632；武陵队 241；张志松、党成忠等 400224，401939；赵佐成 88-1591；壶瓶山考察队 0619；武陵山考察队 2179；北京队 s.n.；曹亚玲、溥发鼎 0112

沅陵、芷江、龙山、桑植、慈利、石门、江口、印江、德江、黔江、彭水、咸丰、鹤峰、宣恩。

辽宁以南各地区。

阿富汗、日本、印度尼西亚、欧洲、美洲。

9. 枇杷属 Eriobotrya Lindley.（2:2:0）

（1）大花枇杷 *Eriobotrya cavaleriei*（H. Léveillé）Rehder

黔北队 0771；武陵山考察队 915；张代贵 130324049

保靖、印江。

四川、江西、福建、广西、广东。

越南。

（2）枇杷 *Eriobotrya japonica*（Thunberg）Lindley

武陵队 2426，1182；周丰杰 074；张志松、党成忠等 400087；北京队 0171；刘林翰 9880；湘西考察队 160；李洪钧 6516，5500；黔江队 500114-016

沅陵、芷江、凤凰、保靖、永顺、慈利、江口、黔江、咸丰、鹤峰、宣恩。

甘肃、陕西、河南、江苏、四川、云南、广西、广东、福建、台湾。

日本、印度、越南、缅甸、泰国、印度尼西亚。

10. 白鹃梅属 Exochorda Lindlley.（2:2:0）

（1）红柄白鹃梅 *Exochorda giraldii* Hesse

张代贵 TMS0402021，6042114；邓金梅 2118

永定、永顺。

湖北、河北、河南、山西、陕西、甘肃、安徽、江苏、浙江、四川。

（2）绿柄白鹃梅 *Exochorda giraldii* var. *wilsonii*（Rehder）Rehder

湖北、安徽、浙江、四川。

11. 草莓属 Fragaria Linnaeus（5:5:0）

（1）草莓 *Fragaria ×ananassa*（Weston）Duchesne

张志松 401388

印江。

我国各地栽培。

原产于南美洲、欧洲等地。

（2）纤细草莓 *Fragaria gracilis* Losinskaja

湖北、陕西、甘肃、青海、河南、四川、云南、西藏。

（3）黄毛草莓 *Fragaria nilgerrensis* Schlecht. ex Gay

方明渊 24441；李洪钧 2364；刘林翰 9084；北京队 003422；张志松、党成忠等 401828，401713，401388；壶瓶山考察队 0390；曹亚玲、溥发鼎 0122；王映明 5215

桑植、石门、江口、印江、彭水、恩施、宣恩。

陕西、四川、云南、台湾。

尼泊尔、印度、越南。

（4）粉叶黄毛草莓 *Fragaria nilgerrensis* var. *mairei*（H. Léveillé）Handel-Mazzetti

廖博儒 0472；田代科、肖艳、李春、张成 LS-1765；李良千 84；刘林翰 1573

龙山、桑植。

贵州、湖北、陕西、四川、云南。

（5）野草莓 *Fragaria vesca* Linnaeus

李衡 522227160611004LY；江晗霏 D-015；张代贵 zdg00042

永顺、江口、德江。

贵州、吉林、陕西、甘肃、新疆、四川、云南。

北温带广泛分布。

12. 路边青属 Geum Linnaeus（2:2:0）

（1）路边青 *Geum aleppicum* Jacquin

聂敏祥等 1453；武陵队 837，2123，1067；壶瓶山考察队 0605，0815；北京队 2399；湖南队 0074；谭士贤 279；安明态 3694

新晃、石门、凤凰、芷江、桑植、德江、酉阳、永顺、鹤峰。

贵州、黑龙江、吉林、辽宁、内蒙古、山西、陕西、甘肃、新疆、山东、河南、四川、云南、西藏。

北半球温带及暖温带广泛分布。

（2）柔毛路边青 *Geum japonicum* Thunberg var. *chinense* F. Bolle

李洪钧 7541，5358；刘林翰 9358；李学根 205006；赵佐成 88-2041；简焯坡、张秀实等 30455；武陵山考察队 2164；王映明 6518，5313；李良千 17

慈利、江口、印江、德江、松桃、酉阳、咸丰、来凤。

陕西、甘肃、新疆、山东、河南、江苏、安徽、浙江、江西、福建、广东、广西、云南、四川。

13. 棣棠花属 Kerria Candolle（1:1:0）

（1）棣棠花 *Kerria japonica*（Linn.）Candolle

陈少卿 2299；沈中瀚 37；刘林翰 9146，1815，9512；武陵队 95；张志松 400006；方明渊 24318；张兵、向新 090425013；壶瓶山考察队 0735

桑植、永顺、龙山、慈利、施秉、江口、石阡、印江、沿河、秀山、咸丰、宣恩、来凤。

甘肃、陕西、山东、河南、江苏、安徽、浙江、福建、江西、四川、云南。

日本。

14. 苹果属 Malus Miller.（7:7:0）

（1）花红 *Malus asiatica* Nakai

刘林翰 1469；刘简陈 无采集号

龙山、石门、鹤峰。

贵州、内蒙古、辽宁、河北、河南、山东、山西、陕西、甘肃、四川、云南、新疆。

（2）垂丝海棠 *Malus halliana* Koe

江苏、浙江、安徽、陕西、四川、云南。

（3）湖北海棠 *Malus hupehensis*（Pampanini）Rehder

黔北队 1357；湖南队 499；武陵队 379，249；沈中瀚 1201，017；王映明 4802；赵佐成、马建生 2911；北京队 0157；武陵山考察队 2097

古丈、沅陵、永顺、龙山、桑植、慈利、石门、松桃、印江、酉阳、咸丰、来凤、宣恩。

江西、江苏、浙江、安徽、福建、广东、甘肃、陕西、河南、山西、山东、四川、云南。

（4）西府海棠 *Malus × micromalus* Makino

辽宁、河北、山西、山东、陕西、甘肃、云南。

（5）苹果 *Malus pumila* Miller

刘正宇 0011

秀山、鹤峰。

贵州、内蒙古、辽宁、河北、河南、山东、山西、陕西、甘肃、四川、云南、新疆。

（6）三叶海棠 *Malus sieboldii*（Regel）Rehder

武陵队 2094，1629，864，901；张志松、党成忠等 401877，402257；武陵山考察队 864，2258，665；武陵考察队 1629

新晃、芷江、保靖、石阡、江口、印江、松桃。

湖北、辽宁、山东、陕西、甘肃、江西、浙江、四川、福建、广东、广西。

（7）川鄂滇池海棠 *Malus yunnanensis* var. *veitchii*（Osborn）Rehder

壶瓶山考察队 1457，87413，A110；武陵山考察队 743；傅国勋、张志松 1225；简焯坡、张

秀实等 32124，32069，30532

石门、江口、印江、恩施。

湖北、四川。

15. 绣线梅属 Neillia D.Don（2:2:0）

（1）毛叶绣线梅 *Neillia ribesioides* Rehder

张代贵 090729016，036；周洪富、粟和毅 108053；彭水队 500243-003-006

古丈、吉首、恩施。

四川、云南、陕西、甘肃。

（2）中华绣线梅 *Neillia sinensis* Oliv.

武陵队 567，1769，765；武陵山考察队 1960，805；李学根 204568；李洪钧 2591；张兵、向新 090614038，090530066；壶瓶山考察队 87392

石门、永顺、芷江、沅陵、新晃、龙山、桑植、石阡、江口、印江、松桃、碧江、黔江、鹤峰、宣恩、恩施。

河南、陕西、甘肃、江西、广东、广西、四川、云南。

16. 石楠属 Photinia Lindlley.（12:12:0）

（1）中华石楠 *Photinia beauverdiana* C. K. Schneider

方明渊 24455，24448；聂敏祥 1249，1298；沈中瀚 1197，1196；林祁 312；李洪钧 4383；张志松、党成忠等 400485

古丈、沅陵、桑植、施秉、江口、松桃、鹤峰、宣恩、恩施。

陕西、河南、江苏、安徽、浙江、江西、四川、云南、广东、广西、福建。

（2）短叶中华石楠 *Photinia beauverdiana* var. *brevifolia* Cardot

王映明 4730；北京队 1485

永顺、宣恩。

陕西、江苏、浙江、江西、四川。

（3）贵州石楠 *Photinia bodinieri* H. Léveillé

黔北队 1317，1288，1499；肖简文 5698，5855；安明先 3144；湘西调查队 0472；无采集人 4172；刘林翰 1528

永顺、龙山、松桃、沿河、德江、松桃、黔江。

（4）红叶石楠 *Photinia × fraseri* Dress

（5）光叶石楠 *Photinia glabra*（Thunberg）Maximowicz

谭沛祥 60947；武陵队 2328，1653；沈中瀚 1257，1010；周丰杰 128；黔北队 721；王金敖、王雅轩 109；张志松、党成忠等 401824；简焯坡、张秀实等 32224

古丈、永顺、沅陵、芷江、施秉、石阡、印江、松桃、黔江。

湖北、安徽、江苏、浙江、江西、福建、广东、广西、四川、云南。

日本、泰国、缅甸。

（6）褐毛石楠 *Photinia hirsute* Handel-Mazzetti

湖南、江西、安微、浙江、福建。

（7）垂丝石楠 *Photinia komarovii*（H. Leveille et Vaniot）L. T. Lu et C. L. Li

蔡平成 20404；沈中瀚 237，156；肖育檀 40038；彭春良 86023；龙成良 1200174；周辉、周大松 15050570，15050548；黔北队 341；李洪钧 2723

永定、沅陵、慈利、武陵源、印江、宣恩。

浙江、江西、四川、福建。

（8）小叶石楠 *Photinia parvifolia*（E. Pritzel）C. K. Schneider

黔北队 719；壶瓶山考察队 87278；武陵山考察队 2074，714；武陵队 1464；赵佐成 88-1334；王映明 4206，4343；北京队 165；湘西调查队 0124

石门、永顺、芷江、沅陵、松桃、印江、黔江、咸丰、宣恩。

河南、江苏、安徽、浙江、江西、四川、台湾、广东、广西。

（9）绒毛石楠 *Photinia schneideriana* Rehder et E. H. Wilson

芷江、沅陵、永顺、龙山、石门、江口、印江、松桃、德江、咸丰。

浙江、江西、四川、福建、广东。

（10）石楠 *Photinia serratifolia*（Desfontaines）Kalkman

壶瓶山考察队 87282；武陵队 1043；北京队 0579；张兵、向新 090614048；席先银 149；湘西

调查队 0472；席先银等 357；李洪钧 6513；曹铁如 090437；李杰 522229141223876LY

慈利、桑植、凤凰、永顺、石门、松桃、镇远、鹤峰、宣恩、恩施。

陕西、甘肃、河南、江苏、安徽、浙江、江西、福建、台湾、广东、广西、四川、云南。

日本、印度尼西亚。

（11）毛叶石楠 **Photinia villosa**（Thunberg）Candolle

湖南、贵州、湖北、甘肃、河南、山东、江苏、安徽、浙江、江西、云南、福建、广东。

朝鲜、日本。

庐山石楠 **Photinia villosa** var. **sinica** Rehder & E. H. Wilson

17. 委陵菜属 Potentilla Linnaeus（12:12:0）

（1）皱叶委陵菜 **Potentilla ancistrifolia** Bunge

周辉、周大松 15053044；张代贵、王业清、朱晓琴 1950；周建军 130611001

武陵源、五峰。

黑龙江、吉林、辽宁、河北、山西、陕西、甘肃、河南、四川。

苏联、朝鲜。

（2）蛇莓委陵菜 **Potentilla centigrana** Maximowicz

黑龙江、吉林、辽宁、内蒙古、陕西、甘肃、四川、云南。

苏联、朝鲜、日本。

（3）委陵菜 **Potentilla chinensis** Seringe

黔北队 1420，1501；武陵山考察队 1604，2129；刘林翰 9654，10099；刘正宇 0155；宿秀江、刘和兵 433125D00090811021+1，433125-D00090811021；张代贵 zdg4331261109

永顺、保靖、花垣、石阡、松桃、万山、秀山。

湖北、黑龙江、吉林、辽宁、河北、山西、陕西、甘肃、山东、河南、江苏、安徽、江西、台湾、广东、广西、四川、云南、西藏。

俄罗斯远东地区、日本、朝鲜。

（4）狼牙委陵菜 **Potentilla cryptotaeniae** Maximowicz

黑龙江、吉林、辽宁、陕西、甘肃、四川。

朝鲜、日本、苏联。

（5）翻白草 **Potentilla discolor** Bunge

刘林翰 1507；北京队 001617；无采集人 578；廖博儒 0739；蔡平成 20661；90-2 班 025（+1）；田儒明 522229140920372LY；雷开东 ZB140416668

永顺、龙山、桑植、溆浦、松桃、秀山。

湖北、黑龙江、辽宁、内蒙古、河北、山西、陕西、山东、河南、江苏、安徽、浙江、江西、四川、福建、台湾、广东。

日本、朝鲜。

（6）莓叶委陵菜 **Potentilla fragarioides** Linnaeus

周丰杰 006

沅陵。

黑龙江、吉林、辽宁、内蒙古、河北、山西、陕西、甘肃、山东、河南、安徽、江苏、浙江、福建、四川、云南、广西。

日本、朝鲜、蒙古、俄罗斯西伯利亚地区。

（7）三叶委陵菜 **Potentilla freyniana** Bornmuller

刘林翰 1582；张志松、党成忠等 400036；壶瓶山考察队 A47；廖博儒 0335；刘正宇 1037；李晓芳 YJ-B-2014-0031；宿秀江、刘和兵 433125D00150807066；粟林 4331261405010300；邓涛 070428016；贺海生 080505027

龙山、石门、保靖、古丈、吉首、花垣、桑植、江口、印江、黔江、鹤峰。

黑龙江、吉林、辽宁、河北、山西、山东、陕西、甘肃、四川、云南、浙江、江西、福建。

俄罗斯、日本、朝鲜。

（8）中华三叶委陵菜 **Potentilla freyniana** var. **sinica** Migo

湖南、湖北、江苏、安徽、浙江、江西。

（9）银露梅 **Potentilla glabra** Loddiges

湖北、北京、内蒙古、河北、山西、陕西、甘肃、青海、安徽、四川、云南。

（10）蛇含委陵菜 **Potentilla kleiniana** Wight et Arnott

谭沛祥 60882；武陵队 26，1976，2179；李洪钧 3524；李良千 58；安明先 3075；肖简文

5640；张志松、党成忠等 401426

沅陵、芷江、龙山、桑植、江口、印江、沿河、德江、宣恩。

辽宁、陕西、山东、河南、安徽、江苏、浙江、江西、福建、广东、广西、四川、云南、西藏。

朝鲜、日本、印度、马来西亚、印度尼西亚。

（11）绢毛匍匐委陵菜 *Potentilla reptans* var. *sericophylla* Franch.

内蒙古、河北、山西、陕西、甘肃、河南、山东、江苏、浙江、四川、云南。

（12）朝天委陵菜 *Potentilla supina* Linnaeus

张代贵 20150520006

吉首、石门。

贵州、湖北、黑龙江、吉林、辽宁、河北、山西、陕西、宁夏、甘肃、新疆、山东、河南、江苏、浙江、安徽、江西、广东、四川、云南、西藏。

北半球温带、亚热带部分地区。

18. 李属 Prunus Linnaeus（38：38：0）

（1）杏 *Prunus armeniaca* L.

朱国兴 65

慈利。

辽宁、内蒙古、河北、山西、山东、河南、陕西、宁夏、甘肃、青海、新疆、江苏、四川。

（2）细齿短梗稠李 *Prunus brachypoda* var. *microdonta* Koehne

湖北。

（3）橉木 *Prunus buergeriana* Miquel

沈中瀚 1045；廖博儒 8279；安明态无采集号；黔北队 677；黄升 DS4132；张代贵 zdg6957；张代贵、王业清、朱晓琴 1793；张代贵、张代富 LX20170414026_0026；武陵山考察队 612，534

桑植、保靖、永顺、印江、松桃、宣恩、五峰。

甘肃、陕西、河南、安徽、江苏、浙江、江西、广西、四川。

日本、朝鲜。

（4）高盆樱桃 *Prunus cerasoides*（D. Don）

Sok.

云南、西藏。

（5）紫叶李 *Prunus cerasifera f. atropurpurea*（Jacquin）Rehder

（6）微毛樱桃 *Prunus clarofolia* C. K. Schneider

桑植、梵净山、来凤、宣恩。

河北、山西、陕西、甘肃、四川、云南。

（7）华中樱桃 *Prunus conradinae*（Koehne）Yü et Li

永顺、石门、江口、印江、来凤、鹤峰、宣恩。

陕西、河南、四川、云南、广西。

（8）钟花樱桃 *Prunus campanulata*（Maxim.）Yü et Li

（9）襄阳山樱桃 *Prunus cyclamina* Koehne

石门。

湖北、四川、广东、广西。

（10）双花山樱桃 *Cerasus cyclamina* var. *biflora*（Koehne）T. T. Yu & C. L. Li

（11）尾叶樱桃 *Prunus dielsiana* Schneid

桑植、永顺、古丈、咸丰、鹤峰、宣恩。

江西、安徽、四川、广东、广西。

（12）盘腺樱桃 *Prunus discadenia* Koehne

湖北、河南、陕西、宁夏、甘肃、四川、云南。

（13）麦李 *Prunus glandulosa* Thunb.

龙山、桑植、印江。

湖北、陕西、河南、山东、江苏、安徽、浙江、福建、广东、广西、四川、云南。

日本。

（14）灰叶稠李 *Prunus grayana* Maximowicz

湖南队 80；沈中瀚 1188，1045；李良千 190，1196；武陵山考察队 559；北京队 2143；方明渊 24462；简焯坡、应俊生、马成功 登 30556；曹铁如 090531

沅陵、古丈、永顺、保靖、龙山、桑植、松桃、印江、咸丰、来凤、鹤峰、宣恩。

云南、四川、江西、浙江、福建、广西。

日本。

（15）鹤峰樱桃 *Prunus hefengensis*（X. R.

Wang & C. B. Shang) Y. H. Tong & N. H. Xia

湖北。

（16）臭樱 *Prunus hypoleuca*（Koehne）J.Wen

桑植、石门、江口。

湖北、重庆、山西、河南、陕西、宁夏、甘肃、青海、安徽、江苏、浙江、江西、福建。

（17）四川臭樱 *Prunus hypoxantha*（Koehne）J.Wen

青海、四川、云南。

（18）锐齿臭樱 *Prunus incisoserrata*（T.T.Yü & T.C.Ku）J.Wen

（19）郁李 *Prunus japonica*（Thunb.）Lois.

黑龙江、吉林、辽宁、河北、山东、河南、浙江。

（20）沼生矮樱 *Prunus jingningensis*（Z. H. Chen，G. Y. Li et Y. K. Xu）D. G. Zhang & Y. Wu

湖北。

（21）梅 *Prunus mume*（Siebold）Siebold & Zuccarini

郑家仁 80135；肖定春 80094；壶瓶山考察队 87291；张代贵 zdg10188, zdg9936；张华海无采集号；吉首大学生物资源与环境科学学院 GWJ20170611_0596, GWJ20170611_0597；黔江队 500114-510；酉阳队 500242649

石门、永顺、古丈、松桃、黔江、酉阳。

四川、云南。

（22）粗梗稠李 *Prunus napaulensis*（Ser.）Steud.

谷忠村 870720048, 840720050, 880720056；张代贵 130324017, YH090702847

永定、保靖、古丈、石门、梵净山。

原产于我国南部，各地均有栽培，长江流域以南各地区较多。

日本、朝鲜。

（23）细齿稠李 *Prunus obtusata* Koehne

张志松 402104；无采集人 0940；张兵、向新 090529009，09042533；黔北队 0688；壶瓶山考察队 0376，87416，87383；武陵山考察队 0062；李洪钧 4066

桑植、石门、印江、松桃、江口、恩施、宣恩。

（24）桃 *Prunus persica*（Linnaeus）Batsch

保靖、永顺、龙山、桑植、慈利、石阡、印江、松桃、黔江、咸丰、宣恩。

原产于我国，全国和全世界各地均有栽培。

（25）腺叶桂樱 *Prunus phaeosticta*（Hance）Maximowicz

沅陵、永顺、石阡、江口、印江。

江西、浙江、福建、台湾、广东、广西、云南。

印度、缅甸、孟加拉、泰国、越南。

（26）樱桃 *Prunus pseudocerasus*（Lindl.）G. Don

辽宁、河北、陕西、甘肃、山东、河南、江苏、浙江、江西、四川。

（27）李 *Prunus salicina* Lindley

武陵队 153；李学根 204598，203547；方明渊 24342；刘林翰 1738，9016；周洪富 108057；北京队 001264；武陵山考察队 1090，1992

芷江、永顺、龙山、桑植、慈利、石门、石阡、江口、印江、沿河、松桃、碧江、鹤峰、宣恩。

陕西、甘肃、四川、云南、江苏、浙江、江西、福建、广东、广西、台湾。

全世界各地均有栽培。

（28）山樱桃 *Prunus serrulata* Lindley

湖南、贵州、黑龙江、辽宁、河北、山西、山东、河南、陕西、安徽、江苏、浙江、江西。

（29）日本晚樱 *Cerasus serrulata* var. *lannesiana*（Carrière）T. T. Yü & C. L. Li

我国广泛栽培。

（30）刺叶桂樱 *Prunus spinulosa* Siebold & Zuccarini

芷江、沅陵、永顺。

贵州、湖北、江西、安徽、江苏、浙江、福建、广东、广西、四川。

日本、菲律宾。

（31）四川樱桃 *Prunus szechuanica*（Batal.）Yü et Li

石门。

湖北、陕西、河南、四川。

（32）刺叶桂樱 *Prunus spinulosa* Siebold &

Zuccarini

芷江、施秉、江口、印江、咸丰、鹤峰。

四川、江西、安徽、江苏、浙江、福建、广东、广西。

日本、菲律宾。

（33）大叶旱樱 *Prunus × subhirtella*（Miq.）Sok.

（34）毛樱桃 *Prunus tomentosa*（Thunb.）Wall.

贵州、湖北、北京、黑龙江、吉林、辽宁、内蒙古、河北、山西、山东、河南、陕西、宁夏、甘肃、青海、四川、云南、西藏。

（35）尖叶桂樱 *Prunus undulata* Buchan-an-Hamilton ex D. Don

江口、印江。

湖南、江西、广东、广西、四川、云南、西藏。

印度、孟加拉、尼泊尔、缅甸、泰国、老挝、越南、印度尼西亚。

（36）绢毛稠李 *Prunus wilsonii*（C. K. Schneid.）Koehne

安明态 SQ-0768；黄升 DS3220；植被调查队339；北京队 001927；简焯坡、张秀实等 31279；李洪钧 3786；曹铁如 090178；沈中瀚 1038；彭春良 120415

慈利、永顺、桑植、印江、石阡、宣恩。

湖北、陕西、江西、安徽、浙江、广东、广西、四川、云南、西藏。

（37）东京樱花 *Prunus × yedoensis* Matsum.

（38）大叶桂樱 *Prunus zippeliana* Miquel

桃源、泸溪、古丈、慈利、施秉、德江。

湖北、云南、四川、甘肃、陕西、江西、浙江、福建、台湾、广东、广西。

日本、越南。

19. 臀果木属 Pygeum Gaertner.（1:1:0）

（1）臀果木 *Pygeum topengii* Merrill

杨彬 071004025；李晓腾 071004025；陈功锡 080729037，080729011；张代贵 080730076；北京队 001706

永顺、保靖。

贵州、福建、广东、广西、云南。

20. 火棘属 Pyracantha M.Roemer.（3:3:0）

（1）全缘火棘 *Pyracantha atalantioides*（Hance）Stapf

方明渊 24308；武陵队 1969，100，303；李洪钧 3287；谭沛祥 62504；刘林翰 1496；张兵、向新 090614049；廖国藩、郭志芬 306；无采集人 0560

沅陵、芷江、龙山、桃源、桑植、思南、德江、松桃、咸丰、宣恩、恩施。

陕西、四川、广东、广西。

（2）细圆齿火棘 *Pyracantha crenulata*（D. Don）M. Roemer

赵佐成 88-1514；壶瓶山考察队 0715，1530；北京队 001182；曹亚玲、溥发鼎 2988；武陵山考察队 3068；王映明 4325，4320，6862；席先银等 518

慈利、永顺、龙山、桑植、石门、施秉、石阡、思南、江口、黔江、秀山、咸丰、宣恩。

陕西、江苏、广东、广西、四川、云南。

印度、不丹、尼泊尔。

（3）火棘 *Pyracantha fortuneana*（Maximowicz）H. L. Li

武陵队 1020，1531；林祁 622；李洪钧 7199；刘彬彬 2518，2516，2517；张兵、向新 090521012；北京队 002993；赵佐成、马建生 2953

凤凰、芷江、桑植、龙山、永顺、石门、江口、印江、德江、沿河、松桃、酉阳、咸丰、来凤、宣恩。

陕西、河南、江苏、浙江、福建、广西、云南、四川、西藏。

21. 梨属 Pyrus Linnaeus.（4:4:0）

（1）杜梨 *Pyrus betulifolia* Bunge

谷忠村 880715001；张代贵 000609，103；粟林 4331261404190224

古丈、武陵源、永顺、吉首。

湖北、辽宁、河北、河南、山东、山西、陕西、甘肃、江苏、安徽、江西。

（2）豆梨 *Pyrus calleryana* Decaisne

林祁 618；刘林翰 8331；湘西调查队 0507；北京队 01347；粟林 4331261407050385；吴生连

070502022 杨超文 GZ20180624_6979；向晟、藤建卓 JS20180830_1207，JS20180729_0708；雷开东 ZB140705700

永顺、沅陵、桑植、古丈、吉首。

湖北、山东、河南、江苏、浙江、江西、安徽、福建、广东、广西。

越南。

（3）沙梨 *Pyrus pyrifolia*（N. L. Burman）Nakai

李洪钧 2511；武陵队 255；刘林翰 9193；安明先 3068；肖简文 5597；张志松、党成忠等 401087；简焯坡、张秀实等 30870；北京队 01326，002575；武陵山考察队 1888

沅陵、永顺、桑植、石阡、印江、德江、沿河、宣恩。

安徽、江苏、浙江、江西、四川、云南、广东、广西、福建。

（4）麻梨 *Pyrus serrulate* Rehder

廖国藩、郭志芬等 198；武陵队 255；武陵山考察队 2850；张兵、向新 090530002；徐友源 00038；张代贵 zdg5-042；谭沛祥 62546；麻超柏、石琳军 HY20180320_0223

芷江、花垣、桃源区、沅陵、永顺、石阡、江口、印江、秀山、彭水、恩施、鹤峰。

四川、江西、浙江、广东、广西。

22. 石斑木属 Rhaphiolepis Lindley.（1:1:0）

（1）石斑木 *Rhaphiolepis indica*（Linn.）Lindley

武陵队 1850；李学根 204669；沈中翰 986；刘林翰 9453；湘西考察队 857；席先银等 612，13；武陵山考察队 3120；张志松、党成忠等 401522，400244

慈利、芷江、永顺、施秉、石阡、印江、江口。

安徽、浙江、江西、云南、广西、广东、福建、台湾。

日本、老挝、越南、柬埔寨、泰国、印度尼西亚。

23. 鸡麻属 Rhodotypos Siebold & Zuccarini.（1:1:0）

（1）鸡麻 *Rhodotypos scandens*（Thunberg）Makino

湖北、辽宁、陕西、甘肃、山东、河南、江苏、安徽、浙江。

日本、朝鲜。

24. 蔷薇属 Rosa Linnaeus.（17:17:0）

（1）单瓣木香花 *Rosa banksoae* var. *normalis* Regel

李洪钧 8705；雷开东 4331271405310406

永顺、恩施。

贵州、河南、甘肃、陕西、四川、云南。

（2）尾萼蔷薇 *Rosa caudata* Baker

鹤峰。

四川、陕西。

（3）月季花 *Rosa chinensis* Jacquin

西师生物系 02399；湘西调查队 0566；无采集人 0001912；张志松 401186，401480；涪普队 10，729，169，93；郑家仁 80413

保靖、石门、永顺、印江、秀山、彭水、黔江、来凤。

原产于中国，世界各地普遍栽培。

（4）伞房蔷薇 *Rosa corymbulosa* Rolfe

石门。

湖北、四川、陕西、甘肃。

（5）小果蔷薇 *Rosa cymosa* Trattinnick

武陵队 2196，1114，473；李学根 204916，204944；张志松、党成忠等 402342；张志松、闵天禄、许介眉、党成忠、周竹禾、肖心楠、吴世荣、戴金 402481；曹亚玲、溥发鼎 0016；李洪钧 8705；肖简文 5811

古丈、保靖、永顺、芷江、凤凰、沅陵、花垣、沅陵、龙山、桑植、石门、石阡、江口、思南、印江、松桃、咸丰、来凤、宣恩、恩施。

江西、江苏、浙江、安徽、四川、云南、福建、广东、广西、台湾。

（6）卵果蔷薇 *Rosa helenae* Rehder et E. H. Wilson

方明渊 24446；聂敏祥、李启和 1299，1405；傅国勋 1299；壶瓶山考察队 1387，0684，1216；曹亚玲、溥发鼎 0017；王映明 5382；武陵山考察队 1662

石门、桑植、石阡、江口、黔江、彭水、鹤

峰、恩施、宣恩。

陕西、甘肃、四川、云南。

（7）软条七蔷薇 *Rosa henryi* Boulenger

朱国兴 67；陈少卿 2331；谭沛祥 62542；武陵队 2468；赵佐成、马建生 2848；姜如碧 82-133；李洪钧 3701，9075；张兵、向新 090521010，090529007

沅陵、永顺、石门、江口、印江、黔江、酉阳、咸丰、宣恩。

陕西、河南、安徽、江苏、浙江、江西、福建、广东、广西、四川、云南。

（8）金樱子 *Rosa laevigata* Michaux

武陵队 193，2216，698；谭沛祥 62536；李学根 204915，203804；曹亚玲、溥发鼎 0014；武汉植物园 126；武陵山考察队 1629

慈利、芷江、沅陵、保靖、永顺、龙山、石门、岑巩、石阡、江口、思南、印江、德江、松桃、碧江、酉阳、鹤峰、宣恩。

陕西、四川、云南、安徽、江西、江苏、浙江、广东、广西、台湾、福建。

（9）华西蔷薇 *Rosa moyesii* Hemsley & E. H. Wilson

廖衡松 15987；张代贵、王业清、朱晓琴 2696；简焯坡、应俊生、马成功等 30750

石门、印江、五峰。

云南、四川、陕西。

（10）野蔷薇 *Rosa multiflora* Thunberg

林祁 610；武陵队 712；湖南队 87；谭沛祥 62540；周洪富、粟和毅 108042；安明先 3337；湘西考察队 244；张志松、党成忠等 400891；西师生物系 02399；刘克旺 30070

桑植、永顺、慈利、泸溪、芷江、沅陵、江口、德江、酉阳、咸丰、恩施、鹤峰。

江苏、山东、河南。

日本、朝鲜。

（11）粉团蔷薇 *Rosa multiflora* var. *cathayensis* Rehder et E. H. Wilson

张志松、闵天禄、许介眉、党成忠、周竹禾、肖心楠、吴世荣、戴金 400891，400906；壶瓶山考察队 0486，0565，0608；李克纲 XS20180501_5629；武陵山考察队 390，420，

3113；李洪钧 3007

永顺、桑植、石门、石阡、江口、松桃、宣恩。

河北、河南、山东、安徽、浙江、甘肃、陕西、江西、广东、福建。

（12）峨眉蔷薇 *Rosa omeiensis* Rolfe

湖北、云南、四川、陕西、宁夏、甘肃、青海、西藏。

（13）刺梨 *Rosa roxburghii* Trattinnick

（14）悬钩子蔷薇 *Rosa rubus* H. Léveillé & Vaniot

张志松、闵天禄、许介眉、党成忠、周竹禾、肖心楠、吴世荣、戴金 402261，401346，401729；刘林翰 1579，9821，9972；李洪钧 4210；C.F.Kao 2331；廖国藩、郭志芬等 055；曹亚玲、溥发鼎 0004

桃源、龙山、沅陵、保靖、石门、江口、思南、印江、德江、沿河、松桃、酉阳、秀山、彭水、来凤、宣恩。

甘肃、陕西、四川、云南、广西、广东、江西、福建、浙江。

（15）玫瑰 *Rosa rugosa* Thunberg

无采集人 1251；无采集人 670；无采集人 93；无采集人 63；郑家仁 80344

石门、彭水、黔江、酉阳。

吉林、辽宁、山东、广泛栽培于中国其它地区。

日本、朝鲜。

（16）钝叶蔷薇 *Rosa sertata* Rolfe

聂敏祥、李启和 1382；壶瓶山考察队 0686；赵佐成 88-1496，88-1631；简焯坡、张秀实等 30750；无采集人 839；廖衡松 15857；蔡平成 20242；武陵山考察队 390

石门、印江、江口、黔江、酉阳。

甘肃、陕西、山西、河南、安徽、江苏、浙江、江西、四川、云南。

（17）大红蔷薇 *Rosa saturate* Baker

廖衡松 15927；朱林清 0507140133；邓涛 051020120；吉首大学生物资源与环境科学学院 GWJ20170611_0591，GWJ20170611_0592，GWJ20170611_0593

石门、永顺、古丈。

湖北、四川、浙江。

25. 悬钩子属 Rubus Linnaeus（67:67:0）

（1）腺毛莓 **Rubus adenophorus** Rolfe

林祁 611；武陵队 172，411；无采集人 822；壶瓶山考察队 87227；北京队 0035；赵佐成、马建生 2908，2902；张桂才等 411；武陵山考察队 2092

桑植、沅陵、永顺、石门、印江、酉阳。

湖北、江西、浙江、福建、广东、广西。

（2）秀丽莓 **Rubus amabilis** Focke

湖北、陕西、甘肃、河南、山西、四川、青海。

（3）周毛悬钩子 **Rubus amphidasys** Focke

武陵队 1775；林祁 612；武陵山考察队 2774；北京队 001808，001226；赵佐成 88-1847，1872；林科所 0968；张代贵 4086，zdg5108

芷江、桑植、古丈、永顺、石阡、江口、秀山、鹤峰、宣恩。

江西、安徽、浙江、福建、广东、广西、四川。

（4）竹叶鸡爪茶 **Rubus bambusarum** Focke

溥发鼎、曹亚玲 0091；赵佐成 88-1964，88-1721；吉首大学生物资源与环境科学学院 GWJ20180712_0341

古丈、黔江、彭水。

贵州、湖北、陕西、四川。

（5）寒莓 **Rubus buergeri** Miquel

刘林翰 9584；杜大华 3950；武陵队 1520、2493；简焯坡、张秀实等 30410；武陵考察队 1520；武陵山考察队 3348；赵佐成 88-1898；席先银 84207；李洪钧 9071

慈利、芷江、永顺、石阡、印江、秀山、咸丰、来凤、鹤峰。

江西、安徽、江苏、浙江、福建、台湾、广东、广西、四川。

（6）尾叶悬钩子 **Rubus caudifolius** Wuzhi

李洪钧 3380；武陵队 418；无采集人 1018；简焯坡 30723；武陵山考察队 745，1273，745；王映明 5438；吉首大学生物资源与环境科学学院 GWJ20170610_0232；张代贵 000656

沅陵、古丈、永顺、印江、江口、恩施、宣恩。

广西。

（7）掌叶覆盆子 **Rubus chingii** H. H. Hu

江苏、安徽、浙江、江西、福建、广西。

日本。

（8）毛萼莓 **Rubus chroosepalus** Focke

张志松、闵天禄、许介眉、党成忠、周竹禾、肖心楠、吴世荣、戴金 402497，402417；张志松、党成忠等 402417，402497；王映明 5077；曹亚玲、溥发鼎 0035；武陵山考察队 2625；调查队 SQ-0936；李洪钧 7890；宿秀江、刘和兵 433125D00060805050

保靖、印江、石阡、松桃、咸丰、来凤、宣恩。

陕西、江西、福建、广东、广西、云南、四川。

越南。

（9）小柱悬钩子 **Rubus columellaris** Tutcher

武陵队 283；李学根 203851；周丰杰 077；彭春良 86256；周辉、周大松 15060101；贺海生 070502028

沅陵、慈利、武陵山区、吉首。

贵州、江西、广东、广西、福建、四川、云南。

（10）山莓 **Rubus corchorifolius** Linn. f.

张志松、闵天禄、许介眉、党成忠、周竹禾、肖心楠、吴世荣、戴金 400890，400009，400083，401102，401458；李洪钧 2419；谭沛祥 62535；张志 4006；肖简文 5512；北京队 0056

芷江、龙山、永顺、石门、江口、印江、思南、沿河、宣恩。

除东北地区、甘肃、青海、新疆、西藏外，其余地区均有分布。

朝鲜、日本、缅甸、越南。

（11）插田泡 **Rubus coreanus** Miquel

龙山、石门、印江、鹤峰、宣恩。

陕西、甘肃、四川、新疆、河南、江西、江苏、安徽、浙江、福建。

朝鲜、日本。

（12）毛叶插田泡 **Rubus coreanus** var. *tomen-*

tosus Card.

张志松、闵天禄、许介眉、党成忠、周竹禾、肖心楠、吴世荣、戴金 400925，401341；武陵队 46，405；李学根 203787，204464；张志松、党成忠等 400925，401341，401403；王映明 4952

慈利、桑植、沅陵、江口、印江、来凤、鹤峰、宣恩。

陕西、河南、安徽、四川、云南。

（13）厚叶悬钩子 *Rubus crassifolius* T. T. Yu & L. T. Lu

湖南、江西、广东、广西。

（14）桉叶悬钩子 *Rubus eucalyptus* Focke

方明渊 24465；马元俊 248；张代贵 000932

永顺、恩施。

贵州、陕西、甘肃、四川。

（15）大红泡 *Rubus eustephanos* Focke

彭春良 86015；肖定春 80051；壶瓶山考察队 0048；武陵队 283；北京队 0098；曾宪锋 ZXF09494；武陵山考察队 478，88-136；林科所 0179

慈利、永顺、沅陵、龙山、桑植、石门、梵净山、松桃、秀山、宣恩、恩施。

浙江、陕西、四川。

（16）腺毛大红泡 *Rubus eustephanos* var. *glanduliger* T. T. Yu & L. T. Lu

（17）梵净山悬钩子 *Rubus fanjingshanensis* L. T. Lu ex Boufford et al.

贵州。

（18）攀枝莓 *Rubus flagelliflorus* Focke

刘林翰 1581；李洪钧 2542，2823，8869；袁昌民、郑生智 HS-62；方明渊 无采集人；北京队 002520，2287；李雄、邓创发、李健玲 19061111

龙山、桑植、宣恩、恩施。

贵州、陕西、福建、四川。

（19）弓茎悬钩子 *Rubus flosculosus* Focke

湖北、河南、山西、陕西、甘肃、四川、西藏。

（20）黄毛悬钩子 *Rubus fusco-rubens* Focke

湖北。

（21）戟叶悬钩子 *Rubus hastifolius* H. Léveillé & Vaniot

张志松、闵天禄、许介眉、党成忠、周竹禾、肖心楠、吴世荣、戴金 400970，401250；姜如碧 82-121；谭沛祥 62534；黔北队 704，616；方明渊 24411；陈谦海 94032

芷江、印江、江口、石阡、恩施。

云南、江西、广东。

泰国、越南。

（22）鸡爪茶 *Rubus henryi* Hemsley et Kuntze

刘林翰 1669；沈中瀚 502；林亲众 11013；彭春良 86215；廖衡松 15993；龙成良 87120；张兵、向新 090529023；壶瓶山考察队 1362，0790，01287

慈利、龙山、桑植、石门、鹤峰、宣恩、恩施。

（23）大叶鸡爪茶 *Rubus henryi* var. *sozostylus* （Focke）T. T. Yu et L. T. Lu

刘林翰 1669；沈中瀚 502；林亲众 11013；彭春良 86215

龙山、古丈、桑植、石门、鹤峰、宣恩、恩施。

四川、贵州、云南。

（24）湖南悬钩子 *Rubus hunanensis* Handel-Mazzetti

李洪钧 5215；李学根 204074；李良千 128；王映明 5583，4807；刘林翰 9239；雷开东 4331271410051411；张代贵 260

慈利、永顺、保靖、龙山、桑植、鹤峰、宣恩。

贵州、江西、浙江、福建、台湾、广东、广西、四川。

（25）宜昌悬钩子 *Rubus ichangensis* Hemsley et Kuntze

黔北队 1908；张志松、闵天禄、许介眉、党成忠、周竹禾、肖心楠、吴世荣、戴金 402287；武陵队 2414，508，1290，1660；刘林翰 9331；李洪钧 3820，9423

芷江、凤凰、沅陵、龙山、桑植、永顺、石门、石阡、印江、江口、德江、沿河、松桃、碧江、黔江、咸丰、来凤、鹤峰、宣恩。

陕西、甘肃、安徽、广东、广西、四川、云南。

（26）白叶莓 **Rubus innominatus** S. Moore

张桂才等 413；李学根 205000；李洪钧 3827；谭士贤 167；王映明 5569，5527；赵佐成 88-1531；黔北队 1889

沅陵、永顺、桑植、石阡、江口、沿河、松桃、碧江、黔江、酉阳、咸丰、来凤、鹤峰、宣恩。

陕西、甘肃、四川、云南、河南、江西、安徽、浙江、福建、广东、广西。

（27）无腺白叶莓 **Rubus innominatus S. Moore var. kuntzeanus**（Hemsley）L. H. Bailey

李学根 204463，20500；肖简文 5673；李洪钧 2929，3159；安明先 3529，3236；壶瓶山考察队 0408；王映明 5078；张代贵 ly153

沅陵、桑植、石门、永顺、吉首、江口、松桃、德江、秀山、宣恩。

陕西、甘肃、四川、云南、江西、安徽、浙江、福建、广东、广西。

（28）五叶白叶莓 **Rubus innominatus** var.**quinatus** Bailey

张代贵、王业清、朱小琴 2162，2424

五峰。

江西。

（29）红花悬钩子 **Rubus inopertus**（Focke）Focke

张志松、闵天禄、许介眉、党成忠、周竹禾、肖心楠、吴世荣、戴金 402142；聂敏祥、李启和 1295；李洪钧 3363，3817；壶瓶山考察队 1447；王映明 4022，5212；武陵山考察队 1366；赵佐成 88-1779；北京队 002663

桑植、石门、江口、黔江、鹤峰、宣恩、恩施。

陕西、广西、云南、四川。

越南。

（30）灰毛泡 **Rubus irenaeus** Focke

李学根 204396；李洪钧 2362；湖南队 761；武陵队 835，345；刘林翰 1684；林祁 613；谭沛祥 62528；黔北队 789；武陵山考察队 746

芷江、新晃、沅陵、龙山、永顺、桑植、石门、江口、印江、沿河、松桃、酉阳、鹤峰、宣恩。

江西、江苏、浙江、福建、广东、广西、四川。

（31）高粱泡 **Rubus lambertianus** Seringe

武陵队 2265，1060；李洪钧 6359；赵佐成 88-1455，88-2227；湘西考察队 644；廖国藩、郭志芳 92；席先银 0054；王映明 5570，6687

慈利、桃源、芷江、凤凰、沅陵、龙口、永顺、桑植、石门、石阡、印江、德江、松桃、咸丰、黔江、来凤、鹤峰、宣恩。

河南、安徽、江西、江苏、浙江、福建、台湾、广东、广西、云南。

日本。

（32）光滑高粱泡 **Rubus lambertianus** var. **glaber** Hemsley

刘林翰 9787；李洪钧 9015，8854；武陵队 1060；壶瓶山考察队 A176；黔北队 1567，2339；陈谦海 94255，94266

保靖、凤凰、石门、印江、石阡、沿河、德江、松桃、咸丰、鹤峰、宣恩、恩施。

陕西、甘肃、江西、四川、云南。

（33）毛叶高粱泡 **Rubus lambertianus** var. **paykouangensis**（H. Léveillé）Handel-Mazzetti

黔北队 2812；曹亚玲、溥发鼎 2850；张杰 4069，4091；安明态 3957；简焯坡 30303；武陵山考察队 3061

德江、沿河、思南、石阡、印江。

云南、广西。

（34）绵果悬钩子 **Rubus lasiostylus** Focke

李良千 41；植化室样品凭证标本 386，s.n.；李洪钧 5682；谭策铭、易桂花、张丽萍、胡兵等桑植 119；谷忠村 870620037，ZCJ870620039

桑植、鹤峰、宣恩。

陕西、四川、云南。

（35）角裂悬钩子 **Rubus lobophyllus** Y. K. Shih ex F. P. Metcalf

林亲众 010989，010990

桑植。

贵州、广西、广东、云南。

（36）棠叶悬钩子 Rubus malifolius Focke var. malifolius

张志松、闵天禄、许介眉、党成忠、周竹

禾、肖心楠、吴世荣、戴金 400936，402136；刘林翰 9003；林祁 849；李学根 203480；李洪钧 5001，3810；北京队 2307；武陵山考察队 684；壶瓶山考察队 87309

桑植、麻阳、石门、施秉、江口、松桃、宣恩。

四川、云南、广西、广东。

（37）喜阴悬钩子 *Rubus mesogaeus* Focke

张志松、闵天禄、许介眉、党成忠、周竹禾、肖心楠、吴世荣、戴金 401891，402023；方明渊 24439；壶瓶山考察队 0778，0793，87112；北京队 002506；王映明 5376；周洪富、粟和毅 108040；张志松、党成忠等 402207

桑植、石门、江口、鹤峰、宣恩、恩施。

河南、陕西、甘肃、台湾、四川、云南、西藏。

尼泊尔、不丹、日本。

（38）长圆悬钩子 *Rubus oblongus* Yü et Lu

贵州、云南。

（39）太平莓 *Rubus pacificus* Hance

武陵队 367；林亲众 10900；刘庆英 GZ20180624_6856；湘西调查队 0119；张代贵 20090718049

沅陵、永顺、古丈。

江西、安徽、江苏、浙江、福建。

（40）乌泡子 *Rubus parkeri* Hance

北京队 001647；安明先 3523，3255；无采集人 605；陈谦海 94017；刘文剑 GZYH001

永顺、德江、石阡沿河、彭水。

湖北、陕西、江苏、四川、云南。

（41）茅莓 *Rubus parvifolius* Linnaeus

宿秀江、刘和兵 433125D00160808078；C.F.Kao 2331；黔北队 1282；廖衡松 00085，00124；张代贵 383，4331221605080332LY；粟林 4331261407040354

慈利、溆浦、保靖、古丈、泸溪、松桃、彭水、黔江。

湖北、东北地区、河北、河南、山西、陕西、甘肃、四川、江西、安徽、山东、江苏、浙江、福建、台湾、广东、广西。

日本、朝鲜。

（42）腺花茅莓 *Rubus parvifolius* var. *adenochlamys*（Focke）Migo

北京队 001654

永顺。

山西、陕西、甘肃、河北、河南、江苏、四川。

（43）黄泡 *Rubus pectinellus* Maximowicz

张志松、闵天禄、许介眉、党成忠、周竹禾、肖心楠、吴世荣、戴金 402164；张志松、党成忠等 402164；武陵山考察队 2877；王映明 4904；喻勋林 15060514；北京队 002667，01130，002841，002465；谭策铭、张丽萍、易发彬、胡兵、易桂花 桑植样 366

永顺、桑植、石阡、江口、鹤峰、宣恩。

江西、福建、台湾、四川、云南。

日本、菲律宾。

（44）盾叶莓 *Rubus peltatus* Maximowicz

李洪钧 8828；壶瓶山考察队 87386；武陵山考察队 413；北京队 002900；曹铁如 090527；龙成良 87386；张成 SZ20190427_0100；张代贵 YD10099；詹选怀、彭焱松等 LXP7786；鲁道旺 522226191005034LY

桑植、石门、龙山、松桃、印江、咸丰、恩施、鹤峰。

江西、安徽、浙江、四川。

日本。

（45）多腺悬钩子 *Rubus phoenicolasius* Maximowicz

贵州、湖北、江苏、山西、河南、陕西、甘肃、山东、四川。

日本、朝鲜、欧洲、北美洲。

（46）菰帽悬钩子 *Rubus pileatus* Focke

河南、陕西、甘肃、四川。

（47）五叶鸡爪茶 *Rubus playfairianus* Hemsley ex Focke

北京队 0601；壶瓶山考察队 87188；林科所 0489；张代贵、王业清、朱晓琴 zdg，wyq，zxq0456；李洪钧 7308；宿秀江、刘和兵 433125D00060805079；粟林 4331261503031184；杨彬 080418016+1；张代贵 481，qq1016

石门、桑植、保靖、古丈、永顺、来凤、

五峰。

贵州、陕西、四川。

（48）针刺悬钩子 **Rubus pungens** Cambessèdes

聂敏祥、李启和 1295；张代寿 409

石门、恩施。

陕西、甘肃、四川、云南、西藏。

（49）香莓 **Rubus pungens** var. **oldhamii**（Miquel）Maximowicz

李洪钧 2736；简焯坡 400651；傅国勋、张志松 1295；吉首大学生物资源与环境科学学院 GWJ20170610_0290，GWJ20170610_0291；张代贵 150411008

古丈、永顺、江口、恩施、宣恩。

河南、山西、陕西、甘肃、江西、浙江、福建、台湾、四川、云南。

（50）锈毛莓 **Rubus reflexus** Ker Gawler

徐三妹 080713XSM01；邓涛 070505026；赵昌民、郑生智 HS-60；谷忠村 870706015，870706043，1449；张代贵 YD11054

桑植、永顺、吉首、泸溪、保靖、鹤峰。

江西、浙江、福建、台湾、广东、广西。

（51）浅裂锈毛莓 **Rubus reflexus** var. **hui**（Diels ex Hu）F. P. Metcalf

武陵山考察队 2747；北京队 1544；丁文灿 070717018，070717017+1；李冬林 040910119，119+1；张代贵 DXY315，YH090808739

永顺、古丈、石阡。

江西、浙江、福建、台湾、广东、广西、云南。

（52）深裂锈毛梅 **Rubus reflexus** var. **lanceolobus** F. P. Metcalf

（53）长叶锈毛莓 **Rubus reflexus** var. **orogenes** Handel-Mazzetti

简焯坡、张秀实等 31298；简焯坡、张秀实、金泽鑫等 31298

印江。

湖南、湖北、江西、广西。

（54）空心泡 **Rubus rosifolius** Smith

（55）棕红悬钩子 **Rubus rufus** Focke

湖南队 173；李学根 204086；北京队 0669，4026；武陵山考察队 2370；王映明 4737；武陵山

考察队 1074，2712；湘西调查队 0173；安明态 SQ-0453

永顺、慈利、桑植、施秉、江口、印江、石阡、宣恩。

四川、云南、江西、广东、广西。

泰国、越南。

（56）川莓 **Rubus setchuenensis** Bureau et Franchet

刘林翰 10053，9239；李洪钧 6082，3825，9167，5542；武陵队 1423；湖南队 36；赵佐成 88-1507；安明先 3319

花垣、凤凰、桑植、永顺、石阡、思南、印江、德江、沿河、黔江、酉阳、秀山、咸丰、来凤、鹤峰、宣恩、恩施。

广西、四川、云南。

（57）单茎悬钩子 **Rubus simplex** Focke

北京队 2397；吉首大学生物资源与环境科学学院 GWJ20180712_0066

桑植、古丈。

湖北、陕西、甘肃、四川、江苏。

（58）红腺悬钩子 **Rubus sumatranus** Miquel

刘林翰 9538，2208，1842，789；简焯坡等 30578；壶瓶山考察队 0590，950；廖博儒 0564；彭春良 86458；张代贵、陈功锡 zdg9878

新晃、桑植、慈利、芷江、永顺、石门、印江。

四川、云南、西藏、江西、安徽、福建、浙江、台湾。

朝鲜、日本、尼泊尔、印度、越南、泰国、老挝、柬埔寨、印度尼西亚。

（59）木莓 **Rubus swinhoei** Hance

张志松、闵天禄、许介眉、党成忠、周竹禾、肖心楠、吴世荣、戴金 400865，400863，400930；武陵队 163；李洪钧 2990，2940；刘林翰 1562；林祁 616；姜如碧 82-35

沅陵、永顺、龙山、桑植、石门、石阡、江口、印江、松桃、鹤峰、宣恩。

陕西、江西、安徽、江苏、浙江、福建、台湾、广东、广西、四川。

（60）灰白毛莓 **Rubus tephrodes** Hance

刘林翰 9677；李洪钧 5306，9391；武陵队

949，1137，2346；李学根 204554；武陵山考察队 3861，3158；赵佐成、马建生 3025

新晃、芷江、凤凰、保靖、花垣、永顺、石阡、印江、松桃、酉阳、咸丰、来凤。

江西、安徽、福建、台湾、广东、广西。

（61）无腺灰白毛莓 *Rubus tephrodes* var. *ampliflorus*（H. Leveille et Vaniot）Handel-Mazzetti

武陵队 1137；武陵山考察队 2346，1957，1630

芷江、凤凰、石阡。

江西、江苏、浙江、广东、广西。

（62）三花悬钩子 *Rubus trianthus* Focke

刘林翰 1828；北京队 001993，1482；李洪钧 2772；林科所 0519；张志松、党成忠等 400725；武陵山考察队 759；王映明 429；刘林翰 1828

龙山、永顺、桑植、江口、印江、宣恩。

四川、云南、安徽、江西、浙江、江苏、福建、台湾。

越南。

（63）红毛悬钩子 *Rubus wallichianus* Wight et Arnott

植被调查队 876；张志松、党成忠等 400127，400377，400016，400286；壶瓶山考察队 0338；北京队 0462；张代贵、王业清、朱晓琴 zdg，wyq，zxq0062

永顺、石门、桑植、江口、秀山、酉阳、来凤、鹤峰、五峰、宣恩。

四川、云南、广西、台湾。

（64）务川悬钩子 *Rubus wuchuanensis* S. Z. He

湖北。

（65）锯叶悬钩子 *Rubus wuzhianus* L. T. Lu & Boufford

谭策铭、张丽萍、易桂花、胡兵、易发彬 桑植样 019；张代贵、王业清、朱晓琴 2296；北京队 002730；李雄、邓创发、李健玲 19061426

桑植、五峰、宣恩。

（66）黄脉莓 *Rubus xanthoneurus* Focke

李洪钧 3148，4697，2751，3893；张志松、闵天禄、许介眉、党成忠、周竹禾、肖心楠、吴世荣、戴金 402427；安明先 3526；简焯坡、张秀

实等 30952；壶瓶山考察队 0220，0194，0989

花垣、桑植、石门、江口、德江、印江、松桃、咸丰、宣恩。

陕西、福建、广东、广西、云南、四川。

（67）短柄黄脉莓 *Rubus xanthoneurus* var. *brevipetiolatus* T. T. Yu & L. T. Lu

贵州。

26. 地榆属 Sanguisorba Linnaeus.（2:2:0）

（1）地榆 *Sanguisorba officinalis* Linnaeus

桑植、镇远、思南、鹤峰。

黑龙江、吉林、辽宁、内蒙古、河北、山西、陕西、甘肃、四川、云南、西藏、青海、新疆、山东、河南、江西、江苏、浙江、安徽、广西。

广泛分布于欧洲、亚洲、北温带。

（2）长叶地榆 *Sanguisorba officinalis* var. *longifolia*（Bertoloni）T. T. Yu et C. L. Li

湖南、贵州、湖北、黑龙江、辽宁、河北、山西、甘肃、河南、山东、安徽、江苏、浙江、江西、四川、云南、广西、广东，台湾。

俄罗斯西伯利亚地区、蒙古、朝鲜、印度。

27. 珍珠梅属 Sorbaria（Seringe ex Candolle）A. Braun（1:1:0）

（1）高丛珍珠梅 *Sorbaria arborea* C. K. Schneider

蔡平成 20272，20205

石门。

贵州、湖北、陕西、甘肃、新疆、江西、四川、云南、西藏。

28. 花楸属 Sorbus Linnaeus.（10:10:0）

（1）水榆花楸 *Sorbus alnifolia*（Siebold et Zuccarini）K. Koch

北京队 4415；张兵、向新 090530019；聂敏祥、李启和 1223；傅国勋、张志松 1223；曹铁如 090529；廖衡松 16069；廖博儒 231；张代贵、王业清、朱晓琴 2677；彭水队 500243-003-005

桑植、彭水、恩施、五峰、宣恩。

陕西、甘肃、山东、安徽、江西、浙江、四川。

朝鲜、日本。

（2）美脉花楸 *Sorbus caloneura*（Stapf）Rehder

李学根 204004；李永康等 8014，8071；湖南队 480，359，358；沈中瀚 983；中国西部科学院 4047；张志松、党成忠、肖心楠等 401004；张兵、向新 090614045

慈利、保靖、永顺、桑植、石阡、印江、江口、松桃、秀山、来凤、咸丰、恩施、宣恩。

四川、云南、广西、广东。

越南。

（3）石灰花楸 *Sorbus folgneri*（C. K. Schneider）Rehder

武陵队 1698，591，672，2204；赵佐成 88-1742；简焯坡、应俊生、马成功等 32506，31808；湖南队 666；沈中瀚 1186；张兵、向新 090529024

芷江、沅陵、桑植、古丈、江口、印江、黔江、恩施。

陕西、甘肃、河南、江西、安徽、广东、广西、四川、云南。

（4）齿叶石灰树 *Sorbus folgneri* var. *duplicatodentata* T. T. Yu & L. T.Lu

湖南、浙江。

（5）球穗花楸 *Sorbus glomerulata* Koehne

蔡平成 20222；肖定春 80251；肖定春 无采集人；郑家仁 80318；张代贵、王业清、朱晓琴 2656

石门、五峰。

四川、云南。

（6）江南花楸 *Sorbus hemsleyi*（C. K. Schneider）Rehder

壶瓶山考察队 87418；王映明 6196；简焯坡、应俊生、马成功等 31808；傅国勋、张志松 1306、1260；无采集人 80-1 175；傅国勋、张志松 1306

新晃、石门、印江、恩施、鹤峰。

江西、安徽、浙江、广西、四川、云南。

（7）湖北花楸 *Sorbus hupehensis* C. K. Schneider

贵州、湖北、江西、安徽、山东、四川、陕西、甘肃、青海。

（8）毛序花楸 *Sorbus keissleri*（C. K. Schneider）Rehder

傅国勋 1380；刘林翰 9053；李洪钧 4252；李良千 157；无采集人 516；王映明 6176；武陵山考察队 1284；简焯坡、张秀实等 32049，30720，32131

桑植、石门、江口、印江、松桃、鹤峰、宣恩。

江西、广西、四川、云南、西藏。

（9）大果花楸 *Sorbus megalocarpa* Rehder

李学根 203579；武陵山考察队 2952；北京队 4373；张志松、党成忠、肖心楠等 401207，400568；傅国勋、张志松 1380；李永康 8302；黔北队 0627；曹铁如 090128

麻阳、桑植、石阡、印江、江口、恩施、鹤峰。

四川、云南、广西。

（10）华西花楸 *Sorbus wilsoniana* C. K. Schneider

李洪钧 3382；湖南队 617；北京植物所、张志松等 402056；简焯坡等 32112；张志松等 400654；李良千 159，59；张兵、向新 090529016；武陵山考察队 1299；北京队 001959

桑植、江口、印江、咸丰、鹤峰、恩施、宣恩。

四川、云南、广西。

29. 绣线菊属 Spiraea Linnaeus.（15:15:0）

（1）绣球绣线菊 *Spiraea blumei* G. Don

壶瓶山考察队 87162；蔡平成 20145；肖定春 80189，80073；郑家仁 80088；张代贵 20100524002

石门、古丈。

湖北、辽宁、内蒙古、河北、河南、山西、陕西、甘肃、江西、山东、江苏、浙江、安徽、四川、广东、广西、福建。

（2）麻叶绣线菊 *Spiraea cantoniensis* Loureiro

黔北队 1337；谷忠村 YH870420237；张代贵 070716003，YD10026

永顺、永定、古丈、松桃。

广东、广西、福建、浙江、江西、河北、河南、山东、陕西、安徽、江苏、四川。

日本。

（3）毛萼麻叶绣线菊 *Spiraea cantoniensis* *Loureiro* var. *pilosa* T. T. Yu

林亲众 11010；朱国兴 7；刘昂、龚佑科 LK0777

慈利、桑植、永定、武陵源。

广东。

（4）中华绣线菊 *Spiraea chinensis* Maximowicz

湖南队 50；武陵队 351；李学根 204300，204499；张兵、向新 090514019；肖简文 5617；安明先 3565，3146；黔北队 1337；简焯坡等 30036

沅陵、桑植、保靖、永顺、龙山、慈利、石门、印江、沿河、德江、松桃、来凤、宣恩。

内蒙古、河北、河南、陕西、安徽、江西、江苏、浙江、四川、云南、福建、广东、广西。

（5）大叶华北绣线菊 *Spiraea fritschiana* var. *angulata*（Fritsch ex C. K. Schneider）Rehder

石门。

湖北、黑龙江、辽宁、河北、河南、山西、陕西、甘肃、山东、江西、江苏、安徽。

（6）翠蓝绣线菊 *Spiraea henryi* Hemsley

湖南队 668，647；李洪钧 3726，2758；张兵、向新 090530029；安明先 3231；张志松等 402045；壶瓶山考察队 0702；溥发鼎、曹亚玲 0096；王映明 6817

桑植、石门、德江、江口、彭水、咸丰、宣恩。

陕西、甘肃、四川、云南。

（7）疏毛绣线菊 *Spiraea hirsuta*（Hemsley）C. K. Schneider

武陵队 543，1105；李洪钧 5375；赵佐成 88-1317；壶瓶山考察队 0927，0150；张代贵 080608；张代贵、张代富 LS20170416001_0001；酉阳队 500242-086-01，500242-086-02

沅陵、凤凰、石门、龙山、古丈、松桃、酉阳、黔江、来凤、鹤峰、宣恩。

甘肃、陕西、河北、河南、山西、江西、浙江、四川。

（8）绣线菊 *Spiraea japonica* Linnaeus f.

谷忠村 820404041、870706028；张代贵等 2013071501029；实习学生 3048；杜大华 4036；钟补勤 无采集号；旷兴 522222140501169LY；刘林翰 1629；刘天俊 522222140430114LY；姚红 522222140430009LY

古丈、永定、江口、秀山。

黑龙江、吉林、辽宁、内蒙古、河北。

蒙古、日本、朝鲜、俄罗斯西伯利亚地区、欧洲东南部。

（9）渐尖粉花绣线菊 *Spiraea japonica* Linnaeus f. var. *acuminata* Franchet

谭士贤 216；武陵山考察队 1898；壶瓶山考察队 A58，1182，1981；方明渊 24351，24228；李洪钧 6315；刘林翰 1940；湘西调查队 0615

龙山、石门、石阡、松桃、鹤峰、宣恩。

河南、陕西、甘肃、江西、浙江、安徽、四川、云南、广西。

（10）光叶粉花绣线菊 *Spiraea japonica* Linnaeus f. var. *fortunei*（Planchon）Rehder

李洪钧 3736，3096，9199；傅国勋 1509；无采集人 0917；李良千 186；无采集人 88-1669；赵佐成 88-1970；张志松 400961；武陵山考察队 249

芷江、新晃、沅陵、永顺、桑植、龙山、石门、江口、石阡、印江、沿河、松桃、黔江、酉阳、咸丰、鹤峰、来凤、宣恩、恩施。

陕西、山东、江苏、浙江、江西、安徽、四川、云南。

（11）无毛绣线菊 *Spiraea japonica* var. *glabra*（Regel）Koidzumi

龙成良 87360

石门。

（12）华西绣线菊 *Spiraea laeta* Rehder

湖北、四川、云南。

（13）无毛长蕊绣线菊 *Spiraea miyabei* var. *glabrata* Rehder

王映明 4329；壶瓶山考察队 1513，1434

石门、宣恩。

陕西。

（14）长蕊绣线菊 *Spiraea miyabei* Koidz.

湖北、四川、云南、陕西。

日本。

（15）李叶绣线菊 *Spiraea prunifolia* Sieb. et Zucc.

湖南、贵州、湖北、陕西、山东、江苏、浙江、江西、安徽、四川。

朝鲜、日本。

30. 野珠兰属 Stephanandra Siebold & Zucc.（1:1:0）

（1）鄂西绣线菊 *Spiraea veitchii* Hemsley

周卯勤等 00616；壶瓶山考察队 0782；廖衡松 15842；肖定春 80437；蔡平成 20250；张代贵、王业清、朱晓琴 2653；酉阳队 500242-238-01，500242-238-02，500242-324-01，500242-324-02

石门、酉阳、彭水、五峰。

陕西、四川、云南。

31. 小米空木属 Stephanandra Siebold & Zuccarini（1:1:0）

（1）华空木 *Stephanandra chinensis* Hance

刘林翰 9236，1591；赵佐成 88-1800；北京队 002825，0246；溥发鼎、曹亚玲 0097；刘林翰 17609，1591；方明渊 24450；张志松、党成忠、肖心楠等 402206

永顺、龙山、石门、龙山、桑植、江口、黔江、彭水、恩施。

河南、江西、安徽、江苏、浙江、四川、广东、福建。

32. 红果树属 Stranvaesia Lindley.（4:4:0）

（1）毛萼红果树 *Stranvaesia amphidoxa* C. K. Schneider

武陵考察队 909；西师生物系 74 级 02625，02573；李洪钧 8491，9035，8363；方明渊 24458；黔北队 1167；廖衡松 00121，00070

新晃、沅陵、永顺、溆浦、桑植、石门、江口、印江、松桃、德江、酉阳、鹤峰、恩施、咸丰、宣恩。

浙江、江西、四川、云南、广西。

（2）湖南红果树 *Stranvaesia amphidoxa* var. amphileia（Handel-Mazzetti）T. T. Yu

（3）红果树 *Stranvaesia davidiana* Decaisne

赵佐成 88-1540；王映明 6087，6605；李良千 23；北京队 002505；武陵山考察队 2947，88044；李洪钧 8799；谭士贤 410；壶瓶山考察队 01364

桑植、石门、石阡、梵净山、松桃、黔江、酉阳、黔江、鹤峰、恩施、咸丰。

云南、广西、四川、江西、陕西、甘肃。

越南。

（4）波叶红果树 *Stranvaesia davidiana* var. *undulata*（Decaisne）Rehder et E. H. Wilson

王映明 5753；武陵山考察队 385，1827，2058；赵佐成 88-1540；湘西考察队 447、433；壶瓶山考察队 01364，0551，0346

慈利、桑植、石门、石阡、江口、印江、松桃、咸丰、鹤峰、来凤、宣恩。

陕西、江西、福建、浙江、广西、四川、云南。

一百一十一、胡颓子科 Elaeagnaceae（1:15）

1. 胡颓子属 Elaeagnus Linnaeus（15:15:0）

（1）长叶胡颓子 *Elaeagnus bockii* Diels

祁承经 30368；杨彬 080503063；张代贵 qq1033；邓涛 070910015

桑植、保靖、芷江、永顺。

陕西、甘肃、湖北、四川、贵州、云南。

（2）巴东胡颓子 *Elaeagnus difficilis* Servettaz

李杰 522229140903269LY；秦云程等 58；武陵考察队 1743；廖衡松 16155；李洪钧 8526，8180；宿秀江、刘和兵 433125D00150407071；张代贵 zdg10364；黄升 DS5846；刘林翰 1830

芷江、永顺、江口、咸丰。

浙江、江西、湖北、湖南、广东、广西、四川、贵州。

（3）蔓胡颓子 *Elaeagnus glabra* Thunberg

宿秀江、刘和兵 433125D00181114024；张代贵 zdg10297，zdg10341；刘林翰 1830；张志松、党成忠等 400512；中国西部科学院

3966；卢小刚522227160609064LY；雷开东4331271503211625；谷陈1204199；简焯坡、张秀实等32395；武陵山考察队1713

龙山、江口、印江。

江苏、安徽、浙江、江西、福建、台湾、湖北、湖南。

（4）角花胡颓子 *Elaeagnus gonyanthes* Bentham

张代贵JS006，20100425002，y1075；宿秀江、刘和兵433125D00060805056，433125D00060505007

保靖、古丈、吉首。

（5）贵州羊奶子 *Elaeagnus guizhouensis* C. Y. Chang

张志松等400098；李洪钧4925，7570；壶瓶山考察队0732，87345

石门、江口。

（6）宜昌胡颓子 *Elaeagnus henryi* Warburg ex Diels

李洪钧9161；张志松、党成忠等401402，400071；武陵山考察队2120，1023；安明先3911，3038；湘西考察队484；肖简文5527；壶瓶山考察队A59

芷江、凤凰、江口、印江。

陕西、安徽、浙江、江西、福建、湖北、湖南、广西、四川、贵州、云南。

（7）披针叶胡颓子 *Elaeagnus lanceolata* Warburg ex Diels

刘林翰10065，9724；北京队3860，4325，s.n；安明态001；简焯坡、张秀实等32074；中国西部科学院3758；植被调查队948；壶瓶山考察队A56

桑植、印江、鹤峰。

陕西、甘肃、湖北、湖南、广西、四川、贵州、云南。

（8）银果牛奶子 *Elaeagnus magna*（Servettaz）Rehder

庞平花GZ20180624_6765；湘西考察队726；刘标0038；壶瓶山考察队0034，2200，1454；北京队01104；黔北队1545，1556；刘克旺30031；刘林翰1938

芷江、沅陵、永顺、桑植、石门、松桃。

江西、湖北、湖南、广东、广西、四川、贵州。

（9）木半夏 *Elaeagnus multiflora* Thunberg

周丰杰118；壶瓶山考察队87410，1454；蔡平成20238；廖衡松15923；刘克旺30010；沈中瀚090；徐亮0909043；张代贵zdg150729011，4331221604240287LY

沅陵、永顺、泸溪、石门。

陕西、河北、山东、安徽、浙江、江西、福建、湖北、湖南、四川、贵州。

（10）南川牛奶子 *Elaeagnus nanchuanensis* C. Y. Chang

四川、贵州。

（11）毛柱胡颓子 *Elaeagnus pilostyla* C. Y. Chang

谷忠村0902032，1204425，1204197，1204056

吉首。

云南。

（12）胡颓子 *Elaeagnus pungens* Thunberg

廖国藩、郭志芬293，250；周丰杰015；沈祥淦、李辛缘2；周辉、周大松15102003；王岚522223140405014 LY，522223140402024 LY；张银山522223150503027 LY；田儒明522229-141022753LY；李衡522227160523064LY

沅陵、桃源、凤凰、保靖、玉屏、松桃、德江。

上海、江苏、浙江、福建、安徽、江西、湖北、湖南、贵州、广东、广西。

日本。

（13）星毛羊奶子 *Elaeagnus stellipila* Rehder

李洪钧2570；壶瓶山考察队0732；安明先3533；雷开东4331271404270073；肖简文5755；张代贵4331221605090370LY，ZZ140427259，zdg140427113

永顺、泸溪、石门、德江、沿河、咸丰。

江西、湖北、湖南、四川、贵州、云南。

（14）牛奶子 *Elaeagnus umbellata* Thunberg

沈中瀚059；周辉、周大松15041403；谷忠村30106；吴磊4600

石门、武陵源、沅陵、溆浦、吉首。

华北地区、华东地区、西南地区、陕西、甘

肃、青海、宁夏、辽宁、湖北。

日本、朝鲜、中南半岛、印度、尼泊尔、不丹、阿富汗、意大利等。

（15）绿叶胡颓子 *Elaeagnus viridis* Servettaz

陕西、湖北。

一百一十二、鼠李科 Rhamnaceae（9:35）

1. 勾儿茶属 Berchemia Necker ex Candolle（4:4:0）

（1）黄背勾儿茶 *Berchemia flavescens*（Wallich）Brongniart

陕西南部至藏东南部。

印度、尼泊尔、不丹。

（2）多花勾儿茶 *Berchemia floribunda*（Wallich）Brongniart

北京队 195；壶瓶山考察队 0485；蔡平成 20300；肖定春 80097；郑家仁 80133；宿秀江、刘和兵 433125D00160808050；邓 1251；谷忠村 121；张代贵 80503054

沅陵、永顺、龙山、桑植、石门、梵净山、德江、酉阳、来凤、鹤峰。

山西、陕西、甘肃、河南、安徽、江苏、浙江、江西、福建、广东、广西、湖南、湖北、四川、贵州、云南、西藏。

印度、尼泊尔、不丹、越南、日本。

（3）牯岭勾儿茶 *Berchemia kulingensis* C. K. Schneider

湘西调查队 0060；张兵、向新 090530027；刘克明、朱晓文 SCSB-HN-0496；彭春良 86117；武陵山考察队 803；北京队 001974；周辉、周大松 15070211；张代贵 zdg10084；邓 0318133

江口、永顺、桑植、鹤峰、宣恩。

江苏、安徽、浙江、福建、江西、湖北、湖南、四川、贵州、广西。

（4）光枝勾儿茶 *Berchemia polyphylla* var. *leioclada*（Handel-Mazzetti）Handel-Mazzetti

林文豹 538；安明先 3389，3624；张杰 4026；肖简文 5823，5851；莫华 6059；周卯勤等 00607；曹亚玲、溥发鼎 2968；张志松等 402507

凤凰、沅陵、保靖、花垣、永顺、桑植、石门、施秉、石阡、江口、印江、德江、松桃、黔江、酉阳、秀山、来凤、鹤峰、宣恩。

陕西、四川、湖北、湖南、贵州、云南、广西、广东、福建。

2. 小勾儿茶属 Berchemiella Nakai（1:1:0）

（1）小勾儿茶 *Berchemiella wilsonii*（C. K. Schneider）Nakai

安徽、湖北、四川、云南、甘肃。

3. 裸芽鼠李属 Frangula Miller（1:1:0）

（1）长叶冻绿 *Rhamnus crenata* Siebold & Zuccarini

芷江、沅陵、永顺、龙山、桑植、石门、石阡、江口、印江、德江、沿河、松桃、黔江、酉阳、鹤峰、宣恩。

陕西、河南、安徽、江苏、浙江、江西、福建、台湾、广东、广西、湖南、湖北、四川、贵州、云南。

朝鲜、日本、越南、老挝、柬埔寨。

4. 枳椇属 Hovenia Thunberg（2:2:0）

（1）枳椇 *Hovenia acerba* Lindley

桑植植被调查队 664；宿秀江、刘和兵 433125D00110813056，433125D00070806024；李洪钧 5350；肖定春 80312；张代贵 zdg5-044，080716055，zdg3060，4331221607180811LY；谷忠村 1111

芷江、沅陵、花垣、永顺、桑植、永定、武陵源、石门、石阡、德江、松桃、来凤、宣恩。

甘肃、陕西、河南、安徽、江苏、浙江、江西、福建、广东、广西、云南、贵州、四川。

（2）毛果枳椇 *Hovenia trichocarpa* Chun et Tsiang

彭春良 86401；8002-Ⅲ 31031；张代贵 090807069，zdg4331210141，00393；雷开东 4331271408080879，4331271407200560；吴艳芳 080712WYF01；莫岚 070718033+1；贺海生

0807160730

沅陵、永顺、江口、印江、鹤峰。

湖北、江西、湖南、贵州、广东。

5. 马甲子属 Paliurus Miller（2:2:0）

（1）铜钱树 *Paliurus hemsleyanus* Rehder ex Schirarend et Olabi

武陵考察队 725；壶瓶山考察队 87197；北京队 001203；谭士贤 113；龙成良 87197；蔡平成 20055；肖定春 80055；吉首大学生物资源与环境科学学院 GWJ20180712_0306

沅陵、永顺、慈利、石门、印江。

甘肃、陕西、河南、安徽、江苏、浙江、江西、湖南、湖北、四川、云南、贵州、广西、广东。

（2）马甲子 *Paliurus ramosissimus*（Loureiro）Poiret

曹亚玲、薄发鼎 2857；邓涛 071003001；宿秀江、刘和兵 433125D00100809006；雷开东 4331271408251029；刘林翰 9679；朱太平、刘忠福 1484；张代贵 L110025，L110054，zdg1018；张代贵、王业清、朱晓琴 zdg，wyq，zxq0340

吉首、沿河、松桃。

江苏、浙江、安徽、江西、湖南、湖北、福建、台湾、广东、广西、云南、贵州、四川。

朝鲜、日本、越南。

6. 猫乳属 Rhamnella Miquel（3:3:0）

（1）猫乳 *Rhamnella franguloides*（Maximowicz）Weberbauer

张代贵 zdg1405310402，130612013，ZZ100712726，20100814060；周辉、周大松 15070116；刘林翰 776009

永顺、武陵源。

陕西、山西、河北、河南、山东、江苏、安徽、浙江、江西、湖南、湖北。

（2）毛背猫乳 *Rhamnella julianae* C. K. Schneider

沅陵。

湖北、四川、云南。

（3）多脉猫乳 *Rhamnella martini*（H. Leveille）C. K. Schneider

桑植、鹤峰。

湖北、四川、云南、西藏、贵州、广东。

7. 鼠李属 Rhamnus Linnaeus（16:16:0）

（1）刺鼠李 *Rhamnus dumetorum* C. K. Schneider

付国勋、张志松 1296，2958，2847；北京队 001656；谷忠村 0409180，1010176，0208015；晏朝超 5222271406060002LY

沅陵、永顺、酉阳、鹤峰、宣恩、石阡、松桃。

西藏、云南、四川、贵州、甘肃、湖北、江西、浙江、安徽。

（2）贵州鼠李 *Rhamnus esquirolii* H. Léveillé

林文豹 532；曹亚玲、薄发鼎 2843，2852；武陵山考察队 1912，1649；赵佐成、马建生 3037；赵佐成 88-2649；张志松等 402530，402532；安明先 3456

石阡、德江、沿河、松桃、黔江、酉阳、咸丰。

湖北、四川、贵州、广西、云南。

（3）圆叶鼠李 *Rhamnus globosa* Bunge

彭春良 86086，86162；廖衡松 00157；武陵山考察队 544，126；北京队 003557；张代贵 1020015

沅陵、永顺、桑植、印江、松桃。

辽宁、河北、山西、河南、陕西、甘肃、山东、安徽、江苏、浙江、江西、湖南。

（4）亮叶鼠李 *Rhamnus hemsleyana* C. K. Schneider

北京队 1425，0028，4290；武陵山考察队 1957，2488，419，1109，0111；徐友源 81-516，81-503

芷江、永顺、桑植、石门、松桃、宣恩。

陕西、四川、贵州、云南。

（5）异叶鼠李 *Rhamnus heterophylla* Oliver

安明先 3995；肖简文 5859

德江。

甘肃、陕西、湖北、四川、贵州、云南。

（6）湖北鼠李 *Rhamnus hupehensis* C. K. Schneider

北京队 3916；张兵、向新 090614007

桑植、宣恩。

（7）桃叶鼠李 **Rhamnus iteinophylla** C. K. Schneider

蔡平成 20151；壶瓶山考察队 1509；傅国勋、张志松 1414

石门、宣恩。

湖北、四川、云南。

（8）钩齿鼠李 **Rhamnus lamprophylla** C. K. Schneider

壶瓶山考察队 0924；湘西考察队 153；席先银等 356（1）；周辉、周大松 15062722；黔北队 2409；谭策铭、张丽萍、易发彬、胡兵、易桂花采集号 桑植 038

龙山、石门、印江、咸丰、来凤、鹤峰、宣恩。

（9）薄叶鼠李 **Rhamnus leptophylla** C. K. Schneider

李洪钧 9327，4505，3248；武陵山考察队 2789；张兵、向新 090425018，090514020；莫华 6029；湘西考察队 237；谭士贤 245；周丰杰 098

芷江、凤凰、永顺、龙山、桑植、石门、石阡、江口、印江、松桃、咸丰、来凤、鹤峰、宣恩。

陕西、河南、山东、安徽、浙江、江西、福建、广东、广西、湖南、湖北、四川、贵州、云南。

（10）尼泊尔鼠李 **Rhamnus napalensis**（Wallich）M. A. Lawson

李洪钧 9385；周邦楷、顾健 08；廖衡松 16183；壶瓶山考察队 A7；武陵山考察队 3584，1102；北京队 4089；黔北队 2792；宿秀江、刘和兵 433125D00150807037

凤凰、桑植、石门、石阡、印江、德江、咸丰、来凤。

浙江、江西、福建、广东、广西、湖南、湖北、贵州、云南、西藏。印度、尼泊尔、孟加拉、缅甸。

（11）小冻绿树 **Rhamnus rosthornii** E. Pritzel

安明先 3264；赵佐成、马健生 3028；北京队 001760；宿秀江、刘和兵 433125D00100809062；雷开东 4331271405200372；杨彬 080419048+1；张代贵 0805030052，00584，xm242

万山、酉阳。

广西、云南、贵州、四川。

（12）皱叶鼠李 **Rhamnus rugulosa** Hemsley

曹铁如 850242；武陵山考察队 2158；北京队 001189，002666；壶瓶山考察队 0426，0383

桑植、武陵源、江口、印江、宣恩。

湖北、四川。

（13）脱毛皱叶鼠李 **Rhamnus rugulosa** Hemsley var. **glabrata** Y. L. Chen et P. K. Chou

桑植、武陵源、江口、印江、宣恩。

湖北、四川。

（14）冻绿 **Rhamnus utilis** Decaisne

林文豹 590；李洪钧 4053，9316，3039；肖简文 5722；刘正宇 6324；谭士贤 180；湘西考察队 16，449；席先银等 7

永顺、石门、石阡、江口、印江、德江、沿河、松桃。

甘肃、陕西、河南、河北、山西、安徽、江苏、浙江、江西、福建、广东、广西、湖南、湖北、四川、贵州。

朝鲜、日本。

（15）山鼠李 **Rhamnus wilsonii** C. K. Schneider

壶瓶山考察队 87256；武陵山考察队 0065，518，27；雷开东 4331271404200032；谷忠村 0628077，0608410；张代贵、邓涛 0905607；杨彬 080419042；贺海生、张代贵 070613055

沅陵、永顺、石门、松桃。

安徽、浙江、福建、江西、湖南、贵州、广西、广东。

8. 雀梅藤属 Sageretia Brongniart（5:5:0）

（1）钩枝雀梅藤 **Sageretia hamosa**（Wallich）Brongniart

席先银等 659；武陵山考察队 960，1639；宿秀江、刘和兵 433125D00020814073；丁文灿 080418022；简焯坡、张秀实等 30848，32473，30700；北京队 003624

芷江、桑植、石阡、江口、印江、松桃、秀山、咸丰。

浙江、福建、江西、湖南、湖北、广东、广西、贵州、云南、四川、西藏东南部。

斯里兰卡、印度、尼泊尔、越南、菲律宾。

（2）梗花雀梅藤 *Sageretia henryi* J. R. Drummond & Sprague

李洪钧 9374；武陵山考察队 3626；周丰杰 078；刘克旺 30090；宿秀江、刘和兵 433125D00020814072

咸丰。

浙江、湖北、湖南、广西、云南、贵州、四川、陕西、甘肃。

（3）刺藤子 *Sageretia melliana* Handel-Mazzetti

周辉、周大松 15070108；武陵山考察队 2337；谷忠村、陈功锡 1104504

芷江、永顺、石阡。

安徽、浙江、江西、福建、广东、广西、湖南、湖北、贵州、云南。

（4）皱叶雀梅藤 *Sageretia rugosa* Hance

安明先 3014，3803，3784；北京队 4090；武陵队 1022；曹亚玲、溥发鼎 2792；中南队 0256；黔北队 2410

凤凰、保靖、桑植、永顺、印江、德江、沿河、酉阳、来凤、鹤峰、宣恩。

广东、广西、湖南、湖北、四川、贵州、云南。

（5）尾叶雀梅藤 *Sageretia subcaudata* C. K. Schneider

张代贵、张代富 LX20170413014_0014；植被调查队 858；张代贵 qq1029，LL20130415028，lj0125022，qq1029，4331221604250296LY

龙山、永顺。

广东、江西、湖南、湖北、河南、陕西、四川、贵州、云南、西藏。

9. 枣属 Ziziphus Miller（1:1:0）

（1）枣 *Ziziphus jujuba* Miller

刘林翰 9346；张代贵 4331221606080449LY，4331221607180783LY，pph1216，090807012；湘西调查队 0458；田儒明 5222229140816143LY；夏旺庆 674

桑植、黔江。

吉林、辽宁、河北、山东、山西、陕西、河南、甘肃、新疆、安徽、江苏、浙江、江西、福建、广东、广西、湖南、湖北、四川、云南、贵州。

一百一十三、榆科 Ulmaceae（3:12）

1. 刺榆属 Hemiptelea Planchon（1:1:0）

（1）刺榆 *Hemiptelea davidii*（Hance）Planchon

吉林、辽宁、内蒙古、河北、山西、陕西、甘肃、山东、江苏、安徽、浙江、江西、河南、湖北、湖南、广西。

朝鲜，欧洲、北美。

2. 榆属 Ulmus Linnaeus（8:8:0）

（1）兴山榆 *Ulmus bergmanniana* C. K. Schneider

肖定春 80149；壶瓶山考察队 87339；郑家仁 80183；桑植植被调查队 694；桑植林科所 0658

桑植、武陵源、石门、酉阳、宣恩。

云南、四川、湖南、湖北、江西、陕西、甘肃。

（2）多脉榆 *Ulmus castaneifolia* Hemsley

黔北队 2296，2033；张志松、党成忠等 401109，401260；湘西考察队 870；席先银等 36；武陵山考察队 542；曹铁如 090430；林亲众 15476；张代贵 00353

古丈、永顺、桑植、武陵源、龙山、印江、沿河、松桃、酉阳。

云南、四川、贵州、广西、广东、湖南、湖北、江西、福建、浙江。

（3）杭州榆 *Ulmus changii* W. C. Cheng

沈中瀚 221，45；武陵队 1448；北京队 0448

凤凰、保靖、永顺、桑植、来凤。

四川、湖南、湖北、江西、福建、浙江、江苏、安徽。

（4）春榆 *Ulmus davidiana* var. *japonica*（Rehder）Nakai

慈利。

黑龙江、吉林、辽宁、内蒙古、河北、山东、浙江、山西、安徽、河南、湖北、陕西、甘肃、青海。

朝鲜、苏联、日本。

（5）大果榆 *Ulmus macrocarpa* Hance

鹤峰、宣恩。

湖北、江苏、安徽、河南、山西、山东、陕西、甘肃、内蒙古、河北、辽宁、吉林、黑龙江。

（6）榔榆 *Ulmus parvifolia* Jacquin

宿秀江、刘和兵 433125D00021001006；张代贵 YH081026691，YH101025693，YH141014695

古丈、永顺、桑植。

四川、贵州、广西、广东、湖南、湖北、江西、福建、台湾、浙江、江苏、安徽、河南、河北、陕西、山西。

日本。

（7）李叶榆 *Ulmus prunifolia* W. C. Cheng et L. K. Fu

湖北西部、四川东部。

（8）榆树 *Ulmus pumila* Linnaeus

酉阳队 500242676

黑龙江、吉林、辽宁、内蒙古、河北、山东、山西、河南、陕西、甘肃、宁夏、新疆、四川、贵州、西藏、浙江、江苏、江西。

3. 榉属 Zelkova Spach（3:3:0）

（1）大叶榉树 *Zelkova schneideriana* Handel-Mazzetti

北京队 0561；蔡平成 20184；刘克旺 30091，30044；溆浦林业局 岗东 -3

桑植、武陵源、石门、咸丰。

云南、贵州、四川、西藏、广西、广东、湖南、湖北、江西、福建、浙江、安徽、陕西、甘肃。

（2）榉树 *Zelkova serrata*（Thunberg）Makino

安明态 SQ-0027；沈中瀚 222；张代贵 zdg061，zdg1407240993；宿秀江、刘和兵 433125D00150407068，433125D00020511003；雷开东 4331271408070851；谷忠村 30229；卢小刚 5222271160531068LY；刘和兵 ZZ120407456

古丈、永顺、武陵源、石门、梵净山。

云南、贵州、四川、广东、湖南、湖北、江西、福建、台湾、江苏、浙江、安徽、河南、陕西、甘肃、辽宁。

（3）大果榉 *Zelkova sinica* C. K. Schneider

甘肃、陕西、四川、湖北、河南、山西、河北。

一百一十四、大麻科 Cannabaceae（6:11）

1. 糙叶树属 Aphananthe Planchon（1:1:0）

（1）糙叶树 *Aphananthe aspera*（Thunberg）Planchon

黔北队 1205；简焯坡、张秀实等 30875；武陵考察队 690，2229；湘西调查队 0526；席先银等 604；贺海生 070506006；景永杰 080713JYJ02；北京队 000623；宿秀江、刘和兵 433125D00100809001

芷江、沅陵、古丈、保靖、永顺、桑植、武陵源、石门、梵净山、松桃、咸丰、宣恩。

云南、西藏、四川、贵州、广西、广东、湖南、湖北、江西、福建、台湾、浙江、江苏、安徽、山东、山西。

2. 大麻属 Cannabis Linnaeus（1:1:0）

（1）大麻 *Cannabis sativa* Linnaeus

付国勋、张志松 1517；酉阳队 1682；湖南队 649；北京队 4531

鹤峰、宣恩、五峰。

原产于中亚。

3. 朴属 Celtis Linnaeus（6:6:0）

（1）紫弹树 *Celtis biondii* Pampanini

壶瓶山考察队 0647，87242；北京队 3895，230；武陵考察队 1925，409，3289，3360；湖南队 0510；刘林翰 1934

芷江、凤凰、沅陵、古丈、永顺、龙山、桑植、武陵源、石门、石阡、印江、松桃、湖北、咸丰、宣恩。

云南、四川、贵州、广西、广东、湖南、湖北、江西、福建、浙江、江苏、安徽、河南、甘肃。

（2）小果朴 *Celtis cerasifera* C. K. Schneider

刘林翰 09134

永顺、德江、宣恩。

云南、西藏、四川、贵州、广西、湖南、浙江、陕西。

（3）黑弹树 *Celtis bungeana* Blume

蔡平成 20276；张贵志、周喜乐 1105092；宿秀江、刘和兵 433125D00090812019；雷开东 4331271408070840；龙成良 87242；张代贵 L222124，L222129，ZZ140807316，Q223008，zdg4331270185

沅陵、印江、松桃、宣恩。

云南、西藏、四川、贵州、湖南、湖北、江西、江苏、安徽、山东、河南、陕西、山西、河北、辽宁、内蒙古、宁夏、甘肃。

（4）珊瑚朴 *Celtis julianae* C. K. Schneider

北京队 00548，001187；湖南队 0015；武陵山考察队 3545，219；丁文灿 080418016；李晓腾 080504011；张代贵 zdg1407230960；雷开东 4331271408080880；杨彬 080418016

凤凰、古丈、永顺、武陵源、印江、德江、来凤、宣恩、五峰。

四川、贵州、广东、湖南、湖北、江西、福建、浙江、安徽、河南、陕西。

（5）朴树 *Celtis sinensis* Persoon

北京队 1563；廖衡松 16199；邓涛 515；张代贵 zdg1231，4331221606080448LY，00628；张代贵、张代富 LX20170413016_0016；陈功锡 CGX642

江口、印江。

四川、贵州、广西、广东、湖南、湖北、江西、福建、台湾、浙江、江苏、安徽、山东、河

南、陕西。

（6）西川朴 *Celtis vandervoetiana* C. K. Schneider

武陵山考察队 524；廖博儒 180；席先银等 83；刘林翰 9326；北京队 01342；周辉、周大松 15091104；张代贵 080522058；王小平 097

古丈、永顺、桑植、武陵源、松桃。

4. 葎草属 Humulus Linnaeus（1:1:0）

（1）葎草 *Humulus scandens*（Loureiro）Merrill

刘林翰 1013；酉阳队 1150，500242-421；杨士国 895；廖博儒 1558；张代贵 zdg4331261077，4331221509060919LY；杨彬 080817006；张代贵、张成 TD20180508_5782；粟林 ZB130912174

凤凰。

西南地区、华南地区、华中地区、华东地区、东北地区。

5. 青檀属 Pteroceltis Maximowicz（1:1:0）

（1）青檀 *Pteroceltis tatarinowii* Maximowicz

武陵队 276，1426；北京队 00567；壶瓶山考察队 87284，0624；刘林翰 17906；祁承经 3842；喻勋林、徐期瑚 2251；沈中瀚 01036

凤凰、古丈、沅陵、永顺、武陵源、石门、思南。

西藏、青海、四川、贵州、广西、广东、湖南、湖北、江西、浙江、江苏、安徽、山东、河北、山西、河南、陕西、甘肃。

6. 山黄麻属 Trema Loureiro（1:1:0）

（1）山油麻 *Trema cannabina* Loureiro var. *dielsiana*（Handel-Mazzetti）C. J. Chen

莫华 6023；武陵山考察队 994，1811，247，0547，88-0259；北京队 0145；林文豹 622；黔北队 1388；湘西考察队 765

沅陵、永顺、桑植、武陵源、石阡、印江、松桃、咸丰、来凤、鹤峰、宣恩。

四川、贵州、广西、广东、湖南、湖北、江西、福建、浙江、江苏、安徽。

一百一十五、桑科 Moraceae（5:32）

1. 构属 Broussonetia L'Héritier ex Ventenat（3:3:0）

（1）藤构 *Broussonetia kaempferi* var. *australis* Suzuki

宿秀江、刘和兵 433125D00110704016；粟林 4331261406060108；田代科、肖艳、陈岳 LS-1615；王岚 522223140331037 LY；姚杰 522227160602053LY

咸丰、来凤。

长江流域各地区。

日本。

（2）楮 *Broussonetia kazinoki* Siebold

周洪富、粟和毅 108047；刘林翰 1601；方明渊 24464；黔北队 899；张志松 401377；周辉、罗金龙 15032703；张代贵 zdg4331270419002；粟林 4331261404200270

沅陵、桑植、石门、江口、松桃、鹤峰、宣恩。

长江流域各地区。

日本。

（3）构树 *Broussonetia papyrifera*（Linnaeus）L'Héritier ex Ventenat

李洪钧 9087；张兵、向新 090530037；周丰杰 156；壶瓶山考察队 0036；张兵、向新 090614029；张志松、党成忠等 400824；武陵山考察队 3149，464，1344，29

芷江、凤凰、沅陵、永顺、石门、石阡、沿河、鹤峰、宣恩。

四川、贵州、湖北、湖南、广西、广东、江西、福建、浙江、安徽、江苏。

2. 水蛇麻属 Fatoua Gaudichaud-Beaupré（1:1:0）

（1）水蛇麻 *Fatoua villosa*（Thunberg）Nakai

武陵考察队 2492；安明先 3626；湘西考察队 1203；粟林 4331261409120776；张代贵 4331221510200609LY；李恒、俞宏渊 4445；麻超柏、石琳军 HY20180712_0607；向晟、藤建卓 JS20180813_0777，JS20180815_0875；吴玉、刘雪晴等 YY20181005_0036

新晃、浙江、凤凰、石门、咸丰。

华北地区、华东地区、华中地区、华南地区。

东亚、东南亚至大洋洲。

3. 榕属 Ficus Linnaeus（21:21:0）

（1）石榕树 *Ficus abelii* Miquel

溆浦林业局 33

溆浦。

江西、福建、广东、广西、云南、贵州、四川、湖南。

尼泊尔、印度东北部（阿萨姆）、孟加拉国、缅甸、越南。

（2）无花果 *Ficus carica* Linnaeus

刘林翰 9341；郑家仁 80330

桑植、石门。

原产西亚及南欧，我国各地栽培。

（3）印度榕 *Ficus elastica* Roxburgh

原产印度。

（4）仙果 *Ficus erecta* Thunberg

雷开东 4331271406020501；张代贵 ZZ14-0602333

桑植。

广西、广东、福建、浙江、江西、湖南、湖北、四川。

（5）台湾榕 *Ficus formosana* Maximowicz

张代贵 YH150809489，1023004，L110105；吉首大学生物资源与环境科学学院 GWJ2017-0610_0060

台湾、浙江、福建、江西、湖南、广东、海南、广西、贵州。

（6）冠毛榕 *Ficus gasparriniana* Miquel

宿秀江、刘和兵 433125D00030810125；张代贵 090804079

永顺、龙山。

贵州、湖南。

（7）长叶冠毛榕 *Ficus gasparriniana* var. *esquirolii*（H. Léveillé &Vaniot）Corner

（8）菱叶冠毛榕 *Ficus gasparriniana* var. *laceratifolia*（H. Léveillé & Vaniot）Corner

李学根 204522

黔江。

贵州、四川、云南、广西、湖北、福建。

（9）尖叶榕 *Ficus henryi* Warburg ex Diels

北京队 003604，00374；武陵山考察队 991，0970，0247，0271，1349；黔北队 2796，1995

凤凰、沅陵、保靖、永顺、龙山、桑植、武陵源、石门、印江。

湖南、湖北、四川、云南、广东。

（10）异叶榕 *Ficus heteromorpha* Hemsley

李洪钧 4150；壶瓶山考察队 0440，0279，87202；北京队 001653，2011；李良千 151；张桂才等 363；武陵山考察队 2267，261

芷江、凤凰、沅陵、保靖、花垣、永顺、龙山、桑植、石门、石阡、江口、印江、松桃、秀山、宣恩。

（11）榕树 *Ficus microcarpa* Linnaeus

张代贵 00028

梵净山。

台湾、浙江、福建、广东、广西、湖北、贵州、云南。

斯里兰卡、印度、缅甸、泰国、越南、马来西亚、菲律宾、日本、巴布亚新几内亚和澳大利亚北部、东部直至加罗林群岛。

（12）琴叶榕 *Ficus pandurata* Hance

武陵队 1384；武陵山考察队 581，343，3222，574；晏朝超 522227140609002LY；周丰杰 142；李衡 522227160714017LY；张代贵 20170705007，YH150809505

凤凰、石阡、江口、松桃。

江西、湖南、湖北、四川、贵州、云南、广西、广东、福建、浙江。

越南。

（13）薜荔 *Ficus pumila* Linnaeus

向晟、藤建卓 JS20180312_0197；吉首大学生物资源与环境科学学院 GWJ20170611_0485；张代贵 pph1106，ZCJ150908005，ZZ100713781，4331221509081021LY

武陵山区。

湖北、湖南、江西、安徽、江苏、福建、广东、广西、云南。

（14）珍珠榕 *Ficus sarmentosa* var. *henryi*（King ex Oliver）Corner

北京队 387，4093；周丰杰 133；武陵山考察队 3327，1183，2338，1561；黔北队 1415；张代贵 zdg035；李晓腾 080716022

芷江、沅陵、永顺、桑植、石阡、江口。

云南、贵州、广西、广东、福建、浙江、江苏、安徽、江西、湖南、湖北、四川、河南、陕西、甘肃。

（15）爬藤榕 *Ficus sarmentosa* var. *impressa*（Champion ex Bentham）Corner

刘林翰 9164；李洪钧 5352，9205，9109；武陵山考察队 2049，539；谷忠村 82-0083；田儒明 5222291605121060LY

永顺、龙山、石门、咸丰、鹤峰、宣恩。

云南、贵州、广西、广东、江西、湖南、湖北、四川、陕西、河南、安徽、浙江、江苏。

（16）尾尖爬藤榕 *Ficus sarmentosa* var. *lacrymans*（H. Leveille）Corner

黔北队 2691；刘克旺 30083；沈中瀚 428；张贵志、周喜乐 1105050；张代贵 00082；屈永贵 080712032，080416022；邓涛 071003019；曾四春 080713020；宿秀江、刘和兵 433125D000-30810042

桑植、沅陵、古丈、永顺、龙山。

福建、江西、广东、广西、湖南、湖北、贵州、云南、四川、甘肃。

越南。

（17）竹叶榕 *Ficus stenophylla* Hemsley

蒋知桦 GZ20180625_7139；武陵山考察队 1930，3122，3093；张代贵 081005019，YD10014，YH080721848，YH120712849，Q223138

凤凰、保靖、龙山、石阡。

（18）地果 *Ficus tikoua* Bureau

刘林翰 1920；黔北队 1974；祁承经 30109；植被调查队 843；周辉、周大松 15070110；贺海生 036+1；宿秀江、刘和兵 433125D0006-

0805008；张代贵 zdg4331270036，zdg9918

慈利、石门、桃源。

云南、贵州、广西、西藏、四川、陕西、湖南、湖北。

（19）岩木瓜 *Ficus tsiangii* Merrill ex Corner

李学根 204551；雷开东 4331271408080885，4331271408251017；张代贵 170909011，ZZ0907-14054，ZZ090714093，zdg4331261006；

桑植、凤凰、永顺。

贵州、云南、四川、广西、湖北、湖南。

（20）变叶榕 *Ficus variolosa* Lindley ex Bentham

谷忠村 3-1

江口。

浙江、江西、福建、广东、广西、湖南、贵州、云南。

（21）黄葛树 *Ficus virens* var.*sublanceolata* (Miquel) Corner

湖北、贵州、广西、四川、云南。

4. 橙桑属 Maclura Nuttall（2:2:0）

（1）构棘 *Maclura cochinchinensis* (Loureiro) Corner

黔北队 881；湘西考察队 1253；武陵山考察队 989；张贵志、周喜乐 1105088；周辉、周大松 15050558；谷中村 903-61；张代贵 ZDG356，zdg4331270024，070625008；粟林 4331261410020959。

武陵源、古丈、吉首、保靖、永顺、印江。

我国东南部至西南部的亚热带地区。

斯里兰卡、印度、尼泊尔、不丹、缅甸、越南、中南半岛各国、马来西亚、菲律宾至日本及澳大利亚、新喀里多尼亚。

（2）柘 *Maclura tricuspidata* Carri è re

宿秀江、刘和兵 433125D00100809031；麻超柏、石琳军 HY20180415_0485；壶瓶山考察队 0658；黔北队 0863，1240；刘林翰 1676；张代贵 ZCJ090731136，YH150514783，SCSB090731002

芷江、沅陵、永顺、石门、印江、沿河、松桃。

西北地区、西南地区、华北地区、中南地区、华南地区、华东地区。

朝鲜、日本。

5. 桑属 Morus Linnaeus（5:5:0）

（1）桑 *Morus alba* Linnaeus

安明先 3375；武陵队 150；北京队 0636；黔北队 1973；梵净山队 820；酉阳队 1151；秀山队 0071；贺海生 080503030；屈永贵 080416011；邓涛 070910007

永顺。

我国南北各省区广泛分布。

（2）鸡桑 *Morus australis* Poiret

壶瓶山考察队 0821，87370，0759；北京队 001945；张志松、党成忠等 401498，401879，401500，400538；方明渊 24454；党成忠 401491

花垣、桑植、石门、鹤峰。

河北至广东各地区。

（3）华桑 *Morus cathayana* Hemsley

北京队 0104；张桂才等 338；周丰杰 036；刘林翰 17380，17348，1734；周辉、周大松 15053021；屈永贵 080418003；张代贵 371；杨彬 080418003

龙山、鹤峰、来凤。

河北、河南、浙江、江苏。

（4）蒙桑 *Morus mongolica* (Bureau) C. K. Schneider

壶瓶山考察队 87299；宿秀江、刘和兵 433125D00030811007，433125D00090812015；刘和兵 ZZ120421461；张代贵 YD10122

龙山、鹤峰。

云南、四川、湖北。

朝鲜。

（5）长穗桑 *Morus wittiorum* Handel-Mazzetti

曹子余 1032；武陵山考察队 1014

梵净山。

贵州。

一百一十六、荨麻科 Urticaceae（15:80）

1. 苎麻属 Boehmeria Jacquin（9:9:0）

（1）白面苎麻 ***Boehmeria clidemioides*** Miquel

刘林翰 9246，9488

沅陵、永顺、石门。

西藏、云南、海南。

印度、印度尼西亚。

（2）序叶苎麻 ***Boehmeria clidemioides*** var. ***diffusa***（Weddell）Handel-Mazzetti

贺海生 080714TSJ01，080714TSJ001；张代贵 00149，080502025，00147；李洪钧 9123；刘林翰 9609；彭水队 500243-002-065；屠玉麟 86-2040；雷开东 ZB130809209

芷江、凤凰、永顺、石门、桑植、酉阳、梵净山、沿河、德江、咸丰、来凤、鹤峰。

云南、贵州、广西、广东、福建、浙江、安徽、江西、湖南、湖北、四川、甘肃、陕西。

（3）密球苎麻 ***Boehmeria densiglomerata*** W. T. Wang

陈功锡 080729002；曾德强 080713ZDQ002；李连春 0410；邓涛 080713ZDQ001；李晓腾 070617015；武陵山考察队 295；北京队 0459；谭士贤、张进伦 6596；宿秀江、刘和兵 433125D00030810041；吉首大学生物资源与环境科学学院 GWJ20170610_0097

永顺、梵净山、秀山。

四川、贵州、广西、江西、福建。

（4）海岛苎麻 ***Boehmeria formosana*** Hayata

周辉、周大松 15091108；安明态 SQ-0551；申香花 1025；葛考聪 0931；张代贵 080502019，080502018 雷开东 4331271407200564；吉首大学生物资源与环境科学学院 GWJ20180712_0344

芷江、江口。

广西、海南、广东、江西、福建、台湾、芷江、安徽。

日本。

（5）野线麻 ***Boehmeria japonica***（Linnaeus f.）Miquel

贺海生 080503089；吴生连 070503029，090728027，00074；刘和兵 ZQ130805125

桑植、吉首、武陵源、保靖。

广东、广西、贵州、湖南、江西、福建、台湾、浙江、江苏、安徽、湖北、四川、陕西、河南、山东。

（6）苎麻 ***Boehmeria nivea***（Linnaeus）Gaudichaud-Beaupré

廖国藩、郭志芬 207；壶瓶山考察队 A70；北京队 0602，002928；武陵考察队 806，2127；简焯坡、应俊生、马成功等 31078，31382；黔北队 2034

新晃、芷江、凤凰、永顺、桑植、石门、印江、德江、咸丰、鹤峰、宣恩。

云南、贵州、广西、广东、福建、江西、台湾、浙江、湖北、四川、甘肃、陕西、河南。

（7）赤麻 ***Boehmeria silvestrii***（Pampanini）W. T. Wang

唐贤凤 036；酉阳队 500242-317；北京队 799，622；喻勋林 91616；李洪钧 3231

永顺、酉阳、宣恩。

四川、湖北、甘肃、陕西、河南、河北、山东、辽宁、吉林。

（8）小赤麻 ***Boehmeria spicata***（Thunberg）Thunberg

李良千 57；曹铁如 090540；周辉、周大松 15060209；谷忠村 054；吴增源、刘铭璐 WuZY-2012161；刘林翰 9246；张史杰 080714zsj002；李衡 522227160808089LY；张代贵、陈庸新 ZZ090728217

桑植、武陵源、吉首、永顺、梵净山、德江。

江西、浙江、江苏、湖北、河南、山东。

（9）八角麻 ***Boehmeria tricuspis***（Hance）Makino

武夷山考察队 1751；刘林翰 9246，9280；武陵考察队 723；张代贵 LL20131020152，5-065，

L222037，201507124033；屠玉麟 86-378；宿秀江 ZQ6687

芷江、桑植、沅陵、古丈、梵净山。

广东、广西、贵州、湖南、江西、福建、浙江、江苏、安徽、湖北、四川、甘肃、陕西、河南、山西、山东、河北。

朝鲜、日本。

2. 微柱麻属 Chamabainia Wight（1:1:0）

（1）微柱麻 *Chamabainia cuspidata* Wight

安明态 SQ-0438；吴增源、刘铭璐 WuZY-2012162；吉首大学生物资源与环境科学学院 GWJ20180712_0316，GWJ20180712_0317；张代贵 090919003

武陵源、桑植、黔江、鹤峰。

西藏、云南、广西、贵州、四川、湖北、湖南、江西、福建、台湾。

尼泊尔、印度、斯里兰卡、越南。

3. 水麻属 Debregeasia Gaudichaud-Beaupré（1:1:0）

（1）水麻 *Debregeasia orientalis* C. J. Chen

武陵山考察队 443，56；溥发鼎、曹亚玲 0056；张兵、向新 090514029，090603007；张志松等 401440，400907，400143；壶瓶山考察队 0011，0500

沅陵、永顺、桑植、石门、江口、松桃。

西藏、云南、广西、贵州、四川、甘肃、陕西、湖北、台湾。

日本。

4. 楼梯草属 Elatostema J. R. Forster & G. Forster（25:25:0）

（1）华南楼梯草 *Elatostema balansae* Gagnepain

武陵队 1241

石门。

云南、广西、广东、贵州。

越南和泰国的北部。

（2）短齿楼梯草 *Elatostema brachyodontum*（Handel-Mazzetti）W. T. Wang

壶瓶山考察队 0981，1048；秀山队 0789，0482；周辉、周大松 15080415；武陵队 1243；北京队 001260；壶瓶山考察队 0981，1047；李洪钧

3214

凤凰、永顺、桑植、石门、咸丰、宣恩、西阳、秀山、德江。

广西、贵州、四川、湖北。

越南。

（3）骤尖楼梯草 *Elatostema cuspidatum* Wight

武陵山考察队 2267，777；张志松等 401763；黔北队 0846；湘黔队 2533，002549；调查队 SQ-0651；周辉、周大松 15050635；张志松等 400556；龙灿 080711

梵净山、宣恩。

西藏、云南、四川、湖北、广西、江西。

（4）锐齿楼梯草 *Elatostema cyrtandrifolium*（Zollinger et Moritzi）Miquel

壶瓶山考察队 0878，0088，1039；邵青、段林东 66；武陵山考察队 2267；李洪钧 9271；谷忠村 400；李恒、彭淑云、俞宏渊 1786

芷江、桑植、石门、余庆、黔江、咸丰。

秦岭以南各地区。

喜马拉雅山脉、中南半岛、印度尼西亚。

（5）梨序楼梯草 *Elatostema ficoides* Weddell

黔北队 2218；周辉、周大松 15063005；张代贵 pcn014，ZZ140808284

沿河。

四川、贵州、广西。

印度东北部、尼泊尔。

（6）毛茎梨序楼梯草 *Elatostema ficoides* var. *puberulum* W. T. Wang

北京队 4125

桑植。

（7）宜昌楼梯草 *Elatostema ichangense* H. Schroeter

黔北队 2662；曹铁如 090202；宿秀江、刘和兵 433125D00150807052；张代贵 zdg9905，4331221509081103LY，081003018，zdg00001；北京队 4147，002974

凤凰、桑植、印江、德江、松桃、酉阳、来凤、鹤峰。

四川、贵州、广西、湖北。

（8）楼梯草 *Elatostema involucratum* Franchet et Savatier

吴增源、刘铭璐 WuZY2012157；张志松等 402033，401728，402231；李晓芳 B-0021；安明态 YJ-2014-0049；刘正宇等 6908；北京队 01127，4164

芷江、凤凰、永顺、桑植、江口。

云南、贵州、广西、广东、福建、浙江、江苏、江西、湖南、湖北、四川、陕西、河南。

日本。

（9）罗氏楼梯草 *Elatostema luoi* W. T. Wang

湖南。

（10）瘤茎楼梯草 *Elatostema myrtillus*（H. Léveillé）Handel-Mazzetti

酉阳队 1730；秀山队 1255；周辉、周大松 15041417；酉阳队 500242-282-01，500242-282-02，500242-282-03，500242-265-01；张代贵 ZZ140828329；北京队 001696；吉首大学生物资源与环境科学学院 GWJ20170611_0523

永定、酉阳、秀山。

云南、广西、贵州、湖南、湖北、四川。

（11）南川楼梯草 *Elatostema nanchuanense* W. T. Wang

屈永贵 080416050；覃海宁、傅德志、张灿明 3976；张代贵 YD221057，YD230026，YD231048，YD231050，170713016

花垣、桑植、古丈。

四川、湖北。

（12）无角南川楼梯草 *Elatostema nanchuanense* var. *calciferum*（W. T. Wang）W. T. Wang

（13）托叶楼梯草 *Elatostema nasutum* J. D. Hooker

张无休、崔禾 041；吴增源、刘杰 WuZY-2012165，WuZY-2012166；安明态 SQ-1056；张代贵 090804064；曹铁如 090339；周辉、周大松 15080429；王映明 5588，6587

永顺、永定、武陵源、桑植、咸丰、来凤、鹤峰、石阡、梵净山。

云南、四川、贵州、广西、湖南、江西。

不丹。

（14）盘托托叶楼梯草 *Elatostema nasutum* var. *discophorum* W. T. Wang

广西、云南。

（15）长圆楼梯草 *Elatostema oblongifolium* Fu ex W. T. Wang

林科所 0555；安明态 SQ-1285；杨武龙 10121；北京队 450，001180

永顺、黔江、秀山。

贵州、四川、湖北。

（16）钝叶楼梯草 *Elatostema obtusum* Weddell

酉阳队 583；曹铁如 090344；祁承经 30470；张代贵 00299；李晓腾 071004016，070502025；赵佐成 88-1712；湘黔队 2790

桑植、宣恩、黔江。

西藏、云南、四川、甘肃、陕西、湖北。

尼泊尔、不丹、印度东北部。

（17）三齿钝叶楼梯草 *Elatostema obtusum* var. *trilobulatum*（Hayata）W. T. Wang

王映明 5471

宣恩。

湖北、台湾。

（18）多脉楼梯草 *Elatostema pseudoficoides* W. T. Wang

武陵队 1241

凤凰。

四川。

越南。

（19）密齿楼梯草 *Elatostema pycnodontum* W. T. Wang

李洪钧 9415，9272；北京队 4146；刘正宇等 7091；贵州植物园 011

桑植、石阡、咸丰。

云南、四川、贵州。

（20）对叶楼梯草 *Elatostema sinense* H. Schroeter

植被调查队 508；曹铁如 090139；湘西考察队 124；北京队 2274，4264；刘正宇 6656；刘正宇等 7100；谭士贤 322；张代贵 YD200007，090719086

桑植、梵净山。

云南、广西、贵州、四川、湖北、湖南、江西、福建。

（21）新宁楼梯草 *Elatostema sinense* var. *xin-*

ningense（W. T. Wang）L. D. Duan & Q. Lin

新宁。

湖南。

（22）庐山楼梯草 *Elatostema stewardii* Merrill

武陵队 2364；陈翔、刘朝晖 94120；廖博儒 0555；林亲众 011034；徐亮 071002006；李佳佳 070719110；黔江区 500114-451-01，500114-451-02；张代贵 00332

石门、鹤峰。

四川、陕西、河南、湖北、江西、浙江、安徽。

（23）条叶楼梯草 *Elatostema sublineare* W. T. Wang

邵青、段林东 84；张代贵 00325；张代贵、张代富 LS20170326013_0013；李洪钧 4828；张代贵 1406050135，ZB140516225，ZZ150513403；徐亮 071002019；武陵队 16；北京队 001711

凤凰、沅陵、永顺、石门、来凤。

广西、贵州、湖南、湖北、四川。

越南。

（24）疣果楼梯草 *Elatostema trichocarpum* Handel-Mazzetti

覃海宁等 3979，3989

桑植。

云南、贵州、四川、湖北。

（25）酉阳楼梯草 *Elatostema youyangense* W. T. Wang

桑植、宣恩。

云南、四川、湖北。

5. 蝎子草属 Girardinia Gaudichaud-Beaupré（2:2:0）

（1）大蝎子草 *Girardinia diversifolia*（Link）Friis

梵净山。

云南、贵州、四川、湖北。

尼泊尔、印度、缅甸、泰国、印度尼西亚、埃及。

（2）红火麻 *Girardinia diversifolia* subsp. *triloba*（C. J. Chen）C. J.Chen & Friis

宿秀江、刘和兵 433125D00061003010；刘林翰 9846；张代贵 xm224

保靖。

四川、湖北、陕西、河南。

6. 糯米团属 Gonostegia Turczaninow（1:1:0）

（1）糯米团 *Gonostegia hirta*（Blume）Miquel

武陵队 1159，1596，2037；林祁 828；李洪钧 4578，3717；张无休等 149；邵青、段林东 68；赵佐成 88-13147；北京队 3873

芷江、凤凰、沅陵、永顺、石门、石阡、印江、德江、沿河、松桃、黔江、秀山、咸丰、鹤峰、宣恩。

西南地区、华南地区至秦岭广泛分布。

亚洲热带地区、澳大利亚。

7. 艾麻属 Laportea Gaudichaud-Beaupré（2:2:0）

（1）珠芽艾麻 *Laportea bulbifera*（Siebold et Zuccarini）Weddell

刘林翰 9203，9621；杜大华 4043；赵佐成 88-1954；北京队 2257，4270，3849；王映明 6585，6561，4864

永顺、桑植、石门、黔江、酉阳、咸丰、鹤峰、宣恩。

西藏、云南、华南地区至东北地区。

印度、中南半岛、朝鲜、日本。

（2）艾麻 *Laportea cuspidata*（Weddell）Friis

湘西考察队 884；北京队 003641，002697；王映明 5392，5653，4721，5414；刘林翰 9325；彭水队 1524；曹铁如 090295

桑植、石门、鹤峰、宣恩。

西藏、云南、贵州、四川、湖南、江西、浙江、安徽、湖北、陕西、河南、山西、河北。

8. 假楼梯草属 Lecanthus Weddell（1:1:0）

（1）假楼梯草 *Lecanthus peduncularis*（Wallich ex Royle）Weddell

简焯坡、张秀实等 30961；秀山队 1050；周辉、周大松 15060108；粟林 4331261409060576；雷开东 4331271408070847；张代贵、王业清、朱晓琴 2714，2023；张代贵 ZZ140807283；向晟、藤建卓 JS20180814_0865

武陵源、石门、鹤峰。

西藏、四川、湖南、广西、广东、江西、福建、台湾。

埃塞俄比亚、印度、尼泊尔、中南半岛、印度尼西亚。

9. 花点草属 Nanocnide Blume（2:2:0）

（1）花点草 *Nanocnide japonica* Blume

张志松等 401614；黔北队 774；张志松 401433，401614；张志松、党成忠等 401487；田代科、肖艳、陈岳 LS-1592；吴磊 4605；周辉、罗金龙 15030720；张步云、邓远斌、张健 ZBY2015032；邓涛 070605002

武陵源、梵净山。

贵州、湖南、湖北、陕西、河南、安徽、江苏、浙江、台湾。

日本。

（2）毛花点草 *Nanocnide lobata* Weddell

北京队 0112，001777；武陵队 125；秀山队 0088；刘林翰 1952；安明先 3077；彭水队 800；张代贵 zdg10357，00546；杨彬 080419004

沅陵、永顺、龙山、桑植、石门、来凤。

云南、广西、贵州、四川、湖南、湖北、江西、福建、台湾、浙江、安徽和江苏南部。

日本。

10. 紫麻属 Oreocnide Miquel（2:2:0）

（1）紫麻 *Oreocnide frutescens*（Thunberg）Miquel

林祁 829；贵州队 649；李学根 203865；谭沛祥 62599；武陵山考察队 3145，1710，1237，205；李洪钧 9444，9356

芷江、凤凰、沅陵、永顺、桑植、石门、石阡、江口。

西藏、云南、四川、贵州、广西、广东、台湾、福建、浙江、江西、湖南、湖北。

不丹、缅甸、中南半岛、日本。

（2）倒卵叶紫麻 *Oreocnide obovata*（C. H. Wright）Merrill

张代贵、张成 TD20180508_5777；谭沛祥 62681

云南、广西、广东、湖南。

11. 墙草属 Parietaria Linnaeus（1:1:0）

（1）墙草 *Parietaria micrantha* Ledebour

刘林翰 9214；李良千 20

桑植。

新疆、青海、西藏、云南、贵州、湖南、湖北、安徽、四川、甘肃、陕西、山西、河北、内蒙古、辽宁、吉林、黑龙江。

12. 赤车属 Pellionia Gaudichaud-Beaupré（5:5:0）

（1）短叶赤车 *Pellionia brevifolia* Bentham

广西、广东、福建、江西、湖南、湖北。

（2）赤车 *Pellionia radicans*（Siebold et Zuccarini）Weddell

湖南队 833；张兵、向新 090425029；安明态 003，002；简焯坡 32476；张志松 400247；简焯坡、张秀实等 31608；83-生教 1-2 142；张代贵 zdg10020；谷、陈 503

芷江、永顺、桑植、江口、松桃。

云南、湖北、安徽。

越南、朝鲜、日本。

（3）吐烟花 *Pellionia repens*（Loureiro）Merrill

云南、海南。

（4）曲毛赤车 *Pellionia retrohispida* W. T. Wang

刘林翰 1741；安明态 SQ-0949；邓涛 080308015；张代贵 zdg10289，YH080308006；雷开东 4331271503041492；向晟、藤建卓 JS20181215_1252，JS20180227_0095；粟林 4331261503031216；武陵考察队 1955

芷江、永顺、龙山、酉阳。

四川、湖北、湖南、江西、浙江。

（5）蔓赤车 *Pellionia scabra* Bentham

陈谦海 94304；植被调查队（祁）7092；宿秀江、刘和兵 433125D00110813039；雷开东 4331271408281167；张代贵 6057，dg1167，080529007，080529007

桑植、古丈、保靖、永顺、石阡。

云南、广西、广东、贵州、四川、湖南、江西、安徽、浙江、福建、台湾。

越南、日本。

13. 冷水花属 Pilea Lindley（24:24:0）

（1）圆瓣冷水花 *Pilea angulata*（Blume）Blume

武陵队 848；李洪钧 4101；吴增源、刘铭璐 WuZY-2012169；刘林翰 9212；湘黔队 2529

桑植、新晃、江口、宣恩。

广东、广西、云南、西藏、贵州、四川、陕西。

（2）华中冷水花 *Pilea angulata* subsp. *latiuscula* C. J. Chen

曹铁如 090150，090381；李良千 118；湘西考察队 249；廖国藩、郭志芬 88；北京队 0416；刘林翰 9212；黔江队 500114-376；彭水队 500243-003-071-02，1069

桑植、梵净山、鹤峰。

云南、广西、贵州、江西。

（3）长柄冷水花 *Pilea angulata* subsp. *petiolaris*（Siebold & Zuccarini）C. J. Chen

曹铁如 090191，090192

桑植、德江。

云南、四川、贵州、广西、广东、江西、浙江、福建、台湾。

日本。

（4）湿生冷水花 *Pilea aquarum* Dunn

北京队 0635，0490；武陵山考察队 1025，646，642，1033；周辉、罗金龙 15032609，15032514

永顺、江口、松桃。

广东、福建、江西、湖南、四川。

（5）短角湿生冷水花 *Pilea aquarum* subsp. *brevicornuta*（Hayata）C. J. Chen

湘西考察队 828

台湾、福建、广东、海南、湖南、贵州、广西、云南。

日本、越南。

（6）花叶冷水花 *Pilea cadierei* Gagnepain & Guillemin

北京、福建、广东、海南、四川、贵州、云南、澳门。

（7）石油菜 *Pilea cavaleriei* H. Léveillé

杨彬 080419036；粟林 4331261503031189；田代科、肖艳、陈岳 LS-1639；张代贵、王业清、朱晓琴 2021；张代贵 090804052；李振基、吕静 1052，1026

凤凰、桑植、石门、宣恩。

自华南地区至四川东部、湖北西部及浙江。

（8）心托冷水花 *Pilea cordistipulata* C. J.Chen

贵州、广西、广东、云南。

（9）翠茎冷水花 *Pilea hilliana* Handel-Mazzetti

简焯坡 30775，30961；李良千 160；武陵队 1088

印江。

云南、贵州。

（10）山冷水花 *Pilea japonica*（Maximovicz）Handel-Mazzetti

简焯坡等 32232；曹铁如 090450；刘林翰 10028；李洪钧 9428；粟林 4331261409070714；雷开东 4331271410051427，4331271410051398，ZB131005208

桑植、印江、咸丰。

云南、广西、广东、吉林。

朝鲜、日本、俄罗斯远东地区。

（11）大叶冷水花 *Pilea martini*（H. Leveille）Handel-Mazzetti

桑植、石门、石阡、梵净山、宣恩、鹤峰。

西藏、云南、贵州、四川、湖南、湖北、陕西。

（12）念珠冷水花 *Pilea monilifera* Handel-Mazzetti

王映明 4750；简焯坡等 31730；谭士贤 416，377；刘林翰 9278；湘黔队 002748；简焯坡 31730

桑植、石门、咸丰、鹤峰、宣恩、印江。

云南、四川、贵州、广西、江西。

（13）冷水花 *Pilea notata* C. H. Wright

张兵、向新 090610041；简焯坡、应俊生、马成功等 30182，31426；安明先 3649，4000；莫华 6089；肖简文 5869；谭士贤 102；李洪钧 4932；武陵考察队 1618

芷江、凤凰、桑植、施秉、石阡、印江、黔江、咸丰、来凤、鹤峰、宣恩。

广东、广西、陕西、河南。

日本。

（14）苔水花 *Pilea peploides*（Gaudichaud-Beaupre）W. J. Hooker et Arnott

张代贵 4039

永顺。

辽宁、内蒙古、河北、河南、安徽、江西、湖南。

（15）石筋草 *Pilea plataniflora* C. H. Wright

北京队 001627；黔江队 1237；宿秀江、刘和兵 433125D00020814042；雷开东 433127-1408100917；喻勋林 91338，91607；张代贵 ZZ-140810287；李恒、彭淑云、俞宏渊等 1706，1824；彭水县 500243-003-164

永顺、保靖、黔江、彭水。

云南、广西、海南、台湾、贵州、四川、湖北、甘肃、陕西。

越南。

（16）透茎冷水花 *Pilea pumila* (Linnaeus) A. Gray

莫华 6187；李良千 160；安明先 3913；武陵考察队 1617，2509；安明态 SQ-0945；曹铁如 090541；席先银 0084，0078；张银山 522223150503054 LY

桑植、芷江、慈利、石阡、德江、松桃、玉屏。

除新疆、青海、台湾和海南外，分布几乎遍及全国。

（17）钝尖冷水花 *Pilea pumila* var. *obtusifolia* C. J. Chen

李洪钧 9352；安明先 3842

四川、贵州、湖北、陕西、甘肃。

（18）红花冷水花 *Pilea rubriflora* C. H. Wright

（19）镰叶冷水花 *Pilea semisessilis* Handel-Mazzetti

安明态 SQ-0488；傅国勋、张志松 1458

石阡、恩施。

江西、湖南、四川、广西、云南、西藏。

（20）厚叶冷水花 *Pilea sinocrassifolia* C. J. Chen

广东、湖南、贵州。

（21）粗齿冷水花 *Pilea sinofasciata* C. J. Chen

简焯坡、应俊生、马成功等 30775，31266；武陵考察队 1766，848，1700，3288；北京队 001931；方明渊 24470；曹亚玲、溥发鼎 0140；壶瓶山考察队 0738

新晃、芷江、桑植、石门、石阡、印江、德

江、鹤峰。

自云南、华南地区至湖北西部和陕西南部。

（22）翅茎冷水花 *Pilea subcoriacea* (Handel-Mazzetti) C. J. Chen

安明先 3193；张志松 402153，401032；秀山队 0628；张代贵 zdg006；宿秀江、刘和兵 433125D00110813042；刘玲妮 0894；谭士贤 0628；武陵山考察队 646；向晟、藤建卓 JS20180228_0102

永顺、古丈、保靖、吉首、永定、松桃、德江、江口、印江、秀山、五峰。

四川、贵州、湖南、广西。

（23）玻璃草 *Pilea swinglei* Merrill

张代贵 170416031，PWS2673；张代贵、王业清、朱晓琴 2443

（24）疣果冷水花 *Pilea verrucosa* Handel-Mazzetti

酉阳队 02639

桑植、酉阳。

14. 雾水葛属 Pouzolzia Gaudichaud-Beaupré（2:2:0）

（1）雾水葛 *Pouzolzia zeylanica* (Linnaeus) Bennett

廖国藩、郭志芬 029；武陵考察队 928，1757，2437，1068；秀山队 1178；吴玉、刘雪晴等 YY20181005_0037；李恒、陈介、俞宏渊 1523；李克纲、张代贵 SN20150902_0369

凤凰、新晃、芷江。

自华南地区至甘肃南部、湖北、安徽南部广泛分布。

亚洲热带地区。

（2）多枝雾水葛 *Pouzolzia zeylanica* var. *microphylla* (Weddell) W.T.Wang

彭水县 500243-002-153

石门。

云南、广西、广东、江西、福建、台湾。

亚洲热带地区。

15. 荨麻属 Urtica Linnaeus（2:2:0）

（1）荨麻 *Urtica fissa* E. Pritzel

西师生物系 02098；莫华 6150；安明态 3906；祁承经 30185；湘西考察队 350；张代贵

zdg10162，zdg9933；雷开东 ZB130809190

武陵源、黔江。

云南、贵州、四川、湖北、浙江。

（2）宽叶荨麻 *Urtica laetevirens* Maximowicz

一百一十七、壳斗科 Fagaceae（6:54）

1. 栗属 Castanea Miller（3:3:0）

（1）锥栗 *Castanea henryi*（Skan）Rehder & E. H. Wilson

方明渊 24457；聂敏祥 1283；姜如碧 82-76；湖南队 917；武陵队 847，2116，659；秀山普查队 240；王映明 6649；张志松、党成忠等 400761

芷江、桑植、永顺、新晃、沅陵、石阡、江口、秀山、咸丰、恩施。

云南、四川、贵州、广西、广东、湖南、湖北、陕西、江西、福建、浙江、江苏、安徽。

（2）板栗 *Castanea mollissima* Blume

肖定春 80048；彭春良 86085；祁承经 30120；廖衡松 0132；林亲众 10755；武陵山考察队 2069，233，0033；李朝利 1537

石门、慈利、溆浦、印江、江口、松桃、松桃、彭水。

除青海、宁夏、新疆、海南等少数地区外广泛分布于南北各地。

（3）茅栗 *Castanea seguinii* Dode

北京队 2446；曹铁如 090304；黔北队 2031；傅国勋、张志松 1271，1283；李洪钧 5423；蒋祖德 55；刘林翰 1842；谭沛祥 62500；酉阳队 500242-527

桑植、龙山、芷江、松桃、酉阳、鹤峰、宣恩、恩施。

云南、四川、贵州、广西、广东、湖南、湖北、陕西、湖南、江西、福建、浙江、江苏南部、安徽。

2. 锥属 Castanopsis（D. Don）Spach（7:7:0）

（1）米槠 *Castanopsis carlesii*（Hemsley）Hayata

永顺、沅陵、石阡、梵净山、松桃。

周辉、周大松 15041122；张代贵 zdg1148；雷开东 4331271503081569

永顺、武陵源、鹤峰。

西藏、青海、四川、云南、湖北。

云南、四川、贵州、广西、广东、湖南、江西、浙江、安徽、台湾、福建。

（2）甜槠 *Castanopsis eyrei*（Champion ex Bentham）Tutcher

刘四柱 无采集号；谷、陈 581

芷江、永顺、龙山、桑植、石门、吉首、石阡、江口、松桃、咸丰、来凤。

除云南、广东、海南外，广泛分布于长江流域以南地区。

（3）栲 *Castanopsis fargesii* Franchet

张华海 2331；张代贵 090808025，YY106，035；张代贵、王业清、朱晓琴 2373

沅陵、石门、古丈、永顺、石阡、梵净山、咸丰、来凤、鹤峰、五峰。

云南、四川、贵州、广西、广东、湖南、湖北、江西、福建、浙江、安徽。

（4）黧蒴锥 *Castanopsis fissa*（Champion ex Bentham）Rehder & E. H. Wilson

福建、江西、湖南、贵州、广东、海南、香港、广西、云南。

越南。

（5）湖北锥 *Castanopsis hupehensis* C. S. Chao

龙成良 87215；邓涛 070430043；张代贵 zdg4331270170，ZZ140503309，081005010；雷开东 4331271405030232；吉首大学生物资源与环境科学学院 GWJ20180712_0181

石门、桑植、古丈、永顺、吉首。

贵州、湖南、湖北、四川。

（6）苦槠 *Castanopsis sclerophylla*（Lindley & Paxton）Schottky

肖定春 80039；郑家仁 80034；张代贵 4331221509081062LY，4331221606080412LY，4331221606080413LY，4331221607241182LY，

4331221604240285LY，1019032，pph1031，pph1033

石门、永顺、泸溪、保靖。

长江流域以南、五岭以北各地，四川、贵州。

（7）钩锥 *Castanopsis tibetana* Hance

张志松、党成忠等 400400，402377；武陵山考察队 229，3296，728；武陵考察队 1869，2236，922；北京队 0588；林文豹 649

新晃、芷江、沅陵、永顺、石阡、江口、咸丰、来凤、鹤峰、宣恩。

浙江、安徽、湖北、江西、福建、湖南、广东、广西、贵州、云南。

3. 青冈属 Cyclobalanopsis Oersted（13:13:0）

（1）福建青冈 *Cyclobalanopsis chungii*（F. P. Metcalf）Y. C. Hsu & H. W. Jen ex Q. F. Zheng

沈中瀚 175，041，251，01157；溆浦林业局 250；张代贵 090806081，DXY201，090806002

沅陵、溆浦、古丈、吉首、永顺。

江西、福建、湖南、广东、广西。

（2）毛曼青冈 *Cyclobalanopsis gambleana*（A. Camus）Y. C. Hsu & H. W. Jen

张代贵、王业清、朱小琴 1699

五峰。

湖北、四川、贵州、云南、西藏。

印度。

（3）赤皮青冈 *Cyclobalanopsis gilva*（Blume）Oersted

刘林翰 9553；张代贵 ZCJ150456153，YH-150810543，zdg00036；林祁 800

芷江、永顺、桑植、泸溪、古丈。

湖南、江西、福建、台湾、浙江、广东、贵州。

（4）青冈 *Cyclobalanopsis glauca*（Thunberg）Oersted

黔北队 1369，1934，1495；王金敖、王雅轩 285；刘林翰 9620；五文美 080713WWM02；汪香艳 07150412；梁小星 070716273；张代贵 493

永顺、保靖、石门、江口、思南、松桃、黔江。

陕西、甘肃、江苏、安徽、浙江、江西、福建、台湾、河南、湖北、湖南、广东、广西、四川、贵州、云南、西藏。

朝鲜、日本、印度。

（5）细叶青冈 *Cyclobalanopsis gracilis*（Rehder & E. H. Wilson）W. C. Cheng & T. Hong

武陵考察队 634，631；张志松等 401884；刘克旺 30075，30116；安明态 YJ-2014.11.；武陵山考察队 3299；肖定春 80167；蔡平成 20307

石门、沅陵、泸溪、江口、石阡。

河南、陕西、甘肃、江苏、安徽、浙江、江西、福建、湖北、湖南、广东、广西、四川、贵州。

（6）大叶青冈 *Cyclobalanopsis jenseniana*（Handel-Mazzetti）W. C. Cheng & T. Hong ex Q. F. Zheng

无采集人 389；龙成良 120265；武陵山考察队 2295

永顺、慈利、石阡。

浙江、江西、福建、湖北、湖南、广东、广西、贵州、云南。

（7）多脉青冈 *Cyclobalanopsis multinervis* W. C. Cheng & T. Hong

彭春良、龙成良 120495；祁承经 504；喻勋林 91908；武陵山考察队 2386，2385，748，1226；谷忠村 gzc163；李洪钧 8924；张代贵 YH101010091

桑植、石门、慈利、永顺、吉首、古丈、石阡、江口、恩施。

四川、贵州、湖南、湖北、福建、江西、安徽、广西。

（8）小叶青冈 *Quercus myrsinifolia* Blume

新晃、芷江、永顺、石阡。

陕西、河南、福建、台湾、广东、广西、四川、贵州、云南、长江流域以南各地区。

（9）宁冈青冈 *Cyclobalanopsis ningangensis* W. C. Cheng & Y. C. Hsu

刘克旺 016；沈中瀚 01039；张代贵、王业清、朱晓琴 1743；张代贵 YH151008408

桃源、永顺、五峰。

江西、湖南、广西。

（10）曼青冈 *Cyclobalanopsis oxyodon*（Miquel）

Oersted

祁承经 30282，30432，30440；陈日民 无采集号；植被调查队 631；林亲众 11023；蔡平成 20114；郑家仁 80200；廖衡松 15963；李洪钧 5703

桑植、石门、鹤峰。

陕西、浙江、江西、湖北、湖南、广东、广西、四川、贵州、云南、西藏。

印度、尼泊尔、缅甸。

（11）云山青冈 *Cyclobalanopsis sessilifolia* (Blume) Schottky

贵州队 401612；喻勋林 91844；无采集人 16188；刘克旺、肖育檀 3-100；沈中瀚 1194；李洪钧 2555；莫岚 070717427；雷开东 4331271408090889；李学根 204623

永顺、桑植、桃源、古丈、印江、宣恩。

江苏、浙江、江西、福建、台湾、湖北、湖南、广东、广西、四川、贵州。

（12）褐叶青冈 *Cyclobalanopsis stewardiana* (A. Camus) Y. C. Hsu & H. W. Jen

武陵山考察队 384，386，2922；王映明 6188；简焯坡等 31044，30732，30764，31047；廖衡松 16033；沈中瀚 409

桑植、永顺、石阡、江口、印江、鹤峰。

四川、贵州、湖南、湖北、江西、浙江、广东、广西、江苏、安徽。

（13）湘西青冈 *Cyclobalanopsis xiangxiensis* C. J. Qi et Q. Z. Lin

蒋传敏 86118；陈功锡 080729038；张代贵 YH150813101

永顺、古丈。

湖南。

4. 水青冈属 Fagus Linnaeus（4:4:0）

（1）米心水青冈 *Fagus engleriana* Seemen

黔北队 1380；张彩飞 2771；刘克旺、肖育檀 3-051；蔡平成 20257；肖定春 80284；林学院桑植调查队 483

桃源、石门、武陵源、桑植、梵净山、松桃、咸丰、鹤峰、宣恩。

云南、四川、贵州、湖北、陕西、河南、安徽。

（2）台湾水青冈 *Fagus hayatae* Palibin

蔡平成 20258；张代贵、王业清、朱晓琴 zdg，wyq，zxq0419

石门、五峰。

台湾、浙江、湖北、四川。

（3）水青冈 *Fagus longipetiolata* Seemen

李学根 204238；武陵山考察队 3227，2804，2349，790，88-145；北京队 000962，01114；武陵考察队 632；王映明 4876

芷江、沅陵、永顺、慈利、桑植、石阡、江口、松桃、宣恩、印江。

云南、四川、贵州、广西、广东、湖南、湖北、陕西、江西、福建、浙江、安徽。

（4）亮叶水青冈 *Fagus lucida* Rehder & E. H. Wilson

植被调查队 0706；刘正宇 0626，0888；王小平 33

桑植、石阡、梵净山、秀山、鹤峰、宣恩。

四川、贵州、广西、湖南、湖北、江西、福建。

5. 石栎属 Lithocarpus Blume（12:12:0）

（1）短尾柯 *Lithocarpus brevicaudatus* (Skan) Hayata

周辉、周大松 15091209，15080708；壶瓶山考察队 1128，0241；北京队 002910，4357，01092；张桂才等 365；王金鳌 136；武陵考察队 1674

武陵源、石门、桑植、永顺、沅陵、芷江、黔江。

长江流域以南各地区。

（2）包槲柯 *Lithocarpus cleistocarpus* (Seemen) Rehder & E. H. Wilson

张代贵、王业清、朱晓琴 2608；张桂才等 439；简焯坡、张秀实等 31340，32213；张志松、党成忠等 402573；壶瓶山考察队 1176，87424；武陵山考查队 794

沅陵、石门、江口、印江、五峰。

陕西、四川、湖北、安徽、浙江、江西、福建、湖南、贵州。

（3）风兜柯 *Lithocarpus corneus* (Loureiro) Rehder

广东。

（4）枇杷叶柯 *Lithocarpus eriobotryoides*（Tutcher）Rehder

保靖林业局 180；龙成良 120525；沈中瀚 244，475；北京队 001250，003565；张代贵 LL130818053；席先银等 238；陈功锡 080730083

保靖、慈利、沅陵、古丈、永顺、桑植、梵净山、咸丰。

四川、贵州、湖南、湖北。

（5）卷毛柯 *Lithocarpus floccosus* C. C. Huang & Y. T. Chang

江西、福建、广东。

（6）柯 *Lithocarpus glaber* C. C. Huang & Y. T. Chang

秦岭南坡以南各地，北回归线以南极少见，海南和云南南部不产。

日本。

（7）硬斗柯 *Lithocarpus hancei*（Bentham）Rehder

秦岭南坡以南各地。

（8）绵柯 *Lithocarpus harlandii*（Hance ex Walpers）Rehder

简焯坡、张秀实等 30949，30400，30520，30883，30884，31742；傅国勋、张志松 1317；席先银等 84；壶瓶山考察队 1378，87300

慈利、石门、新晃、印江、石阡、恩施。

云南、贵州、湖南、广西、广东、台湾、香港、江西、福建、海南。

（9）木姜叶柯 *Lithocarpus iteaphyllus*（Hance）Rehder

李洪钧 9052；黔北队 1350，1385；廖衡松 00078；溆浦林业局 20；溆浦林业局 兰 -7；谭沛祥 62496

溆浦、芷江、松桃、咸丰。

江西、湖南、广东、广西、香港。

（10）圆锥柯 *Lithocarpus paniculatus* Handel-Mazzetti

沈中瀚 01180；刘克旺、肖育檀 87062，3-021；张代贵、王业清、朱晓琴 1728

古丈、桃源、五峰。

湖南、江西、广东、广西。

（11）星毛柯 *Lithocarpus petelotii* A. Camuss

永顺、石门。

云南、贵州、广西、湖南。

（12）滑皮柯 *Lithocarpus skanianus*（Dunn）Rehder

江西、福建、湖南、广东、海南、广西、云南。

6. 栎属 Quercus Linnaeus（15:15:0）

（1）岩栎 *Quercus acrodonta* Seemen

沈中瀚 1410；肖定春 80166，80074；蔡平成 20296；彭春良 86341；曹铁如 83005；龙成良 120489；保靖林业局 250；沈中瀚 无采集号；无采集人 93-4 623

沅陵、永顺、龙山、石门、慈利、保靖、溆浦、吉首。

云南、四川、贵州、湖南、湖北、陕西、甘肃、河南。

（2）麻栎 *Quercus acutissima* Carr

黔北队 1837；简焯坡、张秀实等 30499；武陵考察队 1778，847，664；武陵山考察队 2374，87110；赵佐成 88-1492；无采集人 625；肖简文 5601

新晃、芷江、沅陵、石门、石阡、沿河、印江、松桃、黔江、咸丰、来凤、五峰。

辽宁、河北、山西、山东、江苏、安徽、浙江、江西、福建、河南、湖北、湖南、广东、海南、广西、四川、贵州、云南。

日本、朝鲜、印度、越南。

（3）槲栎 *Quercus aliena* Blume

廖国藩、郭志芬 288，276；武陵队 1398；周丰杰 235；曹亚玲、溥发鼎 2714；植被调查队 894；席先银等 628；刘林翰 1602；张代贵 ZDG460；李学根 204560

凤凰、慈利、桃源、沅陵、永顺、龙山、保靖、沿河、咸丰、鹤峰、宣恩、五峰。

陕西、山东、江苏、安徽、浙江、江西、河南、河北、湖北、湖南、广东、广西、四川、贵州、云南、辽宁、台湾。

朝鲜、日本。

（4）锐齿槲栎 *Quercus aliena* var. *acutiserrata* Maximowicz ex Wenzig

廖博儒 259；张代贵、王业清、朱晓琴 1989；张代贵 zdg4500

保靖、桑植、五峰。

辽宁、河北、山西、陕西、甘肃、山东、江苏、安徽、浙江、江西、台湾、河南、湖北、湖南、广东、广西、四川、贵州、云南。

（5）小叶栎 *Quercus chenii* Nakai

林亲众 454；吉首大学生物资源与环境科学学院 GWJ20180713_0413；周建军、周大松 14073115

沅陵、泸溪、古丈。

江苏、安徽、浙江、江西、福建、河南、湖北、四川。

（6）槲树 *Quercus dentata* Thunberg

祁承经 30243；彭春良、龙成良 120400；彭春良 86169

慈利。

黑龙江、吉林、辽宁、河北、山西、陕西、甘肃、山东、江苏、安徽、浙江、台湾、河南、湖北、湖南、四川、贵州、云南。

（7）匙叶栎 *Quercus dolicholepis* A. Camus

龙成良 87147；郑家仁 80092；廖博儒 215；喻勋林、黎明 13101401；吉首大学生物资源与环境科学学院 GWJ20170611_0511；蔡平成 20302；张代贵、王业清、朱晓琴 zdg, wyq, zxq0271, 2239

石门、桑植、古丈、五峰。

云南、四川、贵州、湖南、湖北、陕西、山西、甘肃、甘肃、河南。

（8）巴东栎 *Quercus engleriana* Seemen

武陵队 645；湖南队 632，758，663；简焯坡、张秀实等 31037，31005；壶瓶山考察队 1527；北京队 3921；张桂才等 540；张代贵 ZCJ100713146

沅陵、桑植、石门、江口、印江、咸丰、鹤峰、五峰。

陕西、江西、福建、河南、湖北、湖南、广西、四川、贵州、云南、西藏。

印度。

（9）白栎 *Quercus fabri* Hance

林祁 795，796；湖南队 344；武陵队 1113；朱国兴 026；安明先 3436；周丰杰 220；莫华 6060；简焯坡、张秀实等 32185；黔北队 1290

凤凰、沅陵、花垣、永顺、龙山、石门、桑植、慈利、石阡、印江、沿河、松桃、江口、咸丰、来凤、宣恩。

陕西、江苏、安徽、浙江、江西、福建、河南、湖北、湖南、广东、广西、四川、贵州、云南。

（10）尖叶栎 *Quercus oxyphylla*（E. H. Wilson）Handel-Mazzetti

武陵队 592，359

沅陵。

陕西、甘肃、安徽、浙江、福建、广西、四川、贵州。

（11）沼生栎 *Quercus palustris* Munchhausen

辽宁、北京、山东、青岛。

（12）乌冈栎 *Quercus phillyreoides* A. Gray

蔡平成 20068；沈中瀚 1261，1111；祁承经 30458；彭春良 86074；龙成良 120315；植被调查队 895；廖衡松 075，16201；张代贵 YD11053

沅陵、桑植、慈利、石门、龙山、古丈、永顺、溆浦、咸丰、鹤峰、宣恩。

陕西、浙江、江西、安徽、福建、河南、湖北、湖南、广东、广西、四川、贵州、云南、长江流域中下游和南部各地区。

日本。

（13）枹栎 *Quercus serrata* Murray

刘林翰 9450；湖南队 509，861；方明渊 24392；沈中瀚 1008；曹亚玲、溥发鼎 0007；彭春良 86540；林亲众 15455；郑石门家仁 80819；彭水队 500243-002-126

石门、永顺、桑植、慈利、桃源、彭水、咸丰、鹤峰、恩施。

辽宁、山西、陕西、甘肃、山东、江苏、安徽、河南、湖北、湖南、广东、广西、四川、贵州、云南。

朝鲜、日本。

（14）刺叶高山栎 *Quercus spinosa* David ex Franchet

酉阳队 02143；蔡平成 20252；肖定春 80213

石门、酉阳。

陕西、甘肃、江西、福建、台湾、湖北、四川、贵州、云南。

缅甸。

（15）栓皮栎 *Quercus variabilis* Blume

湖南队 539；武陵队 2374，1778，902；黔北队 1353；张志松、党成忠等 401269；壶瓶山考察队 87102；曹亚玲、溥发鼎 0197；武陵考察队 902；曹亚玲、溥发鼎 2715

新晃、永顺、芷江、凤凰、石门、沿河、印江、松桃、彭水、咸丰、来凤、鹤峰、宣恩。

辽宁、河北、山西、陕西、甘肃、山东、江苏、安徽、浙江、江西、福建、台湾、河南、湖北、湖南、广东、广西、四川、贵州、云南。

朝鲜、日本。

一百一十八、杨梅科 Myricaceae（1:1）

1. 杨梅属 Morella Loureiro（1:1:0）

（1）杨梅 *Morella rubra* Loureiro

谭沛祥 60866；刘林翰 10146；武陵山考察队 2231；北京队 1567，930，01034；沈中瀚 01075；周辉、周大松 15050574；张代贵 lj0122076；武陵考察队 1836；酉阳队

500242691；黔江队 500114–599

芷江、永顺、永定、古丈、梵净山、酉阳、黔江。

云南、四川、贵州、广西、广东、湖南、江西、福建、台湾、浙江、江苏。

朝鲜、日本、菲律宾。

一百一十九、胡桃科 Juglandaceae（6:11）

1. 山核桃属 Carya Nuttall（2:2:0）

（1）湖南山核桃 *Carya hunanensis* W. C. Cheng & R. H. Chang ex Chang & Lu

雷开东 4331271408190983；安明态、罗波无采集号；贺海生 080716036；张代贵 400191190，080716036，ZZ140819373；吉首大学生物资源与环境科学学院 GWJ20170610_0160

永顺、古丈、印江、德江。

湖南、贵州、广西。

（2）美国山核桃 *Carya illinoinensis*（Wangenheim）K. Koch

河北、河南、江苏、浙江、福建、江西、湖南、四川。

2. 青钱柳属 Cyclocarya Iljinskaya（1:1:0）

（1）青钱柳 *Cyclocarya paliurus*（Batalin）Iljinskaya

黔北队 0787；武陵山考察队 1859，2101，2325；北京队 1569；席先银等 567；湘西考察队 320；L.H.Liu 9317；安明态 SQ–0208

芷江、永顺、慈利、桑植、石阡、印江、来

凤、鹤峰。

安徽、江苏、浙江、江西、福建、台湾、湖南、湖北、四川、贵州、广西、广东、云南。

3. 黄杞属 Engelhardia Leschenault ex Blume（1:1:0）

（1）黄杞 *Engelhardia roxburghiana* Wallich

简焯坡、应俊生、马成功等 31406，30282；北京队 001860，000814；刘标 0131，0511；无采集人 795；刘玲妮 1129；张代贵 20100814016，pxh160

保靖、花垣、永顺、古丈、江口、印江、秀山、黔江、咸丰、鹤峰、宣恩。

台湾、广东、广西、湖南、四川、贵州、云南。

印度、缅甸、泰国、越南。

4. 胡桃属 Juglans Linnaeus（3:3:0）

（1）胡桃楸 *Juglans mandshurica* Maximowicz

张代贵 zdg4331270142，070710017；李洪钧 2413

永顺、花垣、宣恩。

黑龙江、吉林、辽宁、河北、山西。

朝鲜。

（2）胡桃 *Juglans regia* Linnaeus

朱国兴 061；黔北队 2337；武陵山考察队 2851；L.H.Liu 1468；杨彬 080503081+1；宿秀江、刘和兵 433125D00110413022；李晓腾 080404；张代贵 zdg4331270142；张兵、向新 090611019

永顺、慈利、龙山、吉首、桑植、保靖、石阡、沿河、咸丰、鹤峰、宣恩。

华北地区、西北地区、西南地区、华中地区、华南地区、华东地区。

中亚、西亚、南亚、欧洲。

（3）泡核桃 *Juglans sigillata* Dode

刘林翰 1468；刘正宇 0080

龙山、秀山。

云南、贵州、四川、西藏。

5. 化香树属 Platycarya Siebold & Zuccarini（1:1:0）

（1）化香树 *Platycarya strobilacea* Siebold & Zuccarini

武陵山考察队 2042，1709；赵佐成 88-2552，88-1307；北京队 01306，01028；s.n. 无采集号；刘林翰 1527；李洪钧 3708，8708

芷江、凤凰、沅陵、花垣、永顺、龙山、石

阡、印江、德江、松桃、沿江、黔江、咸丰、来凤、鹤峰、宣恩。

甘肃、陕西、河南、山东、安徽、江苏、浙江、江西、福建、台湾、广东、广西、湖南、湖北、四川、贵州、云南。

朝鲜、日本。

6. 枫杨属 Pterocarya Kunth（3:3:0）

（1）湖北枫杨 *Pterocarya hupehensis* Skan

王映明 5242；沈中瀚 01153；无采集人 271；无采集人 20102

古丈、永顺、石门、鹤峰。

湖北、四川、陕西、贵州。

（2）华西枫杨 *Pterocarya macroptera* var. *in-signis*（Rehder & E. H. Wilson）W. E. Manning

鹤峰。

陕西、四川、云南、浙江、湖南。

（3）枫杨 *Pterocarya stenoptera* C. de Candolle

武陵山考察队 510，0138；武陵队 112；北京队 000229；周丰杰 032；张志松、党成忠等 402474；李洪钧 9154；李克纲 XS20180502_5672

沅陵、永顺、印江、松桃、咸丰、鹤峰。

陕西、河南、山东、安徽、江苏、浙江、江西、福建、台湾、广东、广西、湖南、湖北、四川、贵州、云南、华北地区、东北地区。

一百二十、桦木科 Betulaceae（5:29）

1. 桤木属 Alnus Miller（3:3:0）

（1）桤木 *Alnus cremastogyne* Burkill

周丰杰 054；无采集人 651；周辉、周大松 15041220，15070326；黄燕群 071027004；贺海生 070720002；张代贵 4331221607180825LY，071027004，YY301；粟林 ZB131003170

沅陵、永定、保靖、花垣、泸溪、古丈、吉首、石门、秀山。

四川、贵州、陕西、甘肃、湖南、江苏。

（2）尼泊尔桤木 *Alnus nepalensis* D. Don

吉首大学生物资源与环境科学学院 GWJ20170611_0480，GWJ20170611_0481

古丈。

西藏、云南、贵州、四川、广西。

印度、不丹、尼泊尔、越南、印度尼西亚。

（3）江南桤木 *Alnus trabeculosa* Handel-Mazzetti

莫华 6157；陈功锡 080730125

永顺、松桃。

安徽、浙江、江苏、江西、福建、广东、湖南、湖北、河南。

日本。

2. 桦木属 Betula Linnaeus（7:7:0）

（1）红桦 *Betula albosinensis* Burkil

谭策铭、张丽萍、易桂花、胡兵、易发彬、桑植样 411

石门、桑植、江口。

云南、贵州、四川、湖南、湖北、河南、河北、山西、陕西、甘肃、青海。

（2）华南桦 **Betula austrosinensis** Chun ex P. C. Li

黔北队484，2076；张志松、党成忠等400752，402102，401858；喻勋林；武陵考察队2064

芷江、保靖、桑植、石门、印江、江口、宣恩。

云南、贵州、四川、湖南、湖北、广西、广东。

（3）坚桦 **Betula chinensis** Maximowicz

黑龙江、辽宁、河北、山西、山东、河南、陕西、甘肃。

朝鲜。

（4）香桦 **Betula insignis** Franchet

芷江、古丈、保靖、桑植、石门、石阡、梵净山、咸丰、宣恩。

四川、贵州、湖南、湖北。

（5）狭翅桦 **Betula fargesii** Franchet

廖衡松15858

石门。

湖北、四川。

（6）亮叶桦 **Betula luminifera** H. Winkler

黔北队375；周丰杰066；安明先3084；张志松，党成忠等400332；简焯坡、张秀实等30818；王映明6898；李学根204579；武陵队116

芷江、沅陵、古丈、保靖、永顺、龙山、桑植、武陵源、慈利、石门、石阡、印江、松桃、德江、秀山、咸丰、来凤、鹤峰、宣恩、恩施。

云南、贵州、四川、陕西、甘肃、湖南、湖北、安徽、江苏、浙江、广西、广东、江西、福建。

（7）糙皮桦 **Betula utilis** D. Don

朱太平、刘忠福484

印江。

西藏、云南、四川、陕西、甘肃、青海、河南、河北、山西。

印度、尼泊尔、阿富汗。

3. 鹅耳枥属 Carpinus Linnaeus（17:17:0）

（1）粤北鹅耳枥 **Carpinus chuniana** Hu

喻勋林91285，91518；谷忠村3066；邓涛0915021；张代贵 YH090823777，YH090714782，w090808012，y0907030012；张志松等402513

保靖、吉首、永顺、古丈。

广东、湖南、贵州、湖北。

（2）华千金榆 **Carpinus cordata** var. **chinensis** Franchet

北京队4212；壶瓶山考察队1327；李良千139；曹铁如090409；廖博儒1056；廖衡松15919，16089；蔡平成20206，20270

桑植、石门、鹤峰。

湖南、湖北、江西、浙江、江苏、安徽、陕西、四川。

朝鲜、日本。

（3）大庸鹅耳枥 **Carpinus dayongina** K. W. Liu & Q. Z. Lin

喻勋林91912；蔡平成2002；张代贵 ZZ10-0712727，090729014，DXY220；张代贵、张代富 LS20170326036_0036

永顺、龙山、古丈。

（4）川黔千金榆 **Carpinus fangiana** Hu

张志松、党成忠等402151；武陵山考察队2976；李永康76343

江口、石阡。

四川、云南、贵州、广西。

（5）川陕鹅耳枥 **Carpinus fargesiana** H. Winkler

曹铁如85245，85239；廖衡松15945；蔡平成20193，20123，20202；傅国勋、张志松1310

沅陵、石门、恩施、鹤峰。

四川、湖北、陕西。

（6）狭叶鹅耳枥 **Carpinus fargesiana** var. **hwai**（Hu & W. C. Cheng）P. C. Li

湘西考察队1112

慈利、来凤。

四川、湖南、湖北。

（7）密腺鹅耳枥 **Carpinus glanduloso-puncta-ta**（C. J. Qi）C. J. Qi

河南。

（8）川鄂鹅耳枥 *Carpinus henryana*（H. Winkler）H. Winkler

陈日民 无采集号

桑植。

广东、湖北、四川、河南、陕西、甘肃。

（9）湖北鹅耳枥 *Carpinus hupeana* Hu（FOC）

陈日明 无采集号；喻勋林 91518，91778；龙成良 120393；壶瓶山考察队 01303，0773；武陵队 129；刘林翰 10026；廖博儒 268

沅陵、桑植、石门、保靖、慈利、永顺、凤凰、花垣、来凤。

河南、湖北、湖南、江苏、浙江、江西。

（10）短尾鹅耳枥 *Carpinus londoniana* H. Winkler

喻勋林 91695；张代贵 zdg10323，zdg018，YH060715639，YH060714638；彭春良 86400，86061；张洁 0421；朱明剑 1055；武陵山考察队 2857

沅陵、永顺、桑植、石阡、梵净山。

云南、四川、贵州、湖南、广西、广东、江西、福建、浙江、安徽。

越南、老挝、泰国北部、缅甸。

（11）峨眉鹅耳枥 *Carpinus omeiensis* Hu & Fang

雷开东 4331271404210195；黔北队 1631

永顺、德江。

四川、贵州。

（12）多脉鹅耳枥 *Carpinus polyneura* Franchet

张志松、党成忠等 402443；壶瓶山考察队 0701，87290；张桂才等 512，510，380；北京队 3922；李衡 522227160714014LY；吉首大学生物资源与环境科学学院 GWJ20180712_0141，GWJ20180712_0140

沅陵、永顺、龙山、桑植、慈利、石门、古丈、印江、德江、咸丰、鹤峰。

陕西、四川、贵州、湖南、湖北、广东、江西、福建、浙江。

（13）云贵鹅耳枥 *Carpinus pubescens* Burkill

徐永福、黎明、周大松 14073111；喻勋林 91910；谢早云 20203

桑植、石门、永顺、泸溪、德江、咸丰。

云南、贵州、四川、湖北、陕西。

越南。

（14）石门鹅耳枥

（15）小叶鹅耳枥 *Carpinus stipulata* H. Winkler

湖北、陕西、甘肃。

（16）昌化鹅耳枥 *Carpinus tschonoskii* Maximowicz

张志松等 400755；王映明 4660

桑植、印江、德江、来凤、鹤峰、宣恩。

安徽、浙江、江西、河南、湖北、湖南、四川、贵州、云南。

朝鲜、日本。

（17）雷公鹅耳枥 *Carpinus viminea* Lindley

壶瓶山考察队 01285；武陵考察队 1585；北京队 01003；武陵山考察队 766，2807；李洪钧 5424；傅国勋、张志松 1310；溆浦林业局 127；粟林 ZB130907171

芷江、凤凰、沅陵、永顺、龙山、桑植、武陵源、慈利、石门、溆浦、古丈、江口、印江、松桃、石阡、咸丰、来凤、宣恩。

西藏、云南、贵州、四川、湖北、湖南、广西、江西、福建、浙江、江苏、安徽。

尼泊尔、印度、中南半岛。

4. 榛属 Corylus Linnaeus（4:4:0）

（1）华榛 *Corylus chinensis* Franchet

植被调查队 962；无采集人 835；宿秀江、刘和兵 433125D00020427034；王小平 5413；张代贵 YH820912637，YH820911635

桑植、保靖、永定。

云南、四川。

（2）披针叶榛 *Corylus fargesii* C. K. Schneider

席先银 84016

慈利。

四川、贵州、湖北、河南、陕西、甘肃。

（3）藏刺榛 *Corylus ferox* var. *tibetica*（Batalin）Franchet

简焯坡、张秀实等 32110；北京队 4377；黔北队 49；傅国勋、张志松 1242；喻勋林 无采集

号；蔡平成 20251；徐友源、杨业勤 42；中国贵州省 无采集号

桑植、石门、印江、鹤峰、宣恩、恩施。

甘肃、陕西、贵州、四川。

（4）川榛 *Corylus heterophylla* var. *sutchuenensi* Franchet

北京队 4507，000961；黔北队 2398；喻勋林；蔡平成 20267；廖衡松 16093；谢早云 267；吉首大学生物资源与环境科学学院 GWJ20170610_0226，GWJ20170610_0227；张代贵 w090807062

永顺、桑植、永定、石门、德江、沿河、宣恩。

贵州、四川、湖南、湖北、陕西、甘肃、河南、山东、安徽、浙江、江西。

5. 铁木属 Ostrya Scopoli（1:1:0）

（1）多脉铁木 *Ostrya multinervis* Rehder

席先银等 354；简焯坡、张秀实等 30779，31327

桑植、慈利、印江、鹤峰。

贵州、四川、湖南、湖北、江苏。

一百二十一、马桑科 Coriariaceae（1:1）

1. 马桑属 Coriaria Linnaeus（1:1:0）

（1）马桑 *Coriaria nepalensis* Wallich

北京队 002925；壶瓶山考察队 1179；武陵山考察队 444，88-0287；张兵、向新 090505009；黔北队 0620；沈中瀚 01089；曾宪锋 ZXF9518；湘西考察队 14；周辉、周大松 15041217

沅陵、永顺、桑植、慈利、石门、江口、德江、沿河、松桃、万山、黔江、酉阳。

台湾、云南、贵州、四川、西藏、青海、甘肃、陕西。

不丹、尼泊尔、缅甸。

一百二十二、葫芦科 Cucurbitaceae（17:39）

1. 盒子草属 Actinostemma Griffith（1:1:0）

（1）盒子草 *Actinostemma tenerum* Griffith

湘西调查队 0725；张兵、向新 090614031

溆浦、恩施。

辽宁、河北、河南、山东、江苏、浙江、安徽、湖南、四川、西藏、云南、广西、江西、福建、台湾。

朝鲜、日本、印度、中南半岛。

2. 冬瓜属 Benincasa Savi（1:1:0）

（1）冬瓜 *Benincasa hispida*（Thunberg）Cogniaux

武陵山区。

我国各地。

亚洲其他热带、亚热带地区、澳大利亚东

部、马达加斯加。

3. 假贝母属 Bolbostemma Franquet（1:1:0）

（1）假贝母 *Bolbostemma paniculatum*（Maximowicz）Franquet

刘林翰 9229；谭士贤 207，284

桑植、酉阳。

河北、山东、河南、山西、陕西、甘肃、四川、湖南。

4. 西瓜属 Citrullus Schrader ex Ecklon & Zeyher（1:1:0）

（1）西瓜 *Citrullus lanatus*（Thunberg）Matsum. & Nakai

宿秀江、刘和兵 433125D00021002012

保靖。

武陵山区及全国各地栽培。

5. 黄瓜属 Cucumis Linnaeus（2：2：0）

（1）甜瓜 *Cucumis melo* Linnaeus

雷开东 4331271408251037；张代贵、邓涛 036；杨彬 080817021；吉首大学生物资源与环境科学学院 GWJ20180712_0115；赵佐成 88-1687；张代贵 zdg4331261026，0829036，2006083036，ZZ140825278

永顺、保靖、吉首、古丈、黔江。

武陵山区及全国各地栽培。

世界温带至热带地区广泛栽培。

（2）黄瓜 *Cucumis sativus* Linnaeus

赵佐成 88-1904

黔江。

武陵山区及全国各地普遍栽培。

广泛种植于温带和热带地区。

6. 南瓜属 Cucurbita Linnaeus（2：2：0）

（1）南瓜 *Cucurbita moschata* Duchesne

武陵山区及全国各地栽培。

世界各地普遍栽培。

（2）西葫芦 *Cucurbita pepo* Linnaeus

世界各国普遍栽培。

7. 绞广西绞股蓝股蓝属 Gynostemma Blume（4：4：0）

（1）广西绞股蓝 *Gynostemma guangxiense* X. X. Chen & D. H. Qin

张代贵 080602093

永顺。

湖南、广西。

（2）光叶绞股蓝 *Gynostemma laxum*（Wallich）Cogniaux

张代贵 zdg4331270108，0912603，zsy0124，pcn070；刘世彪 200023，080804，606；刘林翰 9250；宿秀江、刘和兵 433125D00021001004；张代贵、王业清、朱晓琴 2309

永顺、桑植、保靖、龙山、五峰。

广东、广西、云南。

印度、尼泊尔、缅甸、越南、泰国、马来西亚、印度尼西亚、菲律宾。

（3）五柱绞股蓝 *Gynostemma pentagynum* Z.P.Wang

李晓腾 080510033，070720026；宿秀江、刘和兵 433125D00100809056；张代贵 zdg433-1270097，20090714052，YH070718960，YH070719959；谷忠村 1103490，0825458；屈永贵 080416005

永顺、保靖、吉首、花垣、武陵源。

湖南。

（4）绞股蓝 *Gynostemma pentaphyllum*（Thunberg）Makino

湖南队 0350；曹铁如 90136；武陵队 18；安明先 3939，3724；中国西部科学院四川植物 3478；田儒明 522229141005614LY；张代贵 20160713YF4001；晏朝超 522227140609006LY；刘林翰 10009

永顺、桑植、沅陵、保靖、古丈、江口、德江、松桃。

陕西南部、长江流域以南各地区。

印度、尼泊尔、孟加拉、斯里兰卡、缅甸、老挝、越南、马来西亚、印度尼西亚（爪哇）、新几内亚、北达朝鲜和日本。

8. 雪胆属 Hemsleya Cogniaux ex F. B. Forbes & Hemsley（5：5：0）

（1）雪胆 *Hemsleya chinensis* Cogniaux ex F. B. Forbes & Hemsley

曹铁如 90211；聂敏祥 1402；王映明 5434；壶瓶山考察队 1413；北京队 001929，002543；李洪钧 6308；金建荣；湖南队 0350；张代贵 0725001

桑植、永顺、古丈、石门、梵净山、鹤峰、宣恩。

湖北、湖南、四川。

越南。

（2）毛雪胆 *Hemsleya chinensis* var. *polytricha* Kuang & A.M. Lu

无采集人 1635 1419；傅国勋、张志松 1419

恩施。

湖北。

（3）马铜铃 *Hemsleya graciliflora*（Harms）Cogniaux

北京队 4329

桑植。

四川、湖北、湖南、广西、江西、浙江。

印度东部。

（4）彭县雪胆 *Hemsleya pengxianensis* W.J. Chang

四川。

（5）蛇莲 *Hemsleya sphaerocarpa* Kuang & A.M. Lu

武陵山考察队 800，2859，2824，860，860；北京队 002899；壶瓶山考察队 01277，1359；武陵队 18；鲁道旺 522222160718015LY

沅陵、桑植、石门、石阡、江口。

贵州、广西、湖南。

9. 葫芦属 Lagenaria Seringe（1:1:0）

（1）葫芦 *Lagenaria siceraria*（Molina）Standley

张代贵 088；赵佐成 88-1573

保靖、黔江。

武陵山区及全国各地栽培。

广泛栽培于世界热带至温带地区。

10. 丝瓜属 Luffa Miller（2:2:0）

（1）广东丝瓜 *Luffa acutangula*（Linnaeus）Roxburgh

武陵山区及我国南部多栽培。

世界热带地区栽培。

（2）丝瓜 *Luffa aegyptiaca* Miller

晏朝超 522227140722002LY

德江。

武陵山区和全国各地广泛栽培。

广泛栽培于世界温带、热带地区。

11. 苦瓜属 Momordica Linnaeus（2:2:0）

（1）苦瓜 *Momordica charantia* Linnaeus

刘正宇、张军等 RQHZ06567

酉阳。

武陵山区和全国各地栽培。

广泛栽培于世界热带至温带地区。

（2）木鳖子 *Momordica cochinchinensis*（Loureiro）Sprengel

刘前裕 4174；北京队 003626，3903；刘正宇 6334；湖南队 0348；廖博儒 1255；张代贵 zdg1083，zdg4331270007；宿秀江、刘和兵 433125D00060805001+1，433125D00060805001

桑植、永顺、古丈、碧江、酉阳。

江苏、安徽、江西、福建、台湾、广东、广西、湖南、四川、贵州、云南、西藏。

中南半岛、印度。

12. 裂瓜属 Schizopepon Maximowicz（1:1:0）

（1）湖北裂瓜 *Schizopepon dioicus* Cogniaux ex Oliver

曹铁如 90520；刘林翰 9220；吉首大学生物资源与环境科学学院 GWJ20180712_0116，GWJ20180712_0117，GWJ20180712_0118；张代贵 YH100913876

桑植、古丈、龙山、宣恩。

陕西、四川、湖北、湖南。

13. 佛手瓜属 Sechium P. Browne（1:1:0）

（1）佛手瓜 *Sechium edule*（Jacquin）Swartz

云南、广西、广东。

14. 罗汉果属 Siraitia Merrill（1:1:0）

（1）罗汉果 *Siraitia grosvenorii*（Swingle）C. Jeffrey ex A. M. Lu & Zhi Y. Zhang

李衡 522227160713002LY

德江。

广西、贵州、湖南、广东、江西。

15. 赤瓟儿属 Thladiantha Bunge（8:8:0）

（1）大苞赤瓟 *Thladiantha cordifolia*（Blume）Cogniaux

麻超柏、石琳军 HY20180712_0483；黄德富 01142

古丈、德江、江口。

西藏、云南、贵州、广西、广东。

越南、印度、老挝。

（2）齿叶赤瓟 *Thladiantha dentata* Cogniaux

周辉、周大松 15060124；谷忠村 0624008；张代贵 zdg06110529，09071901，140921017；宿秀江、刘和兵 433125D00020804057；84-4 042-0003；刘林翰 1977，9096

沅陵、永顺、永定、保靖、吉首、古丈、桑植、石门、江口、印江、松桃。

湖北、四川、湖南、贵州。

（3）皱果赤瓟 *Thladiantha henryi* Hemsley

周辉、周大松 15080706；吉首大学生物资源与环境科学学院 GWJ20180712_0176；安明态

SQ-0503

桑植、永定、古丈、石阡。

陕西、四川、湖北、湖南。

（4）异叶赤瓟 *Thladiantha hookeri* C.B.Clarke

吉首大学生物资源与环境科学学院 GWJ20170610_0129

古丈。

云南。

印度半岛、中南半岛。

（5）长叶赤瓟 *Thladiantha longifolia* Cogniaux ex Oliver

宿秀江、刘和兵 433125D00020704009，4331-25D00020804121；粟林 4331261407050401；雷开东 4331271407200579；刘林翰 9256；曾佳琪 GZ20180624_6838；黄星瑞 GZ20180625_6805；张代贵 3-148；贵州队 83；张志松等 400912

沅陵、永顺、桑植、石门、保靖、印江、江口。

湖北、四川、贵州、湖南、广西。

（6）南赤瓟 *Thladiantha nudiflora* Hemsley

武陵队 1287；安明态 SQ-1057；马晨继 5138；周辉、周大松 15080706，15060414；张代贵 zdg1407230966，zdg06110542，zdg1180；宿秀江、刘和兵 433125D00100809005；雷开东 4331271406130127

凤凰、永顺、永定、保靖、古丈、碧江、石阡。

秦岭以南各地区。

越南。

（7）鄂赤瓟 *Thladiantha oliveri* Cogniaux ex Mottet

刘林翰 9096；李洪钧 7850；张代贵 zdg0512，zdg4331270162，zdg4331270061，zdg1122，zdg4331270172；方明渊 24343；吉首大学生物资源与环境科学学院 GWJ20170610_0139，GWJ20170610_0140

桑植、永顺、古丈、恩施、咸丰、宣恩。

甘肃、陕西、湖北、四川、贵州。

（8）长毛赤瓟 *Thladiantha villosula* Cogniaux

黔江。

云南、贵州、四川、湖北、陕西、甘肃、湖南。

16. 栝楼属 Trichosanthes Linnaeus（4:4:0）

（1）王瓜 *Trichosanthes cucumeroides*（Seringe）Maximowicz

李学根 204331；张桂才 484；壶瓶山考察队 0416，01121；北京队 003518；张桂才等 484；安明先 3480；张代贵 080909012，YH150809510，L110082

沅陵、永顺、桑植、古丈、石门、德江。

华东、华中、华南、西南地区。

日本。

（2）栝楼 *Trichosanthes kirilowii* Maximowicz

张兵、向新 090614002；黔北队 2386；武陵山考察队 3279；赵佐成 88-1302；武陵考察队 638；北京队 002482，002577；张代贵 zdg1021；陈寿军 522229141023776LY；鲁道旺 522222160718011LY

新晃、沅陵、桑植、永顺、石阡、沿河、碧江、松桃、梵净山、黔江、鹤峰、宣恩。

辽宁、华北地区、华东地区、中南地区、陕西、甘肃、四川、贵州、云南。

朝鲜、日本、越南、老挝。

（3）长萼栝楼 *Trichosanthes laceribractea* Hayata

李学根 204390；张代贵 zdg4331270130，zdg-4331261003，zdg1407261048，20080810002，pph1097；麻超柏、石琳军 HY20180826_1256，HY20180802_0814；张志松、张永田 1976

桑植、永顺、花垣、古丈、鹤峰。

四川、湖北、江西、广东、广西、台湾。

（4）中华栝楼 *Trichosanthes rosthornii* Harms

武陵考察队 638；北京队 002802，01132，003571；壶瓶山考察队 01131，0212，0974；安明先 3762；武陵山考察队 1997

沅陵、永顺、桑植、石门、德江、石阡、咸丰、来凤、宣恩。

甘肃、陕西、湖北、江西、湖南、四川、贵州、云南。

17. 马㼎儿属 Zehneria Endlicher（2:2:0）

（1）钮子瓜 *Zehneria bodinieri*（H. Léveillé）W. J. de Wilde & Duyfjes

四川、贵州、云南、广西、广东、福建、江西。

印度半岛、中南半岛、苏门答腊、菲律宾、日本。

（2）马㼎儿 ***Zehneria japonica***（Thunberg）H. Y. Liu

宿秀江、刘和兵 433125D00070806015；张代贵 ZZ170811859，ZZ170811859，ZZ170815860，170811065，pph1241，ly-140，ZZ160811427；徐亮 090808036

保靖、永顺、泸溪、桃源、古丈。

四川、湖北、安徽、江苏、浙江、福建、江西、湖南、广东、广西、贵州、云南。

日本、朝鲜、越南、印度半岛、印度尼西亚、菲律宾。

一百二十三、秋海棠科 Begoniaceae（1:7）

1. 秋海棠属 Begonia Linnaeus（7:7:0）

（1）周裂秋海棠 ***Begonia circumlobata*** Hance

林祁 689，689；武陵队 1754；刘林翰 9269；祁承经 30218；廖国藩、郭志芬 94；北京队 000917；桑植县林科所 869；武陵考察队 1754

桑植、芷江、慈利、桃源、永顺、来凤。

贵州、福建、广东、广西、湖南、江西、湖北。

（2）四季海棠 ***Begonia cucullata*** Willdenow

浙江、云南。

（3）秋海棠 ***Begonia grandis*** Dryander

张兵、向新 090611023；简焯坡等 31686，30191；曹亚玲、溥发鼎 2918；王晓明 4804；刘正宇 7016；黔北队 1274；田代科、张代贵、李春、肖艳 TDK00913

桑植、永顺、慈利、印江、石阡、江口、沿河、酉阳、宣恩。

河北、河南、山东、安徽、陕西、江苏、广西、浙江、湖南、湖北、江西、贵州、浙江、四川、云南。

日本、印度尼西亚（爪哇）、马来西亚、印度。

（4）中华秋海棠 ***Begonia grandis*** subsp. ***sinensis***（A. Candolle）Irmscher

廖博儒 1176；林亲众 010985；田代科、文香英 TDK00479，TDK00494；张代贵 00316，4331221509060935LY；曹亚玲、溥发鼎 2918；武陵山考察队 3273；鲁道旺 522222160717013LY；麻超柏、石琳军 HY20180824_1229

桑植、永定、龙山、保靖、泸溪、花垣、石门、沿河、石阡、印江、来凤、鹤峰。

河北、山西、山东、河南、甘肃、陕西、安徽、江苏、浙江、江西、湖北、湖南、四川、贵州、云南、广西、福建。

（5）黎平秋海棠 ***Begonia lipingensis*** Irmscher

黔北队 2236

沿河。

贵州、湖南、广西。

（6）掌裂叶秋海棠 ***Begonia pedatifida*** H. Léveillé

沅陵、永顺、桑植、石门、沿河、宣恩。

湖北、湖南、贵州、四川。

（7）长柄秋海棠 ***Begonia smithiana*** T. T. Yu

黔北队 1271，1274；简焯坡、应俊生、马成功等 32516；武陵山考察队 206，3346；中国西部科学院 3856；宿秀江、刘和兵 433125D00020804123，433125D00020804123+1；湘黔队 002545；王映明 4531

保靖、江口、石阡、印江、松桃、宣恩。

湖北、贵州、湖南。

一百二十四、卫矛科 Celastraceae（7:45）

1. 南蛇藤属 Celastrus Linnaeus（11:11:0）

（1）过山枫 *Celastrus aculeatus* Merrill

武陵山考察队 1803；周辉、周大松 150-53033，15062804，15050547，15053008；张代贵 YH080513308；宿秀江、刘和兵 433125-D00110813017，433125D00020427005

龙山、永顺、保靖、花垣、凤凰、泸溪、古丈、吉首、永定、石阡。

湖北、四川、云南、湖南、浙江、福建、江西、广东、广西。

（2）苦皮藤 *Celastrus angulatus* Maximowicz

武陵队 568，1379；李学根 203916；刘林翰 9976；林祁 702；张志松、闵天禄、许介眉、党成忠、周竹禾、肖心楠、吴世荣、戴金 402539；张兵、向新 090530028；李洪钧 2405，2855；曹亚玲、溥发鼎 2916

沅陵、慈利、保靖、桑植、凤凰、石门、江口、印江、德江、松桃、沿河、鹤峰、恩施、宣恩。

甘肃、陕西、河北、河南、山东、湖北、四川、云南、贵州、广西、湖南、广东、江西、安徽、江苏。

（3）大芽南蛇藤 *Celastrus gemmatus* Loesener

武陵队 570，947，81；李永康等 8229；龙茹，郑宝汇 090053；湘西考察队 157；刘正宇 6880；武陵山考察队 2128；黔北队 2098；武陵考察队 1685

沅陵、新晃、慈利、芷江、江口、酉阳、宣恩。

河南、陕西、甘肃、安徽、浙江、江西、湖北、湖南、贵州、四川、台湾、福建、广东、广西、云南。

（4）灰叶南蛇藤 *Celastrus glaucophyllus* Rehder & E.H.Wilson

武陵队 408，81；傅国勋、张志松 1301；张志松、党成忠等 400804；简焯坡、张秀实等 30504；黔北队 530，535；壶瓶山考察队 87109；周辉、周大松 15050507；张代贵 170709012

新晃、芷江、沅陵、石门、永定、古丈、印江、石阡、江口、松桃、秀山、恩施。

甘肃、陕西、湖北、四川、贵州、湖南。

（5）青江藤 *Celastrus hindsii* Bentham

武陵队 1436；刘林翰 9817；壶瓶山考察队 87253，87337，0148；黔北队 2731；雷开东 4331271405050280，4331271405060310；张代贵 zdg05060248

凤凰、桑植、保靖、永顺、石门、德江、黔江、酉阳、来凤、鹤峰。

湖北、四川、云南、贵州、广西、湖南、广东、江西、福建、台湾、海南、西藏。

越南、缅甸、印度、斯里兰卡、印度尼西亚、马来西亚。

（6）粉背南蛇藤 *Celastrus hypoleucus*（Oliver）Warburg ex Loesener

武陵队 1821，294；聂敏祥、李启和 1389；傅国勋 1389；刘林翰 9401；黔北队 842，1870；陈谦海 94046；简焯坡 30504；张志松 400804

芷江、沅陵、永顺、桑植、石阡、松桃、印江、酉阳、恩施、鹤峰、宣恩。

甘肃、陕西、河南、湖北、四川、云南、贵州、广西、湖南、广东、江西、浙江、安徽。

（7）窄叶南蛇藤 *Celastrus oblanceifolius* Wang et Tsoong

安徽、浙江、江西、湖南、福建、广东、广西。

（8）南蛇藤 *Celastrus orbiculatus* Thunberg

聂敏祥、李启和 1301；北京队 1148；周辉、周大松 15051025；黔北队 727；蒋河 0914；陈寿军 522229141104847LY；武陵队 1379，2128，1685；刘林翰 1677

凤凰、芷江、桑植、石门、慈利、永顺、永定、吉首、龙山、印江、松桃、石阡、江口、德江、咸丰、鹤峰、宣恩。

黑龙江、吉林、辽宁、内蒙古、河北、山

东、山西、河南、陕西、甘肃、江苏、安徽、浙江、江西、湖北、四川。

华北地区、东北地区、西北地区、华中地区、华东地区、西南地区。

朝鲜、日本。

（9）短梗南蛇藤 *Celastrus rosthornianus* Loesener

武陵队 1011；壶瓶山考察队 0694，0674；武陵山考察队 2388；安明先 3510；周辉、周大松 15091523；麻超柏、石琳军 HY20171212_0036；张代贵 YH150810535

沅陵、凤凰、石门、永定、花垣、古丈、石阡、德江、江口、思南、印江、德江、松桃、宣恩。

甘肃、陕西、河南、湖北、四川、云南、安徽、贵州、广西、湖南、广东、江西、福建、浙江、台湾。

（10）显柱南蛇藤 *Celastrus stylosus* Wallich

谭沛祥 60846，62583；武陵队 2290；张彩飞 2775；武陵山考察队 802；安明先 3289，3268；黔北队 727，1519

芷江、永定、江口、德江、印江、松桃。

湖北、四川、云南、贵州、广西、湖南、广东、江西、安徽。

印度。

（11）长序南蛇藤 *Celastrus vaniotii*（H. Léveillé）Rehder

北京队 002619；黔北队 407；吉首大学生物资源与环境科学学院 GWJ20170610_0206，GWJ20170610_0207；王映明 4881；武陵山考察队 1268

桑植、古丈、江口。

湖北、湖南、贵州、四川、广西、云南。

2. 卫矛属 Euonymus Linnaeus（27:27:0）

（1）刺果卫矛 *Euonymus acanthocarpus* Franchet

李洪钧 8714；李永康、黄德富等 8309；黔北队 389；简焯坡、张秀实等 31792，30548；壶瓶山考察队 0649；北京队 002445；湘西考察队 389；简焯坡 30548；张代贵 zdg10213

石门、桑植、武陵源、慈利、永顺、江口、

印江、咸丰、鹤峰、宣恩。

陕西、湖北、四川、云南、贵州、广西、湖南、广东、江西、福建、浙江、安徽、西藏。

（2）星刺卫矛 *Euonymus actinocarpus* Loesener

武陵队 308；湖南队 299；沈中瀚 107；武陵队 733；无采集人 49；张代贵 000050

沅陵、永顺、古丈。

湖北，四川。

（3）小千金 *Euonymus aculeatus* Hemsley

张志松、闵天禄、许介眉、党成忠、周竹禾、肖心楠、吴世荣、戴金 400192；李学根 204153；刘林翰 9936；简焯坡、张秀实等 31665，31125；张桂才等 488；武陵山考察队 2333；壶瓶山考察队 01159

慈利、保靖、沅陵、古丈、江口、印江、石阡。

湖北、四川、贵州。

（4）卫矛 *Euonymus alatus*（Thunberg）Siebold

武陵队 1197，158；聂敏祥、李启和 1503，1387；张志松、闵天禄、许介眉、党成忠、周竹禾、肖心楠、吴世荣、戴金 400396；刘林翰 9005；黔北队 856，0423；姜如碧 82-90；张志松、党成忠等 402243

凤凰、沅陵、古丈、花垣、永顺、龙山、桑植、永定、武陵源、石门、石阡、江口、印江、黔江、酉阳、鹤峰、恩施。

除东北、新疆、青海、西藏、广东、海南以外，全国各地区均产。

日本、朝鲜。

（5）百齿卫矛 *Euonymus centidens* H. Léveillé

谭沛祥 60874；林祁 703，649；北京队 903，003629，0169；武陵山考察队 3134，893；黔北队 1216；安明态、安明先 3503

芷江、桑植、永顺、石阡、印江、江口、德江。

四川、云南、贵州、湖南、广西、广东、江西、福建、浙江、安徽。

（6）角翅卫矛 *Euonymus cornutus* Hemsley

聂敏祥、李启和 1420；湖南队 490；张志松、党成忠等 402450；北京队 002845，4245；王映明 5430；黔北队 1323，0659，0394

桑植、石门、印江、松桃、江口、恩施、鹤峰、宣恩。

甘肃、陕西、湖北、四川、云南、贵州、湖南。

（7）裂果卫矛 *Euonymus dielsianus* Loesener ex Diels

张志松、闵天禄、许介眉、党成忠、周竹禾、肖心楠、吴世荣、戴金 400153，402449，402510，400841；刘林翰 9172；壶瓶山考察队 0302，01036；武陵山考察队 2733，2711；湘西考察队 615

凤凰、桑植、石门、慈利、江口、印江、石阡、思南、碧江、秀山、来凤、鹤峰、宣恩。

湖北、湖南、四川、云南、贵州、广东、广西。

（8）双歧卫矛 *Euonymus distichus* H. Léveillé

四川、贵州。

（9）棘刺卫矛 *Euonymus echinatus* Wallich

张代贵 zdg10345，zdg05040250，zdg1123，0425105，ZZ140808290；李洪钧 2881；田代科、肖艳、陈岳 LS-1569；粟林 4331261404200276，4331261404200238；武陵山考察队 1176

龙山、永顺、古丈、江口、宣恩。

云南、贵州、西藏。

尼泊尔、印度。

（10）鸦椿卫矛 *Euonymus euscaphis* Handel-Mazzetti

安徽、浙江、福建、江西、湖南、广东。

（11）扶芳藤 *Euonymus fortunei*（Turczaninow）Handel-Mazzetti

武陵队 1391，206；李洪钧 6079；李忠勇 00274；史兴夏 50262；黔北队 1737，1411；张代贵 zdg0969，zdg10196，zdg1407240969

凤凰、沅陵、永顺、桑植、慈利、花垣、梵净山、德江、松桃、咸丰、鹤峰。

陕西、山西、河南、山东、江苏、浙江、安徽、湖北、湖南、四川、长江流域以南地区。

日本、朝鲜。

（12）纤齿卫矛 *Euonymus giraldii* Loesener

桑植、武陵源、来凤。

湖北、河北、河南、陕西、甘肃、四川。

（13）大花卫矛 *Euonymus grandiflorus* Wallich

黔北队 2766；武陵考察队 709；武陵山考察队 2694

沅陵、花垣、德江、石阡。

甘肃、陕西、四川、云南、贵州、湖南、湖北。

印度。

（14）西南卫矛 *Euonymus hamiltonianus* Wallich

方明渊 24461，24309；武陵队 709；湖南队 932；壶瓶山考察队 1452，0811；张兵、向新 090529013；简焯坡、张秀实等 32126，31464，32243

沅陵、桑植、花垣、慈利、石门、印江、松桃、黔江、恩施、咸丰、来凤、鹤峰、宣恩。

甘肃、陕西、湖北、四川、云南、贵州、湖南、江西、安徽、浙江、福建、广东、广西。

印度。

（15）湖北卫矛 *Euonymus hupehensis*（Loesener）Loesener

来凤。

湖北、四川。

（16）冬青卫矛 *Euonymus japonicus* Thunberg

李学根 204342；赵佐成 88-1572；王映明 5433；北京队 4530；黔北队 1411；无采集人 1149；宿秀江、刘和兵 433125D00030811015；张代贵 534，00530

桑植、保靖、吉首、武陵源、松桃、黔江、酉阳、鹤峰、宣恩。

我国南北各地区均有栽培。

（17）疏花卫矛 *Euonymus laxiflorus* Champion ex Bentham

李学根 204594；谭沛祥 62645；武陵队 1361；北京队 921；武陵山考察队 2847，1230；刘金魁 857

永顺、芷江、桑植、凤凰、慈利、江口、石阡。

台湾、福建、江西、湖南、香港、广东、广西、贵州、云南。

越南。

（18）白杜 *Euonymus maackii* Ruprecht

张代贵 YH150812587

古丈。

除陕西、西南地区、广西、广东外，其他各地区均产。

俄罗斯西伯利亚地区、朝鲜半岛。

（19）小果卫矛 *Euonymus microcarpus*（Oliver ex Loesener）Sprague

张代贵 YH120806850，YH120504851，YH-080824852

永顺、吉首。

湖北、陕西、四川、云南。

（20）大果卫矛 *Euonymus myrianthus* Hemsley

花垣、古丈、龙山、桑植、武陵源、石阡、江口、印江、咸丰、来凤、鹤峰、宣恩、五峰。

四川、云南、贵州、广西、湖南、广东、江西、福建、浙江、安徽、湖北、长江流域以南各地区。

（21）中华卫矛 *Euonymus nitidus* Bentham

黔南队 2038；北京队 409，668，633；喻勋林 91358，91752；武陵山考察队 661，2694，1275；湘黔队 3182

永顺、保靖、松桃、石阡、江口。

浙江、福建、江西、安徽、湖南、湖北、四川、云南、贵州、广西、广东。

（22）矩叶卫矛 *Euonymus oblongifolius* Loesener & Rehder

芷江、沅陵、永顺、桑植、石门、江口、印江、松桃、鹤峰。

湖北、四川、云南、贵州、广西、湖南、广东、江西、福建、浙江、安徽。

（23）垂丝卫矛 *Euonymus oxyphyllus* Miquel

辽宁、山东、安徽、浙江、台湾、江西、湖北。

朝鲜、日本。

（24）栓翅卫矛 *Euonymus phellomanus* Loesener

河南、陕西、甘肃、四川、贵州、湖南。

（25）石枣子 *Euonymus sanguineus* Loesener ex Diels

方明渊 24488；李洪钧 5652；简焯坡、张秀实等 31491；壶瓶山考察队 1467，0817，1423，87368；北京队 002568；川经涪 2562；曾宪锋 ZXF09452

古丈、石门、桑植、印江、石阡、酉阳、黔江、恩施、鹤峰、五峰。

甘肃、陕西、山西、河南、湖北、四川、贵州、云南。

（26）曲脉卫矛 *Euonymus venosus* Hemsley

李洪钧 6789，6759，8347

鹤峰。

陕西、湖北、四川、云南。

（27）疣点卫矛 *Euonymus verrucosoides* Loesener

壶瓶山考察队 0772；赵佐成、马建生 2944；湘黔队 002581，2376；李洪钧 6822，8367；谭士贤 312

石门、江口、酉阳、鹤峰。

甘肃、陕西、河南、湖北、四川、贵州。

3. 裸实属 Gymnosporia（Wight & Arnott）Bentham & J. D. Hooker（1:1:0）

（1）刺茶裸实 *Gymnosporia variabilis*（Hemsley）Loesener

湖北、四川、贵州、云南。

4. 假卫矛属 Microtropis Wallich ex Meisner（1:1:0）

（1）三花假卫矛 *Microtropis triflora* Merrill & F.L. Freeman

湖北、四川、贵州、云南。

5. 梅花草属 Parnassia Linnaeus（3:3:0）

（1）突隔梅花草 *Parnassia delavayi* Franchet

李启和、聂敏祥 1512；傅国勋、张志松 1512；祁承经 30464

桑植、恩施。

湖北、陕西、甘肃、四川、云南。

（2）宽叶梅花草 *Parnassia dilatata* Handel-Mazzetti

麻超柏、石琳军 HY20180809_0848

花垣。

贵州。

（3）鸡肫梅花草 *Parnassia wightiana* Wallich ex Wight et Arnott

张代贵、王业清、朱晓琴 1946，2298

五峰。

陕西、湖北、湖南、广东、广西、贵州、四川、云南、西藏。

喜马拉雅山脉、印度北部至不丹。

6. 五层龙属 Salacia Linnaeus（1:1:0）

（1）无柄五层龙 *Salacia sessiliflora* Handel-Mazzetti

广东、广西、贵州、云南。

7. 雷公藤属 Tripterygium J. D. Hooker（1:1:0）

（1）雷公藤 *Tripterygium wilfordii* J. D. Hooker

武陵山考察队 1801

桃源、石阡。

台湾、福建、江苏、浙江、安徽、湖北、湖南、广西。长江流域以南至西南地区。

朝鲜、日本。

一百二十五、酢浆草科 Oxalidaceae（1:5）

1. 酢浆草属 Oxalis Linnaeus（5:5:0）

（1）酢浆草 *Oxalis corniculata* Linnaeus

壶瓶山考察队 0444；董佩萱 45；张志松 400528，400364；李洪钧 4974，7656，2856；湘西考察队 994；席先银 84140；刘林输 1473

芷江、凤凰、沅陵、永顺、桑植、石门、慈利、龙山、江口、咸丰、来凤、鹤峰、宣恩。

全国广泛分布。

世界温带及热带地区。

（2）红花酢浆草 *Oxalis corymbosa* Candolle

宋忠宪 55；蔓红波 75+2；张代贵、张成 TD20180508_5874；麻超柏、石琳军 HY2018-0416_0522；张代贵 pcn036

吉首、古丈、花垣、龙山、彭水。

河北、陕西、华东地区、华中地区、华南地区、四川、云南。

日本。

（3）山酢浆草 *Oxalis griffithii* Edgeworth & J. D. Hooker

NULL 2443；刘林翰 9213，1729；武陵队 2361；李洪钧 6771，5767，4287，6301，5249；张志松 400364

桑植、永顺、龙山、芷江、江口、酉阳、鹤峰、来凤、宣恩、五峰。

东北地区、长江流域及其以南各地区广泛分布。

印度、日本、朝鲜、俄罗斯。

（4）紫叶酢浆草 *Oxalis triangularis* subsp. *papilionacea*（Hoffmanns ex Zuccarini）Lourteig

（5）武陵酢浆草 *Oxalis wulingensis* T. Deng, D. G. Zhang & Z. L. Nie

杨彬 080503071，028；P. W. Sweeney & D. G. Zhang PWS3042；张代贵 20080314001，xm238

桑植、吉首、古丈。

一百二十六、杜英科 Elaeocarpaceae（2:9）

1. 杜英属 Elaeocarpus Linnaeus（6:6:0）

（1）中华杜英 *Elaeocarpus chinensis*（Gardner & Champion）J. D. Hooker ex Bentham

张代贵 0831598，20130505007；邓涛 07060-506021

保靖、慈利、石门。

广东、广西、贵州、云南、湖南、江西、福建、浙江。

（2）褐毛杜英 *Elaeocarpus duclouxii* Gagnepain

彭海军 080713PHJ02；屈永贵 080518009；张代贵 YH090703998，lj0122099，q0907012，zdg10322；溆浦林业局 低 1-200；廖衡松 00152；中南队 0235；喻勋林、徐期瑚 2239

沅陵、永顺、梵净山、松桃。

云南、贵州、四川、湖南、广西、广东、江西。

（3）秃瓣杜英 *Elaeocarpus glabripetalus* Merrill

林 79 级 2 班 3 组 112，073；溆浦林业局 04；邓涛 2009073-6-01，2009073-6-02，070502017；张代贵等 13071501008；张代贵 090703-2-02，20090702046，zdg4331270888

新晃、鹤城、凤凰、沅陵、永顺、桑植。

广东、广西、江西、福建、浙江、湖南、贵州、云南。

（4）棱枝杜英 *Elaeocarpus glabripetalus* var. *alatus*（Kunth）Hung T. Chang

广西、湖南、云南。

（5）日本杜英 *Elaeocarpus japonicus* Siebold et Zuccarini

李洪钧 7612；李学根 203961；沈中瀚 1154；武陵队 291；张志松等 401531，400448，401524；张志松 401782，400262；曹亚玲、溥发鼎 2891

芷江、沅陵、永顺、慈利、施秉、石阡、江口、印江、松桃。

长江流域以南各地区。

越南、日本。

（6）山杜英 *Elaeocarpus sylvestris*（Loureiro）Poiret

芷江、保靖、永顺。

广东、海南、广西、福建、浙江、江西、湖南、贵州、四川、云南。

中南半岛。

2. 猴欢喜属 Sloanea Linnaeus（3:3:0）

（1）仿栗 *Sloanea hemsleyana*（T. Ito）Rehder et E. H. Wilson

刘林翰 9328；沈中瀚 1058，1392；湖南队 476；林亲众 010918；彭春良 86318；李洪钧 7107；武陵山考察队 978

芷江、沅陵、永顺、桑植、武陵源、慈利、石门、印江、德江。

湖南、湖北、四川、云南、贵州、广西、江西、陕西、甘肃。

（2）薄果猴欢喜 *Sloanea leptocarpa* Diels

邓涛 071028019；王小平 159；方英才、王小平 7289

鹤城。

广东、广西、福建、湖南、四川、贵州、云南。

（3）猴欢喜 *Sloanea sinensis*（Hance）Hemsley

张志松等 400119，402488；李永康 8030；武陵队 2320，1403，2688；北京队 1542；壶瓶山考察队 0260；溆浦林业局 兰 -40，低 -222

鹤城、芷江、凤凰、麻阳、沅陵、永顺、石门、施秉、石阡、宣恩。

广东、海南、广西、贵州、湖南、江西、福建、台湾、浙江。

一百二十七、大戟科 Euphorbiaceae（14:43）

1. 铁苋菜属 Acalypha Linnaeus（2:2:0）

（1）铁苋菜 *Acalypha australis* Linnaeus

李洪钧 5927；刘林翰 9264；安明先 3782；肖简文 5884；莫华 6185；湘西调查队 0641；王映明 6342，6459；武陵考察队 656；酉阳队 500242-421

沅陵、吉首、永顺、德江、沿河、松桃、酉阳、鹤峰、咸丰。武陵山区各地有栽培。

我国南北各地广泛分布。

朝鲜、日本、越南、菲律宾。

裂苞铁苋菜 *Acalypha supera* Forsskål

芷江、永顺、咸丰、来凤、宣恩。

河北、陕西、四川、云南、贵州、广西、广东、湖南、湖北、安徽、浙江、江西。

越南、印度、印度尼西亚。

2. 山麻秆属 Alchornea Swartz（3:3:0）

（1）山麻秆 *Alchornea davidii* Franchet

彭水队 500243-001-019-01；湘西调查队 0409，0538；刘林翰 10113；安明先 3111；肖简文 5571；彭辅松 鹤 616；黔北队 2436；李洪钧 3052；刘克旺 30050

泸溪、凤凰、保靖、古丈、永顺、龙山、花垣、吉首、来凤、鹤峰、宣恩。

四川、贵州、云南、广西、湖南、湖北、江西、浙江、江苏、安徽。

（2）湖南山麻秆 *Alchornea hunanensis* H. S. Kiu

刘克旺 30050；沈中瀚 245；吴大玉 200-9052203；吉首大学生物资源与环境科学学院 GWJ20180713_0395；周辉、周大松 15041206；张代贵 DXY127，2009052203，ZZ100713751，YD11071，2009052203

沅陵、永顺、桑植、武陵源、慈利、石门。

湖南、广西。

（3）红背山麻秆 *Alchornea trewioides*（Bentham）Muller Argoviensis

桑植。

广东、广西、江西、湖南。

越南。

3. 巴豆属 Croton Linnaeus（1:1:0）

（1）毛果巴豆 *Croton lachnocarpus* Bentham

张代贵 XYQ0717

湖南、贵州、江西、广东、广西、香港。

4. 丹麻秆属 Discocleidion（Müller Argoviensis）Pax & K. Hoffmann（1:1:0）

（1）毛丹麻秆 *Discocleidion rufescens*（Franchet）Pax et K. Hoffmann

谷忠村 51；张代贵 YH090702835，2009-0707038，w090807088，080729224，090703120，ZZ090702084

芷江、鹤城、沅陵、永顺、凤凰、古丈、保靖、龙山、桑植、施秉、镇远、石阡、江口、沿河、松桃、碧江、慈利、石门、五峰。

甘肃、陕西、四川、贵州、广西、广东、湖南、湖北、江西。

5. 大戟属 Euphorbia Linnaeus（15:15:0）

（1）乳浆大戟 *Euphorbia esula* Linnaeus

谭士贤 198；张代贵 zdg141002935；粟林 4331261410020935；陈功锡 080729050；向晟、藤建卓 JS20180311_0165

思南、德江、松桃。

东北地区、河北、内蒙古、甘肃、宁夏、山西、四川、云南、贵州、湖南、湖北。

（2）泽漆 *Euphorbia helioscopia* Linnaeus

肖简文 5592；刘林翰 1455；张志松 401158；陈谦海 94018；曹铁如 90091；宿秀江、刘和兵 433125D00030405002；杨彬 080419051+1

永顺、桑植、沅陵。

四川、湖北、湖南、江西、浙江、安徽。

（3）飞扬草 *Euphorbia hirta* Linnaeus

李洪钧 7357；谷忠村 52

吉首、来凤。

江西、湖南、福建、台湾、广东、广西、海南、四川、贵州、云南。

（4）地锦 *Euphorbia humifusa* Willdenow

刘林翰 10089

永顺、来凤、宣恩、鹤峰。

几乎遍布全国。

朝鲜、日本、欧洲。

（5）湖北大戟 *Euphorbia hylonoma* Handel-Mazzetti

宿秀江、刘和兵 433125D00030810109；谷忠村 009-290-2-1 65+1；张代贵 080507097，YH080715868；武陵山考察队 0123，1360；吉首大学生物资源与环境科学学院 GWJ20170611_0409，GWJ20180712_0147；谭策铭、易桂花、张丽萍、易发彬、胡兵、桑植样 027

沅陵、永顺、桑植、石门、梵净山、松桃、来凤、鹤峰、宣恩。

陕西、四川、贵州、湖南、湖北。

（6）通奶草 *Euphorbia hypericifolia* Linnaeus

宿秀江、刘和兵 433125D00150807006；刘和兵 ZQ130807117；张代贵 zdg999，43312215-09070986LY，4331221510190560LY，13091141，zdg4331270009，zdg4331270093；麻超柏、石琳

军 HY20180822_1202，HY20180826_1261

凤凰、沅陵。

云南、贵州、广西、广东、江西、湖南、湖北。

越南至印度。

（7）续随子 *Euphorbia lathyris* Linnaeus

王映明 4226；李衡 522227160524058LY；黔南队 2594；酉阳队 500242615；黔江队 500114-430-01，500114-430-02

鹤峰。

原产于欧洲，我国各地栽培或归化。

（8）斑地锦 *Euphorbia maculata* Linnaeus

刘慧娟 080817017；张代贵 43312215090-70974LY，4331221606300536LY，20080421053，pph1021，YD20006，zdg1014；雷开东 ZZ14082-5163

永顺，古丈、泸溪。

江苏、江西、浙江、湖北、河南、河北、台湾。

（9）铁海棠 *Euphorbia milii* Des Moulins

我国南北方均有栽培。

原产于非洲（马达加斯加），广泛栽培于旧大陆热带、温带地区。

（10）大戟 *Euphorbia pekinensis* Ruprecht

廖衡松 003

桑植。

除新疆、西藏外，几乎遍布全国。

（11）匍匐大戟 *Euphorbia prostrata* Aiton

江苏、湖北、福建、台湾、广东、海南、云南。

（12）一品红 *Euphorbia pulcherrima* Willdenow ex Klotzsch

原产于中美洲，广泛栽培于热带和亚热带。

我国绝大部分地区均有栽培。

（13）钩腺大戟 *Euphorbia sieboldiana* C. Morren et Decaisne

安明先 3046；周丰杰 026；肖简文 5582；宿秀江、刘和兵 433125D00110813037；西师 02757；粟林 4331261503021137；张代贵 080522020，4331221605080331LY；张代贵、王业清、朱晓琴 zdg，wyq，zxq0075

沅陵、保靖、古丈、吉首、永顺、泸溪、沿河、彭水、五峰。

除新疆、西藏外，几乎遍布全国。

（14）黄苞大戟 *Euphorbia sikkimensis* Boissier

广西、贵州、湖北、四川、云南、西藏。

（15）千根草 *Euphorbia thymifolia* Linnaeus

磨素珍 080504059；彭海军 080817028+1；陈寿军 5222229140921409LY；张代贵 070508003

桑植、吉首、永顺、松桃、彭水。

湖南、江苏、浙江、台湾、江西、福建、广东、广西、海南、云南。

6. 野桐属 Mallotus Loureiro（9:9:0）

（1）白背叶 *Mallotus apelta*（Loureiro）Muller Argoviensis

李洪钧 5936；湘西调查队 0038；壶瓶山考察队 0033；王映明 6379；黔北队 1306，1854；简焯坡、张秀实等 30082，30340，31913

武陵山区。

河南、陕西、四川、贵州、云南、广西、广东、湖南、湖北、江西、福建、浙江、江苏、安徽。

越南。

（2）毛桐 *Mallotus barbatus* Muller Argoviensis

李洪钧 7620，2925；湖南队 860；李学根 204483；武陵队 1358，1871，871，485；谭沛祥 60939

新晃、芷江、凤凰、沅陵、花垣、永顺、桑植、黔江、施秉、石阡、江口、印江、沿河、松桃、碧江、来凤、宣恩。

云南、四川、贵州、湖南、广东、广西。

（3）东南野桐 *Mallotus lianus* Croizat

黔北队 1947；雷开东 4331271408190990；张代贵 zdg1410051420，ZZ100808757；曹铁如、龙成良等 850482；李栋 040713007；唐贤凤 06071301006；刘林翰 9388；张代贵、王业清、朱晓琴 2378

桃源。

四川、贵州、云南、广西、广东、湖南、江西、福建、浙江。

（4）小果野桐 *Mallotus microcarpus* Pax & K. Hoffmann

武陵队 2085，1721，1932；曹铁如、龙成良850483；粟林 4331261410020929；洪蓝 060807044；陈永昌 103+1；杨彬 080506025；张代贵 xm211，2011344

沅陵、古丈、花垣、永顺、吉首、石阡、芷江。

贵州、广西、广东、湖南、江西、福建。

（5）尼泊尔野桐 **Mallotus nepalensis** Müller Argoviensis

刘林翰 9234；朱太平、刘忠福 2047；武陵山考察队 265，953，0066；袁小玥 GZ2018-0624_6639；唐继伟 GZ20180625_6799；张代贵、王业清、朱晓琴 1826；张代贵 150520060；姚梅花 100

桑植、古丈、永顺、泸溪、吉首、印江、江口、松桃、五峰。

（6）粗糠柴 **Mallotus philippensis**（Lamarck）Muller Argoviensis

李洪钧 3282；武陵队 1362；张桂才等 311；北京队 400；李振基、吕静 20060197；简焯坡、张秀实等 31435；张志松、党成忠等 400562，401758，400832

新晃、芷江、凤凰、沅陵、永顺、桑植、石门、施秉、石阡、印江、沿河、来凤、鹤峰、宣恩、五峰。

甘肃、陕西、四川、云南、贵州、广西、广东、湖南、湖北、江西、福建、台湾、浙江、安徽。

越南、印度、菲律宾、斯里兰卡、马来西亚、大洋洲。

（7）杠香藤 **Mallotus repandus**（Willdenow）Muller Argoviensis var. chrysocarpus（Pampanini）S.

林文豹 584；李洪钧 9380；陈谦海 94049；安明态 YJ-149；武陵山考察队 867，1072，1142；张代贵 zdg10024；张代贵、王业清、朱晓琴 1761，2472

凤凰、沅陵、永顺、桑植、石门、石阡、江口、印江、沿河、松桃、来凤、鹤峰、宣恩、五峰。

甘肃、陕西、四川、贵州、广西、广东、湖南、湖北、江西、福建、浙江、江苏、安徽。

（8）野桐 **Mallotus tenuifolius** Pax

沅陵、永顺、桑植、武陵源、石门、石阡、江口、松桃、咸丰、来凤、鹤峰、宣恩。

甘肃、陕西、四川、云南、贵州、广西、广东、湖南、湖北、江西、福建、浙江、江苏、安徽。

印度、尼泊尔、缅甸。

（9）红叶野桐 **Mallotus tenuifolius** var. **paxii**（Pampanini）H. S. Kiu

新晃、沅陵、永顺、桑植、石门、石阡、松桃、秀山、鹤峰、宣恩。

陕西、四川、贵州、广西、广东、湖南、湖北、江西、福建、浙江、江苏、安徽。

7. 木薯属 Manihot Miller（1:1:0）

（1）木薯 **Manihot esculenta** Crantz

张代贵 7053005

吉首。

原产于巴西，现全世界热带地区广泛栽培。福建、台湾、广东、海南、广西、贵州、云南等地区有栽培。

8. 山靛属 Mercurialis Linnaeus（1:1:0）

（1）山靛 **Mercurialis leiocarpa** Siebold & Zuccarini

张代贵 zdg9967，zdg1503011462，zdg10382；粟林 4331261503031193；杨彬 80418056，080506022；雷开东 4331271503011461；武陵山考察队 0083；张成、周建军 ZC0036；李克纲、张成 LS20160315_0033

永顺、松桃。

台湾、浙江、江西、湖南、广东、广西、贵州、湖北、四川、云南。

9. 白木乌桕属 Neoshirakia Esser（2:2:0）

（1）斑子乌桕 **Neoshirakia atrobadiomaculata**（F. P. Metcalf）Esser & P. T. Li

沅陵、永顺。

湖南、广东、江西、福建。

（2）白木乌桕 **Neoshirakia japonica**（Siebold et Zuccarini）Esser

武陵考察队 900；张桂才等 423，426；北京队 1438；赵万义、刘忠成、张忠、谭维政、张记军、叶矾、冯欣欣 LXP-13-09683；谭沛祥 62527

新晃、沅陵、永顺。

广东、广西、云南、贵州、四川、湖北、湖南、江西、福建、浙江、安徽、山东。

日本、朝鲜。

10. 蓖麻属 Ricinus Linnaeus（1:1:0）

（1）蓖麻 *Ricinus communis* Linnaeus

刘林翰 9579；简焯坡等 30155；赵佐成 88-1499，88-2592；王映明 6409；张代贵 369

武陵山区各地有栽培。

华南地区、西南地区。

全世界热带地区或栽培于热带至温暖带各国。

11. 守宫木属 Sauropus Blume（1:1:0）

苍叶守宫木 *Sauropus garrettii* Craib

龙山、松桃、印江、沿河。

广东、广西、湖南、贵州、云南、四川。

泰国、缅甸、菲律宾、新加坡、马来西亚。

12. 地构叶属 Speranskia Baillon（1:1:0）

（1）广东地构叶 *Speranskia cantonensis*（Hance）Pax et K. Hoffmann

武陵队 129；廖衡松 00118；丁文灿 0804-18045；杨彬 0419080419052；宿秀江、刘和兵 433125D00110813070，433125D00030810025；黔江队 500114-505；邓涛 070625029；贺海生 080419055；张代贵 09070281

碧江、鹤城、沅陵、永顺、桑植、武陵源、印江、沿河。

广东、广西、贵州、四川、陕西、甘肃、河北、湖南、湖北、江西。

13. 乌桕属 Triadica Loureiro（3:3:0）

（1）山乌桕 *Triadica cochinchinensis* Loureiro

武陵山考察队 282；北京队 000287；沈中瀚 197；张代贵 808010015，080820015+1，080820016，ZB130725444；谭沛祥 62575；田儒明 5222291605161079LY

沅陵、永顺、武陵源、江口。

云南、贵州、湖北、湖南、广西、广东、浙江、江苏、福建、台湾。

日本、越南。

（2）圆叶乌桕 *Triadica rotundifolia*（Hemsley）Esser

云南、贵州、广西、广东、湖南。

（3）乌桕 *Triadica sebifera*（Linnaeus）Small

李洪钧 5914，8150，3077，5356；林文豹 542；刘林翰 1730；湖南队 407；武陵队 677；黔北队 1355；杜大华 4027

新晃、芷江、鹤城、辰溪、凤凰、沅陵、永顺、桑植、石门、石阡、江口、印江、德江、碧江、黔江、鹤峰、宣恩。

贵州、云南、四川、陕西、甘肃、河南、湖北、湖南、广西、广东、江西、安徽、浙江、江苏、福建、台湾。

越南、印度尼西亚。

14. 油桐属 Vernicia Loureiro（2:2:0）

（1）油桐 *Vernicia fordii*（Hemsley）Airy Shaw

刘林翰 1947；北京队 591；李洪钧 7044，2965；姜如碧 82-22；简焯坡等 30863，31853；肖定春 80038

武陵山区。

广东、广西、云南、贵州、湖南、湖北、四川、陕西、甘肃、河南、安徽、浙江、江西、福建、台湾。

越南。

（2）木油桐 *Vernicia montana* Loureiro

张代贵 4331221605080364LY；张代贵、张成 TD20180508_5822；向晟、藤建卓 JS201807-28_0664

武陵山区。

四川、贵州、云南、广西、广东、湖南、江西、福建、浙江。

越南。

一百二十八、叶下珠科 Phyllanthaceae（6:17）

1. 五月茶属 Antidesma Burman ex Linnaeus（2:2:0）

（1）五月茶 *Antidesma bunius*（Linnaeus）Sprengel

武陵山考察队 191

江口。

江西、福建、湖南、广东、海南、广西、贵州、云南、西藏。

（2）酸味子 *Antidesma japonicum* Siebold et Zuccarini

武陵山考察队 3136，3126，1063，1173，0122，0191；北京队 402，01079；张兵、向新 090609011；张代贵 13091125

沅陵、永顺、石阡、江口、宣恩。

四川、云南、贵州、广西、广东、湖南、湖北、江西、福建、浙江、台湾。

日本、越南。

2. 秋枫属 Bischofia Blume（2:2:0）

（1）秋枫 *Bischofia javanica* Blume

李恒、彭淑云、俞宏渊 1532，1794；安明态 YJ-1533；吉首大学生物资源与环境科学学院 GWJ20170611_0554

永顺、古丈、印江。

陕西、江苏、安徽、浙江、江西、福建、台湾、河南、湖北、湖南、广东、海南、广西、四川、贵州、云南。

（2）重阳木 *Bischofia polycarpa*（H. Leveille）Airy Shaw

张代贵 4331221606300512LY，ZZ100712695；屈永贵 080601003

鹤城、龙山、石门、秀山、五峰。

陕西、四川、贵州、云南、广西、广东、湖南、湖北、安徽、江苏、浙江、江西、福建。

3. 算盘子属 Glochidion J. R. Forster & G. Forster（5:5:0）

（1）革叶算盘子 *Glochidion daltonii*（Müller Argoviensis）Kurz

张志松 402537；曹子余 1215；黔北队 1148，1341，2705；谷忠村 46

新晃、芷江、沅陵、保靖、永顺、桑植、施秉、印江、咸丰、五峰。

广东、广西、云南、贵州、四川、湖北、湖南、江西。

（2）毛果算盘子 *Glochidion eriocarpum* Champion ex Bentham

黔北队 1148

梵净山。

江苏、福建、台湾、湖南、广东、海南、广西、贵州、云南。

越南。

（3）算盘子 *Glochidion puberum*（Linnaeus）Hutchinson

黔北队 1215；李学根 203782；谭沛祥 62532；武陵队 1029，1632，2228，3237；李学根 204504；周丰杰 221

新晃、凤凰、沅陵、永顺、桑植、石门、施秉、石阡、江口、思南、德江、松桃、碧江、咸丰、鹤峰、宣恩。

云南、贵州、四川、陕西、甘肃、河南、安徽、湖北、湖南、广西、广东、江西、福建、江苏、台湾。

越南。

（4）里白算盘子 *Glochidion triandrum*（Blanco）C. B. Robinson

彭春良 86208；蔡平成 20174；张代贵 zdg1-078，4331221606290484LY，5-083；实习学生 6107；莫华 6042；刘林翰 9124；朱太平、刘忠福 1179；黔北队 2705

慈利、石门、古丈。

福建、台湾、湖南、广东、广西、四川、贵州、云南。

（5）湖北算盘子 *Glochidion wilsonii* Hutchinson

赵佐成 88-1542；武陵山考察队 2054，

1409；湘西考察队186；湖南队0112；周辉、周大松15062906；张代贵DXY172，LL20130920108；刘毅070716264；宿秀江、刘和兵433125D00020804020

江口、印江、德江、黔江、鹤峰、五峰。

4. 白饭树属 Flueggea Willdenow（1:1:0）

（1）一叶萩 *Flueggea suffruticosa*（Pallas）Baillon

除西北地区尚未发现外，全国各地区均有分布。

5. 雀舌木属 Leptopus Decaisne（2:2:0）

（1）雀儿舌头 *Leptopus chinensis*（Bunge）Pojarkova

李洪钧2499，9404；刘林翰1704；武陵队141；壶瓶山考察队1123；赵佐成、马建生3030；王映明6839；北京队01107，3635；张代贵zdg6790

新晃、芷江、凤凰、沅陵、永顺、龙山、桑植、石门、石阡、印江、酉阳、秀山、咸丰、鹤峰、宣恩。

吉林、辽宁、山东、河北、河南、山西、甘肃、陕西、西藏、四川、云南、贵州、广西、广东、湖南、湖北。

（2）缘腺雀舌木 *Leptopus clarkei*（J. D. Hooker）Pojarkova

云南昆明。

印度。

6. 叶下珠属 Phyllanthus Linnaeus（5:5:0）

（1）落萼叶下珠 *Phyllanthus flexuosus*（Siebold et Zuccarini）Muller Argoviensis

李学根203479；武陵队229；黔北队876；廖博儒8219；彭春良86233，86359；蓝开敏98-0195；武陵山考察队431；宿秀江、刘和兵433125D00060504022；张志松400875

芷江、鹤城、沅陵、永顺、龙山、桑植、慈利、江口、印江、松桃。

四川、贵州、云南、广西、广东、湖南、湖北、江西、福建、浙江、江苏、安徽。

日本。

（2）青灰叶下珠 *Phyllanthus glaucus* Wallich ex Muller Argoviensis

周辉、周大松15062730；宿秀江、刘和兵433125D00020703016；杨彬70617117；胡春25+1；张代贵200907020225；刘纯洁GZ20180625_6729；邓涛090703-6-06；武陵队2452

武陵源、保靖。

江苏、安徽、浙江、江西、湖北、湖南、广东、广西、四川、贵州、云南、西藏。

印度、不丹、尼泊尔。

（3）叶下珠 *Phyllanthus urinaria* Linnaeus

刘林翰9986，9636；廖国藩、郭志芬50；李杰5222291140816145LY；武陵山考察队2452，1453；廖博儒1616；周辉、周大松15091318；张代贵zdg1407050494

芷江、保靖、桑植、石门、鹤峰。

四川、贵州、云南、广西、广东、湖南、湖北、江西、福建、浙江、江苏。

越南、印度、菲律宾、印度尼西亚。

（4）蜜柑草 *Phyllanthus ussuriensis* Ruprecht et Maximowicz

邓涛15；张代贵4331221607190903LY，ZB130908378，0804008，lxq0121033，YH150809496，231；安明先3781；谷中村188；刘林翰9622

泸溪、古丈、泸溪、保靖、龙山。

黑龙江、吉林、辽宁、山东、江苏、安徽、浙江、江西、福建、台湾、湖北、湖南、广东、广西。

（5）黄珠子草 *Phyllanthus virgatus* G. Forster

武陵队787，2486，1453；刘林翰9622；壶瓶山考察队A231；覃海宁、傅德志、张灿明等4015；赵佐成88-1521；北京队001735；黔北队01097

新晃、芷江、凤凰、永顺、桑植、石门、黔江、咸丰、来凤、鹤峰、宣恩。

山东、河北、安徽、江苏、浙江、福建、江西、湖南、湖北、四川、贵州、广西、广东。

朝鲜、日本、印度、印度尼西亚、菲律宾。

一百二十九、沟繁缕科 Elatinaceae（1:1）

1. 田繁缕属 Bergia Linnaeus（1:1:0）

（1）田繁缕 *Bergia ammannioides* Roxburgh ex Roth

湖南、广东、广西、云南、台湾。

马来西亚、菲律宾、斯里兰卡。

一百三十、杨柳科 Salicaceae（7:34）

1. 山羊角树属 Carrierea Franchet（1:1:0）

（1）山羊角树 *Carrierea calycina* Franchet

张志松 402534；湘西考察队 112；席先银等 462；彭春良 86166，120424；龙成良 87451；贵州大学林学院调查队 DJ-0457；周辉、周大松 15091204；彭铺松 555

沅陵、古丈、龙山、武陵源、石门、梵净山。

湖北、湖南、四川、贵州、云南。

2. 山桐子属 Idesia Maximowicz（2:2:0）

（1）山桐子 *Idesia polycarpa* Maximowicz

刘林翰 1523；湖南队 720；李学根 204670，204304；张志松 400564；李洪钧 2726；杨保民 2140；武陵考察队 1543；壶瓶山考察队 1304

芷江、古丈、保靖、永顺、桑植、慈利、施秉、江口、印江、松桃、咸丰、鹤峰、宣恩。

陕西、甘肃、浙江、江西、福建、台湾、河南、湖北、湖南、广东、广西、四川、贵州、云南。

朝鲜、日本。

（2）毛叶山桐子 *Idesia polycarpa* var. *vestita* Diels

简焯坡等 31151，30827；壶瓶山考察队 87221，1148；谷忠村 0712207；简焯坡、张秀实等 30773，31150

石门、施秉、江口、印江、松桃、鹤峰、宣恩。

陕西、甘肃、浙江、安徽、江西、福建、河南、湖北、湖南、四川、贵州、云南。

3. 栀子皮属 Itoa Hemsley（1:1:0）

（1）栀子皮 *Itoa orientalis* Hemsley

张代贵 00563；武陵队 616

保靖、沅陵。

四川、云南、贵州、广西。

越南。

4. 山拐枣属 Poliothyrsis Oliver（1:1:0）

（1）山拐枣 *Poliothyrsis sinensis* Oliver

中南林学院 184；杨保民 2053；壶瓶山考察队 0959；湘西调查队 0017；沈中瀚 181，230；吉首大学生物资源与环境科学学院 GWJ20180712_0191；湖南队 0017；刘林翰 1885

保靖、永顺、石门、德江。

陕西、甘肃、江苏、浙江、河南、湖北、湖南、广东、四川、贵州、云南。

5. 杨属 Populus Linnaeus（6:6:0）

（1）响叶杨 *Populus adenopoda* Maximowicz

赵佐成 88-2657，88-1502；北京队 328；肖简文 5605；安明先 3090；黔北队 1867；野生所 1817；李洪钧 9233

泸溪、石门、咸丰、来凤。

陕西、河南、安徽、江苏、浙江、福建、江西、湖北、湖南、广西、贵州、四川、云南。

（2）加杨 *Populus × canadensis* Moench

黔北队 1976

松桃。

除广东、云南、西藏外，我国各地区均有引种栽培。

（3）大叶杨 *Populus lasiocarpa* Olivier

壶瓶山考察队 87388；北京队 003426；傅国勋 张志松 1326；方明渊 24409；包满珠，熊金桥等 Ⅳ 1-02-524，Ⅳ 1-02-522，Ⅳ 1-02-521；谭

策铭、张丽萍、易桂花、胡兵、易发彬 桑植样193；张代贵 130324063

桑植、鹤峰。

湖南、湖北、四川、贵州、云南、陕西。

（4）钻天杨 *Populus nigra* var. *italica*（Moench）Koehne

长江、黄河流域各地区广为栽培。

北美、欧洲、高加索、地中海、西亚及中亚等地区均有栽培。

（5）小叶杨 *Populus simonii* Carrière

T.S.Chang400097

鹤峰。

东北地区、华北地区、华中地区、西北地区、西南地区。

（6）椅杨 *Populus wilsonii* C. K. Schneider

廖衡松 15973；曹铁如 90426

桑植、石门、鹤峰。

陕西、甘肃、湖北、湖南、四川、云南、西藏。

6. 柳属 Salix Linnaeus（21:21:0）

（1）垂柳 *Salix babylonica* Linnaeus

西师西师生物系 3231；王志勇 860016；沈中瀚 1062；张代贵 080510132，00529；粟林4331261503021144；彭水队 500243-002-218；李洪钧 3773

永顺、鹤峰。

我国南北各地，国内外普遍栽培。

（2）中华柳 *Salix cathayana* Diels

周洪富、粟和毅 108035；黔北队 376，664，0645；肖简文 5560；安明先 3228；武陵山考察队428；张代贵 070625021；李贤兵 1019+1；曹铁如850126

印江、恩施。

河北、陕西、河南、湖北、四川、云南。

（3）腺柳 *Salix chaenomeloides* Kimura

罗珊 201905192124；麻超柏、石琳军HY20180417_0554

永顺、桑植、慈利、咸丰、鹤峰、黔江。

长江、黄河流域。

日本、朝鲜。

（4）银叶柳 *Salix chienii* W. C. Cheng

武陵山考察队 3147

石阡。

浙江、江西、江苏、安徽、湖北、湖南。

（5）绵毛柳 *Salix erioclada* H. Léveillé & Vaniot

张代贵 080416006；野生所 1199；周洪富，栗和毅 108035

保靖。

湖南、湖北、贵州、四川。

（6）巴柳 *Salix etosia* C. K. Schneider

张志勇 860036；沈中瀚 01003，01189；王志勇 860036，860018；蔡平成 20218；王映明 6677

桑植、古丈。

湖北、四川、贵州。

（7）川鄂柳 *Salix fargesii* Burkill

刘林翰 9271；傅国勋、张志松 1506；祁承经30434；廖衡松 15994；包满珠、方子兴等 Ⅳ 2-05-8022；李娟 20178；蔡平成 20217；肖定春80265；张代贵 YD10046；壶瓶山考察队 87367

咸丰、鹤峰、五峰。

湖北、四川、陕西、甘肃。

（8）湘鄂柳 *Salix fargesii* var. *hypotricha* N. Chao

桑植、石门。

（9）甘肃柳 *Salix fargesii* var. *kansuensis*（K. S. Hao ex C. F. Fang & A. K. Skvortsov）G. Zhu

保靖、龙山、桑植、武陵源、慈利、石门。

湖北、陕西、甘肃。

（10）紫枝柳 *Salix heterochroma* Seemen

壶瓶山考察队 87123；黔北队 507；桑植县林科所 377；张代贵 phx015；黔江队 500114-575

石门。

湖南、湖北、四川、陕西、甘肃、山西。

（11）小叶柳 *Salix hypoleuca* Seemen

梵净山。

四川、湖北、陕西、甘肃、山西。

（12）旱柳 *Salix matsudana* Koidzumi

刘正宇 0209；晏俊雨 201905192035；成敏201905212002；张代贵 phx070

鹤峰。

湖南、湖北、四川、陕西、甘肃、山西、河南、河北、内蒙古、新疆。

（13）兴山柳 *Salix mictotricha* C. K. Schneider

廖衡松 16011

石门。

湖北、四川。

（14）纤柳 *Salix phaidima* C. K. Schneider

龙成良 87364；王志勇 860034；壶瓶山考察队 1381，87364；刘林翰 1686

桑植、石门。

四川。

（15）多枝柳 *Salix polyclona* C. K. Schneider

李洪钧 9292

龙山、咸丰。

湖北、陕西。

（16）草地柳 *Salix praticola* Handel-Mazzetti ex Enander

云南、四川、贵州、广西、湖南、湖北。

（17）南川柳 *Salix rosthornii* Seemen

黔北队 1412，2037，893；壶瓶山考察队 0548；席先银等 61；刘林翰 9378；屈永贵 080416002；杨彬 080419023+1；黔北队 1709

松桃。

陕西、四川、贵州、湖北、湖南、江西、安徽、浙江。

（18）红皮柳 *Salix sinopurpurea* C. Wang et Chang Y. Yang

（19）皂柳 *Salix wallichiana* Andersson

安明先 3092，3553；王志勇 860010；郑家仁 80146；蔡平成 20139；田旗、张宪权、曹亮

ES-08-010；周辉、周大松 15041606；张代贵 070605004；贺海生 080503067；宿秀江、刘和兵 433125D00030810098

永顺、武陵源、慈利、石门。

西藏、云南、贵州、湖北、陕西、甘肃。

阿富汗、巴基斯坦、印度、尼泊尔、不丹。

（20）绒毛皂柳 *Salix wallichiana* var. *pachyclada*（H. Leveille & Vaniot）C. Wang & C. F. Fang

贵州、云南、四川、湖南、湖北、浙江。

（21）紫柳 *Salix wilsonii Seemen* ex Diels

安明态 SQ-0258；武陵山考察队 2346；李永康 751526，75643；采集队 1605；张代贵 4331221605100393LY；李洪钧 9292；向晟、藤建卓 JS20180729_0704；张代贵 LL20130414029；沈中瀚 449

石阡、松桃。

湖北、湖南、江西、安徽、浙江、江苏。

7. 柞木属 Xylosma G. Forster（2:2:0）

（1）柞木 *Xylosma congesta*（Loureiro）Merrill

邓涛 518；张代贵 1019030；麻超柏、石琳军 HY20171212_0048。

辰溪、凤凰、沅陵、永顺、慈利、来凤。

甘肃、陕西、西南地区、华中地区、华东地区、台湾。

朝鲜、日本。

（2）南岭柞木 *Xylosma controversa* Clos

永顺、德江。

江西、福建、湖南、广东、海南、广西、四川、贵州、云南。

印度。

一百三十一、堇菜科 Violaceae（1:31）

1. 堇菜属 Viola Linnaeus（31:31:0）

（1）鸡腿堇菜 *Viola acuminata* Ledebour

安明态等 YJ-2014-0122，YJ-2014-0051；李晓芳 B-0015；卢小刚 522227160606054LY；周云 520112131027034LY

印江。

黑龙江、吉林、辽宁、内蒙古、河北、山西、陕西、甘肃、山东、江苏、安徽、浙江、河南。

日本、朝鲜。

（2）如意草 *Viola arcuata* Blume

刘林翰 1508

芷江、龙山、桑植。

东北地区、华北地区、南至长江流域以南各

地区。

朝鲜、日本、俄罗斯西伯利亚地区。

（3）戟叶堇菜 *Viola betonicifolia* Smith

廖博儒 0456；安明态 SQ-0572；张代贵 zdg10014，zdg433127140416007，223028，pph0015，pph0016；邓涛 070430027；刘林翰 1508

鹤峰。

长江流域以南各地区。

（4）双花堇菜 *Viola biflora* Linnaeus

宿秀江、刘和兵 433125D00021001008

保靖。

黑龙江、吉林、辽宁、内蒙古、河北、山西、陕西、甘肃、青海、新疆、山东、台湾、河南、四川、云南、西藏。

朝鲜、日本、苏联、欧洲、克什米尔地区、喜马拉雅山脉、印度东北部、马来西亚。

（5）圆叶小堇菜 *Viola biflora* var. *rockiana*（W. Becker）Y. S. Chen

甘肃、青海、四川、云南、西藏。

（6）球果堇菜 *Viola collina* Besser

张代贵 TMS0402026，xm354；周辉、周大松 15040938；周云 520112131026229LY

武陵源、古丈、梵净山。

黑龙江、吉林、辽宁、内蒙古、河北、山西、陕西、宁夏、甘肃、山东、江苏、安徽、浙江、河南、四川。

朝鲜、日本。

（7）深圆齿堇菜 *Viola davidii* Franchet

傅国勋、张志松 1238；刘林翰 01740，18486；武陵队 389

桑植、沅陵、龙山、恩施。

江西、湖北、湖南、广东、四川、贵州。

（8）七星莲 *Viola diffusa* Gingins

李洪钧 2995；张志松 1281；安明态 YJ-2014-0072；北京队 0101，002949；壶瓶山考察队 0984；张桂才等 389；王映明 4777；溥发鼎、曹亚玲 0219；周辉、罗金龙 15032523

沅陵、永顺、桑植、石门、鹤峰、宣恩。

长江流域以南各地区。

印度、尼泊尔、菲律宾、马来西亚、日本。

（9）柔毛堇菜 *Viola fargesii* H. Boissieu

张代贵 zdg10207，zdg1407200829，130331020；李振基、吕静 20060219；宿秀江、刘和兵 4331-25D00160808084；李学根 204091；田代科、肖艳、陈岳 LS-1588；杨龙 F-12；张代贵、张代富 LX20170414025_0025；刘林翰 1740

芷江、沅陵、永顺、桑植、咸丰、鹤峰。

湖北、湖南、广东、广西、四川、贵州、云南。

（10）阔萼堇菜 *Viola grandisepala* W. Becker

武陵队 430

沅陵。

四川、云南。

（11）紫花堇菜 *Viola grypoceras* A. Gray

壶瓶山考察队 0611；武陵队 2173，1269，2301；曹铁如 90493；赵佐成 88-1446；李学根 204010，204171；李洪钧 3757；方明渊 24403

芷江、凤凰、沅陵、永顺、桑植、石门、龙山、黔江、石阡、咸丰、鹤峰、宣恩。

华北地区、华东地区至华中地区、华南地区、西南地区。

日本、朝鲜。

（12）巫山堇菜 *Viola henryi* H. Boissieu

武陵队 1848

芷江。

湖北、湖南、四川。

（13）心叶堇菜 *Viola yunnanfuensis* W. Becker

张代贵、张代富 BJ20170325037_0037；张代贵 YH150812569，ZZ141005281，YD11021。

保靖。

江苏、安徽、浙江、江西、湖南、四川、贵州、云南。

（14）长萼堇菜 *Viola inconspicua* Blume

武陵队 992，2218；刘林翰 1440；肖简文 5684；李学根 204119；壶瓶山考察队 01134；曹铁如 090221；杨明水 042；李洪钧 8896

新晃、芷江、永顺、桑植、石门。

长江流域以南各地区。

（15）福建堇菜 *Viola kosanensis* Hayata

宿秀江、刘和兵 433125D00020814088

保靖。

江西、湖南、广东、海南、广西。

（16）犁头叶堇菜 *Viola magnifica* C. J. Wang ex X. D. Wang

北京队 3947；P. W. Sweeney & D. G. ZhangP-WS2889；张代贵 xm342，YD10024；陈又生 5040

桑植、黔江、鹤峰。

湖南、湖北、四川。

（17）苗岭堇菜 *Viola miaolingensis* Y. S. Chen

广西。

（18）蒙古堇菜 *Viola mongolica* Franchet

黑龙江、吉林、辽宁、内蒙古、河北、甘肃。

（19）萱 *Viola moupinensis* Franchet

聂敏祥、李启和 1263；北京队 2170；周辉、罗金龙 15032548，15032522；宿秀江、刘和兵 433125D00030427019；傅国勋、张志松 1263；黔北队 2105；刘林翰 1640；任卫星 522229141015837LY

永顺、桑植、石阡、江口、松桃、咸丰、鹤峰、宣恩。

甘肃、浙江、江西、湖北、湖南、广东、广西、四川、贵州、云南。

朝鲜、日本。

（20）小尖堇菜 *Viola mucronulifera* Handel-Mazzetti

浙江、江西、福建、湖北、湖南、广东、广西、四川、贵州、云南。

（21）亮叶堇菜 *Viola nitida* Y. S. Chen & Q. E. Yang

广西、贵州。

（22）悬果堇菜 *Viola pendulicarpa* W. Becker

刘林翰 20493

四川、贵州、云南。

（23）茜堇菜 *Viola phalacrocarpa* Maximowicz

宿秀江、刘和兵 433125D00020814064

保靖。

黑龙江、吉林、辽宁、内蒙古、河北、山西、陕西、宁夏、甘肃、山东、河南、湖北、湖南、四川。

（24）紫花地丁 *Viola philippica* Cavanilles

安明先 3105；肖简文 5589；周丰杰 009；张代贵 LL20130303036，yd00052；刘林翰 20743；周云 520112151026178LY，520112151026180LY；王明川 520112151026179LY

古丈、德江。

黑龙江、吉林、辽宁、内蒙古、河北、山西、陕西、甘肃、山东、江苏、安徽、浙江、江西、福建、台湾、河南、湖北、湖南、广西、四川、贵州、云南。

朝鲜、日本。

（25）早开堇菜 *Viola prionantha* Bunge

桑植。

黑龙江、吉林、辽宁、内蒙古、河北、山西、陕西、宁夏、甘肃、山东、江苏、河南、湖北、云南。

（26）辽宁堇菜 *Viola rossii* Hemsley

谭策铭、易桂花、张丽萍、易发彬、胡兵 桑植 034；武陵考察队 1866；李振基、吕静 1248

芷江。

华北地区、东北地区、江西、湖南、四川南部。

朝鲜、日本、俄罗斯西伯利亚地区。

（27）深山堇菜 *Viola selkirkii* Pursh ex Goldie

李洪钧 3233

江口。

黑龙江、吉林、辽宁、内蒙古、河北、山西、陕西、甘肃、江苏、安徽、浙江、江西、四川。朝鲜、日本、蒙古。

（28）庐山堇菜 *Viola stewardiana* W. Becker

北京队 002945，0412；武陵山考察队 368，578；黔北队 756；吉首大学生物资源与环境科学学院 GWJ20180712_0268；壶瓶山考察队 0119，1355

永顺、桑植、石门、江口、松桃。

安徽、江苏、浙江、江西、湖北、湖南、广东、四川。

（29）三角叶堇菜 *Viola triangulifolia* W. Becker

刘克明 761030

永定、武陵源。

浙江、江西、福建、湖南、广东、广西。

（30）三色堇 *Viola tricolor* Linnaeus

我国各地公园栽培供观赏。

原产于欧洲。

（31）斑叶堇菜 *Viola variegata* Fischer ex Link

刘克明 776759；张代贵、张代富 LX2017-0414010_0010

桑植。

黑龙江、吉林、辽宁、内蒙古、河北、山西、陕西、甘肃、安徽。

朝鲜、日本。

一百三十二、亚麻科 Linaceae（1:1）

1. 亚麻属 Linum Linnaeus（1:1:0）

（1）亚麻 *Linum usitatissimum* Linnaeus

武陵山区各地间有栽培。

全国各地均有栽培。

一百三十三、金丝桃科 Hypericaceae（1:15）

1. 金丝桃属 Hypericum Linnaeus（15:15:0）

（1）黄海棠 *Hypericum ascyron* Linnaeus

武陵队 849；林祁 840；黔北队 2325，1709；张代贵 0805084；简焯坡、张秀实等 31277；壶瓶山考察队 1461，849；庄平、冯正波、张超 980556；湘西考察队 313

新晃、永顺、石门、印江、德江、沿河。

华北地区、东北地区、华东地区至西南地区。

俄罗斯、朝鲜、日本、越南、美国东北部、加拿大。

（2）赶山鞭 *Hypericum attenuatum* C. E. C. Fischer ex Choisy

湘西考察队 466，1062；湘黔队 2645，2406；林亲众 010952；丁文灿 071002104；张婷 GZ20180625_6909；张代贵 2011497

花垣。

河北、山东、陕西、河南、江苏、浙江、台湾、福建、江西、湖南、湖北、广东、广西、四川、贵州、云南。

印度、尼泊尔、缅甸、老挝、泰国、越南、日本、朝鲜。

（3）连柱金丝桃 *Hypericum cohaerens* N. Robson

王少儿 20100712033

梵净山。

贵州、云南。

（4）挺茎遍地金 *Hypericum elodeoides* Choisy

宿秀江、刘和兵 433125D00160808071，433125D00020814102；谷忠村 118；张代贵 YD310008，ZZ100712057；宿秀江 ZZ120804384；李胜华、伍贤进、刘光华、蒋向辉 WuXJ1049；付国勋、张志松 1279

桑植。

江西、福建、湖北、湖南、广东、贵州、云南、西藏。

克什米尔地区、尼泊尔、印度、缅甸。

（5）川鄂金丝桃 *Hypericum wilsonii* N. Robson

湖北、四川。

（6）小连翘 *Hypericum erectum* Thunberg

中美联合调查队 239，1416；曹铁如 090230；晏朝超 522227140617003LY；张代贵 20100412033；肖简文 5782

鹤峰、宣恩。

江苏、安徽、浙江、福建、台湾、湖北、湖南。

俄罗斯、朝鲜、日本。

（7）扬子小连翘 *Hypericum faberi* R. Keller

安明先 3434；官燕萍 080713GYP001；湘西考察队 717；张代贵 ZZ150825894；简焯坡、张秀实、金泽鑫等 31392；邓涛 00499；中国西部科学院 3609；赵佐成 88-1959，88-1761。

芷江、凤凰、桑植、石阡、印江、德江、沿河、黔江、咸丰、宣恩。

陕西、安徽、湖北、湖南、广西、四川、贵州、云南。

（8）衡山金丝桃 *Hypericum hengshanense* W. T. Wang

黔北队 2392

江西、湖南。

（9）地耳草 *Hypericum japonicum* Thunberg

宿秀江、刘和兵 433125D00020804028；姚杰 522227160529076LY；易文要 2130；张代贵 4331221607170076LY，00407；莫岚 070718006；彭海军 080513005；徐亮 0480

新晃、芷江、沅陵、保靖、花垣、龙山、桑植、石阡、印江、德江、沿河、松桃、秀山、咸丰、宣恩。

秦岭以南广泛分布。

缅甸、印度、斯里兰卡、日本、澳大利亚、新西兰、美国夏威夷。

（10）长柱金丝桃 *Hypericum longistylum* Oliver

龙成良 87297；周辉、周大松 15052934；席先银等 564；北京队 00894；宿秀江、刘和兵 433125D00020814056；张代贵 zdg1405310359；杨彬 080510113；周水江 0443；彭海军 0805-130060；钟补求 713

永顺。

陕西、甘肃、安徽、河南、湖北、湖南、四川。

（11）金丝桃 *Hypericum monogynum* Linnaeus

许玥、祝文志、刘志祥、曹远俊 ShenZH7759；安明先 3308，3525；北京队 001153；刘林翰 01709；彭春良 86345；龙成良 87192；沈中瀚 104；廖衡松 16204，00029

沅陵、永顺、龙山、桑植、石门、印江、德江、碧江。

河北、陕西、山东、江苏、安徽、浙江、江西、福建、台湾、河南、湖北、湖南、广东、广

西、四川、贵州。

（12）金丝梅 *Hypericum patulum* Thunberg

王映明 6859，4095；肖简文 5657；黔北队 0328，2272；赵佐成 88-2033；北京队 001825；武陵山考察队 3302；谷忠村 0610；付国勋 1253

花垣、龙山、桑植、石阡、印江、德江、沿河、松桃、秀山、咸丰、宣恩。

陕西、甘肃、江苏、安徽、浙江、江西、福建、台湾、湖北、湖南、广西、四川、贵州、云南。

日本。

（13）贯叶连翘 *Hypericum perforatum* Linnaeus

武陵山考察队 1657；黔北队 2051，1297；宿秀江、刘和兵 433125D00030811003；张代贵 zdg43312706240535；武陵山考察队 2156，2055；湘黔队 2406

石门、施秉、石阡、印江、思南、松桃、鹤峰、宣恩。

新疆、甘肃、河北、山西、陕西、山东、江苏、江西、湖北、湖南、四川、贵州。

南欧、塞浦路斯、非洲西北部、近东、中亚、印度、蒙古、俄罗斯。

（14）元宝草 *Hypericum sampsonii* Hance

刘林翰 9284；武陵队 674；林祁 693；李学根 204556，204209；谭沛祥 60984；黔北队 1453；湘黔队 002553；李洪钧 5489

沅陵、永顺、桑植、石门、江口、松桃、碧江、黔江、宣恩。

长江流域以南各省、冬至台湾、北达陕西。

日本、越南、缅甸、印度。

（15）密腺小连翘 *Hypericum seniawinii* Maximowicz

李良千 30；王映明 5213；李胜华、伍贤进、刘光华、蒋向辉 WuXJ902；刘林翰 9775；林文豹 536

桑植、鹤峰。

安徽、浙江、江西、福建、湖北、湖南、广东、广西、四川、贵州。

一百三十四、牻牛儿苗科 Geraniaceae（2:10）

1. 老鹳草属 Geranium Linnaeus（8:8:0）

（1）野老鹳草 *Geranium carolinianum* Linnaeus

张代贵 080507030+1，4331221505010029LY，080507030，zsy0003；吴福川 SCSB-07002；李杰 5222291604181024LY，5222291605221129LY，522227160527085LY；谷忠村 013；朱太平、刘忠福 1173

吉首、泸溪、永定、龙山、永顺、松桃、德江、梵净山。

山东、安徽、江苏、浙江、江西、湖南、湖北、四川、云南。

（2）灰岩紫地榆 *Geranium franchetii* R. Knuth

黔北队 1133；湘西调查队 0336

桑植、永顺、梵净山。

广西、湖南、湖北、华中地区。

（3）尼泊尔老鹳草 *Geranium nepalense* Sweet

安明先 3853；壶瓶山考察队 0410，A210；北京队 003608；811，4366；王映明 6451，6131；赵佐成 88-2055。

凤凰、芷江、沅陵、花垣、永顺、龙山、桑植、石门、石阡、梵净山、思南、德江、酉阳、秀山、咸丰、鹤峰、宣恩。

湖南、湖北、云南、贵州、四川、陕西、甘肃、青海、河南、广西、广东、江西、台湾。

（4）汉荭鱼腥草 *Geranium robertianum* Linnaeus

张代贵 616013

鹤峰、五峰。

贵州，四川、云南。日本、欧洲。

（5）湖北老鹳草 *Geranium rosthornii* R. Knuth

山东、河南、安徽、湖北、陕西、甘肃、四川。

（6）鼠掌老鹳草 *Geranium sibiricum* Linnaeus

武陵队；李洪钧 2465；李良千 173；壶瓶山考察队 01080；武陵考察队 803，1110；张代贵 zdg4331260178；宿秀江、刘和兵 433125D00-150807041；杨彬 071005009；屈永贵 080416036

桑植、石门、鹤峰、宣恩。

广西、湖南、湖北、贵州、云南、四川、新疆、陕西、甘肃、青海、宁夏、山西、河南、河北、内蒙古、辽宁、山东、黑龙江、安徽、江苏。

朝鲜。

（7）中日老鹳草 *Geranium thunbergii* Siebold ex Lindley & Paxton

李洪钧 7485；简焯坡 30790

湖南、浙江、福建、台湾。

日本。

（8）老鹳草 *Geranium wilfordii* Maximowicz

李振基、吕静 1196；壶瓶山考察队 0940，A100；湘黔队 2403，3394；曹铁如 090383；湘西考察队 919；卢小刚 522227160523057LY；张代贵 pcn080

永顺、龙山、桑植、慈利、石门、酉阳。

湖南、四川、甘肃、河南、江西、福建、浙江、江苏、安徽、辽宁、吉林、黑龙江。

2. 天竺葵属 Pelargonium L'Hér. ex Aiton（2:2:0）

（1）香叶天竺葵 *Pelargonium graveolens* L'Hér.

鹤城。

全国各地庭园有栽培。

原产于非洲南部。

（2）天竺葵 *Pelargonium hortorum* Bailey

鹤城、吉首、武陵源。

北京、天津、河南、广东、广西、海南、四川、贵州、云南、陕西、青海、新疆。

一百三十五、千屈菜科 Lythraceae（6:12）

1. 水苋菜属 Ammannia Linnaeus（3:3:0）

（1）耳基水苋 *Ammannia auriculata* Willdenow

凤凰。

广东、福建、浙江、江苏、安徽、湖北、河南、河北、陕西、甘肃及云南。

广泛分布于世界热带地区。

（2）水苋菜 *Ammannia baccifera* Linnaeus

湘西考察队 971；李学根 204319；刘林翰 9737；张代贵 YH150911664，ZZ150912382；李恒等 1779；92-1 班 0820230

慈利、德江。

广东、广西、湖南、湖北、福建、台湾、浙江、江苏、安徽、江西、河北、陕西、云南。

越南、印度、阿富汗、菲律宾、马来西亚、澳大利亚、非洲热带地区。

（3）多花水苋菜 *Ammannia multiflora* Roxburgh

我国南部各地区。

广泛分布于亚洲、非洲、大洋洲、欧洲。

2. 萼距花属 Cuphea P. Browne（1:1:0）

（1）细叶萼距花 *Cuphea hyssopifolia* Kunth

洪燕 08106；王映明 5109；简焯坡等 31760。

宣恩。

我国南方各地有栽培。

原产于墨西哥和危地马拉。

3. 紫薇属 Lagerstroemia Linnaeus（4:4:0）

（1）尾叶紫薇 *Lagerstroemia caudata* Chun et How ex S.Lee et L.Lau

武陵队 144；北京队 00256；刘正宇 1955

沅陵、永顺。

湖南、广东、广西、江西。

（2）川黔紫薇 *Lagerstroemia excelsa*（Dode）Chun ex S. K. Lee et L. F. Lau

钟补勤 838；壶瓶山考察队 0640；张桂才等 583；武陵山考察队 663，829；安明态 DJ-0495；贺海生 080501029；张代贵 07060601；吉首大学生物资源与环境科学学院 GWJ20180712_0228；李洪钧 3842

沅陵、石门、印江、松桃。

贵州、四川、湖北、湖南。

（3）紫薇 *Lagerstroemia indica* Linnaeus

赵佐成 88-1321，88-1585；王映明 5126；壶瓶山考察队 87306；武陵山考察队 2117，3241，144；谷忠村 5-009；张代贵 00500；吉首大学生物资源与环境科学学院 GWJ20180713_0414

沅陵、石门、石阡、万山、黔江、来凤、鹤峰、宣恩。

广东、广西、湖南、湖北、江西、福建、浙江、江苏、河南、河北、山东、安徽、陕西、四川、云南、贵州、吉林。

（4）南紫薇 *Lagerstroemia subcostata* Koehne

沈中瀚 01276；张桂才等 583；李永康、徐友源 81-197；张代贵 zdg1406010001，lxq0121016；谷忠村 0715025，071503；李洪钧 3842，3026

宣恩。

台湾、广东、广西、湖南、湖北、江西、福建、浙江、江苏、安徽、四川、青海。

日本琉球群岛。

4. 石榴属 Punica Linnaeus（1:1:0）

（1）石榴 *Punica granatum* Linnaeus

朱瑞华 201905212083；宿秀江、刘和兵 433125D00020614027；刘和兵 ZZ120614360；聂君萱 201905192025；雷开东 4331271406140137；张代贵 615002，zdg1406140552；湖南队 0729

保靖、永顺、溆浦、古丈、石阡、武陵山区。

世界各地温带和热带普遍作为果树或观赏植物种植。

原产于巴尔干半岛至伊朗及其邻近地区。

5. 节节菜属 Rotala Linnaeus（2:2:0）

（1）节节菜 *Rotala indica*（Willdenow）Koehne

武陵队 2105；刘林翰 08356，9774；安明先 3790；湘西调查队 0729；徐家武 0719172；李恒

等 1767；湖南省永顺县 1605。

芷江、保靖、梵净山、松桃。

广东、广西、湖南、江西、福建、浙江、江苏、安徽、湖北、陕西、四川、贵州、云南。

印度、斯里兰卡、印度尼西亚、菲律宾、中南半岛、日本、俄罗斯。

（2）圆叶节节菜 *Rotala rotundifolia*（Buchanan-Hamilton ex Roxburgh）Koehne

李洪钧 1942；武陵考察队 985，2040；张代贵 00424，00429；杨彬 070716044；北京队

001827；湘黔队 2722

新晃、花垣、印江、宣恩。

广东、广西、福建、台湾、浙江、江西、湖南、湖北、四川、贵州、云南。

印度、马来西亚、斯里兰卡、中南半岛、日本。

6. 菱属 Trapa Linnaeus（1:1:0）

（1）欧菱 *Trapa natans* Linnaeus

浙江、江西、湖北、四川、云南。

日本、越南、老挝、泰国。

一百三十六、柳叶菜科 Onagraceae（5:18）

1. 露珠草属 Circaea Linnaeus（4:4:0）

（1）露珠草 *Circaea cordata* Royle

李良千 61，168；赵佐成 88-1668；武陵山考察队 2401，3373，815；张代贵 0916076；雷开东 4331271407200557；陈功锡 0710042；谷忠村 0726042

桑植、新晃、施秉、石阡、印江、黔江、鹤峰。

黑龙江、吉林、辽宁、河北、山西、陕西、甘肃、山东、安徽、浙江、江西、台湾、河南、湖北、湖南、四川、贵州、云南、西藏。

日本、俄罗斯西伯利亚地区东南部、朝鲜、尼泊尔、印度、克什米尔、巴基斯坦。

（2）谷蓼 *Circaea erubescens Franchet* et Savatier

王映明 5346；武陵山考察队 2196；简焯坡 31709；赵佐成 88-1713；北京队 3816；安明态 SQ-0859；张代贵 0718035，Q223143，090808042

桑植、施秉、石阡、江口、印江、松桃、黔江、鹤峰、宣恩。

陕西、江苏、安徽、浙江、江西、福建、台湾、湖北、湖南、广东、四川、贵州、云南。

日本、朝鲜。

（3）秃梗露珠草 *Circaea glabrescens*（Pampanini）Handel-Mazzetti

武陵考察队 2015

湖南、湖北、四川、甘肃、陕西、山西、台湾。

（4）南方露珠草 *Circaea mollis* Siebold et Zuccarini

武陵考察队 1519，1078；赵佐成 88-1674，88-1548；赵佐成、马建生 2990；曹亚玲、溥发鼎 2914；中国西部科学院 3602；简焯坡、应俊生、马成功等 30655；刘林翰 9431；中国西部科学院 3681

芷江、凤凰、保靖、永顺、慈利、印江、沿河、松桃、黔江、酉阳、咸丰。

吉林、辽宁、河北、陕西、山东、江苏、安徽、浙江、江西、福建、河南、湖北、湖南、广西、四川、贵州、云南。

日本、朝鲜、俄罗斯东南部、越南北部、柬埔寨、老挝、缅甸、印度。

2. 柳叶菜属 Epilobium Linnaeus（9:9:0）

（1）毛脉柳叶菜 *Epilobium amurense* Haussknecht

印江、黔江、宣恩。

东北地区、华北地区、陕西、台湾、四川、贵州、西藏。

克什米尔地区至喜马拉雅山脉、俄罗斯西伯利亚地区东部、朝鲜、日本。

（2）光滑柳叶菜 *Epilobium amurense* subsp. *cephalostigma*（Haussknecht）C. J. Chen

赵佐成 88-1736，88-1934；壶瓶山考察队 01301，A124；北京队 002524，002924；王映明

4798；简焯坡、应俊生、马成功等 30924；湘黔队 3404；中国西部科学院 3952

桑植、石门、梵净山、黔江、宣恩。

吉林、陕西、江西、河南、湖北、湖南、云南。

俄罗斯远东地区、朝鲜、日本。

（3）腺茎柳叶菜 *Epilobium brevifolium* subsp. *trichoneurum*（Haussknecht）P. H. Raven

壶瓶山考察队 A25，A48；王映明 6778；李良千 7；黔北队 1391

桑植、石门、咸丰、鹤峰、秀山。

陕西、浙江、江西、台湾、湖北、湖南、广东、广西、四川、贵州、云南、西藏。

不丹、尼泊尔、印度、缅甸、越南北部、加里曼丹、吕宋岛。

（4）圆柱柳叶菜 *Epilobium cylindricum* D. Don

甘肃、湖北、四川、贵州、东部、云南、西藏。

阿富汗、巴基斯坦、印度北部、尼泊尔、不丹、吉尔吉斯斯坦、乌兹别克斯坦。

（5）柳叶菜 *Epilobium hirsutum* Linnaeus

武陵山考察队 2627；张杰 4070；安明先 3753；黔北队 1957；安明态等 YJ-2014-0083；宿秀江、刘和兵 433125D00020808014；雷开东 4331271408150938；谷忠村 0627003；赵佐成、马建生 2964

施秉、石阡、江口、松桃。

东北地区、河北、山西、陕西、甘肃、新疆、河南、湖北、湖南、江西、广东、广西、贵州、四川。

欧洲、小亚细亚至西伯利亚、朝鲜、日本、印度北部、北非。

（6）锐齿柳叶菜 *Epilobium kermodei* P. H. Raven

曹亚玲、溥发鼎 0125，0149；曹铁如 090322；廖博儒 1298；贵州队 707，362；黔北队 1391；黔南队 2641；李洪钧 9115

酉阳。

四川、云南。

缅甸。

（7）小花柳叶菜 *Epilobium parviflorum* Schreber

壶瓶山考察队 A146；武陵队 1224；陈功锡、张代贵 SCSB-HC-2008302；赵佐成 88-1426；曹亚玲、溥发鼎 2726；安明先 3491；席先银 84210；谭士贤 230；张代贵 4331221510200604LY；李洪钧 9078

凤凰、慈利、石门、沿河、松桃、黔江。

新疆、甘肃、陕西、山西、河南、湖北、湖南。

日本、欧洲。

（8）长籽柳叶菜 *Epilobium pyrricholophum* Franchet et Savatier

王映明 6469；武陵山考察队 2361，1890；北京队 003628；刘林翰 9746；湘西考察队 480；张代贵 y1127，YH100913823；李洪钧 9115

芷江、保靖、慈利、石阡、江口、印江、咸丰。

浙江、江西、湖北、湖南、贵州、云南。

朝鲜、日本、俄罗斯。

（9）中华柳叶菜 *Epilobium sinense* H. Leveille

李洪钧 7086，7470；张代贵 YD203881，YD2100064

桑植、来凤、古丈、酉阳。

河南、陕西、甘肃、湖北、湖南、四川、贵州、云南。

3. 倒挂金钟属 Fuchsia Linnaeus（1:1:0）

（1）倒挂金钟 *Fuchsia hybrida* Hort. ex Sieb. et Voss.

陈功锡、张代贵、邓涛等 SCSB-HC-2007407 吉首。

4. 丁香蓼属 Ludwigia Linnaeus（2:2:0）

（1）水龙 *Ludwigia adscendens*（Linnaeus）H. Hara

向晟、藤建卓 JS20180816_0880

福建、江西、湖南、广东、香港、海南、广西、云南。

印度、斯里兰卡、孟加拉国、巴基斯坦、中南半岛、马来半岛、印度尼西亚、澳大利亚。

（2）假柳叶菜 *Ludwigia epilobioides* Maximowicz

麻超柏、石琳军 HY20180810_0911；张代贵 pph1041，pph1149，YH150821545，pcn031，090804019，20161003009

芷江、凤凰、永顺、桑植、江口、印江、鹤峰。

河北、陕西、江苏、安徽、浙江、江西、台湾、湖北、湖南、广东、海南、云南。

日本、越南。

5. 月见草属 Oendthera Linnaeus（2:2:0）

（1）月见草 *Oenothera biennis* Linnaeus

张银山 522223150804061 LY；张代贵 pph1184，1019003，4331221505040141LY；陈美云 5222-30200724009LY；李雄、邓创发、李健玲 190-61615；杨泽伟 522226191005038LY

永顺、泸溪、桑植、印江、玉屏、黔江。

东北地区、华北地区、华东地区、西南地区有栽培。

原产美洲。

（2）待宵草 *Oenothera stricta* Ledebour ex Link

张代贵 080502036，zdg7525；向晟、藤建卓 JS20180820_0985

桑植、吉首、永顺。

陕西、江苏、江西、福建、台湾、广东、广西、贵州、云南。

智利、阿根廷，南美洲。

一百三十七、桃金娘科 Myrtaceae（3:9）

1. 桉属 Eucalyptus L' Héritier（4:4:0）

（1）赤桉 *Eucalyptus camaldulensis* Dehnhardt

谷忠村 002；无采集人 612

吉首、黔江。

澳大利亚。

（2）窿缘桉 *Eucalyptus exserta* F. Mueller

澳大利亚。

（3）桉 *Eucalyptus robusta* Smith

邓涛 08180809；湖南队 0456；方明渊 24465；张代贵 000932

吉首、永顺、恩施。

澳大利亚。

（4）细叶桉 *Eucalyptus tereticornis* Smith

谷忠村 003；无采集人 93

吉首、彭水。

澳大利亚。

2. 红千层属 Callistemon R. Br.（2:2:0）

（1）红千层 *Callistemon rigidus* R. Br

广东、广西。

澳大利亚。

（2）垂枝红千层 *Callistemon viminalis*（Solander）Cheel

澳大利亚。

3. 蒲桃属 Syzygium P. Browne ex Gaertner（3:3:0）

（1）华南蒲桃 *Syzygium austrosinense*（Merrill & L. M. Perry）Hung T. Chang & R. H. Miao

简焯坡 30427；吉首大学生物资源与环境科学学院 GWJ20170610_0008；安明态 SQ-1371

古丈、石阡、黔江。

四川、湖北、贵州、江西、浙江、福建、广东、广西。

（2）赤楠 *Syzygium buxifolium* Hooker & Arnott

沈中瀚 1263，1474，1722，9709，9396；湖南队 342；简焯坡、张秀实等 30092；李洪钧 6723，8106

龙山、古丈、桑植、保靖、永顺、印江、咸丰、鹤峰。

安徽、浙江、台湾、福建、江西、湖南、广东、广西、贵州。

（3）贵州蒲桃 *Syzygium handelii* Merrill & L. M. Perry

溆浦林业局 Ⅱ-144；徐永福、黎明、周大松 14073109；向晟、藤建卓 JS20180729_0705；张代贵 090731028，ZZ090731062，pxh145

溆浦、保靖、泸溪、永顺、吉首。

贵州、湖北、广东、广西。

一百三十八、野牡丹科 Melastomataceae（7:13）

1. 柏拉木属 Blastus Loureiro（1:1:0）

（1）少花柏拉木 *Blastus pauciflorus*（Bentham）Guillaumin

广东。

2. 野海棠属 Bredia Blume（3:3:0）

（1）叶底红 *Bredia fordii*（Hance）Diels

宿秀江、刘和兵 433125D00031114003；邓涛 00626；张代贵 0905626；杨彬 070501028；武陵考察队 1972

保靖、吉首、芷江。

贵州、广西。

（2）长萼野海棠 *Bredia longiloba*（Handel-Mazzetti）Diels

植被调查队 855

桑植。

湖南、江西、广东。

（3）匍匐野海棠 *Bredia repens* Renchao Zhou，Qiujie Zhou & Ying Liu

湖南。

3. 异药花属 Fordiophyton Stapf（1:1:0）

（1）异药花 *Fordiophyton faberi* Stapf

刘林翰 9701，9922；安明先 3992；宿秀江、刘和兵 433125D00020804019；吉首大学生物资源与环境科学学院 GWJ20170610_0033

保靖、古丈、德江。

四川、贵州、云南。

4. 野牡丹属 Melastoma Linnaeus（1:1:0）

（1）地菍 *Melastoma dodecandrum* Loureiro

张银山 522223150804053 LY；麻超柏、石琳军 HY20180809_0834；张代贵 YH150809488，L110024，L110107；李义 522230191123036LY；李佳佳 070716061；贺海生 0707160261

永顺、花垣、古丈、玉屏、万山。

贵州、湖南、广西、广东、江西、浙江、福建。

越南。

5. 金锦香属 Osbeckia Linnaeus（3:3:0）

（1）野牡丹 *Melastoma malabathricum* Linnaeus

张代贵 00428

保靖。

云南、贵州、广东、台湾。

澳大利亚、菲律宾。

（2）金锦香 *Melastoma malabathricum* Linnaeus

刘林翰 9683；湘西考察队 0018，835；湖南队 0497；安明先 3734，3708；姜庆勋 288；唐海华 522229140920377LY；张代贵 170910039

保靖、慈利、永顺、新晃、古丈、松桃、德江。

广西、长江流域以南地区。

越南、澳大利亚、日本。

（3）星毛金锦香 *Osbeckia stellata* Buchanan-Hamilton ex Kew Gawler

李洪钧 6112，6923，5505；曹铁如 90127

桑植、鹤峰。

云南。

6. 锦香草属 Phyllagathis Blume（2:2:0）

（1）锦香草 *Phyllagathis cavaleriei*（Herbs Léveillé & Vaniot）Guillaumin

黔北队 1187；简焯坡、张秀实等 31430，30112；谭沛祥 62516；武陵山考察队 211，2043；张代贵 yd1145，080907003，XYQ0721；黔北队 1187

芷江、古丈、永顺、松桃、印江、江口。

湖南、广西、广东、贵州、云南。

（2）宽萼锦香草 *Phyllagathis latisepala* C. Chen

李洪钧 6451；壶瓶山考察队 0880；北京队 002999，4043，002931

桑植、石门、鹤峰。

湖北。

7. 肉穗草属 Sarcopyramis Wallich（2:2:0）

（1）肉穗草 *Sarcopyramis bodinieri* H. Léveillé & Vaniot

曹铁如 090130，090915；邹颖 070720005；张代贵 080711002；北京队 317；湘黔队 3389，2430，2431；无采集人 3683；李永康 8203

桑植、花垣、永顺、江口。

四川、贵州、云南、广西。

（2）楮头红 *Sarcopyramis napalensis* Wallich

张代贵 zdg1407200835；张代贵、王业清、朱小琴 2027，1919

永顺、五峰。

云南。

一百三十九、省沽油科 Staphyleaceae（3:7）

1. 野鸦椿属 Euscaphis Siebold & Zuccarini（2:2:0）

（1）福建野鸦椿

（2）野鸦椿 *Euscaphis japonica*（Thunberg）Kanitz

李洪钧 8512，2462，3318，6203；黔北队 1538；方明渊 24459；林文豹 528；张元休等 112；刘林翰 9013；无采集人 4077

桑植、江口、松桃、秀山、咸丰、恩施、宣恩、鹤峰。

云南。

日本、朝鲜。

2. 省沽油属 Staphylea Linnaeus（3:3:0）

（1）省沽油 *Staphylea bumalda* Candolle

黑龙江、吉林、辽宁、河北、山西、陕西、浙江、湖北、安徽、江苏、四川。

（2）膀胱果 *Staphylea holocarpa* Hemsley

李良千 13；壶瓶山考察队 0313，0988，1088，87324，87261；张桂才等 420；北京队 002725；肖定春 80064；曹铁如 090258

桑植、石门、沅陵。

陕西、甘肃、湖北、湖南、广东、广西、贵州、四川、西藏。

（3）玫红膀胱果

3. 山香圆属 Turpinia Ventenat（2:2:0）

（1）硬毛山香圆 *Turpinia affinis* Merrill & L. M. Perry

覃海宁、傅德志、张灿明等 4004；壶瓶山考察队 87331，577，306，1260，87138；北京队 0437；无采集人 559；黔北队 1817；李洪钧 7125

桑植、石门、永顺、松桃、江口、来凤。

广西、四川、云南、贵州。

（2）锐尖山香圆 *Turpinia arguta*（Lindley）Seemann

李洪钧 7618；武陵考察队 754，2341，855；湘西考察队 张志松、党成忠等 400154；张志松、党成忠等 400038，400017；李克纲、张代贵等 TY20141226_1105；张代贵、张代富 BJ20170415001_0001；张代贵 DXY108

芷江、慈利、新晃、桃源、保靖、古丈、江口、来凤。

福建、江西、湖南、广东、广西、贵州、四川。

一百四十、旌节花科 Stachyuraceae（1:3）

1. 旌节花属 Stachyurus Siebold & Zuccarini（3:3:0）

（1）中国旌节花 *Stachyurus chinensis* Franchet

涪陵野生植物普查队 03321，03099，03377，02206；李洪钧 900，9337，9005，510；方明渊 24491，24337

恩施、咸丰、彭水、酉阳。

河南、陕西、西藏、浙江、安徽、江西、湖南、湖北、四川、贵州、福建、广东、广西、云南。

越南。

（2）西域旌节花 *Stachyurus himalaicus* J. D. Hooker & Thomson ex Bentham

包满珠 IV -07-8092，IV -1-07-8072；粟林 4331261407090514，4331261407050392，4331261405020336；李洪钧 6174，7090；许素环 0808055；张代贵 130331030，zdg201405020030

古丈、永顺、恩施、鹤峰、来凤。

陕西、浙江、湖南、湖北、四川、贵州、台湾、广东、广西、云南、西藏。

印度、尼泊尔、不丹、缅甸。

（3）云南旌节花 *Stachyurus yunnanensis* Franchet

李洪钧 8770，8720；B.Bartholomew et al. 699；黔北队 1659；朱太平、刘忠福 1659；安明态 3018；肖简文 5618；刘林翰 1665；吉首大学生物资源与环境科学学院 GWJ20170610_0199，GWJ20170611_0398

龙山、古丈、德江、沿河、江口、恩施。

湖南、湖北、四川、贵州、云南、广东。

一百四十一、漆树科 Anacardiaceae（5:12）

1. 南酸枣属 Choerospondias B. L. Burtt & A. W. Hill（2:2:0）

（1）南酸枣 *Choerospondias axillaris*（Roxburgh）B. L. Burtt & A. W. Hill

无采集人 0227；彭水县 1060；张志松、党成忠等 400569，402471；彭辅松合 678；李永康 8003；张志松 402557；张代贵 zdg1407230965，zdg05060257，zdg4331270171

永顺、江口、印江、秀山、彭水、鹤峰。

西藏、云南、贵州、广西、广东、湖南、湖北、江西、福建、浙江、安徽。

印度、中南半岛、日本。

（2）毛脉南酸枣 *Choerospondias axillaris* var. *pubinervis*（Rehder & E. H. Wilson）B. L. Burtt & A. W. Hill

Tu & Sun 3982；彭水队 500243-002-285；植被调查队 356；沈中瀚 356；吴利肖 1012+1；彭哲慧 070716343；陈功锡 080730082；张代贵 20101002001；沈中瀚 01446；田代科、肖艳、陈岳 LS-1389

永顺、龙山、秀山、彭水。

四川、贵州、湖南、湖北、甘肃。

2. 黄栌属 Cotinus Miller（2:2:0）

（1）毛黄栌 *Cotinus coggygria* var. *pubescens* Engler

无采集人 116；张代贵 zdg4331270164；彭春良 86347；龙成良 87168；肖定春 80003；雷开东 4331271405050341；谷忠村 378+1；陈功锡 208+2；刘和兵 ZZ120808351；雷开东 ZZ140515736

慈利、古丈、永顺、吉首、保靖、余庆。

贵州、四川、甘肃、陕西、山西、山东、河南、湖北、江苏、浙江。

（2）美国红栌 *Cotinus obovatus* Raf

天津、北京。

3. 黄连木属 Pistacia Linnaeus（1:1:0）

（1）黄连木 *Pistacia chinensis* Bunge

无采集人 1274；彭辅松 446；李洪钧 4813；雷开东 4331271405040247，4331271406010473，4331271406250153；张代贵 00232，ZDG48；谷忠村 1119005；李冬梅 0711038

永顺、吉首、酉阳、来凤、鹤峰。

长江流域以南各地区及华北、西北地区。

菲律宾。

4. 盐肤木属 Rhus Linnaeus（2:2:0）

（1）盐麸木 *Rhus chinensis* Miller

肖艳、李春、张成 LS-268；戴伦鹰，钱重海 鄂 705；方文旺 54010；植被调查队 317；沈中瀚 317；贺海生 080714HLL005；李洪钧 9076，7874；蔡学俊 10132；杨珂 10014

永顺、龙山、咸丰、恩施。

除东北地区、内蒙古和新疆外，其余地区均产。

印度、中南半岛、马来西亚、印度尼西亚、日本、朝鲜。

（2）红麸杨 *Rhus punjabensis* var. *sinica*（Diels）Rehder & E. H. Wilson

西南师院生物系 02760；曹亚玲、溥发鼎 0026；西师生物系 2455；彭水队 500243-001-017-01，500243-001-017-02，500243-001-017-03；谭士贤 234；刘应边 150207；刘林翰 9574，9575

永顺、彭水、酉阳。

云南、贵州、湖南、湖北、陕西、甘肃、四川、西藏。

5. 漆属 Toxicodendron Miller（5:5:0）

（1）刺果毒漆藤 *Toxicodendron radicans* subsp. *hispidum*（Engler）Gillis

武陵山考察队 2939，395；无采集人 146；张志松 402241；曹铁如 090376；宿秀江、刘和兵 433125D00020427003；北京队 000944，002492，944；付国勋、张志松 1235

桑植、保靖、永顺、江口、石阡、印江、恩施。

四川、云南、贵州、湖南、湖北、台湾。

（2）野漆 *Toxicodendron succedaneum*（Linnaeus）Kuntze

李洪钧 6885，7870，9088，7382；张兵、向新 090601003，090614005，090614027；无采集人 0467，0486；方明渊 24498

秀山、咸丰、来凤、五峰、恩施、鹤峰。

华北地区至长江流域以南各地区。

印度、中南半岛、朝鲜、日本。

（3）木蜡树 *Toxicodendron sylvestre*（Siebold & Zuccarini）Kuntze

沈中瀚 01102，01020；莫岚 070717075；徐早早 080713xzz01；粟林 4331261407060422，4331261404200278，4331261406060099；周芳芳 070718028；谷忠村 13009，0702008

永顺、古丈、吉首。

长江流域以南各地区。

朝鲜、日本。

（4）毛漆树 *Toxicodendron trichocarpum*（Miquel）Kuntze

李洪钧 6188；王映明 6171；西师生物系 02220；周丰杰 105；壶瓶山考察队 0593，0709；北京队 002856；谷忠村 19870702008；李良千 18；桑植县林科所 1225

石门、桑植、沅陵、吉首、酉阳、鹤峰。

贵州、湖南、湖北、江西、福建、浙江、安徽。

日本、朝鲜。

（5）漆树 *Toxicodendron vernicifluum*（Stokes）F. A. Barkley

T.H.Tu 3937；鲁道旺 522222140503002LY；徐友源 无采集号；雷开东 4331271405170364；贵州农学院采集队 无采集号；徐友源 7818；李衡 522227160714015LY；张代贵 zdg4331270025；祁承经 30438；麻超柏、石琳军 HY20180820_1128

永顺、古丈、桑植、江口、德江、秀山。

除黑龙江、吉林、内蒙古和新疆外，其余地区均产。

印度、朝鲜、日本。

一百四十二、无患子科 Sapindaceae（6:41）

1. 槭属 Acer Linnaeus（35:35:0）

（1）阔叶槭 *Acer amplum* Rehder

简焯坡、张秀实等 31472；张志松、党成忠等 402106；北京队 002536，2103；李良千 199；席先银 606；简焯坡 31472；张志松 402106；蔡平成 20274；龙成良 120377

桑植、慈利、石门、印江、江口。

湖北、四川、云南、贵州、湖南、广东、江西、安徽、浙江。

（2）建水阔叶槭 *Acer amplum* subsp. *bodin-*

ieri（H. Léveillé）Y. S. Chen

云南。

（3）三角槭 *Acer buergerianum* Miquel

李小腾 080510004；刘林翰 9241

吉首、桑植。

山东、河南、江苏、浙江、安徽、江西、湖北、湖南、贵州、广东。

日本。

（4）小叶青皮槭 *Acer cappadocicum* subsp. *sinicum*（Rehder）Handel-Mazzetti

四川、云南、西藏。

（5）杈叶槭 *Acer ceriferum* Rehder

李良千 19；北京队 2179；廖衡松 16025，15922；曹铁如 090180；蔡平成 20226；廖衡松 16052；无采集人 604；李丙贵、万绍宾 750224；肖定春 80257

桑植、石门。

湖北。

（6）乳源槭 *Acer chunii* W. P. Fang

雷开东 ZZ140825767，4331271408251055；吉首大学生物资源与环境科学学院 GWJ2017-0610_0030，GWJ20180713_0418

永顺、古丈。

广东。

（7）紫果槭 *Acer cordatum* Pax

张代贵 zdg5-004，ZB130906360，YD11016；雷开东 ZZ140807763，4331271408070857；张代贵、王业清、朱晓琴 zdg, wyq, zxq0270；张代贵、张代富 GZ20170406028_0028；北京队 199；沈中瀚 01168；粟林 4331261409060559

永顺、古丈、五峰。

湖北、四川、贵州、湖南、江西、安徽、浙江、福建、广东、广西。

（8）樟叶槭 *Acer coriaceifolium* H. Léveillé

田代科、肖艳、陈岳 LS-1454；张代贵 zdg10250，zdg10243，zdg06140555，090827005，ZB141027223，ZB130604361，0425104，090702058，YH140821543

龙山、吉首、永顺、古丈、保靖。

四川、湖北、贵州、广西。

（9）青榨槭 *Acer davidii* Franchet

雷开东 4331271407205678；李洪钧 8107，6825，6905；彭辅松 合 542；李洪钧 6831，9246；戴伦鹰、钱重海 鄂 642；林文豹 621；黔江队 500114-569

永顺、黔江、鹤峰、咸丰。

华北地区、华东地区、中南地区、西南地区。

（10）葛罗槭 *Acer davidii* subsp. *grosseri*（Pax）P. C. de Jong

植被调查队 925；张代贵 YH150516776；张代贵、王业清、朱晓琴 2509

永顺、古丈、五峰。

河南、湖北、湖南、江西、安徽、浙江。

（11）毛花槭 *Acer erianthum* Schwerin

张志松 401581，401294，400697，401608

印江。

产陕西、湖北、四川、云南、广西。

（12）罗浮槭 *Acer fabri* Hance

张代贵 zdg0172，zdg4331270158；李洪钧 9359，8765；王金敖 0273；贵州队 31423；张志松 401026，401754；简焯坡 31181，30617

永顺、印江、秀山、恩施、咸丰。

广东、广西、江西、湖北、湖南、四川。

（13）扇叶槭 *Acer flabellatum* Rehder

张代贵、王业清、朱晓琴 2685；李洪钧 5640，5848；聂敏祥、李启和 1209，1303；傅国勋、张志松 1259；付国勋、张志松 1303，1309；张志松、党成忠等 401857，401855

印江、五峰、鹤峰、恩施。

湖北、四川、贵州、云南、广西、江西。

（14）血皮槭 *Acer griseum*（Franchet）Pax

壶瓶山考察队 87330；肖育檀 40749；蔡平成 20154；方明渊 24431

石门、武陵源、恩施。

河南、陕西、甘肃、湖北、四川。

（15）三叶槭 *Acer henryi* Pax

姚梅花 083；张代贵 3085，ZB130907358，GZ2016071003764，YD2100105，hhx0122009，phx124；张代贵、王业清、朱晓琴 zdg, wyq, zxq0377；李洪钧 6844；北京队 970

古丈、永顺、五峰、鹤峰。

山西、河南、陕西、甘肃、江苏、浙江、安徽、湖北、湖南、四川、贵州。

（16）光叶槭 *Acer laevigatum* Wallich

张代贵、王业清、朱小琴 1615；张志松 402575，402535，402556，zdg10251，zdg10328，zdg4331270032；黄升 DS1166；张代贵 ZZ170815813，ZZ170811814

永顺、泸溪、印江、来凤、五峰。

陕西、湖北、四川、贵州、云南。

尼泊尔、印度、缅甸。

（17）长柄槭 *Acer longipes* Franchet ex Rehder

廖博儒 8278；安明态 SQ-0307，SQ-0542；安明态 无采集号；刘林翰 9140，9140；北京队 1434

桑植、永顺、石阡。

河南、陕西、湖北、四川、安徽。

（18）五尖槭 *Acer maximowiczii* Pax

张志松 401306，401303，400609，400675，402001，401309；张代贵 0807290034；简焯坡 32042；武陵山考察队 1302，0771

古丈、石门、印江、江口。

山西、河南、陕西、甘肃、青海、湖北、湖南、四川、贵州。

（19）毛果槭 *Acer nikoense* Maximowicz

浙江、安徽、江西、湖北。

（20）飞蛾树 *Acer oblongum* Wallich ex Candolle

张代贵 090731027，zdg4331261023；黔北队 1450；安明态等 5849；曹铁如 850230；蔡平成 20005；田代科、肖艳、陈岳 LS-1361；肖艳、李春、张成 LS-372；肖艳、莫海波、张成、刘阿梅 LS-868；雷开东 4331271408251034

古丈、石门、沅陵、龙山、沿河、松桃。

陕西、甘肃、湖北、四川、贵州、云南、西藏。

尼泊尔、印度。

（21）五裂槭 *Acer oliverianum* Pax

梵净山队 923；张代贵 zdg4331270147，YH140920094，ZZ141026000，yd0526，zdg6094；吉首大学生物资源与环境科学学院 GWJ20170611_0583；简焯坡 31096，31173；安明态 SQ-0723

永顺、古丈、印江、石阡。

河南、陕西、甘肃、湖北、湖南、四川、贵州、广西、云南。

（22）鸡爪槭 *Acer palmatum* Thunberg

张代贵 YH080719769，6094，6095，6096，6097，6098；唐海华 5222291607111200LY；安明态 SQ-0712；刘林翰 9126；吉首大学生物资源与环境科学学院 GWJ20180713_0356

古丈、桑植、石阡、松桃。

山东、河南、江苏、浙江、安徽、江西、湖北、湖南、贵州。

朝鲜、日本。

（23）色木槭 *Acer pictum* subsp. *mono*（Maximowicz）H. Ohashi

浙江。

（24）红花槭 *Acer rubrum* Linnaeus

北美洲。

（25）中华槭 *Acer sinense* Pax

沈中瀚 388；古丈林业局 无采集号；张志松 402196，401867；李永康 8140，401866；张华海 82045；钟补勤 875；张志松、党成忠等 402137；黔北队 0493

永顺、古丈、江口、印江。

湖北、四川、湖南、贵州、广东、广西。

（26）天目槭 *Acer sinopurpurascens* W. C. Cheng

浙江、江西。

（27）四蕊槭 *Acer stachyophyllum* subsp. *betulifolium*（Maximowicz）P. C. de Jong

张代贵 zdg4702

古丈。

陕西、甘肃。

（28）房县槭 *Acer sterculiaceum* subsp. *franchetii*（Pax）A. E. Murray

张代贵 ZB140527224，ZZ150513402

永顺、古丈。

四川。

（29）四川槭 *Acer sutchuenense* Franchet

四川、湖北。

（30）苦条槭 *Acer tataricum* subsp. *ginnala*

（Maximowicz）Wesmael

曹铁如 090491

桑植。

华东地区、华中地区。

（31）薄叶槭 *Acer tenellum* Pax

龙成良 87151；廖衡松 15875，15875；廖博儒 207；壶瓶山考察队 87151

桑植、石门。

四川。

（32）元宝槭 *Acer truncatum* Bunge

吉林、辽宁、内蒙古、河北、山西、山东、江苏、河南、陕西、甘肃。

（33）秦岭槭 *Acer tsinglingense* W. P. Fang & C. C. Hsieh

河南、陕西、甘肃。

（34）岭南槭 *Acer tutcheri* Duthie

浙江南部、江西南部、湖南南部、福建、广东、广西。

（35）三峡槭 *Acer wilsonii* Rehder

张代贵 090715047，YH140924540，YY609，090715047，ZZ090715091，080714LJ005；沈中瀚 01018；张代贵 080714LJ005；康健 07131072；冯运明 0713032

古丈、保靖、永顺。

湖北、四川、江西、湖南、贵州、云南、广东、广西。

2. 七叶树属 Aesculus Linnaeus（2:2:0）

（1）七叶树 *Aesculus chinensis* Bunge

李丙贵、万绍宾 750182，750088；湘西考察队 401；席先银等 544

桑植、慈利。

河北、山西、河南、陕西。

（2）天师栗 *Aesculus chinensis* var. *wilsonii*（Rehder）Turland & N. H. Xia

河南、湖北、湖南、江西、广东、四川、贵州、云南。

3. 金钱槭属 Dipteronia Oliver（1:1:0）

（1）金钱槭 *Dipteronia sinensis* Oliver

安明态 SQ-0740；壶瓶山考察队 87401，2854；张志松等 400850；简焯坡等 31283；张志松等 402145，401325，402235，402145；武陵山考察队 2854

石门、印江、江口、石阡。

河南、陕西、甘肃、湖北、四川、贵州。

4. 伞花木属 Eurycorymbus Handel-Mazzetti（1:1:0）

（1）伞花木 *Eurycorymbus cavaleriei*（H. Léveillé）Rehder & Handel-Mazzetti

武陵山考察队 2141，3331，1038，1128；北京队 1797，0464；覃海宁、傅德志、张灿明等 4013；武陵山考察队 3331；钟补勤 752；安明先 3562

芷江、永顺、桑植、石门、江口、印江、石阡、德江。

云南、贵州、广西、湖南、江西、广东、福建、台湾。

5. 栾树属 Koelreuteria Laxmann（1:1:0）

（1）复羽叶栾树 *Koelreuteria bipinnata* Franchet

湘西考察队 696；席先银等 166；张代贵 zdg4331270096，4331221509070971LY，pph1168，lc0060，090731024，090719025

慈利、泸溪、永顺、古丈。

云南、贵州、四川、湖北、湖南、广西、广东。

6. 无患子属 Sapindus Linnaeus（1:1:0）

（1）无患子 *Sapindus saponaria* Linnaeus

谢丹 090813006；席先银等 20，156，364，535；张代贵 YD220035，YD221080，YH090813300，zdg00019，170711036

慈利、保靖、古丈、永顺。

日本、朝鲜、中南半岛、印度。

一百四十三、芸香科 Rutaceae（12:46）

1. 石椒草属 Boenninghausenia Reichenbach ex Meisner（1:1:0）

（1）臭节草 *Boenninghausenia albiflora*（Hooker）Reichenbach ex Meisner

黔北队 1126；简焯坡 31866，32368；郭玉生 027；廖博儒 1182；周辉、周大松 15080421；李晓芳 YJ-B-2014-0036；安明态 B-SN-2014-0036；宿秀江、刘和兵 433125D00060805007；88-6 8800064；向晟、藤建卓 JS20180824_1087

桑植、永定、保靖、武陵源、吉首、江口。

长江流域以南各地区，广东、台湾、西藏。

缅甸、不丹、尼泊尔、印度。

2. 柑橘属（11:11:0）

（1）酸橙 *Citrus × aurantium* Linnaeus

湘西调查队 2，3，14，5；郑、李 003；湖南省民族药办公室；侯瑞生、张文起；虞瑞生、张文起；孟宪斌、汪大方；张代贵 433122160-7241186LY

吉首、泸溪、桑植、溆浦、来凤。

（2）道县野橘 *Citrus daoxianensis* S. W. He & G. F. Liu

湖南。

（3）宜昌橙 *Citrus cavaleriei* H. Lév. ex Cavalier

简焯坡、张秀实等 30028；黔北队 2671；植被调查队 959；张代贵 616，19900714413，090804041，201507110314，phx127；席先银等 417；屈永贵 080601027；贺海生 080601027+1；刘林翰 10091；贺海生 080601027；张代贵、张代富 LS20170416016_0016；李克纲、张成 HY20160314_0011；刘和兵 ZQ130505110

古丈、吉首、保靖、永顺、花垣、慈利、德江。

云南。

（4）香橙 *Citrus × junos* Siebold ex Tanaka

蓝开敏 98-0030；北京队 001289

永顺、石阡。

陕西、甘肃。

（5）柠檬 *Citrus × limon*（Linnaeus）Osbeck

长江流域以南各地区。

（6）柚 *Citrus maxima*（Burman）Merrill

黎盛巨 s.n.；1；s.n.；黎盛巨 s.n.；张代贵 0830599；张荣霞 201905192002；吉首大学生物资源与环境科学学院 GWJ20170610_0157

辰溪、溆浦、保靖、古丈、石阡。

长江流域以南各地区。

（7）佛手 *Citrus medica* ‘Fingered’

长江流域以南各地区。

（8）华中枳

（9）柑橘 *Citrus reticulata* Blanco

湘西队 30；溆 11；湖南队 0678，0682；宿秀江、刘和兵 433125D00061104004；向德明、宋玉生 s.n.；邓涛 533；陈功锡 080731006；张代贵 YH150302372

溆浦、辰溪、保靖、永顺、古丈。

台湾、海南、西藏。

（10）甜橙 Citrus sinensis（Linnaeus）Osbeck

陕西、甘肃、西藏。

（11）枳 *Citrus trifoliata* Linnaeus

武陵山考察队 2246，642；湘西调查队 7；武陵山考察队张代贵 4331221510230672LY；贺丽娟 201905202082；向晟、藤建卓 JS20180327_0303；王映明 5187；肖简文 5675；安明先 3413；张杰 4078；黄升 DS1418

溆浦、吉首、沅陵、泸溪、石阡、沿河、德江、思南、宣恩。

山东、河南、山西、陕西、甘肃、安徽、江苏、浙江、湖北、湖南、江西、广东、广西、贵州、云南。

3. 黄皮属 Clausena N. L. Burman（2:2:0）

（1）齿叶黄皮 *Clausena dunniana* H. Léveillé

L.H.Liu 00005；张代贵 WXF20161002021；安明生 3366；简焯坡 402544

保靖、古丈、印江、德江。

湖南、广东、广西、贵州、四川、云南。

（2）毛齿叶黄皮 *Clausena dunniana* var. *robusta*（Tanaka）C. C. Huang

宿秀江、刘和兵 433125D00180929006；张代贵 161+1，ly304，4331221509060936LY；徐亮 071002050；邓涛 080510003；吉首大学生物资源与环境科学学院 GWJ20180712_0221；谷忠村 GZC433

保靖、吉首、永顺、古丈、泸溪。

湖北、湖南、广西、贵州、四川、云南。

4. 金橘属 Fortunella Swingle（2:2:0）

（1）金柑 *Citrus japonica* Thunberg

张代贵 pph1016；6049

古丈。

台湾、福建、广东、广西。

（2）金豆

5. 九里香属 Murraya J. Koenig ex Linnaeus（1:1:0）

（1）九里香 *Murraya exotica* Linnaeus

贺海生 080419016；陈书煌 712

吉首。

台湾、福建、广东、海南、广西。

6. 臭常山属 Orixa Thunberg（1:1:0）

（1）臭常山 *Orixa japonica* Thunberg

沈中瀚 064；杨彬 080602003；谷忠村 GZC626；吉首大学生物资源与环境科学学院 GWJ20180712_0262，GWJ20180712_0263，GWJ20180712_0264

沅陵、保靖、吉首、古丈。

河南、安徽、江苏、浙江、江西、湖北、湖南、贵州、四川、云南。

7. 黄檗属 Phellodendron Ruprecht（2:2:0）

（1）川黄檗 *Phellodendron chinense* C. K. Schneider

宿秀江、刘和兵 433125D00020427008；粟林 4331261407090529；84-2-2 0701121；张代贵 03060，zsy0049，YH090715809

保靖、古丈、永顺、武陵源。

湖北、湖南、四川。

（2）秃叶黄檗 *Phellodendron chinense* var.

glabriusculum C. K. Schneider

武陵山考察队 1654，223，2510，1381；北京队 002703；曹铁如 090249；祁承经 30383；张代贵 00165；83-1 0628175；李衡 522227160707019LY；周云等 143；张华海 027

芷江、桑植、永定、松桃、石阡、德江、江口。

陕西、甘肃、湖北、湖南、江苏、浙江、台湾、广东、广西、贵州、四川、云南。

8. 裸芸香属 Psilopeganum Hemsley（1:1:0）

（1）裸芸香 *Psilopeganum sinense* Hemsley

湖北、四川、贵州。

9. 茵芋属 Skimmia Thunberg（1:1:0）

（1）茵芋 *Skimmia reevesiana*（Fortune）Fortune

刘彬彬 2520；124；简焯坡 32123；931；简焯坡 3110；73；武陵山考察队 2941；廖博儒 177；杜大华 3923；谷忠村 0605138；曹铁如 090173

桑植、永定、印江、石阡。

云南、安徽。

菲律宾。

10. 吴茱萸属 Evodia J.R.et G.Forst.（3:3:0）

（1）臭檀吴萸 *Tetradium daniellii*（Bennett）T. G. Hartley

廖衡松 15935；曹铁如 090507；张代贵 zdg1407200825，DXY336，ZB130531431，zsy0007，YH140531369；谷忠村 121743

石门、桑植、龙山、永顺、吉首、永定。

湖北、四川。

（2）楝叶吴萸 *Tetradium glabrifolium*（Champion ex Bentham）T. G. Hartley

张代贵 Q223053，20090730005，Q223101，Q223112；雷开东 4331271410041338；安明态 SQ-0281；张代贵、陈庸新 ZZ090730224

永顺、泸溪、吉首、石阡。

安徽、浙江、湖北、湖南、江西、福建、广东、广西、贵州、四川、云南。

（3）吴茱萸 *Tetradium ruticarpum*（A. Jussieu）T. G. Hartley

安明态 SQ-0705；武陵山考察队 1407；林亲

众 10887；植被调查队 443；蔡平成 20306

古丈、桑植、石门、松桃、玉屏、石阡、江口、酉阳、秀山。

浙江、江苏、江西。

11. 飞龙掌血属 Toddalia Jussieu（1:1:0）

（1）飞龙掌血 *Toddalia asiatica*（Linnaeus）Lamarck

武陵山考察队 2328；安明先 3010；简焯坡、张秀实等 30034；黔北队 1812；北京队 002996；王映明 6853；李洪钧 3818；1159；张代贵 zdg10177；宿秀江、刘和兵 433125D00030810002

桑植、永顺、保靖、德江、印江、松桃、秀山、宣恩、咸丰。

陕西、海南、台湾、西藏。

12. 花椒属 Zanthoxylum Linnaeus（20:20:0）

（1）椿叶花椒 *Zanthoxylum ailanthoides* Siebold & Zuccarini

武陵考察队 640

沅陵。

云南、四川。

（2）竹叶花椒 *Zanthoxylum armatum* Candolle

张兵、向新 090611017；张志松、闵天禄、许介眉等 400155，402480；黔北队 0897；湘西考察队 490；曹亚玲、溥发鼎 2877；赵佐成、马建生 2888；周丰杰 212；北京队 01085；24400；中国西部科学院四川植物 4000；林文豹 595；李洪钧 7839

桑植、沅陵、永顺、慈利、江口、印江、沿河、酉阳、秀山、咸丰。

山东、海南、台湾、西藏。

日本、朝鲜、越南、老挝、缅甸、印度、尼泊尔。

（3）毛竹叶花椒 *Zanthoxylum armatum* var. *ferrugineum*（Rehder & E. H. Wilson）C. C. Huang

西师生物系 74 级 3090；川经涪 3013；廖衡松 00057；彭春良 86257；肖定春 80002；刘林翰 1465；张代贵 zdg9821；宿秀江、刘和兵 433125D00160808059；武陵山考察队 630；朱太平，刘忠福 628，2602

溆浦、龙山、保靖、石门、松桃、德江、彭

水。

湖南、广东、广西、贵州、四川、云南。

（4）毛叶岭南花椒 *Zanthoxylum austrosinense* var. *pubescens* C. C. Huang

桑植

湖南。

（5）簕欓花椒 *Zanthoxylum avicennae*（Lamarck）Candolle

台湾、福建、广东、海南、广西、云南。

（6）花椒 *Zanthoxylum dimorphophyllum* Hemsley

江苏、浙江、西藏、台湾、海南、广东。

（7）异叶花椒 *Zanthoxylum dimorphophyllum* Hemsley

刘林翰 1664；曹铁如 83003；彭春良 86354；黄升 DS2266；张银山 522223150804041 LY；王岚 5222231；李衡 5222227160609063LY；麻超柏、石琳军 HY20180707_0312；张代贵 626

慈利、龙山、保靖、花垣、永顺、玉屏、德江。

海南、台湾。

（8）蚬壳花椒 *Zanthoxylum dissitum* Hemsley

武陵山考察队 2007，0105；北京队 4278；武陵队 68；王映明 4498；张杰 4019；湘西考察队 276；丛义艳、陈丰林 SCSB-HN-1165；沈泽昊 HXE147

桑植、慈利、沅陵、松桃、思南、印江、黔江、宣恩、恩施。

陕西、甘肃。

（9）刺蚬壳花椒 *Zanthoxylum dissitum* var. *hispidum*（Reeder & S. Y. Cheo）C. C. Huang

四川。

（10）刺壳花椒 *Zanthoxylum echinocarpum* Hemsley

黔北队 2658；武陵山考察队 3112；溥发鼎、曹亚玲 0259；简焯坡等 31194；林文豹 610；石运祥、龙自义；林亲众 10932；邹立军 040910157；李克纲 XS20180501_5626；张代贵、张代富 LS20170416022_0022

古丈、桑植、永顺、花垣、石阡、印江、秀山、咸丰。

湖北、湖南、广东、广西、贵州、四川、云南。

（11）毛刺壳花椒 *Zanthoxylum echinocarpum* var. *tomentosum* C. C. Huang

黔北队 2658；武陵山考察队 3112；溥发鼎、曹亚玲 0259；简焯坡等 31194；林文豹 610；石运祥、龙自义；林亲众 10932；邹立军 040910157；李克纲 XS20180501_5626；张代贵、张代富 LS20170416022_0022

古丈、桑植、永顺、花垣、石阡、德江、印江、彭水、秀山、咸丰。

广西、贵州、云南。

（12）小花花椒 *Zanthoxylum micranthum* Hemsley

L.H.Liu 10023；沈中瀚 010；彭春良 86355；肖育檀 40037；植被调查队 964；陈功锡 0807311012；张代贵 ZZ100713776；宿秀江、刘和兵 433125D00090811008；张代贵 4331221607190886LY，090728020

花垣、桑植、慈利、沅陵、永顺、保靖。

湖北、湖南、贵州、四川、云南。

（13）朵花椒 *Zanthoxylum molle* Rehder

蔡平成 20158；植被调查队 730

石门、桑植。

安徽、浙江、江西、湖南、贵州。

（14）大叶臭花椒 *Zanthoxylum myriacanthum* Wallich ex J. D. Hooker

溆浦林业局 兰 –74

溆浦。

福建、广东、广西、海南、贵州、云南。

（15）花椒簕 *Zanthoxylum scandens* Blume

武陵山考察队 962，1219，0106，2702；廖衡松 00153；龙成良 120305；彭春良 86278；廖博儒 337；沈中瀚 233；王岚 522223140325025LY

溆浦、慈利、桑植、沅陵、石阡、江口、松桃、玉屏。

长江流域以南各地区。

（16）青花椒 *Zanthoxylum schinifolium* Siebold & Zuccarini

席先银等 344；武陵考察队 899；张代贵 YH150809526

新晃、古丈、慈利。

五岭以北、辽宁以南大多数地区。

（17）野花椒 *Zanthoxylum simulans* Hance

黔北队 1492；武陵队 1120；武陵考察队 749；王映明 4771；周丰杰 226；黔北队 628；王岚 522223140327027 LY；丛义艳、陈丰林 SCSB-HN-1177；李衡 522227160603066LY；刘、简、陈 0060

凤凰、石门、沅陵、印江、德江、玉屏、来凤、宣恩。

青海、甘肃、山东、河南、安徽、江苏、浙江、湖北、江西、台湾、福建、湖南、贵州。

（18）狭叶花椒 *Zanthoxylum stenophyllum* Hemsley

西师（生）02256；方明渊 24305

西阳、恩施。

陕西、甘肃、四川、湖北。

（19）梗花椒 *Zanthoxylum stipitatum* C. C. Huang

曹铁如 龙成良等 850436；溆浦林业局 145；廖衡松 00058；刘克旺 30012；彭春良 86456；张代贵 090703110，LL20130414021；雷开东 4331271407240771；张代贵 zdg2074；沈中瀚 120

沅陵、古丈、永顺、慈利、保靖、溆浦。

福建、湖南、广东、广西。

（20）浪叶花椒 *Zanthoxylum undulatifolium* Hemsley

肖定春 80102；廖衡松 15934；李晓腾 070617052；张代贵 YH090702734，1405200314，pxh150；雷开东 ZZ140520733；西师生物系 02252

石门、古丈、永顺、酉阳。

湖北、四川、陕西。

一百四十四、苦木科 Simaroubaceae（2:4）

1. 臭椿属 AilanthusDesfontaines（3:3:0）

（1）臭椿 *Ailanthus altissima*（Miller）Swingle

席先银等 9；沈中瀚 202；张桂才等 544；彭春良 86376；张代贵 zdg06110540，09073112；张代贵、王业清、朱晓琴 2545

慈利、沅陵、永顺、古丈、五峰。

除黑龙江、吉林、新疆、青海、宁夏、甘肃和海南外，全国各地均有分布。

（2）大果臭椿 *Ailanthus altissima* var. *sutchuenensis*（Dpde）Rehd.et Wils

江西、湖北、湖南、广西、四川、云南。

（3）刺臭椿 *Ailanthus vilmoriniana* Dode

湖北、四川、云南。

2. 苦木属 PicrasmaBlume（1:1:0）

（1）苦树 *Picrasma quassioides*（D. Don）Bennett

武汉植物园 108；安明先 3280；莫华 6107；刘林翰 1632；周丰杰 160；黔北队 1089，0606；北京队 390；武陵山考察队 628；方明渊 24344；张代贵、王业清、朱晓琴 1735

沅陵、龙山、永顺、松桃、德江、印江、酉阳、宣恩、恩施、五峰。

黄河流域及其以南各地区。

印度、不丹、尼泊尔、朝鲜、日本。

一百四十五、楝科 Meliaceae（4:5）

1. 米仔兰属 Aglaia Loureiro（1:1:0）

（1）米仔兰 *Aglaia odorata* Loureiro

广东、广西。

2. 楝属 Melia Linnaeus（1:1:0）

（1）楝 *Melia azedarach* Linnaeus

李衡 522227160527086LY；廖衡松 146；张代贵 4331221505010008LY；赵佐成 88–1691；宿秀江、刘和兵 433125D00070527004；张代贵等 13071501007；罗超 522223150426023 LY；李杰 5222291608021230LY

溆浦、保靖、古丈、泸溪、玉屏、松桃、德江、黔江、恩施。

黄河流域以南各地区。

广泛分布于亚洲热带和亚热带地区，温带地区也有栽培。

3. 地黄连属 Munronia Wight（1:1:0）

（1）单叶地黄连 *Munronia unifoliolata* Oliver

雷开东 4331271408251053；肖简文 5644；安明态 3675；曹亚玲、溥发鼎 0101；无人无号；张代贵 zdg00050，zdg1042，ZB130825451；姚杰 5222271160521030LY

永顺、德江、沿河、印江、彭水、秀山。

湖北、湖南、四川、贵州、云南。

4. 香椿属 Toona（Endlicher）M. Roemer（2:2:0）

（1）香椿 *Toona sinensis*（A. Jussieu）M. Roemer

肖简文 5836；简焯坡等 31459；李永康、徐友源 76356；武陵山考察队 0169，2666，2217；刘林翰 10027；杨胜永 140；龙成良 120385

花垣、芷江、保靖、慈利、沿河、印江、松桃、石阡、秀山。

华北地区、华东地区、我国中部、南部和西南部各地区。

朝鲜。

（2）紫椿 *Toona sureni*（Blume）Merrill

云南。

一百四十六、瘿椒树科 Tapisciaceae（1:1）

1. 瘿椒树属 Tapiscia Oliver（1:1:0）

（1）瘿椒树 *Tapiscia sinensis* Oliver

简焯坡、应俊生、马成功、李雅茹等 31716；安明态 SQ-0725；武陵山考察队 1031；中国西部科学院 3502；王映明 4235；张代贵、王业清、朱晓琴 2603，1785，2333；北京队 001995；沈中瀚 01093；廖衡松 15962；彭春良 86144

桑植、永顺、慈利、石门、印江、石阡、江口、五峰。

浙江、安徽、湖北、湖南、广东、广西、四川、云南、贵州。

一百四十七、十齿花科 Dipentodontaceae（1:1）

1. 核子木属 Perrottetia Kunth（1:1:0）

（1）核子木 *Perrottetia racemosa*（Oliver）Loesener

张志松 400551，402519；武陵山考察队 612；黔北队 1681；F0112；北京队 4072；席先银等 T521；谢丹 090804026；宿秀江、刘和兵 433125D00100809032；贺海生 070617143；张代贵、王业清、朱晓琴 1769。

桑植、永顺、慈利、保靖、吉首、松桃、印江、德江、五峰。

湖北、四川、贵州。

一百四十八、锦葵科 Malvaceae（16:43）

1. 秋葵属 Abelmoschus Medikus（5:5:0）

（1）咖啡黄葵 *Abelmoschus esculentus*（Linnaeus）Moench

刘林翰 9965；吉首大学生物资源与环境科学学院 GWJ20180713_0370

保靖、古丈。

河北、山东、江苏、浙江、湖南、湖北、云南、广东。

（2）黄蜀葵 *Abelmoschus manihot*（Linnaeus）Medikus

武陵队 1445；壶瓶山考察队 A81；刘林翰 10021；湘西考察队 1120；廖博儒 1458；张代贵 4331221509060951LY，pph1077，ZCJ081003017，Q223103

凤凰、石门、保靖、慈利、桑植、泸溪、古丈、永顺、松桃。

河北、山东、河南、陕西、湖北、湖南、四川、贵州、云南、广西、广东、福建。

印度。

（3）刚毛黄蜀葵 *Abelmoschus manihot* var. *pungens*（Roxburgh）Hochreutiner

湖南中医研究所 3

沅陵。

云南、贵州、四川、湖北、广东、广西、台湾。

印度、尼泊尔、菲律宾。

（4）黄葵 *Abelmoschus moschatus* Medikus

宿秀江、刘和兵 433125D00030810032；谷忠村 0721495，0721631；北京队 01673；雷开东 4331271408150945；李晓腾 070916011；武陵山考察队 1445；张代贵 ZZ140815267，LC0040，00391

保靖、永顺、泸溪、凤凰、吉首。

台湾、广东、广西、江西、湖南、云南。

越南、老挝、柬埔寨、泰国、印度。

（5）剑叶秋葵 *Abelmoschus sagittifolius*（Kurz）Merrill

杨彬 080817008

永顺。

广东、广西、贵州、云南。

越南、老挝、柬埔寨、泰国、缅甸、印度、马来西亚、澳大利亚。

2. 苘麻属 Abutilon Miller（2:2:0）

（1）金铃花 *Abutilon pictum*（Gillies ex Hooker）Walpers

谷忠村 6026

武陵源。

福建、浙江、江苏、湖北、北京、辽宁。

（2）苘麻 *Abutilon theophrasti* Medikus

安明先 3115

德江。

除青藏高原外，全国其他各地区均产。

越南、印度、日本、欧洲、北美洲。

3. 蜀葵属 Alcea Linnaeus（1:1:0）

（1）蜀葵 *Alcea rosea* Linnaeus

廖博儒 1075

桑植。

全国各地。

世界各地。

4. 田麻属 Corchoropsis Siebold & Zuccarini（1:1:0）

（1）田麻 *Corchoropsis crenata* Siebold & Zuccarini

壶瓶山考察队 A202；武陵考察队 1997；肖简文 5866，5875；黔北队 2329；安明态 3656；中国西部科学院 3897；简焯坡、张秀实等 52259；刘林翰 9658；湘西考察队 713

石门、芷江、保靖、慈利、沿河、德江、江口。

东北地区、华北地区、华东地区、华中地区、华南地区、西南地区。

朝鲜、日本。

5. 黄麻属 Corchorus Linnaeus（2:2:0）

（1）甜麻 *Corchorus aestuans* Linnaeus

刘林翰 9957，9642；李晓腾 071005003；李恒、鼓淑云、俞宏渊等 1850；张代贵 150811023；湘西调查队 0644

保靖、永顺、古丈、吉首。

长江流域以南各地区。

亚洲热带地区、中美洲、非洲。

（2）黄麻 *Corchorus capsularis* Linnaeus

长江流域以南各地区。

热带地区。

6. 梧桐属 Firmiana Marsili（1:1:0）

（1）梧桐 *Firmiana simplex*（Linnaeus）W. Wight

刘林翰 10082；武陵队 1108；D.C.Xiao 80298；宿秀江、刘和兵 433125D00020804030；晏朝超 522227140606001LY；北京队 1205；张代贵 4331221606290460LY；张代贵、王业清、朱晓琴 2387

花垣、凤凰、石门、保靖、泸溪、永顺、德江、五峰。

我国南北各地区，从广东海南岛到华北地区。

日本。

7. 棉属 Gossypium Linnaeus（1:1:0）

（1）陆地棉 *Gossypium hirsutum* Linnaeus

谷忠村 0810130，0810113；张代贵 XYQ0027

永顺。

全国各地。

8. 扁担杆属 Grewia Linnaeus（2:2:0）

（1）扁担杆 *Grewia biloba* G. Don

武陵队 877，2027，710；刘林翰 9534；李学根 203832；溥发鼎、曹亚玲 0254；李洪钧 4909，4905；钟补求 771；朱太平等 1456，1559；武陵山考察队 3286

新晃、芷江、沅陵、永顺、慈利、印江、松桃、石阡、彭水、来凤。

江西、湖南、浙江、广东、台湾，安徽、四川。

（2）小花扁担杆 *Grewia biloba* var. *parviflora*

（Bunge）Handel-Mazzetti

刘林翰 9534；董国凡 070719382；陶小根 0507117；吉首大学生物资源与环境科学学院 GWJ20180712_0303；壶瓶山考察队 0483；钟补求 771，824，794，797；黔北队 1456

永顺、古丈、石门、印江、思南、松桃。

广西、广东、湖南、贵州、云南、四川、湖北、江西、浙江、江苏、安徽、山东、河北、山西、河南、陕西。

9. 木槿属 Hibiscus Linnaeus（6:6:0）

（1）木芙蓉 *Hibiscus mutabilis* Linnaeus

谭沛祥 60867；武陵队 2136；刘林翰 9992；黔北队 2750；安明先 3903，3946；夏江林 436；肖简文 5767；湘西调查队 0633；肖定春 80058

芷江、保靖、吉首、石门、德江、松桃、沿河。

辽宁、河北、山东、陕西、安徽、江苏、浙江、江西、福建、台湾、广东、广西、湖南、湖北、四川、贵州、云南。

日本、东南亚。

（2）庐山芙蓉 *Hibiscus paramutabilis* L. H. Bailey

李学根 203500；张代贵 4331221607190858LY

麻阳、泸溪。

江西、湖南、广西。

（3）朱槿 *Hibiscus rosa-sinensis* Linnaeus

谷忠村 0910026；张代贵 0610001。

永顺、凤凰。

广东、云南、台湾、福建、广西、四川。

（4）华木槿 *Hibiscus sinosyriacus* L. H. Bailey

李衡 522227160708007LY；黔北队 1276；李晓腾 080510096

永顺、黔阳、德江、松桃。

江西、湖南、贵州、广西。

（5）木槿 *Hibiscus syriacus* Linnaeus

武陵队 2134，957；刘林翰 9653；肖简文 5923；武陵山考察队 3226；安明先 3878；西师生物系 74 级 02268；蔡平成 20663；李洪钧 3709，7207

芷江、新晃、保靖、溆浦、沿河、石阡、德江、酉阳、宣恩、来凤。

台湾、福建、广东、广西、云南、贵州、四川、湖南、湖北、安徽、江西、浙江、江苏、山东、河北、河南、陕西。

（6）野西瓜苗 *Hibiscus trionum* Linnaeus

全国各地。

欧洲、亚洲各地。

10. 锦葵属 Malva Linnaeus（2:2:0）

（1）锦葵 *Malva cathayensis* M. G. Gilbert，Y. Tang & Dorr

宿秀江、刘和兵 433125D00110813058

保靖。

广东、广西、内蒙古、辽宁、台湾、新疆、西南地区。

印度。

（2）冬葵 *Malva verticillata* var. *crispa* Linnaeus

湖南、四川、贵州、云南、江西、甘肃。

11. 马松子属 Melochia Linnaeus（1:1:0）

（1）马松子 *Melochia corchorifolia* Linnaeus

武陵队 2477；武陵山考察队 2477；刘林翰 9642；张代贵 20161003013

芷江、保靖、古丈。

长江流域以南各地区、台湾、四川。

亚洲热带地区。

12. 梭罗树属 Reevesia Lindley（1:1:0）

（1）雪峰山梭罗

13. 黄花稔属 Sida Linnaeus（4:4:0）

（1）黄花稔 *Sida acuta* N. L. Burman

台湾、福建、广东、广西、云南。

越南、老挝。

（2）湖南黄花稔

（3）白背黄花稔 *Sida rhombifolia* Linnaeus

台湾、福建、广东、广西、贵州、云南、四川、湖北。

越南、老挝、柬埔寨、印度。

（4）拔毒散 *Sida szechuensis* Matsuda

安明先 3883

德江。

四川、贵州、云南、广西。

14. 椴树属 Tilia Linnaeus（10:10:0）

（1）华椴 *Tilia chinensis* Maximowicz

甘肃、陕西、河南、湖北、四川、云南。

（2）白毛椴 **Tilia endochrysea** Handel–Mazzetti

刘林翰 9628；壶瓶山考察队 0818，1165，0789，1384，1400；谭沛祥 62521；张代贵 00333；郭承则 35

永顺、石门、芷江、武陵源。

广西、广东、湖南、江西、福建、浙江。

（3）毛糯米椴 **Tilia henryana** Szyszyłowicz

河南、陕西、湖北、湖南、江西。

（4）膜叶椴 **Tilia membranacea** H. T. Chang

江西、湖南。

（5）南京椴 **Tilia miqueliana** Maximowicz

刘林翰 9039

桑植。

江苏、浙江、安徽、江西、广东。

日本。

（6）鄂椴 **Tilia oliveri** Szyszyłowicz

张代贵、王业清、朱晓琴 1967；付国勋、张志松 1482；聂敏祥 1409；廖衡松 16106，15884；北京队 01084；方英才、王小平 086；粟林 4331261407090607；贵州队 1005

桑植、石门、印江、五峰、恩施。

甘肃、陕西、四川、湖北、湖南、江西、浙江。

（7）灰背椴 **Tilia oliveri** var. **cinerascens** Rehder & E. H. Wilson

傅国勋、张志松 1482，1459

恩施。

湖北。

（8）少脉椴 **Tilia paucicostata** Maximowicz

武陵队 538；张桂才等 538；壶瓶山考察队 87396，1526，1326，87365；彭春良 86465；廖博儒 244；蔡平成 20108；龙成良 87396

沅陵、石门、慈利。

甘肃、陕西、河南、四川、云南。

（9）椴树 **Tilia tuan** Szyszyłowicz

傅国勋、张志松 1482，1409；张代贵、王业清、朱晓琴 2155；武陵山考察队 2803；刘林翰 9629；简焯坡、张秀实等 31458，31704；肖定春 80346；曹铁如 090123；谷忠村 0820146

永顺、石门、桑植、古丈、印江、石阡、恩施。

湖北、四川、云南、贵州、广西、湖南、江西。

（10）毛芽椴 **Tilia tuan** var. **chinensis**（Szyszyłowicz）Rehder & E. H. Wilson

聂敏祥 1482，1459；聂敏祥、李启和 1409；傅国勋、张志松 1459；北京队 964；王小平 5425

永顺、武陵源。

江苏、浙江、湖北、四川、贵州。

15. 刺蒴麻属 Triumfetta Linnaeus（2:2:0）

（1）单毛刺蒴麻 **Triumfetta annua** Linnaeus

刘林翰 9768；湘西考察队 937，796，393；席先银 84200；张杰 4058；安明先 3888；肖简文 5824；壶瓶山考察队 A185；周辉、周大松 15091312

保靖、慈利、石门、武陵源、思南、德江、沿河。

云南、四川、湖北、贵州、广西、广东、江西、浙江。

马来西亚、印度、非洲。

（2）刺蒴麻 **Triumfetta rhomboidea** Jacquin

马金双、寿海洋 SHY00730；张代贵 YH150-924654

桑植、古丈。

云南、广西、广东、福建、台湾。

亚洲热带地区、非洲。

16. 梵天花属 Urena Linnaeus（2:2:0）

（1）地桃花 **Urena lobata** Linnaeus

武陵队 1995；李永康 8070；刘林翰 9428；湘西调查队 0473；王映明 6899；安明先 3899，3879；肖简文 5743，5814；黔北队 2121

永顺、芷江、江口、德江、沿河。

长江流域以南各地区。

越南、柬埔寨、老挝、泰国、缅甸、印度、日本。

（2）梵天花 **Urena procumbens** Linnaeus

吕文玲 0716062；张代贵 ly269，q0907007

永顺。

广东、台湾、福建、广西、江西、湖南、浙江。

一百四十九、瑞香科 Thymelaeaceae（3:13）

1. 瑞香属 Daphne LinnaeusDaphne Linnaeus（6:6:0）

（1）尖瓣瑞香 *Daphne acutiloba* Rehder

肖定春 80248；229

石门、黔江。

湖北、四川、云南。

（2）芫花 *Daphne genkwa* Siebold & Zuccarini

河北、山西、陕西、甘肃、山东、江苏、安徽、浙江、江西、福建、台湾、河南、湖北、湖南、四川、贵州。

（3）毛瑞香 *Daphne kiusiana* var. *atrocaulis*（Rehder）F. Maekawa

刘克旺 30026；彭春良 86503；刘林翰 10087；龙成良 87119，87267；张代贵、张代富 BJ20170325032_0032。

泸溪、桑植、花垣、石门、保靖。

江苏、浙江、安徽、江西、福建、台湾、湖北、湖南、广东、广西、四川。

（4）瑞香 *Daphne odora* Thunberg

武陵考察队 2367；肖定春 80125；郑家仁 80161；北京队 381；雷开东 4331271405200379；宿秀江、刘和兵 433125D00090618031；赵佐成 88-1756；谷忠村 82-0026；张代贵 ly314；张代贵、王业清、朱晓琴 zdg，wyq，zxq0205

石门、永顺、保靖、泸溪、黔江、五峰。

广东。

日本。

（5）白瑞香 *Daphne papyracea* Wallich ex Steudel

李洪钧 8921；湖南队 491；北京队 001229；张杰 4017，522229140816495LY；沈中瀚 01278；黔南队 2614；83-7 班 198；武陵山考察队 1236，110

桑植、永顺、古丈、泸溪、石阡、江口、松桃、思南、恩施。

四川、贵州、云南。

（6）白瑞香 *Daphne tangutica* var. *wilsonii*（Rehder）H. F. Zhou

云南。

2. 结香属 Edgeworthia Meisner（1:1:0）

（1）结香 *Edgeworthia chrysantha* Lindley

刘林翰 1870；沈中瀚 094；肖定春 80282；王定选（津市林校）000273；1121；1766；宿秀江、刘和兵 433125D00160808062；田儒明 522229141004595LY；张代贵、王业清、朱晓琴 zdg，wyq，zxq0165；张代贵、陈功锡 zdg10037

龙山、石门、永顺、保靖、松桃、秀山、酉阳、五峰。

河南、陕西及长江流域以南各地区。

3. 荛花属 Wikstroemia EndlicherWikstroemia Endlicher（6:6:0）

（1）岩杉树 *Wikstroemia angustifolia* Hemsley

四川东部、湖北西部、陕西南部。

（2）头序荛花 *Wikstroemia capitata* Rehder

谷、陈 0822131；黔北队 0307；张代贵 090-703259

永顺、古丈、印江。

湖北、贵州、四川、陕西。

（3）纤细荛花 *Wikstroemia gracilis* Hemsley

李晓腾 080712238，070718452；张代贵 0809218

永顺、保靖。

四川、湖北。

（4）小黄构 *Wikstroemia micrantha* Hemsley

肖育枋 40054；湖南队 640；李洪钧 4862；壶瓶山考察队 0849；王映明 5185；刘林翰 9643；植被调查队 640；1654；陶红洁 034；黄升 DS5009；刘全儒 20170720006

保靖、桑植、石门、酉阳、宣恩、来凤。

陕西、甘肃、四川、湖北、湖南、云南、贵州。

（5）多毛荛花 *Wikstroemia pilosa* Cheng

张代贵 zdg1230，4331221607190871LY，ZZ170811819，ZZ170815820，ZZ150825875；

麻超柏、石琳军 HY20180809_0849；黔北队 1547，1542；向晟、藤建卓 JS20180704_0554，JS20180702_0495

永顺、花垣、泸溪、吉首、古丈、松桃。

浙江、安徽、江西、湖南。

（6）白花荛花 *Wikstroemia trichotoma*（Thunberg）Makino

江西、湖南、安徽、浙江、广东。

一百五十、伯乐树科 Bretschneideraceae（1:1）

1.伯乐树属 Bretschneidera Hemsley（1:1:0）

（1）伯乐树 *Bretschneidera sinensis* Hemsley

简焯坡、张秀实等 32513，31848；北京队 000982；壶瓶山考查队 1279；湘西考察队 614；植被调查队 767；曹铁如 090163；安明态 SQ-0302；李永康等 76344；T.H.Sen383

芷江、麻阳、沅陵、花垣、永顺、龙山、桑植、永定、武陵源、慈利、石门、桃源、江口、石阡。

国内外分布同科。

一百五十一、旱金莲科 Tropaeolaceae（1:1）

1.旱金莲属 Tropaeolum Linnaeus（1:1:0）

（1）旱金莲 *Tropaeolum majus* Linnaeus

鹤城、吉首。

河北、江苏、福建、江西、广东、广西、云南、贵州、四川、西藏。

原产于秘鲁、巴西。

一百五十二、白花菜科 Cleomaceae（3:3）

1.黄花草属 Arivela Rafinesque（1:1:0）

（1）黄花草 *Arivela viscosa*（Linnaeus）Rafinesque

桑植、印江。

秦岭以南各地区（不包括云南）、河北、山西、山东。

2.白花菜属 Gynandropsis Candolle（1:1:0）

（1）白花菜 *Gynandropsis gynandra*（Linnaeus）Briquet

自海南岛直分布到北京附近、从云南直到台湾。

全球热带与亚热带地区。

3.醉蝶花属 Tarenaya Rafinesque（1:1:0）

（1）醉蝶花 *Tarenaya hassleriana*（Chodat）Iltis

张代贵 zsy0065，zsy0066

吉首、永定、武陵源、古丈。

我国南北各地区常有栽培。

一百五十三、十字花科 Brassicaceae（22:56）

1.拟南芥属 Arabidopsis Heynhold（1:1:0）

（1）拟南芥 *Arabidopsis thaliana*（Linnaeus）Heynhold

张志松等 401098，401488；秀山组 0308；屈永贵 080416026；贺海生 080403027；张代贵 130303011，DH0420001，LL20130413014， zdg4783；张代贵 王业清 朱晓琴 zdg，wyq，zxq0314

吉首、德夯、花垣、永顺、古丈、保靖、印江、秀山、五峰。

华东地区、中南地区、西北地区及西部各地区。

朝鲜、日本、俄罗斯西伯利亚地区、中亚、印度、伊朗、欧洲、非洲、北美洲。

2. 南芥属 Arabis Linnaeus（1:1:0）

（1）圆锥南芥 *Arabis paniculata* Franchet

张志松 401488；秀山组 0308；屈永贵 080416026；张代贵 LL20130413014，zdg4783；贺海生 080403027；宿秀江 ZZ120814394；张代贵、王业清、朱晓琴 zdg，wyq，zxq0314

花垣、永顺、古丈、保靖、印江、秀山、五峰。

贵州、云南。

3. 芸苔属 Brassica Linnaeus（14:14:0）

（1）芥菜 *Brassica juncea*（Linnaeus）Czernajew

张代贵 zdg00001，phx181，20150520019。

泸溪。

全国各地栽培。

（2）芥菜疙瘩 *Brassica juncea* var. *napiformis*（Pailleux & Bois）Kitamura

内蒙古、江苏、云南。

（3）榨菜 *Brassica juncea* var. *tumida* M. Tsen & S. H. Lee

四川、云南。

（4）欧洲油菜 *Brassica napus* Linnaeus

刘正宇、张军等 0037；刘正宇 0057

黔江、秀山。

各地栽培。

（5）蔓菁甘蓝 *Brassica napus* var. *napobrassica*（Linnaeus）Reichenbach

东北地区、江苏。

（6）羽衣甘蓝 *Brassica oleracea* var. *acephala* de Candolle

我国大城市公园有栽培。

（7）花椰菜 *Brassica oleracea* var. *botrytis* Linnaeus

各地栽培。

（8）甘蓝 *Brassica oleracea* var. *capitata* Linnaeus

刘正宇 0130，0170，0186

秀山。

各地栽培。

（9）抱子甘蓝 *Brassica oleracea* var. *gemmifera*（de Candolle）Zenker

我国各大城市偶有栽培。

（10）擘蓝 *Brassica oleracea* var. *gongylodes* Linnaeus

全国大多数地区均有栽培。

（11）蔓菁 *Brassica rapa* Linnaeus

各地栽培。

（12）青菜 *Brassica rapa* var. *chinensis*（Linnaeus）Kitamura

黔江队 0037；秀山组 0058；彭水队 0012

黔江、秀山、彭水。

原产亚洲，我国各地栽培。

（13）白菜 *Brassica rapa* var. *glabra* Regel

原产华北地区、现各地广泛栽培。

（14）芸苔 *Brassica rapa* var. *oleifera* de Candolle

张代贵 zdg10392

永顺。

陕西、江苏、安徽、浙江、江西、湖北、湖南、四川，甘肃。

4. 荠属 Capsella Medikus（1:1:0）

（1）荠 *Capsella bursa-pastoris*（Linnaeus）Medikus

张志松 400187；林祁 685；肖简文 5532；安明先 3103；黔北队 1441；彭水队 0041；黔江队 211；秀山组 0078；张代贵 zdg10109、4331221505010013LY；粟林 4331261404190221

永顺、古丈、泸溪、桑植、江口、沿河、德江、松桃、彭水、黔江、秀山。

分布几乎遍布全国。

全世界温带地区广泛分布。

5. 碎米荠属 Cardamine Linnaeus（13:13:0）

（1）安徽碎米荠 *Cardamine anhuiensis* T.Y. Cheo et R.C.Fang

张代贵 zdg4455，YD11093，YH150714302

永顺、古丈。

河北、浙江、铜陵、竹溪。

（2）露珠碎米荠 *Cardamine circaeoides* J. D. Hooker et Thomson

雷开东 4331271503011467；张成 ZC0015；邓涛 00300；s.n.5082；丁文灿 080418065；P. W. Sweeney & D. G. Zhang PWS2642，PWS2656；176；张代贵 20140512403。

吉首、德夯、保靖、永顺、古丈、桑植。

湖南、云南。

越南。

（3）光头山碎米荠 *Cardamine engleriana* O. E. Schulz

王映明 4231，4221；北京队 002404，40085，0017，1509；张代贵 150410021；周甜甜 0807-112TT002；廖博儒 0513；桑植县林科所 513

永顺、桑植、宣恩。

湖北、四川、东北地区、广西。

（4）弯曲碎米荠 *Cardamine flexuosa* Withering

武陵队 1790，128；刘林翰 1450；张志松 400307，400176；张兵、向新 090425039；王映明 6813；秀山组 0059；周洪富 108024；西师生物系 02383

芷江、龙山、永顺、桑植、江口、印江、咸丰。

全国广泛分布。

亚洲、欧洲、北美洲。

（5）山芥碎米荠 *Cardamine griffithii* J. D. Hooker et Thomson

张代贵 zdg10307，yd00014，130324076

永顺、古丈、保靖。

云南。

（6）碎米荠 *Cardamine hirsuta* Linnaeus

曹铁如 90216；刘林翰 1450；西师生物系 02383；湘西考察队 477；安明先 3132；肖简文 5524；刘林翰 17935；张志松 401003；秀山组 0057；彭水队 0001

桑植、龙山、慈利、石门、德江、沿河、印江、酉阳、秀山、彭水县。

分布几乎遍布全国。

全世界温带地区。

（7）壶瓶碎米荠 *Cardamine hupingshanensis* K.M.Liu，L.B.Chen，H.F.Bai & L.H.Liu

（8）湿生碎米荠 *Cardamine hygrophila* T. Y. Cheo et R. C. Fang

刘正宇 0611；北京队 17；桑植县林科所 700

桑植、永顺、彭水。

四川、东北地区、广西。

（9）弹裂碎米荠 *Cardamine impatiens* Linnaeus

周洪富 108024；武陵队 1451；张志松 401366；壶瓶山考察队 0396；北京队 0432；安明先 3135；田儒明 522229160304962LY；酉阳队 500242635；李克纲 XS20180502_5647；张代贵、王业清、朱晓琴 zdg，wyq，zxq0070

沅陵、永顺、桑植、印江。

西南、广西、湖北、江西、华东、西北地区、辽宁、吉林、甘肃。

亚洲。

（10）白花碎米荠 *Cardamine leucantha*（Tausch）O. E. Schulz

谷忠村、陈功锡 0209；吴磊 4590；张代贵 YH140422451，phx012

吉首、德夯、古丈。

东北地区、河北、山西、河南、安徽、江苏、浙江、湖北、江西、陕西、甘肃。

日本、朝鲜、俄罗斯西伯利亚地区。

（11）水田碎米荠 *Cardamine lyrata* Bunge

刘林翰 9487；桑植县林科所 49、649、16

永顺、桑植。

黑龙江、吉林、辽宁、河北、河南、安徽、江苏、湖南、江西、广西。

朝鲜、日本。

（12）大叶碎米荠 *Cardamine macrophylla* Willdenow

张志松 402036，402081；张兵、向新 09042-5022；张成 SZ20190427_0073；贺海生 0715011；田儒明 522229160318981LY；桑植县林科所 368；武陵山考察队 1257；张代贵、王业清、朱晓琴 zdg，wyq，zxq0395；张代贵 zdg6122

保靖、桑植、吉首、江口、松桃、五峰。

湖北。

（13）三小叶碎米荠 *Cardamine trifoliolata* J. D. Hooker et Thomson

张代贵 lxq0121017；刘林翰 1554，354；王映明 5350

永顺、龙山、桑植、龙山、永顺、宣恩。

西藏、云南、湖北。

不丹。

6. 臭荠属 Coronopus Zinn（1:1:0）

（1）臭荠 *Coronopus didymus*（Linnaeus）Smith

山东、安徽、江苏、浙江、福建、台湾、湖北、江西、广东、四川、云南。

欧洲、北美洲、亚洲。

7. 播娘蒿属 Descurainia Webb & Berthelot（1:1:0）

（1）播娘蒿 *Descurainia sophia*（Linnaeus）Webb ex Prantl

除华南地区外，全国各地均产。

亚洲、欧洲、非洲、北美洲。

8. 葶苈属 Draba Linnaeus（1:1:0）

（1）葶苈 *Draba nemorosa* Linnaeus

东北地区、华北地区、江苏、浙江、西北地区、四川、西藏。

9. 糖芥属 Erysimum Linnaeus（1:1:0）

（1）小花糖芥 *Erysimum cheiranthoides* Linnaeus

吉林、辽宁、内蒙古、河北、山西、山东、河南、安徽、江苏、湖北、湖南、陕西、甘肃、宁夏、新疆、四川、云南。

蒙古、朝鲜、欧洲、非洲、美国。

10. 山嵛菜属 Eutrema R. Brown（2:2:0）

（1）珠芽山嵛菜 *Eutrema bulbiferum* Y. Xiao & D. K. Tian

湖南。

（2）南山嵛菜 *Eutrema yunnanense* Franchet

宿秀江、刘和兵 433125D00110413024；张代贵、王业清、朱晓琴 zdg，wyq，zxq0329，zdg，wyq，zxq0148，zdg，wyq，zxq0027；张代贵 zdg10395；桑植县林科所 370；吉首大学生物资源与环境科学学院 GWJ20170611_0377

永顺、保靖、桑植、古丈、五峰。

江苏、浙江、湖北、湖南、陕西、甘肃、四川、云南。

11. 香花芥属 Hesperis Linnaeus（1:1:0）

（1）欧亚香花芥 *Hesperis matronalis* Linnaeus

原产于欧洲、亚洲中部及西部，我国少数地区栽培供观赏。

12. 菘蓝属 Lsatis Linnaeus（1:1:0）

（1）菘蓝 *Isatis tinctoria* Linnaeus

原产于欧洲、我国有引种栽培。

13. 独行菜属 Lepidium L.（1:1:0）

（1）北美独行菜 *Lepidium virginicum* Linnaeus

贺海生 0720006；杨彬 080717003；贺乐 0828026；马海英、邱天雯、徐志茹 GZ457；曹铁如 90619

永顺、吉首、桑植、思南。

山东、河南、安徽、江苏、浙江、福建、湖北、江西、广西。

美洲、欧洲。

14. 豆瓣菜属 Nasturtium R. Brown（1:1:0）

（1）豆瓣菜 *Nasturtium officinale* R. Brown

吴磊、张成 4278

吉首

黑龙江、河北、山西、山东、河南、安徽、江苏、广东、广西、陕西、四川、贵州、云南、西藏。

欧洲、亚洲、北美洲。

15. 堇叶芥属 Neomartinella Pilger（3:3:0）

（1）大花堇叶芥 *Eutrema grandiflorum*（Al-Shehbaz）Al-Shehbaz & Warwick

湖南、四川。

（2）堇叶芥 *Neomartinella violifolia*（H. Leveille）Pilger

刘林翰 17282；张代贵 zdg10387，zdg10227，300；桑植县林科所 111；杨彬 070411013；李克纲、张成 HY20160314_0003；屈永贵 080416041；刘正宇 0395；粟林 4331261405020313

桑植、永顺、古丈、花垣、保靖、秀山。

云南、贵州、湖北。

（3）永顺堇叶芥 *Neomartinella yungshunensis*（W. T. Wang）Al-Shehbaz

李克纲、张代贵等 TY20141226_1126；北京队 159；P. W. Sweeney & D. G. Zhang PWS2707，PWS2884；张代贵 pws2707，xm357；035

永顺、古丈、桃源、保靖、沅陵。

湖南。

16. 诸葛菜属 Orychophragmus Bunge（1:1:0）

（1）诸葛菜 *Orychophragmus violaceus*（Linnaeus）O. E. Schulz

喻勋林、徐永福 14041302；张贵志、周喜乐 1105009；邓涛 070430012，070428017；张代贵 YH120521311，ly294；周辉、罗金龙 15032738

沅陵、永顺、吉首、武陵源。

辽宁、河北、山西、山东、河南、安徽、江苏、浙江、湖北、江西、陕西、甘肃、四川、朝鲜。

（2）湖北诸葛菜 *Orychophragmus violaceus* var. *hupehensis*（Pampanini）O. E. Schulz

湖北、陕西。

17. 萝卜属 Raphanus Linnaeus（1:5:0）

（1）萝卜 *Raphanus sativus* Linnaeus

粟林 4331261503021158；黔江队 500114-538；酉阳队 500242663；普查队 0056，0004；彭水队 500243-003-186；雷开东 4331271503211655

古丈、永顺、秀山、彭水、酉阳。

我国普遍栽培。

18. 蔊菜属 Rorippa Scopoli（5:5:0）

（1）广州蔊菜 *Rorippa cantoniensis*（Loureiro）Ohwi

辽宁、河北、山东、河南、安徽、江苏、浙江、福建、台湾、湖北、湖南、江西、广东、广西、陕西、四川、云南。

朝鲜、苏联、日本、越南。

（2）无瓣蔊菜 *Rorippa dubia*（Persoon）H. Hara

林祁 683；李良千 47；北京队 002745；安明态 3327；王映明 4262；赵佐成 88-1458；L.H.Liu 1951；张照清 87-046，87-044；酉阳队 500242-419；向晟、藤建卓 JS20180813_0771

桑植、龙山、吉首、德江、黔江、秀山、酉阳、宣恩、鹤峰。

云南、华南地区至北京。

印度、印度尼西亚、菲律宾、日本。

（3）风花菜 *Rorippa globosa*（Turczaninow ex Fischer & C. A. Meyer）Hayek

麻超柏、石琳军 HY20180824_1249；杨彬 080419024；向晟、藤建卓 JS20180824_1147；张代贵 20150520025

永顺、古丈、吉首。

黑龙江，吉林、江宁、河北、山西、山东、安徽、江苏、浙江、湖北、湖南、江西、广东、广西、云南。

苏联。

（4）蔊菜 *Rorippa indica*（Linnaeus）Hiern

刘林翰 1950；李洪钧 2495，2971；武陵队 1458，231，1760；刘林翰 9157；安明态 YJ-2014-0011；李克纲 XS20180502_5664；张代贵、王业清、朱晓琴 2219

芷江、凤凰、沅陵、永顺、龙山、桑植、来凤、宣恩。

云南、华南地区、山东。

印度、印度尼西亚、菲律宾、朝鲜、日本。

（5）沼生蔊菜 *Rorippa palustris*（Linnaeus）Besser

张代贵 4331221505200167LY；桑植县林科所 652

桑植、泸溪。

云南、贵州、湖南、江苏、安徽至东北地区、新疆。

北温带。

19. 菥蓂属 Thlaspi Linnaeus（1:1:0）

（1）菥蓂 *Thlaspi arvense* Linnaeus

李洪钧 2495；唐海华 5222291605201117LY。

松桃、宣恩。

分布几乎遍布全国。

亚洲、欧洲、非洲北部。

20. 阴山荠属 Yinshania Y.C.Ma & Y.Z.Zhao（4:4:0）

（1）锐棱阴山荠 *Yinshania acutangula*（O. E.Schulz）Y.H .Zhang

宿秀江 ZZ120328371

保靖。

内蒙古、河北、甘肃。

（2）柔毛阴山荠 *Yinshania henryi*（Oliver）Y. H. Zhang

宿秀江、刘和兵 433125D00160328008；北京队 01143

保靖、永顺。

湖北、四川、贵州。

（3）黎川阴山荠 *Yinshania lichuanensis*（Y. H. Zhang）Al-Shehbaz et al.

安徽、浙江、江西、福建、广东。

（4）弯缺阴山荠 *Yinshania sinuata*（K. C. Kuan）Al-Shehbaz et al.

浙江、江西。

一百五十四、蛇菰科 Balanophoraceae（1:4）

1. 蛇菰属 Balanophora J.R.Forster & G.Forster（4:4:0）

（1）葛菌 *Balanophora harlandii* J. D. Hooker

陈翔、刘朝晖 94091；标本室 117；武陵山考察队 781

石阡、江口。

贵州、东北地区、广东、广西、云南、贵州。

（2）红菌 *Balanophora involucrata* J. D. Hooker

湘黔队 002713；杨剑 099

江口、鹤峰、五峰。

西藏、四川、贵州、湖北、湖南。

印度。

（3）疏花蛇菰 *Balanophora laxiflora* Hemsley

傅国勋、张志松 1342；简焯坡 31118，31829；壶瓶山考察队 1471

江口、印江、恩施。

云南、四川、贵州、湖北、湖南、广西、广东、福建、台湾。

（4）多蕊蛇菰 *Balanophora polyandra* Griffith

西藏、云南、四川、湖北、广西、广东。

尼泊尔、印度、缅甸。

一百五十五、檀香科 Santalaceae（4:7）

1. 栗寄生属 Korthalsella Tieghem（1:1:0）

（1）栗寄生 *Korthalsella japonica*（Thunberg）Engler

桑植、古丈、石门、永顺、龙山、沅陵、江口、沿河、松桃、德江、印江、岑巩、施秉、酉阳、秀山。

四川、贵州、云南、湖北、江西、浙江、福建、广东。

2. 檀梨属 Pyrularia Michaux（1:1:0）

（1）檀梨 *Pyrularia edulis*（Wallich）A. Candolle

喻勋林、周建军、周辉 130724001；方英才、王小平 30；索朗玉巴 GZ20180624_6998；廖博儒 30；张代贵 090722005

桑植、桃源、古丈。

西藏、四川、云南、湖北、广西、福建。

尼泊尔、印度。

3. 百蕊草属 Thesium Linnaeus（1:1:0）

（1）百蕊草 *Thesium chinense* Turczaninow

黔北队 0830；武陵考察队 1975，774，2378；刘林翰 10120；安明先 3305，140，161；王朝明 125；宿秀江、刘和兵 433125D00030811023；谭士贤等 6458-01

新晃、芷江、桑植、花垣、保靖、石阡、万山、梵净山、石阡、德江、酉阳、秀山、黔江。

我国大部分地区。

4. 槲寄生属 Viscum Linnaeus（4:4:0）

（1）扁枝槲寄生 *Viscum articulatum* N. L.

Burman

刘玲妮 0127；李杰 5222291606161190LY

松桃、秀山。

云南、广西、广东。

亚洲南部和东南部各国、大洋洲热带地区。

（2）槲寄生 *Viscum coloratum*（Komarov）Nakai

我国大部分地区均产、仅新疆、西藏、云南、广东不产。

俄罗斯远东地区、朝鲜、日本。

（3）柿寄生 *Viscum diospyrosicola* Hayata

陕西、甘肃、浙江、江西、湖南、四川、贵州、云南、西藏、福建、台湾、广东、广西、海南、香港。

（4）枫寄生 *Viscum liquidambaricola* Hayata

张代贵 zdg2274

古丈。

西藏、台湾。

一百五十六、桑寄生科 Loranthaceae（3:9）

1. 桑寄生属 Loranthus Jacquin（2:2:0）

（1）椆树桑寄生 *Loranthus delavayi* Tieghem

张志松 402569；简焯坡 31902；蓝开敏、杨世逸 36；武陵山考察队 2387；沈中瀚 042

桑植、沅陵、印江、江口、石阡。

西藏、云南、四川、甘肃、陕西、湖北、湖南、贵州、广西、广东、江西、福建、浙江、台湾。

缅甸、越南。

（2）华中桑寄生 *Loranthus pseudo-odoratus* Lingelsheim

四川、湖北、浙江。

2. 钝果寄生属 Taxillus Tieghem（6:6:0）

（1）松柏钝果寄生 *Taxillus caloreas*（Diels）Danser

西藏、云南、四川、贵州、湖北、广西、广东、福建、台湾。

不丹。

（2）锈毛钝果寄生 *Taxillus levinei*（Merrill）H. S. Kiu

云南、广西、广东、湖南、湖北、江西、安徽、浙江、福建。

（3）木兰寄生 *Taxillus limprichtii*（Grüning）H. S. Kiu

吉首大学生物资源与环境科学学院 GWJ20180713_0365；张代贵 DXY309，YD30021

古丈。

贵州、广西、广东、四川、湖南、江西、福建、台湾。

（4）毛叶钝果寄生 *Taxillus nigrans*（Hance）Danser

壶瓶山考察队 87289；武陵考察队 1940；赵佐成 88-1404；北京队 0564，01356；肖简文 5623；安明先 3133；简焯坡 30158；0369；刘正宇 0369；方英才、王小平 10131

石门、芷江、桑植、永顺、沿河、德江、印江、黔江、秀山。

陕西、四川、云南、贵州、广西、湖北、湖南、江西、福建、台湾。

（5）桑寄生 *Taxillus sutchuenensis*（Lecomte）Danser

黔北队 2316，1413；赵佐成、马建生 2988；北京队 2338；武陵山考察队 382；王映明 4279，4919；林文豹 650；834；龙成良 120232；张代贵 zdg1407251013

芷江、桑植、印江。

陕西、四川、云南、贵州、广西、湖北、湖南、江西、福建、台湾。

（6）灰毛桑寄生 *Taxillus sutchuenensis* var. *duclouxii*（Lecomte）H. S.Kiu

张代贵 4331224607231129LY；张代贵、张轶 4331221607231129LY；黔北队 1060；李朝利 0481

碧江。

云南、四川、贵州、湖北、湖南。

3. 大苞寄生属 Tolypanthus（Blume）Blume（1:1:0）

（1）大苞寄生 *Tolypanthus maclurei*（Merrill）Danser

邓涛 070430039；张代贵 090715049；张代贵、张成 TD20180508_5841

永顺、德夯、保靖、古丈。

贵州、广西、湖南、江西、广东、福建。

一百五十七、青皮木科 Schoepfiaceae（1:1）

1. 青皮木属 Schoepfia Schreber（1:1:0）

（1）青皮木 *Schoepfia jasminodora* Siebold & Zuccarini

王映明 4289；简焯坡等 401198；黔北队 1145，1378；武陵考察队 652，791；刘林翰 9051；席先银等 525；沈中瀚 119；刘正宇 6542

桑植、慈利、沅陵、印江、松桃、江口、酉阳、宣恩。

甘肃、陕西、河南、四川、云南、贵州、湖北、湖南、广西、广东、江苏、安徽、江西、浙江、福建、台湾。

一百五十八、柽柳科 Tamaricaceae（1:1）

1. 柽柳属 Tamarix Linnaeus（1:1:0）

（1）柽柳 *Tamarix chinensis* Loureiro

吉首大学生物资源与环境科学学院 GWJ20180712_0233

古丈。

辽宁、河北、河南、山东、江苏、安徽。

日本、美国。

一百五十九、白花丹科 Plumbaginaceae（1:1）

1. 蓝雪花属 Ceratostigma Bunge（1:1:0）

（1）蓝雪花 *Ceratostigma plumbaginoides* Bunge

我国特产，主要分布于河南境内、北沿太行山至北京、东至江苏、上海与浙江舟山群岛。

一百六十、蓼科 Polygonaceae（11:62）

1. 拳参属 Bistorta（Linnaeus）Adanson（6:6:0）

（1）抱茎蓼 *Bistorta amplexicaulis*（D. Don）Greene

傅国勋、张志松 1430；黔北队 0954；李振基吕静 20060088

印江、五峰、恩施。

湖北、重庆、四川、云南、西藏、陕西、甘肃。

（2）拳参 *Bistorta officinalis* Rafinesque

北京、黑龙江、吉林、辽宁、内蒙古、河北、山西、山东、河南、陕西、宁夏、甘肃、安徽、江苏、浙江、江西、湖南、湖北。

（3）圆穗拳参 *Bistorta macrophylla*（D. Don）Sojak

酉阳。

陕西、西藏。

（4）支柱蓼 *Bistorta suffulta*（Maxim.）H. Gross

张志松、党成忠等 401657；吉首大学生物资源与环境科学学院 GWJ20170611_0424，GWJ20170611_0428；张代贵 1406050176；张代贵、王业清、朱晓琴 zdg, wyq, zxq0417；王映明 4629；聂敏祥、李启和 1430；黔北队 0954；0642；姚本刚 5222291605161072LY；北京队 2368

凤凰、桑植、古丈、永顺、江口、松桃、彭水、鹤峰、五峰、宣恩、恩施。

山西、河北、河南、陕西、甘肃、浙江、江西、湖北、湖南、四川、贵州、云南、西藏。

朝鲜、日本。

（5）细穗支柱蓼 *Bistorta suffulta* subsp. *pergracilis*（Hemsley）Soják

王映明 482；桑植县林科所 110；朱太平、刘忠福 954

桑植、印江、鹤峰、宣恩、五峰。

陕西、甘肃、湖北、贵州、四川、云南、西藏。

（6）珠芽蓼 *Bistorta vivipara*（Linnaeus）Gray

北京、河北、山西、内蒙古、辽宁、吉林、黑龙江、河南、湖北、重庆、四川、贵州、云南、西藏、陕西、甘肃、青海、宁夏、新疆。

2. 荞麦属 Fagopyrum Miller（4:4:0）

（1）金荞 *Fagopyrum dibotrys*（D. Don）H. Hara

壶瓶山考察队 A79；曹亚玲、溥发鼎 2885；廖博儒 1127；廖国藩、郭志芬 303；张代贵 4331221606300526LY；湘西考察队 652；黔江队 500114-120，500114-087；酉阳队 500242-562-01；张银山 522223150503076 LY；田儒明 522229141015679LY；李洪钧 77493

桃源、泸溪、花垣、桑植、慈利、石门、玉屏、松桃、江口、印江、德江、沿河、酉阳、来凤。

西藏、四川、云南、贵州、湖北、湖南、广西、广东、福建、江西、浙江、江苏、安徽、陕西。

印度东北部、尼泊尔、克什米尔、泰国、越南。

（2）荞麦 *Fagopyrum esculentum* Moench

林祁 820；简焯坡、张秀实等 32393，30564；武陵山考察队 2308；武陵队 1124；赵佐成 88-1906；0185；李洪钧 9388；李衡 522227160521009LY；李洪钧 1504；王映明 6593

吉首、花垣、永顺、桑植、武陵源、慈利、芷江、凤凰、江口、印江、德江、黔江、咸丰、宣恩。

原产于中亚地区、亚洲、欧洲和北美温带地区广泛栽培。

（3）细柄野荞麦 *Fagopyrum gracilipes*（Hemsley）Dammer ex Diels

赵佐成、马建生 2939；谭士贤 136；黔北队 2368；张代贵 4331221607190895LY；王映明 4102；李洪钧 7195

泸溪、沿河、酉阳、宣恩、来凤。

河南、陕西、甘肃、湖北、四川、云南、贵州。

（4）苦荞 *Fagopyrum tataricum*（Linnaeus）Gaertner

刘正宇 0241；358；廖博儒 0527；朱国豪；王映明 4045；何靖 522222160717030LY 周云等 108；吉首大学生物资源与环境科学学院 GWJ20180712_0001，GWJ20180712_0002

桑植、古丈、德江、松桃、思南、梵净山、秀山、黔江、宣恩、来凤。

东北地区、华北地区。

俄罗斯、亚洲、欧洲及北美温带地区栽培。

3. 藤蓼属 Fallopia Adanson（2:2:0）

（1）木藤蓼 *Fallopia aubertii* Henry

内蒙古、山西、河南、陕西、甘肃、宁夏、青海、湖北、四川、贵州、云南、西藏。

（2）牛皮消蓼 *Fallopia cynanchoides*（Hemsley）Haraldson

黔北队 1777

凤凰、德江。

云南、四川、贵州、湖北、湖南、陕西、甘肃。

4. 竹节蓼属 Homalocladium Bailey（1:1:0）

（1）竹节蓼 *Homalocladium platycladum*（F. Muell.）Bailey

吉首、永顺、武陵源。

我国南方常见栽培。

原产于所罗门群岛。

5. 冰岛蓼属 Koenigia Linnaeus（1:1:0）

（1）钟花蓼 *Koenigia campanulata*（Hooker f.）T. M. Schuster & Reveal

湖北、四川、贵州、云南、西藏。

6. 蓼属 Persicaria（Linnaeus）Miller（30:30:0）

（1）毛蓼 *Polygonum barbatum* Linnaeus

席先银 0057

慈利、秀山。

江西、湖南、湖北、四川、贵州、云南、福建、台湾、广东、广西、海南。

（2）头花蓼 *Polygonum capitatum* Buchanan-Hamilton ex D. Don

陈少卿 2291；简焯坡、张秀实等 30755，32365；王映明 5172；李洪钧 7265；刘正宇 0906；张代贵 YH160425757，081027011；武陵山考察队 285

吉首、德夯、古丈、新晃、保靖、桑植、石门、石阡、印江、江口、秀山、宣恩、来凤、鹤峰。

华中地区、华南地区、西南地区。

印度、尼泊尔、不丹。

（3）火炭母 *Polygonum chinense* Linnaeus

武陵队 1828；张代贵 zdg141024022；北京队 001978；安明态 3845；293；黔北队 1979；刘林翰 9970；彭水队 0023；张银山 522223150503057LY；唐海华 522229140927491LY

芷江、凤凰、吉首、龙山、桑植、石门、永顺、保靖、印江、松桃、德江、玉屏、黔江、彭水。

西南地区、华中地区、华南地区、华东地区。

（4）蓼子草 *Polygonum criopolitanum* Hance

武陵考察队 2461；刘林翰 9971；张代贵 4331221510250675LY，4331221510200623LY，YD270029；温俊达 91；彭水队 500243-002-157-01，500243-002-157-02，500243-002-157-03，500243-002-157-04

新晃、芷江、保靖、古丈、泸溪、彭水。

河南、安徽、江苏、湖北、湖南、江西、浙江、福建、广东、广西。

（5）稀花蓼 *Persicaria dissitiflora*（Hemsley）H. Gross ex T. Mori

刘林翰 9526；何瑶庆 0807111024；张代贵 ly-129，170910005，YD270045，YD271047，08071124；湘黔队 3154；徐亮 0401；北京队 01117

湖南：永顺、桑植、古丈、保靖。

东北地区、华北地区、华东地区、华中地区。

俄罗斯远东地区、朝鲜。

（6）金线草 *Persicaria filiformis*（Thunberg）Nakai

曹铁如 90436；武陵队 1184；廖国藩、郭志芬等 59；简焯坡、张秀实等 31685；武陵考察队 2019；壶瓶山考察队 A5；傅国勋、张志松 1487；张秀实 31874；安明态 SQ-0442；程作辉 93；李洪钧 9353，5397；彭水队 500243-003-072；黔江队 500114-373

芷江、凤凰、沅陵、保靖、花垣、桑植、慈利、桃源、石门、江口、梵净山、印江、沿河、石阡、思南、彭水、黔江、咸丰、来凤、鹤峰、恩施。

云南、贵州、四川、湖北、湖南、广西、广东、福建、江西、浙江、台湾、江苏、安徽、河南、河北、山东、山西、陕西。

朝鲜、日本、越南。

（7）长箭叶蓼 *Persicaria hastatosagittata*（Makino）Nakai ex T. Mori

湖南队 0740；武陵考察队 1587

溆浦、芷江。

黑龙江、吉林、辽宁、河北、河南、安徽、江苏、浙江、江西、湖南、湖北、贵州、云南、西藏、福建、台湾、广东、广西、海南。

（8）水蓼 *Persicaria hydropiper*（Linnaeus）Spach

谷中村 396；李晓腾 070710916；邓涛 070910001；邓涛 08100；吉首大学生物资源与环境科学学院 GWJ20170611_0475；张代贵、王业清、朱晓琴 2220；武陵队 1299；简焯坡、张秀实等 31882；武陵考察队 1843；北京队 4423；张秀实 30152；黔东队 94232；0459；1014；酉阳队 500242-574

湖南，永顺、吉首、古丈、芷江、桑植、凤凰、江口、印江、石阡、秀山、彭水、酉阳、五峰。

北京、河北、山西、内蒙古、辽宁、吉林、黑龙江、江苏、浙江、安徽、福建、江西、山东、河南、湖北、湖南、广东、广西、海南、重庆、四川、贵州、云南、西藏、陕西、甘肃、青海、宁夏、新疆、台湾。

（9）蚕茧草 *Persicaria japonica*（Meisner）H. Gross ex Nakai

廖博儒 0763；李洪钧 7464，4861；刘林翰 9765，08362；简焯坡等 32391；安明态 3746；简焯坡、张秀实等 30152；王映明 6807；中国西部科学院 4087

湖南，桑植、保靖、沅陵、江口、德江、印江、秀山、来凤、咸丰。

山东、河南、陕西、江苏、浙江、安徽、江西、湖南、湖北、四川、贵州、福建、台湾、广东、广西、云南、西藏。

朝鲜、日本。

（10）愉悦蓼 *Persicaria jucunda*（Meisner）Migo

曹铁如 90214；武陵队 951，1299；西部科学院 3847；粟林 4331261410030972；张代贵 4331221510200605LY，215，YD241026；雷开东 ZB140815738；李克纲、张代贵等 TY20141225_1075

凤凰、石门、桑植、新晃、永顺、泸溪、桃源、保靖、古丈、梵净山。

甘肃、四川、湖北、贵州、湖南、广东、福建、广西、浙江、江苏、安徽。

（11）酸模叶蓼 *Persicaria lapathifolia*（Linnaeus）S. F. Gray

花垣、桑植、慈利、石门、江口、思南、松桃、咸丰、来凤、鹤峰。

我国南北各地区。

俄罗斯东部地区、蒙古、朝鲜、日本、印度、中南半岛。

（12）绵毛酸模叶蓼 *Persicaria lapathifolia* var. *salicifolia*（Sibthorp）Miyabe

刘林翰 1511

龙山。

安徽、福建、甘肃、广东、广西、贵州、海南、河北、黑龙江、河南、湖北、湖南、江苏、江西、吉林、辽宁、内蒙古、宁夏、青海、陕西、山东、山西、四川、台湾、新疆、云南、浙江。

（13）长鬃蓼 *Persicaria longiseta*（Bruijn）Moldenke

武陵队 1469；黔北队 1483；湖南队 0351；李永康 8007；壶瓶山考察队 0064；王映明 6464；赵佐成、马建生 3000；安明态 3956；简焯坡等 30967；李洪钧 7494，8890

新晃、芷江、桑植、石门、永顺、恩施、印江、松桃、梵净山、德江、江口、酉阳、咸丰、来凤。

我国南北各地区。

朝鲜、日本、中南半岛、印度尼西亚。

（14）圆基长鬃蓼 *Persicaria longiseta* var. *rotundata*（A. J. Li）Bo Li

张代贵 4331221509070983LY，pph1023

泸溪、古丈。

黑龙江、吉林、辽宁、河北、山西、山东、河南、陕西、甘肃、安徽、江苏、浙江、江西、湖北、四川、贵州、云南、西藏、福建、广东、广西。

（15）春蓼 *Persicaria maculosa*（Lamarck）Holub

刘林翰 1511；曹铁如 90215；付国勋 1294；李洪钧 5414，2689；武陵考察队 2461，1966；傅国勋、张志松 1294；黔江队 500114-289；酉阳队 500242-591-01；谭士贤、王俊华等 7111-01

龙山、桑植、鹤峰、芷江、石阡、酉阳、黔江、宣恩、恩施。

东北地区、华北地区、华中地区、华东地区、四川。

欧洲、亚洲、北美洲温带地区。

（16）小蓼花 *Persicaria muricata*（Meisner）Nemoto

湖南队 0740；武陵考察队 2035；廖国藩、郭志芬 223

溆浦、芷江、桃源。

黑龙江、吉林、辽宁、河南、陕西、安徽、江苏、浙江、江西、湖南、湖北、四川、贵州、云南、西藏、福建、台湾、广东、广西。

（17）短毛金线草 *Persicaria neofiliformis*（Nakai）Ohki

黔北队 0452，2288；李永康 8012；张秀实 30690；赵佐成、马建生 2995；黔东队 94240；0192；422；1220；1664；曹铁如 090154；张代贵 zdg1407210868；谷中村 455；杨彬 麻98；付国勋、张志松 1487；李振基、吕静 1137

新晃、永顺、桑植、慈利、石门、施秉、石阡、江口、印江、德江、沿河、酉阳、咸丰、鹤峰、宣恩。

云南、贵州、四川、湖北、湖南、广东、福建、浙江、江苏、安徽、陕西、甘肃、山西、河南、山东。

朝鲜、日本。

（18）尼泊尔蓼 *Persicaria nepalensis*（Meisner）H. Gross

谭沛祥 60877；李丙贵、万绍宾 750195；武陵队 1294；张桂才等 387；李洪钧 9099，7682；王映明 4490；张志松、党成忠等 400921；武陵山考察队 2669；莫华 6167；赵佐成 88-2020；酉阳队 500242-576-01

新晃、芷江、凤凰、沅陵、永顺、桑植、石门、石阡、江口、印江、松桃、黔江、酉阳、咸丰、来凤、鹤峰、宣恩。

我国南北各地区。

阿富汗、巴基斯坦、印度、尼泊尔、不丹、斯里兰卡、菲律宾、印度尼西亚、朝鲜、日本、俄罗斯。

（19）红蓼 *Persicaria orientalis*（Linnaeus）Spach

武陵队 1602；武陵山考察队 1602；L.H.Liou 9937；谢根柱 198；刘林翰 9937；1753；刘正宇等 7153-03；刘正宇 0700；0700；彭水队 500243-003-180

芷江、保靖、酉阳、秀山、彭水。

黑龙江、吉林、辽宁、内蒙古、河北、山西、山东、河南、陕西、宁夏、甘肃、青海、新疆、安徽、江苏、浙江、江西、湖南、湖北、四川、贵州、云南、福建、台湾、广东、广西、海南。

（20）扛板归 *Persicaria perfoliata*（Linnaeus）H. Gross

武陵队 1454；李洪钧 5349；林祈 824；刘林翰 10008；赵佐成、马建生 2987；简焯坡、张秀实等 32371；王映明 6467；武陵山考察队 3248；赵佐成 88-1383；安明态 3430

芷江、凤凰、麻阳、吉首、古丈、花垣、永顺、保靖、桑植、慈利、石门、石阡、江口、思南、印江、德江、松桃、酉阳、黔江、咸丰、鹤峰、来凤。

我国南北各地区。

苏联、朝鲜、日本、菲律宾、中南半岛、印度。

（21）松林蓼 *Persicaria pinetorum*（Hemsley）H. Gross

陕西、甘肃、湖北、四川、云南。

（22）丛枝蓼 *Persicaria posumbu*（Buchanan-Hamilton ex D. Don）H. Gross

武陵队 1467；林祈 822；刘林翰 9715，1899；王映明 6511，6812，5644；简焯坡等 32394；黔北队 2379；572；张代贵、王业清、朱晓琴 2505

芷江、保靖、花垣、永顺、桑植、石门、碧江、江口、沿河、咸丰、鹤峰、宣恩。

我国南北各地区。

朝鲜、日本、印度、中南半岛、印度尼西亚。

（23）伏毛蓼 *Persicaria pubescens*（Blume）H. Hara

刘林翰 8364；李洪钧 9262，2875；李永康等 8006；简焯坡等 31882；张杰 4106；武陵考察队 1999；黔北队 1810；湘西考察队 985

沅陵、芷江、慈利、江口、松桃、思南、咸丰、宣恩。

辽宁、山东、河南、陕西、甘肃、安徽、江苏、浙江、江西、湖南、湖北、四川、贵州、云南、福建、台湾、广东、广西、海南。

（24）羽叶蓼 *Persicaria runcinata*（Buchanan-Hamilton ex D. Don）H. Gross

黔北队 0948；湖南队 821；沈中瀚 125；简焯坡、张秀实等 32093；张志松、党成忠等 402371；王映明 6702；1260；0219；刘正宇 0138，381；张代贵、王业清、朱晓琴 1976

桑植、沅陵、印江、江口、酉阳、秀山、黔江、五峰、咸丰。

河南、陕西、甘肃、安徽、浙江、湖南、湖北、四川、贵州、云南、西藏、福建、台湾、广西。

（25）赤胫散 *Persicaria runcinata* var. *sinensis*（Hemsley）Bo Li

武陵队 1729，11；李学根 203827，203948；李洪钧 4154，4651；武陵山考察队 3262；黔北队 759，948；谭士贤 378

江口、印江、咸丰、宣恩。

云南、西藏、贵州、四川、湖北、湖南、广西、台湾。

印度、菲律宾、印度尼西亚。

（26）箭头蓼 *Persicaria sagittata*（Linnaeus）H. Gross ex Nakai

武陵队 2139，1505，1587；北京队 000991；960；粟林 4331261410020930；张代贵 王业清 朱晓琴 2646，2217；雷开东 4331271405290397，ZB140529756

芷江、永顺、古丈、永顺、彭水、五峰。

北京、黑龙江、吉林、辽宁、内蒙古、河北、山西、山东、河南、陕西、甘肃、安徽、江苏、浙江、江西、湖南、湖北、四川、贵州、云南、福建、台湾。

（27）大箭叶蓼 *Persicaria senticosa* var. *sagittifolia*（H. Léveillé et Vaniot）Yonekura et H. Ohashi

黔北队 2371；武陵考察队 907；北京队 0222，003695；壶瓶山考察队 0042；李洪钧 9450，2426；刘正宇等 6086，6593；彭水队 500243-001-139；湘黔队 2383

新晃、芷江、凤凰、沅陵、永顺、龙山、桑植、慈利、石阡、沿河、松桃、黔江、酉阳、咸丰、来凤、鹤峰。

陕西、河南、安徽、湖北、湖南、江西、浙江、福建、广东、广西、贵州、四川。

（28）细叶蓼 *Persicaria taquetii*（H. Léveillé）Koidzumi

贺海生 070720028；张代贵 zdg4331261096，20150520007；雷开东 ZB140827755

石门、花垣、永顺、吉首。

湖北、湖南、江西、福建、浙江、江苏。

朝鲜、日本。

（29）蓼蓝 *Persicaria tinctoria*（Aiton）Spach

武陵队 1205；贺海生 07071006；安明态 3915

凤凰、麻阳。

华北地区、陕西、华中地区。

越南、朝鲜、日本、英国。

（30）香蓼 *Persicaria viscosa*（Buchanan-Hamilton ex D. Don）H. Gross ex Nakai

黑龙江、吉林、辽宁、河南、陕西、安徽、江苏、浙江、江西、湖南、湖北、四川、贵州、云南、福建、台湾、广东、广西。

7. 何首乌属 Pleuropterus Turczaninow（2:2:0）

（1）毛脉首乌 *Pleuropterus ciliinervis* Nakai

李洪钧 3737；张代贵、王业清、朱晓琴 2177

宣恩、五峰。

吉林、辽宁、河南、陕西、甘肃、青海、湖南、湖北、四川、贵州、云南。

（2）何首乌 *Pleuropterus multiflorus*（Thunberg）Nakai

湘西调查队 0726；壶瓶山考察队 A74；武陵山考察队 2335；北京队 4367；1411；3548；张杰 4025；安明态 3499；黔江队 500114-028；1669；0466；彭水队 500243-002-248

芷江、鹤城、凤凰、麻阳、花垣、永顺、慈利、桃源、碧江、思南、江口、印江、沿河、咸丰、来凤、鹤峰。

黑龙江、吉林、辽宁、河北、山东、河南、陕西、甘肃、青海、安徽、江苏、浙江、江西、湖南、湖北、四川、贵州、云南、福建、台湾、广东、广西、海南。

8. 萹蓄属 Polygonum Linnaeus（5:5:0）

（1）萹蓄 *Polygonum aviculare* Linnaeus

武陵队 1204；武陵考察队 1986；北京队 835；王映明 5125，6450；安明态 3314；黔江队 500114-278-01；酉阳队 500242-563；李杰 5222291605151064LY；李衡 522227160525054LY

新晃、芷江、辰溪、凤凰、沅陵、保靖、永顺、桑植、武陵源、石门、江口、印江、沿河、鹤峰、宣恩。

北京、黑龙江、吉林、辽宁、内蒙古、河北、山西、山东、河南、陕西、宁夏、甘肃、青海、新疆、安徽、江苏、浙江、江西、湖南、湖北、四川、贵州、云南、西藏、福建、台湾、广东、广西、海南。

（2）习见萹蓄 *Polygonum plebeium* R. Brown

除西藏外，分布几乎遍布全国。

日本、印度、大洋洲、欧洲、非洲。

（3）疏蓼 *Polygonum praetermissum* J. D. Hooker

张代贵 zdg20331，xm111；安明态 3362

永顺、古丈、德江。

江苏、浙江、安徽、江西、湖北、福建、台湾、广东、广西、贵州、云南、西藏。

日本、朝鲜、菲律宾、印度。

（4）戟叶蓼 *Polygonum thunbergii* Siebold et Zuccarini

简焯坡等 32077；王映明 6517，6806；北京队 3801；谭士贤 373；傅国勋、张志松 1269；张代贵、王业清、朱晓琴 2185；1012；粟林 4331261410020962；宿秀江、刘和兵 433125-D000020814004

凤凰、永顺、桑植、印江、咸丰、鹤峰、宣恩。

东北地区、华北地区、秦岭及长江流域以南各地区、西起西藏，东至台湾。

朝鲜、俄罗斯远东地区、朝鲜。

（5）粘蓼 *Polygonum viscoferum* Makino

张秀实 30967；李良千 165；刘林翰 9925；北京队 4368；吉首大学生物资源与环境科学学院 GWJ20170611_0389，GWJ20170611_0390；张代贵、王业清、朱晓琴 2043

保靖、桑植、印江、鹤峰。

东北地区、华北地区、华中地区、华东地区、陕西、四川。

俄罗斯、朝鲜、日本。

9. 虎杖属 Reynoutria Houttuyn（1:1:0）

（1）虎杖 *Reynoutria japonica* Houttuyn

北京队 2203；赵佐成、马建生 2991；曹亚玲、薄发鼎 2986；简焯坡、张秀实等 31221；武陵山考察队 3193；王映明 6799；武陵队 1324；武陵山考察队 2453；林文豹 570；李洪钧 7157

芷江、凤凰、麻阳、沅陵、古丈、保靖、花垣、永顺、桑植、武陵源、石门、施秉、石阡、江口、印江、德江、沿河、咸丰、鹤峰、五峰。

黄河流域以南各地区。

俄罗斯、朝鲜、日本、北美洲。

10. 大黄属 Rheum Linnaeus（1:1:0）

（1）药用大黄 *Rheum officinale* Baillon

王海全等 049；彭水队 500243-001-180

永顺、彭水。

河南、陕西、湖北、四川、贵州、云南、福建。

11. 酸模属 Rumex Linnaeus（9:9:0）

（1）酸模 *Rumex acetosa* Linnaeus

张志松等 400544；张志松、党成忠等 401119；北京队 0172；壶瓶山考察队 0411；张兵 向新 090426011，610；彭水队 500243-002-194，0229；安明态 3380，017

凤凰、麻阳、古丈、永顺、武陵源、石门、江口、印江、鹤峰。

我国南北各地区。

北半球温带地区广泛分布。

（2）小酸模 *Rumex acetosella* Linnaeus

刘正宇、张军等 140264，140203，140206-03，140282-03，140284-01；酉阳队 500242-519-01

彭水、酉阳。

黑龙江、内蒙古、河北、山东、河南、新疆、浙江、江西、湖南、湖北、四川、云南、福建、台湾。

（3）皱叶酸模 *Rumex crispus* Linnaeus

黔北队 422, 0179, 910, 0152; 酉阳队 500-242-055

印江。

东北地区、华北地区、西北地区、华中地区、西南地区。

亚洲、欧洲、北美洲温带地区、非洲。

（4）齿果酸模 *Rumex dentatus* Linnaeus

武陵考察队 1916; 肖简文 5576; 安明先 3049; 赵佐成 88-1577; 谷中村 127; 张代贵 4331221510200188LY; 桑植县林科所 367

黔江、宣恩。

华北地区、华中地区、华东地区、华南地区。

中南半岛、印度。

（5）羊蹄 *Rumex japonicus* Houttuyn

肖简文 5528; 黔北队 1961; 安明态 3752; 壶瓶山考察队 0022; 湘西考察队 396; 张代贵 zdg040; 宿秀江、刘和兵 433125D00090812036; 刘正宇 0152, 534; 谭士贤、刘正宇等 6032

石门、慈利、永顺、保靖、松桃、德江、沿河、秀山、黔江、酉阳。

东北地区、华北地区、华中地区、华东地区、华南地区、中南地区、四川。

朝鲜、日本。

（6）尼泊尔酸模 *Rumex nepalensis* Sprengel

武陵队 117; 刘林翰 1857; 北京队 002702; 曹亚玲、溥发鼎 0239; 武陵山考察队 711; 王映明 4031; 壶瓶山考察队 0515; 黔北队 0639; 李

洪钧 2598; 刘正宇 0497

沅陵、永顺、龙山、桑植、石门、印江、沿河、松桃、咸丰、宣恩、鹤峰。

秦岭以南各地区。

尼泊尔、印度、缅甸、印度尼西亚。

（7）钝叶酸模 *Rumex obtusifolius* Linnaeus

宿秀江、刘和兵 433125D00061104041; 湘西考察队 400; 020; 张兵、向新 090505033

凤凰、古丈、永顺、龙山、桑植、永定、武陵源、慈利、碧江。

华北地区、华中地区、华东地区。

朝鲜、日本。

（8）巴天酸模 *Rumex patientia* Linnaeus

黔北队 1961; 彭水队 500243-002-108; 湘西考察队 396

慈利、松桃、彭水。

北京、黑龙江、吉林、辽宁、内蒙古、河北、河南、陕西、宁夏、甘肃、青海、新疆、湖南、湖北、四川、西藏。

（9）长刺酸模 *Rumex trisetifer* Stokes

安明态等 YJ-2014-0113; 邓涛 070625017; 张代贵、张代富 BJ20170323030_0030; 张代贵 4331221510200618LY, 070625017, 150412034; 贺海生 080507044; 杨彬 07071004

芷江、永顺。

我国南北各地区。

蒙古、朝鲜、日本、欧洲、北美洲温带地区。

一百六十一、茅膏菜科 Droseraceae（1:1）

1. 茅膏菜属 Drosera Linnaeus（1:1:0）
（1）茅膏菜 *Drosera peltata* Smith ex Willdenow
邓涛 070505004; 张代贵 YH070506643,

YH070508470

永顺、德夯、古丈。

云南、四川西南部、贵州西部、西藏南部。

一百六十二、石竹科 Caryophyllaceae（11:40）

1. 无心菜属 Arenaria Linnaeus（1:1:0）
（1）无心菜 *Arenaria serpyllifolia* Linnaeus

邓世纬 90217; 武陵队 234
全国各地。

欧洲温带地区、非洲北部、亚洲、北美洲。

2. 卷耳属 Cerastium Linnaeus（4:4:0）

（1）簇生泉卷耳 *Cerastium fontanum* subsp. *vulgare*（Hartman）Greuter & Burdet

张代贵 zdg4331270175

龙山、永顺、保靖、花垣、凤凰、泸溪、古丈、吉首。

河北、山西、陕西、宁夏、甘肃、青海、新疆、河南、江苏、安徽、福建、浙江、湖北、湖南、四川、云南。

蒙古、朝鲜、日本、越南、印度、伊朗也有。

（2）球序卷耳 *Cerastium glomeratum* Thuillier

张代贵 LL20130303006

凤凰、麻阳、桑植。

河南、江苏、浙江、台湾、福建、江西、湖北、湖南、四川、贵州、西藏。

北温带地区。

（3）山卷耳 *Cerastium pusillum* Seringe

宁夏、甘肃、青海、新疆、云南。

俄罗斯、哈萨克斯坦、蒙古。

（4）卵叶卷耳 *Cerastium wilsonii* Takeda

张代贵 DXY262

鹤峰。

四川、湖北、安徽。

3. 石竹属 Dianthus Linnaeus（4:4:0）

（1）头石竹 *Dianthus barbatus* var. *asiaticus* Nakai

张代贵 0424061

泸溪。

东北地区东部。

俄罗斯、朝鲜。

（2）石竹 *Dianthus chinensis* Linnaeus

张代贵、张成 TD20180508_5821

桑植。

全国各地区。

（3）长萼瞿麦 *Dianthus longicalyx* Miquel

东北地区、华北地区、陕西、甘肃、宁夏、华东地区、华中地区、华南地区、四川、贵州。

日本、朝鲜。

（4）瞿麦 *Dianthus superbus* Linnaeus

张代贵 20170327047

凤凰、武陵源、石门。

全国各地区。

欧洲、亚洲温带地区。

4. 石头花属 Gypsophila Linnaeus（1:1:0）

（1）麦蓝菜 *Gypsophila vaccaria*（Linnaeus）Smith

谭士贤 382

凤凰、石门。

华北地区、西北地区、西南地区、华中地区、华东地区。

欧洲、亚洲温带地区、非洲北部。

5. 剪秋罗属 Lychnis Linnaeus（4:4:0）

（1）剪春罗 *Silene banksia*（Meerburgh）Mabberley

安徽、江苏、浙江、江西、湖南、四川、福建。

（2）毛剪秋罗 *Lychnis coronaria*（Linnaeus）Desrousseaux

廖博儒 0399；张代贵 080416016

桑植、龙山、永顺、保靖、花垣、凤凰、泸溪、古丈、吉首。

北京、江苏、江西、辽宁、云南有栽培。

（3）剪秋罗 *Lychnis fulgens* Fischer ex Sprengel

张代贵、王业清、朱晓琴 zdg，wyq，zxq0387

五峰。

北京、黑龙江、吉林、辽宁、内蒙古、河北、山西、河南、湖北、贵州、四川、云南。

（4）剪红纱花 *Lychnis senno* Siebold & Zuccarini

张代贵 20151028，080416016，80516016，zdg10110；雷开东 ZB140301746；廖博儒 0284；周辉 罗金龙 15031003

龙山、永顺、保靖、花垣、凤凰、泸溪、古丈、吉首、桑植。

河北、河南、甘肃、安徽、江苏、浙江、江西、湖南、湖北、四川、贵州、云南。

6. 种阜草属 Moehringia Linnaeus（1:1:0）

（1）三脉种阜草 *Moehringia trinervia*（Linnaeus）Clairville

新疆、陕西、甘肃、湖北、安徽、浙江、江西、台湾、湖南、四川、云南。

欧洲经小亚细亚半岛、俄罗斯、哈萨克斯坦、伊朗、日本。

7. 鹅肠菜属 Myosoton Moench（1:1:0）

（1）鹅肠菜 *Myosoton aquaticum*（Linnaeus）Moench

朱志华 67；吴星星 070718001；黔江队 500114-320-01，500114-320-02，500114-320-03；余上官 293；522224160219012LY

慈利、沅陵、永顺、黔江。

北京、天津、河北、山西、内蒙古、辽宁、吉林、黑龙江、上海、江苏、浙江、安徽、福建、江西、山东、河南、湖北、湖南、广东、广西、海南、重庆、四川、贵州、云南、西藏、陕西、甘肃、青海、宁夏、新疆、台湾、香港、澳门。

8. 孩儿参属 Pseudostellaria Pax（4:4:0）

（1）蔓孩儿参 *Pseudostellaria davidii*（Franchet）Pax

黑龙江、辽宁、吉林、内蒙古、河北、山西、陕西、甘肃、青海、新疆、浙江、山东、安徽、河南、四川、云南、西藏。

俄罗斯、蒙古、朝鲜。

（2）异花孩儿参 *Pseudostellaria heterantha*（Maximowicz）Pax

张代贵、王业清、朱晓琴 2540

五峰。

内蒙古、河北、陕西、安徽、河南、四川、云南、西藏。

日本、俄罗斯。

（3）孩儿参 *Pseudostellaria heterophylla*（Miquel）Pax

辽宁、内蒙古、河北、陕西、山东、江苏、安徽、浙江、江西、河南、湖北、湖南、四川。

日本、朝鲜。

（4）细叶孩儿参 *Pseudostellaria sylvatica*（Maximowicz）Pax

黑龙江、吉林、辽宁、河北、河南、湖北、陕西、甘肃、新疆、四川、云南、西藏。

俄罗斯、日本、朝鲜。

9. 漆姑草属 Sagina Linnaeus（1:1:0）

（1）漆姑草 *Sagina japonica*（Swartz）Ohwi

东北地区、华北地区、西北地区、华东地区、华中地区、西南地区。

俄罗斯、朝鲜、日本、印度、尼泊尔。

10. 蝇子草属 Silene Linnaeus（8:8:0）

（1）女娄菜 *Silene aprica* Turczaninow ex Fischer & C. A. Meyer

我国大部分地区。

朝鲜、日本、蒙古、俄罗斯西伯利亚地区、俄罗斯远东地区。

（2）狗筋蔓 *Silene baccifera*（Linnaeus）Roth

武陵考察队 1268；湘西考察队 797；周辉、周大松 15041107；刘林翰 10135；宿秀江、刘和兵 433125D00160328007；贺海生 070502016；邓涛 070430015；张代贵 080522028，zdg9954，zdg4331270178；粟林 4331261406050075

新晃、芷江、凤凰、古丈、永顺、桑植、石门、石阡、江口、印江、黔江、鹤峰、宣恩。

国内外分布同属。

（3）麦瓶草 *Silene conoidea* Linnaeus

宿秀江、刘和兵 433125D00030427018；张代贵 zdg5828，zdg00011

鹤城。

华北地区、西北地区、西南地区、中南地区、华东地区。

欧洲、非洲、亚洲温带地区。

（4）疏毛女娄菜 *Silene firma* Siebold et Zuccarini

我国北部和长江流域。

朝鲜、日本、俄罗斯。

（5）齿瓣蝇子草 *Silene incisa* C. L. Tang

四川。

（6）湖北蝇子草 *Silene hupehensis* C. L. Tang

聂敏祥、李启和 1286

恩施。

河南、陕西、甘肃、湖北、四川。

（7）鄂西蝇子草 *Silene sunhangii* D.G.Zhang, T.Deng & N.Lin

湖北。

（8）石生蝇子草 *Silene tatarinowii* Regel

朱国兴 32；酉阳队 500242628

慈利、酉阳。

北京、内蒙古、河北、山西、河南、陕西、宁夏、甘肃、湖南、四川、贵州。

11. 繁缕属 Stellaria Linnaeus（11:11:0）

（1）雀舌草 *Stellaria alsine* Grimm

内蒙古、河南、甘肃、安徽、江苏、浙江、江西、湖南、四川、贵州、福建、云南、西藏、广东、广西、台湾。

（2）中国繁缕 *Stellaria chinensis* Regel

粟林 4331261409070705；张代贵、王业清、朱晓琴 2049

沅陵、永顺、宣恩。

河北、陕西、甘肃、山东、河南、江苏、安徽、浙江、江西、湖北、湖南、广西、云南、四川。

（3）湖北繁缕 *Stellaria henryi* F. N. Williams

湖北、四川。

（4）繁缕 *Stellaria media*（Linnaeus）Cyr.

芷江、吉首、桑植、武陵源、石门、江口、来凤、鹤峰、宣恩。

吉林、辽宁、内蒙古、河北、山西、山东、河南、江苏、安徽、浙江、湖南、湖北、福建、广东、广西、贵州、云南、四川、西藏。

北温带地区至南温带地区。

（5）皱叶繁缕 *Stellaria monosperma* var. *japonica* Maximowicz

浙江、湖北、贵州、福建、台湾、广东。

（6）鸡肠繁缕 *Stellaria neglecta* Weihe

刘林翰 9097

桑植。

内蒙古、青海、甘肃、四川、云南、贵州、湖南、江苏。

欧洲、日本、在北美洲归化。

（7）峨眉繁缕 *Stellaria omeiensis* C. Y. Wu et Y. W. Tsui ex P. Ke

桑植、江口、鹤峰、宣恩。

四川、贵州、湖南、湖北。

（8）沼生繁缕 *Stellaria palustris* Retzius

曹铁如 90223；武陵山考察队 1291；张桂才等 356；北京队 0090；北京队 0033；王映明 4744；周辉、周大松 15062732；谷陈 003；宿秀江、刘和兵 433125D00160808079；李正红 005

沅陵、永顺、江口、宣恩。

北京、黑龙江、辽宁、内蒙古、河北、山西、山东、河南、陕西、甘肃、四川、云南。

（9）柳叶繁缕 *Stellaria salicifolia* Y. W. Tsui et P. Ke

张代贵 YD11052

五峰。

陕西、宁夏、甘肃、浙江、湖南、湖北、四川。

（10）箐姑草 *Stellaria vestita* Kurz

河北、山东、陕西、甘肃、河南、浙江、江西、湖南、湖北、广西、福建、台湾、四川、贵州、云南、西藏。

印度、尼泊尔、不丹、缅甸、越南、菲律宾、印度尼西亚、巴布亚新几内亚。

（11）巫山繁缕 *Stellaria wushanensis* F. N. Williams

永顺、桑植、宣恩、江口、印江。

浙江、湖北、湖南、广东、广西、四川、贵州。

一百六十三、苋科 Amaranthaceae（12:30）

1. 牛膝属 Achyranthes Linnaeus（2:2:0）

（1）牛膝 *Achyranthes bidentata* Blume

刘林翰 9433，9866，9612；张秀实 32180；张代贵 00090，00501，4331221509060932LY，LC0021，LC0130；张代贵、王业清、朱小琴 2033

芷江、保靖、花垣、永顺、桑植、武陵源、松桃、江口、印江、沿河、咸丰、来凤、鹤峰、宣恩。

除东北地区外，全国广泛分布。

朝鲜、俄罗斯、印度、中南半岛、马来西

亚、非洲。

（2）柳叶牛膝 *Achyranthes longifolia*（Makino）Makino

田代科、肖艳、李春、张成 LS-1810；雷开东 4331271405310421，ZB140531745；李丙贵、万绍宾 750264，750264；谭策铭、易桂花、张丽萍、易发彬、胡兵 桑植 041；张代贵、张代富 FH20170410031_0031；张代贵 zdg00043，YD10070

凤凰、吉首、麻阳、保靖、永顺、桑植、印江、黔江、来凤、鹤峰。

陕西、浙江、江西、湖南、湖北、四川、云南、贵州、广东、台湾。

日本。

2. 千针苋属 Acroglochin Schrader（1:1:0）

（1）千针苋 *Acroglochin persicarioides*（Poiret）Moquin-Tandon

谷忠村 1806；宿秀江 ZZ120413385；张代贵、王业清、朱晓琴 zdg，wyq，zxq0297

湖南、湖北、河南、陕西、甘肃、贵州、云南、四川、西藏。

3. 莲子草属 Alternanthera Forsskål（2:2:0）

（1）喜旱莲子草 *Alternanthera philoxeroides*（C. Martius）Grisebach

张代贵 00344，zdg10029，zdg027，zdg1231，YH090714271，YH120520312；武陵队 83；张成 SZ20190427_0043；武陵山考察队 2234，1410

永顺、桑植、宣恩。

江苏、浙江、江西、福建、湖南。

南美洲。

（2）莲子草 *Alternanthera sessilis*（Linnaeus）R. Brown ex Candolle

李丙贵 750280；周辉、周大松 15040909，15040937，15041603；张志松等 400557；北京队 002848，2360，2201，394，0064

芷江、凤凰、永顺、桑植、石门。

安徽、江苏、浙江、福建、台湾、广东、广西、湖南、湖北、四川、贵州、云南。

印度、缅甸、越南、马来西亚、菲律宾。

4. 苋属 Amaranthus Linnaeus（9:9:0）

（1）凹头苋 *Amaranthus blitum* Linnaeus

李永康 8235，30493；安明态 3699；刘正宇

1125，1000，1056，6654；武陵考察队 2008；张代贵 YH150813514，L110085

芷江、永顺、鹤峰。

全国大部分地区。

日本、欧洲、非洲北部、南美洲。

（2）老枪谷 *Amaranthus caudatus* Linnaeus

张代贵 00090，00501，4331221509060932LY，LC0021，LC0130；张代贵、王业清、朱小琴 2033；张秀实 32180；刘林翰 9433，9866，9612

原产于伊朗。

（3）老鸦谷 *Amaranthus cruentus* Linnaeus

北京、天津、河北、山西、内蒙古、辽宁、吉林、黑龙江、江苏、浙江、安徽、江西、山东、河南、湖北、重庆、四川、云南、陕西、新疆、台湾。

（4）绿穗苋 *Amaranthus hybridus* Linnaeus

张代贵、王业清、朱晓琴 2709；张代贵 YH100913825，YH100913875，20100913029；祝文志、刘志祥、曹远俊 ShenZH0084；刘正宇 1113

芷江、凤凰、保靖、花垣、梵净山、德江、黔江、鹤峰。

陕西、河南、安徽、江苏、浙江、江西、湖南、湖北、四川、贵州。

欧洲、北美至南美洲。

（5）千穗谷 *Amaranthus hypochondriacus* Linnaeus

杨泽伟 522226191003001LY；刘正宇、张军等 RQHZ06409

吉林、内蒙古、河北、天津、四川、安徽、重庆、贵州、浙江、福建、新疆、云南、西藏。

（6）反枝苋 *Amaranthus retroflexus* Linnaeus

吉首大学生物资源与环境科学学院 GWJ20180712_0300，GWJ20180712_0299；刘正宇、张军等 RQHZ06602，RQHZ06751-03，RQHZ06751-02；张秀实 32442；安明态 3636；肖简文 5940；雷开东 ZB140810711；吴磊、刘文剑、邓创发、宋晓飞 8877。

黑龙江、吉林、辽宁、内蒙古、河北、山东、山西、河南、陕西、甘肃、宁夏、新疆。

（7）刺苋 *Amaranthus spinosus* Linnaeus

王映明 6332；刘正宇、张军等 RQHZ06666；湖南队 0705；湘西调查队 0479，0705；粟林 4331261409120812；张代贵 00382，zdg1165，433-1221505030122LY；壶瓶山考察队 A128

凤凰、永顺、桑植、石门、鹤峰。

陕西、河南、华东地区、华中地区、华南地区、西南地区。

日本、印度、中南半岛、马来西亚、菲律宾、美洲。

（8）苋 *Amaranthus tricolor* Linnaeus

张代贵 00118；刘林翰 10030 赵佐成 88-1694；刘正宇 1142；无采集人 1142；赵佐成、马建生 2899，2802；chen and li 30；chen 22；陈功锡，张代贵等 421

吉首、花垣、永顺、桑植、武陵源、石门、黔江。

原产于印度。

（9）皱果苋 *Amaranthus viridis* Linnaeus

东北地区、华北地区、陕西、华东地区、江西、华南地区、云南。

5. 甜菜属 Beta Linnaeus（2:2:0）

（1）甜菜 *Amaranthus viridis* Linnaeus

欧洲、亚洲、非洲北部。

（2）莙荙菜 *Beta vulgaris* var. *cicla* Linnaeus

刘正宇 583；无采集人 583；无采集人 268

河北、北京、天津、江西、江南地区。

欧洲、中亚。

6. 青葙属 Celosia Linnaeus（2:2:0）

（1）青葙 *Celosia argentea* Linnaeus

李洪钧 5995，7223；中美梵净山调查队 924；杨流秀 46；张银山 522223150804062 LY；冯修法 049；壶瓶山考察队 A126；肖艳、李春、张成 LS-134；邓涛 00540；李恒、俞宏渊等 1470

芷江、凤凰、保靖、永顺、龙山、桑植、武陵源、石门、石阡、梵净山、黔江、来凤。

朝鲜、日本、俄罗斯远东地区、南亚、中南半岛、菲律宾、马来西亚、非洲热带。

（2）鸡冠花 *Celosia cristata* Linnaeus

张代贵 00540；粟林 4331261410020965；chen and li 10；鲁道旺 522222141108033LY；田儒明 522229150806938LY；雷开东 4331271408271085；

黔江队 500114-250；刘正宇 0999；T.H.Tu 4008；彭水队 500243-001-179

辰溪、吉首、古丈、花垣、永顺、桑植、武陵源、黔江、来凤。

全国及世界各地。

7. 藜属 Chenopodium Linnaeus（6:6:0）

（1）尖头叶藜 *Chenopodium acuminatum* Willdenow

张代贵 4331221509081020LY，pph1000；肖艳、赵斌 LS-2437

黑龙江、吉林、辽宁、内蒙古、河北、山东、浙江、河南、山西、陕西、宁夏、甘肃、青海、新疆。

日本、朝鲜、蒙古、苏联、中亚俄罗斯西伯利亚地区。

（2）藜 *Chenopodium album* Linnaeus

莫华 6181；肖简文 5844；B.Bartholomew et al. 1773；黔江队 500114-279；谭士贤等 7144-04；刘正宇 1323；王映明 6922；祝文志、刘志祥、曹远俊 ShenZH0011；武陵队 1143 壶瓶山考察队 A164

凤凰、保靖、永顺、桑植、武陵源、慈利、石门、德江、咸丰、鹤峰、五峰。

全国各地。

世界各地区。

（3）小藜 *Chenopodium ficifolium* Smith

酉阳队 500242-594；宿秀江、刘和兵 4331-25D00110813063；粟林 4331261406040030；张代贵 20150520001，zdg7157 吉首大学生物资源与环境科学学院 GWJ20170611_0468

北京、黑龙江、吉林、辽宁、内蒙古、河北、山东、河南、山西、陕西、宁夏、甘肃、青海、新疆、安徽、江苏、江西、湖南、湖北、四川、重庆、贵州、云南、台湾、福建、广东、广西、海南。

（4）杖藜 *Chenopodium giganteum* D. Don

无采集人 198；无采集人 1323；张秀实 32443；武陵山考察队 2408；刘正宇、张军等 RQHZ06429-01，RQHZ06429-04，RQHZ06429-02，RQHZ06429-03；刘林翰 10118

花垣、梵净山。

辽宁、河南、陕西、甘肃、四川、云南、贵州、湖北、湖南、广西。

（5）细穗藜 **Chenopodium gracilispicum** H. W. Kung

赵佐成 88-1437；刘林翰 9680；张代贵 hhx0122112，hhx0122129；杨彬 080817045

河北、山东、河南、陕西、甘肃、江苏、浙江、江西、湖南、四川、台湾、广东。

（6）杂配藜 **Chenopodium hybridum** Linnaeus
张代贵 20100913028

黑龙江、吉林、辽宁、内蒙古、河北、山西、陕西、宁夏、甘肃、青海、新疆、浙江、四川、云南、西藏。

8. 杯苋属 Cyathula Blume（1:1:0）

（1）川牛膝 **Cyathula officinalis** K. C. Kuan

鲁道旺 522222141020020LY；王再先、向和平 121；张迅 522224161104045LY；肖简文 5892；刘正宇 0942

四川、云南、贵州。

9. 腺毛藜属 Dysphania R. Brown（2:2:0）

（1）土荆芥 **Dysphania ambrosioides**（Linnaeus）Mosyakin et Clemants

张代贵 00377，00377+1；北京队 833；王映明 5181；谭士贤 146；刘正宇、张进伦等 6284；刘正宇、谭士贤等 7168-03；无采集人 964；安明态 3799；张银山 522223150804037 LY

麻阳、永顺、桑植、德江、宣恩。

四川、贵州、湖北、湖南、广西、广东、台湾、福建、浙江、江西、安徽、江苏。

原产于美洲热带地区。

（2）菊叶香藜 **Dysphania schraderiana**（Roemer & Schultes）Mosyakin & Clemants

辽宁、内蒙古、山西、陕西、甘肃、青海、四川、云南、西藏。

10. 千日红属 Gomphrena Linnaeus（1:1:0）

（1）千日红 **Gomphrena globosa** Linnaeus
彭水队 919；李朝利 0919

吉首、武陵源、桑植。

我国南北各地区。

美洲热带地区。

11. 地肤属 Kochia Roth（1:1:0）

（1）地肤 **Kochia scoparia**（Linnaeus）Schrader

武陵队 1071；粟林 4331261410031021；王映明 6418，6462；张代贵 487；无采集人 1267；刘正宇、王俊华 7120-02；赵佐成 88-2623；武陵山考察队 2408，2610。

凤凰、桑植、鹤峰、石阡、德江、咸丰。

全国各地。

欧洲、亚洲。

12. 菠菜属 Spinacia Linnaeus（1:1:0）

（1）菠菜 **Spinacia oleracea** Linnaeus

黔江队 500114-588；无采集人 83；刘正宇 0041，0089；无采集人 41；彭水队 500243-002-235；无采集人 89；无采集人 629

武陵山区。

全国各地。

原产于亚洲西部。

一百六十四、番杏科 Aizoaceae（1:1）

1. 日中花属 Mesembryanthemum Linnaeus（1:1:0）

（1）日中花 **Mesembryanthemum spectabile** Haworth

湖北、华南地区、福建、台湾。

非洲南部。

一百六十五、商陆科 Phytolaccaceae（1:1）

1. 商陆属 Phytolacca Linnaeus（4:4:0）

（1）商陆 *Phytolacca acinosa* Roxburgh

宿秀江、刘和兵 433125D00020804012+1；彭辅松 11；普查队 0411，464；壶瓶山考察队 0167；田代科、肖艳、李春、张成 LS-1922；采集组 597；李娅芳 522227160524005LY；田腊梅 522222140504002LY；西师生物系 02391

芷江、辰溪、麻阳、凤凰、古丈、保靖、花垣、永顺、桑植、武陵源、江口、印江、沿河、酉阳、鹤峰、宣恩。

辽宁、河北、山东、河南、陕西、安徽、江苏、浙江、湖北、四川、贵州、云南、西藏、福建、台湾、广东、广西。

（2）垂序商陆 *Phytolacca americana* Linnaeus

郭佳林 522224161106006LY；王岚 无采集号；刘正宇、张军等 RQHZ06436-01；酉阳队 500242-145-01；彭水队 500243-001-126；宿秀江、刘和兵 433125D00020804036；刘正宇 907；李振宇、范晓虹、于胜祥、张华茂、罗志萍 RQHZ10642；张代贵 zdg05030173；实习学生 3028

芷江、沅陵、永顺、石阡、黔江。

陕西、华北地区、华中地区、华东地区。

美国西南部、墨西哥。

（3）日本商陆 *Phytolacca japonica* Makino

雷开东 4331271405030235，4331271407210630，ZB140503751，ZB140721752

沅陵、龙山、松桃。

贵州、广西、湖南、江西、福建、台湾、浙江、安徽。

日本。

（4）鄂西商陆 *Phytolacca exiensis* D. G. Zhang, L. Q. Huang & D. Xie

张代贵、王业清、朱晓琴 zdg, wyq, zxq0318, 2713, 2724, 1971, 1910；张代贵 YH120613837, YH140521422, YH140621421。

一百六十六、紫茉莉科 Nyctaginaceae（2:3）

1. 叶子花属 Bougainvillea Commerson ex Jussieu（2:2:0）

（1）光叶子花 *Bougainvillea glabra* Choisy

武陵山区。

我国各地区。

原产于巴西。

（2）叶子花 *Bougainvillea spectabilis* Willdenow

吉首。

我国各地区。

原产于巴西。

2. 紫茉莉属 Mirabilis Linnaeus（1:1:0）

（1）紫茉莉 *Mirabilis jalapa* Linnaeus

刘正宇、张军等 RQHZ06581；粟林 43312-61410031023；张代贵 zdg1417251041；张迅 522224160705057LY；普查队 0972，889；田儒明 522229150811142LY；赵佐成 88-1593；王映明 5116；李洪钧 3075

芷江、吉首、花垣、永顺、桑植、江口、印江、沿河、鹤峰、宣恩。

我国各地常见。

原产于热带美洲。

一百六十七、粟米草科 Molluginaceae（1:1）

1. 粟米草属 Mollugo Linnaeus（1:1:0）

（1）粟米草 *Mollugo stricta* Linnaeus

武陵考察队 1210，2460，1762；湖南队 0477；黔江队 1009；谭士贤 331；彭水队 1422；李洪钧 7279，7299；肖艳、李春、张成 LS-132

新晃、芷江、凤凰、保靖、永顺、桑植、来凤、鹤峰、宣恩。

黄河流域以南至西南地区。

日本、印度、中南半岛、马来西亚至大洋洲。

一百六十八、刺戟木科 Didiereaceae（1:1）

1. 树马齿苋属 Portulacaria Jacquin（1:1:0）

（1）树马齿苋 *Portulacaria afra* Jacquin

原产于埃斯瓦蒂尼和南非。

一百六十九、落葵科 Basellaceae（2:2）

1. 落葵属 Basella Linnaeus（1:1:0）

（1）落葵 *Basella alba* Linnaeus

姚杰 522227160522054LY；朱国泉 144

吉首、花垣、永顺、龙山、桑植、武陵源、鹤峰。

我国南方各地区。

2. 落葵薯属 Anredera Jussieu（1:1:0）

（1）落葵薯 *Anredera cordifolia*（Tenore）Steenis

宿秀江、刘和兵 433125D00021002009；粟林 4331261409120849；张代贵 zdg4331270081，ZZ140523986，YH150810537，YH080915067；刘正宇 1187，1565；无采集人 1187；无采集人 1565

江苏、浙江、福建、广东、四川、云南、北京。

原产于南美洲热带地区。

一百七十、土人参科 Talinaceae（1:1）

1. 土人参属 Talinum Adanson（1:1:0）

（1）土人参 *Talinum paniculatum*（Jacquin）Gaertner

宿秀江、刘和兵 433125D00100809002；鲁道旺 522222141020024LY；王岚 522227160611053LY；雷开东 4331271408271086；武陵山考查队 3195；张迅 522224160707067LY；刘正宇 0487，0292，6276-02；壶瓶山考察队 0944

吉首、龙山、桑植、石门、岑巩、石阡、鹤峰。

长江流域以南各地区。

原产于美国南部至中美洲。

一百七十一、马齿苋科 Portulacaceae（1:3）

1. 马齿苋属 Portulaca Linnaeus（3:3:0）

（1）大花马齿苋 *Portulaea grandiflora* Hooker

刘正宇 0946

武陵山区。

全国大部分地区。

原产于巴西、阿根廷、乌拉圭。

（2）环翅马齿苋 *Portulaca umbraticola* Kunth

美洲、西班牙、法国、意大利、中国、日本、越南、印度。

（3）马齿苋 *Portulaca oleracea* Linnaeus

湘西调查队 0417；彭延辉 692；宿秀江、刘和兵 433125D00060805010；武陵队 1272；赵佐成 88-1911；刘正宇、张军等 RQHZ06569；无采集人 1146；张迅 522224161105021LY；李杰 5222291605311156LY；龙盛明 522223140331011LY

芷江、凤凰、吉首、永顺、桑植、黔江。

全国各地区。

一百七十二、仙人掌科 Cactaceae（8:14）

1. 鼠尾掌属 Aporocactus Lemaire（1:1:0）

（1）鼠尾掌 *Aporocactus flagelliformis*（Linnaeus）Lemaire

原产于墨西哥。

2. 金琥属 Echinocactus Link & Otto（1:1:0）

（1）金琥 *Echinocactus grusonii* Hildm.

中国南方、北方。

原产于墨西哥。

3. 仙人球属 Echinopsis Zuccarini（1:1:0）

（1）仙人球 *Echinopsis tubiflora*（Pfeiff.）Zuccarini ex A. Dietrich

中国各地。

原产于阿根廷及巴西南部。

4. 昙花属 Epiphyllum Haworth（1:1:0）

（1）昙花 *Epiphyllum oxypetalum*（Candolle）Haworth

武陵山区。

全国各地。

原产于墨西哥、危地马拉、委内瑞拉、巴西。

5. 量天尺属 Hylocereus Britton & Rose（2:2:0）

（1）红肉火龙果 *Hylocereus polyrhizus*（F.A.C. Weber）Britton & Rose

广西、海南。

（2）量天尺 *Hylocereus undatus*（Haworth）Britton et Rose

武陵山区。

全国各地。在云南、广西、广东、海南、福建及台湾归化。

原产于墨西哥至巴西。

6. 令箭荷花属 Nopalxochia Britton et Rose（1:1:0）

（1）令箭荷花 *Nopalxochia ackermannii* Britton et Rose

江苏、浙江、福建、广东、广西、云南、台湾、贵州、辽宁。

原产于美洲热带地区，以墨西哥最多。

7. 仙人掌属 Opunia Miller（5:5:0）

（1）仙人掌 *Opuntia dillenii*（Ker Gawler）Haworth

武陵山区。

全国各地。在广西、广东南部、海南归化。

原产于美国南部和东南部、中美洲、西印度群岛、百慕大群岛、南美洲北部。

（2）梨果仙人掌 *Opuntia ficus-indica*（Linnaeus）Miller

武陵山区。

全国各地。在四川西南部和云南西北部干热河谷归化。

原产于墨西哥。

（3）黄毛掌 *Opuntia microdasys*（lehmannii）Pfeiff

武陵山区。

我国南方各地。

原产于墨西哥。

（4）单刺仙人掌 *Opuntia monacantha* Haworth

全国各地区。在云南、广西、福建和台湾沿海地区归化。

世界各地。原产于巴西、巴拉圭、乌拉圭、阿根廷。

（5）仙人镜 *Opuntia phaeacantha* Engelmann

原产于墨西哥和美国。

8. 仙人指属 Schlumbergera Lem.（2:2:0）

（1）圆齿蟹爪 *Schlumbergera × buckleyi*（T.Moore）Tjaden

武陵山区。

全国各地。

（2）蟹爪兰 *Schlumbergera truncata*（Haworth）Moran

全国各地。

全球热带、亚热带地区常见栽培。原产于南美洲巴西。

一百七十三、山茱萸科 Cornaceae（5:26）

1. 八角枫属 Alangium Lamarck（7:7:0）

（1）八角枫 *Alangium chinense*（Loureiro）Harms

川经涪 03201；西南师范学院生物系 02334；赵佐成 88-1494；彭春良 86314；彭海军 080-503032；吴大玉 080511142；李洪钧 89；陈谦海 94123；贵州大学林学院调查队 DJ-1047

新晃、永顺、桑植、慈利、石门、石阡、江口、思南、印江、德江、黔江、来凤、鹤峰、宣恩。

河南、陕西、甘肃、江苏、浙江、安徽、福建、台湾、江西、湖北、湖南、四川、云南、广东、广西、西藏南部。

东南亚、非洲东部。

（2）稀花八角枫 *Alangium chinense* subsp. *pauciflorum* W.P.Fang

武陵队 1418；北京队 2240；李洪钧 3734；王映明 4400；戴伦鹰、钱重海 703；李雄、邓创发、李健玲 19061548；朱太平、刘忠福 417；黔北队 417；无采集人 0461；无采集人 1448

凤凰、沅陵、桑植、石门、石阡、松桃、宣恩。

河南、陕西、甘肃、湖北、湖南、四川、贵州、云南。

（3）伏毛八角枫 *Alangium chinense* subsp. *strigosum* W.P.Fang

黔北队 01088；朱太平、刘忠福 1088；武陵山考察队 880，880，3151，1889；武陵山考察队 2247；李雄、邓创发、李健玲 19061319；李洪钧 89，3794

沅陵、古丈、保靖、石门、施秉、石阡、印江、沿海、松桃。

陕西南部、四川东部、贵州、云南、湖北、湖南、江西、安徽、江苏。

（4）深裂八角枫 *Alangium chinense* subsp. *triangulare*（Wangerin）W.P.Fang

席先银等 222；李恒、彭淑云、俞宏渊等 1658；刘林翰 9163，01694；武陵山考察队 2840

慈利、石门、石阡。

陕西、甘肃、安徽、湖北、湖南、四川、贵州、云南。

（5）小花八角枫 *Alangium faberi* Oliver

莫华 6010；安明态 3507；曹亚玲、溥发鼎 2931；武陵山植物考察队 3330；龙成良 120177；廖衡松 16160；李洪钧 4982，3128；周邦楷、顾健 09；无采集人 721

凤凰、永顺、桑植、慈利、石门、石阡、江口、印江、沿河、松桃、碧江、来凤、宣恩。

四川、湖北、湖南、贵州、广东、广西。

（6）毛八角枫 *Alangium kurzii* Craib

刘林翰 9289；张代贵 090718066，090718066；西师 03201；王映明 5946，4683；武陵山植物考察队 605；安明态 SQ-0496；席先银 101；北京队 002616

桑植、慈利、石阡、江口、松桃、鹤峰、宣恩。

江苏、浙江、安徽、江西、湖北、湖南、贵州、广东、广西。

缅甸、越南、泰国、马来西亚、印度尼西亚、菲律宾。

（7）三裂瓜木 *Alangium platanifolium* var. *trilobum*（Miquel）Ohwi

吉首大学生物资源与环境科学学院 GWJ20170611_0425；张代贵 YH840217871；张代贵、王业清、朱晓琴 1972，2028

吉林、辽宁、河北、山西、河南、陕西、甘肃、山东、浙江、台湾、江西、湖北、四川、贵州、云南东北部。

2. 喜树属 Camptotheca Decaisne（1:1:0）

（1）喜树 *Camptotheca acuminata* Decaisne

王映明 6435；刘志祥 4502；宿秀江、刘和兵 433125D00090811017；李晓腾 080716026；桑植县林科所 1562；张代贵 150811006；何靖 522222141115026LY；安明先 3496；无采集人 0482

鹤峰。

江苏南部、浙江、福建、江西、湖北、湖南、四川、贵州、广东、广西、云南。

3. 山茱萸属 Cornus Linnaeus（15:15:0）

（1）华南梾木 *Cornus austrosinensis* W. P. Fang & W. K. Hu

湖南、广东、广西、贵州。

（2）川鄂山茱萸 *Cornus chinensis* Wangerin

王映明 5357，5675；陈谦海 94119；张志松、闵天禄、许介眉等 402183；喻勋林 15060517；谷忠村 0920473；雷开东 4331271406130128；贺海生 080502075；黔北队 988；李洪钧 5714

石门、江口、咸丰、鹤峰、宣恩。

河南、湖北、陕西、甘肃、四川、贵州、云南、广东。

（3）灯台树 *Cornus controversa* Hemsley

徐早早 080714XZZ003；祁承经 30172；L.H. Liu 1623；张兵、向新 090614008；李洪钧 3376；黄州斌 wyw014；何佩云 201905019226；贵州大学林学院调查队 DJ-0374

芷江、沅陵、永顺、龙山、桑植、武陵源、慈利、石门、施秉、石阡、江口、印江、德江、沿河、松桃、咸丰、来凤、鹤峰、宣恩。

辽宁、河北、山东、河南、陕西、甘肃、江苏、安徽、浙江、江西、福建、台湾、广东、广西、云南、四川、贵州、湖南、湖北。

朝鲜、日本。

（4）尖叶四照花 *Cornus elliptica*（Pojarkova）Q. Y. Xiang et Boufford

刘林翰 9860；肖艳、赵斌 LS-2265；植被调查队 473；黔江队 500114-241；无采集人 1451；无采集人 3989；李洪钧 8673；Li H.G. 2357；张志松等 400516；陈谦海 94162

芷江、沅陵、永顺、桑植、慈利、石门、石阡、江口、印江、松桃、宣恩。

陕西、甘肃、浙江、安徽、江西、湖北、湖南、贵州、四川、云南、广西、广东、福建。

（5）红椋子 *Cornus hemsleyi* C. K. Schneider & Wangerin

壶瓶山考察队 0973，87217；武陵山考察队 0146

石门、松桃。

山西、陕西、甘肃、青海、河南、湖北、贵州、四川、云南、西藏。

（6）大型四照花 *Cornus hongkongensis* subsp. *gigantea*（Handel-Mazzetti）Q. Y. Xiang

湖南、四川、贵州、云南。

（7）香港四照花 *Cornus hongkongensis* Hemsley

张兵、向新 090614001；田代科、肖艳、莫海波、张成 LS-2616；中南队 95；张代贵 080714009；张杰 1201；秦树平 000031；谷忠村 82-0074，851201，850501，82-0375

新晃、沅陵、桑植、江口、黔江。

浙江、江西、湖南、贵州、四川、云南、广西、广东、福建。

（8）四照花 **Cornus kousa** subsp. *chinensis* (Osborn) Q. Y. Xiang

壶瓶山考察队 0769；李良千 156；北京队 1483；赵佐成 88-1781，88-1555；李洪钧 5525，2767；王映明 4702；武陵山考察队 2182，595

永顺、桑植、石门、石阡、江口、松桃、黔江、鹤峰、宣恩。

内蒙古、甘肃、陕西、山西、河南、安徽、江苏、浙江、福建、台湾、江西、湖北、湖南、贵州、四川、云南。

（9）梾木 **Cornus macrophylla** Wallich

壶瓶山考察队 1288；张代贵 zdg1405180302；席先银等 89；安明态 95017；王育民 0355；贵州大学林学院调查队 DJ-0921；李洪钧 2509；包满珠 Ⅳ 2-06-8054；李洪钧 9139；刘林翰 1968

凤凰、沅陵、慈利、石门、梵净山、德江、松桃、咸丰、鹤峰、宣恩。

山东、河南、陕西、甘肃、江苏、安徽、浙江、台湾、江西、湖北、湖南、贵州、四川、云南、西藏。

印度、尼泊尔、巴基斯坦。

（10）长圆叶梾木 **Cornus oblonga** Wallich

龙成良 87327；刘林翰 9665

湖北、四川、贵州、云南、西藏。

越南、缅甸、巴基斯坦、印度北部、不丹、尼泊尔、克什米尔地区。

（11）山茱萸 **Cornus officinalis** Siebold & Zuccarini

李振宇、李良千 2；壶瓶山考查队 0713，0340；湘西考察队 908；潘、谭84-100；无采集人 0917；简焯坡等 32530；晏朝超 522227140609001LY；杨俭 39；张代贵、王业清、朱晓琴 zdg, wyq, zxq0011

江口。

四川、甘肃、山西、河南、山东、安徽、江苏、浙江、江西、湖南。

朝鲜、日本。

（12）小花梾木 **Cornus parviflora** S. S. Chien

张代贵 080601018, xm304, 071002049；邓涛 080703001；贺海生 080517006；彭海军 0806-01018；黔北队 1449，2790；贵州大学林学院调查队 DJ-0106；李永康 8016

施秉、德江。

广西、贵州。

（13）小梾木 **Cornus quinquenervis** Franchet

黎明 张帆 15060510；刘林翰 1538；宿秀江、刘和兵 433125D00180509012；无采集人 0121；无采集人 1308；无采集人 0273；包满珠、王长清 Ⅳ 2-05-8074；中美联合考察队 778；黔北队 2735；钟补勤 773

凤凰、永顺、石门、江口、印江、德江、松桃、咸丰、鹤峰、宣恩。

陕西、甘肃、江苏、福建、广东、广西、云南、四川、贵州、湖南、湖北。

（14）毛梾 **Cornus walteri** Wangerin

祁承经 30321；刘克旺 30006；付国勋、张志松 1395；刘林翰 17900，17728；黔北队 1331；方明渊 24428；张代贵 00550，4331221-607180795LY；许素环 08060

永顺、桑植、石门、松桃。

辽宁、河北、山东、山西、河南、陕西、甘肃、江苏、安徽、浙江、福建、江西、湖南、湖北、四川、贵州、云南、广西。

（15）光皮梾木 **Cornus wilsoniana** Wangerin

沈中瀚 01396，1396；80-1 195；黔北队 1449；雷开东 4331271405180368；张代贵 00294，0830330；李晓腾 070916002；刘林翰 9665；向晟、藤建卓 JS20180702_0476

保靖、花垣、永顺、龙山、武陵源、施秉、石阡、江口、德江、鹤峰。

河南、陕西、甘肃、浙江、江西、福建、广东、广西、贵州、四川、湖北、湖南。

4. 珙桐属 Davidia Baillon（2:2:0）

（1）珙桐 ***Davidia involucrata*** Baillon

H.H.Chang 023；常绍民 861600；Y.Tsiang 7717；谭策铭、张丽萍、易发彬、胡兵、易桂花 狮子样 267；张代贵 080426060；蔡平成 20237；席先银等 671；刘正宇 6890；刘志祥 4265；李洪钧 0868

永顺、桑植、武陵源、石门、江口、印江、

松桃、宣恩。

湖北、湖南、四川、贵州、云南东北部。

（2）光叶珙桐 *Davidia involucrata* var. *vilmoriniana*（Dode）Wangerin

北京队 000943；傅国勋、张志松 1394；武陵山植物考察队 2881；安明态 011，012，无采集号；贵州珍稀树种调查组 无采集号，松桃 - 光叶珙桐 -01；中美联合考察队 1851

永顺、石门、石阡、梵净山。

湖南、湖北、四川、贵州、云南西北部。

5. 蓝果树属 Nyssa Linnaeus（1:1:0）

（1）蓝果树 *Nyssa sinensis* Oliver

刘林翰 1779；席先银等 152；李丙贵、万绍宾 750262；郑家仁 80156；武陵山考察队 2991；贵州大学林学院调查队 DJ-0406；钟补勤 1034；李洪钧 2737；中美联合考察队 1808；李永康、徐友源 76058

新晃、芷江、古丈、永顺、龙山、桑植、武陵源、桃源、施秉、石阡、梵净山。

江苏南部、安徽、浙江、江西、福建、湖北、湖南、广东、广西、四川、贵州、云南。

一百七十四、绣球科 Hydrangeaceae（9:33）

1. 草绣球属 Cardiandra Siebold & Zuccarini（1:1:0）

（1）草绣球 *Cardiandra moellendorffii*（Hance）Migo

李洪钧 5722；林亲众 010997；廖衡松 16144；廖博儒 1207；曹铁如 090197；吉首大学生物资源与环境科学学院 GWJ20170611_0466；安明态 SQ-836，SQ-0836；谷忠村 6029；张代贵、王业清、朱小琴 2025

安徽、浙江、江西、福建。

2. 赤壁木属 Decumaria Linnaeus（1:1:0）

（1）赤壁木 *Decumaria sinensis* Oliver

北京队 001152,1152；宿秀江、刘和兵 433125-D00180427004；喻勋林 91738；张代贵 zdg00002，YH080425587，YH080425588，YH080425592，YH090501623，YH090420622

陕西、甘肃、湖北、四川、贵州。

3. 叉叶蓝属 Deinanthe Maximowicz（1:1:0）

（1）叉叶蓝 *Deinanthe caerulea* Stapf

湖北。

4. 溲疏属 Deutzia Thunberg（6:6:0）

（1）异色溲疏 *Deutzia discolor* Hemsley

壶瓶山考察队 87405，0680，0776；田代科、肖艳、陈岳 LS-1352；张代贵、王业清、朱晓琴 1801；无采集人 0388；肖定春 80217；肖艳、孙林 LS-2875

石门。

四川、湖南、陕西。

（2）粉背溲疏 *Deutzia hypoglauca* Rehder

张代贵 YH140723593，ZDG4487；彭海军 080503038

陕西、甘肃、湖北、四川。

（3）宁波溲疏 *Deutzia ningpoensis* Rehder

沈中瀚 208；廖衡松 15883，15868；蔡平成 20011；包满珠 Ⅳ 2-05-8040；张代贵 06012；田代科、肖艳、李春、张成 LS-1836；李雄、邓创发、李健玲 19061104；田代科、肖艳、陈岳 LS-1274；肖定春 80432

陕西、安徽、湖北、江西、福建、浙江。

（4）长江溲疏 *Deutzia schneideriana* Rehder

彭春良 86284；张兵、向新 090514044；沈中瀚 208；林祁 654 壶瓶山考察队 0488；北京队 000999；张代贵 w20090707004，050825026；肖艳、李春、张成 LS-436；龙成良 87255

沅陵、永顺、桑植、石门、印江。

四川、贵州、湖南、安徽。

（5）四川溲疏 *Deutzia setchuenensis* Francher

刘林翰 1722；廖博儒 8229；孙吉良 11308；磨素珍 080729204；彭水队 500243-001-122；无采集人 0356；李洪钧 3129，2936；张志松、闵天禄、许介眉、党成忠、周竹禾、肖心楠、吴世荣、戴金 401986；贵州大学林学院调查队 DJ-

0710

沅陵、永顺、龙山、桑植、慈利、石门、石阡、松桃、咸丰、鹤峰、宣恩。

四川、湖北、贵州、湖南、江西、福建、广东、广西。

（6）多花溲疏 *Deutzia setchuenensis* var. *corymbiflora*（Lemoine ex André）Rehder

张代贵 YH130415176，YH120526177YH15，0602178，YH120515179，YH080506180；吉首大学生物资源与环境科学学院 GWJ20170611_0589；彭水队 500243-001-116，500243-001-046；彭铺松 614

湖北、四川。

5. 常山属 Dichroa Loureiro（2:2:0）

（1）常山 *Dichroa febrifuga* Loureiro

张迅 522224160705008LY；张志松、闵天禄、许介眉、党成忠、周竹禾、肖心楠、吴世荣、戴金 402281；姚杰 522227160603001LY；朱太平、刘忠福 2281；四川省经济植物调查队 02052；薄发鼎、曹亚玲 0262；赵佐成 88-2088；李洪钧 5301，9302；林祁 653

新晃、芷江、凤凰、沅陵、桑植、石门、石阡、江口、印江、沿河、松桃、秀山、咸丰、来凤、宣恩。

云南、四川、湖北、甘肃、陕西、贵州、广西、广东、湖南、江西、浙江、福建、海南、台湾。

亚洲东南部、琉球群岛。

（2）罗蒙常山 *Dichroa yaoshanensis* Y. C. Wu

云南、广西、广东、湖南。

6. 绣球属 Hydrangea Linnaeus（14:14:0）

（1）冠盖绣球 *Hydrangea anomala* D. Don

张代贵、王业清、朱小琴 1712；王映明 4616，5660；钟补勤 1818；Q.H.Chen et al. 1564；杨保民 2122；谷忠村 139+2；李丙贵 750190；肖定春 80171；廖博儒 1048

石门、永顺、桑植、江口、印江、鹤峰、宣恩。

浙江、湖南、广西、贵州、云南、四川。

（2）马桑绣球 *Hydrangea aspera* D. Don

刘林翰 10076；吉首大学生物资源与环境

科学学院 GWJ20170610_0189；向晟、藤建卓 JS20180814_0828；肖艳、李春、张成 LS-219；安明态 SQ-0591；李洪钧 3844，6434，3849；林文豹 615；张代贵 lxq0123201

梵净山、咸丰、来凤。

陕西、甘肃、浙江、湖北、四川、云南、福建。

（3）东陵绣球 *Hydrangea bretschneideri* Dippel

张代贵 YH150809709；李洪钧 3545；钟补勤 898

河北、山西、陕西、宁夏、甘肃、青海、河南。

（4）中国绣球 *Hydrangea chinensis* Maximowicz

王映明 4323；王金敖、王雅轩 122；戴伦鹰、钱重海 686；李洪钧 7449；安明态 SQ-0172；成佳淇 H002；武陵山考察队 403；喻勋林、徐期瑚 22210；刘林翰 9444；李学根 204296

芷江、沅陵、花垣、永顺、石阡、江口、印江、松桃、宣恩。

广东、广西、贵州、湖北、江西、福建、台湾、安徽。

（5）西南绣球 *Hydrangea davidii* Franchet

黔北队 792；肖简文 5800；姜如碧 82-55；彭海军 080503034+1；罗丽 080711LL001；李洪钧 2606

印江、松桃。

云南、四川、贵州、广西。

（6）白背绣球 *Hydrangea hypoglauca* Rehder

壶瓶山考察队 0394；刘林翰 9008；李雄、邓创发、李健玲 19061275；赵佐成 88-1995，88-1787；李洪钧 3370，4263；王映明 5380；安明态 SQ-0672

桑植、石门、施秉、石阡、江口、印江、黔江、宣恩。

云南、贵州、四川、湖北。

（7）粤西绣球 *Hydrangea kwangsiensis* Hu

贵州、湖南、广东、广西。

（8）莼兰绣球 *Hydrangea longipes* Franchet

李永康 8036；李洪钧 4108，5263，3365；张

志松等 402152；简焯坡 32498；黄升 DS460；曹铁如 090321；T.H.Sen 386

河北、陕西、甘肃、河南、湖北、湖南、四川、贵州、云南。

（9）锈毛绣球 *Hydrangea longipes* var. *fulvescens*（Rehder）W. T. Wang ex C. F. Wei

李洪钧 5263，6792

永顺、松桃。

湖北、四川。

（10）绣球 *Hydrangea macrophylla*（Thunberg）Servettaz

鲁道旺 522222160507095LY；武陵山考察队 2913；张迅 522224160707081LY

黔江。

长江流域各地区。

（11）圆锥绣球 *Hydrangea paniculata* Siebold

湘西考察队 635，0044，741；李丙贵、万绍宾 750152，750065；龙成良 120423；宿秀江、刘和兵 433125D00021002018；张代贵 120917047；陈志远 83113；席先银等 374

新晃、江口。

云南、广西、广东、台湾、福建、江西、湖南、湖北、安徽、浙江。

（12）粗枝绣球 *Hydrangea robusta* J. D. Hooker & Thomson

张代贵、王业清、朱晓琴 2196

贵州、安徽、浙江、江西、湖南、湖北、四川、云南、西藏、福建、广东、广西。

（13）紫彩绣球 *Hydrangea sargentiana* Rehder

湖北。

（14）蜡莲绣球 *Hydrangea strigosa* Rehder

李洪钧 4520，8179；田代科、肖艳、莫海波、张成 LS-2572；L.H.Liu 9106；彭春良 86444；何靖 522222160718026LY；蓝开敏 980060；黔北队 1859；王金敖 254；西师生物系 74 级 川经涪 3270

新晃、沅陵、花垣、桑植、石门、石阡、印江、沿河、松桃、酉阳、咸丰、来凤、鹤峰、宣恩。

云南、四川、贵州、广西、广东、湖南、江西、福建、浙江、安徽、湖北、陕西、甘肃。

7. 山梅花属 Philadelphus Linnaeus（2:2:0）

（1）毛药山梅花 *Philadelphus reevesianus* S. Y. Hu

湖北。

（2）绢毛山梅花 *Philadelphus sericanthus* Koehne var. Sericanthus

王映明 5087，6080；秀山队 425；黔江队 724；湘西考察队 1076；李良千 55；肖育檀 41023；张志松、闵天禄、许介眉、党成忠、周竹禾、肖心楠、吴世荣、戴金 402029；S.S.Sin 51030；B.Bartholomew et al. 1419

沅陵、桑植、石门、印江、鹤峰、宣恩。

云南、四川、贵州、湖北、湖南、江西、浙江。

8. 冠盖藤属 Pileostegia J. D. Hooker & Thomson（2:2:0）

（1）星毛冠盖藤 *Pileostegia tomentella* Handel-Mazzetti

武陵山考察队 3326，2837，916

石阡、印江。

福建、湖南、广东、广西。

（2）冠盖藤 *Pileostegia viburnoides* J. D. Hooker & Thomson

杨保民 2110；李洪钧 3797，7456，7611；徐加武 070717411；李学根 204321；李永康、黄德富等 8090；武陵山考察队 3326

慈利、江口、印江、来凤、宣恩。

四川、云南、贵州、广西、广东、海南、福建、湖南、安徽、浙江、江西、台湾。

日本、印度。

9. 钻地风属 Schizophragma Siebold & Zuccarini（4:4:0）

（1）白背钻地风 *Schizophragma hypoglaucum* Rehder

刘林翰 9008

湖南、四川、广东。

（2）钻地风 *Schizophragma integrifolium* Oliver

李佳佳 070719109；旺成龙 080810001；林科所 0880；钟补勤 993；Rehd 松 112；沈泽昊

HXE131；李丙贵 750054；北京队 4084；武陵山考察队 808；湘黔队 2589

桑植、施秉、江口。

四川、湖北、云南、贵州、广西、广东、台湾。

（3）粉绿钻地风 *Schizophragma integrifolium* var. *glaucescens* Rehder

浙江、湖北、四川、贵州、广东、广西。

（4）柔毛钻地风 *Schizophragma molle*（Rehder）Chun

王、丁、张 014；北京队 01037；曹亚玲、溥发鼎 0156；张志松、党成忠等 401927，402558；张代贵 080525020；李恒、俞宏渊等 1891；刘正宇 500243-001-131

永顺、施秉、江口、印江。

四川、湖南、贵州、云南、广东。

一百七十五、凤仙花科 Balsaminaceae（1:35）

1. 凤仙花属 Impatiens Linnaeus（35:35:0）

（1）凤仙花 *Impatiens balsamina* Linnaeus

安明态 SQ-0962，SQ-0963；张代贵 zdg1249；雷开东 4331271408200997；宿秀江、刘和兵 433125-D00020804026；李衡 522227160601057LY；粟林 4331261409070659

武陵山区。

全国各地。

原产于印度。

（2）睫毛萼凤仙花 *Impatiens blepharosepala* E. Pritzel

Y.K.Li 8303；湖南队 0352；李学根 204470；武陵队 1229；雷开东 4331271405040244；宿秀江、刘和兵 433125D00170923037；湘黔队 3365

沅陵。

湖南、湖北、贵州、浙江、江西。

（3）东川凤仙花 *Impatiens blinii* H. Léveillé

吉首大学生物资源与环境科学学院 GWJ20170610_0301，GWJ20170610_0302

云南。

（4）绿萼凤仙花 *Impatiens chlorosepala* Handel-Mazzetti

李丙贵 750188；王映明 5241；武陵山考察队 977

湖南、贵州、广东、广西。

（5）鸭跖草状凤仙花 *Impatiens commelinoides* Handel-Mazzetti

浙江、江西、湖南、福建、广东。

（6）蓝花凤仙花 *Impatiens cyanantha* J. D. Hooker

周辉、周大松 15091227，15091109

施秉。

贵州、云南。

（7）牯岭凤仙花 *Impatiens davidii* Franchet

曹铁如 90200；武陵山考察队 2197；李永康 8129，8109；周辉、周大松 15091114；张代贵 YH150514780；席先银 0010

安徽、浙江、江西、湖南、湖北、福建、广东。

（8）耳叶凤仙花 *Impatiens delavayi* Franchet

四川、云南、西藏。

（9）齿萼凤仙花 *Impatiens dicentra* Franchet ex J. D. Hooker

湖南队 696；曹铁如 90459；聂敏祥 1358；廖国藩、郭志芳 75；湘黔队 2690，3257；安明态 SQ-1007；彭岳飞 1289；李永康、黄德富等 8109，8212

芷江、桑植、咸丰。

四川、贵州、湖北、湖南、江西。

（10）长距凤仙花 *Impatiens dolichoceras* E. Pritzel

无采集人 2489

湖北、重庆。

（11）滇南凤仙花 *Impatiens duclouxii* J. D. Hooker

植被调查队 696

云南。

（12）鄂西凤仙花 *Impatiens exiguiflora* J. D.

Hooker

王映明 5388

湖北。

（13）梵净山凤仙花 *Impatiens fanjingshanica* Y. L. Chen

中美科考队 813，2038；简焯坡等 32323

贵州。

（14）川鄂凤仙花 *Impatiens fargesii* J. D. Hooker

鹤峰。

四川、湖北。

（15）平坝凤仙花 *Impatiens ganpiuana* J. D. Hooker

贵州。

（16）贵州凤仙花 *Impatiens guizhouensis* Y. L. Chen

贵州、云南。

（17）新几内亚凤仙花 *Impatiens hawkeri* W.Bull

原产于新几内亚岛。

（18）井冈山凤仙花 *Impatiens jinggangensis* Y. L. Chen

张代贵 phx075；席先银 0009，84144

江西、湖南。

（19）毛凤仙花 *Impatiens lasiophyton* J. D. Hooker

麻超柏、石琳军 HY20180427_0273；向晟、藤建卓 JS20180728_0648，JS20180814_0864

贵州、云南、广西。

（20）细柄凤仙花 *Impatiens leptocaulon* J. D. Hooker

刘林翰 9268，9022；黔东队 94287；张志松等 402438；李丙贵、万绍宾 750192，750272；壶瓶山考察队 1329；北京队 4337；王映明 6618；鲁道旺 522222140427015LY

石门、桑植、咸丰。

湖南、湖北、四川、贵州、云南。

（21）李恒凤仙花 *Impatiens lihengiana* Y. Y. Cong & G. W. Hu

湖南。

（22）长翼凤仙花 *Impatiens longialata* E.

Pritzel ex Diels

黔东队 94258，94126，94257；肖艳、龚理 LS-3016，LS-3004

湖北、四川。

（23）龙山凤仙花 *Impatiens longshanensis* Y. Y. Cong & Y. X. Song

湖南。

（24）齿苞凤仙花 *Impatiens martinii* J. D. Hooker

鲁道旺 522222160718040LY

贵州。

（25）水金凤 *Impatiens noli-tangere* Linnaeus

曹铁如 90213；祁承经 304212；周辉、周大松 15063013；李洪钧 3731；湘黔队 3278；桑植县林科所 1055；吉首大学生物资源与环境科学学院 GWJ20170611_0365；张代贵 20130728017；张代贵、王业清、朱晓琴 2146

黑龙江、吉林、辽宁、内蒙古、河北、河南、山西、陕西、甘肃、浙江、安徽、浙江、山东、湖北、湖南。

（26）红雉凤仙花 *Impatiens oxyanthera* J. D. Hooker

黎明、张帆 15060508；周辉、周大松 15063002，15091406，15091518；彭水队 500243-003-082-01，500243-003-082-02；李洪钧 3338，3101

四川。

（27）块节凤仙花 *Impatiens piufanensis* J. D. Hooker

曹铁如 90412；林祁 686；张代贵、王业清、朱晓琴 1904；李学根 204106；张志松等 402337；武陵山考察队 2310；赵佐成 88-1953，88-1833；安明态 3989；王映明 4093

芷江、石门、桑植、永顺、黔江、宣恩。

湖南、湖北、四川、贵州。

（28）湖北凤仙花 *Impatiens pritzelii* Hooker

张代贵、王业清、朱晓琴 2336；王映明 6139；壶瓶山考察队 A62，A75

湖北、四川。

（29）翼萼凤仙花 *Impatiens pterosepala* J. D. Hooker

曹铁如 90390；武陵队 446，1229；聂敏

祥 1412；北京队 4436，4323，002784；张代贵 00125+1；傅国勋、张志松 1412；张代贵、王业清、朱晓琴 1751

凤凰、永顺、桑植。

湖南、湖北、四川、江西。

（30）匍匐凤仙花 *Impatiens reptans* J. D. Hooker

湖南、贵州。

（31）黄金凤 *Impatiens siculifer* J. D. Hooker

刘林翰 9030，9021；武陵队 138；张志松 400931；武陵山考察队 1056；李洪钧 2608；赵佐成 88-1776，88-1961；鲁开功 94021

新晃、芷江、桑植、江口、松桃、印江、黔江。

江西、湖南、湖北、贵州、云南、福建、广西。

（32）窄萼凤仙花 *Impatiens stenosepala* E. Pritzel

周辉、周大松 15080426；张代贵、王业清、朱晓琴 2351，1766；彭水队 500243-003-163-01，500243-003-163-02，500243-003-163-03，500243-003-963-01；黔江队 500114-416-01，500114-416-02；500243-003-963-02

石门。

湖北、湖南、四川、贵州、陕西、甘肃、河南、山西。

（33）泰顺凤仙花 *Impatiens taishunensis* Y. L. Chen et Y. L. Xu

浙江。

（34）管茎凤仙花 *Impatiens tubulosa* Hemsley

福建、广东、湖南、江西、浙江。

（35）苏丹凤仙花 *Impatiens walleriana* J. D. Hooker

河北、天津、北京、广东、香港。

一百七十六、五列木科 Pentaphylacaceae（5:27）

1. 杨桐属 Adinandra Jack（1:1:0）

（1）杨桐 *Adinandra millettii*（Hooker et Arnott）Bentham et J. D. Hooker ex Hance

安徽、浙江、江西、福建、湖南、广东、广西、贵州。

2. 茶梨属 Anneslea Wallich（1:1:0）

（1）茶梨 *Anneslea fragrans* Wallich

江西、湖南、贵州、云南、福建、台湾、广东、广西、海南。

3. 红淡比属 Cleyera Thunberg（5:5:0）

（1）凹脉红淡比 *Cleyera incornuta* Y. C. Wu

江西、湖南、贵州、云南、广东、广西。

（2）红淡比 *Cleyera japonica* Thunberg

安徽、江苏、浙江、江西、湖南、湖北、四川、贵州、云南、西藏、福建、台湾、广东、广西。

（3）大花红淡比 *Cleyera japonica* var. *wallichiana*（Candolle）Sealy

四川、云南、西藏。

（4）齿叶红淡比 *Cleyera lipingensis*（Handel-Mazzetti）T. L. Ming

沅陵、永顺、石门、施秉、石阡、印江、德江、松桃。

陕西、江西、湖南、广西、四川、贵州。

（5）厚叶红淡比 *Cleyera pachyphylla* Chun ex Hung T. Chang

浙江、江西、湖南、福建、广东、广西。

4. 柃木属 Eurya Thunberg（16:16:0）

（1）尖叶毛柃 *Eurya acuminatissima* Merrill & Chun

江西、湖南、贵州、广东、广西。

（2）尖萼毛柃 *Eurya acutisepala* Hu et L. K. Ling

新晃、芷江、梵净山、松桃。

江西、福建、湖南、广东、广西、贵州。

（3）翅柃 *Eurya alata* Kobuski

凤凰、永顺、桑植、石门、石阡、印江、松桃、秀山、鹤峰、宣恩。

陕西、安徽、江苏、浙江、江西、福建、广东、湖北、湖南、四川、贵州。

（4）短柱柃 *Eurya brevistyla* Kobuski

芷江、桑植、石门、施秉、石阡、印江、咸丰、宣恩、鹤峰。

陕西、江西、福建、湖北、湖南、广东、广西、四川、贵州、云南。

（5）微毛柃 *Eurya hebeclados* Y. Ling

新晃、芷江、沅陵、永顺、德江、黔江、秀山、鹤峰、宣恩。

江苏、安徽、浙江、江西、福建、湖北、湖南、广东、广西、四川、贵州。

（6）细枝柃 *Eurya loquaiana* Dunn

新晃、芷江、沅陵、永顺、桑植、施秉、石阡、印江、松桃。

安徽、浙江、江西、福建、台湾、湖南、湖北、贵州、云南。

（7）金叶细枝柃 *Eurya loquaiana* var. *aureopunctata* H. T. Chang

浙江、江西、福建、湖南、广东、广西、贵州、云南。

（8）格药柃 *Eurya muricata* Dunn

安徽、江苏、浙江、江西、湖南、湖北、四川、贵州、云南、福建、广东、香港。

（9）毛枝格药柃 *Eurya muricata* Dunn var. *huana*（Kobuski）L. K. Ling

新晃、芷江、沅陵、永顺、施秉、石阡、江口、松桃。

江西、湖南、四川、贵州、云南。

（10）细齿叶柃 *Eurya nitida* Korthals

河南、安徽、浙江、江西、湖南、湖北、四川、重庆、贵州、云南、福建、台湾、广东、广西、海南。

（11）钝叶柃 *Eurya obtusifolia* Hung T. Chang

沿河、松桃、咸丰、来凤、鹤峰、宣恩。

陕西、湖北、湖南、四川、贵州、云南。

（12）金叶柃 *Eurya obtusifolia* var. *aurea*（H. Léveillé）T. L. Ming

施秉、石阡、印江、德江、松桃。

湖北、广西、四川、贵州、云南。

（13）长毛柃 *Eurya patentipila* Chun

广东、广西。

（14）半齿柃 *Eurya semiserrulata* Hung T. Chang

梵净山。

江西、广西、四川、贵州。

（15）窄叶柃 *Eurya stenophylla* Merrill

湖北、四川、贵州、广东、广西。

（16）四角柃 *Eurya tetragonoclada* Merrill & Chun

江西、河南、湖北、湖南、广东、广西、四川、贵州、云南。

5. 厚皮香属 Ternstroemia Mutis ex Linnaeus（4:4:0）

（1）厚皮香 *Ternstroemia gymnanthera*（Wight & Arnott）Beddome

沅陵、永顺、施秉、梵净山、松桃。

安徽、浙江、江西、福建、湖南、广东、广西、四川、贵州、云南。

（2）阔叶厚皮香 *Ternstroemia gymnanthera* var. *wightii*（Choisy）Handel–Mazzetti

湖南、湖北、四川、贵州、云南、广东、广西。

（3）尖萼厚皮香 *Diospyros rhombifolia* Hemsley

芷江、梵净山。

江西、福建、湖北、湖南、广东、广西、贵州、云南。

（4）亮叶厚皮香 *Ternstroemia nitida* Merrill

石阡、江口。

安徽、浙江、江西、福建、广东、广西、贵州。

一百七十七、山榄科 Sapotaceae（1:1）

1. 铁榄属 Sinosideroxylon（Engler）Aubreville（1:1:0）

（1）革叶铁榄 *Sinosideroxylon wightianum*（Hooker et Arnott）Aubreville

施秉。

广东、广西、贵州南部、云南东南部。

越南北部。

一百七十八、柿树科 Ebenaceae（1:12）

1. 柿树属 Diospyros Linnaeus（12:12:0）

（1）瓶兰花 **Diospyros armata** Hemsley

湖北、四川。

（2）乌柿 **Diospyros cathayensis** Steward

刘林翰 9673；廖博儒 55；龙成良 87268；李永康 8305；祁承经 30340；谢丹 090728002；雷开东 ZB140530660；卢峰 522230191006032LY

桑植、江口、秀山。

四川、云南、贵州、湖南、湖北、安徽。

（3）梵净山柿 **Diospyros fanjingshanica** S. Lee

梵净山。

贵州。

（4）山柿 **Diospyros japonica** Siebold & Zuccarini

张代贵 ZB130912389，zdg0729；雷开东 ZZ-140720771；吉首大学生物资源与环境科学学院 GWJ20170610_0170，GWJ20180712_0062，GWJ20180712_0063

安徽、浙江、江西、湖南、四川、贵州、云南、福建、广东、广西。

印度、斯里兰卡、印度尼西亚、马来西亚、澳大利亚、菲律宾、缅甸、老挝、柬埔寨、越南。

（5）柿 **Diospyros kaki** Thunberg

赵佐成 88-1584；张志松、党成忠等 402266；刘林翰 1483，1477，9543；王映明 5025；张兵、向新 090601002；林文豹 601；李洪钧 9097；武陵山考察队 2380

沅陵、施秉、石阡、黔江、咸丰、来凤、宣恩。

原产于我国长江流域，现分布于南北各地区。

朝鲜、日本、东南亚、大洋洲、法国、俄罗斯、美国。

（6）野柿 **Diospyros kaki** var. **silvestris** Makino

芷江、凤凰、永顺、石阡、梵净山、松桃。

福建、江西、湖南、广东、广西、贵州、云南。

（7）君迁子 **Diospyros lotus** Linnaeus

付国勋、张志松 1519；李洪钧 9001，2611，2593，3767；王映明 6640；武陵山考察队 2777，2135，0103；方英才、王小平 91

芷江、沅陵、永顺、桑植、慈利、石门、施秉、石阡、江口、印江、松桃、咸丰、来凤、鹤峰、宣恩。

辽宁、河北、山西、陕西、甘肃、河南、山东、江苏、浙江、安徽、湖北、江西、湖南、贵州、云南、四川、西藏。

亚洲西部、小亚细亚、欧洲南部。

（8）苗山柿 **Diospyros miaoshanica** S. Lee

周辉、周大松 15050606，15080514，15050-915，15060102；彭春良 120；沈中瀚 01456；壶瓶山考察队 87209；北京队 001235；张代贵 ly-123，090715012

永顺。

广西、湖南。

（9）罗浮柿 **Diospyros morrisiana** Hance

宿秀江、刘和兵 433125D00020814089；张代贵 080716063，zdg1357，090715036

桑植、石门、江口。

浙江、台湾、福建、广东、广西、湖南、贵州、四川、云南。

越南。

（10）油柿 **Diospyros oleifera** Cheng

朱国兴 25；周辉、周大松 15050522；郑家仁 80097；龙成良 87178；湘西调查队 0726；壶瓶山考察队 0161，87178；黄升 DS6029；张代贵 ZB130706387，YH150810486

沅陵、永顺、石门。

安徽、浙江、福建、江西、湖南、广东、广西等地。

（11）老鸦柿 **Diospyros rhombifolia** Hemsley

壶瓶山考察队 87268

石门。

江苏、安徽、浙江、福建、江西、湖南。

（12）浙江光叶柿 *Diospyros zhejiangensis* G.Y.Li， Z.H.Chen & P.L.Chiu

浙江。

一百七十九、报春花科 Primulaceae（8:62）

1. 点地梅属 Androsace Linnaeus（5:5:0）

（1）莲叶点地梅 *Androsace henryi* Oliver

傅国勋、张志松 1454；张志松、党成忠等 400677，401716； P. W. Sweeney & D. G. Zhang PWS2881；王业清 q170422048；张代贵 YD10065；张代贵、王业清、朱晓琴 zdg, wyq, zxq0353, zdg, wyq, zxq0415；吴磊 19093015

江口、恩施、鹤峰。

陕西、湖北、四川、云南、西藏。

缅甸。

（2）梵净山点地梅 *Androsace medifissa* F. H. Chen & Y. C. Yang

黔北队 952

梵净山。

贵州。

（3）峨眉点地梅 *Androsace paxiana* R. Knuth

四川。

（4）异叶点地梅 *Androsace runcinata* Handel-Mazzetti

刘林翰 01733；肖艳、孙林 LS-2938

贵州、湖南、云南、广西。

（5）点地梅 *Androsace umbellata*（Loureiro）Merrill

朱国兴 51；周建军、周辉 14040302；周辉、罗金龙 15032745；张志松、党成忠等 400105，401475；安明先、安明态 3042；杨泽伟 522226190406006LY；肖简文、安明态 5598；张代贵 150311007

桑植。

广泛分布于我国南北各地区。

朝鲜、日本、印度、越南、菲律宾。

2. 紫金牛属 Ardisia Swartz（6:6:0）

（1）九管血 *Ardisia brevicaulis* Diels

简焯坡、张秀实等 32387；武陵山考察队 322；北京队 s.n.；肖育檀 40043；吴磊、刘文剑、邓创发、宋晓飞 8758；彭春良 86462；李学根 204974；简焯坡等 32387；张义长 522224161106004LY；湘西考察队 73

永顺、慈利、江口、来凤。

西南地区至台湾，湖北至广东。

（2）朱砂根 *Ardisia crenata* Sims

李洪钧 8729，8729；黔北队 0397，1819；壶瓶山考察队 0185；武陵山考察队 2332；张代贵 0716082；唐海华 5222291409284500LY；北京队 002781

西藏东南部至台湾，湖北至海南岛等地区。

印度、缅甸、印度尼西亚、日本。

（3）百两金 *Ardisia crispa*（Thunberg）A. de Candolle

李洪钧 2917，8837；湘西调查队 0174；张志松、党成忠等 402305；简焯坡、张秀实等 32387；赵佐成 88-1848；北京队 002983，003615；武陵山考察队 0072；王映明 4516

芷江、沅陵、永顺、龙山、桑植、慈利、石门、石阡、江口、印江、松桃、秀山、来凤、鹤峰、宣恩。

长江流域以南各地区，海南未发现。

日本、印度尼西亚。

（4）月月红 *Ardisia faberi* Hemsley

李洪钧 2917，8837；湘西调查队 0174；张志松、党成忠等 402305；简焯坡、张秀实等 32387；赵佐成 88-1848；北京队 002983，003615；武陵山考察队 0072；王映明 4516

沅陵、保靖、永顺、桑植、石门、江口、鹤峰、宣恩。

广东以西、湖北以南各地区，海南除外。

（5）紫金牛 *Ardisia japonica*（Thunberg）Blume

李洪钧 8875，8730，9240；简焯坡、张秀

实等 30808，31903；赵佐成 88-1859；武陵队207；李良千 64；武陵考察队 1764；武陵山考察队 2175

芷江、吉首、沅陵、保靖、永顺、龙山、桑植、石阡、秀山、咸丰、来凤、鹤峰、宣恩。

陕西及长江流域以南各地区，海南除外。

朝鲜、日本。

（6）九节龙 *Ardisia pusilla* A. de Candolle

龙成良 87336，120301；彭春良 86423；安明态 SQ-0972；88-6 0703073；张代贵 170910006；潘东鹏 0716060

四川、贵州、湖南、广西、广东、江西、福建、台湾。

朝鲜、日本至菲律宾。

3. 仙客来属 Cyclamen Linnaeus（1:1:0）

（1）仙客来 *Cyclamen persicum* Miller

原产于希腊、叙利亚、黎巴嫩等地，现已广为栽培。

4. 酸藤子属 Embelia Burman（2:2:0）

（1）平叶酸藤子 *Embelia undulata*（Wallich）Mez

宿秀江、刘和兵 433125D00181114018；李雄、邓创发、李健玲 19061367；张代贵 qq1027，qq1037

云南。

印度、尼泊尔。

（2）密齿酸藤子 *Embelia vestita* Roxburgh

张代贵 zdg1205+1，ZB131002373，YH13102-6116，zdg1205；成敏 201905212019

云南。

尼泊尔、缅甸、印度。

5. 珍珠菜属 Lysimachia Linnaeus（35:35:0）

（1）展枝过路黄 *Lysimachia brittenii* R. Knuth

北京队 001786；武陵队 200；周辉、周大松 15062731，15052933；吉首大学生物资源与环境科学学院 GWJ20180712_0174；张代贵、王业清、朱晓琴 2232；张代贵 20090806004

沅陵、永顺。

湖北、湖南。

（2）美脉过路黄 *Lysimachia caloneura* G.Hao, X.L.Yu & A.Liu

（3）泽珍珠菜 *Lysimachia candida* Lindley

张代贵 4331221505040139LY；吉首大学生物资源与环境科学学院 GWJ20170610_0352，GWJ20170610_0353，GWJ20170611_0429；李洪钧 9232

陕西、河南、山东、长江流域以南各地区。

越南、缅甸。

（4）细梗香草 *Lysimachia capillipes* Hemsley

安明先、安明态 3358；张杰、安明态 4033；安明先 3441；刘正宇 6356；L.H.Liu 1723；黔北队 2709；田代科、肖艳、李春、张成 LS-2080；安明态 YJ-2014-0095；张代贵 xm308

德江。

陕西、河南、浙江、江西、福建、台湾、湖北、湖南、广东、四川、贵州。

（5）过路黄 *Lysimachia christiniae* Hance

湘西考察队 296，879；张兵、向新 090-610032；黔北队 1500；壶瓶山考察队 0511；北京队 905，0426；田代科、肖艳、李春、张成 LS-2102；无采集人 0344；冯兵 522223140331040 LY

云南、四川、贵州、陕西、河南、湖北、湖南、广西、广东、江西、安徽、江苏、浙江、福建。

（6）露珠珍珠菜 *Lysimachia circaeoides* Hemsley

无采集人，1010；黔北队，1505；张志松、党成忠等，401940，402284，402436；简焯坡、张秀实等，30851；壶瓶山考察队，676；武陵考察队，1909；北京队，001669；张代贵、王业清、朱晓琴，1933

新晃、芷江、沅陵、凤凰、永顺、龙山、桑植、石门、江口、石阡、松桃、德江。

河南、江西、湖北、湖南、四川、贵州、云南。

（7）矮桃 *Lysimachia clethroides* Duby

李洪钧 9232,2429；谭沛祥 60931；李良千，29；湘西调查队 0019；无采集人 642；安明先、安明态 3671；肖简文、安明态 5810；武陵山考察队 2240；武陵队 242

新晃、芷江、凤凰、沅陵、永顺、桑植、慈利、石门、江口、石阡、印江、松桃、万山、黔江、酉阳、秀山、咸丰、来凤、鹤峰、宣恩。

东北地区、华中地区、西南地区、华南地区、华东地区、河北、陕西。

俄罗斯远东地区、朝鲜、日本。

（8）临时救 *Lysimachia congestiflora* Hemsley

张兵、向新 090610032；王映明 4023；北京队 816，0468，0232；武陵山考察队 449；武陵队 124；赵佐成 88-1789；曹亚玲、溥发鼎 0030；张志松、党成忠等 400795

新晃、沅陵、永顺、龙山、桑植、武陵地区、石门、松桃、江口、黔江、咸丰、鹤峰、宣恩。

长江流域以南各地区、陕西、甘肃、台湾。

不丹、缅甸、越南。

（9）延叶珍珠菜 *Lysimachia decurrens* G. Forster

谭策铭、易桂花、张丽萍、胡兵等 03；桑植 082A

云南、贵州、广西、广东、湖南、江西、福建、台湾。

中南半岛、日本、菲律宾。

（10）管茎过路黄 *Lysimachia fistulosa* Handel-Mazzetti

湘黔队 2572；简焯坡、张秀实等 32517；曹亚玲、溥发鼎 2854；溥发鼎、曹亚玲 0249；赵佐成 88-1710；李雄、邓创发、李健玲 190611119

桑植、沿河。

湖北、湖南、四川。

（11）五岭管茎过路黄 *Lysimachia fistulosa* var. *wulingensis* F. H. Chen & C. M. Hu

李晓芳 B-SN-2014-0093；简焯坡等 32517；张志松等 400792

云南、贵州、广西、湖南、江西、广东。

（12）灵香草 *Lysimachia foenum-graecum* Hance

贺海生 080403019；麻超柏、石琳军 HY-20180826_1267；李克纲 XS20180502_5705；张代贵 xm204，06080526，ZZ130524005，090804044；张代贵、王业清、朱晓琴 zdg，wyq，zxq0455；杨彬 080403019，080506010

云南、广西、广东、湖南。

（13）星宿菜 *Lysimachia fortunei* Maximowicz

张代贵 080503080；李楚元 07071600

中南地区、华南地区、华东地区。

朝鲜、日本、越南。

（14）点腺过路黄 *Lysimachia hemsleyana* Maximowicz ex Oliver

周辉、周大松 15052932；宿秀江、刘和兵 433125D00110813048，433125D00110523011；张代贵 080531005，2172，lj0122105；湘西考察队 879；罗明 0716011；曾理 0621010；吉首大学生物资源与环境科学学院 GWJ20170610_0279

慈利。

陕西、安徽、江苏、浙江、江西、福建、河南、湖北、湖南、四川。

（15）宜昌过路黄 *Lysimachia henryi* Hemsley

武陵山考察队 370，186

江口。

湖北、四川、贵州。

（16）黑腺珍珠菜 *Lysimachia heterogenea* Klatt

湖北、湖南、广东、江西、河南、安徽、江苏、浙江、福建。

（17）白花过路黄 *Lysimachia huitsunae* Chien

安徽、浙江、广西。

（18）巴山过路黄 *Lysimachia hypericoides* Hemsley

桑植、江口、黔江。

湖北、湖南、四川、贵州。

（19）金寨过路黄 *Lysimachia jinzhaiensis* S.B.Zhou & Kun Liu

（20）山萝过路黄 *Lysimachia melampyroides* R. Knuth

沅陵、永顺、桑植、石门、来凤。

江西、湖北、湖南、广西、四川、贵州。

（21）抱茎山萝过路黄 *Lysimachia melampyroides* var. *amplexicaulis* F. H. Chen & C. M. Hu

广西、湖南。

（22）小山萝过路黄 *Lysimachia melampyroides* var. *brunnelloides*（Pax & K. Hoffmann）F. H. Chen & C. M. Hu

壶瓶山考察队 0206，0106，0964

石门。

湖南、四川、甘肃、陕西。

（23）琴叶过路黄 *Lysimachia ophelioides* Hemsley

张贵志、周喜乐 1105008

四川、湖北。

（24）落地梅 *Lysimachia paridiformis* Franchet

李洪钧 9128，2397，3832；肖简文 5680；湘西调查队 0049；无采集人 596；张兵、向新 090610037；黔北队 1375；张志松、党成忠等 400479，400306

新晃、芷江、凤凰、沅陵、永顺、龙山、桑植、武陵源、慈利、石门、石阡、江口、德江、松桃、黔江、酉阳、咸丰、鹤峰。

江苏、江西、湖北、湖南、广东、广西、四川、贵州、云南。

（25）狭叶落地梅 *Lysimachia paridiformis* var. *stenophylla* Franchet

黔东队 94230；武陵山考察队 3186，2763；赵佐成 88-1576；李杰 5222291410237551LY；张迅 522224160706071LY；吉首大学生物资源与环境科学学院 GWJ20170610_0259，GWJ20170610_0260；陈谦海 94025；刘昂、龚佑科 LK0965

江口、石阡、黔江。

湖北、湖南、广东、广西、四川、贵州、云南。

（26）巴东过路黄 *Lysimachia patungensis* Handel-Mazzetti

吉大生物 83-8 172，173；壶瓶山考察队 0179；卢峰 5222301901111033LY；刘昂、龚佑科 LK0789；杨泽伟 522226191004038LY

石门。

安徽、浙江、江西、湖南、广东。

（27）叶头过路黄 *Lysimachia phyllocephala* Handel-Mazzetti

王映明 6583；张志松、党成忠等 402482；北京队 002887；武陵山考察队 362，2136；北京队 001678；赵佐成 88-1385；姚杰 5222227160521010LY，5222227160522057LY；张代贵 zdg4331270054

永顺、龙山、桑植、江口、印江、万山、黔江、咸丰。

浙江、江西、湖北、湖南、广西、四川、贵州、云南。

（28）疏头过路黄 *Lysimachia pseudohenryi* Pampanini

梅超 03014；田代科、肖艳、李春、张成 LS-2092；宿秀江、刘和兵 433125D00030810107，433125D00110812012；粟林 4331261406050074；雷开东 4331271405290398；张代贵 022，hhx012-2091；李克纲 XS20180501_5630；张代贵、王业清、朱晓琴 1822

陕西、四川、湖北、河南、江西、安徽、浙江、湖南、广东。

（29）鄂西香草 *Lysimachia pseudotrichopoda* Handel-Mazzetti

张代贵 zdg160；Sino-American Guizhou Botanicai Expedition 2166

四川、湖北。

（30）点叶落地梅 *Lysimachia punctatilimba* C. Y. Wu

李丙贵、万绍宾 750121；壶瓶山考察队 1189，1256；北京队 002460，002748；王映明 4398，4024；李雄、邓创发、李健玲 19061403，19061128

桑植、慈利、石门、宣恩。

湖北。

（31）显苞过路黄 *Lysimachia rubiginosa* Hemsley

李洪钧 4309，3539，4146；北京队 002704，002731；武陵山考察队 2987；王映明 4527；赵佐成 88-1710；安明先、安明态 3426；周辉、周大松 15052928

桑植、石阡、梵净山、黔江、鹤峰、宣恩。

浙江、湖北、湖南、广西、四川、贵州、云南。

（32）黔阳过路黄 *Lysimachia sciadophylla* Chen et C. M. Hu

湖南。

（33）北延叶珍珠菜 *Lysimachia silvestrii*（Pampanini）Handel-Mazzetti

张代贵、王业清、朱晓琴 2406

甘肃、陕西、四川、湖北、湖南、江西。

（34）腺药珍珠菜 *Lysimachia stenosepala* Hemsley

壶瓶山考察队 1238；李洪钧 5132，3089；张兵、向新 090505034；王映明 6599，5596；赵佐成、马建生 2904，2854；安明态等 SN-2014-0017，YJ-2014-0147

龙山、石门、酉阳、咸丰、鹤峰、宣恩。

陕西、浙江、湖北、湖南、贵州、四川。

（35）湘西过路黄 *Lysimachia xiangxiensis* D.G.Zhang & C.Mou，Y.Wu

湖南。

6. 杜茎山属 .Maesa Forsskål（4:4:0）

（1）湖北杜茎山 *Maesa hupehensis* Rehder

李洪钧 9456；壶瓶山考察队 0197，0954，0320；北京队 002986，003689；武陵山考察队 901，2356；李洪钧 9456；张代贵 1406050166

桑植、石门、印江、咸丰。

四川、湖北、湖南。

（2）毛穗杜茎山 *Maesa insignis* Chun

李洪钧 5033；张志松、张永田 401178；张代贵 zdg9813；北京队 354，001779，331；贺海生 070617078；马锂千 204-1；陈功锡、张代贵 SCSB-HC-2008373；宿秀江、刘和兵 433125D00150807021

永顺。

贵州、广西、广东。

（3）杜茎山 *Maesa japonica*（Thunberg）Moritzi et Zollinger

李洪钧 8758；张兵、向新 090521017；周丰杰 005；湘西调查队 0363；简焯坡、张秀实等 31636，31915；武陵山考察队 3103；姜如碧 82-60

新晃、芷江、沅陵、永顺、桑植、石门、石阡、江口、印江、碧江、秀山、来凤、鹤峰。

西南地区至台湾以南各地区。

日本、越南。

（4）鲫鱼胆 *Maesa perlaria*（Loureiro）Merrill

李晓腾 080502031；吴磊 4598；鲁道旺 522-

222140426025LY

四川、贵州至台湾以南各地区。

越南、泰国。

7. 铁仔属 Myrsine Linnaeus（3:3:0）

（1）铁仔 *Myrsine africana* Linnaeus

李洪钧 7546，7549；赵佐成 88-1315；安明先、安明态 3027，3008；肖简文、安明态 5502；黔北队 2707；张志松、党成忠等 401459；北京队 001610；肖育檀 40061

永顺、慈利、石阡、黔江、咸丰、来凤、鹤峰。

甘肃、陕西、湖北、湖南、四川、贵州、云南、西藏、广西、台湾。

印度。

（2）密花树 *Myrsine seguinii* H. Leveille

张志松、党成忠等 400243，400257；武陵山考察队 88-1104，2714，1104；无采集人 372；李学根 203963，203956；西南师院生物系 3066；吉首大学生物资源与环境科学学院 GWJ20180713_0359

慈利、江口、石阡。

西南地区至台湾。

缅甸、越南、日本。

（3）瘤枝密花树 *Myrsine verruculosa*（C. Y. Wu）Pipoly & C. Chen

云南。

8. 报春花属 Primula Linnaeus（6:6:0）

（1）针齿铁仔 *Myrsine semiserrata* Wallich

李洪钧 4526，3294，3109，3107；安明先 3283；北京队 002960，001783；黔北队 2646；宿秀江、刘和兵 433125D00180509015；无采集人 626

永顺、桑植、德江、鹤峰、宣恩。

湖北、湖南、广西、广东、四川、贵州、云南、西藏。

印度、缅甸。

（2）梵净报春 *Primula fangingensis* F. H. Chen & C. M. Hu

江口。

（3）俯垂粉报春 *Primula nutantiflora* Hemsley

肖艳、付乃峰 LS-2805；刘昂、龚佑科 LK0775。

四川、湖北、贵州。

（4）鄂报春 *Primula obconica* Hance

朱国兴 37；北京队 002935，001164；壶瓶山考察队 1229；武陵队 38；肖简文 5516；安明先 3005；戴伦鹰、钱重海鄂 682；章伟、李永权、汪惠峰 ANUB00796

沅陵、保靖、永顺、桑植、石门、石阡。

江西、湖北、湖南、广东、广西、四川、贵州、云南、西藏东南部。

（5）齿萼报春 *Primula odontocalyx*（Franchet）Pax

陕西、甘肃、河南、湖北、四川。

（6）卵叶报春 *Primula ovalifolia* Franchet

北京队 002237；L.H.Liu 9176；田代科、肖艳、陈岳 LS-952，LS-1030；植化室样品凭证标本 221；李丙贵、万绍宾 750025；张志松等 402239；鲁道旺 5222221160725001LY；张代贵、王业清、朱晓琴 zdg，wyq，zxq0414，zdg，wyq，zxq0227

龙山、桑植、梵净山。

湖北西部、湖南西部、四川、贵州、云南。

一百八十、山茶科 Theaceae（4:26）

1. 山茶属 Camellia Linnaeus（19:19:0）

（1）杜鹃叶山茶 *Camellia azalea* C.F.Wei

广东。

（2）贵州连蕊茶 *Camellia costei* H. Leveille

简焯坡、张秀实等 30565，30403，30426；武陵考察队 1926；黔北队 1177，2746；李学根 204181；张代贵、张代富 BJ20170325047_0047；张代贵 20130712001，ZCJ130712027

芷江。

江西、广东、广西、湖北、湖南、贵州、云南。

（3）连蕊茶 *Camellia cuspidata*（Kochs）H. J. Veitch

李洪钧 7126，3970；黔北队 1164，1177；汤庚国 172；聂敏祥、李启和 1423，1406；黔东队 94259；张代贵 zdg5-024，2164

江苏、安徽、浙江、江西、福建。

（4）大花尖连蕊茶 *Camellia cuspidata* var. *grandiflora* Sealy

傅国勋、张志松 1406；祁承经 3601；戴伦鹰、钱重海 663；黔北队 2876，2867，1164；刘林翰 9412；80-1018

江西、湖南、广东、广西。

（5）毛蕊柃叶连蕊茶 *Camellia euryoides* **Lindley** var. *nokoensis*（Hayata）T. L. Ming

湖南、江西、四川。

（6）长瓣短柱茶 *Camellia grijsii* Hance

李洪钧 8811；北京队 000956；武陵考察队 1727；路端正 810915

永顺、芷江。

江西、福建、湖南、广西。

（7）山茶 *Camellia japonica* Linnaeus

田儒明 522229140903266LY；李杰 522229-140920376LY；潘承魁 522222160721019LY；贺丽娟 201905202084；赵佐成、马建生 3014，2983；田代科、肖艳、陈岳 LS-1045；张代贵 phx111；卢峰 522230190111002LY；李义 5222-30190118022LY

四川、台湾、山东、江西等地有野生种，全国各地广泛栽培。

（8）油茶 *Camellia oleifera* C. Abel

李洪钧 8731，8832，3704，9061；黔北队 674，1425；周丰杰 139；赵佐成 88-1845，88-1329；王映明 6868

芷江、永顺、桑植、石门、石阡、江口、印江、松桃、万山、黔江、秀山、咸丰、宣恩。

长江流域以南各地区盛行栽培。

（9）大萼小瘤果茶 *Camellia parvimuricata* var. *hupehensis*（Hung T. Chang）T. L. Ming

湖北。

（10）小瘤果茶 *Camellia parvimuricata* Hung T. Chang

中美梵净山考察队 913；邓涛 0803080170。

湖北、湖南、四川、贵州新分布纪录。

（11）金花茶 *Camellia petelotii*（Merrill）Sealy

广西。

（12）西南山茶 *Camellia pitardii* Cohen-Stuart

杨通 080712YT002；张代贵 zdg10140，zdg-9879，zdg9937，080606023，YD220016，zdg00025；贺海生 080606021；路端正 810966；张成、张博 JS20160102_0022

芷江、沅陵、永顺、桑植、石阡、江口、印江、松桃。

湖南、广西、四川、贵州、云南。

（13）多变西南山茶 *Camellia pitardii* var. *compressa*（Hung T. Chang et X. K. Wen）T. L. Ming

田代科、肖艳、陈岳 LS-1426；肖艳、付乃峰 LS-2779；张代贵 xm302，130324067

湖南、湖北、贵州。

（14）多齿红山茶 *Camellia polyodonta* F. C. How ex Hu

湖南、广西。

（15）川鄂连蕊茶 *Camellia rosthorniana* Handel-Mazzetti

宿秀江、刘和兵 433125D00021001003；雷开东 4331271503051512；张代贵 zdg1514，YH09-0731775，131209002；肖简文 5754；莫华 6012；廖博儒 174；武陵山考察队 894

湖北、湖南、广西、四川。

（16）茶梅 *Camellia sasanqua* Thunberg

日本多栽培，我国也有栽培品种。

（17）南山茶 *Camellia semiserrata* C. W. Chi

广东、广西。

（18）茶 *Camellia sinensis*（Linnaeus）Kuntze

李洪钧 4570，2858，8889；安明先 3357；简焯坡、张秀实等 31863；赵佐成 88-1873；壶瓶山考察队 0074，3083；武陵队 1485；北京队 01329

芷江、沅陵、永顺、桑植、石门、梵净山、松桃、黔江、秀山、宣恩。

长江流域以南各地区栽培。

（19）阿里山连蕊茶 *Camellia transarisanensis*（Hayata）Cohen-Stuart

江西、湖南、贵州、云南、福建、台湾、广西。

2. 核果茶属 Pyrenaria Blume（1:1:0）

（1）粗毛核果茶 *Pyrenaria hirta*（Handel-Mazzetti）H. Keng

中美梵净山考察队 194；张代贵 090715023，LL131018056

贵州、云南、湖北、湖南、广西、广东、江西。

3. 木荷属 Schima Reinw. ex Blume（4:4:0）

（1）银木荷 *Schima argentea* E. Pritzel

武陵山考察队 700；席先银等 75，122，185，393；黔北队 1527；简焯坡等 30163；简焯坡、张秀实等 31830；张代贵 pcn049；张代贵、陈庸新 ZZ090904219

四川、云南、贵州、湖南。

（2）小花木荷 *Schima parviflora* W. C. Cheng et Hung T. Chang

T.H.Sen 1298；廖衡松 16212；廖博儒 358；蒋传敏 318；植被调查队 885；周鹤昌 1894；壶瓶山考察队 A86；戴伦鹰、钱重海 鄂637

桑植、石门。

湖北、湖南、四川、贵州、西藏。

（3）中华木荷 *Schima sinensis*（Hemsley & E. H. Wilson）Airy Shaw

中美梵净山考察队 1707，658；简焯坡 31314；方英才、王小平 318；李洪钧 5252；B.Bartholomew et al. 1707，658；王映明 5421

石阡、印江、鹤峰、宣恩。

湖北、湖南、四川、贵州、云南。

（4）木荷 *Schima superba* Gardner et Champion

李洪钧 4337；莫华 6186；曹铁如 090609；郑家仁 80332，80339；宿秀江、刘和兵 43312-5D00030810130；杨彬 08052704；张代贵 080-506001；曹亚玲、溥发鼎 2822；武陵山考察队 787

浙江、福建、台湾、江西、湖南、广东、海

南、广西、贵州。

4. 紫茎属 Stewartia I.Lawson（2:2:0）

（1）红皮紫茎 *Stewartia rubiginosa* Hung T. Chang

方英才、王小平 105

湖南、广东、广西。

（2）紫茎 *Stewartia sinensis* Rehder et E. H.

Wilson

李洪钧 3378；北京队 2147；李良千 91；王映明 4843；北京队 003429；聂敏祥、李启和 01236；曹铁如 090170；廖衡松 16020；傅国勋、张志松 1236；方英才、王小平 029

桑植、宣恩。

浙江、江西、湖北、湖南、贵州。

一百八十一、山矾科 Symplocaceae（1:13）

1. 山矾属 Symplocos Jacquin（13:13:0）

（1）腺柄山矾 *Symplocos adenopus* Hance

武陵山考察队 3007，1194，88–102，3008，1075；简焯坡等 31188；安明态 SQ–0514；湘黔队 002590

石阡、江口、印江、松桃。

福建、广东、广西、云南、贵州、湖南。

（2）薄叶山矾 *Symplocos anomala* Brand

付国勋、张志松 1331；李洪钧 5255，4145；刘林翰 9105，1780；聂敏祥 1498；湖南队 122；张志松 402542；李永康 8287

芷江、桑植、慈利、石门、印江、咸丰、鹤峰、宣恩。

江南地区，东至台湾，西南至西藏。

越南。

（3）黄牛奶树 *Symplocos theophrastifolia* Siebold et Zuccarini

武陵山考察队 313；溆浦林业局 兰 -11；桑植县林科所 1828；湘黔队 3518；吉首大学生物资源与环境科学学院 GWJ20170610_0343；林亲众 10811；张代贵 YH150810612；李永康 8089；方英才、王小平 087

桑植。

西藏、云南、四川、贵州、湖南、广西、广东、福建、台湾、浙江、江苏。

印度、斯里兰卡。

（4）毛山矾 *Symplocos groffii* Merrill

江口。

贵州、广西、广东、湖南、江西。

（5）海桐山矾 *Symplocos heishanensis* Hayata

云南、广西、广东、湖南、江西、浙江、台湾。

（6）光叶山矾 *Symplocos lancifolia* Siebold et Zuccarini

黔北队 1602；刘林翰 1606，1615，9322，1600；湖南队 415，769；李学根 204471；王映明 4208；王金敖、王雅轩 125

新晃、芷江、沅陵、永顺、慈利、石阡、江口、印江、松桃、黔江、宣恩。

浙江、江西、福建、台湾、海南、广西、云南、贵州、四川、湖北、湖南。

日本。

（7）光亮山矾 *Symplocos lucida*（Thunberg）Siebold & Zuccarini

张 代 贵 zdg9963，zdg10244，zdg05040194；雷开东 4331271407210631，4331271408080860；张代贵、张代富 BJ20170325031_0031；张兵、向新 090530032；中美联合考察队 438

甘肃、安徽、江苏、江西、湖南、湖北、四川、贵州、云南、西藏、福建、台湾、广东、广西、海南。

（8）白檀 *Symplocos paniculata*（Thunberg）Miquel

刘林翰 9014，1850；付国勋、张志松 1289，1217；朱国兴 24；聂敏祥 1289；湖南队 610；林祁 704；西南师范学院生物系 2504；武陵山考察队 2971

黑龙江、吉林、辽宁、内蒙古、河北、山西、山东、河南、陕西、宁夏、安徽、江苏、浙江、江西、湖南、湖北、四川、贵州、台湾、福建、云南、西藏、广东、广西、海南。

（9）叶萼山矾 *Symplocos phyllocalyx* Clarke

桑植、慈利、梵净山、松桃。

广东、广西、福建、江西、浙江、安徽、湖北、湖南、贵州、云南、西藏、四川、陕西。

不丹。

（10）多花山矾 *Symplocos ramosissima* Wallich ex G. Don

桑植、石阡、江口、松桃、酉阳、宣恩。

西藏、云南、四川、湖北、湖南、贵州、广西、广东。

尼泊尔、不丹。

（11）老鼠矢 *Symplocos stellaris* Brand

李洪钧 8754，4561；刘林翰 1943；武陵队 337；沈中瀚 981；张志松、闵天禄 401534；武陵考察队 617；张志松 400293，400344；湘黔队 002669

沅陵、永顺、桑植、慈利、石门、江口、印江。

长江流域以南各地区。

（12）山矾 *Symplocos sumuntia* Buchanan-Hamilton ex D. Don

武陵队 1695；李洪钧 2733，8773，8746；李丙贵 750217；武陵山考察队 1161，324；王映明 4441；王金敖 110；西师 03218。

芷江、永顺、桑植、石门、石阡、江口、印江、黔江、宣恩。

江苏、浙江、福建、台湾、广东、广西、江西、湖南、湖北、四川、贵州，云南。

尼泊尔、不丹、印度。

（13）微毛山矾 *Symplocos wikstroemiifolia* Hayata

周辉、周大松 15050838；方英才、王小平 021；方英才、谢早云 182

梵净山、松桃。云南、贵州、湖南、广西、海南、台湾、福建、浙江。

一百八十二、安息香科 Styracaceae（5:15）

1.赤杨叶属 Alniphyllum Matsumura（1:1:0）

（1）赤杨叶 *Alniphyllum fortunei*（Hemsley）Makino

谭沛祥 60946；李学根 204972；张代贵、王业清、朱小琴 1606；杨保民 2139；林祁 715；刘林翰 1589；张志松 400536，401747；李学根 203949；西师生物系 02222

芷江、保靖、桑植、慈利、石阡、江口、印江。

云南、四川、贵州、广西、广东、福建、台湾、江西、湖南、湖北、安徽、江苏、浙江。

印度、缅甸、越南。

2.山茉莉属 Huodendron Rehder（1:1:0）

（1）西藏山茉莉 *Huodendron tibeticum*（J. Anthony）Rehder

沈中瀚 169，160；蓝开敏 98-0122；武陵山考察队 2753；安明态 SQ-1351；王雪知 820785

沅陵。

西藏、云南、广西、贵州、湖南。

3.白辛树属 Pterostyrax Siebold & Zuccarini（2:2:0）

（1）小叶白辛树 *Pterostyrax corymbosus* Siebold & Zuccarini

张志松 401372，401759，400414，400783；刘林翰 S.N；李学根 204619；沈中瀚 1098；武陵队 312；李雄、邓创发、李健玲 19061420；张代贵 pws2682

沅陵、永顺、石门、印江。

贵州、湖南、广东、福建、江西、浙江、江苏。

日本。

（2）白辛树 *Pterostyrax psilophyllus* Diels ex Perkins

李洪钧 3398；张志松、闵天禄 401983；李学根 203489；张志松 402103；湖南队 875，354；李丙贵 750053；壶瓶山考察队 87385；武陵山考察队 1228；西师生物系 02225

桑植、慈利、石门、石阡、江口、印江、松

桃、宣恩。

湖北、湖南、贵州、云南、广西。

4. 秤锤树属 Sinojackia Hu（3：3：0）

（1）长果秤锤树 *Sinojackia dolichocarpa* C. J. Qi

周建军、周辉 14040206；黄宏全 13050403；徐永福、张帆 15060532；龙成良 87323；壶瓶山考察队 0312，0996，87323

桑植、石门。

湖南。

（2）狭果秤锤树 *Sinojackia rehderiana* Hu

桑植。

江西、湖南、广东。

（3）秤锤树 *Sinojackia xylocarpa* Hu

江苏、四川。

5. 安息香属 Styrax Linnaeus（8：8：0）

（1）灰叶安息香 *Styrax calvescens* Perkins

梵净山、松桃。

贵州、湖南、湖北、河南、浙江、江西。

（2）赛山梅 *Styrax confusus* Hemsley

桑植、印江、松桃。

四川、贵州、广西、广东、湖南、湖北、安徽、江苏、浙江、江西、福建。

（3）垂珠花 *Styrax dasyanthus* Perkins

张志松 400776，400949；李学根 203488；李洪钧 7292；武陵山考察队 0141，675，88-141；张华海 030；廖衡松 15836；刘克明 772649

梵净山、松桃。

山东、江苏、安徽、河南、湖北、湖南、四川、云南、广西、广东、福建、浙江。

（4）白花龙 *Styrax faberi* Perkins

宿秀江、刘和兵 433125D00030810090；B.Bartholomew，D.E.Boufford，Q.H.Chen et al. 4；武陵山考察队 1231；刘克旺 30081；彭春良 86048；张代贵 zdg4331270098，1406050179；莫泽明 0934；向晟、藤建卓 JS20180729_0690；李洪钧 3366

梵净山。

江苏、安徽、湖北、四川、贵州、湖南、广西、广东、江西、福建、台湾。

（5）老鸹铃 *Styrax hemsleyanus* Diels

植被核查队 737；张志松等 402110；张彩飞 2685；廖衡松 15908，15870，16115；李丙贵、万绍宾 750286；西师（生）02483；蔡平成 20232

永顺、桑植、江口。

四川、陕西、河南、湖北、湖南、贵州。

（6）野茉莉 *Styrax japonicus* Siebold et Zuccarini

林文豹 575；刘林翰 9576，1877；沈中瀚 183；李学根 203581，204313，205017；林祁 843；张志松 401231；黔北队 1588

永顺、桑植、石门、石阡、江口、印江、松桃、宣恩。

秦岭、黄河流域以南至广东、广西北部、云南东北部、四川东部以东至山东、福建。

日本、朝鲜。

（7）芬芳安息香 *Styrax odoratissimus* Champion

中南林学院 173，163；张志松 402476，402501；沈中瀚 1235；安明态 SQ-0719，SQ-714；张兵、向新 090614047；蔡平成 20028；张代贵 1406050147

永顺、慈利、江口、印江。

浙江、江苏、安徽、湖北、湖南、贵州、广西、广东、江西、福建。

（8）栓叶安息香 *Styrax suberifolius* Hooker et Arnott

林文豹 534；李洪钧 7127；谭沛祥 60970；L.H.Liu 9710；湖南队 301；林祁 713；李学根 204951；武陵山考察队 2281，2709；张代贵 L222110

芷江、凤凰、保靖、花垣、永顺、石门、石阡、印江、松桃、咸丰、来凤。

长江流域以南各地区。

越南。

一百八十三、猕猴桃科 Actinidiaceae（2:27）

1. 猕猴桃属 Actinidia Lindley（25:25:0）

（1）软枣猕猴桃 *Actinidia arguta*（Siebold & Zuccarini）Planchon ex Miquel

李洪钧 4139，4109；无采集人 24368；陈功锡、廖博儒等 SCSB-186；张代贵、王业清、朱晓琴 2589；李丙贵、万绍宾 750154

黑龙江、吉林、辽宁、河北、山西、山东、河南、陕西、甘肃、安徽、浙江、江西、湖南、湖北、四川、重庆、贵州、云南、福建、台湾、广西。

（2）陕西猕猴桃 *Actinidia arguta* var. *giraldii*（Diels）Voroschilov

陈道纯、熊雪清 780014，780013；曹铁如 090526

陕西、河北、河南、湖北。

（3）硬齿猕猴桃 *Actinidia callosa* Lindley

李洪钧 9134，3173，2770；黔北队 2768，1334；张志松、党成忠等 402407；武陵队 174；安明先 3299，3487；西南师范学院生物系 02302

云南、台湾。

不丹、印度北部地区。

（4）异色猕猴桃 *Actinidia callosa* var. *discolor* C. F. Liang

林 77 级 15761；溆浦林业局 99；林亲众 10921；谷忠村 6019；省植物园 91007；吴磊、邓创发 9085

永顺。

安徽、浙江、江西、福建、台湾、湖南、广东、广西、四川、贵州、云南。

（5）京梨猕猴桃 *Actinidia callosa* var. *henryi* Maximowicz

黄仁煌 4017；李洪钧 3137；谭沛祥 62694；张兵、向新 090521002；壶瓶山考察队 0874，87226；王映明 4459；张桂才等 451；武陵山考察队 88064；西师生物系 02302

芷江、沅陵、龙山、桑植、石门、石阡、江口、印江、松桃、德江、咸丰、鹤峰、宣恩。

长江流域以南各地区、湖北、湖南、四川、甘肃、陕西、华东地区较少。

（6）中华猕猴桃 *Actinidia chinensis* Planchon

谭沛祥 62547；黄仁煌 4011，4010；朱国兴 042；武陵考察队 779；赵佐成、马建生 2909；张桂才等 437；武陵山考查队 2399；湘西调查队 0047；肖简文 5798

芷江、永顺、石门。

陕西、河南、安徽、江苏、浙江、江西、福建、湖北、湖南、广东、广西。

（7）美味猕猴桃 *Actinidia chinensis* var. *deliciosa*（A. Chevalier）A. Chevalier

李洪钧 9220，2756，3156；四川大学生物系植物调查队 108041；付国勋、张志松 1377；肖定春 80138；蔡平成 20018；彭春良 86329；曹铁如 090432；宿秀江、刘和兵 433125D00020804071

甘肃、陕西、四川、贵州、云南、河南、湖北、湖南、广西。

（8）金花猕猴桃 *Actinidia chrysantha* C. F. Liang

江西、湖南、广东、广西。

（9）毛花猕猴桃 *Actinidia eriantha* Bentham

武陵山考察队 3358，2177，1868，3001，1588，2349；溆浦林业局 兰 -72；李克纲、张成等 TD20180508_6067

芷江、石阡。

浙江、江西、福建、湖南、广东、广西、贵州。

（10）条叶猕猴桃 *Actinidia fortunatii* Finet & Gagnepain

张代贵 090501001；李克纲、张成等 TD201-80509_6107，TD20180509_6108

贵州、湖南、广东、广西。

（11）黄毛猕猴桃 *Actinidia fulvicoma* Hance

路端正 810928；谭沛祥 62487

福建、广东、广西、贵州、湖南、江西、云南。

（12）滑叶猕猴桃 *Actinidia laevissima* C. F. Liang

张志松 402236；陈谦海 94207；李永康、徐友源 76062；省植物园 92018；李洪钧 3888，5096，3750；张志松等 400762，402043，401348

江口、印江。

贵州、湖北。

（13）阔叶猕猴桃 *Actinidia latifolia*（Gardner et Champion）Merrill

谭沛祥 62518；无采集人 001；简焯坡等 30445；张志松、党成忠等 402375；武陵山考察队 2138，507，1152；北京队 00587，881；中国西部科学院四川植物 4009

芷江、永顺、石阡、江口、松桃。

安徽、浙江、江西、福建、台湾、湖南、广东、广西、四川、贵州、云南。

越南、老挝、柬埔寨、马来西亚。

（14）大籽猕猴桃 *Actinidia macrosperma* C. F. Liang

安徽、江西、浙江、江苏、湖北、广东。

（15）黑蕊猕猴桃 *Actinidia melanandra* Franchet

李洪钧 3485，4139，5611；黄仁煌 4015；陈道纯、熊雪清 780012；简焯坡等 30944；傅国勋、张志松 1363；曹铁如 090151；张贵志、周喜乐 1105089；向晟、藤建卓 JS20180824_1143

河南、陕西、甘肃、浙江、江西、湖南、湖北、四川、重庆、贵州、云南、福建。

（16）无髯猕猴桃 *Actinidia melanandra* var. *glabrescens* C. F. Liang

安徽、湖南。

（17）倒卵叶猕猴桃 *Actinidia obovata* Chun ex C. F. Liang

张志松等 401967

贵州、云南。

（18）葛枣猕猴桃 *Actinidia polygama*（Siebold et Zuccarini）Maximowicz

李洪钧 3523，4138，3356；壶瓶山考察队 0801；北京队 001924；王映明 5383，6564；Li H.G. 3356；简焯坡等 31284；谭士贤 395

桑植、石门、印江、咸丰、宜恩。

黑龙江、吉林、辽宁、河北、陕西、甘肃、山东、河南、湖北、湖南、四川、贵州、云南。

（19）红茎猕猴桃 *Actinidia rubricaulis* Dunn

刘林翰 1604；林文豹 562；北京队 0227；壶瓶山考察队 0976；李洪钧 8744，3188，3247；黔北队 2629，352

贵州、湖南、湖北、四川、重庆、云南、广西。

（20）革叶猕猴桃 *Actinidia rubricaulis* var. *coriacea*（Finet & Gagnepain）C. F. Liang

中美贵州联合考察队 1245，2217；祁承经 30214；吴玉、刘雪晴等 YY20181005_0049；龙成良 120312；彭春良 86140；张代贵、王业清、朱小琴 1617；廖博儒 390；廖衡松 16166；武陵山考察队 257

沅陵、永顺、桑植、石门、石阡、江口、印江、松桃、德江、碧江。

湖北、湖南、广西、四川、贵州、云南、四川、贵州。

（21）花楸猕猴桃 *Actinidia sorbifolia* C. F. Liang

简焯坡等 31065

江口、印江。

贵州。

（22）安息香猕猴桃 *Actinidia styracifolia* C. F. Liang

谭沛祥 60954

贵州、江西、湖南、福建。

（23）四萼猕猴桃 *Actinidia tetramera* Maximowicz

甘肃、陕西、河南、湖北、四川。

（24）毛蕊猕猴桃 *Actinidia trichogyna* Franchet

黔北队 2400；张志松 400262；刘克明 777189

沿河、鹤峰。

江西、湖北、四川。

（25）对萼猕猴桃 *Actinidia valvata* Dunn

李晓腾 070717036；严洁 174；张代贵、王业清、朱晓琴 2619；龙成良 87318；麻超柏、石琳军 HY20180616_1252；张代贵 YH090815818，

4001920090815001；壶瓶考察队 87318

石门、鹤峰。

安徽、浙江、江西、湖北、湖南。

一百八十四、桤叶树科 Clethraceae（1:4）

1. 桤叶树属 Clethra Linnaeus（4:4:0）

（1）髭脉桤叶树 *Clethra barbinervis* Siebold & Zuccarini

山东、安徽、浙江、江西、福建、台湾。

日本、朝鲜。

（2）城口桤叶树 *Clethra fargesii* Franchet

壶瓶山考察队 0573，0578，1305，1192；北京队 4188；李良千 183；李洪钧 5570；付国勋、张志松 1379；刘林翰 17652；安明态 SQ-0625

永顺、桑植、石门、梵净山、鹤峰、宣恩。

贵州、四川、湖北、湖南、江西。

（3）贵州桤叶树 *Clethra kaipoensis* H. Léveillé

武陵山考察队 954；王映明 4785；安明态 SQ-0625；张华海 036；武陵山考察队 2969，789；80-1 班 134；王育民 0469；Q. H. Chen 275；张代贵 YH150813544

印江、宣恩。

贵州、广西、湖北。

（4）湖南桤叶树 *Clethra sleumeriana* Hao

83-1033023，0406024，0406025，0406026，033027，0717064，0406028；简焯坡等 32209；王育民 0483，0487

梵净山。

贵州、湖南。

一百八十五、杜鹃花科 Ericaceae（9:56）

1. 喜冬草属 Chimaphila Pursh（1:1:0）

（1）喜冬草 *Chimaphila japonica* Miquel

刘林翰 9032

吉林、辽宁、山西、陕西、安徽、台湾、湖北、贵州、四川、云南、西藏。

朝鲜、日本。

2. 吊钟花属 Enkianthus Loureiro（2:2:0）

（1）吊钟树 *Enkianthus chinensis* Franchet

张代贵、王业清、朱晓琴 2273；张挺、郭永杰、张玉武、向准 10CS1750

石门、石阡、印江、松桃、黔江、鹤峰。

安徽、浙江、江西、福建、湖北、湖南、广西、四川、贵州、云南。

（2）齿缘吊钟花 *Enkianthus serrulatus*（E. H. Wilson）C. K. Schneider

李洪钧 2603，2720，4742；刘林翰 9065，1607；黔北队 668，1598；张志松、党成忠等 400739，400700

桑植、石阡、江口、印江、松桃、鹤峰、宣恩。

浙江、江西、福建、湖北、湖南、广东、广西、四川、贵州、云南。

3. 白珠树属 Gaultheria Kalm ex Linnaeus（1:1:0）

（1）滇白珠 *Gaultheria leucocarpa* var. *yunnanensis*（Franchet）T. Z. Hsu & R. C. Fang

李洪钧 7337；谭沛祥 60886；安明态 SQ-0333 张志松、党成忠等 400131，401206；武陵山考察队 0133，3217，3220；中国西部科学院 3967；林文豹 523

芷江、石阡、江口、印江、松桃、秀山、宣恩。

长江流域以南各地区。

4. 珍珠花属 Lyonia Nuttall（3:3:0）

（1）珍珠花 *Lyonia ovalifolia*（Wallich）Drude

李洪钧 4723；谭沛祥 60932；聂敏祥、李启和 1232；莫华 6099；北京队 000651；肖简文 5633；武陵考察队 878；曹亚玲、溥发鼎 0178；简焯坡、应俊生、马成功等 30512，30055

新晃、沅陵、石阡、江口、印江、松桃、鹤峰。

台湾、福建、湖南、广东、广西、四川、贵州、云南、西藏。

巴基斯坦、尼泊尔、不丹、印度、泰国。

（2）小果珍珠花 *Lyonia ovalifolia* var. *elliptica*（Siebold et Zuccarini）Handel-Mazzetti

李洪钧 2732，4564，5736，2410；鲁道旺 522222140509002LY；付国勋、张志松 1232；莫华 6049；溆浦林业局 低 1-168；郑家仁 80150；蔡平成 20089

芷江、永顺、桑植、石门、石阡、梵净山、松桃、黔江、宣恩。

陕西、江苏、安徽、浙江、江西、福建、台湾、湖北、湖南、广东、广西、四川、贵州、云南。日本。

（3）狭叶珍珠花 *Lyonia ovalifolia* var. *lanceolata*（Wallich）Handel-Mazzetti

安明态 3446；黔北队 1292，684；张志松、闵天禄、许介眉 401338，401928；李洪钧 4564；陈日民 无采集号；80- 经 1003

芷江、石阡、江口、印江、松桃、秀山。

福建、湖北、广东、广西、四川、贵州、云南、西藏。

缅甸、印度。

5. 水晶兰属 Monotropa Linnaeus（2:2:0）

（1）松下兰 *Monotropa hypopitys* Linnaeus

北京、河北、安徽、福建、甘肃、湖北、湖南、吉林、江西、辽宁、青海、陕西、山西、四川、台湾、新疆、西藏、云南。

（2）水晶兰 *Monotropa uniflora* Linnaeus

壶瓶山考察队 A230；简焯坡等 31318；李恒、彭淑云、俞宏渊 1942；张志松等 402068

山西、陕西、甘肃、青海、浙江、安徽、台湾、湖北、江西、云南、四川、贵州、西藏。

日本、印度、东南亚、北美洲。

6. 马醉木属 Pieris D.Don（1:1:0）

（1）美丽马醉木 *Pieris formosa*（Wallich）D. Don

李洪钧 8804，8733，8803；付国勋、张志松 1375；张志松、党成忠等 401896，401556，31184；周丰杰 219；张志松、闵天禄、许介眉 400611，401381

花垣、石门、石阡、江口、印江、鹤峰、宣恩。

浙江、江西、湖北、湖南、广东、广西、四川、贵州、云南。

越南、缅甸、尼泊尔、不丹、印度。

7. 鹿蹄草属 Pyrola Linnaeus（4:4:0）

（1）鹿蹄草 *Pyrola calliantha* Andres

壶瓶山考察队 1345；北京队 002819，003463，01382，01144；武陵队 215；武陵山考察队 2332，1185，2876；印药普办 372

沅陵、永顺、桑植、石门、石阡、江口、鹤峰、宣恩。

青海、甘肃、陕西、山西、山东、河北、河南、安徽、江苏、浙江、福建、江西、四川、云南、西藏。

（2）普通鹿蹄草 *Pyrola decorata* Andres

湘黔队 002654；简焯坡、张秀实等 31325；张代贵 080714020；蓝开敏 98-0154；李洪钧 2474

秀山、鹤峰、宣恩。

陕西、安徽、江苏、浙江、江西、湖南、贵州、广西、云南、西藏。

（3）长叶鹿蹄草 *Pyrola elegantula* Andres

桑植、鹤峰。

江西、浙江、福建、广东。

（4）大理鹿蹄草 *Pyrola forrestiana* Andres

湖南、湖北、四川、云南。

8. 杜鹃花属 Rhododendron Linnaeus（37:37:0）

（1）弯尖杜鹃 *Rhododendron adenopodum* Franchet

石门、江口、印江、鹤峰。

湖北、湖南、贵州新分布记录，原产于四川东南部。

（2）毛肋杜鹃 *Rhododendron augustinii* Hemsley

吉首大学生物资源与环境科学学院 GWJ20-

180712_0269，GWJ20180712_0270

陕西、湖北、四川。

（3）耳叶杜鹃 *Rhododendron auriculatum* Hemsley

李洪钧 8 786，5243；付国勋、张志松 1266；聂敏祥、李启和 01266；简焯坡、张秀实等 31097，31301，31321；安明态 SQ-0675；壶瓶山考察队 87414；西师生物系 2527

石门、印江、黔江、鹤峰、宣恩。

陕西、湖北、湖南、广西、四川、贵州。

（4）腺萼马银花 *Rhododendron bachii* H. Leveille

李洪钧 2743，2411；张志松、党成忠等 401015，401228；简焯坡、张秀实等 31410；廖衡松 95；廖博儒 8247；沈中瀚 289

新晃、永顺、石门、石阡、印江、鹤峰、宣恩。

华东地区、中南地区、四川、贵州。

（5）美容杜鹃 *Rhododendron calophytum* Franchet

陕西、甘肃、湖北、四川、贵州、云南。

（6）金萼杜鹃 *Rhododendron chrysocalyx* H. Leveille et Vaniot

谢玉 090731019；兰光强 1110007；张代贵 090731020，XYQ0032

鹤峰。

湖南、广西、贵州。

（7）秀山金萼杜鹃 *Rhododendron chrysocalyx* var. *xiushanense*（Fang）M. Y. He

张代贵 20130505006，xx225，DXY218，zdg00051

四川。

（8）粗脉杜鹃 *Rhododendron coeloneurum* Diels

张志松、党成忠等 401550，401220；简焯坡、张秀实等 31453

贵州、四川、重庆、云南。

（9）秀雅杜鹃 *Rhododendron concinnum* Hemsley

中美贵州植物考察队 1722

河南、陕西、湖北、四川、贵州、云南。

（10）马缨杜鹃 *Rhododendron delavayi* Franchet

蓝开敏 98-0226；张华海 022；松桃组 松 115，130

四川、贵州、云南、西藏、广西。

（11）喇叭杜鹃 *Rhododendron discolor* Franchet

李洪钧 8787；谭士贤 411；植化室样品凭证标本 s.n.；西师生物系 2378；北京队 002895；壶瓶山考察队 87373，1289；植被调查队 507；祁承经 30423；张代贵、王业清、朱晓琴 2647

陕西、安徽、浙江、江西、湖南、湖北、四川、重庆、贵州、云南、广西。

（12）丁香杜鹃 *Rhododendron farrerae* Sweet

无采集人 631

河北、河南、陕西、安徽、江苏、浙江、江西、湖南、湖北、四川、重庆、贵州、云南、福建、台湾、广东、广西、香港。

（13）云锦杜鹃 *Rhododendron fortunei* Lindley

汤庚国、宋祥后 170；植物室 s.n.；李永康、徐友源、李惠玉 76362；北京队 103427；曾宪锋 ZXF9418；龙成良 87373；肖定春 80140；郑家仁 80170；廖衡松 15939，16007

桑植、石门、石阡、梵净山。

安徽、浙江、江西、福建、湖南、广东、广西、四川、贵州新分布记录。

（14）光枝杜鹃 *Rhododendron haofui* Chun et W. P. Fang

简焯坡、张秀实等 31183，32218，31330；祁承经 30389；谷忠村 30162；吉首大学生物资源与环境科学学院 GWJ20180712_0148；北京队 4305

桑植、梵净山。

江西、湖南、广西、贵州。

（15）杂种杜鹃 *Rhododendron hybridum* Horti

（16）粉白杜鹃 *Rhododendron hypoglaucum* Hemsley

李洪钧 8805，8787；傅国勋、张志松 1307；廖衡松 15968，16032；肖定春 80235，80233；蔡平成 20254；龙成良 87381

梵净山。

湖北、四川、贵州。

（17）西施花 *Rhododendron latoucheae* Franchet

黔北队 635；殷仑仑 GZ20180625_6813；张代贵、张代富 BJ20170324024_0024；张代贵 zdg10192，zdg10025，pph1213，20091122005，YD2000021，YD2100076，lj0122072

浙江、江西、福建、湖北、湖南、广东、广西、四川、贵州。

（18）南岭杜鹃 *Rhododendron levinei* Merrill

湖南、福建、广东、广西、贵州。

（19）金山杜鹃 *Rhododendron longipes* var. *chienianum*（W. P. Fang）D. F. Chamberlain

梵净山。

四川、贵州。

（20）麻花杜鹃 *Rhododendron maculiferum* Franchet

张志松、党成忠等 400610，401564，401565，401557，400681，402015；简焯坡、张秀实等 31838，31843；王映明 6172，6194

梵净山、鹤峰。

陕西、湖北、四川、贵州。

（21）满山红 *Rhododendron mariesii* Hemsley et E. H. Wilson

李洪钧 5519；刘林翰 1814；黔北队 1839；张志松等 400454；简焯坡等 32342；周丰杰 079；B.Barhtolomew et D.E.Boufford 1186；张志松、党成忠等 401492；李洪钧 2479；王映明 4920

芷江、永顺、龙山、桑植、石门、石阡、印江、松桃、鹤峰、宣恩。

陕西以南沿长江流域下游各地区，南达福建、台湾。

（22）照山白 *Rhododendron micranthum* Turczaninow

武陵山考察队 1857

芷江、石阡、江口、印江、松桃。

福建、湖南、贵州。

（23）羊踯躅 *Rhododendron molle*（Blume）G. Don

赵清盛、谭仲明 116256

江苏、安徽、浙江、江西、福建、河南、湖北、湖南、广东、广西、四川、贵州、云南。

（24）宝兴杜鹃 *Rhododendron moupinense* Franchet

张志松、党成忠等 400683，401560，401316；简焯坡、张秀实等 32103，32045

梵净山、鹤峰。

湖北、四川、贵州、云南。

（25）马银花 *Rhododendron ovatum*（Lindley）Planchon ex Maximowicz

李洪钧 8884，4559，2743，2594；周丰杰 019；简焯坡、应俊生、马成功、李雅茹、包士英等 30435；王金敖 127；湘西调查队 0041；武陵山考察队 3359，3104

新晃、永顺、石门、石阡、印江、鹤峰、宣恩。

华东地区、中南地区、四川、贵州。

（26）早春杜鹃 *Rhododendron praevernum* Hutchinson

梵净山。

甘肃、陕西、湖北、四川、贵州。

（27）锦绣杜鹃 *Rhododendron ×pulchrum* Sweet

吉首大学生物资源与环境科学学院 GWJ20180712_0355

福建、广东、广西、湖北、湖南、江苏、江西、浙江。

（28）黔阳杜鹃 *Rhododendron qianyangense* M. Y. He

湖南。

（29）溪畔杜鹃 *Rhododendron rivulare* Handel-Mazzetti

梵净山。

湖南、广西、四川、贵州。

（30）石门杜鹃 *Rhododendron shimenense* Q. X. Liu et C. M. Zhang

湖南。

（31）猴头杜鹃 *Rhododendron simiarum* Hance

壶瓶山考察队 87154，87359；廖衡松 16197；廖博儒 8237；林亲众 00418；彭春良 86217；曹

铁如 090563

浙江、江西、湖南、贵州、福建、广东、广西、海南。

（32）杜鹃 **Rhododendron simsii** Planchon

李洪钧 8725；湘西调查队 0120；傅国勋、张志松 1390；张志松、党成忠等 401509，401340；简焯坡、张秀实等 31072；赵佐成 1897；武陵队 251；壶瓶山考察队 0065，87379

江苏、安徽、浙江、江西、福建、台湾、湖北、湖南、广东、广西、四川、贵州、云南。

（33）长蕊杜鹃 **Rhododendron stamineum** Franchet

李洪钧 5084，8767；黔北队 635，348，1940；张志松、党成忠等 400951，400748；李丙贵、万绍宾 750218；湘西考查队 642

永顺、石门、江口、印江、鹤峰、宣恩。

陕西南部、江西、湖北、湖南、四川、贵州、云南。

（34）四川杜鹃 **Rhododendron sutchuenense** Franchet

李洪钧 4046，3391，4398；张兵、向新 090-529004；北京队 002662；王映明 5338；壶瓶山考察队 87387；李丙贵、万绍宾 750083；林亲众 010947；廖衡松 16087

桑植、石门、宣恩。

陕西、湖北、湖南、四川。

（35）天门山杜鹃 **Rhododendron tianmenshanense** C. L. Peng & L. H. Yan

湖南。

（36）瑶岗仙杜鹃 **Rhododendron yaogangxianense** Q. X. Liu

湖南。

（37）张家界杜鹃 **Rhododendron zhangjiajieense** C. L. Peng & Y. H. Yan

湖南。

9. 越桔属 Vaccinium Linnaeus（5:5:0）

（1）南烛 **Vaccinium bracteatum** Thunberg

B.Bartholomew et al. 1686；壶瓶山考察队 0135；简焯坡、张秀实等 30288；张志松、党成忠等 402373；李洪钧 3318；刘林翰 9216；中美贵州植物考察队 1129，2336；黔北队 2309

新晃、沅陵、永顺、桑植、石门、石阡、江口、德江、沿河、松桃、宣恩。

台湾、华东地区、华中地区、华南地区至西南地区。

朝鲜、日本、印度尼西亚。

（2）无梗越桔 **Vaccinium henryi** Hemsley

武陵山考察队 771；王映明 4819，4812；简焯坡、张秀实等 31362，31031；席先银等 619，140；张代贵、王业清、朱晓琴 2242；姚从怀 2009；壶瓶山考察队 0345

保靖、石门、印江、鹤峰。

陕西、甘肃、安徽、浙江、江西、福建、湖北、湖南、四川、贵州。

（3）黄背越桔 **Vaccinium iteophyllum** Hance

莫华 6008；安明先 3223；周丰杰 218；李洪钧 9091，2412；简焯坡、张秀实等 31073；张志松、党成忠等 400494，402330；黔北队 0357；西师 03109

永顺、石阡、江口、印江、松桃。

江苏、安徽、浙江、江西、福建、湖北、湖南、广东、广西、四川、贵州、云南、西藏。

（4）扁枝越桔 **Vaccinium japonicum** Miquel

简焯坡、张秀实等 31038，30766；湘西调查队 0190；北京队 002883；王映明 4271，6179，4860；张桂才等 368；武陵山考查队 761

沅陵、永顺、桑植、印江、鹤峰、宣恩。

长江流域以南各地区。

（5）江南越桔 **Vaccinium mandarinorum** Diels

壶瓶山考察队 87408；简焯坡、应俊生、马成功等 31407；B.Bartholomew et al. 922；李洪钧 2701，3087；黔北队 699，1184，1579；西师 03105；张志松、党成忠等 401067

芷江、沅陵、龙山、桑植、武陵源、石门、江口、印江、松桃、碧江、宣恩。

江苏、安徽、浙江、江西、福建、湖北、湖南、广东、广西、四川、贵州、云南。

一百八十六、茶茱萸科 Icacinaceae（2:2:0）

1. 无须藤属 Hosiea Hemsl. & E.H.Wilson（1:1:0）

（1）无须藤 *Hosiea sinensis*（Oliver）Hemsley et E. H. Wilson

北京队 000946，002512；武陵考察队 613；傅国勋、张志松 1475；方明渊 24468；壶瓶山考察队 0374；田代科、肖艳、李春、张成 LS-1735；廖衡松 16146；曹铁如 090356；林亲众 10954

沅陵、永顺、桑植、鹤峰。

湖南、湖北、四川。

2. 假柴龙树属 Nothapodytes Blume（1:1:0）

（1）马比木 *Nothapodytes pittosporoides*（Oliver）Sleumer

黔南队 2039，2601；戴伦鹰、钱重海 鄂 651；壶瓶山考察队 87249，1139；武陵山考察队 892，2676；北京队 003605；无采集人 759；莫华 6041

沅陵、永顺、桑植、石门、石阡、印江、宣恩。

湖南、广东、广西、贵州、四川、甘肃、湖北。

一百八十七、杜仲科 Eucommiaceae（1:1）

1. 杜仲属 Eucommia Oliver（1:1:0）

（1）杜仲 *Eucommia ulmoides* Oliver

梁畴芬 30788；朱国兴 50，14；西师 03232；黔北队 1426；李洪钧 5163，3728；武陵队 342；周丰杰 135；湘西调查队 0577

新晃、鹤城、辰溪、凤凰、吉首、古丈、保靖、花垣、永顺、龙山、桑植、慈利、石门、桃源、德江、松桃、宣恩。

陕西、甘肃、河南、湖北、四川、云南、贵州、湖南。

一百八十八、丝缨花科 Garryaceae（1:9）

1. 桃叶珊瑚属 Aucuba Thunberg（9:9:0）

（1）斑叶珊瑚 *Aucuba albopunctifolia* F. T. Wang

浙江、湖南、湖北、四川、贵州、广西。

（2）桃叶珊瑚 *Aucuba chinensis* Bentham

李洪钧 8761，6323，8809；张志松、闵天禄、许介眉等 401221，400595，401586，402523；简焯坡、应俊生、马成功、李雅茹等 32150；刘林翰 09207；李丙贵、万绍宾 750133

桑植、梵净山。

广东、广西、贵州。

越南。

（3）狭叶桃叶珊瑚 *Aucuba chinensis* var. *angusta* F. T. Wang

林亲众 407；田代科、肖艳、陈岳 LS-1355；李学根 204166；李洪钧 4111，4050；李振基、吕静 1111

福建、江西、湖南、广东、广西、四川、贵州、云南。

（4）喜马拉雅珊瑚 *Aucuba himalaica* J. D. Hooker et Thomson

李洪钧 8761，8812，3395；龙成良 87328，120347；C.L.Peng 86292；武陵山考察队 572；曹铁如 090558，090393；廖衡松 15853

永顺、桑植、慈利、石门、石阡、江口、印江、松桃、黔江、来凤、鹤峰、宣恩。

陕西南部、四川、湖北、湖南、广东、广西、贵州、云南。

不丹、印度。

（5）长叶珊瑚 *Aucuba himalaica* var. *dolichophylla* W. P. Fang et T. P. Soong

L.H.Liu 9618；李洪钧 8809；廖衡松 15932，15825，15986，15871；彭春良 86232；T.R.Cao 090382；武陵山考察队 2984；无采集人 0586

浙江、湖南、湖北、四川、贵州、广东、广西。

（6）倒披针叶珊瑚 *Aucuba himalaica* var. *oblanceolata* W. P. Fang et T. P. Soong

植被调查队 492；肖定春 80170；沈中瀚 031；周辉、周大松 15040916；张代贵 zdg1534，ly10314；廖衡松 15827

湖南、四川。

（7）密毛桃叶珊瑚 *Aucuba himalaica* var. *pilossima* W. P. Fang et T. P. Soong

李洪钧 9140；张代贵 YH110415946，YH1-20502947，YH110506948；L.H.Liu 9207；周建军、周辉 14040203；李洪钧 3619；张代贵、王业清、朱晓琴 2287

沅陵、永顺、桑植、石门、咸丰、鹤峰。

湖南、湖北、四川、陕西。

（8）花叶青木 *Aucuba japonica* var. *variegata* Dombrain

中国广泛栽培。

（9）倒心叶珊瑚 *Aucuba obcordata*（Rehder）Fu ex W. K. Hu et T. P. Soong

刘林翰 9618；李洪钧 2895，7451，6323；席先银等 146；肖定春 80066；刘克旺 30052；武陵山考察队 323，877；田代科、肖艳、陈岳 LS-1613

沅陵、永顺、桑植、武陵源、慈利、石门、江口、印江、松桃、宣恩。

陕西、四川、湖北、湖南、广东、广西、贵州、云南。

一百八十九、茜草科 Rubiaceae（26:59）

1. 水团花属 Adina Salisbury（2:2:0）

（1）水团花 *Adina pilulifera*（Lamarck）Franchet ex Drake

刘林翰 9695；姜如碧，82-77；李学根 204926；赵子恩 3600；溆浦林业局岗 -1；彭春良 86319，86306，86322；刘克旺 30040；张代贵 4331221510200624LY

长江流域以南各地区。

日本、越南。

（2）细叶水团花 *Adina rubella* Hance

刘林翰 9670；李学根 204920；武陵队 2192；张代贵 LC0037；Sino American Guizhou Botanical Expedition，703；北京队 01096；林文豹 1021；周丰杰 222；彭辅松 6341

芷江、永顺、桑植。

陕西、华东地区、中南地区。

朝鲜。

2. 茜树属 Aidia Loureiro（1:1:0）

（1）茜树 *Aidia cochinchinensis* Loureiro

张志松 402286，400345，400537，400256，400207；武陵考察队 1860；姜如碧 82-163；李永康 8277；林祁 717；张桂才 487

江苏、浙江、江西、福建、台湾、湖北、湖南、广东、广西、海南、四川、贵州、云南。

日本、亚洲南部和东南部至大洋洲。

3. 流苏子属 Coptosapelta Korthals（1:1:0）

（1）流苏子 *Coptosapelta diffusa*（Champion ex Bentham）Steenis

李洪钧 4893；李学根 203868，203967；张桂才 472；谭沛祥 60961；武陵考察队 1887；990；黔北队 1855；周丰杰 148，256

芷江、沅陵、保靖、永顺、石阡、江口、印江、松桃、来凤。

安徽、浙江、江西、福建、台湾、湖北、湖

南、广东、香港、广西、四川、贵州、云南、香港。

4. 虎刺属 Damnacanthus C. F. Gaertner（4:4:0）

（1）短刺虎刺 **Damnacanthus giganteus**（Makino）Nakai

芷江、凤凰、沅陵、永顺、桑植、石门、江口、宣恩。

长江流域及其以南各地区。

（2）虎刺 **Damnacanthus indicus** C. F. Gaertner

李洪钧 3274；廖博儒 299；武陵山考察队 1180；李恒等 1932；吉首大学生物资源与环境科学学院 GWJ20180712_0012；张代贵 20091122027；桑植县林科所 1805；粟林 4331261409060585

宣恩。

长江流域以南各地区。

印度、中南半岛、日本。

（3）柳叶虎刺 **Damnacanthus labordei**（H. Leveille）H. S. Lo

肖育枋 40047；席先银等 66，63；Sino-American Bot. Exped 1143；Sino American Guizhou Botanical Expedition 2118；王映明 4870；B.Bartholomew d.e.Boufford Q.H.Chen et al 1018；湖南队 178；沈中瀚 392；廖衡松 16180

梵净山。

湖南、广东、广西、四川、贵州、云南、西南地区。

中南半岛。

（4）四川虎刺 **Damnacanthus officinarum** Huang

黄茂先 083；湖南队 178；李洪钧 8766；武陵队 706，1350；郑宏钧 咸丰 11 号；彭春良 86539，86277；龙成良 120382；曹铁如 91112

湖北、湖南、四川。

5. 狗骨柴属 Diplospora Candolle（1:1:0）

（1）毛狗骨柴 **Diplospora fruticosa** Hemsley

菁家康 A-013；张志松 400234；周辉、周大松 15060316。

梵净山。

西南、华南地区、江西、湖北、湖南、广

东、广西、四川、贵州、云南、西藏（墨脱）。

6. 香果树属 Emmenopterys Oliver（1:1:0）

（1）香果树 **Emmenopterys henryi** Oliver

李洪钧 5172，3841；武陵考察队 1024，2294，820；李学根 204574；湖南队 732；简焯坡、张秀实等 31457，30800；张代贵 zdg1163

新晃、芷江、凤凰、永顺、桑植、慈利、石门、石阡、梵净山。

陕西，甘肃，江苏，安徽，浙江，江西，福建，河南，湖北，湖南，广西，四川，贵州，云南东北部至中部。

7. 拉拉藤属 Galium Linnaeus（13:13:0）

（1）原拉拉藤 **Galium aparine** Linnaeus

李洪钧 2902，4315，4649，5036；彭辅松 5636；王映明 5404；肖艳、赵斌 LS-2272

欧洲、亚洲、北美洲。

（2）小叶葎 **Galium asperifolium** var. **sikkimense**（Gandoger）Cufo-dontis

李洪钧 4315；周辉、周大松 15102008；王映明 5404；北京队 00849，2158，000283

永顺、桑植、宣恩。

西南地区、广西、湖南、湖北。

印度、尼泊尔。

（3）四叶律 **Galium bungei** Steudel

安明先 3330，3187；北京队 4386，003560；武陵队 1262；武陵山考察队 2475，2473；曹亚玲、溥发鼎 0023；王映明 6493，6688

芷江、凤凰、沅陵、花垣、永顺、桑植、咸丰、鹤峰、宣恩。

南北各地区，以长江流域中下游地区和华北地区较常见。

（4）狭叶四叶葎 **Galium bungei** var. **hispidum**（Matsuda）Cufodontis

宿秀江、刘和兵 433125D00100809079

河北、山西、陕西、甘肃、山东、江苏、安徽、浙江、江西、福建、河南、湖北、湖南、广西、四川、贵州。

（5）硬毛四叶葎 **Galium bungei** var. **hispidum**（Matsuda）Cufodontis

山西、陕西、甘肃、江苏、安徽、浙江、福建、河南、湖北、四川、云南。

（6）毛四叶律 *Galium bungei* var. *punduanoides* Cufodontis

甘肃、江苏、四川、云南。

（7）阔叶四叶葎 *Galium bungei* var. *trachyspermum*（A. Gray）Cufodontis

河北、陕西、山东、江苏、安徽、浙江、江西、福建、湖北、湖南、广东、广西、四川、贵州。

日本、朝鲜。

（8）线梗拉拉藤 *Galium comarii* H. Leveille & Vaniot

陕西、甘肃、浙江、江西、福建、湖北、湖南、四川、贵州、云南。

（9）六叶律 *Galium hoffmeisteri*（Klotzsch）Ehrendorfer et Schon-beck-Temesy ex R. R. Mill

李洪钧 2704；刘林翰 1721；曹亚玲、溥发鼎 0148；北京队 002672，002555；王映明 4693，4630；壶瓶山考察队 0707，0822；湘黔队 2716

龙山、桑植、石门、梵净山、鹤峰、宣恩。

青海、甘肃、陕西、四川、西藏、云南、贵州、湖南、福建、浙江、安徽、湖北。

印度。

（10）显脉拉拉藤 *Galium kinuta* Nakai & H. Hara

辽宁、山西、陕西、宁夏、甘肃、新疆、河南、湖北、湖南、四川。

日本、朝鲜。

（11）林猪殃殃 *Galium paradoxum* Maximowicz

付国勋、张志松 1235；张志松 402076；张代贵、王业清、朱晓琴 2394

黑龙江、吉林、辽宁、河北、山西、陕西、甘肃、青海、安徽、浙江、河南、湖北、湖南、广西、四川、贵州、云南、西藏。

日本、朝鲜、俄罗斯、印度、尼泊尔。

（12）猪殃殃 *Galium spurium* Linnaeus

李洪钧 2902；北京队 0182；周辉、周大松 15041210；麻超柏、石琳军 HY20180415_0461；宿秀江、刘和兵 433125D00160808106；张代贵 zdg025，1406050178，DXY106，080419033

永顺、梵净山、宣恩。

南北各地区。

日本、朝鲜。

（13）小叶猪殃殃 *Galium trifidum* Linnaeus

梵净山。

我国西南部至东部。

日本、欧洲、北美洲。

8. 栀 子 属 Gardenia J. Ellis Philos. Trans.（1:1:0）

（1）栀子 *Gardenia jasminoides* J. Ellis

李洪钧 53654；谭沛祥 60875，62574；沈中瀚 0995；武陵队 305；刘林翰 9398；李永康 8265；张志松 402300；李学根 203905

芷江、沅陵、永顺、慈利、石门、石阡、江口、沿河、松桃、黔江、来凤、宣恩。

浙江、江苏、安徽、甘肃、陕西、四川、云南、贵州、湖北、湖南、福建、台湾、华南地区。

日本。

9. 耳草属 Hedyotis Linnaeus（5:5:0）

（1）金毛耳草 *Hedyotis chrysotricha*（Palibin）Merrill

湖南队 187；刘林翰 9391；Sino American Guizhou Botanical Expedition 1919B；北京队 01043；武陵山考察队 1795，2225，602；张代贵 zdg05300338；湘西考察队 990；宿秀江、刘和兵 433125D00160808019

广东、广西、福建、江西、江苏、浙江、湖北、湖南、安徽、贵州、云南、台湾。

（2）白花蛇耳草 *Hedyotis diffusa* Willdenow

福建、广东、香港、广西、海南、安徽、云南。

尼泊尔、日本。

（3）粗毛耳草 *Hedyotis mellii* Tutcher

向晟、藤建卓 JS20180704_0543；张代贵、王业清、朱晓琴 1894

广东、广西、福建、江西、湖南。

（4）纤花耳草 *Hedyotis tenelliflora* Blume

无采集人 0923

永顺、恩施。

江苏、浙江、福建、江西、广东、广西、海南、四川、云南、台湾、香港。

（5）长节耳草 **Hedyotis uncinella** Hooker & Arnott

武陵队 2205，1824，841；刘前裕 4162；廖博儒 1554；邓涛 0506062；谷忠村 9029；Sino American Guizhou Botanical Expedition 2328；张代贵 4331221607170764LY；张代贵、王业清、朱晓琴 2107

新晃、芷江、梵净山。

广东、广西、云南、贵州、湖南。

印度。

10. 粗叶木属 Lasianthus Jack（1:1:0）

（1）日本粗叶木 **Lasianthus japonicus** Miquel

李永康 8063；湖南队 319；林祁 705；武陵队 2314，300；张志松 400435；李洪钧 7353；武陵考察队 1665；湘西调查队 0334

芷江、沅陵、桑植、永顺、石阡、江口、印江、松桃。

福建、浙江、江西、湖南、广东、广西、贵州、四川。

日本。

11. 野丁香属 Leptodermis Wallich（2:2:0）

（1）薄皮木 **Leptodermis oblonga** Bunge

王宗永 WZY1203；张代贵 LL130518020

河北。

（2）野丁香 **Leptodermis potaninii** Batalin

李洪钧 3763，4746；喻勋林、谭洪田 0905008；王金敖、王雅轩 284；周辉、周大松 15091218，15060113；田代科、肖艳、李春、张成 LS-2125

甘肃、四川、西藏。

欧洲。

12. 黄棉木属 .Metadina Bakhuizen f.（1:1:0）

（1）黄棉木 **Metadina trichotoma**（Zollinger et Moritzi）Bakhuizen f.

李学根 204081；武陵队 476；沈中瀚 210，01267；武陵山考察队 906，312；蓝开敏 98-0136；彭春良 86422；林亲众 10909；溆浦林业局 193

沅陵、古丈、永顺、武陵源、江口、印江。

广东、广西、云南、湖南。

越南、马来西亚、缅甸、印度。

13. 巴戟天属 Morinda Linnaeus（1:1:0）

（1）羊角藤 **Morinda umbellata** Linnaeus subsp. **obovata** Y. Z. Ruan

武陵山考察队 309，1878，943；北京队 01090，01394，003536；武陵队 119；莫华 6036；简焯坡、张秀实等 32490

沅陵、永顺、桑植、慈利、石阡、江口、印江。

西南部至东南部。

印度经马来西亚至菲律宾。

14. 玉叶金花属 Mussaenda Linnaeus（2:2:0）

（1）玉叶金花 **Mussaenda pubescens** W. T. Aiton

邓涛 071003015；肖简文 5797；北京队 817；张迅 22224160704041LY；张代贵 zdg9840，zdg1407220923，0830164，070718017，004

永顺、梵净山。

长江流域以南各地区。

（2）大叶白纸扇 **Mussaenda shikokiana** Makino

安明态 SQ-0562；武陵山考察队 841，1908，210；肖简文 5931；段剑 080713DJ01；宿秀江、刘和兵 433125D00150807039；张代贵 zdg5-012，080820013；张代贵、王业清、朱晓琴 2358

新晃、芷江、凤凰、沅陵、永顺、桑植、慈利、石门、石阡、江口、印江、沿河、松桃、黔江、秀山、鹤峰、宣恩。

长江流域以南各地区。

15. 密脉木属 Myrioneuron R. Brown ex Bentham & J. D. Hooker（1:1:0）

（1）密脉木 **Myrioneuron faberi** Hemsley

刘林翰 9728；北京队 001722；张代贵 zdg1407220924，zdg9903，0718020；宿秀江、刘和兵 433125D00181114019；粟林 4331261409060577；屈永贵 080416053

永顺。

广东、广西、云南、四川、湖南。

16. 新耳草属 Neanotis W.H.Lewis（2:2:0）

（1）薄叶新耳草 **Neanotis hirsuta**（Linnaeus f.）W. H. Lewis

李洪钧 9427，4589；武陵队 2172，1308；曹铁如 90367；Sino-American Guizhou Botanical Expedition 1567，882；廖博儒 1037；张代贵 zdg0646，00188

广东、云南、江苏、浙江、江西。

印度。

（2）臭味新耳草 *Neanotis ingrata*（Wallich ex J. D. Hooker）W. H. Lewis

李丙贵 750127；刘林翰 9771，9093；李洪钧 4378；Sino American Guizhou Botanical Expedition 1409；张代贵 130911006

江苏、浙江、湖南、湖北、贵州、云南、四川、西藏。

印度、尼泊尔。

17. 薄柱草属 Nertera Banks ex Gaertn.（1:1:0）

（1）薄柱草 *Nertera sinensis* Hemsley

李洪钧 7517；简焯坡、张秀实等 30999，31669，32539；武陵山考察队 817；北京队 003577，4028；黔北队 2216；邓涛 070625001

桑植、慈利、江口、来凤。

四川、湖北、湖南、贵州、云南、广西、广东。

18. 蛇根草属 Ophiorrhiza Linnaeus（4:4:0）

（1）中华蛇根草 *Ophiorrhiza chinensis* H. S. Lo

钟补勤 1711；张志松 400042，400394，401634；李学根 204073，204107；李洪钧 9350；安明态 SQ-1327

沅陵、保靖、慈利、印江、来凤、鹤峰。

安徽、湖北、四川、贵州、湖南、广西、广东、福建、江西。

（2）贵州蛇根草 *Ophiorrhiza guizhouensis* C. D. Yang & G. Q. Gou

贵州。

（3）日本蛇根草 *Ophiorrhiza japonica* Blume

李洪钧 9350，8712，3213；刘林翰 1718，10110；武陵队 199；李丙贵、万绍宾 750251；武陵山考察队 1954；张杰 4029

芷江、沅陵、永顺、桑植、松桃。

浙江、安徽、陕西、四川、湖北、湖南、贵州、云南、广西、广东、江西、福建、台湾。

日本、越南。

（4）东南蛇根草 *Ophiorrhiza mitchelloides*（Masamune）H. S. Lo

吴磊、张成 4608

芷江。

湖南。

19. 鸡矢藤属 Paederia Linnaeus（3:3:0）

（1）耳叶鸡矢藤 *Paederia cavaleriei* H. Léveillé

我国南部、中部和西部、台湾。

（2）鸡矢藤 *Paederia foetida* Linnaeus

李洪钧 9244，6330，3536，9320；刘正宇、张军等 RQHZ06604；李永康 8220；李学根 204544，204330，204195；湖南队 365

云南、贵州、四川、广西、广东、福建、江西、湖南、湖北、安徽、江苏、浙江。

（3）疏花鸡矢藤 *Paederia laxiflora* Merr. ex Liin.

江西、福建、湖北、广西、云南。

20. 茜草属 Rubia Linnaeus（4:4:0）

（1）金剑草 *Rubia alata* Wallich

李洪钧 9300，2909，6087，3519；黔北队 2350；刘林翰 9040；武陵队 1005，96；李学根 204928

芷江、凤凰、沅陵、古丈、永顺、桑植、武陵源、慈利、石门、石阡、江口、印江、德江、黔江、西阳、咸丰、来凤、鹤峰、宣恩。

长江流域及其以南各地区。

（2）茜草 *Rubia cordifolia* Linnaeus

李洪钧 5615；武陵考察队 1993；莫华 6092；安明先 3239，3974；曹亚玲、溥发鼎 0142；赵佐成、马建生 2811，3034；王映明 6695；北京队 001942

东北地区、华北地区、西北地区、四川、西藏。

朝鲜、日本、俄罗斯。

（3）金钱草 *Rubia membranacea* Diels

王莎莎 080711WSS001；张代贵、王业清、朱晓琴 2408；刘燕 522226190809059LY；杨泽伟 522226190427032LY

来凤、鹤峰。

福建、广东、广西、云南、四川、湖北、湖

南。

（4）卵叶茜草 *Rubia ovatifolia* Z. Ying Zhang ex Q. Lin

廖博儒 0893；谢丹 090807018；雷开东 433-1271410041322；吉首大学生物资源与环境科学学院 GWJ20180712_0168；吴磊 19093016；张代贵 zdg4331270155，08300359，08310359，090807018，ZZ141026999

沅陵、永顺、桑植、石门、石阡、印江、黔江、酉阳、秀山、鹤峰。

甘肃、陕西、四川、湖北、湖南、贵州。

21. 白马骨属 Serissa Commerson ex Jussieu（2:2:0）

（1）六月雪 *Serissa japonica*（Thunberg）Thunberg

周丰杰 229；曾宪锋 ZXF9485；钟补勤 748；曾德强 080712ZDQ001；宿秀江、刘和兵 433125-D00061104014；谷忠村 0851；张代贵 090703-2-51，1007145049，080712ZDQ001

梵净山。

江苏、安徽、江西、浙江、福建、广东、香港、广西、四川、云南。

日本、越南。

（2）白马骨 *Serissa serissoides*（Candolle）Druce

芷江、凤凰、沅陵、永顺、桑植、慈利、石门、石阡、思南、印江、德江、沿河、松桃、黔江、酉阳、秀山、咸丰、宣恩。

华东地区、华中地区、西南地区、华南地区。

22. 鸡仔木属 Sinoadina Ridsdale（1:1:0）

（1）鸡仔木 *Sinoadina racemosa*（Siebold et Zuccarini）Ridsdale

沈中瀚 01381；武汉植物园 141；李洪钧 5378；廖衡松 00035；张代贵 ZDG289；卢文玲 0716012；吕文玲 0716012+1

四川、云南、贵州、湖南、广东、广西、台湾、浙江、江西、江苏、安徽。

日本、泰国、缅甸。

23. 螺序草属 Spiradiclis Blume（1:1:0）

（1）两广螺序草 *Spiradiclis fusca* H. S. Lo

广西、广东。

24. 乌口树属 Tarenna Gaertner（1:1:0）

（1）白花苦灯笼 *Tarenna mollissima*（Hooker & Arnott）B. L. Robinson

张代贵 080501052

浙江、江西、福建、湖南、广东、香港、广西、海南、贵州、云南。

越南。

25. 假繁缕属 Theligonum Linnaeus（1:1:0）

（1）假繁缕 *Theligonum macranthum* Franchet

蓝开敏 98-190

湖北、四川。

26. 钩藤属 Uncaria Schreber（2:2:0）

（1）钩藤 *Uncaria rhynchophylla*（Miquel）Miquel ex Haviland

武陵队 1402；张桂才 326；李学根 203908，203528；刘林翰 9815；李洪钧 3293；莫华 6095；中国西部科学院四川植物 3941；简焯坡、张秀实等 30453；北京队 820

凤凰、沅陵、保靖、石阡、江口、宣恩。

福建、江西、广东、广西、贵州、湖南、湖北。

日本。

（2）华钩藤 *Uncaria sinensis*（Oliver）Haviland

武陵队 876，2366；李洪钧 3816，3898，5473；沈中瀚 01059；杨义江、龙声昌 无采集号；湘西调查队 0168；田代科、肖艳、陈岳 LS-1382

新晃、芷江、凤凰、桑植、梵净山、宣恩。

甘肃、陕西、湖北、湖南、贵州、四川、云南、广西。

一百九十、龙胆科 Gentianaceae（6:30）

1. 灰莉属 Fagraea Thunberg（1:1:0）

（1）灰莉 *Fagraea ceilanica* Thunberg

台湾、海南、广东、广西、云南。

印度、斯里兰卡、缅甸、泰国、老挝、越南、柬埔寨、印度尼西亚、菲律宾、马来西亚。

2. 龙胆属 Gentiana Linnaeus（11:11:0）

（1）川东龙胆 *Gentiana arethusae* Burkill

张代贵 WF0802001

四川。

（2）五岭龙胆 *Gentiana davidii* Franchet

湖南、江西、安徽、浙江、福建、广东、广西。

（3）华南龙胆 *Gentiana loureiroi*（G. Don）Grisebach

潘承魁 522222150726001LY；杨彬 07072-0040；杨泽伟 522226190809011LY；雷开东 433-1271404270084

越南、江西、湖南、浙江、福建、广西、广东、台湾。

（4）条叶龙胆 *Gentiana manshurica* Kitagawa

内蒙古、黑龙江、吉林、辽宁、河南、湖北、湖南、江西、安徽、江苏、浙江、广东、广西。

朝鲜。

（5）少叶龙胆 *Gentiana oligophylla* Harry Smith

鲁道旺 522222160722038LY；县中普办 468；张志松等 401707，421893，401312；黔北队 649；李振基、吕静 1191，1282

四川、湖北。

（6）流苏龙胆 *Gentiana panthaica* Prain & Burkill

张志松、党成忠等，401707，401893，402010，401312；黔北队，0649；湘黔队，2687，2697

江口、印江。

广西、云南、四川、贵州、江西。

（7）红花龙胆 *Gentiana rhodantha* Franchet

李洪钧 6096，7578；张杰 4086；肖简文 5543，593；张代贵 zdg4331270110；安明先 3983；无采集人 4133；宿秀江、刘和兵 433125-D00170923048；无采集人 1720

云南、四川、贵州、甘肃、陕西、河南、湖北、广西。

（8）深红龙胆 *Gentiana rubicunda* Franchet

李洪钧 3870；刘林翰 9147，1923；方明渊 24320；简焯坡、张秀实等 32088；壶瓶山考察队 1210，1001；王映明 4554；武陵山考察队 0015

龙山、桑植、石门、印江、松桃、宣恩。

云南、四川、甘肃、湖北、湖南、贵州。

（9）水繁缕叶龙胆 *Gentiana samolifolia* Franchet

无采集人，2435；无采集人，1650；无采集人，415；无采集人，0410

梵净山、松桃。

贵州、湖南、湖北、四川。

（10）龙胆 *Gentiana scabra* Bunge

湖南队 975；印普办 348；罗佩文 A-006；刘燕 522226190420004LY；北京植物所等 400003，401466，400771，401818；廖国藩、郭志芬 015

内蒙古、黑龙江、吉林、辽宁、贵州、陕西、湖北、湖南、安徽、江苏、浙江、福建、广东、广西。

苏联、朝鲜、日本。

（11）灰绿龙胆 *Gentiana yokusai* Burkill

刘林翰 1459；田代科、肖艳、陈岳 LS-1064；吴磊 4587

龙山。

浙江、江苏、安徽、河北、陕西、山西、四川、贵州、湖北、湖南、江西、广东、福建、台湾。

3. 扁蕾属 Gentianopsis Ma（1:1:0）

（1）卵叶扁蕾 *Gentianopsis paludosa* var. *ovatodeltoidea*（Burkill）Ma

云南、四川、青海、甘肃、陕西、内蒙古、

山西、河北、湖北。

4. 花锚属 Halenia Borkh.（1:1:0）

（1）椭圆叶花锚 *Halenia elliptica* D. Don

刘林翰 9914；杜大华 4032；聂敏祥 1258；湖南队 463；李洪钧 9054，6326；湖南队 635；李永康 8210

桑植、石门、印江、德江、咸丰。

西南地区、华中地区、东北地区。

俄罗斯、尼泊尔、不丹。

5. 獐牙菜属 Swertia Linnaeus（11:11:0）

（1）狭叶獐牙菜 *Swertia angustifolia* Buchan-an-Hamilton ex D. Don

刘林翰 9917

云南、广西、贵州、湖南、湖北、江西、广东、福建。

不丹、缅甸、越南。

（2）獐牙菜 *Swertia bimaculata*（Siebold & Zuccarini）J. D. Hooker & Thomson ex C. B. Clarke

李洪钧 9442，9053；赵佐成 88-1664；曹铁如 90330，90415；聂敏祥 1282；傅立国 759；湖南队 638；武陵队 1077，1688

芷江、凤凰、桑植、石门、印江、黔江、酉阳、咸丰、来凤。

西藏、云南、贵州、四川、甘肃、陕西、山西、河北、河南、湖北、湖南、江西、安徽、江苏、浙江、福建、广东、广西。

印度、尼泊尔、不丹、缅甸、越南、马来西亚、日本。

（3）川东獐牙菜 *Swertia davidii* Franchet

张晓晓 20034074057；张代贵 zdg1177，613，4331221510260719LY，ZZ170815821，ZZ170-811822，ZZ150825874，zsy0013；雷开东 433127-1408100927

云南、四川、湖北、湖南。

（4）紫斑歧伞獐牙菜 *Swertia dichotoma* var. *punctata* T. N. Ho et S. W. Liu

石门。

云南、四川、贵州、湖北、湖南。

（5）黄氏獐牙菜 *Swertia hongquanii* Jia X. Li

西藏。

（6）浙江獐牙菜 *Swertia hickinii* Burkill

傅国勋、张志松 1211

湖南、江西、安徽、江苏、浙江、福建、广西。

（7）贵州獐牙菜 *Swertia kouitchensis* Franch.

武陵队 2189；田代科、肖艳、莫海波、张成 LS-2593，LS-2649；周建军 14100608；陈家春 870027；吉首大学生物资源与环境科学学院 GWJ20170611_0400；陈德姣 233；中美联合考察队 1749

芷江、梵净山。

云南、四川、贵州、湖南、湖北、陕西、甘肃。

（8）大籽獐牙菜 *Swertia macrosperma*（C. B. Clarke）C. B. Clarke

曹铁如 90614；李洪钧 9093；张代贵、王业清、朱晓琴 2661；B.Bartholomew d.e.Boufford Q.H.Chen et al 1682，473；傅国勋、张志松 1211

梵净山、咸丰。

西藏、云南、四川、贵州、湖北、台湾、广西。

尼泊尔、不丹、印度、缅甸。

（9）显脉獐牙菜 *Swertia nervosa*（Wallich ex G. Don）C. B. Clarke

陈家春等 870023；刘林翰 10081

花垣。

西藏、云南、贵州、四川、甘肃、陕西、广西。

尼泊尔、印度。

（10）鄂西獐牙菜 *Swertia oculata* Hemsley

聂敏祥、李启和 1211；李洪钧 9093

四川、贵州、湖北。

（11）紫红獐牙菜 *Swertia punicea* Hemsley

陈家春等 870022；邓涛 071005011；贺海生 0715033；张代贵 YH150810677，YH150714718，YH150725719

石门。

云南、四川、贵州、湖北、湖南。

6. 双蝴蝶属 Tripterospermum Blume（5:5:0）

（1）双蝴蝶 *Tripterospermum chinense*（Migo）Harry Smith

周辉、周大松 15091405；武陵山考察队 1938，

2133，1581；北京队 3806，4352；王映明 6536；赵佐成 88-1780；壶瓶山考察队 A92；鲁道旺 522222141109218LY

芷江、桑植、石门、印江、黔江、咸丰。

广西、湖南、湖北、贵州、四川、安徽、江苏、浙江、江西。

（2）峨眉双蝴蝶 *Tripterospermum cordatum* （C. Marquand）Harry Smith

李洪钧 9406，7434；李永康等 8015；席先银 84181；田宏现 065；湘西考察队 1077；刘林翰 9906；戴伦鹰、钱重海 鄂 680；傅国勋、张志松 1516

印江。

云南、四川、陕西、湖北、湖南、贵州。

（3）湖北双蝴蝶 *Tripterospermum discoideum* （C. Marquand）Harry Smith

张代贵 zdg9987，082100283；宿秀江、刘和兵 433125D00021001016；谷忠村 0510003；贺海生 07120106；麻超柏、石琳军 HY20181213_1335；赵佐成 88-1780；李克纲、张代贵等 TY201-

41225_0027，TY20141225_1080；张代贵、王业清、朱小琴 2171

永顺、桑植、石门、黔江。

陕西、四川、湖北、湖南。

（4）细茎双蝴蝶 *Tripterospermum filicaule* （Hemsley）Harry Smith

田代科、肖艳、莫海波、张成 LS-2625；周建军 130919001；黄宏全 13050405；周辉、周大松 15091248；中美联合考察队 1277；肖艳、龚理 LS-2966

梵净山。

浙江、安徽、河南、陕西、甘肃、湖北、湖南、四川、贵州、云南、广西、广东、福建。

（5）毛萼双蝴蝶 *Tripterospermum hirticalyx* C. Y. Wu ex C. J. Wu

简焯坡等 31349，32063，31039，31029；赛明兰 039

印江。

云南、贵州、四川、湖北。

一百九十一、马钱科 Loganiaceae（3:4）

1. 蓬莱葛属 Gardneria Wallich（2:2:0）

（1）柳叶蓬莱葛 *Gardneria lanceolata* Rehder et E. H. Wilson

简焯坡等 31106；李洪钧 5445，4339，8801；壶瓶山考察队 1517；王映明 4611

桑植、石门、宣恩。

云南、贵州、四川、湖北、湖南、广东、福建、江西、江苏、浙江、安徽。

（2）蓬莱葛 *Gardneria multiflora* Makino

李洪钧 3223、4047、3131；黔北队 1547；刘林翰 1655、9907；湖南队 464；张志松、闵天禄、许介眉、党成忠、周竹禾、肖心楠、吴世荣、戴金 401965；武陵队 209

秦岭淮河以南，南岭以北地区。

日本、朝鲜。

2. 尖帽草属 Mitrasacme Labillardière（1:1:0）

（1）水田白 *Mitrasacme pygmaea* R. Brown

江苏、安徽、浙江、江西、福建、台湾、湖南、广东、海南、广西、云南。

澳大利亚、印度尼西亚、菲律宾、马来西亚、越南、泰国、缅甸、尼泊尔、印度、朝鲜、日本。

3. 度量草属 Mitreola Linnaeus（1:1:0）

（1）毛叶度量草 *Mitreola pedicellata* Bentham

生物 1-3 084+1；贺海生 080501026，071-6048；李雄、邓创发、李健玲 19061327；刘昂、丁聪、谢勇、龚佑科 LK0636；肖艳、孙林 LS-2896；宿秀江、刘和兵 433125D00070806065

桑植、石门。

云南、四川、贵州、湖北、湖南。

印度。

一百九十二、夹竹桃科 Apocynaceae（21:45）

1. 链珠藤属 Alyxia Banks ex R. Brown（1:1:0）

（1）链珠藤 *Alyxia sinensis* Champion ex Bentham

张代贵 zdg10366

江口、德江。

贵州。

2. 鳝藤属 Anodendron A. de Candolle（1:1:0）

（1）鳝藤 *Anodendron affine*（Hooker et Arnott）Druce

四川、贵州、云南、广西、广东、湖南、湖北、浙江、福建、台湾。

日本、越南、印度。

3. 马利筋属 Asclepias Linnaeus（1:1:0）

（1）马利筋 *Asclepias curassavica* Linnaeus

无采集人 0930

广东、广西、云南、贵州、四川、湖南、江西、福建、台湾。

拉丁美洲。

4. 秦岭藤属 Biondia Schlechter（1:1:0）

（1）祛风藤 *Biondia microcentra*（Tsiang）P.T.Li

浙江、安徽、江苏、江西。

5. 长春花属 Catharanthus G. Don（1:1:0）

（1）长春花 *Catharanthus roseus*（Linnaeus）G. Don

张代贵 L110028，L110044

原产于马达加斯加，武陵山区各城镇及全国各地区有栽培。

6. 吊灯花属 Ceropegia Linnaeus（2:2:0）

（1）宝兴吊灯花 *Ceropegia paohsingensis* Tsiang et P. T. Li

周辉、周大松 15060317；杨通 080711025；孟明明 080713MMM02；肖艳、赵斌 LS-2359；麻超柏、石琳军 HY20180812_0990；张代贵、王业清、朱晓琴 2464；武陵山考察队 324；张桂才等 463；雷开东 4331271408251036，4331271408080886

沅陵、永顺、桑植、石门、石阡。

四川。

（2）长叶吊灯花 *Ceropegia longifolia* Wallich

石阡、思南、黔江。

云南、广西。

7. 鹅绒藤属 Cynanchum Linnaeus（12:12:0）

（1）白薇 *Cynanchum atratum* Bunge

李洪钧 2735；武陵队 984；刘林翰 1518，1874；安明先 3386；西师 03132；北京队 01379，1492；武陵山考察队 88011；涪陵组 035

新晃、永顺、龙山、松桃、宣恩。

黑龙江至云南、广西、广东、福建。

朝鲜、日本。

（2）牛皮消 *Cynanchum auriculatum* Royle ex Wight

李洪钧 4304，7463，7130；武陵队 1284，2316，1373；聂敏祥、李启和 1443；曹亚玲、溥发鼎 2875；赵佐成、马建生 2842；赵佐成 88-2612

新晃、芷江、凤凰、永顺、桑植、慈利、石门、石阡、江口、德江、沿河、黔江、酉阳、来凤、宣恩、五峰。

山东、河北、陕西、甘肃至西藏、云南、广西、广东、福建、台湾。

印度。

（3）蔓剪草 *Cynanchum chekiangense* M.Cheng ex Tsiang et P.T.Li

五峰。

浙江、河南、湖南、广东。

（4）大理白前 *Cynanchum forrestii* Schlechter

梵净山。

甘肃、四川、西藏、云南。

（5）峨眉牛皮消 *Cynanchum giraldii* Schlechter

陕西、甘肃、四川、河南、自秦岭以南，沿四川盆地北缘直至峨眉山较多。

（6）竹灵消 *Cynanchum inamoenum*（Maximowicz）Loesener

壶瓶山考察队 0810；无采集人 1155；无采集人 404；无采集人 234；无采集人 437；无采集人 0760；张代贵、王业清、朱晓琴 1063；张代贵 ZZ090718028；贵州队 402026，384

石门。

辽宁、河北、山西、甘肃至西藏、贵州、浙江。

朝鲜、日本。

（7）朱砂藤 *Cynanchum officinale*（Hemsley）Tsiang et Zhang

曹铁如 90241；李丙贵 750044；赵佐成 88-1825，88-1750，88-1962；王映明 5368；简焯坡、张秀实等 30189；壶瓶山考察队 1411；武陵山考察队 2066；北京队 4370

桑植、武陵源、慈利、石门、石阡、印江、黔江、鹤峰、宣恩、五峰。

陕西、甘肃、安徽、江西、广西、云南。

（8）徐长卿 *Cynanchum paniculatum*（Bunge）Kitagawa

刘林翰 9265，9121；武陵队 804；西师生物系 02671；王映明 5301；武陵山考察队 2220；张杰 4066；沈祥淦、李辛缘 135

新晃、桑植、石阡、梵净山、鹤峰、宣恩。

辽宁、内蒙古、甘肃至云南、广西、广东、浙江。

日本、朝鲜。

（9）柳叶白前 *Cynanchum stauntonii*（Decaisne）Schlechter ex H. Leveille

谭沛祥 62527；武陵队 1714，2178，790；湖南队 456；植化室样品凭证标本 424；北京队 002941

新晃、芷江、永顺、桑植。

甘肃、安徽、江苏、浙江、江西、福建、广东、广西。

（10）地梢瓜 *Cynanchum thesioides*（Freyn）K. Schumann

黑龙江、吉林、辽宁、内蒙古、河北、河南、山东、山西、陕西、甘肃、新疆、江苏。

朝鲜、蒙古、苏联。

（11）昆明杯冠藤 *Cynanchum wallichii* Wight

简焯坡等 32254

广西、云南、贵州、四川。

印度。

（12）隔山消 *Cynanchum wilfordii*（Maximowicz）J. D. Hooker

李洪钧 2442，3031；刘林翰 9248，1867；北京队 2329，002915，01353；王映明 4181；壶瓶山考察队 0423；唐海华 5222291606031170LY

永顺、桑植、石门、宣恩。

辽宁、山西、陕西、甘肃、新疆至四川、安徽、江苏。

日本、朝鲜。

8. 马兰藤属 Dischidanthus Tsiang（1:1:0）

（1）马兰藤 *Dischidanthus urceolatus*（Decaisne）Tsiang

张代贵 082100255，081003017；梅超 03012

湖南、广东、广西。

老挝、越南、柬埔寨。

9. 黑鳗藤属 Jasminanthes Blume（2:2:0）

（1）假木藤 *Jasminanthes chunii*（Tsiang）W. D. Stevens & P. T. Li

永顺。

广东、广西。

（2）黑鳗藤 *Jasminanthes mucronata*（Blanco）W. D. Stevens & P. T. Li

邓涛 070910014

四川、贵州、广西、广东、湖南、福建、浙江、台湾。

菲律宾。

10. 牛奶菜属 Marsdenia R. Brown（2:2:0）

（1）牛奶菜 *Marsdenia sinensis* Hemsley

宿秀江、刘和兵 433125D00030810084，433-125D00020814095；屈永贵 080716071；张代贵 20090808033，071004005；湘西考察队 384；武陵山考察队 2755B；壶瓶山考察队 01146；北京队 001820

花垣、永顺、慈利、石门、石阡、五峰。

浙江、江西、福建、广东、广西、四川。

（2）蓝叶藤 *Marsdenia tinctoria* R. Brown

张代贵 072000120，ZDG196，082600060；徐亮 071003021

永顺。

台湾、广西、云南、四川。

11. 山橙属 Melodinus J. R. Forst. & G. Forst.（1:1:0）

（1）尖山橙 *Melodinus fusiformis* Champion ex Bentham

黔北队 2673，2664，2713；钟补勤 825

广东、广西、贵州。

12. 萝藦属 Metaplexis R. Brown（2:2:0）

（1）华萝藦 *Metaplexis hemsleyana* Oliver

芷江、凤凰、桑植、慈利、石门、印江、德江、黔江、咸丰、鹤峰、宣恩、五峰。

陕西、云南、广西、江西。

（2）萝藦 *Metaplexis japonica*（Thunberg）Makino

永顺、桑植。

东北地区、华北地区、华东地区、甘肃、陕西、河南、湖北、贵州。

13. 夹竹桃属 Nerium Linnaeus（1:1:0）

（1）夹竹桃 *Nerium oleander* Linnaeus

贺海生 080504018；张代贵 08210236；屈永贵 080716013；姚本刚 5222291605181106LY；张迅 522224160713112LY；桑植县林科所 838；李洪钧 4685，3197；姚红 522222150430010LY

原产于伊朗至印度、武陵山区及全国各地广泛栽培。

14. 钉头果属 Gomphocarpus R. Brown（1:1:0）

（1）钉头果 *Gomphocarpus fruticosus*（Linnaeus）W. T. Aiton

华北地区、西南地区、华南地区

欧洲。

15. 石萝藦属 Pentasacme Wallich ex Wight（1:1:0）

（1）石萝藦 *Pentasachme caudatum* Wallich ex Wight

湖南、广东、广西、云南。

越南。

16. 杠柳属 Periploca Linnaeus（1:1:0）

（1）青蛇藤 *Periploca calophylla*（Wight）Falconer

桑植、来凤、德江、宣恩。

西藏、四川、云南、广西。

17. 帘子藤属 Pottsia Hooker & Arnott（2:2:0）

（1）大花帘子藤 *Pottsia grandiflora* Markgraf

李学根 204115；雷开东 4331271406140138；北京队 843

永顺。

浙江、湖南、广东、广西、云南。

（2）帘子藤 *Pottsia laxiflora*（Blume）Kuntze

周丰杰 198

贵州、云南、广西、广东、湖南、江西、福建。

印度、马来西亚、印度尼西亚。

18. 弓果藤属 Toxocarpus Wight & Arnott（1:1:0）

（1）毛弓果藤 *Toxocarpus villosus*（Blume）Decaisne

湖北、四川、贵州、云南、广西、福建。

印度尼西亚、越南。

19. 毛药藤属 Sindechites Oliver（1:1:0）

（1）毛药藤 *Sindechites henryi* Oliver

武陵队 440；林文豹 600；壶瓶山考察队 0921；武陵山考察队 1041；徐永福、张帆 15060607；李学根 204170；张志松等 402545；中美联合考察队 2305，310

沅陵、永顺、慈利、石门、江口、印江。

云南、四川、湖北、湖南、广西、贵州、江西、浙江。

20. 络石属 Trachelospermum Lemaire（5:5:0）

（1）亚洲络石 *Trachelospermum asiaticum*（Siebold & Zuccarini）Nakai

浙江、湖北、湖南、广东、四川、贵州。

（2）紫花络石 *Trachelospermum axillare* J. D. Hooker

李洪钧 2918，5479，3190；武陵队 293，636；张志松、闵天禄、许介眉、党成忠、周竹禾、肖心楠、吴世荣、戴金 402410；武陵考察队 628；张志松、闵天禄、许介眉、党成忠、周竹禾、肖心楠、吴世荣、戴金 402411；林祁 706

沅陵、永顺、桑植、慈利、石门、石阡、江口、印江、宣恩。

浙江、江西、福建、广东、广西、云南、四川、贵州、湖北、湖南。

斯里兰卡、越南。

（3）贵州络石 *Trachelospermum bodinieri*（H. Leveille）Woodson

张志松、闵天禄、许介眉、党成忠、周竹禾、肖心楠、吴世荣、戴金 401900；中美联合考察队 2156；简焯坡等 30785

江口、印江。

四川、贵州、湖南。

（4）绣毛络石 *Trachelospermum dunnii*（H. Léveillé）H. Léveillé

芷江、石阡、江口、印江。

云南、贵州、广西、湖南。

越南。

（5）络石 *Trachelospermum jasminoides*（Lindley）Lemaire

李洪钧 7407，2918；朱国兴 64；武陵队 2201；简焯坡等，31148；张志松、党成忠等，402398；张桂才等，518；武陵考察队，1980；张代贵，zdg1405050212；张兵、向新，090604027

芷江、沅陵、龙山、桑植、江口、印江、宣恩。

广泛分布于黄河流域及其以南各地区。

日本、朝鲜、越南、老挝。

21. 娃儿藤属 Tylophora R. Brown（5:5:0）

（1）小叶娃儿藤 *Tylophora flexuosa* R. Brown

永顺。

陕西、云南、广西、广东、台湾。

印度、斯里兰卡、越南、马来西亚、印度尼西亚。

（2）七层楼 *Tylophora floribunda* Miquel

辰溪、永顺、桑植、来凤。

江苏、浙江、福建、江西、广东、广西。

朝鲜、日本。

（3）建水娃儿藤 *Tylophora hui* Tsiang

刘林翰 1999

桑植。

贵州、云南。

（4）湖北娃儿藤 *Tylophora silvestrii*（Pampanini）Tsiang et P. T. Li

湖北、江苏、浙江、江西、湖南、海南、云南。

（5）贵州娃儿藤 *Tylophora silvestris* Tsiang

张代贵 00255，1209010，YH150810690；李洪钧 3198；黔北队 0702；简焯坡等 30436

永顺、慈利、江口、宣恩。

四川、云南、广东至浙江、江苏、安徽。

一百九十三、紫草科 Boraginaceae（8:17）

1. 斑种草属 Bothriospermum Bunge（1:1:0）

（1）柔弱斑种草 *Bothriospermum zeylanicum*（J. Jacquin）Druce

安明态等 YJ-2014-0116，SN-2014-0035；安明态 YJ-2014-0027；屈永贵 080416008；83生科 1-1-188，0623129；88-1 88-1-109；83-7 06300206；张代贵、张成 TD20180508_5833；张志松等 400028

桑植、宣恩。

西南地区、华南地区、长江流域中、下游各地区、台湾、东北地区。

越南、印度、日本、俄罗斯远东地区、中亚地区。

2. 琉璃草属 Cynoglossum Linnaeus（2:2:0）

（1）琉璃草 *Cynoglossum furcatum* Wallich

壶瓶山考察队 0980，0259；张志松、党成忠等 402332；安明先 3399；湘西调查队 0009；湖南队 0009；北京队 370，002790；李洪钧 4588；曹亚玲、溥发鼎 0123

新晃、沅陵、花垣、永顺、桑植、龙山、梵净山、松桃、石阡、鹤峰、宣恩。

自西南地区、华南地区至秦岭广泛分布。

印度、菲律宾、日本。

（2）小花琉璃草 *Cynoglossum lanceolatum* Forsskål

李洪钧 7684，4588，9421；刘林翰 9781，

9354；武陵队 130；黔北队 2715；赵佐成 88-1459；田代科、肖艳、李春、张成 LS-2029；刘正宇、张军等 RQHZ06671

保靖、花垣、龙山、德江、松桃、黔江、咸丰、来凤、鹤峰。

云南、广西、广东、福建、台湾、湖南、贵州、四川、甘肃、陕西。

亚洲南部、非洲。

3. 紫草属 Lithospermum Linnaeus（3:3:0）

（1）田紫草 *Lithospermum arvense* Linnaeus

黑龙江、吉林、辽宁、河北、山东、山西、江苏、浙江、安徽、湖北、陕西、甘肃、新疆。

朝鲜、日本、欧洲。

（2）紫草 *Lithospermum erythrorhizon* Siebold & Zuccarini

刘林翰 1807；李丙贵 14；西师 03149；田代科、肖艳、陈岳 LS-1475；武陵山考察队 2389；安明先 3202，3464；安明态等 B-SN-2014-0026，SN-2014-0008；吉首大学生物资源与环境科学学院 GWJ20180712_0183。

凤凰、石阡、宣恩。

广西、江西、湖南、贵州、四川、华北地区、东北地区广泛分布。

朝鲜、日本、俄罗斯远东地区。

（3）梓木草 *Lithospermum zollingeri* A. de Candolle

朱国兴 38；王大兰 522230191116015LY；鲁道旺 522226190501002LY；朱国兵 38；宿秀江、刘和兵 433125D00160808053；张志松、党成忠等 401171；张代贵 ly0138；雷开东 433127150-2241647；徐永福 XYF-0001

台湾、浙江、江苏、安徽、贵州、四川、陕西、甘肃。

朝鲜、日本。

4. 皿果草属 Omphalotrigonotis W. T. Wang（1:1:0）

（1）皿果草 *Omphalotrigonotis cupulifera*（I. M. Johnston）W. T. Wang

张代贵等 130405009；张代贵 170416017，y090703035；张代贵、陈庸新 ZZ130405211

浙江、江西、安徽、湖南、广西。

5. 车前紫草属 Sinojohnstonia Hu（3:3:0）

（1）浙赣车前紫草 *Sinojohnstonia chekiangensis*（Migo）W. T. Wang

肖艳、付乃峰 LS-2841；周辉、罗金龙 15032516，15030704；周辉、周大松 15041704；田代科、肖艳、李春、张成 LS-1777；吉首大学生物资源与环境科学学院 GWJ20170611_0512；张代贵 10394，YD11066；张代贵、王业清、朱晓琴 zdg，wyq，zxq0346

桑植。

江西、浙江、安徽、陕西。

（2）短蕊车前紫草 *Sinojohnstonia moupinensis*（Franchet）W. T. Wang

北京队 1481

云南、四川、湖南、湖北、陕西、山西、甘肃、宁夏。

（3）车前紫草 *Sinojohnstonia plantaginea* H. H. Hu

宿秀江、刘和兵 433125D00150407069；张志松 401966；张代贵 lxq0122089；张志松、党成忠等 400381；张代贵 140921007；刘昂、丁聪、谢勇、龚佑科 LK0588

四川、甘肃。

6. 聚合草属 Symphytum Linnaeus（1:1:0）

（1）聚合草 *Symphytum officinale* Linnaeus

武陵队 905

欧洲、亚洲西部、四川、新晃、云南、北京、华南地区、华东地区、东北地区。

7. 盾果草属 Thyrocarpus Hance（1:1:0）

（1）盾果草 *Thyrocarpus sampsonii* Hance

李学根 204126；陈少卿 2303；刘林翰 1491；张代贵 zdg9854；武陵队 1254，428；肖简文 5573；溥发鼎、曹亚玲 0208；张志松、党成忠等 400209，401424

凤凰、沅陵、永顺、桑植、龙山、印江、江口。

云南、广西、广东、福建、浙江、江苏、安徽、江西、湖北、湖南、贵州、四川。

越南。

8. 附地菜属 Trigonotis Steven（5:5:0）

（1）西南附地菜 *Trigonotis cavaleriei*（H.

Leveille）Handel-Mazzetti

西师生物系 02228；张志松 等 402517；张志松、党成忠等 401966；植化室样品凭证标本 607；彭海军 080416057，080416065+1；向晟、藤建卓 JS20180613_0335；张代贵、张代富 GZ20170407066_0066，LS20170416017_0017；谷忠村 366

桑植、印江。

云南、四川、贵州。

（2）窄叶西南附地菜 *Trigonotis cavaleriei* var. *angustifolia* C. J. Wang

刘林翰 9037；曹铁如 90604

湖南、四川、云南。

（3）狭叶附地菜 *Trigonotis compressa* I. M. Johnston

张翼 05149

桑植。

（4）湖北附地菜 *Trigonotis mollis* Hemsley

周建军 20130611003；张代贵 YH090703093

湖北、陕西、甘肃。

（5）附地菜 *Trigonotis peduncularis*（Triranus）Bentham ex Baker et S. Moore

林祁 778；刘林翰 1571；谭沛祥 60884；植化室样品凭证标本 s.n.；李洪钧 4670；王加国 YJ-2014-0041；田代科、肖艳、李春、张成 LS-1744；田代科、肖艳、陈岳 LS-929；安明态等 YJ-2014-0034

永顺、龙山、桑植、江口、松桃、宣恩。

除海南、广东、台湾外，我国其他各地区均有分布。

朝鲜、日本、俄罗斯远东地区、亚洲西部、欧洲东部。

一百九十四、厚壳树科 Ehretiaceae（1:2）

1. 厚壳树属 Ehretia P.Browne（2:2:0）

（1）厚壳树 *Ehretia acuminata* R. Brown

王岚 522223140621037 LY；吉首大学生物资源与环境科学学院 GWJ20170611_0496，GWJ20170611_0497，GWJ20170611_0498；肖艳、赵斌 LS-2314

西南地区、华南地区、华东地区、台湾、山东、河南。

日本、越南。

（2）粗糠树 *Ehretia dicksonii* Hance

李洪钧 4817；沈中瀚 1063；溥发鼎、曹亚玲 0229；张桂才等 550；王映明 5183；肖简文 5716，5611；安明先 3363；简焯坡、张秀实等 30167；刘林翰 1819

沅陵、永顺、龙山、石门、梵净山、来凤、宣恩。

广东、福建、台湾、江苏、安徽、江西、湖南、贵州、四川、湖北、陕西。

日本。

一百九十五、茄科 Solanaceae（16:36）

1. 天蓬子属 Atropanthe Pascher（1:1:0）

（1）天蓬子 *Atropanthe sinensis*（Hemsley）Pascher

曹铁如 90476；无采集人 1468；张代贵 YH090703982；方明渊 24303

湖北、四川、贵州、云南。

2. 木曼陀罗属 Brugmansia Pers.（1:1:0）

（1）木曼陀罗 *Brugmansia arborea*（Linnaeus）Lagerh.

香港。

3. 辣椒属 Capsicum Linnaeus（1:1:0）

（1）辣椒 *Capsicum annuum* Linnaeus

张代贵 027+1；刘正宇、张军等 RQHZ06566

武陵山区。

南美洲。

4. 鸳鸯茉莉属 Brunfelsia Linnaeus（1:1:0）

（1）鸳鸯茉莉 *Brunfelsia hopeana*（Hooker）Bentham

中美洲、南美洲。

5. 夜香树属 Cestrum Linnaeus（1:1:0）

（1）夜香树 *Cestrum nocturnum* Linnaeus

福建、广东、广西、云南。

南美洲。

6. 曼陀罗属 Datura Linnaeus（2:2:0）

（1）洋金花 *Datura metel* Linnaeus

无采集人 0924；朱国豪 无采集号

台湾、福建、广东、广西、云南、贵州、江苏、浙江。

（2）曼陀罗 *Datura stramonium* Linnaeus

简焯坡、应俊生、马成功等 30151，31383；赵佐成 88-1433，88-2593；王映明 5150；安明态 3748；王谦 0910122

印江、德江、黔江、宣恩。

我国各地区。

广泛分布于世界各大洲。

7. 红丝线属 Lycianthes Hassler（5:5:0）

（1）红丝线 *Lycianthes biflora*（Loureiro）Bitter

宿秀江、刘和兵 433125D00030810017；刘林翰 1979；安明态 3969；李洪钧 3134；谢丹 0809091006；吕文玲 022+2；张代贵 L110039；麻超柏、石琳军 HY20180812_0982

云南、四川、广西、广东、江西、福建、台湾。

印度、马来西亚、印度尼西亚、日本。

（2）鄂红丝线 *Lycianthes hupehensis*（Bitter）C. Y. Wu & S. C. Huang

吉首大学生物资源与环境科学学院 GWJ201-80713_0360；北京队 001774；杨彬 071003018；黔北队 2793，2830；陈功锡 080730133，080729008

永顺、德江。

湖北、湖南、四川、贵州。

（3）单花红丝线 *Lycianthes lysimachioides*（Wallich）Bitter

李洪钧 3135，3134，8903；曹铁如 90148；武陵队 2289；湖南队 329；西师 02995；北京队 2349；李丙贵、万绍宾 750269；刘林翰 10196

永顺、桑植。

湖北、湖南、四川、贵州、云南、广西、台湾。

印度、尼泊尔。

（4）紫单花红丝线 *Lycianthes lysimachioides* var. *purpuriflora* C.Y.Wu et S.C.Huang

永顺、桑植。

湖北、湖南、四川。

（5）截萼红丝线 *Lycianthes neesiana*（Wallich ex Nees）D' Arcy et Z. Y. Zhang

云南。

印度、印度尼西亚（爪哇）。

8. 枸杞属 Lycium Linnaeus（1:1:0）

（1）枸杞 *Lycium chinense* Miller

刘林翰 9770，9672；沈中瀚 98；武陵队 1130；张杰 4068；安明态 3774；杨传东 880024；黄井仁 373

凤凰、保靖。

东北地区、河北、山西、陕西、甘肃、西南地区、华中地区、华南地区、华东地区。

朝鲜、日本、欧洲。

9. 番茄属 Lycopersicon Miller（1:1:0）

（1）番茄 *Lycopersicon esculentum* Miller

徐亮 XL214+1；徐文祥 XWX75

武陵山区及全国各地广泛栽培。

南美洲安第斯高原。

10. 假酸浆属 Nicandra Adanson（1:1:0）

（1）假酸浆 *Nicandra physalodes*（Linnaeus）Gaertner

武陵队 1987；张代贵 zdg1141，090728016；蓝开敏 98-0153；马海英、邱天雯、徐志茹 GZ435；张银山 522223140621016 LY；麻超柏、石琳军 HY20180826_1362；向晟、藤建卓 JS201-80701_0464

芷江、石阡。

河北、甘肃、四川、贵州、云南、西藏、新疆。

11. 烟草属 Nicotiana Linnaeus（1:1:0）

（1）烟草 *Nicotiana tabacum* Linnaeus

刘林翰 10094；赵佐成 88-2236，88-1396；张代贵、张代富 LS20170326002_0002

武陵山地区及全国各地广泛栽培。

南美洲。

12. 碧冬茄属 Petunia Jussieu（1:1:0）

（1）碧冬茄 *Petunia hybrida*（J. D. Hooker）Vilmorin

中国南北城市公园中普遍栽培观赏。

13. 散血丹属 Physaliastrum Makino（3:3:0）

（1）广西地海椒 *Physaliastrum chamaesarachoides*（Makino）Makino

谷忠村 641；张代贵 ZDG221；麻超柏、石琳军 HY20180812_0997

广西、江西。

（2）江南散血丹 *Physaliastrum heterophyllum*（Hemsley）Migo

方明渊 24303；周辉、周大松 15050911；89-3 133+1；谷忠村 08972；83—7 0620119；张代贵 230；北京队 002749，002810；宿秀江、刘和兵 433125D00100809048

桑植。

河南、安徽、江苏、浙江、福建、江西、湖北、湖南、云南。

（3）散血丹 *Physaliastrum kweichouense* Kuang et A. M. Lu

桑植、宣恩。

湖北、湖南、贵州。

14. 酸浆属 Alkekengi Mill.（4:4:0）

（1）酸浆 *Physalis alkekengi* Linnaeus

方明渊 24371；李洪钧 9472；侯建齐、何涛龙 11；宿秀江、刘和兵 433125D00020814101；杨彬 080522004+1；吉首大学生物资源与环境科学学院 GWJ20180712_0119；张代贵 qq1006；印普办 345；张迅 522230191103046LY

欧亚大陆、甘肃、陕西、河南、湖北、四川、贵州、云南。

（2）挂金灯 *Physalis alkekengi* var. *franchetii*（Masters）Makino

李洪钧 9472，7441，9476；刘林翰 1970；武陵队 2223，1190；彭延辉 1488；周辉、周大松 15091426

芷江、凤凰、龙山、慈利、黔江、咸丰、鹤峰。

除西藏外，我国其他各地区均有分布。

朝鲜、日本。

（3）苦蘵 *Physalis angulata* Linnaeus

壶瓶山考察队 A211；湘西调查队 0653；张代贵 y1113；湘西考察队 853

慈利、鹤峰。

华东地区、华中地区、华南地区、西南地区。

日本、印度、澳大利亚、美洲。

（4）小酸浆 *Physalis minima* Linnaeus

刘和兵 ZZ120810483；安明先 3751；武陵队 1332；宿秀江、刘和兵 433125D00030810014；雷开东 4331271408110928；马海英、邱天雯、徐志茹 GZ479；张代贵 ZB130908346，pph1224，090728018；李雄、邓创发、李健玲 19061518

凤凰。

四川、云南、广西、广东。

15. 茄属 Solanum Linnaeus（11:11:0）

（1）喀西茄 *Solanum aculeatissimum* Jacquin

马金双、寿海洋 SHY00711；刘正宇、张军等 RQHZ06440；安明先 3343；黎昌雄 GZ20180625_6933

云南、广西。

印度。

（2）少花龙葵 *Solanum americanum* Miller

宿秀江、刘和兵 433125D00090812012；张代贵 00381；贺海生 0828002；周芳芳 070716057；张代贵 080507045；安明先 3742；吉首大学生物资源与环境科学学院 GWJ20180712_0121；贺乐 02+1

永顺。

云南、广西、湖南、江西、广东、台湾。

马来群岛。

（3）牛茄子 *Solanum capsicoides* Allioni

张代贵 zdg9969，zdg1503011432，070625016，00552，ZB130913345，ZZ090702112；雷开东 4331-27150301143；宿秀江、刘和兵 433125D0018-

1114016；粟林 4331261409130852；87—9080739

凤凰、云南。

四川、贵州、广西、广东、湖南、江西、福建、台湾。

（4）野海茄 **Solanum japonense** Nakai

黔北队 2217

东北地区、青海、新疆、陕西、河南、河北、江苏、浙江、安徽、湖南、四川、云南、广西、广东。

（5）白英 **Solanum lyratum** Thunberg

李洪钧 9407，7162，9151；武陵队 976，738，1579，1407；李学根 205002；李永康 8011

新晃、芷江、辰溪、凤凰、沅陵、永顺、桑植、石门、江口、印江、松桃、咸丰、来凤、鹤峰。

甘肃、陕西、山西、河南、山东、江苏、安徽、浙江、福建、江西、湖南、湖北、四川、贵州、云南、广西、广东。

日本、朝鲜、中南半岛。

（6）茄 **Solanum melongena** Linnaeus

刘正宇、张军等 RQHZ06601；采集组 无采集号；李、沈 56；朱太平、刘忠福 1507；喻勋林 91341，91571；武陵山考察队 2801

武陵山区及我国各地栽培。

印度。

（7）龙葵 **Solanum nigrum** Linnaeus

李洪钧 4895，7251；林祁 792；武陵队 2484，1095；刘正宇、张军等 RQHZ06574，RQHZ-06439；张杰 4084；肖简文 5924；安明先 3405

芷江、凤凰、永顺、慈利、石阡、江口、咸丰、来凤、鹤峰。

全国各地。

欧洲、亚洲、美洲。

（8）海桐叶白英 **Solanum pittosporifolium** Hemsley

曹铁如 90259；B.Bartholomew，D.E.Boufford，Q.H.Chen et al. 90，2225，1879；黔北队 2217，94256；北京队 4124，4111；安明态 SQ-0812

桑植、江口、松桃。

河北、安徽、浙江、江西、湖南、四川、贵州、云南、广西、广东。

（9）珊瑚樱 **Solanum pseudocapsicum** Linnaeus

雷开东 4331271502241649；邓涛 00379；贺海生 07120107；刘正宇、张军等 RQHZ06443；程佐辉 无采集号；张代贵 zdg9950，麻 13，100712026，4331221505010019LY，433122151-0230660LY

宣恩。

安徽、湖北、江西、广东、广西。

南美洲。

（10）珊瑚豆 **Solanum pseudocapsicum** var. **diflorum**（Vellozo）Bitter

王玉 201905222055；程佐辉 无采集号；张迅 522224160706115LY

巴西、河北、陕西、四川、云南、广西、广东、湖南、江西。

（11）阳芋 **Solanum tuberosum** Linnaeus

武陵山区及全国各地栽培。

南美洲。

16. 龙珠属 Tubocapsicum Makino（1:1:0）

（1）龙珠 **Tubocapsicum anomalum**（Franchet et Savatier）Makino

陈功锡、张代贵 SCSB-HC-2008353；B.Bartholomew，D.E.Boufford，Q.H.Chen et al. 537，146，2324；北京队 0620；武陵考察队 1640 武陵山考察队 2363；湘西考察队 647，636

浙江、江西、福建、台湾、广东、广西、贵州、云南。

朝鲜、日本。

一百九十六、旋花科 Convolvulaceae（8:20）

1. 打碗花属 Calystegia R. Brown（2:2:0）

（1）打碗花 **Calystegia hederacea** Wallich

曾宪锋 ZXF9421；张代贵 ZZ170815778，ZZ170811779，ZZ150825891，170709016，

YD230150，YD240007；曾伟 522230190915070LY；刘正宇、张军等 RQHZ06595

全国各地。

亚洲南部、东部至马来西亚、东非的埃塞俄比亚。

（2）鼓子花 *Calystegia silvatica* subsp. *orientalis* Brummitt

新晃、芷江、沅陵、永顺、桑植、石阡、江口、印江、德江、松桃、黔江、鹤峰、宣恩。

我国大部分地区。

北美洲、欧洲、俄罗斯西伯利亚地区、印度尼西亚（爪哇）、澳大利亚、新西兰。

2. 菟丝子属 Cuscuta Linnaeus（2:2:0）

（1）南方菟丝子 *Cuscuta australis* R. Brown

向晟、藤建卓 JS20180630_0389；麻超柏、石琳军 HY20180707_0295；张代贵 130912009，YH090703974，LC0035；李杰 5222291606091183LY

全世界暖温带、美洲。

（2）金灯藤 *Cuscuta japonica* Choisy

曹铁如，90246；林祁，786；武陵队，2287，1314，1576；刘林翰，9738；李洪钧，7651；安明先，3902，3982

芷江、凤凰、永顺、桑植、德江、秀山、咸丰、鹤峰。

南北各地区。

越南、朝鲜、日本。

3. 马蹄金属 Dichondra J. R. & G. Forster（1:1:0）

（1）马蹄金 *Dichondra micrantha* Urban

李杰 522229140928467LY；李洪钧 2871；粟林 4331261410030980；张代贵 0830102，4331-221509081045LY，ZZ170815849

长江流域以南各地区、台湾。

两半球热带、亚热带地区。

4. 飞蛾藤属 Buchanan–Hamilton ex Sweet（1:1:0）

（1）飞蛾藤 *Dinetus racemosus*（Wallich）Sweet

李洪钧 8776；马金双、寿海洋 SHY00728；田代科、肖艳、莫海波、张成 LS-2556＋1；宿秀江、刘和兵 433125D00061104043；粟林 4331261407060418；雷开东 4331271410051389；

李晓腾 080504019；张迅 522224160706097LY；李衡 522227160714001LY

芷江、凤凰、永顺、鹤峰。

陕西、甘肃、长江流域以南各地区。

印度尼西亚、印度、尼泊尔、越南、泰国。

5. 土丁桂属 Evolvulus Linnaeus（1:1:0）

（1）土丁桂 *Evolvulus alsinoides*（Linnaeus）Linnaeus

长江流域以南各地区、台湾。

非洲东部、马达加斯加、印度、中南半岛、马来亚、菲律宾。

6. 虎掌藤属 Ipomoea Linnaeus（10:10:0）

（1）月光花 *Ipomoea alba* Linnaeus

浙江、云南、湖南、广东、广西、贵州、海南、四川。

（2）蕹菜 *Ipomoea aquatica* Forsskål

无采集人 0954

黔江。

华中地区、华南地区、西南地区。

亚洲、非洲、大洋洲。

（3）番薯 *Ipomoea batatas*（Linnaeus）Lamarck

张代贵 4331221510200637LY；杨泽伟 522-226191005001LY

黔江。

南美洲、列斯群岛。

（4）毛牵牛 *Ipomoea biflora*（Linnaeus）Persoon

台湾、福建、江西、湖南、广东、广西、贵州、云南。

越南。

（5）瘤梗甘薯 *Ipomoea lacunosa* linnaeus

（6）牵牛 *Ipomoea nil*（Linnaeus）Roth

刘慧娟 080504021；杨彬 080817002；刘林翰 9991；张代贵 zdg4331270149；宿秀江、刘和兵 433125D00030810035；李学根 204938；张银山 522223150503062 LY；李杰 5222291508119411LY

宣恩。

热带、亚热带地区、美洲热带地区。

（7）圆叶牵牛 *Ipomoea purpurea*（Linnaeus）Roth

刘正宇、张军等 RQHZ06432；张代贵 YH15-

1007655；李义 522230191006016LY

德江、黔江、咸丰。

美洲热带地区。

（8）茑萝 *Ipomoea quamoclit* Linnaeus

谢欢欢 522230190928002LY；张代贵 1508-11021

北京、江苏、浙江、黑龙江、安徽、福建、江西、湖北、广西、海南。

（9）葵叶茑萝 *Ipomoea × sloteri*（Rafinesque）Shinners

无采集人 0995；无采集人 1161

山东、江苏、浙江、江西、台湾、广西、云南。

南美洲。

（10）三裂叶薯 *Ipomoea triloba* Linnaeus

广东、台湾。

美洲。

7. 鱼黄草属 Merremia Dennstedt ex Endlicher（2:2:0）

（1）北鱼黄草 *Merremia sibirica*（Linnaeus）H. Hallier

宿秀江、刘和兵 433125D00170907052；粟林 4331261409120782

吉林、河北、山东、江苏、浙江、安徽、山西、陕西、甘肃、湖南、广西、四川、贵州、云南。

俄罗斯西伯利亚地区东部、蒙古、印度。

（2）篱栏网 *Merremia hederacea*（N. L. Burman）H. Hallier

台湾、广东、广西、江西、云南。

非洲、马斯克林群岛、亚洲、印度、斯里兰卡、缅甸、泰国、越南、马来西亚、加罗林群岛、昆士兰，太平洋中部的圣诞岛。

8. 三翅藤属 Tridynamia Gagnepain（1:1:0）

（1）大果三翅藤 *Tridynamia sinensis*（Hemsley）Staples

刘和兵 ZZ120813434

广东、广西、湖南、湖北、四川、贵州、云南、甘肃。

一百九十七、木犀科 Oleaceae（8:39）

1. 流苏树属 Chionanthus Linnaeus（2:2:0）

（1）枝花流苏树 *Chionanthus ramiflorus* Roxburgh

台湾、海南、广西、贵州、云南。

印度、东南亚、大洋洲、印度尼西亚。

（2）流苏树 *Chionanthus retusus* Lindley & Paxton

张代贵 zdg3827；壶瓶山考察队 87293

石门。

河北、山西、陕西、甘肃、华东、中南、西南地区。

朝鲜、日本。

2. 雪柳属 Fontanesia Labillardière（1:1:0）

（1）雪柳 *Fontanesia phillyreoides* subsp. *fortunei*（Carriere）Yaltirik

谷忠村 1210037

河北、陕西、山东、江苏、安徽、浙江、河南、湖北。

3. 连翘属 Forsythia Vahl（3:3:0）

（1）秦连翘 *Forsythia giraldiana* Lingelsheim

方英才、王小平 152

龙山、永顺、保靖、花垣、凤凰、泸溪、古丈、吉首。

陕西、甘肃、湖北、湖南。

（2）连翘 *Forsythia suspensa*（Thunberg）Vahl

李 08；潘、谭 84-99；李申太、欧阳文珍 无采集号；麻超柏、石琳军 HY20180819_1086；肖艳、赵斌 LS-2298

河北、山西、陕西、山东、安徽、河南、湖北、四川。

日本。

（3）金钟花 *Forsythia viridissima* Lindley

武陵队 513；周辉、周大松 15041126，1503-2540

沅陵、鹤峰。

东北地区、陕西、甘肃、江苏、安徽、浙江、湖北、四川、贵州、湖南、福建、江西。

欧洲、朝鲜。

4. 梣属 Fraxinus Linnaeus（8：8：0）

（1）白蜡树 ***Fraxinus chinensis*** Roxburgh

李洪钧 9112，3804；林文豹 638；张志松 400561；方明渊 24310；张志松 400788；武陵队 260，650；沈中瀚 01158；无采集人 0679

芷江、沅陵、桑植、石阡、江口、印江、德江、沿河、松桃、咸丰、宣恩。

南北各地区。

越南、朝鲜、印度、日本、欧洲、美国。

（2）疏花梣 ***Fraxinus depauperata***（Lingelsheim）Z. Wei

吉首大学生物资源与环境科学学院 GWJ-20180712_0007，GWJ20180712_0008，GWJ2018-0712_0009

陕西、湖北、湖南。

（3）多花梣 ***Fraxinus floribunda*** Wallich

谭沛祥 62503；武陵山考察队 2749

广东、广西、贵州、云南、西藏。

尼泊尔、不丹、克什米尔地区、印度、缅甸、泰国、老挝、越南。

（4）光蜡树 ***Fraxinus griffithii*** C. B. Clarke

聂敏祥、李启和 1416；张代贵 ZZ090625022

福建、台湾、湖北、湖南、广东、海南、广西、贵州、四川、云南。

日本、菲律宾、印度尼西亚、孟加拉国、印度。

（5）湖北梣 ***Fraxinus hubeiensis*** S.Z.Qu，C.B.Shang & P.L.Su

湖北。

（6）苦枥木 ***Fraxinus insularis*** Hemsley

武陵队 1666，346；武陵山考察队 2406；聂敏祥、李启和 1416；沈中瀚 1166，1069；张志松 402042，400753；壶瓶山考察队 0169；王映明 4912

芷江、沅陵、慈利、石门。

广西、广东、福建、台湾、浙江、湖南、湖北、四川。

（7）尖萼梣 ***Fraxinus odontocalyx*** Handel-Maz-zetti ex E. Peter

张志松 401603，401092

陕西、安徽、浙江、福建、广东、广西、湖北、四川、贵州。

（8）秦岭白蜡树 ***Fraxinus paxiana*** Lingelsheim

壶瓶山考察队 0770

石门、咸丰。

陕西、湖北、湖南、四川。

印度。

5. 素馨属 Jasminum Linnaeus（7：7：0）

（1）探春花 ***Jasminum floridum*** Bunge

无采集人 1304；贺海生 080503044。

河北、陕西、山东、河南、湖北、四川、贵州。

（2）清香藤 ***Jasminum lanceolaria*** Roxburgh

刘林翰 9818；黔北队 1471；李洪钧 2947，4694；杜大华 3942；武陵队 1304；张志松 402422，402293；李学根 203843；湖南队 0053；何观州 H.Y.920

长江流域以南各地区、台湾、陕西、甘肃。

印度、缅甸、越南。

（3）野迎春 ***Jasminum mesnyi*** Hance

粟林 4331261503021162

我国各地均有栽培。

（4）迎春花 ***Jasminum nudiflorum*** Lindley

我国及世界各地普遍栽培。

（5）茉莉花 ***Jasminum sambac***（Linnaeus）Aiton

无采集人 1379；李杰 5222291607121213LY

我国南方地区。

世界各地广泛栽培。

（6）华清香藤 ***Jasminum sinense*** Hemsley

安明先 3610；黔北队 1568；B.Bartholmew D.E.Boufford,Q,H,Chen et.al. 228；武陵队 1318；周丰杰 057；张代贵 zdg10041，zdg10066；贺海生 080503043；杨流秀 无采集号；方英才、谢早云 150

浙江、江西、福建、广东、广西、湖南、湖北、四川、贵州、云南。

（7）川素馨 ***Jasminum urophyllum*** Hemsley

谭沛祥 62556；刘林翰 10115，1928；李丙贵

750101；田代科、肖艳、李春、张成 LS-1871，LS-1750；张代贵 zdg4331270113，zdg00006；李雄、邓创发、李健玲 19061260；无采集人 0514

石门、石阡。

湖北、湖南、四川、贵州。

6. 女贞属 Ligustrum Linnaeus（13:13:0）

（1）川滇蜡树 *Ligustrum delavayanum* Hariot

湖北、四川、贵州、云南。

（2）丽叶女贞 *Ligustrum henryi* Hemsley

林文豹 596；武陵队 1086；湖南队 848；西师生物系 74 级，川经涪 0311；张代贵 zdg10057；无采集人 47，0522，0292；黔北队 1401；宿秀江、刘和兵 433125D00150807031

陕西、甘肃、湖北、湖南、广西、贵州、四川、云南。

（3）金森女贞 *Ligustrum japonicum* var. *Howardii*

台湾、河南、浙江、上海。

日本。

（4）蜡子树 *Ligustrum leucanthum*（S. Moore）P. S. Green

付国勋、张志松 1257，1293；周洪富、粟和毅 108044；刘林翰 9057；北京队 0618；肖艳、赵斌 LS-2180；钟补勤 694；黔北队 1401；无采集人 0762，1548

沅陵、永顺。

江西、福建、浙江、江苏、安徽、河南、甘肃、陕西、四川、湖北、湖南。

（5）华女贞 *Ligustrum lianum* Hsu

粟林 4331261409060563

浙江、江西、福建、湖南、广东、海南、广西、贵州。

（6）女贞 *Ligustrum lucidum* W. T. Aiton

武陵队 695；B.Bartholomew et al. 740；谭沛祥 60871；钟补勤 787；安明先 3451；西师生物系 02361；无采集人 747；李洪钧 3720，2851；辛树炽 1824

芷江、凤凰、沅陵、保靖、永顺、慈利、石门、石阡、德江、松桃、来凤、宣恩。

甘肃、陕西、长江流域及其以南各地区。

（7）辽东水蜡树 *Ligustrum obtusifolium* sub-sp. *suave*（Kitagawa）Kitagawa

黑龙江、辽宁、山东、江苏沿海地区至浙江舟山群岛。

（8）总梗女贞 *Ligustrum pedunculare* Rehder

李洪钧 9144，9537，4687，8994；沈中瀚 200；武陵山考察队 903，3115；李学根 204242；张志松 401993；无采集人 0520

沅陵、古丈、石阡、江口、印江、咸丰、来凤、宣恩。

江西、湖南、贵州、四川、湖北。

（9）小叶女贞 *Ligustrum quihoui* Carriere

姜如碧 82-97；周洪富、粟和毅 108044；田儒明 522229160303960LY；武陵山考察队 3162；周丰杰 230，154；壶瓶山考察队 0156；万枝伍 860295；卢峰 522230190126013LY；张代贵 zdg4109

石门。

山东、河北、河南、山西、陕西、湖北、四川、西藏、云南、贵州、湖南、江西。

（10）粗壮女贞 *Ligustrum robustum*（Roxburgh）Blume

武陵山考察队 3369，2761，472，527，591；徐友源 7815；屈永贵 0518011；中美联合考察队 749；李学根 204535；张志松等 602421

保靖、印江、德江、松桃。

广西、广东、云南、四川、贵州、湖南、华东。

印度、中南半岛。

（11）小蜡 *Ligustrum sinense* Loureiro

江苏、浙江、安徽、江西、福建、台湾、湖北、湖南、广东、广西、贵州、四川、云南、西安、香港。

越南、马来西亚。

（12）光萼小蜡 *Ligustrum sinense* var. *myrianthum*（Diels）Hoefker

林文豹 564；李洪钧 3255，2817，9371；无采集人 1796；沈中瀚 1268；刘林翰 1756；无采集人 794；谭沛祥 62552；武陵山考察队 3194

陕西、甘肃、江西、福建、湖北、湖南、广东、广西、四川、贵州、云南。

（13）宜昌女贞 *Ligustrum strongylophyllum*

Hemsley

陕西、甘肃、湖北、四川。

7. 木犀榄属 Olea Linnaeus（1:1:0）

（1）油橄榄 *Olea europaea* Linnaeus

长江流域以南各地区。

小亚细亚半岛、地中海地区，全球亚热带地区。

8. 木犀属 Osmanthus fragrans（4:4:0）

（1）红柄木犀 *Osmanthus armatus* Diels

湖南队 630；张代贵 zdg4331270114，xm123，xm129，xm122；雷开东 4331271404270086；向晟、藤建卓 JS20180325_0260；张代贵、王业清、朱晓琴 zdg，wyq，zxq0252；杨彬 0715038

永顺、慈利、石门。

四川、湖北、湖南。

（2）宁波木犀 *Osmanthus cooperi* Hemsley

江苏、安徽、浙江、江西、福建。

（3）木犀 *Osmanthus fragrans* Loureiro

武陵队 1813；无采集人 1769，1214；董长军 522230191001002LY；聂敏祥、李启和 1293；宿秀江、刘和兵 433125D00061104016；雷开东 4331271503211654；贺海生 080503046；谷忠村 0519077；王沛怡 201905192094

各地广泛栽培。

（4）网脉木犀 *Osmanthus reticulatus* P. S. Green

中美联合考察队 1989

桑植、印江、秀山。

广西、湖南、贵州、四川。

一百九十八、苦苣苔科 Gesneriaceae（17:49）

1. 直瓣苣苔属 Ancylostemon Craib（2:2:0）

（1）菱叶直瓣苣苔 *Ancylostemon rhombifolius* K. Y. Pan

四川。

（2）直瓣苣苔 *Ancylostemon saxatilis*（Hemsley）Craib

傅国勋、张志松 1392；王发松 1，2，3，4，5，6；姚红 522222140514001LY；李家美 8889，8893

甘肃、湖北、四川。

2. 旋蒴苣苔属 Dorcoceras Bunge（1:1:0）

（1）旋蒴苣苔 *Boea hygrometrica*（Bunge）R. Brown

桑植、黔江。

云南、四川、陕西、湖北、安徽、浙江。

3. 珊瑚苣苔属 Corallodiscus Batalin（1:1:0）

（1）珊瑚苣苔 *Corallodiscus lanuginosus*（Wallich ex R. Brown）B. L. Burtt

花垣、永顺、桑植、石门、宣恩。

云南、四川、贵州、湖北、甘肃、陕西、河南、山西、河北。

4. 套唇苣苔属 Damrongia Kerr ex Craib（1:1:0）

（1）大花套唇苣苔 *Damrongia clarkeana*（Hemsl.）C. Puglisi

陕西、安徽、浙江、江西、湖南、湖北、四川、云南。

5. 长蒴苣苔属 Didymocarpus Wallich（4:4:0）

（1）印政长蒴苣苔 *Didymocarpus heucherifolius* var. *yinzhengii* J. M. Li & S. J. Li

湖南。

（2）报春长蒴苣苔 *Didymocarpus sinoprimulinus* W.T.Wang

凤凰、黔阳。

湖南。

（3）疏毛长蒴苣苔 *Didymocarpus stenanthos* var. *pilosellus* W. T. Wang

张志松、闵天禄、许介眉、党成忠、周竹禾、肖心楠、吴世荣、戴金 402112，402182；中美联合考察队 609，410；湘黔队 2573；Sino-American Guizhou Botanical Expedition 410，609；简焯坡等 /C.P.Tsien et al. 31696

梵净山。

贵州、云南。

（4）沅陵长蒴苣苔 *Didymocarpus yuenlingensis* W. T. Wang

沅陵。

湖南。

6. 光叶苣苔属 Glabrella Michaux Moeller & W. H. Chen（1:1:0）

（1）光叶苣苔 *Glabrella mihieri*（Franchet）Michaux Möller & W. H. Chen

湖北、重庆、贵州、广西。

7. 半蒴苣苔属 Hemiboea C.B.Clarke（7:7:0）

（1）贵州半蒴苣苔 *Hemiboea cavaleriei* H. Léveillé

武陵队 1701，1004，2001；武陵考察队 1701，2011；李恒、彭淑云等 1827，1901

芷江。

云南、四川、贵州、湖南、广西、广东、江西、福建。

（2）华南半蒴苣苔 *Hemiboea follicularis* C. B. Clarke

广东、广西、贵州。

（3）纤细半蒴苣苔 *Hemiboea gracilis* Franchet

李永康等 5020，8348；壶瓶山考察队 A184；北京队 3815，0138；李良千 202；H.G.Li 9296；中美联合考察队 1303

永顺、桑植、慈利、石门、梵净山、黔江、来凤、鹤峰。

四川、贵州、湖北、湖南、江西。

（4）毛苞半蒴苣苔 *Hemiboea gracilis* var. *pilobracteata* Z. Y. Li

李洪钧 9296；刘林翰 9849，9808；Sino-American Guizhou Botanical Expedition 580；北京队 001807

保靖、花垣、永顺、梵净山、咸丰。

贵州。

（5）柔毛半蒴苣苔 *Hemiboea mollifolia* W. T. Wang

田代科、肖艳、陈岳 LS-1269；安明态 SQ-1267，SQ-0908；张代贵 zdg4331270070，4331-221509060934LY；麻超柏、石琳军 HY2018-0710_0412；陈功锡、邓涛 080729023；向晟、

藤建卓 JS20180819_0951；鲁道旺 522222160-725016LY

凤凰、花垣、永顺、桑植、松桃、来凤。

湖北。

（6）短茎半蒴苣苔 *Hemiboea subacaulis* Handel-Mazzetti

张贵志、周喜乐 1105064，1105065；卢峰 522230191103041LY

新晃。

广西、湖南。

（7）半蒴苣苔 *Hemiboea subcapitata* Clarke

凤凰、永顺、龙山、桑植、慈利、石门、德江、沿河、黔江、咸丰、鹤峰、宣恩。

贵州、广西、广东、湖南、江西、福建、浙江、江苏、安徽、湖北、四川、甘肃、陕西、河南。

8. 汉克苣苔属 Henckelia Spreng（2:2:0）

（1）鹤峰汉克苣苔 *Henckelia briggsioides*（W. T. Wang）D. J. Middleton & Michaux Möller

湖北。

（2）单花汉克苣苔 *Henckelia monantha*（W. T. Wang）D. J. Middleton & Michaux Möller

湖南。

9. 吊石苣苔属 Lysionotus D.Don（5:5:0）

（1）异叶吊石苣苔 *Lysionotus heterophyllus* Franchet

张迅 522224160706084LY；谭士贤 387

云南、四川。

（2）圆苞吊石苣苔 *Lysionotus involucratus* Franchet

北京队 4412，2398

桑植。

四川。

（3）小叶吊石苣苔 *Lysionotus microphyllus* W. T. Wang

宿秀江、刘和兵 433125D00020814112；88-8班 00251；罗伦权/L.Q.Luo 1149；北京队 002803

桑植、咸丰。

（4）吊石苣苔 *Lysionotus pauciflorus* Maximowicz

简焯坡、应俊生、马成功等 32334；李洪钧

3729，8841；谭士贤 182；李学根 204386；武陵队 2418；中美联合考察队 1036；刘林翰 9183；中美联合考察队 2031；湖南队 646

芷江、凤凰、永顺、桑植、石门、石阡、江口、松桃、酉阳、秀山、咸丰、来凤、鹤峰、宣恩。

云南、贵州、广西、广东、台湾、福建、浙江、江苏、安徽、江西、湖南、湖北、四川、陕西。

越南、日本。

（5）桑植吊石苣苔 *Lysionotus sangzhiensis* W. T. Wang

湘黔队 3305；曹铁如 090311；曹铁如 090207；谭士贤 287；吴磊 19093011

桑植、酉阳。

10. 马铃苣苔属 Oreocharis Bentham（8:8:0）

（1）长瓣马铃苣苔 *Oreocharis auricula*（S. Moore）C. B. Clarke

李学根 203541；李永康 8201；李鹏伟 LPW-2015045；杨霞、冯翠元 FCY2014091；傅国勋、张志松 1332；无采集人 1015；简焯坡 30707；湘黔队 2595；中美联合考察队 1356；武陵山考察队 976

永顺、印江、秀山。

贵州、广西、广东、江西、湖南、四川。

（2）短柄金盏苣苔 *Oreocharis brachypoda* J.M.Li & Zhi M.Li

贵州。

（3）钝齿后蕊苣苔 *Oreocharis obtusidentata*（W. T. Wang）Michaux Möller & A. Weber

湖南。

（4）裂叶金盏苣苔 *Oreocharis pinnatilobata*（K. Y. Pan）Michaux Möller & A. Weber

陶光复 /Tao G.F. 93；张无友 222；罗伦权 1187；冯翠元 FCY2013008

黔江、咸丰。

（5）川鄂佛肚苣苔 *Oreocharis rosthornii*（Diels）Michaux Möller & A. Weber

印江。

贵州、四川、湖北。

（6）鄂西佛肚苣苔粗筒苣苔 *Oreocharis spe-*ciosa（Hemsley）Michaux Möller & W. H. Chen

湖南、湖北、四川。

（7）柔毛金盏苣苔 *Oreocharis villosa*（K. Y. Pan）Michaux Möller & A. Weber

重庆。

（8）谢勇马铃苣苔 *Oreocharis xieyongii* T. Deng， D.G. Zhang & H. Sun

11. 蛛毛苣苔属 Paraboea（C. B. Clarke）Ridley（2:2:0）

（1）厚叶蛛毛苣苔 *Paraboea crassifolia*（Hemsley）B. L. Burtt

戴伦鹰、钱重海 634；李鹏伟 LPW2016036，LPW2016044；张代贵 y1112；麻超柏、石琳军 HY20180305_0118，HY20180416_0507

凤凰。

贵州、四川、湖北。

（2）蛛毛苣苔 *Paraboea sinensis*（Oliver）B. L. Burtt

张志松、闵天禄、许介眉、党成忠、周竹禾、肖心楠、吴世荣、戴金 402522；北京队 4031；覃海宁、傅德志、张灿明 3986；李洪钧 3851；冯翠元 FCY2014064；壶瓶山考察队 0215；田儒明 522229140926455LY；李鹏伟 LPW2016034；张志松、闵天禄、许介眉 402522；曹亚玲、溥发鼎 2881

广西、云南、贵州、四川、湖北。

缅甸、泰国、越南。

12. 石山苣苔属 Petrocodon Hance（2:2:0）

（1）石山苣苔 *Petrocodon dealbatus* Hance

杨明华 YMH141008；戴伦鹰、钱重海 660；北京队 001155；吉首大学生物资源与环境科学学院 GWJ20180712_0161，GWJ20180712_0162，GWJ20180712_0163

永顺。

广东、广西、贵州、湖北。

（2）壶状石山苣苔 *Petrocodon urceolatus* F.Wen， H.F.Cen & L.F.Fu

湖南。

13. 石蝴蝶属 Petrocosmea Oliver（1:1:0）

（1）中华石蝴蝶 *Petrocosmea sinensis* Oliver

周辉、周大松 15091316

云南、四川、湖北。

14. 报春苣苔属 Primulina Hance（9:9:0）

（1）牛耳朵 **Primulina eburnea**（Hance）Yin Z. Wang

安明态 3333，YJ-2014-0156，3767；吴福川、廖博儒等 07053；李衡 522227160524060LY；西师 03146；川经涪 3146；刘正宇 6289

石门。

广西、广东、贵州、湖南、湖北、四川。

（2）蚂蝗七 **Primulina fimbrisepala**（Handel-Mazzetti）Yin Z. Wang

湖南中医研究所 45；周辉、罗金龙 150-32701；雷开东 4331271405060314；王晶 08071-1WJ001；李杰 522229160304971LY；张代贵 070606008，05060252；李克纲、张代贵等 TY20-141226_0085；张成 ZC0011；张成、李思弟 TD-20180401_5517

永顺。

贵州、广西、广东、湖南、江西、福建。

（3）桂粤报春苣苔 **Primulina fordii**（Hemsley）Yin Z. Wang

高兴佩 s.n.

广东、广西。

（4）钝齿报春苣苔 **Primulina obtusidentata**（W. T. Wang）Michaux Möller & A. Weber

黔北队 997；曹铁如 090377；武陵山考察队 1062，819；北京队 002907，003485；张成、高敏、谢正新 JK20180610_6329；向晟、藤建卓 JS20180328_0309；张代贵 20100403002，DXY266

桑植、江口、来凤。

湖南、湖北、贵州。

（5）毛序唇柱苣苔 **Primulina obtusidentata** var. **mollipes**（W. T. Wang）Michaux Möller & A. Weber

永顺。

湖南。

（6）粉花报春苣苔 **Primulina roseoalba**（W. T. Wang）Michaux Möller & A. Weber

喻勋林、周建军、黎明 14052801；张代贵 4331221605090384LY，4331221606080404LY，090808017；贺海生 080601026；向晟、藤建卓 JS20180823_1054

武陵源。

（7）四川唇柱苣苔 **Primulina sichuanensis**（W. T. Wang）Michaux Möller & A. Weber

秀山队 0776；彭山队 0433

秀山。

四川。

（8）钻萼唇柱苣苔 **Primulina subulatisepala**（W. T. Wang）Michaux Möller & A. Weber

陈世科 /S.K.Chen 081；陈世科 1562；黔江调查队 569

黔江、咸丰。

（9）神农架报春苣苔 **Primulina tenuituba**（W. T. Wang）Yin Z. Wang

田代科、肖艳、陈岳 LS-1310，LS-1296，LS-1248；无采集人 0349；何顺志 0241；宿秀江、刘和兵 433125D00020508006

凤凰、花垣、秀山、来凤。

湖北。

15. 漏斗苣苔属 Raphiocarpus Chun（1:1:0）

（1）大苞漏斗苣苔 **Raphiocarpus begoniifolia**（H. Léveillé）Burtt

湖北、贵州、云南、广西

16. 长冠苣苔属 Rhabdothamnopsis Hemsley（1:1:0）

（1）长冠苣苔 **Rhabdothamnopsis sinensis** Hemsley

云南、贵州、四川。

17. 异叶苣苔属 Whytockia W. W. Smith（1:1:0）

（1）白花异叶苣苔 **Whytockia tsiangiana**（Handel-Mazzetti）A. Weber

刘林翰 9723；Sino-American Guizhou Botanical Expedition 200；简焯坡、应俊生、马成功等 30671；北京队 4126，003708

保靖、桑植、印江、咸丰。

云南、广西、贵州、四川。

一百九十九、车前科 Plantaginaceae（9:32）

1. 水马齿属 Callitriche Linnaeus（1:1:0）

（1）水马齿 *Callitriche palustris* Linnaeus

湖南、贵州、华北地区、华东至西南地区。

欧洲、亚洲、北美洲温带地区。

2. 泽番椒属 Deinostema T. Yamazaki（1:1:0）

（1）有腺泽番椒 *Deinostema adenocaula*（Maximowicz）T. Yamazaki

江口。

贵州、台湾。

日本、韩国。

3. 虻眼属 Dopatrium Buchanan-Hamilton ex Bentham（1:1:0）

（1）虻眼 *Dopatrium junceum*（Roxburgh）Buchanan-Hamilton ex Bentham

河南、陕西、江西、江苏、云南、广西、广东、台湾。

印度、日本、大洋洲。

4. 幌菊属 Ellisiophyllum Maximowicz（1:1:0）

（1）幌菊 *Ellisiophyllum pinnatum*（Wallich ex Bentham）Makino

张代贵 8043；田代科、肖艳、李春、张成 LS-2034；肖艳、孙林 LS-2937

台湾、江西、贵州、云南、西藏、四川、甘肃、河北。

印度、不丹、菲律宾、日本。

5. 鞭打绣球属 Hemiphragma Wallich（1:1:0）

（1）鞭打绣球 *Hemiphragma heterophyllum* Wallich

张志松等 401311；简焯坡等 31847，30739；张成、李思弟 CB20180331_0012

云南、西藏、四川、贵州、湖北、陕西、甘肃、台湾。

尼泊尔、印度、菲律宾。

6. 石龙尾属 Limnophila R. Brown（2:2:0）

（1）抱茎石龙尾 *Limnophila connata*（Buchanan-Hamilton ex D. Don）Handel-Mazzetti

广东、广西、福建、江西、湖南、云南、贵州。

印度、尼泊尔、缅甸。

（2）石龙尾 *Limnophila sessiliflora*（Vahl）Blume

广东、广西、福建、江西、湖南、四川、云南、贵州、浙江、江苏、安徽、河南、辽宁。

朝鲜、日本、印度、尼泊尔、不丹、越南、马来西亚、印度尼西亚。

7. 车前属 Plantago Linnaeus（5:5:0）

（1）车前 *Plantago asiatica* Linnaeus

曹亚玲、薄发鼎 0015；李洪钧 2450，3508，2950；张代贵、张代富 LX20170413032_0032；赵佐成 88-1836；张代贵 4331221509070979LY，pph1172，140921007

黑龙江、吉林、辽宁、内蒙古、河北、山西、陕西、甘肃、新疆、山东、江苏、安徽、浙江、江西、福建、台湾、河南、湖北、湖南、广东、广西、海南、四川、贵州、云南、西藏。

朝鲜、俄罗斯、日本、尼泊尔、马来西亚、印度尼西亚。

（2）疏花车前 *Plantago asiatica Linnaeus* subsp. *erosa*（Wallich）Z. Yu Li

张志松、党成忠等 400975，402394；黔北队 1914，778；张代贵 zdg4331270176，zdg140-416009；粟林 4331261405020316；雷开东 43312-71404160009；杨彬 080418052；宿秀江、刘和兵 433125D00020804105

芷江、永顺、桑植、黔江。

全国各地。

斯里兰卡、尼泊尔、孟加拉、印度。

（3）平车前 *Plantago depressa* Willdenow

张迅 522230190922020LY；张志松 401820；张代贵 zdg00018，zdg00040，224008，pph0001，pph0004

桑植、江口、松桃、宣恩。

全国各地。

俄罗斯、蒙古、印度、日本。

（4）大车前 *Plantago major* Linnaeus

陈少卿 2330；张志松 400182；武陵队 2299；鲁道旺 522222160722007LY；张国忠 71；武陵队 1203，77；刘林翰 9083；曹铁如 90475；安明先 3550

梵净山。

我国大多数地区。

欧亚大陆。

（5）北美车前 *Plantago virginica* Linnaeus

张代贵 YD30019

江苏、安徽、浙江、江西、福建、台湾、四川。

北美洲、中美洲、欧洲、日本。

8. 婆婆纳属 Veronica Linnaeus（12:12:0）

（1）北水苦荬 *Veronica anagallis-aquatica* Linnaeus

宿秀江、刘和兵 433125D00060805064；张代贵 20150520018；甄应福 730

长江流域以北及西南地区。

亚洲温带地区及欧洲广泛分布。

（2）直立婆婆纳 *Veronica arvensis* Linnaeus

华东地区、华中地区、新疆。

北温带广泛分布。

（3）城口婆婆纳 *Veronica fargesii* Franchet

四川。

（4）华中婆婆纳 *Veronica henryi* T. Yamazaki

赵佐成、马建生 2967；赵佐成 88-2014；李洪钧 4320；傅国勋 1231；张志松 400439；王映明 5255，4555；北京队 2190，2204；安明态 YJ-2014-0064

云南、贵州、四川、湖北、湖南、江西。

（5）多枝婆婆纳 *Selaginella remotifolia* Spring

北京队 0102。

西藏、四川、云南、贵州、广西、广东、湖南、江西、福建、台湾、浙江、陕西。

非洲及亚洲南部广泛分布。

（6）疏花婆婆纳 *Selaginella labordei* Hieronymus ex Christ

李洪钧 2376；刘林翰 1823，1561；张志松等 400887；钟补勤 670；北京队 2121，2050；曹亚玲、溥发鼎 0147；王加国 YJ-2014-0114

云南、四川、贵州、湖南、湖北、陕西、甘肃。

印度。

（7）蚊母草 *Selaginella involvens*（Swartz）Spring

张代贵、张代富 FH20170408036_0036，LX-20170413009_0009；刘和兵 ZZ120309352；刘林翰 1506A；安明先、安明态 3850；宿秀江、刘和兵 433125D00100309001

东北地区、华东地区、华中地区、西南地区。

朝鲜、日本、欧洲、俄罗斯西伯利亚地区、南美洲、北美洲。

（8）阿拉伯婆婆纳 *Veronica persica* Poiret

武陵队 1443；张代贵 zdg10190，zdg10031，xx589，5127；向晟、藤建卓 JS20180209_0037；北京队 001638；李晓腾 070503045；张代贵、王业清、朱晓琴 zdg，wyq，zxq0203

华东地区、华中地区、贵州、云南、西藏、新疆。

亚洲、欧洲。

（9）婆婆纳 *Veronica polita* Fries

宿秀江、刘和兵 433125D00070326008；张代贵 090424034，0223020，170407013；张代贵、张代富 GZ20170407012_0012；粟林 4331261404190215；周辉、罗金龙 15032747；卢峰 522230190126006LY；标本室 144

华东地区、华中地区、西南地区、西北地区、北京。

欧亚大陆北部。

（10）小婆婆纳 *Veronica serpyllifolia* Linnaeus

李洪钧 2916；周洪富、粟和毅 108033；刘林翰 9060；李晓芳 B-0113，SN-2014-0053；王映明 4084；张代贵 YH150812647；宿秀江、刘和兵 433125D00020814015

东北地区、西北地区、西南地区、湖南、湖北。

北半球温带、亚热带高山地区广泛分布。

（11）四川婆婆纳 *Veronica szechuanica* Batalin

甘肃、陕西、湖北、四川。

（12）水苦荬 *Veronica undulata* Wallich ex Jack

李洪钧 2880；刘林翰 1489；雷开东 433-1271503301666；张代贵 080522014，080419030，070720007；麻超柏、石琳军 HY20180820_1159；张成 SZ20190427_0001；磨素珍 080-504012

广泛分布于全国各地区。

朝鲜、日本、尼泊尔、印度、巴基斯坦。

9. 腹水草属 Veronicastrum Heister ex Fabricius（8:8:0）

（1）爬岩红 *Veronicastrum axillare*（Siebold et Zuccarini）T. Yamazaki

武陵队 1055；马金双、寿海洋 SHY00718；吴磊、刘文剑、邓创发、宋晓飞 8794

江苏、安徽、浙江、江西、福建、广东、台湾。

日本。

（2）美穗草 *Veronicastrum brunonianum*（Bentham）D. Y. Hong

简焯坡等 32113，32134

印江。

西南地区、湖北。

（3）四方麻 *Veronicastrum caulopterum*（Hance）T. Yamazaki

李学根 204145；武陵队 1411；杨保民 2113；北京队 4173；湖南队 0349；张代贵 zdg10185；向晟、藤建卓 JS20180728_0633；麻超柏、石琳军 HY20180210_0073

凤凰、永顺、桑植、武陵源、来凤。

云南、贵州、广西、广东、湖南、湖北、江西。

（4）宽叶腹水草 *Veronicastrum latifolium*（Hemsley）T. Yamazaki

王映明 5144；张代贵 zdg9828，zdg10008，4331221606300529LY，4331221607190866LY，qq1003；武陵队 1055；武陵考察队 1518；粟林 4331261410020934，4331261409060584

四川、贵州、湖南、湖北。

（5）长穗腹水草 *Veronicastrum longispicatum*（Merrill）T. Yamazaki

刘林翰 9438；武陵队 2227，1518

广东、湖南、广西。

（6）大叶腹水草 *Veronicastrum robustum* subsp. *grandifolium* T. L. Chin & D. Y. Hong

宿秀江、刘和兵 433125D00061104002，433125D00070806020；张代贵 zdg1204，4093；贺海生 07120102；龙翔 070716097；刘和兵 ZZ121104452；吉首大学生物资源与环境科学学院 GWJ20170610_0059

湖南、广西。

（7）细穗腹水草 *Veronicastrum stenostachyum*（Hemsley）T. Yamazaki

张代贵 zdg10070，zdg4331270187，zdg1-407240990，4331221510230666LY；李洪钧 9355，8887；曹亚玲、溥发鼎 2784，2913；赵佐成 88-2557，88-1410

四川、陕西、湖北、湖南、贵州。

（8）腹水草 *Veronicastrum stenostachyum* subsp. *plukenetii*（T. Yamazaki）D. Y. Hong

湖南队 542；曹铁如 90244；刘林翰 9435；冼荣军 1033；白颢 253；磨素珍 080729214；章伟、李永权、汪惠峰 ANUB00782；李杰 522-229140920387LY；简焯坡等 30479；李衡 522-227160602060LY

福建、江西、湖南、贵州、湖北。

二百、玄参科 Scrophulariaceae（2:6）

1. 醉鱼草属 Buddleja Linnaeus（5:5:0）

（1）巴东醉鱼草 *Buddleja albiflora* Hemsley

壶瓶山考察队 1460，1443；李洪钧 8788；刘文剑、宋晓飞、张茜茜 19092604，19092710

桑植、石门。

河南、陕西、甘肃、四川、云南、贵州、湖南、江西。

（2）大叶醉鱼草 *Buddleja davidii* Franchet

黔北队 2677；张代贵 zdg9877，zdg10183，4331221509081085LY；李永康等 8208；武陵山考察队 3211，1944；林文豹 616；李洪钧 8888，7565

芷江、凤凰、吉首、保靖、花垣、永顺、桑植、武陵源、慈利、石门、石阡、江口、思南、印江、黔江、酉阳、咸丰、来凤、鹤峰。

四川、甘肃、陕西、湖北、贵州、湖南。

（3）醉鱼草 *Buddleja lindleyana* Fortune

曾宪锋 ZXF9461；黔北队 1463，1915；武陵山考察队 1410；李衡 522227160531077LY；鲁道旺 522222160805014LY；张代贵 zdg06150558，0830096；刘燕 522226190809034LY；卢峰 5222-30190119014LY

新晃、芷江、凤凰、吉首、花垣、永顺、桑植、武陵源、慈利、江口、德江、松桃。

江苏、安徽、湖北、湖南、贵州、四川、云南、广西、广东、福建、浙江、江西。

日本。

（4）酒药花醉鱼草 *Buddleja myriantha* Diels

甘肃、福建、湖南、广东、四川、贵州、云南、西藏。

缅甸。

（5）密蒙花 *Buddleja officinalis* Maximowicz

宿秀江、刘和兵 433125D00060403023；路端正 810733，810857；张志松、闵天禄、许介眉、党成忠、周竹禾、肖心楠、吴世荣、戴金 400065，401177；张杰 4009；武陵山考察队 1410；莫华 6016；李杰 522229140912309LY；张志松等 401172

芷江、桑植、武陵源。

山西、陕西、甘肃、四川、西藏、云南、贵州、湖北、湖南、广西、广东、福建、江西。

2. 玄参属 Scrophularia Linnaeus（1:1:0）

（1）玄参 *Scrophularia ningpoensis* Hemsley

武陵队 1833；马元俊 434；黄井仁 693；周云，张勇 XiangZ117；李光华 无采集号

芷江、桑植、鹤峰。

河北、河南、山西、陕西、安徽、江苏、浙江、福建、江西、湖北、湖南、四川、贵州、广东。

二百零一、母草科 Linderniaceae（2:14）

1. 母草属 Lindernia Allioni（9:9:0）

（1）长蒴母草 *Lindernia anagallis*（Burman f.）Pennell

麻超柏、石琳军 HY20180712_0492；张代贵 YD20026

永顺、桑植。

四川、云南、贵州、广西、广东、湖南、江西、福建、台湾。

印度、中南半岛、印度尼西亚、菲律宾。

（2）泥花草 *Lindernia antipoda*（Linnaeus）Alston

李洪钧 5393；刘林翰 9599，9598；武陵队 2300，1822，2298；湖南队 0743；L.H.Liu 9598；雷开东 4331271408090904；张代贵 090804003

芷江、永顺。

云南、四川、贵州、广西、广东、湖南、湖北、安徽、江西、福建、浙江、江苏、台湾。

印度至澳大利亚北部广泛分布。

（3）母草 *Lindernia crustacea*（Linnaeus）F. Mueller

武陵队 1202；武陵考察队 2081；湘西调查队 0737；谷忠村 0625003；宿秀江、刘和兵 433125D00020804023；张代贵 YD310009，YH050-608281；安明态、安明先 3616；李衡 522227-160707009LY

芷江、凤凰、桑植、宣恩。

浙江、江苏、河南、安徽、江西、福建、台湾、广东、广西、湖南、湖北、四川、云南、西藏。

日本南部、东半球热带、亚热带地区。

（4）荨麻母草 *Lindernia elata*（Bentham）Wettstein

广东、广西、云南、福建。

越南、马来半岛、加里曼丹。

（5）狭叶母草 *Selaginella prostrata*（H. S. Kung）Li Bing Zhang

新晃、芷江、凤凰、永顺、桑植、来凤、鹤峰。

河南、湖北、安徽、江苏、江西、福建、广东、广西、湖南、贵州、云南。

日本、朝鲜、越南、老挝、柬埔寨、印度尼西亚爪哇、缅甸、印度、尼泊尔、斯里兰卡。

（6）陌上菜 *Lindernia procumbens*（Krocker）Borbas

安明态、安明先 3869；张代贵 zdg1154；雷开东 4331271509121685；北京队 001630；武陵山考察队 2296

新晃、芷江、永顺。

四川、云南、贵州、广西、广东、湖南、湖北、江西、浙江、江苏、安徽、河南、河北、吉林、黑龙江。

欧洲南部至日本，南至马来西亚。

（7）宽叶母草 *Lindernia nummulariifolia*（D. Don）Wettstein

芷江、桑植、咸丰、来凤、鹤峰。

甘肃、陕西、湖北、湖南、广西、贵州、云南、西藏、四川、浙江。

尼泊尔。

（8）旱田草 *Lindernia ruellioides*（Colsmann）Pennell

无采集人 1542；李洪钧 9299，4504；张代贵 YH150809485；宿秀江、刘和兵 433125D000-70806010+1，433125D00090812006，4331-25D00061104008；湘西考察队 995；安明态、安明先 3862；向晟、藤建卓 JS20180825_1160

慈利、来凤。

台湾、福建、江西、湖南、湖北、广东、广西、贵州、四川、云南、西藏。

印度、斯里兰卡、中南半岛、印度尼西亚、菲律宾、澳大利亚、日本。

（9）刺毛母草 *Lindernia setulosa*（Maximowicz）Tuyama ex H. Hara

武陵队 2081；周辉、周大松 15062801；张代贵 ZDG419；荔波队 838；刘林翰 1976

永顺、桑植。

浙江、江西、福建、广东、广西、贵州、四川。

日本。

2. 蝴蝶草属 Torenia Linnaeus（5:5:0）

（1）长叶蝴蝶草 *Torenia asiatica* Linnaeus

张代贵 4331221509081087LY；李学根 204632；郭茜 090718082

云南、贵州。

南亚、东南亚。

（2）西南蝴蝶草 *Torenia cordifolia* Roxburgh

李洪钧 7275

咸丰。

湖北、四川、云南、贵州。

（3）紫斑蝴蝶草 *Torenia fordii* J. D. Hooker

北京队 4171

桑植。

广东、江西、福建、湖南。

（4）蓝猪耳 *Torenia fournieri* Linden ex Fournier

福建、广东、广西、台湾、云南、浙江。

柬埔寨、老挝、泰国、越南。

（5）紫萼蝴蝶草 *Torenia violacea*（Azaola ex Blanco）Pennell

周辉、周大松 15070311；麻超柏、石琳军 HY20180712_0488；刘文剑、邓创发、张茜茜 19092947；张代贵 YD270036，YD270014，YD271055；彭辅松 5681；肖简文，安明态 5747；安明先、安明态 3812；鄂五峰队 10021

芷江、凤凰、吉首、保靖、永顺、武陵源、慈利、石门、江口、咸丰、来凤、鹤峰。

华东地区、华中地区、华南地区、西南地区、台湾。

二百零二、胡麻科 Pedaliaceae（2:2）

1. 茶菱属 Trapella Oliver（1:1:0）

（1）茶菱 *Trapella sinensis* Oliver

黑龙江、吉林、辽宁、河北、安徽、江苏、浙江、福建、湖南、湖北、江西、广西。

朝鲜、日本、俄罗斯远东地区。

2. 胡麻属 Sesamum Linnaeus（1:1:0）

（1）芝麻 *Sesamum indicum* Linnaeus

宿秀江、刘和兵 433125D00030810038；粟林 4331261409060602；张代贵 120917007，017；刘林翰 9593，9593；刘林翰 9593

二百零三、唇形科 Lamiaceae（48:183）

1. 藿香属 Agastache Clayton ex Gronovius（1:1:0）

（1）藿香 *Agastache rugosa*（Fischer & C. Meyer）Kuntze

李衡 522227160712002LY；简焯坡、张秀实等 30147；王映明 6465；赵佐成 88-1394、88-1394

黔江、咸丰。

全国各地分布。

俄罗斯、朝鲜、日本、北美洲。

2. 筋骨草属 Ajuga Linnaeus（5:5:0）

（1）筋骨草 *Ajuga ciliata* Bunge

吉首大学生物资源与环境科学学院 GWJ20180712_0333；张代贵 qq1012；采集组 573#；壶瓶山考察队 0830；北京队 002738；；董长军 522230191103040LY；杨泽伟 522226191004037LY

桑植、石门。

河北、山东、河南、山西、陕西、甘肃、四川、湖南、浙江。

（2）微毛筋骨草 *Ajuga ciliata* Bunge

周辉、周大松 15053006；田代科、肖艳、李春、张成 LS-1841；张代贵 0808168。

湖北、四川、陕西、甘肃。

（3）金疮小草 *Ajuga decumbens* Thunberg

张代贵 ly316，yd00029；李雄、邓创发、李健玲 19061122；周辉、罗金龙 15032740；周辉、周大松 15040906，15091508，15041509；李衡 522227160714011LY

新晃、芷江、永顺、桑植、石门、江口、松桃、宣恩。

长江流域以南各地区，西达云南的西畴和蒙自。

朝鲜、日本。

（4）狭叶金疮小草 *Ajuga decumbens* var. *oblancifolia* Sun ex C. H. Hu

贵州、四川。

（5）紫背金盘 *Ajuga nipponensis* Makino

周辉、周大松 15041416，15050569；张代贵 4331221605080346LY；张代贵、张代富 FH201-70408018_0018；向晟、藤建卓 JS20180328_0315；张代贵、王业清、朱晓琴 zdg，wyq，zxq0310；周辉、周大松 15041226；武陵山考察队 584

沅陵、永顺、松桃。

我国东部、南部、西南部地区，西北至秦岭南坡。

日本、朝鲜。

3. 紫珠属 Callicarpa Linnaeus（16:16:0）

（1）紫珠 *Callicarpa bodinieri* H. Léveillé

向晟、藤建卓 JS20180701_0430；刘思源 GZ20180625_670；姚杰 522227160603004LY；李雄、邓创发、李健玲 19061675；吴磊、宋晓飞 9237；张代贵 4331221607180813LY；曹亚玲、薄发鼎 0173；田儒明 5222291605051051LY；周卯勤等 00622；李洪钧 2988

新晃、芷江、凤凰、沅陵、永顺、石门、石阡、江口、印江、德江、沿河、松桃、黔江。

河南、江苏、安徽、浙江、江西、湖北、湖南、广东、广西、四川、贵州、云南。

越南。

（2）华紫珠 *Callicarpa cathayana* Chang

周辉、周大松 15070207；肖艳 XY022；李克纲、张代贵等 TY20141225_0008；张代贵 120917048

河南、江苏、湖北、安徽、浙江、江西、福建、广东、广西、云南。

（3）白棠子树 *Callicarpa dichotoma*（Loureiro）K. Koch

周芳芳 070716056+1；唐贤凤 0607180002；壶瓶山考察队 1095；李振基、吕静 20060027

山东、河北、河南、江苏、安徽、浙江、江西、湖北、湖南、福建、广东、广西、贵州。

日本、越南。

（4）老鸦糊 *Callicarpa giraldii* Hesse ex Rehder

李洪钧 2408；李雄、邓创发、李健玲 1906-1464；张代贵 4331221605090365LY，170815057，150520044；张代贵、王业清、朱晓琴 2086；杨欣悦 GZ20180624_6660；麻超柏、石琳军 HY20180824_1230；向晟、藤建卓 JS20180824_1092；刘正宇 6402

芷江、永顺、桑植、石门、松桃、咸丰、鹤峰、宣恩。

甘肃、陕西、河南、江苏、安徽、浙江、江西、湖北、湖南、福建、广东、广西、四川、贵州、云南。

（5）毛叶老鸦糊 *Callicarpa giraldii* var. *subcanescens* Rehder

李学根 203568；周辉、周大松 15053121；张代贵 080522059；贺海生 080503049；杨彬 080503036；周芳芳 070716049

新晃、沅陵、永顺、石门、鹤峰、宣恩。

江苏、河南、安徽、浙江、江西、湖北、湖南、广东、广西、四川、贵州、云南。

（6）湖北紫珠 *Callicarpa gracilipes* Rehder

李洪钧 3829；吉首大学生物资源与环境科学学院 GWJ20180712_0272，GWJ20180712_0273，GWJ20180712_0274

湖北、四川。

（7）全缘叶紫珠 *Callicarpa integerrima* Champion

北京队 0666；武陵山考察队 88-1116；莫华 6028；王泽浠 080712WZX01；张鹏 060716060；张代贵 082100112，00340，090719006，ZZ090719073，0718012

永顺、石阡、江口、武陵山区新分布纪录。

浙江、福建、广东、广西。

（8）藤紫珠 *Callicarpa integerrima* var. *chinensis*（P'ei）S. L. Chen

安明态 SQ-0919；张代贵 zdg9916，YD22-1097YD230001，170711039，YD220014，YD241089，YD260007，YD260060；雷开东 4331271407240-752

湖北、四川、江西、广东、广西。

（9）日本紫珠 *Callicarpa japonica* Thunberg

谭策铭、张丽萍、易发彬、胡兵、易桂花 桑植 024；陈功锡、廖博儒等 SCSB-166；简焯坡、张秀实、金泽鑫等 31834；谭士贤 311；张志松、党成忠、吴世荣等 402140；武陵山考察队 2955；张代贵 090815002，YH090718698，YH100715700，YH090925702

辽宁、河北、山东、江苏、安徽、浙江、江西、台湾、湖北、湖南、四川、贵州。

日本、朝鲜。

（10）窄叶紫珠 *Callicarpa membranacea* Chang

周辉、周大松 15070120；安明态 SQ-0657；沈中瀚 01403；简焯坡等 402399；武陵山考察队 2254，2955；李丙贵 750094

陕西、河南、江苏、安徽、浙江、江西、湖北、湖南、广东、广西、贵州、四川。

（11）枇杷叶紫珠 *Callicarpa kochiana* Makino

张代贵 zdg9883，YH150810674；周香城 080-71402

永顺。

台湾、福建、河南、浙江、江西、湖南、广东。

越南。

（12）广东紫珠 *Callicarpa kwangtungensis* Chun

曾宪锋 ZXF09514；张代贵 ZZ141012989、4331221510260702LY，zdg3125，080503051；向晟、藤建卓 JS20180701_0445；张磊 GZ20180625_6945；张敏 GZ20180624_6931；宿秀江、刘和兵 433125D00160808023；张志松、党成忠、肖心楠等 402399

石阡、江口、松桃。

浙江、江西、福建、湖北、湖南、广东、广西、贵州、云南。

（13）尖尾枫 *Callicarpa dolichophylla* Merrill

陈功锡 080729009；向晟、藤建卓 JS2018-

0828_1188；张代贵 qq1008、zdg4331262802；安明态 3994；宿秀江、刘和兵 433125D0018-1114026，433125D00030810011；杨彬 080503048；李晓腾 337，071003007

江西、四川、福建、台湾、广东、广西、海南。

（14）红紫珠 *Callicarpa rubella* Lindley

黄娟 522224161104020LY；张代贵 4331-221607231146LY、4331221606080414LY；向晟、藤建卓 JS20180816_0908；张代贵、张成 TD20-180508_5865；许玥、祝文志、刘志祥、曹远俊 ShenZH7880；王育民 0476；周辉、周大松 150-91219；杨泽伟 522226191005012LY

新晃、芷江、沅陵、永顺、石阡、江口、印江、松桃、宣恩。

安徽、浙江、江西、湖北、湖南、广东、广西、四川、贵州、云南。

印度、缅甸、越南、泰国、印度尼西亚、马来西亚。

（15）窄叶紫珠 *Callicarpa membranacea* Chang

周辉、周大松 15070120；安明态 SQ-0657；沈中瀚 01403；简焯坡等 402399；武陵山考察队 2254，2955；李丙贵 750094

陕西、河南、江苏、安徽、浙江、江西、湖北、湖南、广东、广西、贵州、四川。

（16）秃红紫珠 *Callicarpa rubella* var. *subglabra*（P'ei）Chang

永顺、石阡、梵净山、松桃。

浙江、江西、湖南、广东、广西、贵州。

4. 莸属 Caryopteris Bunge

（1）兰香草 *Caryopteris incana*（Thunberg ex Houttuyn）Miquel

吉首大学生物资源与环境科学学院 GWJ-20170610_0093；武陵队 1320；张代贵 004022；壶瓶山考察队 0614；谢欢欢 522230190915024LY

江苏、安徽、浙江、江西、湖南、湖北、福建、广东、广西。

日本、朝鲜。

（2）光果莸 *Caryopteris tangutica* Maximowicz

武陵队 1320

凤凰。

陕西、甘肃、河北、河南、湖北、湖南、四川。

（3）三花莸 *Caryopteris terniflora* Maximowicz

周辉、周大松 15041215；吉首大学生物资源与环境科学学院 GWJ20180712_0154；张代贵 201207184785；朱国兴 046

河北、山西、陕西、甘肃、江西、湖北、四川、云南。

5. 铃子香属 Chelonopsis Miquel

（1）毛药花 *Bostrychanthera deflexa* Bentham

雷开东 4331271407210615；陈阳 1531；张世鑫 04121；蓝开敏 98-0044；北京队 1361；武陵山考察队 2347，2878，3260；张代贵 090807049，351

沅陵、永顺、桑植、石阡。

江西、湖北、四川、贵州、福建、台湾、广东、广西。

6. 大青属 Clerodendrum Linnaeus

（1）臭牡丹 *Clerodendrum bungei* Steudel

向晟、藤建卓 JS20180701_0447；宁佐胜 GZ20180624_6941；张代贵 L110031，L110056，4331221509081033LY；吴仕彦 522230191006015LY；李洪钧 9335；姜孝成、唐妹等 JiangXC0454；溥发鼎、曹亚玲 0069；；卢小刚 522227160523079LY

芷江、凤凰、沅陵、永顺、石门、石阡、德江、沿河、松桃、黔江、鹤峰。

我国南北各地区。

印度、越南、马来西亚。

（2）灰毛大青 *Clerodendrum canescens* Wallich ex Walpers

张代贵 zdg1069，y0907030010，090730006，YH150809483，L110099，090730006；雷开东 4331271408060819；粟林 4331261409120832；何龙 5070；刘林翰 9458

浙江、江西、湖南、福建、台湾、广东、广西、四川、贵州、云南。

印度、越南。

（3）大青 *Clerodendrum cyrtophyllum* Turczaninow

麻超柏、石琳军 HY20180707_0293；杨泽伟 522226190427009LY；安明态 SQ-0718，SQ-1020，

3744；谷忠村 2-2-044；杜大华 4022；；张代贵 4331221607231121LY，4331221607231125LY，4331221606290487LY

新晃、芷江、沅陵、石阡。

华东地区、中南地区、西南（四川除外）地区。

朝鲜、越南、马来西亚。

（4）黄腺大青 *Clerodendrum luteopunctatum* P'ei & S. L. Chen

53 2739；黔北队 2641；张代贵 090714027，090714027；黔北队 2641；麻超柏、石琳军 HY20180802_0820；黔北队 2739；覃海宁、傅德志、张灿明等 4005；武陵山考察队 999；安明先 3520

桑植、印江、德江。

湖北、湖南、四川、贵州。

（5）海通 *Clerodendrum mandarinorum* Diels

向晟、藤建卓 JS20180705_0605；张代贵 YD220059，YD221066，170713036；谭士贤 290；肖艳、赵斌 LS-2318；安明态 SQ-1018；周辉、周大松 15070336；周云、张勇 XiangZ095；王映明 4955

芷江、沅陵、桑植、石阡、江口、松桃、鹤峰、宣恩。

江西、湖北、湖南、广东、广西、四川、贵州、云南。

（6）海州常山 *Clerodendrum trichotomum* Thunberg

周辉、周大松 15063010；武陵队 1753；张代贵 LL130618004；曹铁如 90420；周卯勤等 00619；王映明 4847；张代贵、王业清、朱晓琴 1891；武陵山考察队 3240、356；曹亚玲、溥发鼎 2895

桑植、石门、江口、松桃、咸丰、鹤峰、宣恩。

辽宁、甘肃、陕西、华北地区、中南地区、西南地区。

朝鲜、日本、菲律宾。

7. 风轮菜属 Clinopodium Linnaeus

（1）风轮菜 *Clinopodium chinense*（Bentham）Kuntze

向晟、藤建卓 JS20180730_0717，JS2018-0630_0353；曹星宇 GZ20180625_6894；麻超柏、石琳军 HY20180707_0327；张迅 5222241603-26033LY；王映明 5373，6477；赵佐成 88-1977，88-1820；姚红 522222140430104LY

新晃、芷江、桑植、德江、黔江、酉阳、秀山、咸丰、宣恩。

山东、浙江、江苏、安徽、江西、福建、台湾、湖南、湖北、广东、广西、四川、云南。

日本。

（2）邻近风轮菜 *Clinopodium confine*（Hance）Kuntze

芷江、凤凰、永顺。

浙江、江苏、安徽、河南、江西、福建、广东、广西、湖南、贵州、四川。

日本。

（3）细风轮菜 *Clinopodium gracile*（Bentham）Matsumura

黔北队 1474；李梦娟 108-1；向晟、藤建卓 JS20180822_1018；麻超柏、石琳军 HY2018-0416_0505；安明态 YJ-2014-0026；李洪钧 2477；张代贵、张代富 GZ20170407044_0044，LX2017-0413024_0024

江苏、浙江、福建、台湾、安徽、江西、湖南、广东、广西、贵州、云南、四川、湖北、陕西。

印度、缅甸、老挝、泰国、越南、马来西亚、印度尼西亚、日本。

（4）寸金草 *Clinopodium megalanthum*（Diels）C. Y. Wu & Hsuan ex H. W. Li

姚本刚 5222291605201121LY；黔北队 2363，1310；梵净山队 407

云南、四川、湖北、贵州。

（5）灯笼草 *Clinopodium polycephalum*（Vaniot）C. Y. Wu & Hsuan ex P. S. Hsu

黔北队 2013；张迅 522224161105026LY；田儒明 522229140816146LY；李克纲、张代贵等 TY20141225_0043；曹亚玲、溥发鼎 2785；溥发鼎、曹亚玲 0062，0215；赵佐成、马建生 2883；壶瓶山考察队 A119；武陵考察队 1591

芷江、凤凰、石门、沿河、酉阳。

陕西、甘肃、山西、河北、河南、山东、浙江、江苏、安徽、福建、江西、湖南、湖北、广西、贵州、四川、云南、西藏。

（6）匍匐风轮菜 *Clinopodium repens*（Buchanan-Hamilton ex D. Don）Bentham

芷江、沅陵、桑植、黔江、秀山、鹤峰、宣恩。

甘肃、陕西、湖北、湖南、江西、江苏、浙江、福建、台湾、四川、贵州、云南。

尼泊尔、不丹、印度、斯里兰卡、缅甸、印度尼西亚、菲律宾、日本。

8. 鞘蕊花属 Coleus Loureiro（1:1:0）

（1）五彩苏 *Coleus scutellarioides*（Linnaeus）Bentham

全国各地。

印度经马来西亚、印度尼西亚、菲律宾、波利尼西亚。

9. 绵穗苏属 Comanthosphace S. Moore（1:1:0）

（1）绵穗苏 *Comanthosphace ningpoensis*（Hemsley）Handel-Mazzetti

张代贵 YH140825095，zdg4331270111，YH100-923096，YH080926097，YH160924098

武陵源。

浙江、江西、湖南、贵州。

10. 香薷属 Elsholtzia Willdenow（4:4:0）

（1）紫花香薷 *Elsholtzia argyi* H. Léveillé

武陵队 2340；李、沈 6；李恒、彭淑云等 1699；李洪钧 9466；简焯坡、张秀实等 32135，31944；姚红 522222150430007LY，522222140430007LY

芷江、花垣、咸丰。

浙江、江苏、安徽、福建、江西、广东、广西、湖南、湖北、四川、贵州。

日本、越南。

（2）香薷 *Elsholtzia ciliata*（Thunberg）Hylander

吴玉、谢正新等 LS20181028_0010；李雄 18100503；王大兰 5222230191103005LY；鲁道旺 522226101003017LY；周辉、周大松 15102009；雷开东 4331271410041354；张代贵 433122151022-00600LY；王映明 6832

慈利、石门、咸丰。

除新疆、青海外，几乎分布于全国各地。

俄罗斯西伯利亚地区、蒙古、朝鲜、日本、印度、中南半岛、欧洲、北美洲。

（3）野草香 *Elsholtzia cyprianii*（Pavolini）S. Chow ex P. S. Hsu

杨彬 040+1；84-1 班 1117001；张代贵 083-0036，ZCJ151019001，1019034

石门。

陕西、河南、安徽、湖北、湖南、贵州、四川、广西、云南。

（4）水香薷 *Elsholtzia kachinensis* Prain

简焯坡等 31927；王映明 6825

江西、湖南、广东、广西、四川、云南。

缅甸。

11. 小野芝麻属 Matsumurella Makino（1:1:0）

（1）小野芝麻 *Matsumurella chinense*（Benth.）C. Y. Wu

张志松 401410；周辉、周大松 15040942，15041216，15070337，15031150；张代贵 zdg102-47，zdg4331270127，zdg9852；张代贵等 1304-05011；粟林 4331261404190249

永顺。

江苏、安徽、浙江、江西、福建、台湾、湖南、广东、广西。

12. 活血丹属 Glechoma Linnaeus（2:2:0）

（1）狭萼白透骨消 *Glechoma biondiana* var. *angustituba* C. Y. Wu & C. Chen

周辉、周大松 2015040807，15050726；雷开东 4331271503051545；张代贵 zdg1546，6076，20120429041，YH140701737，YH140706738，YH140716728，YH140715729

桑植。

湖北、湖南、四川。

（2）活血丹 *Glechoma longituba*（Nakai）Kuprianova

周辉、罗金龙 15032542；李克纲、张成 LS20160315_0011；王加国 YJ-2014-0114；张成 SZ20190427_0061；张成、肖佳伟、孙林 ZC0062；姚杰 522227160525051LY；张代贵、张代富 LS-20170327003_0003，FH20170410016_0016；向晟、藤建卓 JS20180328_0310，JS20180224_0054

桑植。

除青海、甘肃、新疆、西藏外，几乎分布于全国各地。

俄罗斯、朝鲜。

13. 四轮香属 Hanceola Kudo（1:1:0）

（1）出蕊四轮香 *Hanceola exserta* Sun

肖艳、龚理 LS-3003

浙江、江西、福建、湖南、广东。

14. 异野芝麻属（2:2:0）

（1）异野芝麻 *Heterolamium debile*（Hemsley）C. Y. Wu

张代贵 6081；李沈 63；周辉、周大松 15060310，15050815；田代科、肖艳、李春、张成 LS-1854；王育华 14137；吉首大学生物资源与环境科学学院 GWJ20180712_0122；肖艳、孙林 LS-2873

湖北、四川、陕西。

（2）细齿异野芝麻 *Heterolamium debile* var. *cardiophyllum*（Hemsley）C. Y. Wu

张代贵 YH140621428，YH150617429；肖艳、龚理 LS-3010；肖艳、赵斌 LS-2194

桑植、鹤峰、宣恩。

湖南、湖北、四川、云南。

15. 香茶菜属 Isodon（Schrader ex Bentham）Spach（10:10:0）

（1）香茶菜 *Isodon amethystoides*（Bentham）H. Hara

武陵队 1297；安明态等 YJ-2014-088；宿秀江、刘和兵 433125D00170907038；雷开东 4331271410051425；张代贵、王业清、朱晓琴 2299，2525；安明先 3138；张代贵 xm362，YH081016688，YH081020689

凤凰。

广东、广西、贵州、福建、台湾、江西、浙江、江苏、安徽、湖北、湖南。

（2）鄂西香茶菜 *Isodon henryi*（Hemsley）Kudô

吉首大学生物资源与环境科学学院 GWJ-20180712_0052，GWJ20180712_0053，GWJ20180712_0054

湖北、四川、陕西、甘肃、山西、河南、河北。

（3）内折香茶菜 *Isodon inflexus*（Thunberg）Kudô

田代科、肖艳、莫海波、张成 LS-2745

辽宁、河北、山东、浙江、江苏、江西、湖南。

朝鲜、日本。

（4）线纹香茶菜 *Isodon lophanthoides*（Buchanan-Hamilton ex D. Don）H. Hara

贺乐 365；张代贵 625，00365；邓涛 091-0010+1，071005020

西藏、云南、四川、贵州、广西、广东、福建、江西、湖南、湖北、浙江。

印度、不丹。

（5）大萼香茶菜 *Isodon macrocalyx*（Dunn）Kudo

湖南、广西、广东、江西、安徽、浙江、江苏、福建、台湾。

（6）显脉香茶菜 *Isodon nervosus*（Hemsley）Kudô

李洪钧 9165；田代科、肖艳、莫海波、张成 LS-2690；雷开东 4331271410051375；张代贵 071002042，4331221510200634LY；简焯坡等 31833；安明先 3866；北京队 002985；武陵队 1326；吴磊、宋晓飞 9285

凤凰、永顺、桑植。

陕西、河南、湖北、江苏、浙江、安徽、江西、广东、广西、贵州、四川。

（7）总序香茶菜 *Isodon racemosus*（Hemsley）H. W. Li

杨彬 080419053+1，0715006；李晓腾 0710-02031；张代贵 339；王映明 6918；刘文剑、宋晓飞、张茜茜 19092622，19092612

鹤峰、五峰。

湖北、四川。

（8）瘿花香茶菜 *Isodon rosthornii*（Diels）Kudô

王映明 6918；杨彬 080419053+1，0715006；李晓腾 071002031；张代贵 339；刘文剑、宋晓飞、张茜茜 19092622，19092612

芷江。

四川、贵州、湖南。

（9）碎米桠 *Isodon rubescens*（Hemsley）H. Hara

周辉、周大松 15091516；麻超柏、石琳军 HY20180802_0815；向晟、藤建卓 JS201808-24_1144；壶瓶山考察队 A4；Eric Harris with Jian Zaiyou 1173；张代贵 pph1141，170814045，4331221509071000LY，pph1242；张代贵、王业清、朱晓琴 2539

永顺、石门。

湖北、湖南、四川、贵州、广西、陕西、甘肃、山西、河南、河北、浙江、安徽、江苏。

（10）溪黄草 *Isodon serra*（Maximowicz）Kudô

周辉、周大松 15102203；安明先 3933

黑龙江、吉林、辽宁、山西、河南、陕西、甘肃、四川、贵州、广西、广东、湖南、江西、安徽、浙江、江苏、台湾。

苏联、朝鲜。

16. 香简草属 Keiskea Miquel（1:1:0）

（1）香薷状香简草 *Keiskea elsholtzioides* Merrill

肖简文 5853；安明先 3849

湖北、湖南、广东、福建、江西、安徽、浙江。

17. 动蕊花属 Kinostemon Kudo（2:2:0）

（1）粉红动蕊花 *Kinostemon alborubrum*（Hemsley）C. Y. Wu & S. Chow

周辉、周大松 15080705；武陵队 1266，1586，2062，2062，2630；宿秀江、刘和兵 433125D00020814071；邓涛 1011；李恒、彭淑云等 1670；北京队 001243

芷江、凤凰、永顺。

湖北、湖南、四川。

（2）动蕊花 *Teucrium ornatum* Hemsley

壶瓶山考察队 0305；王映明 4502；彭华、陈丽等 FJ950；肖艳 LS-3041；黔北队 1694；张代贵、王业清、朱晓琴 2014，2718；陈功锡 080731227；林祁 775

沅陵、石门、鹤峰、宣恩。

湖北、湖南、陕西、四川、贵州、广西、云南。

18. 夏至草属 Lagopsis（Bunge ex Bentham）Bunge（1:1:0）

（1）夏至草 *Lagopsis supina*（Stephan ex Willdenow）Ikonnikov Galitzky ex Knorring

黑龙江、吉林、辽宁、内蒙古、河北、河南、山西、山东、浙江、江苏、安徽、湖北、陕西、甘肃、新疆、青海、四川、贵州、云南。

俄罗斯西伯利亚地区、朝鲜。

19. 野芝麻属 Lamium Linnaeus（2:2:0）

（1）宝盖草 *Lamium amplexicaule* Linnaeus

安明态 YJ-2014-0024；宿秀江、刘和兵 433125D00160408055；张代贵 zdg4411；肖简文 5581

江苏、安徽、浙江、福建、湖南、湖北、河南、陕西、甘肃、青海、新疆、四川、贵州、云南、西藏。

欧洲、亚洲。

（2）野芝麻 *Lamium barbatum* Siebold & Zuccarini

周辉、罗金龙 15032525，15032511；周辉、周大松 15040920；张代贵 zdg1405050227；P. W. Sweeney & D. G. Zhang PWS2689；龙茹、郑宝汇 090142；黔北队 408；壶瓶山考察队 0539；植化室样品凭证标本 311

永顺、石门。

东北地区、华北地区、华东地区、陕西、甘肃、湖北、湖南、四川、贵州。

俄罗斯、朝鲜、日本。

20. 益母草属 Leonurus Linnaeus（2:2:0）

（1）假鬃尾草 *Leonurus chaituroides* C. Y. Wu & H. W. Li

壶瓶山考察队 A183；周辉、周大松 15091241；宿秀江、刘和兵 433125D00100809012；张代贵 071002061；张代贵、王业清、朱晓琴 2440；湘西考察队 1114；湘西考察队 293；席先银 84119；武陵队 1109，1042

凤凰、石门。

湖北、湖南、安徽。

（2）益母草 *Leonurus japonicus* Houttuyn

北京队 632；李衡 522227160609067LY；卢峰 522230190922066LY；张代贵 1505030119，

pph1201；刘燕 522226190414006LY

新晃、德江。

全国各地。

俄罗斯、朝鲜、日本、亚洲热带地区、非洲、美洲。

21. 绣球防风属 Leucas R. Brown（1:1:0）

（1）疏毛白绒草 *Leucas mollissima* var. *chinensis* Bentham

张代贵 YH150813513

湖北、湖南、四川、广东、福建、台湾、广西、贵州、云南。

22. 斜萼草属 Loxocalyx Hemsley（1:1:0）

（1）斜萼草 *Loxocalyx urticifolius* Hemsley

张代贵 zdg7802；李振基、吕静 1151

湖北、四川、贵州、云南、陕西、甘肃、河南、河北。

23. 地笋属 Lycopus Linnaeus（3:3:0）

（1）小叶地笋 *Lycopus cavaleriei* H. Léveillé

张代贵 ZDG428

芷江。

贵州、云南、四川。

（2）地笋 *Lycopus lucidus* Turczaninow ex Bentham

李洪钧 7865；湘黔队 3557；采集组 128；贵州大学林学院调查队 SQ-1032；张代贵 zdg4331261073，00166；贺海生 080506014；陈功锡、张代贵、邓涛等 SCSB-HC-2007315；王映明 5171

黑龙江、吉林、辽宁、河北、陕西、四川、贵州、云南。

苏联、日本。

（3）硬毛地笋 *Lycopus lucidus* var. *hirtus* Regel

张代贵 zdg4331261073，00166；雷开东 433-1271408271073；贺海生 080506014；陈功锡、张代贵、邓涛等 SCSB-HC-2007315

酉阳、宣恩。

黑龙江、吉林、辽宁、内蒙古、河北、山东、山西、陕西、甘肃、浙江、江苏、安徽、福建、台湾、湖北、湖南、广东、广西、贵州、四川、云南。

俄罗斯、日本。

24. 龙头草属 Meehania Britton（8:8:0）

（1）肉叶龙头草 *Meehania faberi*（Hemsley）C. Y. Wu

喻勋林 15060523；申香花 432；唐勇清 071-6004；张代贵、王业清、朱晓琴 2693

四川、甘肃。

（2）华西龙头草 *Meehania fargesii*（H. Léveillé）C. Y. Wu

周辉、周大松 15040917；黔北队 749；张代贵 zdg2109，ZB140410562，YH140421424；周辉、罗金龙 15031019、15032512

四川、云南。

（3）梗花华西龙头草 *Meehania fargesii* var. *pedunculata*（Hemsley）C. Y. Wu

张志松 402146；张代贵 YH140625816，YH140606818，YH130612819，YH130625820，w090807094；刘林翰 9808；喻勋林 15060530

永顺、梵净山。

湖北、湖南、广西、四川、贵州、云南。

（4）走茎华西龙头草 *Meehania fargesii* var. *radicans*（Vaniot）C. Y. Wu

田代科、肖艳、陈岳 LS-1026；吉首大学生物资源与环境科学学院 GWJ20170610_0176；张代贵 090808015，20140512400，YH140625814，YH140606815；张代贵、王业清、朱晓琴 zdg，wyq，zxq0443

江口。

浙江、江西、湖北、广东、四川、贵州、云南。

（5）龙头草 *Meehania henryi*（Hemsley）Sun ex C. Y. Wu

周辉、周大松 15102101；张代贵 zdg1033，zdg075；雷开东 4331271404270107；鲁道旺 522222160722046LY；张代贵、王业清、朱晓琴 1877；P. W. Sweeney & D. G. Zhang PWS2852；张志松 401378；向晟、藤建卓 JS20180814_0861

沅陵、桑植、石门、宣恩。

湖北、湖南、四川、贵州。

（6）长叶龙头草 *Meehania henryi* var. *kaitcheensis*（H. Léveillé）C. Y. Wu

蓝开敏 98-0187

贵州。

（7）圆基叶龙头草 *Meehania henryi* var. *stachydifolia*（H. Léveillé）C. Y. Wu

桑植。

贵州、湖南。

（8）狭叶龙头草 *Meehania pinfaensis*（H. Léveillé）Sun ex C. Y. Wu

黔北队 0438

梵净山。

贵州。

25. 蜜蜂花属 Melissa Linnaeus（1:1:0）

（1）蜜蜂花 *Melissa axillaris*（Bentham）Bakhuizen f.

周辉、周大松 15080430；张代贵 170629019，YD230118；赵佐成、马建生 2869；赵佐成 88-1380；武陵山考察队 1987；肖简文 5918；安明先 3230；李洪钧 3257；姚红 522222150430104LY

芷江、桑植、石阡、黔江、酉阳。

西藏、云南、四川、贵州、陕西、湖南、湖北、江西、广东、广西、台湾。

印度、尼泊尔、不丹、越南、印度尼西亚。

26. 薄荷属 Mentha Linnaeus（2:2:0）

（1）薄荷 *Mentha canadensis* Linnaeus

雷开东 4331271407270814；周辉、周大松 15091322；姚本刚 5222291606091181LY；张代贵 zdg4331270124，20130911038；麻超柏、石琳军 HY20181108_1305；刘正宇、张军等 RQHZ06583；姚红 522222140430007LY；向晟、藤建卓 JS20180825_1164

凤凰、桑植、咸丰。

南北各地区。

亚洲热带地区、俄罗斯、朝鲜、日本、北美洲。

（2）皱叶留兰香 *Mentha crispata* Schrader ex Willdenow

北京、南京、上海、杭州、昆明。

欧洲。

27. 冠唇花属 Microtoena Prain（5:5:0）

（1）白花冠唇花 *Microtoena albescens* C. Y. Wu & Hsuan

武陵队 1610

贵州。

（2）南川冠唇花 *Microtoena prainiana* Diels

北京队 3832，4241；武陵队 1252；李良千 133；武陵考察队 1610；张代贵 YH140802817，YD241002，YD260012，YD260038，YD260089

芷江、桑植、鹤峰。

四川、云南、贵州、湖北、湖南。

（3）粗状冠唇花 *Microtoena robusta* Hemsley

湖北，四川。

（4）近穗状冠唇花 *Microtoena subspicata* C. Y. Wu ex Hsuan

桑植、黔江。

广西、贵州、四川。

（5）梵净山冠唇花 *Microtoena vanchingshanensis* C. Y. Wu & Hsuan

中国西部科学院 3486；简焯坡、张秀实等 31157，31123，32373

梵净山。

贵州。

28. 石荠苎属 Mosla（Bentham）Buchanan-Hamilton ex Maximowicz（5:5:0）

（1）小花荠苎 *Mosla cavaleriei* H. Léveillé

武陵队 1470；刘林翰 9698；武陵山考察队 2434

浙江、江西、湖北、四川、贵州、广西、广东、云南。

越南。

（2）石香薷 *Mosla chinensis* Maximowicz

李洪钧 5371；武陵队 1026，1811；刘林翰 9704；北京队 4314，3848；赵佐成 88-2679；潘超逸、王建生 154；陈俊华、付善权 70；江无琼、张天友 001

山东、江苏、浙江、安徽、江西、湖南、湖北、贵州、四川、广西、广东、福建、台湾。

越南。

（3）小鱼荠苎 *Mosla dianthera*（Buchanan-Hamilton ex Roxburgh）Maximowicz

简焯坡、张秀实等 32304；壶瓶山考察队 A36A204；武陵队 1154；武陵考察队 1607；李洪钧 7714；刘林翰 9698，9918；湖南队 0709；李

恒、彭淑云、俞宏渊 1777

江苏、浙江、江西、福建、台湾、湖南、湖北、广东、广西、云南、贵州、四川、陕西。

印度、巴基斯坦、尼泊尔、不丹、缅甸、越南、马来西亚、日本。

（4）少花荠苎 *Mosla pauciflora*（C. Y. Wu）C. Y. Wu ex H. W. Li

付、刘 137；王建生 147

湖北、贵州、四川。

（5）石荠苎 *Mosla scabra*（Thunberg）C. Y. Wu & H. W. Li

武陵考察队 1998；植化室样品凭证标本 682；席先银 0025，0091；湘西考察队 174；刘林翰 9918；李洪钧 9333，9345；周辉、周大松 15091425；张代贵 130912010

辽宁、陕西、甘肃、河南、江苏、安徽、浙江、江西、湖南、湖北、四川、福建、台湾、广东、广西。

越南，日本。

29. 荆芥属 Nepeta Linnaeus（1:1:0）

（1）心叶荆芥 *Nepeta fordii* Hemsley

广东、湖南、湖北、四川、陕西。

30. 罗勒属 Ocimum Linnaeus（1:1:0）

（1）疏柔毛罗勒 *Ocimum basilicum* var. *pilosum*（Willdenow）Bentham

谷忠村 0608007；陈功锡 0527013；刘林翰 10114；北京队 002480；武陵队 1414

河北、河南、江苏、浙江、安徽、江西、福建、台湾、广东、广西、贵州，四川、云南。

印度、非洲至亚洲温暖地带。

31. 牛至属 Origanum Linnaeus（1:1:0）

（1）牛至 *Origanum vulgare* Linnaeus

刘林翰 9663，10116；黔北队 1392；武陵山考察队 2900，2147；赵佐成，马建生 3042；北京队 1504，001901；武陵队 1015；武陵考察队 784

新晃、凤凰、花垣、永顺、石阡、万山、酉阳。

河南、江苏、浙江、安徽、江西、福建、台湾、湖北、湖南、广东、贵州、四川、云南、陕西、甘肃、新疆、西藏。

欧洲、亚洲、北非、北美引入。

32. 假糙苏属 Paraphlomis（Prain）Prain（9:9:0）

（1）短齿白毛假糙苏 *Paraphlomis albida* var. *brevidens* Handel-Mazzetti

沅陵、武陵源、保靖。

广西、湖南、广东、江西、福建、台湾、贵州。

（2）白花假糙苏 *Paraphlomis albiflora*（Hemsley）Handel-Mazzetti

无采集人 0855；无采集人 0896

湖北、四川。

（3）绒毛假糙苏 *Paraphlomis albotomentosa* C. Y. Wu

李佳佳 070719114；湖南队 330；刘利锋 080713LLF001；张代贵 zdg1117，zdg1407240967；雷开东 43312714080800867，43312714407240719；张代贵 071003055；贺海生 080716087；武陵山考察队 2162

永顺、石阡。

湖南、贵州。

（4）小叶假糙苏 *Paraphlomis coronata*（Vaniot）Y. P. Chen & C. L. Xiang

雷开东 4331271407220672；湘黔队 2809，3141，3458；武陵山考察队 2322，3372；简焯坡、张秀实等 32262；黔北队 2215

江西、湖南、四川、贵州、云南、台湾、福建、广东、广西。

（5）纤细假糙苏 *Paraphlomis gracilis*（Hemsley）Kudô

黔北队 1343；宿秀江、刘和兵 433125-D00150807033，433125D00020814108；北京队 001788；武陵考察队 875，2150；湖南队 0201，0095；李洪钧 7365；朱太平、刘忠福 1343

湖北、湖南、贵州、台湾。

（6）小叶假糙苏 *Paraphlomis coronata*（Vaniot）Y. P. Chen & C. L. Xiang

雷开东 4331271407220672；湘黔队 2809，3141，3458；武陵山考察队 2322，3372；简焯坡、张秀实等 32262；黔北队 2215

江西、湖南、四川、贵州、云南、台湾、福建、广东、广西。

（7）狭叶假糙苏 *Paraphlomis javanica* var. *angustifolia*（C. Y. Wu）C. Y. Wu & H. W. Li

刘林翰 9722，贺海生 070617158；肖艳、赵斌 LS-2498；张代贵 zdg1407220920；粟林 43312-61503031187；张代贵 0907030212，090808003，170909012，0718009，pcn024

凤凰、永顺、桑植、沿河。

云南、四川、贵州、广西、广东、湖南、江西、台湾。

（8）长叶假糙苏 *Paraphlomis lanceolata* Handel-Mazzetti

粟林 4331261409060573

湖南、江西、广东。

（9）红花长叶假糙苏 *Paraphlomis lanceolata* var. *subrosea* Handel-Mazzetti

湖南。

33. 紫苏属 Perilla Linnaeus（3:3:0）

（1）紫苏 *Perilla frutescens*（Linnaeus）Britton

刘林翰 9953；湘西调查队 0711；简焯坡，张秀实等 32286；武陵考察队 1565、2005、2004、1264、1188；壶瓶山考察队 A17a，A182

芷江、凤凰、石门。

全国各地。

不丹、印度、中南半岛、南至印度尼西亚、日本、朝鲜。

（2）茴茴苏 *Perilla frutescens* var. *crispa*（Bentham）Deane ex Bailey

李洪钧 9479，9462；王映明 6857；廖国藩、郭志芬等 67

咸丰。

全国各地。

日本。

（3）野生紫苏 *Perilla frutescens* var. *purpurascens*（Hayata）H. W. Li

李洪钧 9010；刘克明、朱晓文 SCSB-HN-0547

咸丰。

山西、河北、湖北、江西、浙江、江苏、福建、台湾、广东、广西、云南、贵州、四川。

日本。

34. 糙苏属 Phlomoides Moench（3:3:0）

（1）糙苏 *Phlomoides umbrosa*（Turcz.）Kamelin & Makhm.

周辉、周大松 15091423；周云、王勇 XiangZ085；简焯坡、张秀实等 31500；杨剑 无采集号；赵佐成 88-1807；赵佐成、马建生 2824；李洪钧 9432；张代贵 YH130715317，zdg2272，w090808011

酉阳。

辽宁、内蒙古、河北、山东、山西、陕西、甘肃、四川、湖北、贵州、广东。

（2）南方糙苏 *Phlomoides umbrosa* var. *australis*（Hemsl.）C. L. Xiang & H. Peng

李洪钧 5716；钟补勤 1009；鲁道旺 5222-22160722049LY；何顺志等 无采集号；张代贵 YH150813004

桑植、石门、黔江。

湖北、湖南、甘肃、陕西、安徽、四川、贵州、云南。

（3）凹叶糙苏 *Phlomis umbrosa* var. *emarginata* S. H. Fu et J. H. Zheng

湖北。

35. 刺蕊草属 Pogostemon Desfontaines（2:2:0）

（1）水虎尾 *Pogostemon stellatus*（Loureiro）Kuntze

安徽、浙江、江西、湖南、云南、福建、台湾、广东、广西、海南。

（2）水蜡烛 *Pogostemon yatabeanus*（Makino）Press

安徽、浙江、江西、湖南、湖北、四川、贵州、广西。

36. 豆腐柴属 Premna Linnaeus（4:4:0）

（1）黄药 *Ichtyoselmis macrantha*（Oliver）Lidén

湘黔队 2806；武陵山考察队 3315，3240，3315；北京队 001259；武陵队 721

沅陵、永顺、石门、石阡。

江西、湖南、广东、广西、贵州。

（2）豆腐柴 *Premna microphylla* Turczaninow

西师生物系 02250；赵佐成、马建生 2986；赵佐成 88-1486；李洪钧 2709，7605，7665；刘林翰 9324；湘西调查队 0020；李学根 203495；

武陵山考察队 253

华东地区、中南地区、华南地区至四川、贵州等地。

日本。

（3）狐臭柴 *Premna puberula* Pampanini

林文豹 587；李洪钧 7433，3792，2930；刘林翰 1520；武陵队 101；湘西调查队 0020；西师生物系 03049；黔北队 780；姜如碧 82-158

沅陵、永顺、桑植、石门、石阡、印江、德江、松桃。

甘肃、陕西、福建、湖北、湖南、广东、广西、四川、贵州、云南。

（4）毛狐臭柴 *Premna puberula* var. *bodinieri* （H. Léveillé）C. Y. Wu & S. Y. Pao

王映明 4040；北京队 0242；武陵山考察队 455，494；壶瓶山考察队 0892，87216，0107

永顺、石门、江口、松桃、宣恩。

湖北、湖南、广西、贵州、云南。

37. 夏枯草属 Prunella Linnaeus（1:1:0）

（1）夏枯草 *Prunella vulgaris* Linnaeus

壶瓶山考察队 0550，0026；北京队 002527；武陵队 20；张兵、向新 090514009；李洪钧 4954，2460；王映明 4128；曹亚玲、溥发鼎 0021；武陵山考察队 88-0252

沅陵、花垣、桑植、石门、石阡、江口、鹤峰、宣恩。

陕西、甘肃、新疆、河南、湖北、湖南、江西、浙江、福建、台湾、广东、广西、贵州、四川、云南。

欧洲、非洲北部、俄罗斯西伯利亚、西亚、印度、巴基斯坦、尼泊尔、不丹、日本、朝鲜、澳大利亚、北美洲。

38. 迷迭香属 Rosmarinus Linnaeus（1:1:0）

（1）迷迭香 *Rosmarinus officinalis* Linnaeus

我国园圃中偶有引种栽培。

欧洲、北非地中海沿岸。

39. 钩子木属 Rostrinucula Kudo（1:1:0）

（1）长叶钩子木 *Rostrinucula sinensis*（Hemsley）C. Y. Wu

田代科、肖艳、莫海波、张成 LS-2665；雷开东 4331271509121614；94—2 0702003+1；张代

贵 0830343，0346；钟补勤 1426；李洪钧 7252；赵佐成、马建生 3047，2903；吴磊、宋晓飞 9277

永顺、沿河、酉阳。

湖北、湖南、贵州、四川、广西。

40. 鼠尾草属 Salvia Linnaeus（21:21:0）

（1）铁线鼠尾草 *Salvia adiantifolia* E. Peter

江西、福建、湖南、广西、广东。

（2）南丹参 *Salvia bowleyana* Dunn

刘林翰 1929；魏宇昆、黄艳波 SAHUN-0002；周辉、周大松 15041232；雷开东 4331-271404250058；田代科、文香英 TDK00471；张代贵 4331221505040129LY，LL20150520027；田代科、肖艳、陈岳 LS-1236；魏宇昆、黄艳波 S0290；田代科、肖艳、莫海波、张成 S0563

浙江、湖南、江西、福建、广东、广西。

（3）贵州鼠尾草 *Salvia cavaleriei* H. Léveillé

李学根 204354；魏宇昆、黄艳波 SA-HUN0008；田代科、肖艳、陈岳 LS-1323；安明态 YJ-2014-0042；张代贵 zdg4331270002；宿秀江、刘和兵 433125D00030810061；李洪钧 3337，4147

花垣、永顺、江口。

四川、贵州、广西、广东、湖南。

（4）紫背贵州鼠尾草 *Salvia cavaleriei* var. *erythrophylla*（Hemsley）E. Peter

周辉、周大松 15050638，15050524；方明渊 24402；陈家明、邹培羽 113；陈家明 113

沅陵。

湖北、四川、陕西、湖南、广西、云南。

（5）血盆草 *Salvia cavaleriei* var. *simplicifolia* E. Peter

李洪钧 4147，6343；彭辅松 966；魏宇昆、王琦、黄艳波 S0485，S0487；田代科、肖艳、陈岳 LS-1103，LS-1554，LS-2070；魏宇昆、黄艳波 SAHUN0003；北京队 0063

永顺、桑植、石门、江口、松桃、宣恩。

湖北、湖南、江西、广东、广西、贵州、云南、四川。

（6）华鼠尾草 *Salvia chinensis* Bentham

鲁道旺 522222140501009LY；默北队 526；李、沈 134；李良千 14；湘西考察队 337；何友

义 860082；刘林翰 1552

山东、江苏、安徽、浙江、湖北、江西、湖南、福建、台湾、广东、广西、四川。

（7）张家界鼠尾草 *Salvia daiguii* Y. K. Wei & Y. B. Huang

湖南。

（8）蕨叶鼠尾草 *Salvia filicifolia* Merrill

魏宇昆、黄艳波 SAHUN0007；李学根 204438

广东、湖南。

（9）湖北鼠尾草 *Salvia hupehensis* E. Peter

湖北。

（10）鼠尾草 *Salvia japonica* Thunberg

西师生物系 03010；何友义 860170；王秋婕 GZ20180624_6983；宿秀江、刘和兵 433125-D00011012004；张代贵 pph1087；安明态等 YJ-2014-0037；姚杰 522227160605051LY；安明态 SQ-0834

浙江、安徽、江苏、江西、湖北、福建、台湾、广东、广西。

日本。

（11）鄂西鼠尾草 *Salvia maximowicziana* Hemsley

湖北、四川、云南、陕西、甘肃、西藏、河南。

（12）丹参 *Salvia miltiorrhiza* Bunge

万枝伍 860001；李杰 522229150530922LY；张迅 522224160507015LY；鲁道旺 522222160-507022LY；雷开东 4331271408271134

河北、山西、陕西、山东、河南、江苏、浙江、安徽、江西、湖南。

日本。

（13）墨西哥鼠尾草 *Salvia leucantha* Cavanilles

中国有引种。

墨西哥。

（14）荔枝草 *Salvia plebeia* R. Brown

莫华 6159；魏宇昆、王琦、黄艳波 S0493；肖简文 5860；张迅 522224161104001LY；卢泽 522226190407008LY；刘林翰 1859；北京队 839

沅陵、永顺。

除新疆、甘肃、青海、西藏外几产全国各地。

朝鲜、日本、阿富汗、印度、缅甸、泰国、越南、马来西亚、澳大利亚。

（15）长冠鼠尾草 *Salvia plectranthoides* Griffith

湘黔队 3380；张代贵 zdg6002；北京队 002708，001976；魏宇昆、王琦、黄艳波 S0489，S0490；王琦 S0877；张代贵、王业清、朱晓琴 zdg，wyq，zxq0491

桑植。

陕西、湖北、贵州、四川、广西。

不丹。

（16）草甸鼠尾草 *Salvia pratensis* Linnaeus

北京。

（17）红根草 *Salvia prionitis* Hance

张代贵 080604008，YH950502872，ly224，140921008；湖南队 0057；武陵考察队 1908，2210。

芷江。

浙江、安徽、江西、湖南、广西、广东。

（18）地梗鼠尾草 *Salvia scapiformis* Hance

彭辅松 5880；王映明 4092；刘林翰 1552；周辉、周大松 15052938；宿秀江、刘和兵 4331-25D00020814041

台湾、福建、广东。

（19）一串红 *Salvia splendens* Ker Gawler

石开艳 30196；刘正宇、张军等 RQHZ06421

全国各地。

巴西。

（20）佛光草 *Salvia substolonifera* E. Peter

周辉、周大松 15041203；杨彬 080419007；张代贵 080419007；魏宇昆、黄艳波 S0844

浙江、福建、湖南、贵州、四川。

（21）齿唇丹参 *Salvia vasta* var. *fimbriata* H. W. Li

湖北。

41. 裂叶荆芥属 Schizonepeta（Benth.）Briq.（1:1:0）

（1）裂叶荆芥 *Schizonepeta tenuifolia*（Bentham）Briquet

北京、黑龙江、辽宁、河北、山西、陕西、甘肃、青海、江苏、浙江、四川、贵州、云南、福建。

42. 四棱草属 Schnabelia Handel-Mazzetti（2:2:0）

（1）四棱草 *Schnabelia oligophylla* Handel-Mazzetti

无采集人 0114

福建、江西、湖南、广东、广西、四川。

（2）四齿四棱草 *Schnabelia tetrodonta*（Sun）C. Y. Wu & C. Chen

四川、贵州。

43. 黄芩属 Scutellaria Linnaeus（19:19:0）

（1）半枝莲 *Scutellaria barbata* D. Don

河北、山东、陕西、河南、江苏、浙江、台湾、福建、江西、湖北、湖南、广东、广西，四川、贵州、云南。

印度东北部、尼泊尔、缅甸、老挝、泰国、越南、日本、朝鲜。

（2）莸状黄芩 *Scutellaria caryopteroides* Handel-Mazzetti

83-4 ZDG136；83-3 0608125

陕西、湖北、河南。

（3）岩霍黄芩 *Scutellaria franchetiana* H. Léveillé

北京队 253；朱太平、刘忠福 1110；李洪钧 4318；黔北队 1110；北京队 0253；肖简文 5535

（4）湖南黄芩 *Scutellaria hunanensis* C. Y. Wu

北京队 002926

桑植。

河南、湖北、湖南。

（5）韩信草 *Scutellaria indica* Linnaeus

北京队 0477；武陵队 216；宿秀江、刘和兵 433125D00100509021；粟林 4331261405010304；陈功锡 080729020；北京队 477；安明态 YJ-2014-0082；张代贵 zdg4331270125，zdg036，pws2677

沅陵、永顺。

江苏、浙江、安徽、江西、福建、台湾、广东、广西、湖南、河南、陕西、四川、贵州、云南。

日本、印度、中南半岛、印度尼西亚。

（6）长毛韩信草 *Scutellaria indica* var. *elliptica Sun* ex C. H. Hu

朱国兴 13；武陵山考察队 550，402

浙江、安徽、江西、福建、湖北、湖南、广东、广西、贵州、四川。

（7）小叶韩信草 *Scutellaria indica* var. *parvifolia* Makino

安徽、台湾、湖南、广东、广西、云南。

日本。

（8）缩茎韩信草 *Scutellaria indica* var. *subacaulis*（Sun ex C. H. Hu）C. Y. Wu & C. Chen

河南、江苏、浙江、福建、江西、湖南、广东、云南。

日本。

（9）吉首黄芩 *Scutellaria jishouensis* G.X.Chen，L.Tan & X.M.Xiang

（10）变黑黄芩 *Scutellaria nigricans* C. Y. Wu

四川。

（11）锯叶峨嵋黄芩 *Scutellaria omeiensis* C. Y. Wu var. *serratifolia* C. Y. Wu et S. Chow

壶瓶山考察队 1385

石门。

四川、湖北、贵州、湖南。

（12）紫茎京黄芩 *Scutellaria pekinensis* var. *purpureicaulis*（Migo）C. Y. Wu & H. W. Li

刘林翰 9103，s.n.

山东、江苏、浙江、江西、福建。

（13）四裂花黄芩 *Scutellaria quadrilobulata* Sun ex C. H. Hu

黔北队 454；张代贵 YD10105；田代科、肖艳、陈岳 LS-1071；杨胜水 163；吉首大学生物资源与环境科学学院 GWJ20180712_0042，GWJ20180712_0043，GWJ20180712_0044，GWJ20180712_0045

四川、云南。

（14）偏花黄芩 *Scutellaria tayloriana* Dunn

广东、湖南、广西、贵州。

（15）柔弱黄芩 *Scutellaria tenera* C. Y. Wu & H. W. Li

无采集人 0883

桑植。

浙江、江西、湖南。

（16）假活血草 *Scutellaria tuberifera* C. Y. Wu & C. Chen

江苏、浙江、安徽、云南。

（17）英德黄芩 *Scutellaria yingtakensis* Sun ex C. H. Hu

刘林翰 1525；曹亚玲、溥发鼎 2823；武陵山考察队 550，402；北京队 003765，003607；宿秀江、刘和兵 433125D00090420009；刘林翰 1567，1525

福建、广东、湖南、江西、广西、贵州、四川。

（18）红茎黄芩 *Scutellaria yunnanensis* H. Léveillé

云南、四川。

（19）柳叶红茎黄芩 *Scutellaria yunnanensis* var. *salicifolia* Sun ex C. H. Hu

四川、贵州。

45. 筒冠花属 Siphocranion Kudo（1:1:0）

（1）光柄筒冠花 *Siphocranion nudipes*（Hemsley）Kudô

云南、四川、湖北、贵州、广东、江西、福建。

46. 水苏属 Stachys Linnaeus（7:7:0）

（1）蜗儿菜 *Stachys arrecta* L. Bailey

江苏、浙江、安徽、湖南、河南、湖北、陕西、山西。

（2）少毛甘露子 *Stachys adulterina* Hemsley

北京队 1094；武陵山考察队 735，1371

湖北、四川。

（3）田野水苏 *Stachys arvensis* Linnaeus

台湾、福建、广东、广西、贵州。

欧洲、中亚、美洲热带地区。

（4）地蚕 *Stachys geobombycis* C. Y. Wu

雷开东 4331271405310413；张代贵 003+1，4331221605080363LY，4331221505040133LY，ly004，150520058，080511135；张代贵、张代富 GZ20170407051_0051

浙江、福建、湖南、江西、广东、广西。

（5）针筒菜 *Stachys oblongifolia* Wallich ex Bentham

谭沛祥 60849；周辉、周大松 15052908，15050532；粟林 4331261406040035；彭华、陈丽等 FJ881；严洁 214；李洪钧 2965；磨素珍 080729236

沅陵、石门、宣恩。

江苏、台湾、安徽、江西、河南、湖北、湖南、广东、广西、四川、贵州、云南。

印度、锡金。

（6）狭齿水苏 *Stachys pseudophlomis* C. Y. Wu

桑植。

四川、湖北、湖南。

（7）甘露子 *Stachys sieboldii* Miquel

张代贵 zdg1405310348；宿秀江、刘和兵 433125D00021002024

鹤峰。

辽宁、河北、山东、山西、河南、陕西、甘肃、青海、四川、贵州、云南、广西、广东、湖南、江西、江苏。

欧洲、日本、北美洲。

47. 香科科属 Teucrium Linnaeus（7:7:0）

（1）二齿香科科 *Teucrium bidentatum* Hemsley

黔北队 2651；田代科、肖艳、陈岳 LS-1132；肖艳、赵斌 LS-2322，LS-2405，LS-2514；安明态 YJ-2014-0021；黔北队 2826；曹亚玲、溥发鼎 2955；张代贵 zdg1175；宿秀江、刘和兵 433125D00030427007

德江、沿河。

台湾、湖北、四川、贵州、广西、云南。

（2）穗花香科科 *Teucrium japonicum* Willdenow

赵佐成 88-1480；周辉、周大松 15070119；张代贵 zdg1417200809；宿秀江、刘和兵 433125-D00160808013；粟林 4331261409060596；湖南队 0005；赵佐成、马建生 3005；陈功锡 CGX88；邓涛 080716050；李晓腾 070717424

黔江、酉阳。

江苏、浙江、江西、湖南、四川、贵州、广

东。

朝鲜、日本。

（3）庐山香科科 *Teucrium pernyi* Franchet

无采集人 8163；无采集人 1626

江苏、浙江、安徽、河南、福建、江西、湖北、湖南、广东、广西。

（4）长毛香科科 *Teucrium pilosum*（Pampanini）C. Y. Wu & S. Chow

黔北队 2864；武陵考察队 987，1786、3185；武陵队 1144；李良千 113；北京队 3824，3853；赵佐成 88-1392，88-2638

新晃、芷江、凤凰、桑植、石阡、德江、沿河、黔江。

浙江、湖北、湖南、江西、四川、贵州、广西。

（5）铁轴草 *Teucrium quadrifarium* Buchanan-Hamilton ex D. Don

武陵考察队 1812，1856；肖简文 5732，5929；安明先 3598，3045；刘林翰 9912；张代贵 234

芷江、保靖、武陵源、石阡。

福建、湖南、贵州、江西、南部、广东、广西、云南。

印度尼西亚、泰国、缅甸、印度、尼泊尔。

（6）血见愁 *Teucrium viscidum* Blume

武陵山考察队 1867，2397，3031，2089，824；赵佐成、马建生 2934；刘林翰 9557，9405；李学根 204540；湖南野植所 1626

新晃、芷江、永顺、桑植、石阡、印江、酉阳、鹤峰。

江苏、浙江、福建、台湾、江西、湖北、湖南、广东、广西、四川、贵州、云南、西藏南部。

日本、朝鲜、缅甸、印度尼西亚、菲律宾。

（7）微毛血见愁 *Teucrium viscidum* var. *nepe-*

toides（H. Léveillé）C. Y. Wu & S. Chow

浙江、安徽、江西、湖北、陕西、四川、贵州。

48. 叉枝犹属 Tripora P. D. Cantino（1:1:0）

（1）叉枝犹 *Tripora divaricata*（Maxim.）P. D. Cantino

山西、河南、陕西、甘肃、江西、湖北、四川、云南。

49. 牡荆属 Vitex Linnaeus（3:3:0）

（1）灰毛牡荆 *Vitex canescens* Kurz

湖南队 0423，0423；简焯坡 30643；简焯坡等 30043；钟补勤 822，799；北京队 01081；肖艳、赵斌 LS-2469；张代贵 4331221607241180LY；姚杰 522227160611050LY

永顺、印江。

江西、湖北、湖南、广东、广西、四川、贵州、云南、西藏。

（2）黄荆 *Vitex negundo* Linnaeus

李洪钧 9163；刘林翰 9287，9384，9967；李学根 204925；武陵队 679，1803；溥发鼎、曹亚玲 0078；黔北队 1335；赵佐成 88-2503

芷江、凤凰、沅陵、石门、石阡、德江、松桃。

长江流域以南各地区，北达秦岭、淮河。

非洲、马达加斯加、亚洲、中南半岛、玻利维亚。

（3）牡荆 *Vitex negundo* var. *cannabifolia*（Siebold & Zuccarini）Handel-Mazzetti

李洪钧 9291，4911；谭士贤 132；王金敖 265；刘林翰 9969，9967；武陵考察队 1994；湘西考察队 1127；安明态 3355；黔北队 1477

芷江、凤凰、花垣、永顺、江口、松桃。

华东地区、河北、湖北、湖南、广东、广西、四川、贵州、云南。

日本。

二百零四、通泉草科 Mazaceae（1:7）

1. 通泉草属 Mazus Loureiro（7:7:0）

（1）贵州通泉草 *Mazus kweichowensis* P. C.

Tsoong & H. P. Yang

中甸队 690

贵州。

（2）匍茎通泉草 *Mazus miquelii* Makino

张志松 400183，400183；武陵队 1919；周辉、周大松 15041012；张代贵、张代富 FH20170410023_0023；刘和兵 ZQ130806107；张代贵 lxq0121010；宿秀江、刘和兵 ZZ120805907

湖南、江苏、安徽、浙江、江西、广西、福建、台湾。

日本。

（3）岩白翠 *Mazus omeiensis* H. L. Li

四川、贵州。

（4）美丽通泉草 *Mazus pulchellus* Hemsley

喻勋林、涂蓉慧、杨静 1704020101，1704020102，1704020103；张代贵、张代富 LS20170416003_0003；张成 ZC0001；李克纲、张成 HY20160314_0007；彭海军 080416037；屈永贵 080416037；雷开东 4331271404210188

桑植。

湖北、四川、云南。

（5）通泉草 *Mazus pumilus* （N. L. Burman）Steenis

Ho-ChangChow 1771；李洪钧 7496，4980，3324；鄂五峰队 10140；王映明 6835；李洪钧 3324；王映明 4793，1731，0021

芷江、吉首、永顺、龙山、桑植、慈利、石门、印江、咸丰。

几乎遍布全国，仅内蒙古、宁夏、青海、新疆无分布。

越南、俄罗斯、朝鲜、日本、菲律宾。

（6）毛果通泉草 *Mazus spicatus* Vaniot

谭沛祥 60985；李雄、邓创发、李健玲 19061341；周辉、周大松 15053113；李晓腾 070404013；潘东鹏 006+2；生物 1-4041；贺士元；武陵队 239；黔北队 514；宿秀江、刘和兵 433125D00030810030

新晃、沅陵、永顺、桑植、石门、鹤峰、宣恩、江口。

贵州、四川、湖北、陕西、湖南。

（7）弹刀子菜 *Mazus stachydifolius* （Turczaninow）Maximowicz

田代科、肖艳、陈岳 LS-1370；肖艳、李春、张成 LS-304；肖艳、周建军 LS-010；雷开东 4331271406020514；粟林 4331261404200263；张代贵 zdg9850；高科队 20130415041-1，2013-0415041-2，20130415041-3，20130415041-4

东北地区、华北地区、广东、台湾、四川、陕西。

苏联、蒙古、朝鲜。

二百零五、透骨草科 Phrymaceae（2:4）

1. 沟酸浆属 Erythranthe Spach（3:3:0）

（1）四川沟酸浆 *Erythranthe szechuanensis* （Y. Y. Pai）G. L. Nesom

湘黔队 2750；付国勋、张志松 6224；李洪钧 3368；刘林翰 9153，9027，9027；傅国勋、张志松 1224；武陵队 850；张代贵 080501031；田代科、肖艳、陈岳 LS-1087

桑植、梵净山、黔江、鹤峰、宣恩。

甘肃、陕西、四川、云南、贵州、湖南、湖北。

（2）沟酸浆 *Erythranthe tenella* （Bunge）G. L. Nesom

黔北队 765；戴伦膺鄂 1720；宿秀江、刘和兵 433125D00110812024；周辉、周大松 15050520，15062913，15062913；粟林 4331261410020943；廖博儒 1294；高科队 20130415025-1；周大松、罗金龙 16033105

北京、天津、河北、山西、辽宁、吉林、浙江、江西、山东、河南、湖北、湖南、四川、贵州、云南、西藏、陕西、甘肃、台湾。

（3）尼泊尔沟酸浆 *Erythranthe nepalensis* （Benth.）G. L. Nesom

曹铁如 90236，90181，90236；李洪钧 2994，3368，9332；湘黔队 2548；朱太平、刘忠福 765；李洪钧 2994；湘黔队 3046

新晃、永顺、桑植、江口、印江、沿河、西

阳、咸丰、鹤峰、宣恩。

分布秦岭淮河以南，广西、福建以外各地区。

尼泊尔、印度、日本。

2. 透骨草属 Phryma Linnaeus（1:1:0）

（1）透骨草 *Phryma leptostachya* subsp. *asiatica*（Hara）Kitamura

武陵山考察队 2192；安明态 SQ-0463；马贵菊 080713MGJ001；朱太平、刘忠福 1572；湘黔

队 2501；周辉、周大松 15063007；陈功锡、张代贵、邓涛等 SCSB-HC-2007304；麻超柏、石琳军 HY20180714_0638；李振基、吕静 1116；李洪钧 4542

花垣、永顺、桑植、慈利、石门、施秉、石阡、江口、印江、德江、松桃、酉阳、咸丰、宣恩。

全国各地。

日本、朝鲜、俄罗斯西伯利亚。

二百零六、泡桐科 Paulowniaceae（1:5）

1. 泡桐属 Paulownia Siebold & Zuccarini（5:5:0）

（1）兰考泡桐 *Paulownia elongata* S. Y. Hu

河北、河南、山西、陕西、山东、湖北、安徽、江苏。

（2）川泡桐 *Paulownia fargesii* Franchet

李洪钧 2832，6860；植被队 782；武陵山考察队 3074；李永康等 8174；张志松等 401538；黔北队 0383；姜如碧 82-24；张志松 400567，400061

芷江、桑植、印江、松桃、鹤峰、宣恩。

湖北、湖南、四川、云南、贵州。

（3）白花泡桐 *Paulownia fortunei*（Seemann）Hemsley

朱太平、刘忠福 383；张志松等 400021；罗超 522223150426015LY；黔北队 1387；武陵队 2358，1895；姚卫红、朱利民 16101914；贺海生 080403030；刘林翰 9952；武陵队 1178

凤凰、保靖、石门、江口。

安徽、浙江、福建、台湾、江西、湖北、湖南、四川、云南、贵州、广西、广东。

越南、老挝。

（4）台湾泡桐 *Paulownia kawakamii* T. Ito

武陵山考察队 3014；北京队 628；彭辅松 586；李洪钧 2832；王映明应 458；贺海生 080717004；李恒、彭淑云、俞宏渊 2004；谭沛祥 62636；肖艳、莫海波、张成、刘阿梅 LS-820；粟林 4331261407050398

沅陵、永顺、江口、印江。

贵州、湖南、湖北、江西、浙江、福建、台湾、广东、广西。

（5）毛泡桐 *Paulownia tomentosa*（Thunberg）Steudel

刘林翰 9952；彭辅松合 488；唐海华 5222-291605181112LY

辽宁、河北、河南、山东、江苏、安徽、湖北、江西。

日本，朝鲜，欧洲、北美洲。

二百零七、列当科 Orobanchaceae（11:32）

1. 野菰属 Aeginetia Linnaeus（1:1:0）

（1）野菰 *Aeginetia indica* Linnaeus

刘林翰 9845；武陵队 1439，1439；湖南省中医研究所 14；湘黔队 2718；；向晟、藤建卓

JS20180823_1076；印药普办 300；杨流秀 121；麻超柏、石琳军 HY20181027_1271 吴磊、刘文剑、邓创发、宋晓飞 8733A

凤凰、桑植、石门、江口。

浙江、江苏、安徽、江西、福建、台湾、广东、广西、湖南、贵州、四川、云南。

日本、印度、斯里兰卡、马来西亚。

2. 来江藤属 Brandisia Hooker f. & Thomson (1:1:0)

（1）来江藤 *Brandisia hancei* J. D. Hooker

李洪钧 9434，8147，4961，9434；张志松 401436；谢欢欢 522230191006041LY；张迅 522224160127021LY；张代贵 zdg1485；喻勋林 91331；宿秀江、刘和兵 433125D00150807062

凤凰、桑植、石门、石阡、江口、印江、松桃、黔江、来凤、鹤峰。

华中地区、西南地区至华南地区。

3. 假野菰属 Christisonia Gardner (1:1:0)

（1）假野菰 *Christisonia hookeri* C. B. Clarke

湘黔队 2718；刘林翰 9024

石门、江口。

贵州、四川、云南。

4. 钟萼草属 Lindenbergia Lehmann (2:2:0)

（1）钟萼草 *Lindenbergia muraria* （Roxburgh ex D. Don）Bruhl

永顺。

湖北、湖南、广东、广西、贵州、云南。

印度、缅甸、泰国、菲律宾。

（2）野地钟萼草 *Lindenbergia philippensis* （Chamisso & Schlechtendal）Bentham

雷开东 4331271408060818；张贵志、周喜乐 1105057

西南地区、华南地区。

阿富汗、斯里兰卡、越南、缅甸。

5. 山罗花属 Melampyrum Linnaeus (2:2:0)

（1）圆苞山罗花 *Melampyrum laxum* Miquel

武陵队 1749

浙江、福建。

日本。

（2）山罗花 *Melampyrum roseum* Maximowicz

吉首大学生物资源与环境科学学院 GWJ20170611_0413

东北地区、河北、山西、陕西、甘肃、河南、湖北、湖南、华东地区。

朝鲜，日本、苏联。

6. 马先蒿属 Pedicularis Linnaeus (17:17:0)

（1）大卫氏马先蒿 *Pedicularis davidii* Franchet

湘黔队 2689

甘肃、陕西、四川、云南。

（2）美观马先蒿 *Pedicularis decora* Franchet

陕西、甘肃、湖北、四川。

（3）法氏马先蒿 *Pedicularis fargesii* Franchet

李洪钧 6658；植化室样品凭证标本 509；王映明 640；曹铁如 090164，90342；植化室样品凭证标本 509

湖北、四川、甘肃。

（4）羊齿叶马先蒿 *Pedicularis filicifolia* Hemsley

戴伦膺、钱重海鄂 648

咸丰。

湖北。

（5）平坝马先蒿 *Pedicularis ganpinensis* Vaniot ex Bonati

朱太平、刘忠福 434；黔北队 434

贵州。

（6）亨氏马先蒿 *Pedicularis henryi* Maximowicz

刘林翰 10085，10085，10085；梵净山队 74-467；张志松 402118；曹铁如 90109；武陵队 661；张华飞 860440；李洪钧 2456，2418

长江流域以南各地区、江苏、江西、湖北、云南、贵州、广西、广东。

（7）全萼马先蒿 *Pedicularis holocalyx* Handel-Mazzetti

湖北、四川。

（8）西南马先蒿 *Pedicularis labordei* Vaniot ex Bonati

四川、云南、贵州。

（9）藓生马先蒿 *Pedicularis muscicola* Maximowicz

山西、陕西、甘肃、青海、湖北。

（10）薄菜叶马先蒿 *Pedicularis nasturtiifolia* Franchet

生态 wf435

四川、陕西、湖北。

（11）返顾马先蒿 *Pedicularis resupinata* Linnaeus

傅国勋、张志松 1248；曹铁如 90109；付国勋、张志松 1248

黑龙江、吉林、辽宁、内蒙古、河北、山西、山东、陕西、甘肃、安徽、湖北、四川、贵州、广西。

（12）粗茎返顾马先蒿 *Pedicularis resupinata Linnaeus* subsp. *crassicaulis*（Vaniot ex Bonati）P. C. Tsoong

中国西部科学院四川省植物 4072；李洪钧 6631，6533

湖北、四川、贵州、广西。

（13）假斗大王马先蒿 *Pedicularis rex* subsp. *pseudocyathus*（Vaniot ex Bonati）Tsoong

贵州。

（14）穗花马先蒿 *Pedicularis spicata* Pallas

黑龙江、吉林、辽宁、内蒙古、河北、山西、陕西、甘肃、湖北、四川。

（15）梵净山马先蒿 *Pedicularis stewardii* H. L. Li

鲁道旺 522222160722037LY

梵净山。

（16）扭旋马先蒿 *Pedicularis torta* Maximowicz

彭辅松 302a

四川、陕西、湖北。

（17）蔓生马先蒿 *Pedicularis vagans* Hemsley

无采集人 760

四川。

7. 黄筒花属 Phacellanthus Siebold & Zuccarini（1:1:0）

（1）黄筒花 *Phacellanthus tubiflorus* Siebold et Zuccarini

刘林翰 9024；陈功锡 122

桑植。

湖南、长江流域以北各地区。

朝鲜、日本、俄罗斯。

8. 松蒿属 Phtheirospermum Bunge ex Fischer & C. A. Meyer（1:1:0）

（1）松蒿 *Phtheirospermum japonicum*（Thunberg）Kanitz

刘林翰 9889；李恒、彭淑云等 1630；曹铁如 90328；李洪钧 6585，9059，7892；李永康 8211；田代科、肖艳、莫海波、张成 LS-2646；雷开东 4331271410041319；吉首大学生物资源与环境科学学院 GWJ20170610_0090

除新疆、青海外，全国各地区。

朝鲜、日本、苏联。

9. 地黄属 Rehmannia Liboschitz ex Fischer & C. A. Meyer（2:2:0）

（1）地黄 *Rehmannia glutinosa*（Gaertner）Liboschitz ex Fischer & C. A. Meyer

黄仁煌 1905；沈中瀚 103

鹤峰。

辽宁、河北、山东、山西、陕西、甘肃、内蒙古、河南、湖北、江苏。

（2）裂叶地黄 *Rehmannia piasezkii* Maximowicz

陕西、湖北。

10. 阴行草属 Siphonostegia Bentham（2:2:0）

（1）阴行草 *Siphonostegia chinensis* Bentham

Sino-AmericanGuizhouBotanicalExpedition 73；湖南省卫生局药品检验所 28；植被组 724；武陵山考察队 2376，1613，2899；喻勋林 91289，91825；北京队 615；湘黔队 2947

东北地区、内蒙古、华北地区、华中地区、华南地区、西南地区。

日本、朝鲜，苏联。

（2）腺毛阴行草 *Siphonostegia laeta* S. Moore

Sino-AmericanGuizhouBotanicalExpedition 71，730；湘黔队 2947；刘林翰 08366；雷开东 4331271509121688；粟林 4331261409070674；张代贵 00250；武陵队 1010，1556；宿秀江、刘和兵 433125D00150807001

湖南、安徽、广东、福建。

11. 崖白菜属 Triaenophora Solereder（2:2:0）

（1）呆白菜 *Triaenophora rupestris*（Hemsley）Solereder

湖北。

（2）神农架崖白菜 *Triaenophora shennongjiaensis* X.D.Li，Y.Y.Zan et J.Q.L.

湖北。

二百零八、狸藻科 Lentibulariaceae（2:5）

1. 捕虫堇属 Pinguicula Linnaeus（1:1:0）
（1）高山捕虫堇 *Pinguicula alpina* Linnaeus
朱太平、刘忠福 1016，955
梵净山。
陕西、甘肃、青海、四川、贵州、云南、西藏。
北欧、中欧、俄罗斯西伯利亚地区、喜马拉雅山脉。

2. 狸藻属 Utricularia Linnaeus（4:4:0）
（1）黄花狸藻 *Utricularia aurea* Loureiro
刘林翰 9754，9754，9754；李恒、彭淑云等 1655；侯志勇 034；李恒、彭淑云等 1655；喻勋林、徐期瑚 2304，2344
保靖。
江苏、安徽、浙江、江西、福建、台湾、湖北、湖南、广东、广西、云南。
印度、尼泊尔、孟加拉、斯里兰卡、中南半岛、马来西亚、印度尼西亚、菲律宾、日本、澳大利亚。
（2）南方狸藻 *Utricularia australis* R. Brown
江苏、安徽、浙江、江西、福建、台湾、湖北、湖南、广东、海南、广西、四川、贵州、云南。
欧洲、非洲、印度、斯里兰卡、中南半岛、马来西亚、印度尼西亚、菲律宾、日本、澳大利亚。
（3）挖耳草 *Utricularia bifida* Linnaeus
武陵山考察队 2277
芷江。
山东、河南、江苏、安徽、浙江、江西、福建、台湾、广东、湖南、湖北、贵州、广西、云南、四川。
印度、斯里兰卡、孟加拉、中南半岛、马来西亚、菲律宾、印度尼西亚、日本、澳大利亚。
（4）圆叶挖耳草 *Utricularia striatula* Smith
肖艳、李春、张成 LS-514
江口。
安徽、浙江、江西、福建、台湾、湖南、广东、广西、贵州、四川、云南、西藏。
非洲热带地区、印度、斯里兰卡、中南半岛、马来西亚、印度尼西亚、菲律宾。

二百零九、爵床科 Acanthaceae（5:24）

1. 十万错属 Asystasia Blume（1:1:0）
（1）白接骨 *Asystasia neesiana*（Wallich）Nees
湘黔队 2453，2985，3196，3296，3884；朱太平 1885，2240；刘林翰 9296；曹铁如 90292；桑植县林科所 1010
芷江、凤凰、永顺、桑植、石门、石阡、鹤峰、恩施。
越南至缅甸。

2. 水蓑衣属 Hygrophila R. Brown（1:1:0）
（1）水蓑衣 *Hygrophila ringens*（Linnaeus）R. Brown ex Sprengel
向晟、藤建卓 JS20180825_1162；湖南省队 0563；宿秀江、刘和兵 433125D00061104035；粟林 4331261409120792；张代贵 zdg1410051380
东北地区、华东地区、华中地区、西南地区。
朝鲜，日本，俄罗斯西伯利亚地区、南美洲、北美洲、欧洲。

3. 爵床属 Justicia Linnaeus（6:6:0）
（1）圆苞杜根藤 *Justicia championii* T. Anderson in Bentham
吴磊、宋晓飞 9301；廖博儒 1138

安徽、浙江、江西、福建、广东、香港、海南、广西、湖南、湖北、四川、云南。

（2）紫苞爵床 **Justicia latiflora** Hemsley

张代贵 zdg10079；田代科、肖艳、陈岳 LS-1118；张成、肖佳伟、孙林 ZC0067；周辉、周大松 15040912；彭海军 080416063+1；周辉、罗金龙 15032613；曲永贵 080416063；张代贵、张代富 LS20170416033_0033；屈永贵 050416063；彭海军 080416063

桑植。

湖北、湖南、贵州、四川。

（3）爵床 **Justicia procumbens** Linnaeus

李洪钧 8899，7230，7483，7081；宿秀江、刘和兵 433125D00070806005；生科 WF240；滕方玲 16110758；张代贵 4331221607190896LY；鲁道旺 522222141120084LY；肖艳、李春、张成 LS-147 芷江、凤凰、吉首、永顺、石门、德江、酉阳、咸丰、来凤、鹤峰。

西南部和南部。

印度、斯里兰卡。

（4）杜根藤 **Justicia quadrifaria** (Nees) T. Anderson

喻勋林 91328，91564，91648；李恒等 1742；湘黔队 3165，3169，3033，2885，3564；桑植县林科所 1138

芷江、永顺、石门、龙山、永顺、保靖、花垣、凤凰、泸溪、古丈、吉首、石阡、沿河、万山。

广东、福建、江西、安徽、浙江、湖南、湖北、四川、贵州、云南。

（5）虾衣花 **Justicia brandegeeana** Wasshausen et L. B. Smith

中国南部。

墨西哥、美国。

（6）九头狮子草 **Peristrophe japonica** (Thunberg) Bremekamp

李洪钧 5396，3094；喻勋林 91344；祝艳、陈韶军 2165803；Anonymouss.n. 无采集号；周辉、周大松 15063001；武陵队 2324；李杰 52222-9140828240LY；肖艳、李春、张成 LS-276；杨泽伟 522226191005005LY

芷江。

河南伏牛山以南，东至江苏、台湾，西南至四川、贵州。

日本。

4. 芦莉草属 Ruellia Linnaeus（1:1:0）

（1）蓝花草 **Ruellia simplex** C.Wright

墨西哥、欧洲、日本。

5. 马蓝属 Strobilanthes Blume（15:15:0）

（1）翅柄马蓝 **Strobilanthes atropurpurea** Nees

李洪钧 7203，4102；曹铁如 90257，90402；肖艳、莫海波、张成、刘阿梅 LS-699；张代贵 zdg1240

桑植、印江、咸丰、恩施。

江西、湖北、湖南、福建、广西、贵州、四川、重庆、云南、西藏。

尼泊尔、不丹。

（2）华南马蓝 **Strobilanthes austrosinensis** Y. F. Deng et J. R. I. Wood

江西、湖南、广东、广西。

（3）湖南马蓝 **Strobilanthes biocullata** Y. F. Deng et J. R. I. Wood

湖南、广东、广西。

（4）奇瓣马蓝 **Strobilanthes cognata** Benoist

桑植。

贵州、湖南、湖北。

（5）板蓝 **Strobilanthes cusia** (Nees) Kuntze

广东、海南、香港、台湾、广西、云南、贵州、四川、福建、浙江。

孟加拉国、印度东北部、缅甸、喜马拉雅山脉等地至中南半岛。

（6）球花马蓝 **Strobilanthes dimorphotricha** Hance

李洪钧 9344；肖艳、赵斌 LS-2415；肖艳、莫海波、张成、刘阿梅 LS-722；刘林翰 9951，8328；吴磊、刘文剑、邓创发、宋晓飞 8716；刘文剑、邓创发、张茜茜 19092991；周辉、周大松 15080437；杨泽伟 522226190501006LY；杨流秀、贾安静 72

永顺、慈利、石门。

湖南、湖北、四川、西藏、云南、贵州、广西。

越南至印度。

（7）腺毛马蓝 *Strobilanthes forrestii* Diels

云南。

（8）南一笼鸡 *Strobilanthes henryi* Hemsley

湖南、湖北、四川、重庆、贵州、云南、西藏。

（9）日本马蓝 *Strobilanthes japonica*（Thunberg）Miquel

湖南省队 563；20090702055

四川、贵州。

日本。

（10）薄叶马蓝 *Strobilanthes labordei* H. Leveille

周辉、周大松 15080405；吉首大学生物资源与环境科学学院 GWJ20180712_0351

贵州、广西。

（11）野芝麻马蓝 *Strobilanthes lamium* C. B. Clarke ex W. W. Smith

雷开东 4331271408261069

鹤峰、五峰。

湖北。

（12）薄萼马蓝 *Strobilanthes latisepala* Hemsley

湖北。

（13）少花马蓝 *Strobilanthes oligantha* Miquel

肖艳、莫海波、张成、刘阿梅 LS-638；粟林 4331261407060421，4331261406060106；向晟、藤建卓 JS20180819_0944；张代贵 zdg140722903，4331221510190574LY，4331221606080402LY；罗长庚 558；雷开东 4331271407220655

桑植、慈利。

福建、江西、湖南、安徽、浙江。

日本。

（14）圆苞马蓝 *Strobilanthes penstemonoides*（Nees）T. Anderson

云南、西藏。

（15）安龙马蓝 *Strobilanthes sinica*（H. S. Lo）Y. F. Deng

保靖。

贵州、湖南。

二百一十、紫葳科 Bignoniaceae（3:5）

1. 凌霄属 Campsis Loureiro（2:2:0）

（1）凌霄 *Campsis grandiflora*（Thunberg）Schumann

李洪钧 4691；李恒、彭淑云等 2004；李学根 204439；桑植县林科所 1162；普查队 226；采集组 560#

长江流域各地区、河北、山东、河南、福建、广东、广西、陕西、台湾。

日本、越南、印度、西巴基斯坦。

（2）厚萼凌霄花 *Campsis radicans*（Linnaeus）Seemann

我国各地。

北美洲。

2. 梓属 Catalpa Scopoli（2:2:0）

（1）灰楸 *Catalpa fargesii* Bureau

钟补求 583；刘林翰 1467，1467，9361；沈中瀚 018216，1296；廖衡松 15824；雷开东 4331271404300111；P.W.Sweeney&D.G.ZhangPWS 3040；祈承经 3675

陕西、甘肃、河北、山东、河南、湖北、湖南、广东、广西、四川、贵州、云南。

（2）梓 *Catalpa ovata* G. Don

杨昌胜 18；刘克明、周磊等 SCSB-HN-1360；朱国兴 38；雷开东 4331271408271148

永顺、桑植、宣恩。

东北地区、华北地区、华中地区、西南地区。

日本。

3. 菜豆树属 Radermachera Zollinger & Moritzi（1:1:0）

（1）菜豆树 *Radermachera sinica*（Hance）Hemsley

台湾、广东、广西、贵州、云南。

不丹。

二百一十一、马鞭草科 Verbenaceae（3:6）

1. 马鞭草属 Verbena Linnaeus（4:4:0）

（1）美女樱 *Glandularia × hybrida*（Groenland & Rümpler）G.L.Nesom & Pruski

北京、福建、广东、广西、湖北、黑龙江、江苏、江西、四川、新疆、浙江。

（2）细叶美女樱 *Glandularia tenera*（Sprengel）Cabrera

北京、福建、广东、黑龙江、江苏、江西、台湾、浙江。

（3）柳叶马鞭草 *Verbena bonariensis* Linnaeus

南美洲、北美洲。

（4）马鞭草 *Verbena officinalis* Linnaeus

朱太平等 2728，1779，1349，2020；武陵山考察队 2621，3250；李洪钧 4863，2977；刘林翰 9352；李学根 204810

芷江、凤凰、沅陵、永顺、龙山、石门、石阡、德江、松桃、鹤峰、宣恩。

全国各地。

全世界温带至热带地区。

2. 马缨丹属 Lantana Linnaeus（1:1:0）

（1）马缨丹 *Lantana camara* Linnaeus

90-2-10703001

台湾、福建、广东、广西。

世界热带地区。

3. 过江藤属 Phyla Loureiro（1:1:0）

（1）过江藤 *Phyla nodiflora*（Linnaeus）E. L. Greene

张银山 522223150807036LY

江苏、江西、湖北、湖南、福建、台湾、广东、四川、贵州、云南、西藏。

全世界的热带、亚热带地区。

二百一十二、青荚叶科 Helwingiaceae（1:5）

1. 青荚叶属 Helwingia Willdenow（5:5:0）

（1）中华青荚叶 *Helwingia chinensis* Batalin

张志松、闵天禄、许介眉、党成忠、周竹禾、肖心楠、吴世荣、戴金荣、唐玉顺 401327 李洪钧 8849，6691，591；刘林翰 1598；生态 574；李衡 522227160527074LY；姜如碧 82-52；张代贵 071918；贺海生 080501040

芷江、永顺、石门、石阡、印江、鹤峰。

陕西、甘肃、四川、湖北、湖南、贵州、云南。

缅甸。

（2）西域青荚叶 *Helwingia himalaica* J. D. Hooker et Thomson ex C. B. Clarke

张志松、闵天禄、许介眉、党成忠、周竹禾、肖心楠、吴世荣、戴金荣、唐玉顺 400999；川经涪 3330；朱太平、刘忠福 805；姜如碧 82-52；朱太平、刘忠福 1897；湖南省队 326；L.H.Liu 1598；李洪钧 3244，5219，5537

芷江、永顺、龙山、桑植、石门、石阡、江口、印江、松桃、鹤峰、宣恩。

湖北、湖南、贵州、四川、云南、西藏。

越南、缅甸、印度、尼泊尔、不丹。

（3）青荚叶 *Helwingia japonica*（Thunberg）F. Dietrich

张志松、闵天禄、许介眉、党成忠、周竹禾、肖心楠、吴世荣、戴金荣、唐玉顺 400672，400581，400715；钟补勤 1046；朱太平、刘忠福 1324，372；辛树帜 51103；聂敏祥、李启和；方明渊 24222；付口勋、张志松 1251

花垣、龙山、桑植、石门、石阡、印江、松桃、黔江、酉阳、秀山、咸丰、来凤、鹤峰、宣恩。

黄河流域以南各地区。

日本。

（4）白粉青荚叶 *Helwingia japonica* var. *hypoleuca* Hemsley ex Rehder

方明渊 24222，24347；聂敏祥、李启和 1251；李洪钧 3374，3741，2753；廖衡松 15873；贵州省队 310；肖艳、赵斌 LS-2294；田代科、肖艳、李春、张成 LS-1866

陕西、湖北、贵州、四川、云南。

（5）峨眉青荚叶 *Helwingia omeiensis*（W. P. Fang）H. Hara et S. Kurosawa

黔北队 1324，1896，1324 李学根 204406；李洪钧 8849，3244；徐小东等 150765；黔北 1896；中美联合考察队 1361

吉首、桑植、石门、石阡、印江、咸丰、来凤、宣恩。

湖北、湖南、广西、贵州、云南、四川。

二百一十三、冬青科 Aquifoliaceae（1:44）

1. 冬青属 Ilex Linnaeus（44:44:0）

（1）满树星 *Ilex aculeolata* Nakai

中南林学院 47；80 级学生 1 班 047；滕方玲 16101857；胡春 170；周芳芳 070716056；胡育文 860259；张代贵 4331221605090374LY；邓涛 070505038

新晃、芷江、鹤城、凤凰、沅陵、桑植。

江西、广东、湖南、广西、贵州。

（2）秤星树 *Ilex asprella*（Hooker & Arnott）Champion ex Bentham

张志松、付国勋 1319

浙江、江西、福建、台湾、湖南、广东、广西、香港。

菲律宾群岛。

（3）刺叶冬青 *Ilex bioritsensis* Hayata

张志松 400657，400600；李洪钧 6041，8790，4229，5619；曹铁如 090334；刘林翰 1833；肖艳、赵斌 LS-2241；安明态 950061

江口、印江、德江、龙山、桑植、黔江。

湖北、四川、云南、贵州、湖南、台湾。

（4）华中枸骨 *Ilex centrochinensis* S. Y. Hu

傅国勋 1240；李洪钧 6080；田代科，肖艳，陈岳 LS-1235；张代贵 2115；谷忠村 0149-4；田代科、肖艳、李春、张成 LS-1890；98-3105-2

恩施。

湖北、四川、安徽。

（5）凹叶冬青 *Ilex championii* Loesener

龙山、永顺、保靖、花垣、凤凰、泸溪、古丈、吉首、梵净山。

贵州、湖南、广西、广东、江西、福建。

（6）冬青 *Ilex chinensis* Sims

生态 WF478；祝艳、陈韶军等 2166123；宿秀江、刘和兵 433125DO0090811022；祝艳、陈韶军等 2166123；李雄、邓创发、李健玲 19061674；向晟、藤建卓 JS20180828_1182；麻超柏、石琳军 HY20181214_1264；周辉、周大松 15070115；兰嘉伟 GZ20180625_7184

花垣、保靖、宣恩、鹤丰。

江苏、安徽、浙江、江西、福建、台湾、河南、湖北、湖南、广东、广西、云南。

（7）纤齿枸骨 *Ilex ciliospinosa* Loesener

李洪钧 4229，6071

鹤峰。

湖北、四川、云南、西藏。

（8）珊瑚冬青 *Ilex corallina* Franchet

张志松 401695，401666，402473，401652；张志松等 402506；李洪钧 6099，3286，3285，3164；杨保民 2966

龙山、永顺、保靖、花垣、凤凰、泸溪、古丈、吉首、江口、印江、德江、沿河、黔江、酉阳、秀山、来凤、鹤峰、宣恩。

（9）刺叶珊瑚冬青 *Ilex corallina* var. *loeseneri* H. Léveillé ex Rehder

四川、贵州、云南。

（10）枸骨 *Ilex cornuta* Lindley et Paxton

生科 WF008；生态 2；刘克明等 SCSB-

HN-0536；郑家仁 80351

江苏、上海、安徽、浙江、江西、湖北、湖南、云南。

欧美。

（11）齿叶冬青 *Ilex crenata* Thunberg

安徽、浙江、江西、福建、台湾、湖北、湖南、广东、广西、海南、山东。

日本、朝鲜。

（12）龙里冬青 *Ilex dunniana* H. Léveillé

龙成良 87288；彭春良 86219，86466，86477，86219；廖博儒 246；肖定春 80317

来凤、宣恩、咸丰。

湖北、四川、贵州、云南。

（13）显脉冬青 *Ilex editicostata* Hu & T. Tang

钟补勤 1045；李洪钧 6070；李雄、邓创发、李健玲 19061448；廖博儒 317；中美联合考察队 1706；李永康 8110

桑植、梵净山。

湖北、四川、贵州、湖南、广西、广东、江西、浙江。

（14）厚叶冬青 *Ilex elmerrilliana* S. Y. Hu

张志松 400770；徐小东等 150846

江口。

安徽、浙江、福建、江西、湖南、广东、云南。

（15）狭叶冬青 *Ilex fargesii* Franchet

湖南省队 755；李洪钧 8494；肖艳、李春、张成 LS-388；吴磊、宋晓飞 9282；祁、沈、林 755；张志松 400606，401310；简焯坡 30728；钟补勤 946

湘西北、梵净山、鹤峰。

甘肃、陕西、湖北、四川、贵州、湖南、广西。

（16）榕叶冬青 *Ilex ficoidea* Hemsley

张志松等 401619；李洪钧 7209；刘林翰 8560；沈泽昊 HXE025；张代贵 080714023；许少迪 080714XSD004；龙成良 87317，120309；沈中瀚 00987；刘克旺 30041

永顺、桑植、江口、梵净山、咸丰、来凤、宣恩。

湖北、四川、云南、贵州、湖南、广西、广东、江西、福建、浙江、海南、台湾。

（17）台湾冬青 *Ilex formosana* Maximowicz

张志松 400709；沈中瀚 1019；李洪钧 7209；喻勋林 91711；简焯坡 32499

印江、沅陵、永顺。

浙江、台湾、福建、江西、广东、广西、湖南、贵州、四川、云南。

（18）康定冬青 *Ilex franchetiana* Loesener var. *franchetiana*

聂敏祥、李启和 1250；李洪钧 3942，4134，8794，8795，6074，6070，8794，6076；聂敏祥 1250

梵净山、鹤峰、恩施。

湖北、四川、贵州、云南、西藏。

（19）海南冬青 *Ilex hainanensis* Merrill

安明态 SQ-1180

广东、广西、海南、贵州、云南。

（20）硬毛冬青 *Ilex hirsuta* C. J. Tseng ex S. K. Chen et Y. X. Feng

李洪钧 7881，7387；吉首大学生物资源与环境科学学院 GWJ20170610_0161；沈中瀚 01218；林亲众 00423；廖博儒 8265；中南队 0208；彭春良 86188；朱太平、刘忠福 1834，1067

芷江、永顺。

湖北、湖南、江西。

（21）细刺枸骨 *Ilex hylonoma* Hu & T. Tang

李洪钧 2440，9341；刘克旺 30102；林亲众 00412；沈中瀚 01118；张代贵 00521；谷忠村 82-0102；陈功锡 663，604

四川、贵州。

（22）中型冬青 *Ilex intermedia* Loesener

李洪钧 2440；刘林翰 1671；L.H.Liu 1671；钟 946

梵净山。

江西、湖北、四川、贵州。

（23）扣树 *Ilex kaushue* S. Y. Hu

刘正宇 2023202

保靖、来凤。

湖北、湖南、广东、广西、海南、四川、云南。

（24）大叶冬青 *Ilex latifolia* Thunberg

祝艳、陈韶军等2165546；李洪钧9341；喻勋林91305，91572；贺海生080501024；姚红522222140505004LY

来凤。

江苏、安徽、浙江、江西、福建、河南、湖北、广西、云南。

日本。

（25）矮冬青 *Ilex lohfauensis* Merrill

黔北队506

梵净山。

安徽、浙江、江西、福建、广东、香港、广西、贵州。

（26）大果冬青 *Ilex macrocarpa* Oliver

张志松等402516；李洪钧5377；徐小东、李建瑞、张燕等150591；刘林翰9947，10068，9145，8382；李学根204168；湖南省队972；武陵队40

凤凰、沅陵、保靖、花垣、龙山、桑植、武陵源、石门、松桃、秀山、来凤。

安徽、湖北、四川、云南、贵州、湖南、广西、广东。

日本、朝鲜。

（27）长梗冬青 *Ilex macrocarpa* var. *longipedunculata* S. Y. Hu

方明渊24452 傅国勋1523；杨一光3053；武夷山考察队1401；杨保民2057；刘林翰1626；李丙贵、万绍宾750263；湖南省队419；谷忠村594；张志松402516

江苏、安徽、浙江、湖北、湖南、广西、四川、贵州、云南。

（28）大柄冬青 *Ilex macropoda* Miquel

刘林翰1849；田代科、肖艳、陈岳LS-1003；刘克旺30115；吉首大学生物资源与环境科学学院GWJ20180712_0091，GWJ20180712_0090；谷忠村043，044；曹铁如90353；彭春良、龙成良120473；廖衡松16059

龙山、桑植、武陵源、鹤峰、宣恩。

安徽、浙江、江西、湖南、湖北。

（29）河滩冬青 *Ilex metabaptista* Loesener

李洪钧4849，6430 肖艳、莫海波、张成、刘阿梅LS-874；李雄、邓创发、李健玲19061373；

雷开东4331271408060829；黎明罗金龙15060603；龙成良87180；彭水队500243-003-123-01；谷忠村19940712645；蓝开敏82-0125

鹤峰、宣恩、来凤。

湖北、广西、四川、贵州、云南。

（30）紫金牛叶冬青 *Ilex metabaptista* var. *bodinieri*（Loesener）G. Barriera

秀山。

贵州、四川。

（31）小果冬青 *Ilex micrococca* Maximowicz

刘林翰9530；沈中翰1141，1239；谭沛祥60952，60926；李洪钧4555，3399；中美联合考察队1946；杨业勤、徐友源81-02991；曹铁如、龙成良850438

芷江、永顺、印江、松桃、咸丰、来凤、鹤峰、宣恩、五峰。

安徽、浙江、江西、湖南、湖北。

（32）具柄冬青 *Ilex pedunculosa* Miquel

傅国勋1388，1355，1353；聂敏祥1388；李启和、聂敏祥1355；李洪钧4156；刘林翰9059，9059，9017

桑植、石门、江口、印江、咸丰、鹤峰、宣恩。

辽宁、陕西、湖北、四川、贵州、广西、湖南、江西、浙江、安徽、台湾。

日本。

（33）五棱苦丁茶 *Ilex pentagona* S. K. Chen

田代科、肖艳、陈岳LS-1393；宿秀江、刘和兵433125D00110813082；喻勋林1618，91305；邓涛035；保靖林业局92；龙成良87269；张代贵080501041；贺河生080506004；沈中瀚01387

保靖。

湖南、广西、贵州、云南。

（34）猫儿刺 *Ilex pernyi* Franchet

方明渊24346；李洪钧5609，2590，8234；李丙贵、万绍宾750057；湖南省队682；生态WF115；杨龙Fx－1；廖博儒0378；蔡平成20255

桑植、梵净山、黔江、酉阳、秀山、咸丰、鹤峰、宣恩。

秦岭以南各地区。

（35）黔灵山冬青 *Ilex qianlingshanensis* C. J. Tseng

中美联合考察队 2213A，2329，1051；Sino-American Guizhou Botanical Expedition 2359，2213A，1051

松桃、江口。

贵州。

（36）铁冬青 *Ilex rotunda* Thunberg

麻超柏、石琳军 HY20180811_0966；向晟、藤建卓 JS20181206_1234；L.H.Liu 9854；谷忠村 173；雷开东 4331271406020519；张代贵 zdg4331270112；林亲众 00440；蓝开敏 98-01271；武陵山考察队 1026；黔北队 1186

保靖、慈利、梵净山、德江。

长江流域以南各地区、台湾。

朝鲜、日本。

（37）中华冬青 *Ilex sinica*（Loesener）S. Y. Hu

李洪钧 6757，4196

武陵源。

湖南、广西、云南。

（38）香冬青 *Ilex suaveolens*（H. Leveille）Loesener

杜大华 4064；刘林翰 9017；武陵考察队 1852；王玉兵 WF478；酉阳队 500242-464；喻勋林、冯思 15081402；简焯坡 30516；彭春良 86389；蔡平成 20014

龙山、永顺、保靖、花垣、凤凰、泸溪、古丈、吉首、印江、松桃、秀山、来凤、鹤峰、宣恩。

（39）四川冬青 *Ilex szechwanensis* Loesener

张志松 400477；姜如碧 82-69；聂敏祥等 1227；李启和、聂敏祥 1220；付国勋、张志松 1227；李洪钧 4880，5271，4133，5271

新晃、沅陵、武陵源、石阡、江口、松桃、黔江、来凤、宣恩。

陕西、湖北、四川、云南、贵州、湖南、广西、广东、江西、安徽。

（40）灰叶冬青 *Ilex tetramera*（Rehder）C. J. Tseng

梵净山。

四川、贵州、云南、广西、广东、江西、江苏。

（41）三花冬青 *Ilex triflora* Blume

张志松等 402265；聂敏祥、李启和 01227；李洪钧 4880，7066，7106，7151，7388；刘林翰 9392；蔡平成 20256

新晃、芷江、永顺、石门、江口、松桃、来凤。

江苏、福建、江西、湖南、广东、广西、云南、贵州、四川、湖北。

越南、印度、马来西亚、印度尼西亚。

（42）绿叶冬青 *Ilex viridis* Champion ex Bentham

宣恩。

安徽、浙江、江西、福建、湖北、广东、广西、海南、贵州。

（43）尾叶冬青 *Ilex wilsonii* Loesener

黔北队 769；李洪钧 4196，6757；张桂才等 586；武陵考察队 623；生态 WF505；彭春良 86112，120287；王金敖 255；武陵山考察队 325

沅陵、永顺、石阡、江口、松桃、鹤峰、宣恩。

安徽、江苏、浙江、台湾、福建、江西、湖北、湖南、贵州、四川。

（44）云南冬青 *Ilex yunnanensis* Franchet

李洪钧 8299，8295，8293；吉首大学生物资源与环境科学学院 GWJ20170610_0236，GWJ-20170610_0237，GWJ20170610_0238；王育民 0347；中美联合考察队 415B；武陵山考察队 2960，764

石阡、江口、鹤峰。

陕西、湖北、四川、贵州、云南、西藏。

二百一十四、桔梗科 Campanulaceae（7:22）

1. 沙参属 Adenophora Fischer（7:7:0）

（1）丝裂沙参 *Adenophora capillaris* Hemsley

桑植县林科所 1475，1475；肖艳、赵斌 LS-2211；田代科、肖艳、李春、张成 LS-1853；刘文剑、宋晓飞、张茜茜 19092747；周辉、周大松 15091416；刘林翰 17553，7541，17733；吉首大学生物资源与环境科学学院 GWJ20170611_0431

石门、黔江、鹤峰。

湖北、陕西、四川、贵州。

（2）湖北沙参 *Adenophora longipedicellata* D. Y. Hong

田代科、肖艳、莫海波、张成 LS-2599

来凤。

湖北、贵州、四川。

（3）杏叶沙参 *Adenophora petiolata* subsp. *hunanensis*（Nannfeldt）D. Y. Hong & S. Ge

李恒、俞宏渊 4684；湘黔队 3657，3657；曹铁如 90324；周辉、周大松 15091119；唐海华 522229140816160LY；杨泽伟 522226191003-003LY；肖艳、龚理 LS-2967；喻勋林徐期瑚 2217；张代贵 4331221510190553LY

芷江、桑植、江口。

贵州、广西、广东、江西、湖南、湖北、四川、陕西、河南、山西、河北。

（4）中华沙参 *Adenophora sinensis* A. Candolle

安徽、江西、福建、广东、湖南。

（5）无柄沙参 *Adenophora stricta* subsp. *sessilifolia* D. Y. Hong

付国勋、张志松 1311；刘林翰 9915，9915；麻超柏、石琳军 HY20180809_0862；李洪钧 6635，6131，8004；傅国勋、张志松 1311；张代贵 zdg4331270099；周辉、周大松 15091435

芷江、凤凰、保靖、桑植、石门、石阡、印江、德江、黔江、鹤峰。

云南、四川、贵州、广西、湖南、湖北、河南、陕西、甘肃。

（6）聚叶沙参 *Adenophora wilsonii* Nannfeldt

李洪钧 6425，6425；张代贵 00182；徐亮 090808002

石门、鹤峰。

四川、陕西、湖北、贵州。

（7）小溪沙参 *Adenophora xiaoxiensis* D. G. Zhang，D. Xie & X. Y. Yi

湖南。

2. 金钱豹属 Campanumoea Blume（1:1:0）

（1）小花金钱豹 *Campanumoea javanica* subsp. *japonica*（Makino）D. Y. Hong

甘肃、安徽、浙江、江西、湖南、湖北、四川、贵州、福建、台湾、广东、广西。

3. 党参属 Codonopsis Wallich（5:5:0）

（1）银背叶党参 *Codonopsis argentea* P. C. Tsoong

潘承魁 522222160723089LY

梵净山。

（2）光叶党参 *Codonopsis cardiophylla* Diels ex Komarov Trudy

梵净山。

湖北、陕西、陕西。

（3）羊乳 *Codonopsis lanceolata*（Siebold et Zuccarini）Trautvetter

喻勋林 91893；植被调查队 691；杨彬 070720011

永顺、桑植。

东北地区、华北地区、华东地区、中南地区。

俄罗斯、朝鲜、日本。

（4）川党参 *Codonopsis pilosula* subsp. *tangshen*（Oliver）D. Y. Hong

李恒、彭淑云等 2023；曹铁如 90340；湖南省队 742；李雄、邓创发、李健玲 19061683；谭策铭、张丽萍、易桂花、胡兵、易发彬 031

永顺、桑植、石门、鹤峰、宣恩。

四川、贵州、湖南、湖北、陕西。

（5）管花党参 *Codonopsis tubulosa* Komarov

贵州、四川、云南。

缅甸。

4. 轮钟草属 Cyclocodon Griffith（1:1:0）

（1）轮钟花 *Cyclocodon lancifolius*（Roxburgh）Kurz

肖艳、李春、张成 LS-235；肖艳、莫海波、张成、刘阿梅 LS-707；张成、张博 JS20160102_0004；吴磊、宋晓飞 9312；吴磊、刘文剑 9031，9031B，9031A；吴磊、邓创发 9032；吴磊、刘文剑、邓创发、宋晓飞 8802A；刘文剑、邓创发、张茜茜 19092987

云南、四川、贵州、湖北、湖南、广西、广东、福建、台湾。

印度尼西亚、菲律宾、越南、柬埔寨、缅甸。

5. 半边莲属 Lobelia Linnaeus（3:3:0）

（1）半边莲 *Lobelia chinensis* Loureiro

李洪钧 5334，2874；刘林翰 9596，1463，1201，1501；李学根 203919；林祁 768；武陵队 932，2219

新晃、芷江、花垣、永顺、江口、鹤峰、宣恩。

长江中下游及以南各地区。

印度以东的亚洲其他各国。

（2）江南山梗菜 *Lobelia davidii* Franchet

李洪钧 4382；曹铁如 90611；原标本记录不详鄂 2565；廖博儒 1222；林亲众 140019；桑植县林科所 1222；肖艳、龚理 LS-3002；向晟、藤建卓 JS20180814_0863；杨泽伟 522226190809002LY

桑植、石阡、黔江、鹤峰。

福建、江西、浙江、安徽、湖南、湖北、四川、贵州、云南、广西、广东。

（3）铜锤玉带草 *Lobelia nummularia* Lamarck

李洪钧 9068，4281；刘林翰 9777；李学根 204955，204955；肖艳、莫海波、张成、刘阿梅 LS-807；宿秀江、刘和兵 433125D00070806004；李雄、邓创发、李健玲 19061328；李晓腾 070720010；杨泽伟 522226191005025LY

永顺、江口。

西南地区、华南地区、华东地区、湖南、湖北、台湾、西藏。

印度、尼泊尔、缅甸至巴布亚新几内亚。

6. 袋果草属 Peracarpa Hooker f. & Thomson（2:2:0）

（1）西南山梗菜 *Lobelia seguinii* H. Léveillé & Vaniot

湖北、四川、重庆、贵州、云南、台湾、广西。

（2）袋果草 *Peracarpa carnosa*（Wallich）J. D. Hooker et Thomson

湘黔队 2811，2811；刘林翰 1565；桑植县林科所 679，600；章伟、李永权、汪惠峰 ANUB00783；P.W.Sweeney&D.G.ZhangPWS 2680；肖艳、周建军 LS-021；喻勋林，罗金龙 16061702；雷开东 4331271405060297

永顺、桑植。

西藏、云南、四川、贵州、湖北、江苏、浙江、台湾。

克什米尔地区、尼泊尔、不丹、印度东部、泰国、菲律宾、日本、俄罗斯远东地区。

7. 桔梗属 Platycodon A. Candolle（1:1:0）

（1）桔梗 *Platycodon grandiflorus*（Jacquin）A. Candolle

曹铁如 90273，090273；武陵队 897，1814，897，1814；鲁道旺 522222160715001LY；杨彬 070720009；李杰 5222291610121269LY；吉首大学生物资源与环境科学学院 GWJ20180712_0049

新晃、芷江、咸丰。

东北地区、华北地区、华东地区、华中地区、广东、广西、贵州、云南、四川、陕西。

朝鲜、日本、俄罗斯西伯利亚地区东部。

8. 异檐花属 Triodanis Rafinesque（1:1:0）

（1）穿叶异檐花 *Triodanis perfoliata*（Linnaeus）Nieuwland

安徽、浙江、福建、台湾。

9. 蓝花参属 Wahlenbergia Schrad. ex Roth（1:1:0）

（1）蓝花参 *Wahlenbergia marginata*（Thunberg）A. Candolle

朱太平、刘忠福 1581；李洪钧 7181，5360；

桑植县林科所 818；刘林翰 1463；武陵队 2215，736；谭沛祥 60881；北京队 001834；粟林 4331261404200055

芷江、沅陵、花垣、永顺、龙山、江口、松桃、来凤、宣恩。

长江流域以南各地区。

亚洲热带、亚热带地区广泛分布。

二百一十五、睡菜科 Menyanthaceae（1:1）

1. 荇菜属 Nymphoides Seguier

（1）荇菜 *Nymphoides peltata*（S. G. Gmelin）Kuntze

农田杂草调查组 34

龙山。

全国各地。

欧洲中部、俄罗斯、蒙古、伊朗、印度、克什米尔地区、朝鲜、日本。

二百一十六、菊科 Asteraceae（94:297）

1. 蓍属 Achillea Linnaeus（1:1:0）

（1）云南蓍 *Achillea wilsoniana*（Heimerl ex Handel–Mazzetti）Heimerl

邓涛 141；曹铁如 090360；杨顺海 436；张代贵 YH060920271；王岚 522223140402002 LY；李洪钧 6857，11432，7655，5573；王映明应 459

保靖、桑植、新晃、玉屏、鹤峰、恩施、咸丰、来凤。

云南、四川、贵州、湖南、湖北、河南、山西、陕西、甘肃。

2. 和尚菜属 Adenocaulon Hooker（1:1:0）

（2）和尚菜 *Adenocaulon himalaicum* Edgeworth

李洪钧 8182，6465，5536，6465，9125；吴仕彦 522230191124021LY；Ho–Chang Chow 1144；植化室样品凭证标本 127，s.n.；张燕 2014052108154

桑植、万山、鹤峰、恩施。

全国各地。

日本、朝鲜、印度、俄罗斯远东地区。

3. 下田菊属 Adenostemma J. R. Forster & G. Forster（2:2:0）

（1）下田菊 *Adenostemma lavenia*（Linnaeus）Kuntze

杨泽伟 522226191004001LY；安明先 3729，3848；刘林翰 9850；姚卫红 朱利民 16101906；李洪钧 6464

永顺、德江、鹤峰。

江苏、浙江、安徽、福建、台湾、广东、广西、江西、湖南、贵州、四川、云南。

印度、中南半岛、菲律宾、日本琉球群岛、朝鲜、澳大利亚。

（2）宽叶下田菊 *Adenostemma lavenia* var. *latifolium*（D. Don）Handel–Mazzetti

肖简文 5925；张代贵 zdg1410051392，zdg4–331270084，YH081103046，YH101025049，zdg1–410051392+1；雷开东 4331271410051392；李永康 8069；安明先 3934

永顺、吉首、江口、德江、沿河。

福建、台湾、广东、广西、湖北、湖南、四川、云南、西藏。

在日本、朝鲜、印度、中南半岛。

4. 藿香蓟属 Ageratum Linnaeus（1:1:0）

（1）藿香蓟 *Ageratum conyzoides* Linnaeus

刘正宇、张军等 RQHZ06564；李振宇、范晓虹、于胜祥、张华茂、罗志萍 RQHZ10654；腾方玲 16101703，16101754；姚卫红 朱利民 16101957；周辉、周大松 15080502；张代贵

4331221607190908LY；肖艳、李春、张成 LS-191；宿秀江、刘和兵 433125D00030810023；粟林 4331261409070668

吉首、永顺、武陵山区、泸溪、龙山、酉阳。

广东、广西、云南、贵州、四川、江西、福建。

5. 兔儿风属 Ainsliaea Candolle（9:9:0）

（1）马边兔儿风 *Ainsliaea angustata* Chang

四川、陕西、甘肃。

（2）杏香兔儿风 *Ainsliaea fragrans* Champion ex Bentham

李洪钧 9318；北京队 152；刘林翰 9503；武陵队 1494；卢峰 522230191123022LY；刘燕 522226190421002LY；邓南林 126；李衡 5222-27162523028LY；张代贵 zdg9833，43312215102-60711LY

永顺、泸溪、芷江、沅陵、德江、万山、印江。

台湾、福建、浙江、安徽、江苏、江西、湖北、四川、湖南、广东、广西。

（3）四川兔儿风 *Ainsliaea glabra* var. *sutchuenensis*（Franchet）S. E. Freire Ann. Missouri

湖南、江西、福建。

（4）纤枝兔儿风 *Ainsliaea gracilis* Franchet

武陵山考察队 109；北京队 1006；周辉、周大松 15091412；简焯坡 30988

武陵山区、永顺、松桃、印江。

贵州、四川、湖北、湖南、广西、广东、江西。

（5）粗齿兔儿风 *Ainsliaea grossedentata* Franchet

B.Bartholomew、D.E.Boufford、Q.H.Chen et al. 1289；王映明 6231；李洪钧 5242，4129，3905，6867，8113；桑植县林科所 1633；湘黔队 3456；曹铁如 90201

桑植、印江、宣恩、鹤峰。

四川、贵州、湖北、湖南、广西、江西。

（6）长穗兔儿风 *Ainsliaea henryi* Diels

B.Bartholomew、D.E.Boufford、Q.H.Chen et al. 623；湘黔队 2605，002605，3503；李丙

贵 万绍宾 750078；桑植县林科所 948；杨泽伟 522226191005011LY；中美梵净山调查队 623；李洪钧 2791；滕方玲 16110770

桑植、江口、印江、宣恩、恩施。

云南、贵州、四川、湖北、湖南、广西、广东、海南、福建、台湾。

（7）灯台兔儿风 *Ainsliaea kawakamii* Hayata

浙江

（8）宽叶兔儿风 *Ainsliaea latifolia*（D. Don）Schultz Bipontinus

陈世贵 522623150911404 LY；周建军、周辉 14041801；杨泽伟 522226190809012LY

石门、印江。

西藏、四川、贵州、广西、海南。

（9）三脉兔儿风 *Ainsliaea trinervis* Y. C. Tseng Acta

贵州、广西、广东、江西、福建。

6. 豚草属 Ambrosia Linnaeus（1:1:0）

（1）豚草 *Ambrosia artemisiifolia* Linnaeus

长江流域。

7. 香青属 Anaphalis Candolle（7:7:0）

（1）黄腺香青 *Anaphalis aureopunctata* Lingelsheim & Borza

李洪钧 4766，7164，8081；李恒等 1426；刘林翰 9801；中美梵净山调查队 648；湘黔队 2735；简焯坡、张秀实等 30744；朱太平、刘忠福 2332；田代科、肖艳、陈岳 LS-1130

永顺、保靖、龙山、江口、印江、沿河、宣恩、来凤、鹤峰。

我国西北部、北部、西部、中部、西南部地区。

（2）车前叶黄腺香青 *Anaphalis aureopunctata* var. *plantaginifolia* F. H. Chen

湘黔队 2735；张代贵、王业清、朱晓琴 2188；刘林翰 09897

五峰、保靖、江口。

江西、湖北、湖南、四川。

（3）蛛毛香青 *Anaphalis busua*（Buchanan-Hamilton ex D. Don）Candolle

武陵队 1671；武陵山考察队 2313；王映明 6108，6177；壶瓶山考察队 A28

芷江、石门、鹤峰、咸丰。

西藏、云南、四川。

（4）珠光香青 *Anaphalis margaritacea*（Linnaeus）Bentham & J. D. Hooker

王映明 6491；李洪钧 7338；曹铁如 90318；雷开东 4331271509121664；刘林翰 9910；王金敖 146；谭士贤 393；王岚 522227160531067LY；安明态 SQ-0593；张银山 522223150503035 LY

桑植、永顺、保靖、德江、石阡、玉屏、黔江、酉阳、咸丰、来凤。

中部、印度、日本、朝鲜、俄罗斯远东地区、美洲北部。

（5）线叶珠光香青 *Anaphalis margaritacea* var. *angustifolia*（Franchet & Savatier）Hayata

李洪钧 7338，5952，9283，5852；简焯坡、张秀实等 32312；肖艳、赵斌 LS-2156

龙山、江口、来凤、鹤峰。

甘肃、陕西、四川、湖北、贵州、云南、西藏。

（6）黄褐珠光香青 *Anaphalis margaritacea* var. *cinnamomea*（Candolle）Herder ex Maximowicz

李良千 194；桑植县林科所 1240；张代贵、王业清、朱晓琴 2403；李洪钧 9049，5807，6329，5401，32016，5054；简焯坡、张秀实等 31305

桑植、印江、五峰、鹤峰、咸丰、宣恩。

（7）香青 *Anaphalis sinica* Hance

李洪钧 4766，7536；陈封怀 6902；壶瓶山考察队 1445；仇国华 129；林祁 758；赵佐成 88-1785，88-2534；中美梵净山调查队 2429；中美联合考察队 1702

石门、桑植、保靖、江口、德江、宣恩、鹤峰、咸丰。

朝鲜、日本。

8. 牛蒡属 Arctium Linnaeus（1:1:0）

（1）牛蒡 Arctium lappa Linnaeus

严金莲 174；武陵山考察队 2791；李衡 522227160708008LY；肖艳、赵斌 LS-2226；1953 年湘西调查队 0519；赵佐成 88-1665；赵佐成、马建生 2803；彭辅松 435；王业华 165；李杰 522229140828916LY

龙山、永顺、德江、石阡、松桃、黔江、酉阳、鹤峰、宣恩、五峰。

广泛分布于欧亚大陆。

9. 木茼蒿属 Argyranthemum Webb ex Sch. Bip.（1:1:0）

（1）木茼蒿 *Argyranthemum frutescens*（L.）Sch.-Bip

北非加那利群岛。

10. 蒿属 Artemisia Linnaeus（30:30:0）

（1）黄花蒿 *Artemisia annua* Linnaeus

彭辅松 432；王映明 6458；植化室样品凭证标本 552；李恒等 1411；宿秀江、刘和兵 433125D00150807055；田代科、肖艳、莫海波、张成 LS-2569；赵佐成 88-1700；赵佐成、马建生 3051；安明先 3580；张迅 522224161104049LY

桑植、永顺、保靖、龙山、石阡、德江、酉阳、黔江、咸丰、鹤峰。

加拿大、美国。

（2）奇蒿 *Artemisia anomala* S. Moore

武陵考察队 1886

芷江。

河南、江苏、浙江、安徽、江西、福建、台湾、湖北、湖南、广东、广西、四川、贵州。

（3）密毛奇蒿 *Artemisia anomala* var. *tomentella* Handel-Mazzetti

浙江、江西、湖北、湖南、广东、广西。

（4）艾 *Artemisia argyi* H. Léveillé & Vaniot

刘天俊 522222140430148LY；赵佐成 88-2567；李衡 522223140326059 LY；肖简文 5848；曹亚玲、溥发鼎 2941；彭辅松 1046，376；李衡 522227160607005LY

江口、德江、玉屏、沿河、鹤峰、来凤。

蒙古、朝鲜、苏联。

（5）暗绿蒿 *Artemisia atrovirens* Handel-Mazzetti Acta Horti

陕西、甘肃、安徽、浙江、江西、福建、河南、湖北、湖南、广东、广西、四川、贵州、云南。

（6）茵陈蒿 *Artemisia capillaris* Thunberg Nova Acta Regiae

武陵队 2433；湘西考察队 297，801；汪前生 3683，3344；黄威廉、屠玉麟 64-911；龙盛明 522223140331021 LY；中美梵净山调查队 2401；马叶青 522227160528001LY；张涛 522222140501052LY

芷江、慈利、泸溪、永顺、江口、德江、石阡、玉屏、沿河。

辽宁、河北、陕西、山东、江苏、安徽、浙江、江西、福建、台湾、河南、湖北、湖南、广东、广西、四川。

朝鲜、日本、菲律宾、越南、柬埔寨、马来西亚、印度尼西亚、苏联。

（7）青蒿 *Artemisia caruifolia* Buchanan-Hamilton ex Roxburgh

宿秀江、刘和兵 433125D00061003026；湘西调查队 0692；李娅芳 522227160524006LY；李衡 522227160523004LY；吉首大学生物资源与环境科学学院 GWJ20170611_0382；鲁道旺 522226200625003LY；张迅 5222301911117038LY

保靖、辰溪、古丈、万山、德江、印江。

吉林、辽宁、河北、陕西、山东、江苏、安徽、浙江、江西、福建、河南、湖北、湖南、广东、广西、四川、贵州、云南。

朝鲜、日本、越南、缅甸、印度、尼泊尔。

（8）南毛蒿 *Artemisia chingii* Pampanini Nuovo

李恒、彭淑云、俞宏渊 1476，1427；刘林翰 9660；桑植县林科所 1358，1454

永顺、保靖、桑植。

山西、陕西、甘肃、安徽、浙江、江西、河南、湖北、湖南、广东、广西、四川、贵州、云南。

（9）侧蒿 *Artemisia deversa* Diels

陕西、甘肃、四川、湖北。

（10）牡蒿 *Artemisia japonica* Thunberg Nova Acta Regiae

李洪钧 9050，7190；王映明 6389；赵佐成 88-1758，88-1886；赵佐成、马建生 2892；简焯坡等 31946；武陵山考察队 2908；安明先 3789；李恒、俞宏渊、彭淑云 1638

永顺、江口、石阡、酉阳、秀山、黔江、鹤峰、来凤、咸丰。

辽宁、河北、山西、陕西、甘肃、山东、江苏、安徽、浙江、江西、福建、台湾、河南、湖北、湖南、广东、广西、四川、贵州、云南、西藏。

日本、朝鲜、阿富汗、印度、不丹、尼泊尔、克什米尔地区、越南、老挝、泰国、缅甸、菲律宾、苏联。

（11）牛尾蒿 *Artemisia dubia* Wallich ex Besser

赵佐成、马建生 2915，2882，2941

酉阳。

内蒙古、甘肃、四川、云南、西藏。

（12）南牡蒿 *Artemisia eriopoda* Bunge

吉林、辽宁、内蒙古、河北、山西、陕西、山东、江苏、安徽、河南、湖北、湖南、四川、云南。

（13）牛尾蒿 *Artemisia dubia* Wallich ex Besser

赵佐成、马建生 2915，2882，2941

酉阳。

内蒙古、甘肃、四川、云南、西藏。

（14）五月艾 *Artemisia indica* Willdenow

桑植县林科所 1405；宿秀江、刘和兵 433125D00061104030；张代贵 06083050；粟林 4331261409070675，4331261409120794；李洪钧 9277，7435，4795；彭辅松 451；曹亚玲、溥发鼎 2941

桑植、保靖、古丈、沿河、鹤峰、来凤、宣恩、咸丰。

辽宁、内蒙古、河北、山西、陕西、甘肃、山东、江苏、浙江、安徽、江西、福建、台湾、河南、湖北、湖南、广东、广西、四川、贵州、云南、西藏。

日本、朝鲜、越南、老挝、柬埔寨、缅甸、泰国、菲律宾、新加坡、印度尼西亚、印度、巴基斯坦、尼泊尔、不丹、斯里兰卡、马来西亚。

（15）牡蒿 *Artemisia japonica* Thunberg Nova Acta Regiae

李洪钧 9050，7190；王映明 6389；赵佐成 88-1758，88-1886；赵佐成、马建生 2892；简焯坡等 31946；武陵山考察队 2908；安明先 3789；

李恒、俞宏渊、彭淑云 1638

永顺、江口、石阡、德江、酉阳、秀山、鹤峰、来凤、咸丰。

辽宁、河北、山西、陕西、甘肃、山东、江苏、安徽、浙江、江西、福建、台湾、河南、湖北、湖南、广东、广西、四川、贵州、云南、西藏。

日本、朝鲜、阿富汗、印度、不丹、尼泊尔、克什米尔地区、越南、老挝、泰国、缅甸、菲律宾、苏联。

（16）白苞蒿 *Artemisia lactiflora* Wallich ex Candolle

汪前生 3364；刘林翰 9930；路端正 810921；王映明 5401；彭辅松 合451；李洪钧 11419；赵佐成 88-1735；安明态 SQ-1084；李衡 5222-27160607007LY；湘黔队 2684

永顺、保靖、桑植、石阡、德江、江口、黔江、宣恩、鹤峰、咸丰。

陕西、甘肃、江苏、安徽、浙江、江西、福建、台湾，河南、湖北、湖南、广东、广西、四川、贵州、云南。

越南、老挝、柬埔寨、新加坡、印度、印度尼西亚。

（17）细裂叶白苞蒿 *Artemisia lactiflora* var. *incisa*（Pampanini）Y. Ling & Y. R. Ling

陕西、湖北、四川。

（18）矮蒿 *Artemisia lancea* Vaniot

湖南队 338；武陵考察队 1794；刘林翰 9934；王映明 6772，6361、6387；赵佐成、马建生 2922；朱太平、刘忠福 2692；黔北队 2692；雷开东 4331271408271147

永顺、保靖、芷江、德江、酉阳、咸丰、鹤峰。

黑龙江、吉林、辽宁、内蒙古、河北、山西、陕西、甘肃、山东、江苏、浙江、安徽、江西、福建、台湾、河南、湖北、湖南、广东、广西、四川、云南、贵州。

日本、朝鲜、印度、苏联。

（19）野艾蒿 Artemisia lavandulifolia Candolle

蒙古。

（20）蒙古蒿 *Artemisia mongolica*（Fischer ex Besser）Nakai

鲁道旺 522226191003004LY；黔北队 2358；鄂五峰队 10113；赵佐成、马建生 2815

沿河、印江、酉阳、五峰。

黑龙江、吉林、辽宁、内蒙古、河北、山西、陕西、宁夏、甘肃、青海、新疆、山东、江苏、安徽、江西、福建、台湾、河南、湖北、湖南、广东、四川、贵州。

蒙古、朝鲜、日本、苏联。

（21）魁蒿 *Artemisia princeps* Pampanini Nuovo

李恒等 1474；壶瓶山考察队 A186，1573；粟林 4331261409130896；李洪钧 5139，7435；王映明 6081；赵佐成、马建生 2915；黔北队 2873；简焯坡 31819

永顺、石门、古丈、芷江、德江、印江、酉阳、宣恩、来凤、鹤峰。

辽宁、内蒙古、河北、山西、陕西、甘肃、山东、江苏、安徽、江西、福建、台湾、河南、湖北、湖南、广东、广西、四川、贵州、云南。

日本、朝鲜。

（22）灰苞蒿 *Artemisia roxburghiana* Besser

吴磊、邓创发 9021；中美梵净山调查队 567，1925；彭辅松 4718

永定、江口、松桃、五峰。

陕西、甘肃、青海、湖北、四川、贵州、云南、西藏。

克什米尔地区、阿富汗、印度尼泊尔、泰国。

（23）红足蒿 *Artemisia roxburghiana* Besser

张代贵、王业清、朱晓琴 2688

五峰。

黑龙江、吉林、辽宁、内蒙古、河北、山西、山东、江苏、安徽、浙江、江西、福建。

朝鲜、日本、蒙古、苏联。

（24）猪毛蒿 *Artemisia scoparia* Waldstein & Kitaibel

湖南队 708；刘林翰 9634；湘西调查队 0708，00708

辰溪、保靖。

朝鲜、日本、伊朗、土耳其、阿富汗、巴基

斯坦、印度、苏联、欧洲。

（25）白莲蒿 *Artemisia stechmanniana* Bess.

武陵队 1104；张代贵 4331221510190562LY，130912011，YD20009，1019017；张迅 5222301-90126014LY

凤凰、泸溪、永顺、古丈、万山。

日本、朝鲜、蒙古、阿富汗、印度、巴基斯坦、尼泊尔、克什米尔地区、苏联。

（26）中南蒿 *Artemisia simulans* Pampanini

朱太平，刘忠福 2873

德江。

江西、安徽、浙江、福建、湖北、湖南、广东、广西、四川、贵州、云南。

（27）毛莲蒿 *Artemisia vestita* Wallich ex Bess.

B.Bartholomew，D.E.Boufford，Q.H.Chen et al. 2425。

江口。

甘肃、青海、新疆、湖北、广西、四川、贵州、云南、西藏。

（28）阴地蒿 *Artemisia sylvatica* Maximowicz

武陵山考察队 2278；武陵队 2278；李洪钧 9467，5139

芷江、宣恩、咸丰。

黑龙江、吉林、辽宁、内蒙古、河北、山西、陕西、甘肃、青海、山东、江苏、浙江、安徽、江西、河南、湖北、湖南、四川、贵州，云南。

（29）黄毛蒿 *Artemisia velutina* Pampanini

武陵队 1148，1808；武陵考察队 1808

凤凰、芷江。

山西、陕西、山东、江西、福建、河南、湖北、安徽、湖南、四川、云南、西藏。

（30）南艾蒿 *Artemisia verlotorum* Lamotte

唐海华 5222291605221131LY

松桃。

黑龙江、吉林、辽宁、内蒙古、河北、山西、陕西、甘肃、山东、江苏、浙江、安徽、江西、福建、台湾、河南、湖北、湖南、广东、广西、四川、云南、贵州。

11. 紫菀属 Aster Linnaeus（24:24:0）

（1）三脉紫菀 *Aster trinervius* subsp. *ageratoides*（Turczaninow）Grierson

田代科、肖艳、莫海波、张成 LS-2547；李恒、彭淑云、俞宏渊 1787；武陵队 1329；Sino-American Guizhou Botanicai Expedition 2381；安明先 3841；湘黔队 2729；赵佐成 88-1536；赵佐成，马建生 2806；李洪钧 8077；王映明 6926

龙山、永顺、凤凰、德江、石阡、江口、黔江、酉阳、鹤峰、五峰。

湖南、贵州、江西、湖北。

（2）坚叶三脉紫菀 *Aster ageratoides* var. *firmus*（Diels）Handel-Mazzetti

廖国藩、郭志芬 292

桃源。

湖北、湖南、陕西、四川、云南。

（3）狭叶三脉紫菀 *Aster ageratoides* var. *gerlachii*（Hance）C. C. Chang ex Y.Ling

肖艳、龚理 LS-3011

龙山。

广东、贵州。

（4）毛枝三脉紫菀 *Aster ageratoides* var. *lasiocladus*（Hayata）Handel-Mazzetti

张杰 4089；张代贵 091002084，YD20010；刘林翰 9894；肖艳、赵斌 LS-2513；简焯坡 32197，32315；安明先 3728；简焯坡、张秀实等 32020

吉首、保靖、古丈、龙山、江口、德江、思南、印江。

台湾、福建、江西、安徽、湖南、贵州、广西、广东、云南。

（5）宽伞三脉紫菀 *Aster ageratoides* var. *laticorymbus*（Vaniot）Handel-Mazzetti

粟林 4331261410030979；刘林翰 10050，09867；雷开东 4331271410041340；李洪钧 5094，8541，8466，9475；简焯坡、张秀实等 32197；赵佐成，马建生 2923

古丈、花垣、保靖、永顺、江口、酉阳、宣恩、鹤峰、咸丰。

陕西、湖北、湖南、江西、福建、安徽、广东、广西、贵州、四川。

（6）小花三脉紫菀 *Aster ageratoides* var. *micranthus* Ling

四川。

（7）垂茎三脉紫菀 *Aster ageratoides* var. *pendulus* W. P. Li & G. X. Chen

（8）微糙三脉紫菀 *Aster ageratoides* var. *scaberulus*（Miquel）Y. Ling

粟林 4331261409070632；李洪钧 9149，7316；中美联合考察队 1199；李永康 8242；中美梵净山调查队 2383；安明先 3841；简焯坡 30570

古丈、德江、江口、石阡、印江、咸丰、来凤。

江苏、安徽、江西、浙江、湖北、湖南、四川、贵州、广西、广东、福建、云南。

（9）小舌紫菀 *Aster albescens*（Candolle）Wallich ex Handel-Mazzetti

安明先 3684；周卯勤等 00606；李洪钧 5096，5094，4689，3852，7579；张代贵 ly-117，DXY224；田代科、肖艳、莫海波、张成 LS-2588

保靖、古丈、龙山、德江、彭水、宣恩、咸丰。

西藏、云南、贵州、四川、湖北、甘肃、陕西。

（10）紫背紫菀 *Aster atropurpurea* W.P. Li & G.X. Chen

（11）镰叶紫菀 *Aster falcifolius* Handel-Mazzetti

张代贵 YH110615685

石门。

四川、甘肃、陕西、湖北。

（12）梵净山紫菀 *Aster fanjingshanicus* Y. L. Chen & D. J. Liu

张代贵 511021

古丈。

（13）狗娃花 *Aster hispidus* Thunberg Nova

张代贵 zdg4331270062，080716122，ZB131-004415，ly-134，ly268，y1011

永顺、保靖。

四川、湖北、安徽、江西、浙江、台湾。

蒙古、苏联、朝鲜、日本。

（14）狭苞马兰 *Aster indicus* var. *stenolepis*（Handel-Mazzetti）Soejima & Igari

江苏、浙江、福建、安徽、湖北、陕西南部、四川东部、湖南、广东、江西。

（15）马兰 *Aster indicus* Linnaeus

刘林翰 9357，9958；张代贵 zdg10056，zdg7290；李克纲、张代贵等 TY20141226_0072；湘西调查队 0690；张代贵、王业清、朱晓琴 1810；鲁道旺 5222226191003006LY；杨泽伟 522226190808014LY；雷开东 ZZ140816190

保靖、永顺、桃源、龙山、辰溪、印江、五峰。

亚洲。

（16）吉首紫菀 *Aster jishouensis* W. P. Li & S. X. Liu

周建军 14100503；张代贵等 zdg3750；黎维平等 0776301；喻勋林、黎明 14073113；张代贵 4331221509060923LY，YH100811044，YH070807059，YH100815060，lc0012；张成、张博 JS20160102_0012

吉首、泸溪、古丈、永顺。

湖南。

（17）短冠东风菜 *Aster marchandii* H. Léveillé

李洪钧 4592

宣恩。

四川、贵州、云南、湖北、江西、浙江、广东、广西。

（18）琴叶紫菀 *Aster panduratus* Nees ex Walpers

刘林翰 9759；鄂五峰队 30103；赵佐成 88-2293，88-1919；宿秀江、刘和兵 433125-D00090811007；杨彬 070716049；刘林翰 9747，9890；吉首大学生物资源与环境科学学院 GWJ20170610_0015；湘黔队 3242

保靖、吉首、古丈、桑植、德江、黔江、五峰。

四川、湖北、湖南、贵州、江西、江苏、浙江、福建、广东、广西。

（19）全叶马兰 *Aster pekinensis*（Hance）F. H. Chen

四川、陕西、湖北、湖南、安徽、浙江、江苏、山东、河南、山西、河北、辽宁、吉林、黑龙江、内蒙古。

朝鲜、日本、俄罗斯西伯利亚地区。

（19）东风菜 *Aster scabra* Moench

张代贵 YH091122723；席先银 84197

古丈、慈利。

朝鲜、日本、俄罗斯西伯利亚地区。

（20）神农架紫菀 *Aster shennongjiaensis* W. P. Li & Z. G. Zhang

（21）毡毛马兰 *Aster shimadae*（Kitamura）Nemoto

湖北、湖南、安徽、浙江、江苏、江西、福建、台湾。

（22）天门山紫菀 *Aster tianmenshanensis* G. J. Zhang & T. G. Gao

（23）秋分草 *Aster verticillatus*（Reinwardt）Brouillet Semple & Y. L. Chen

肖艳、李春、张成 LS-200；杨彬 071002054；曹铁如 90119，9446；李洪钧 7037；王映明 5656；黔北队 2257；黔东队 94271；安明先 3865；Sino-American Guizhou Botanicai Expedition 339

龙山、永顺、桑植、石阡、沿河、德江、江口、来凤、鹤峰。

湖北、江西、湖南、福建、台湾、广东、云南、贵州、四川、西藏。

印度、不丹、缅甸、马来西亚、日本。

12. 苍术属 Atractylodes Candolle（2:2:0）

（1）苍术 *Atractylodes carlinoides*（Handel-Mazzetti）Kitamura

黑龙江、辽宁、吉林、内蒙古、河北、山西、甘肃、陕西、河南、江苏、浙江、江西、安徽、四川、湖南、湖北。

（2）白术 *Atractylodes macrocephala* Koidzumi

武陵考察队 889；北京队 3854，002885；桑植县林科所 1692；严金莲 184；王映明 5402；彭辅松 1180；马元俊 437；田儒明 522229150520025LY；赵佐成 1852

桑植、新晃、松桃、秀山、宣恩、鹤峰。

江苏、浙江、福建、江西、安徽、四川、湖北、湖南。

13. 云木香属 Aucklandia Falconer（1:1:0）

（1）云木香 *Aucklandia costus* Falconer

谭策铭、张丽萍、易发彬、胡兵、易桂花 桑植 104

桑植。

四川、云南、广西、贵州。

14. 雏菊属 Bellis Linnaeus（1:1:0）

（1）雏菊 *Bellis perennis* Linnaeus

欧洲。

15. 鬼针草属 Bidens Linnaeus（6:6:0）

（1）金盏银盘 *Bidens biternata*（Loureiro）Merrill & Sherff

粟林 4331261409070621；武陵队 2009，1386；肖简文 5670；Huang Hua 6131；简焯坡等 31918；简焯坡 31918；李洪钧 8022；刘正宇、张军等 RQHZ06572；赵佐成 88-1441

古丈、芷江、凤凰、沿河、松桃、江口、酉阳、黔江、鹤峰。

河北、山西、辽宁。

朝鲜、日本。

（2）柳叶鬼针草 *Bidens cernua* Linnaeus

四川、云南、西藏。

（3）大狼杷草 *Bidens frondosa* Linnaeus

粟林 4331261409070627；马海英、邱天雯、徐志茹 GZ428，GZ426；张代贵 090919002，ZB130825416，YH150809472，lj0122012，L110064；李振宇、范晓虹、于胜祥、张华茂、罗志萍 RQHZ10632；张代贵 zdg4331261017

永顺、古丈、武陵源、石阡。

（4）小花鬼针草 *Bidens parviflora* Willdenow

山东、河南、陕西、甘肃。

（5）鬼针草 *Bidens pilosa* Linnaeus

肖艳、莫海波、张成、刘阿梅 LS-788；张兵、向新 090611015；席先银 84102；安明先 3545；张银山 522222140504109LY；中美梵净山调查队 2406；李杰 5222229407726091LY；李洪钧 4900；彭辅松 6087，4676

桑植、龙山、德江、江口、石阡、来凤、五峰。

（6）狼杷草 *Bidens tripartita* Linnaeus

李洪钧 5385，7224；彭辅松 6216；刘正宇、张军等 RQHZ06402；简焯坡、张秀实等 32153；简焯坡 32153；中美梵净山调查队 2403；刘林翰

9916；李恒等 1636；吴磊、宋晓飞 9297。

保靖、永顺、桑植、江口、石阡、彭水、五峰、来凤。

东北地区、华北地区、华东地区、华中地区、西南地区、陕西、甘肃、新疆。

广泛分布于亚洲、欧洲、非洲北部，大洋洲东南部少量分布。

16. 艾纳香属 Blumea Candolle（3:3:0）

（1）台北艾纳香 **Blumea formosana** Kitamura Acta

刘林翰 9702；武陵队 1651；雷开东 4331-271408281162；邓涛 071028014；武陵考察队 1651；张 代 贵 YH140910523，YH150910524，YD241038，YD260020；吴磊、刘文剑、邓创发 8770

保靖、芷江、永顺、古丈。

江西、湖南、广东、广西、浙江、福建、台湾。

（2）见霜黄 **Blumea lacera**（N. L. Burman）Candolle

云南、贵州、广西、广东、江西、福建、台湾。

（3）东风草 **Blumea megacephala**（Randeria）C. C. Chang & Y. Q. Tseng

粟林 4331261503021138；安明先 3028；张杰 4107；肖简文 5544

古丈、德江、思南、沿河。

云南、四川、贵州、广西、广东、湖南、江西、福建、台湾。

17. 金盏花属 Calendula Linnaeus（1:1:0）

（1）金盏菊 **Calendula officinalis** Linnaeus

吉首大学生物资源与环境科学学院 GWJ-20180712_0353

古丈。

我国各地广泛栽培，供观赏。

18. 翠菊属（Callistephus Cassini 1:1:0）

（1）翠菊 **Callistephus chinensis**（Linnaeus）Nees

吉林、辽宁、河北、山西、山东、云南、四川。

19. 飞廉属 Carduus Linnaeus（3:3:0）

（1）节毛飞廉 **Carduus acanthoides** Linnaeus

李洪钧 3650

宣恩。

（2）丝毛飞廉 **Carduus crispus** Linnaeus

张代贵 4331221605080359LY

泸溪。

欧洲、北美洲、苏联、蒙古、朝鲜。

（3）天名精 **Carpesium abrotanoides** Linnaeus

李洪钧 7227；王映明 6689；彭辅松 71；鲁道旺 522222141108009LY；安明先 3615；黔东队 94300；赵佐成 88-1636；赵佐成，马建生 2970；汪前生 3099；曹铁如 90484

永顺、桑植、石阡、德江、江口、黔江、酉阳、来凤、咸丰、鹤峰。

河北、陕西。

朝鲜、日本、越南、缅甸、伊朗、高加索地区。

20. 天名精属 Carpesium Linnaeus（11:11:0）

（1）烟管头草 **Carpesium cernuum** Linnaeus

冉冲 522222140430042LY；北京队 003657；李洪钧 4534，5612；粟林 4331261408280549；杨保民 2067；赵佐成 88-1611；赵佐成、马建生 2905；武陵山考察队 3077；李衡 522227160606071LY

桑植、古丈、龙山、江口、石阡、德江、黔江、来凤、鹤峰。

陕西、甘肃。

（2）金挖耳 **Carpesium divaricatum** Siebold & Zuccarini

王映明 6051；刘林翰 9390；无采集人 694；粟林 4331261409130866；李洪钧 9493；赵佐成 88-1740；赵佐成，马建生 2952；简焯坡等 32529；安明态 SQ-1196；莫华 6088

永顺、桑植、古丈、江口、石阡、松桃、酉阳、黔江、咸丰、鹤峰、来凤。

日本、朝鲜。

（3）中日金挖耳 **Carpesium faberi** C. Winkler Trudy

张代贵、王业清、朱小琴 1992；张代贵

ZZ100713778，090804023，XYQ0024

永顺、五峰。

（4）长叶天名精 *Carpesium longifolium* F. H. Chen & C. M. Hu

雷开东 4331271410041360；张代贵、王业清、朱晓琴 2276；赵佐成、马建生 2952；中美联合考察队 1927；李洪钧 4703，9026，8420，7227

永顺、江口、松桃、酉阳、宣恩、鹤峰、来凤、咸丰。

云南、贵州、四川、湖北、甘肃。

（5）大花金挖耳 *Carpesium macrocephalum* Franchet & Savatier

日本、朝鲜、苏联。

（6）小花金挖耳 *Carpesium minus* Hemsley

武陵队 1331；武陵考察队 2072；赵佐成 88-1649，88-1662，88-1562；王映明 5984；李洪钧 6494；安明先 3785；简焯坡等 30933；蓝开敏 98-0026

凤凰、芷江、印江、石阡、德江、黔江、鹤峰。

（7）棉毛尼泊尔天名精 *Carpesium nepalense* var. *lanatum* (J. D. Hooker & Thomson ex C. B. Clarke) Kitamura

植化室样品凭证标本 697；宿秀江、刘和兵 433125D00030810073；杨彬 080817013；湘黔队 2945；张代贵 090731002；谭士贤 308，389；李洪钧 5612；肖艳、李春、张成 LS-568

保靖、吉首、古丈、龙山、桑植、印江、酉阳。

云南、四川、贵州、广西、湖南、湖北。

（8）四川天名精 *Carpesium szechuanense* F. H. Chen & C. M. Hu

吉首大学生物资源与环境科学学院 GWJ20180712_0352

古丈。

四川。

（9）粗齿天名精 *Carpesium tracheliifolium* Lessing Linnaeus

尼泊尔。

（10）暗花金挖耳 *Carpesium triste* Maximowicz

张代贵 YH080808020，ly0142；湘黔队 2745

永顺、古丈、江口。

黑龙江、吉林、辽宁、四川、云南、西藏。

（11）石胡荽 *Centipeda minima* (Linnaeus) A. Braun & Ascherson Index

武陵队 966；武陵考察队 1917；刘林翰 9570；李恒、彭淑云、俞宏渊 1410；邓涛 00389；中美梵净山调查队 2070；安明先 3657；李洪钧 5335；王映明 6697

保靖、永顺、新晃、芷江、松桃、德江、江口、来凤、咸丰。

朝鲜、日本、印度、马来西亚。

21. 石胡荽属 Centipeda Loureiro（1:1:0）

（1）菊花 *Chrysanthemum × morifolium* Ramat.

彭辅松 合 513；李洪钧 8607；彭辅松 合 1014

鹤峰。

22. 菊属 Chrysanthemum Linnaeus（5:5:0）

（1）天门山菊 *Chrysanthemum bizarre* C.Z.Shen

湖南。

（2）野菊 *Chrysanthemum indicum* Linnaeus

李恒、彭淑云、俞宏渊 1565；壶瓶山考察队 A26；马金双、寿海洋 SHY00751；林文豹 5508；李洪钧 8151；曹亚玲、溥发鼎 0099；鲁道旺 522222160701009LY；李衡 522227160521036LY；张迅 522224160130009LY

永顺、石门、桑植、江口、德江、印江、石阡、彭水、咸丰、鹤峰。

印度、日本、朝鲜、苏联。

（3）甘菊 *Chrysanthemum lavandulifolium* (Fischer ex Trautvetter) Makino

河北、陕西、甘肃、湖北、湖南、江西、四川、云南。

（4）毛华菊 *Chrysanthemum vestitum* (Hemsley) Stapf

河南、湖北、安徽。

（5）刺儿菜 *Cirsium arvense* var. *integrifolium* Wimmer & Grabowski

除西藏、云南、广东、广西外，几乎遍布全国各地。

蒙古、朝鲜、日本。

23. 蓟属 Cirsium Miller（8:8:0）

（1）梵净蓟 *Cirsium fanjingshanense* C. Shih Acta

简焯坡 30712；湘黔队 002683；武陵山考察队 1333；中美梵净山调查队 440

江口、印江。

贵州。

（2）等苞蓟 *Cirsium fargesii*（Franchet）Diels

麻超柏、石琳军 HY20180820_1132+1；李洪钧 5405，5608，5068，6531，6379；向晟、藤建卓 JS20180824_1133，JS20180814_0872

古丈、吉首、宣恩、鹤峰。

陕西、四川、湖北。

（3）壶瓶山蓟 *Cirsium hupingshanicum* Z.C.Jin & Y.S.Chen

（4）蓟 *Cirsium japonicum* Candolle

彭辅松 6088；刘林翰 1731；宿秀江、刘和兵 433125D00020804062；王映明 4105，5868；张志松 402353；王岚 522227160529069LY；赵佐成 88-1660；壶瓶山考察队 1435；雷开东 4331271406020490

保靖、龙山、永顺、石门、德江、江口、黔江、宣恩、鹤峰、五峰。

河北、山东、陕西、江苏、浙江、江西、湖南、湖北、四川、贵州、云南、广西、广东、福建、台湾。

日本、朝鲜。

（5）线叶蓟 *Cirsium lineare*（Thunberg）Schultz Bipontinus

肖艳、李春、张成 LS-261；汪前生 2450；张代贵 291；李洪钧 8222；王映明 6684；赵佐成 88-1549；简焯坡 31819；安明先 3622；中美梵净山调查队 2384；简焯坡、张秀实等 32012

龙山、保靖、桑植、江口、德江、石阡、印江、鹤峰、咸丰。

浙江、福建、安徽、江西、四川。

（6）马刺蓟 *Cirsium monocephalum*（Vaniot）H. Léveillé

中美联合考察队 1040；朱太平、刘忠福 2857；中美梵净山调查队 2086；黔北队 2857，857；李洪钧 6531，6379，5405

江口、松桃、德江、鹤峰、宣恩。

浙江、福建、安徽、江西、四川。

（7）总序蓟 *Cirsium racemiforme* Y. Ling & C. Shih

福建、江西、湖南、广西、贵州、云南。

（8）牛口刺 *Cirsium shansiense* Petrak

甘肃、陕西、河南、山西、河北、安徽、湖北、湖南、四川、贵州、云南、广西、广东。

24. 金鸡菊属 Coreopsis Linnaeus（2:2:0）

（1）大花金鸡菊 *Coreopsis grandiflora* Hogg ex Sweet

美洲。

（2）两色金鸡菊 *Coreopsis tinctoria* Nuttall

北美洲。

25. 秋英属 Cosmos Cavanilles（2:2:0）

（1）秋英 *Cosmos bipinnatus* Cavanilles

彭辅松 5978

五峰。

（2）黄秋英 *Cosmos sulphureus* Cavanilles

北京。

26. 野茼蒿属 Crassocephalum Moench（1:1:0）

（1）野茼蒿 *Crassocephalum crepidioides*（Bentham）S. Moore J.

王映明 5975；李学根 204533；马金双、寿海洋 SHY00736；武陵队 1396；赵佐成 88-1814，88-2058；简焯坡 32145；黔北队 2878；蓝开敏 98-0021；李洪钧 7047

永顺、桑植、凤凰、江口、石阡、德江、黔江、秀山、鹤峰、来凤。

江西、福建、湖南、湖北、广东、广西、贵州、云南、四川、西藏。

27. 假还阳参属 Crepidiastrum Nakai（4:4:0）

（1）黄瓜假还阳参 *Crepidiastrum denticulatum*（Houttuyn）Pak & Kawano

吴磊、刘文剑、邓创发、宋晓飞 9039；刘文剑、宋晓飞、张茜茜 19092705；吴玉、谢正新等 LS20181028_0004；张代贵 zdg1407261049，zdg9964

古丈、永顺、永定。

（2）心叶假还阳参 *Crepidiastrum humifusum*（Dunn）Sennikov

湖北、四川、云南。

（3）尖裂假还阳参 *Crepidiastrum sonchifolium*（Maximowicz）Pak & Kawano

田代科、肖艳、陈岳 LS-1646；张代贵 LL20150520011，LL20130414027，20150520011

吉首、泸溪、古丈、龙山。

黑龙江、吉林、河北、山东、河南。

（4）柔毛假还阳参 *Crepidiastrum sonchifolium* subsp. *pubescens*（Stebbins）N. Kilian

28. 疆矢车菊属 Centaurea Linnaeus（1:1:0）

（1）蓝花矢车菊 *Centaurea cyanus* Linnaeus

新疆、青海、甘肃、陕西、河北、山东、江苏、湖北、湖北、广东、西藏。

29. 大丽花属 Dahlia Cavanilles（1:1:0）

（1）大丽花 *Dahlia pinnata* Cavanilles

墨西哥。

30. 鱼眼草属 Dichrocephala L'Héritier ex Candolle（2:2:0）

（1）小鱼眼草 *Dichrocephala benthamii* C. B. Clarke

宿秀江、刘和兵 433125D00020804063；贺海生 070404042

保靖、石门。

云南、四川、贵州、广西、湖北。

（2）鱼眼草 *Dichrocephala integrifolia*（Linnaeus）Kuntze

李洪钧 2879；马金双、寿海洋 SHY00712；陈功锡 080731230；邓涛 071028004；李雄、邓创发、李健玲 19061339；溥发鼎，曹亚玲 0242；何靖 522222150902009LY；安明态 YJ-2014-0150，YJ-2014-0078；李杰 5222291605031044LY

龙山、保靖、永顺、桑植、江口、松桃、印江、宣恩。

云南、四川、贵州、陕西、湖北、湖南、广东、广西、浙江、福建、台湾。

31. 羊耳菊属 Duhaldea Candolle（1:1:0）

（1）羊耳菊 *Duhaldea cappa*（Buchanan-Hamilton ex D. Don）Pruski & Anderberg

雷开东 4331271509121622；杨一光 3006；徐亮 071028016；赵佐成 88-2045；李永康等 8240；朱太平、刘忠福 2804；蓝开敏 98-0123；

唐海华 5222291608211250LY；肖简文 5828；简焯坡、张秀实等 30468

永顺、凤凰、保靖、沿河、江口、德江、石阡、松桃、秀山。

四川、云南、贵州、广西、广东、江西、福建、浙江。

32. 鳢肠属 Eclipta Linnaeus（1:1:0）

（1）鳢肠 *Eclipta prostrata*（Linnaeus）Linnaeus

肖艳、李春、张成 LS-130；张敏华 254；赵佐成 88-1930；刘正宇、张军等 RQHZ06580；赵春静 A-059；安明先 3576；武陵山考察队 2653；王映明 6346；李洪钧 4903；粟林 43312614090070703

古丈、龙山、永顺、德江、石阡、江口、酉阳、黔江、来凤、鹤峰。

33. 地胆草属 Elephantopus Linnaeus（1:1:0）

（1）地胆草 *Elephantopus scaber* Linnaeus

柏边万 790224

来凤。

浙江、江西、福建、台湾、湖南、广东、广西、贵州、云南。

34. 一点红属 Emilia Cassini（1:1:0）

（1）小一点红 *Emilia prenanthoidea* Candolle

武陵考察队 846，1524，2096；武陵队 2096；中美梵净山调查队 2373

芷江、新晃、松桃。

35. 飞蓬属 Erigeron Linnaeus（6:6:0）

（1）一年蓬 *Erigeron annuus*（Linnaeus）Persoon

林祁 754；李学根 204127；武陵队 1282；北京队 863；李洪钧 5576；王映明 4117；赵佐成 88-1793；赵佐成、马建生 2851；武陵山考察队 2675；姚杰 5222271605210238LY

桑植、慈利、凤凰、永顺、石阡、德江、酉阳、黔江、鹤峰、宣恩。

云南、贵州、广东、广西、浙江、福建。

（2）香丝草 *Erigeron bonariensis* Linnaeus

植化室样品凭证标本 114；张代贵 zdg048；武陵队 1090；赵佐成 88-1462，88-2065；朱太平、刘忠福 1404；安明先 3522；李洪钧 5302；

王映明 6344；李洪钧 3037

桑植、永顺、凤凰、松桃、德江、秀山、黔江、来凤、鹤峰、宣恩。

（3）短葶飞蓬 *Erigeron breviscapus*（Vaniot）Handel-Mazzetti

刘林翰 1827；野生所 1206，1537；张涛 522222141120078LY；武陵山考察队 8813；安明先 3383；朱太平、刘忠福 822；川经涪 03139，3139

保靖、龙山、江口、松桃、德江、彭水。

（4）小蓬草 *Erigeron canadensis* Linnaeus

粟林 4331261409070614；武陵队 1321；李洪钧 5502；王映明 5953；安明先 3953；赵佐成 88-1831，88-1460；雷开东 4331271408271103

永顺、古丈、凤凰、江口、德江、松桃、黔江。

（5）春飞蓬 *Erigeron philade* lphicus Linnaeus

（6）苏门白酒草 *Erigeron sumatrensis* Retzius

李洪钧 5302；刘林翰 9778；桑植县林科所 762，1297；吉首大学生物资源与环境科学学院 GWJ20170610_0051，GWJ20170611_0586；中美梵净山调查队 267，2243

桑植、保靖、古丈、江口、松桃、来凤。

云南、贵州、广西、广东、江西、福建、台湾。

36. 白酒草属 Eschenbachia Moench（1:1:0）

（1）白酒草 *Eschenbachia japonica*（Thunberg）J. Koster

刘林翰 1464；粟林 4331261503021160；马金双、寿海洋 SHY00720；北京队 79，465；粟林 4331261409120826；张代贵、张代富 BJ-20170323033_0033，BJ20170324015_0015

古丈、龙山、桑植、永顺、保靖。

云南、四川、广东。

印度、尼泊尔、缅甸、泰国。

37. 泽兰属 Eupatorium Linnaeus（6:6:0）

（1）多须公 *Eupatorium chinense* Linnaeus

肖艳、李春、张成 LS-295；汪前生 3136；武陵队 1117；赵佐成 88-1955；赵佐成、马建生 2822；李永康、黄德富等 8236；安明先 3757；李洪钧 5956，7419；彭辅松 合 409

龙山、凤凰、永顺、江口、德江、黔江、酉阳、来凤、咸丰、鹤峰。

浙江、福建、安徽、湖北、湖南、广东、广西、云南、四川、贵州。

（2）佩兰 *Eupatorium fortunei* Turczaninow

宋兴旺 20；何友义 860420；张代贵 433-1221509060947LY；谭策铭、张丽萍、易发彬、胡兵、易桂花 桑植 019；鄂五峰队 10229；彭辅松 合1080，232；彭辅松 80；张银山 522223150807016 LY；安明先 3730

沅陵、桃源、泸溪、桑植、玉屏、德江、五峰、鹤峰。

山东、江苏、浙江、江西、湖北、湖南、云南、四川、贵州、广西、广东、陕西。

日本、朝鲜。

（3）异叶泽兰 *Eupatorium heterophyllum* Candolle

赵佐成、马建生 2822；北京队 2331，2015，002918；壶瓶山考察队 1497；李洪钧 7866；傅国勋、张志松 1255；朱太平、刘忠福 2632；张代贵、王业清、朱晓琴 2189；赵佐成 88-1640

桑植、石门、德江、黔江、恩施、五峰。

四川、云南、贵州、西藏。

（4）白头婆 *Eupatorium japonicum* Thunberg

肖艳、李春、张成 LS-558；李恒、俞宏渊 4650；林祁 752；赵佐成 88-1612；赵佐成、马建生 2870；黔南队 2602；中美梵净山调查队 374；安明先 3177；李洪钧 9025，7335，9025；李洪钧 7335

龙山、永顺、桑植、石阡、江口、德江、黔江、酉阳、咸丰、来凤。

黑龙江、吉林、辽宁、山东、山西、陕西、河南、江苏、浙江、湖北、湖南、安徽、江西、广东、四川、云南、贵州。

（5）林泽兰 *Eupatorium lindleyanum* Candolle

俄罗斯西伯利亚地区、朝鲜、日本。

（6）南川泽兰 *Eupatorium nanchuanense* Y. Ling & C. Shih

四川。

38. 花佩菊属 Faberia Hemsley（1:1:0）

（1）假花佩菊 *Faberia nanchuanensis* C. Shih

张代贵 phx110

永顺。

四川。

39. 大吴风草属 Farfugium Lindley（1:1:0）

（1）大吴风草 *Farfugium japonicum*（Linnaeus）Kitamura

武陵山考察队 88-127；王映明 4586，6624；壶瓶山考察队 A93（a）；北京队 8809，3820，2085；黔东队 94284

桑植、石阡、松桃、宣恩、咸丰。

湖北、湖南、广西、广东、福建、台湾。

40. 牛膝菊属 Galinsoga Ruiz & Pavon（1:1:0）

（1）牛膝菊 *Galinsoga parviflora* Cavanilles

肖艳、李春、张成 LS-291；桑植县林科所 1101；雷开东 4331271405280384；刘正宇，张军等 RQHZ06411；赵佐成、马建生 2879；安明先 3361；王映明 4227，5618，6580；鄂五峰队 30029

龙山、桑植、永顺、德江、黔江、酉阳、宣恩、鹤峰、咸丰。

四川、云南、贵州、西藏。

41. 合冠鼠麹草属 Gamochaeta Weddell（1:1:0）

（1）匙叶合冠鼠麹草 *Gamochaeta pensylvanica*（Willdenow）Cabrera

张代贵 zdg10182

永顺。

42. 茼蒿属 Glebionis Cassini（2:2:0）

（1）茼蒿 *Glebionis coronaria*（Linnaeus）Cassini ex Spach

黄仁煌 3169；李洪钧 3169，1051

鹤峰、宣恩。

（2）南茼蒿 *Glebionis segetum*（Linnaeus）Fourreau

北京、江西、浙江、福建。

43. 鼠麹草属 Gnaphalium Linnaeus（1:1:0）

（1）细叶鼠曲草 *Gnaphalium japonicum* Thunberg

田代科、肖艳、陈岳 LS-1142

龙山。

44. 菊三七属 Gynura Cassini（3:3:0）

（1）红凤菜 *Gynura bicolor*（Roxburgh ex Willdenow）Candolle

云南、贵州、四川、广西、广东、台湾。

印度、尼泊尔、不丹、缅甸、日本。

（2）白凤菜 *Gynura formosana* Kitamura Acta Phytotax.

台湾。

（3）菊三七 *Gynura japonica*（Thunberg）Juel Acta Horti

刘林翰 9230；李洪钧 5415；桑植县林科所 1689；李 衡 522227160527075LY；李 杰 522-29150530930LY；廖国藩、郭志芬 164；李 义 522230191006046LY

桑植、桃源、万山、德江、松桃。

四川、云南、贵州、湖北、陕西、安徽、浙江、江西、福建、台湾、广西。

45. 向日葵属 Helianthus Linnaeus（2:2:0）

（1）向日葵 *Helianthus annuus* Linnaeus

王映明 6113；赵子恩 3937

五峰、鹤峰。

（2）菊芋 *Helianthus tuberosus* Linnaeus

张代贵 YH150814593，zdg1236；田代科、肖艳、莫海波、张成 LS-2557；刘正宇、张军等 RQHZ06435；王映明 6873；李洪钧 5347；彭辅松 5750；鲁道旺 522222160701007LY；赵佐成 88-2597；张迅 522224160909007LY

古丈、永顺、龙山、江口、德江、石阡、黔江、来凤、五峰、宣恩。

原产于北美，在我国各地广泛栽培。

46. 泥胡菜属 Hemisteptia Bunge ex Fischer & C. A. Meyer（1:1:0）

（1）泥胡菜 *Hemisteptia lyrata*（Bunge）Fischer & C. A. Meyer Index

植化室样品凭证标本 598；杨彬 080418051；宿秀江、刘和兵 433125D00030811008；谢欢欢 522230190126004LY；武陵山考察队 813；张迅 522224160326017LY；曹亚玲、溥发鼎 0114；王映明 4156；李洪钧 2515；张代贵 20150520010

桑植、永顺、保靖、吉首、江口、石阡、彭

水、宣恩。

47. 山柳菊属 Hieracium Linnaeus（1:1:0）

（1）山柳菊 *Hieracium umbellatum* Linnaeus

肖艳、莫海波、张成、刘阿梅 LS-626；曹铁如 90384；壶瓶山考察队 A49；简焯坡、张秀实等 31046；武陵山考察队 1852；张志松 402129；王映明 6325；李洪钧 2516，5113；赵佐成、马建生 3041

龙山、桑植、石门、江口、石阡、印江、鹤峰、宣恩。

北京、黑龙江、辽宁、内蒙古、河北、山西、陕西、甘肃、新疆、山东、江西、河南、湖北、湖南、四川、贵州、云南、西藏。

日本、蒙古、伊朗、巴基斯坦、印度、俄罗斯、哈萨克斯坦、乌兹别克斯坦、欧洲。

48. 须弥菊属 Himalaiella Raab-Straube（1:1:0）

（1）三角叶须弥菊 *Himalaiella deltoidea*（Candolle）Raab-Straube

吉首大学生物资源与环境科学学院 GWJ-20180712_0110，GWJ20180712_0111；肖艳、莫海波、张成、刘阿梅 LS-619

龙山、古丈。

陕西、浙江、福建、江西、广东、广西、湖北、湖南、四川、云南、贵州、西藏。

49. 旋覆花属 Inula Linnaeus（3:3:0）

（1）旋覆花 *Inula japonica* Thunberg Nova

李恒、彭淑云、俞宏渊 4681；彭延辉 658；粟林 4331261409120811；赵佐成、马建生 3041；刘正宇 6379；彭辅松 6352；黄仁煌 3352；李洪钧 5359；刘林翰 9630；宿秀江、刘和兵 433125D00020814114

桑植、古丈、保靖、酉阳、五峰、鹤峰、来凤。

四川、贵州、福建、广东。

（2）线叶旋覆花 *Inula linariifolia* Turczaninow

宿秀江、刘和兵 433125D00071002001；安明先 3901；肖艳、李春、张成 LS-557；1953 年湘西调查队 0572

保靖、龙山、永顺、德江。

（3）总状土木香 *Inula racemosa* J. D. Hooker

无采集人 鹤 181；王映明 应 543

恩施、鹤峰。

50. 小苦荬属 Ixeridium（A. Gray）Tzvelev（2:2:0）

（1）小苦荬 *Ixeridium dentatum*（Thunberg）Tzvelev

江苏、浙江、福建、安徽、江西、湖北、广东。

（2）细叶小苦荬 *Ixeridium gracile*（Candolle）Pak & Kawano

肖艳、莫海波、张成、刘阿梅 LS-848；北京队 2155；雷开东 4331271404270080；王映明 4120，5931；赵佐成 88-1706；赵佐成、马建生 2833；龙盛明 522223140331030 LY；B.Bartholomew，D.E.Boufford，Q.H.Chen et al. 1769，1388

永顺、桑植、玉屏、印江、黔江、鹤峰。

陕西、甘肃、浙江、福建、江西、湖北、湖南、广西、广东、四川、贵州、云南、西藏。

51. 苦荬菜属 Ixeris（Cassini）Cassini（4:4:0）

（1）中华苦荬菜 *Ixeris chinensis*（Thunberg）Kitagawa

刘林翰 1471，1551；赵子恩 3865；张志松 401156

龙山、印江、五峰。

黑龙江、河北、山西、陕西、山东、江苏、安徽、浙江、贵州、福建、台湾、河南、四川、云南、西藏。

俄罗斯西伯利亚地区、日本、朝鲜。

（2）多色苦荬 *Ixeris chinensis* subsp. *versicolor*（Fischer ex Link）Kitamura

黑龙江、吉林、内蒙古、河北、山西、陕西、甘肃、青海、新疆、山东、江苏、浙江、江西、福建、河南、湖北、湖南、广东、四川、贵州、云南、西藏。

（3）剪刀股 *Ixeris japonica*（N. L. Burman）Nakai

浙江、福建、河南。

（4）苦荬菜 *Ixeris polycephala* Cassini ex Candolle

张志松 400094；李洪钧 2520，3144；粟林

4331261503031227；张志松、闵天禄、许介眉、党成忠、周竹禾、肖心楠、吴世荣、戴金400898，400094，400899；王岚522223140404009LY；张银山522222140501142LY

古丈、江口、玉屏、宜恩。

陕西、江苏、浙江、福建、安徽、台湾、江西、湖南、广东、广西、贵州、四川、云南。

52. 疆千里光属 Jacobaea Miller（1:1:0）

（1）银叶菊 *Jacobaea maritima*（L.）Pelser & Meijden

欧洲南部。

53. 莴苣属 Lactuca Linnaeus（4:4:0）

（1）台湾翅果菊 *Lactuca formosana* Maximowicz

赵佐成88-1922，88-1361，88-2684，88-2604，88-1403；桑植县林科所1148；张代贵YD22-1100，YD231043，Q223169

桑植、古丈、泸溪、德江、黔江、宜恩。

湖南、四川、贵州。

（2）翅果菊 *Lactuca indica* Linnaeus

武陵队1213；安明先3630；席先银0076；湘西考察队1115，953；武陵考察队1884；张代贵4331221509081027LY；麻超柏、石琳军HY20180811_0964；张代贵lj0122084，2016100-20015

凤凰、慈利、泸溪、芷江、古丈、德江。

北京、黑龙江、吉林、河北、陕西、山东、江苏、安徽、浙江、江西、福建、河南、湖南、广东、四川、云南。

（3）毛脉翅果菊 *Lactuca raddeana* Maximowicz

张代贵YH120815244；吉首大学生物资源与环境科学学院GWJ20170610_0239，GWJ-20170610_0240

古丈。

吉林、陕西、甘肃、浙江、安徽、江西、福建、河南、湖北、湖南、广东、广西、四川、贵州。

（4）莴苣 *Lactuca sativa* Linnaeus

刘林翰1486，1487；李学根204303；李洪钧2519，7498，2334；赵子恩4136，3594；王映明

484，365

龙山、桑植、来凤、五峰、恩施、宜恩。

湖南、湖北。

54. 稻槎菜属 Lapsanastrum Pak & K. Bremer（1:1:0）

（1）稻槎菜 *Lapsanastrum apogonoides*（Maximowicz）Pak & K. Bremer

安明态3044；肖艳、付乃峰LS-2775；张代贵zdg10038，zdg10181，130303021；宿秀江、刘和兵433125D00100415038；张志松、党成忠等400221；向晟、藤建卓JS20180209_0031，JS20180224_0053；张代贵、张代富LX201704-13043_0043

永顺、龙山、保靖、吉首、古丈、江口、德江。

陕西、江苏、安徽、浙江、福建、江西、湖南、广东、广西、云南。

55. 大丁草属 Leibnitzia Cassini（1:1:0）

（1）大丁草 *Leibnitzia anandria*（Linnaeus）Turczaninow

武陵队2369；刘林翰10042，L.H.Liu 10042；张志松、党成忠等400093；武陵山考察队2369；廖国藩、郭志芬等226；向晟、藤建卓JS20180824_1112；李恒、俞宏渊4500；桑植县林科所90；张代贵、张代富LS20170326058_0058

芷江、花垣、桃源、吉首、龙山、桑植、江口。

四川、贵州。

56. 火绒草属 Leontopodium R. Brown ex Cassini（3:3:0）

（1）戟叶火绒草 *Leontopodium dedekensii*（Bureau & Franchet）Beauverd

山西、甘肃、四川、西藏、云南、贵州、湖南。

（2）梵净火绒草 *Leontopodium fangingense* Y. Ling Acta

张志松、党成忠等400689；武陵山考察队1322

江口。

贵州。

（3）薄雪火绒草 *Leontopodium japonicum*

Miquel

壶瓶山考察队 0803，2907；彭辅松 4877；赵子恩 4399；李洪钧 7280；张代贵、王业清、朱晓琴 2596

石门、石阡、五峰。

甘肃、陕西、河南、山西、湖北、安徽。

57. 滨菊属 Leucanthemum Miller（1:1:0）

（1）大滨菊 *Leucanthemum vulgare* Lamarck

北京、陕西。

58. 橐吾属 Ligularia Cassini（12:12:0）

（1）大老岭橐吾 *Ligularia dalaolingensis* W. Q. Fei & L. Wang

（2）齿叶橐吾 *Ligularia dentata*（A. Gray）H. Hara

武陵队 2515；杜大华 4061；武陵山考察队 2515；徐亮、张代贵 400191186；雷开东 4331271410041345；张代贵 2138，DXY321，ly-131，YY520，XYQ0749

芷江、永顺、古丈、秀山、五峰。

云南、四川、贵州、甘肃、陕西、山西、湖北、广西、湖南、江西、安徽、河南。

（3）蹄叶橐吾 *Ligularia fischeri*（Ledebour）Turczaninow

马元俊 362；张代贵 DXY217

古丈、五峰。

四川、湖北，贵州、湖南、河南、安徽、浙江、甘肃、陕西。

尼泊尔、不丹、苏联、蒙古、朝鲜、日本。

（4）鹿蹄橐吾 *Ligularia hodgsonii* J. D. Hooker

云南、四川、湖北、贵州、广西、甘肃、陕西。

（5）狭苞橐吾 *Ligularia intermedia* Nakai

植化室样品凭证标本 78；武陵山考察队 736；赵子恩 3659；鄂五峰队 30004；简焯坡 30918，30746，30722；桑植县林科所 1239；湘黔队 2740；肖艳、龚理 LS-2974

桑植、龙山、印江、江口、五峰。

云南、四川、贵州、湖北、湖南、河南、甘肃、陕西。

（6）大头橐吾 *Ligularia japonica*（Thunberg）Lessing

湖北、湖南、江西、浙江、安徽、广西、广东、福建、台湾。

（7）贵州橐吾 *Ligularia leveillei*（Vaniot）Handel-Mazzetti

贵州。

（8）橐吾 *Ligularia sibirica*（Linnaeus）Cassini

云南、四川、贵州、甘肃、陕西、山西、内蒙古、河北、湖南、安徽。

（9）窄头橐吾 *Ligularia stenocephala*（Maximowicz）Matsumura & Koidzumi

张代贵、王业清、朱小琴 1994；简焯坡等 30746；肖艳、赵斌 LS-2210；周云、张勇 XiangZ100

龙山、松桃、印江、五峰。

西藏、云南、四川、湖北、山西、河北、河南、山东、江苏、浙江、台湾。

（10）蔬梗橐吾 *Ligularia tenuipes*（Franchet）Diels

（11）离舌橐吾 *Ligularia veitchiana*（Hemsley）Greenman

李永康等 8214；王映明 6719；鄂五峰队 30004；湘黔队 2719；吉首大学生物资源与环境科学学院 GWJ20170610_0085；张代贵、王业清、朱晓琴 2204

古丈、江口、咸丰、五峰。

云南、贵州、四川、湖北、甘肃、陕西。

（12）川鄂橐吾 *Ligularia wilsoniana*（Hemsley）Greenman

简焯坡等 31703，30918

印江。

四川、湖北。

59. 母菊属 Matricaria Linnaeus（1:1:0）

（1）母菊 *Matricaria chamomilla* Linnaeus

新疆。

60. 粘冠草属 Myriactis Lessing Linnaea（2:2:0）

（1）圆舌粘冠草 *Myriactis nepalensis* Lessing

植化室样品凭证标本 s.n.，684；简焯坡、张秀实等 32024；莫华 6174；李洪钧 7794；简焯

坡 31781，32024；傅国勋、张志松 1264；刘林翰 09896；傅国勋、张志松 1264

桑植、保靖、印江、恩施。

西藏、云南、贵州、四川、湖北、广西、广东、江西。

印度、尼泊尔、越南。

（2）狐狸草 *Myriactis wallichii* Lessing

云南、贵州、四川、西藏。

61. 紫菊属 Notoseris C. Shih（1:1:0）

（1）光苞紫菊 *Notoseris macilenta*（Vaniot & H. Léveillé）N. Kilian

杨欣悦 GZ20180624_6663；张代贵 5-072，20130714020011，170629021，YD230112，170712017，YH090702842，YD241030，2230；张代贵、王业清、朱晓琴 1937

古丈、五峰。

62. 假福王草属 Paraprenanthes C. C. Chang ex C. Shih（5:5:0）

（1）林生假福王草 *Paraprenanthes diversifolia*（Vaniot）N. Kilian

赵佐成、马建生 2916；北京队 4434

桑植、酉阳。

四川。

（2）密毛假福王草 *Paraprenanthes glandulosissima*（C. C. Chang）C. Shih

四川、贵州。

（3）雷山假福王草 *Paraprenanthes heptantha* C. Shih & D. J. Liu

四川。

（4）黑花假福王草 *Notoseris melanantha*（Franchet）C. Shih

四川。

（5）假福王草 *Paraprenanthes sororia*（Miquel）C. Shih Acta

北京队 002773，001873；武陵山考察队 2079，1029，2298；刘林翰 1959；李雄、邓创发、李健玲 19061344；李衡 522227160603067LY，522227160707013LY

桑植、龙山、石阡、江口、印江、德江。

江苏、浙江、江西、福建、湖北、湖南、广东、广西、四川、贵州、西藏。

63. 蟹甲草属 Parasenecio W. W. Smith & J. Small Trans. & Proc.（10:10:0）

（1）兔儿风蟹甲草 *Parasenecio ainsliiflorus*（Francher）Y. L. Chen

袁华美 107

鹤峰。

湖北、湖北、贵州、四川。

（2）无毛蟹甲草 *Parasenecio albus* Y. S. Chen

广西、湖北、贵州。

（3）珠芽蟹甲草 *Parasenecio bulbiferoides*（Handel-Mazzetti）Y. L. Chen

湖北、湖南、陕西。

（4）山尖子 *Parasenecio hastatus*（Linnaeus）H. Koyama

张代贵、王业清、朱晓琴 2668

五峰。

湖北。

朝鲜、蒙古、俄罗斯。

（5）披针叶蟹甲草 *Parasenecio lancifolius*（Franchet）Y. L. Chen

李洪钧 3993

宜恩。

湖北、四川。

（6）耳翼蟹甲草 *Parasenecio otopteryx*（Handel-Mazzetti）Y. L. Chen

谭策铭、张丽萍、易桂花、胡兵、易发彬 桑植样 254；李洪钧 4130；吉首大学生物资源与环境科学学院 GWJ20180712_0184，GWJ20180712_0185；张代贵、王业清、朱晓琴 2392；植化室样品凭证标本 456；张代贵、王业清、朱晓琴 2392

古丈、桑植、宜恩、五峰。

湖南、陕西、湖北、湖北、四川。

（7）蜂斗菜状蟹甲草 *Parasenecio petasitoides*（H. Léveillé）Y. L. Chen

四川、贵州。

（8）深山蟹甲草 *Parasenecio profundorum*（Dunn）Y. L. Chen

吉首大学生物资源与环境科学学院 GWJ-20170610_0178，GWJ20170610_0330，GWJ2017-0610_0331

古丈。

四川、湖北。

（9）蛛毛蟹甲草 *Parasenecio roborowskii*（Maximowicz）Y. L. Chen

陕西、甘肃、青海、四川、云南。

（10）矢镞叶蟹甲草 *Parasenecio rubescens*（S. Moore）Y. L. Chen

江西、湖南、安徽、福建。

64. 帚菊属 Pertya Schultz Bipontinus（2:2:0）

（1）心叶帚菊 *Pertya cordifolia* Mattfeld

安徽、江西、湖北。

（2）华帚菊 *Pertya sinensis* Oliver Hooker's

青海、甘肃、宁夏、陕西、山西、河南、湖北、四川。

65. 蜂斗菜属 Petasites Miller（1:1:0）

（1）毛裂蜂斗菜 *Petasites tricholobus* Franchet

无采集人 s.n.，281；张志松 401076，401039；雷开东 4331271403041482；桑植县林科所 38；张代贵、张代富 BJ20170325017_0017；张代贵 YH050515914；田儒明 522229141103807LY

桑植、永顺、保靖、古丈、印江。

山西、陕西、甘肃、青海、云南、四川、贵州、西藏。

66. 毛连菜属 Picris Linnaeus（1:1:0）

（1）毛连菜 *Picris hieracioides* Linnaeus

吉林、河北、山西、陕西、甘肃、青海、山东、河南、湖北、湖南、四川、云南、贵州、西藏。

67. 兔耳一枝箭属 Piloselloides（Lessing）C. Jeffrey ex Cufodontis（1:1:0）

（1）兔耳一枝箭 *Piloselloides hirsuta*（Forsskal）C. Jeffrey ex Cufodontis

西藏、云南、四川、贵州、广西、广东、湖南、湖北、江西、江苏、浙江、福建。

日本、尼泊尔、印度、缅甸、泰国、老挝、越南、印度尼西亚、澳大利亚、非洲。

68. 拟鼠麴草属 Pseudognaphalium Kirpicznikov Trudy（3:3:0）

（1）宽叶拟鼠麴草 *Pseudognaphalium adnatum*（Candolle）Y. S. Chen

台湾、福建、江苏、浙江、江西、湖南、广东、广西、贵州、云南、四川。

菲律宾、中南半岛、缅甸、印度北部。

（2）拟鼠曲草 *Pseudognaphalium affine*（D. Don）Anderberg

张代贵 5002，phx084，phx088

永顺。

台湾、华东地区、华南地区、华中地区、华北地区、西北地区、西南地区。

日本、朝鲜、菲律宾、印度尼西亚、中南半岛、印度。

（3）秋拟鼠曲草 *Pseudognaphalium hypoleucum*（Candolle）Hilliard & B. L. Burtt

张代贵 ly301，phx085

永顺。

69. 漏芦属 Rhaponticum Vaillant（1:1:0）

（1）华漏芦 *Rhaponticum chinense*（S. Moore）L. Martins & Hidalgo

张代贵 YH140820605，zdg00026，YD20028

吉首、永顺、保靖。

河南、陕西、安徽、湖南、江西、广东、浙江。

70. 金光菊属 Rudbeckia Linnaeus（2:2:0）

（1）黑心菊 *Rudbeckia hirta* Linnaeus

北美洲。

（2）金光菊 *Rudbeckia laciniata* Linnaeus

王映明 应299；刘启宏 804；刘正宇、张军等 RQHZ06669，RQHZ06575；桑植县林科所 1215

桑植、酉阳、恩施。

71. 风毛菊属 Saussurea Candolle（11:11:0）

（1）翼柄风毛菊 *Saussurea alatipes* Hemsley

四川、湖北。

（2）庐山风毛菊 *Saussurea bullockii* Dunn

陕西、浙江、福建、安徽、湖北、湖南、江西、广东。

（3）心叶风毛菊 *Saussurea cordifolia* Hemsley

谭士贤 391；赵佐成 88-1958，88-1741，88-1750；赵佐成、马建生 2924；无采集人 679；傅国勋、张志松 1410；韩端丰 040910150；张代贵 ZZ100713785；张代贵、王业清、朱晓琴 2705

桑植、永顺、黔江、酉阳、五峰。

陕西、浙江、河南、安徽、湖北、湖南、四川、贵州。

（4）长梗风毛菊 **Saussurea dolichopoda** Diels

张代贵、王业清、朱晓琴 2407，2190；张代贵 ly-111

保靖、五峰。

陕西、甘肃、湖北、四川、云南。

（5）湖北风毛菊 **Saussurea hemsleyi** Lipschitz

李永康、黄德富 8217；简焯坡 30950

江口、印江。

湖北、四川、贵州、云南。

（6）巴东风毛菊 **Saussurea henryi** Hemsley

陕西、湖北、四川。

（7）风毛菊 **Saussurea japonica**（Thunberg）DC.

赵子恩 4227；彭辅松 4730；马元俊 127；王映明 6925，6869；杜本友 654；李洪钧 7863；谷忠村 001；李恒等 1763，1637

永顺、五峰、宣恩、咸丰。

日本。

（8）利马川风毛菊 **Saussurea leclerei** Léveillé

湖北、四川、云南。

（9）少花风毛菊 **Saussurea oligantha** Franchet

谭策铭、张丽萍、易桂花、胡兵、易发彬、桑植样 067

桑植。

湖北、四川、甘肃、陕西。

（10）多头风毛菊 **Saussurea polycephala** Handel-Mazzetti

安明态 SQ-0670，SQ-0607

石阡。

湖北、四川。

（11）华中雪莲 **Saussurea veitchiana** Drummond et Hutchinson

湖北、四川。

72. 鸦葱属 Scorzonera Linnaeus（1:1:0）

（1）华北鸦葱 **Scorzonera albicaulis** Bunge

刘林翰 1809；方明渊 24433；赵佐成、马建生 2951；北京队 001904；壶瓶山考察队 0754；雷开东 4331271406160148；刘林翰 1809；桑植县林科所 750；赵佐成、马建生 2951

龙山、花垣、永顺、桑植、酉阳、恩施。

黑龙江、吉林、辽宁、内蒙古、河北、山西、陕西、山东、江苏、安徽、浙江、河南、湖北、贵州。

73. 千里光属 Senecio Linnaeus（4:4:0）

（1）菊状千里光 **Senecio analogus** Candolle

印度。

（2）峨眉千里光 **Senecio faberi** Hemsley

湘黔队 022741，2741

江口。

四川、贵州。

（3）林荫千里光 **Senecio nemorensis** Linnaeus

莫华 6188；傅国勋、张志松 1214；北京队 4304；武陵山考察队 2915；鄂五峰队 30099；赵子恩 4445，4464；彭辅松 5723，5796；安明态 SQ-1103

桑植、石阡、松桃、恩施、五峰。

新疆、吉林、河北、山西、山东、陕西、甘肃、湖北、四川、贵州、浙江、安徽、河南、福建、台湾。

（4）千里光 **Senecio scandens** Handel-Mazzetti ex D. Don

赵子恩 4207；彭辅松 4707，5550；鄂五峰队 202；党成忠 400067；简焯坡 31871；汪前生 3239，3173；雷开东 4331271410041315；邓涛 070910025

永顺、江口。

西藏、陕西、湖北、四川、贵州、云南、安徽、浙江、江西、福建、湖南、广东、广西、台湾。

印度、尼泊尔、不丹、缅甸、泰国、中南半岛、菲律宾、日本。

74. 虾须草属 Sheareria S. Moore J.（1:1:0）

（1）虾须草 **Sheareria nana** S. Moore

湘西调查队 62；刘林翰 9666；宿秀江、刘和兵 433125D00030810075；湘西调查队 0621；张代贵 170910001，y1041；刘和兵 ZZ120811492；雷开东 ZZ140828192；粟林 4331261410020917

吉首、保靖、古丈、永顺。

江苏、浙江、安徽、江西、湖北、湖南、广东、贵州、云南。

75. 豨莶属 Sigesbeckia Linnaeus（3:3:0）

（1）毛梗豨莶 *Sigesbeckia glabrescens*（Makino）Makino

刘林翰 8307，8308，9023；汪前生 3107，3044；张代贵 LC0085；雷开东 ZZ140725193

沅陵、永顺、龙山、永顺、泸溪、咸丰。

（2）豨莶 *Sigesbeckia orientalis* Linnaeus

陕西、甘肃、江苏、浙江、安徽、江西、湖南、四川、贵州、福建、广东、台湾、广西、云南。

（3）腺梗豨莶 *Sigesbeckia pubescens*（Makino）Makino

武陵队 1472；1953 年湘西调查队 0713；简焯坡 31821，32140；张代贵 080505020；李杰 522229141006637LY，522229141006337LY；吴磊、刘文剑、邓创发、宋晓飞 8844；李洪钧 9312；宿秀江、刘和兵 433125D00090811005

芷江、辰溪、保靖、花垣、永顺、江口、咸丰。

76. 松香草属 Silphium Linnaeus（1:1:0）

（1）串叶松香草 *Silphium perfoliatum* Linnaeus

刘文剑、宋晓飞、张茜茜 19092753；吴磊、邓创发 9079

永定。

77. 华蟹甲属 Sinacalia H. Robinson & Brettell（1:1:0）

（1）华蟹甲 *Sinacalia tangutica*（Maximowicz）B. Nordenstam

植化室样品凭证标本 681；吉首大学生物资源与环境科学学院 GWJ20180712_0105；张代贵、王业清、朱晓琴 2348，2447；傅书遐、张志松 1333；恩施队 应 448；李洪钧 9024，5415，6527；彭辅松 120

古丈、桑植、鹤峰、来凤、五峰、恩施、咸丰。

宁夏、青海、河北、山西、陕西、宁夏、甘肃、湖北、湖南、四川。

78. 蒲儿根属 Sinosenecio B. Nordenstam Opera（12:12:0）

（1）白脉蒲儿根 *Sinosenecio albonervius* Y. Liu & Q. E. Yang

湖南。

（2）保靖蒲儿根 *Sinosenecio baojingensis* Y. Liu & Q. E. Yang

湖南。

（3）黔西蒲儿根 *Sinosenecio bodinieri*（Vant.）B. Nordenstam

张代贵 2009071462

古丈。

湖南。

（4）毛柄蒲儿根 *Sinosenecio eriopodus*（Cumm.）C. Jeffrey et Y. L. Chen

刘林翰 1713；雷开东 43312714042700；P. W. Sweeney & D. G. Zhang PWS2842；张代贵 0427129；李洪钧 8710；刘克明 767223；杨亲二、袁琼、刘莹 641

永顺、龙山、武陵源、古丈、恩施。

湖北、湖南。

（5）梵净蒲儿根 *Sinosenecio fanjingshanicus* C. Jeffrey et Y. L. Chen

梵净山队 378；湘黔队 2701；张志松等 400-690；杨亲二、袁琼、刘莹 672；刘莹、邓涛 2008026

印江、江口。

贵州。

（6）匍枝蒲儿根 *Sinosenecio globiger*（C. C. Chang）B. Nordenstam

刘莹 2008005，2009055，2009059；杨亲二、袁琼、刘莹 575，593，605，588，646

桑植、石门、永顺、印江、鹤峰。

贵州。

（7）单头蒲儿根 *Sinosenecio hederifolius*（Dunn）B. Nordenstam

甘肃、湖北、四川。

（8）壶瓶山蒲儿根 *Sinosenecio hupingshanensis* Y. Liu & Q. E. Yang

湖南。

（9）吉首蒲儿根 *Sinosenecio jishouensis* D. G. Zhang

贺海生 080505022；吴磊、张成 4287；张代贵 YD10022

吉首、花垣。

湖南。

（10）蒲儿根 **Sinosenecio oldhamianus**（Maximowicz）B. Nordenstam

武陵队 176；黔北队 779；梵净山队 325；黔北队 545；安明态 YJ-2014-0028；张代贵 zdg4-331270057，zdg4331270057+1；雷开东 43312714-05040246；杨彬 080418049；桑植县林科所 290

桑植、永顺、泸溪、印江。

西藏、山西、陕西、甘肃、湖北、四川、贵州、云南、河南、安徽、浙江、福建、湖南、江苏、广东、香港、广西、江西。

（11）鄂西蒲儿根 **Sinosenecio palmatisectus** C. Jeffrey et Y. L. Chen

张代贵 2008006

鹤峰。

湖北。

（12）秃果蒲儿根 **Sinosenecio phalacrocarpus**（Hance）B. Nordenstam

李丙贵、万绍宾 750024

桑植。

广东。

79. 包果菊属 Smallanthus Mackenzie（1:1:0）

（1）菊薯 **Smallanthus sonchifolius**（Poepp.）H.Rob.

南美洲。

80. 一枝黄花属 Solidago Linnaeus（2:2:0）

（1）加拿大一枝黄花 **Solidago canadensis** Linnaeus

鲁道旺 522226191003012LY

印江。

（2）一枝黄花 **Solidago decurrens** Loureiro

赵佐成 88-1368，88-1695；简焯坡 31818，32190；冉冲 522222140501138LY；李恒等 1643，1761，4630；雷开东 4331271410041334；莫岚 070718009

永顺、江口、黔江。

江苏、浙江、安徽、江西、四川、贵州、湖南、湖北、广东、广西、云南、陕西、台湾。

81. 裸柱菊属 Soliva Ruiz & Pavon（1:1:0）

（1）裸柱菊 **Soliva anthemifolia**（Juss.）R. Br.

吉首大学生物资源与环境科学学院 GWJ-20170610_0280

古丈。

广东、台湾、福建、江西。

82. 苦苣菜属 Sonchus Linnaeus（3:3:0）

（1）续断菊 **Sonchus asper**（Linnaeus）Hill

新疆、山东、江苏、安徽、江西、湖北、四川、云南、西藏。

（2）苦苣菜 **Sonchus oleraceus** Linnaeus

武陵队 2488；宿秀江、刘和兵 433125-D00110813090，433125D00020804118；雷开东 4331271503211653；杨彬 080817046；张代贵 433-1221509081100LY；田儒明 522229160304970LY；张代贵、张成 TD20180508_5832；张代贵、张代富 BJ20170324012_0012，GZ20170407016_0016

芷江、保靖、永顺、吉首、泸溪、古丈、松桃。

辽宁、河北、山西、陕西、甘肃、青海、新疆、山东、江苏、安徽、浙江、江西、福建、台湾、河南、湖北、湖南、广西、四川、云南、贵州、西藏。

（3）苣荬菜 **Sonchus wightianus** DC.

刘林翰 1537；唐海华 522229140816913LY；张代贵 lxq0122093，lxq0123218，lxq0123219；张志松 400923

龙山、古丈、江口、松桃。

陕西、宁夏、新疆、福建、湖北、湖南、广西、四川、云南、贵州。

83. 联毛紫菀属 Symphyotrichum Nees（1:1:0）

（1）钻叶紫菀 **Symphyotrichum subulatum**（Michaux）G.L.Nesom

武陵考察队 1321；田代科、肖艳、莫海波、张成 LS-2583；张代贵 pph1167，pgwj001，plc004，pxh138；麻超柏、石琳军 HY20180820_1162；刘正宇、张军等 RQHZ06-428；向晟、藤建卓 JS20180820_1004，JS2018-0822_1014

凤凰、龙山、泸溪、吉首、花垣、黔江。

江西、湖南。

84. 合耳菊属 Synotis（C. B. Clarke）C. Jeffrey & Y. L. Chen（2:2:0）

（1）褐柄合耳菊 *Synotis fulvipes*（Ling）C. Jeffrey et Y. L. Chen

湖南中医研究所 30；武陵队 1222；张代贵 zdg4331270105，120917046，081003006；94-2 班 049；杨彬 080505006

沅陵、凤凰、永顺、吉首、花垣、古丈。

（2）锯叶合耳菊 *Synotis nagensium*（C. B. Clarke）C. Jeffreyb et Y. L. Chen

黔南队 026；简焯坡 32306；安明态 3949；宿秀江、刘和兵 433125D00170923060；张代贵 zdg9807，zdgzdg9837，zdg10118，zdg1533；粟林 4331261503021135

永顺、古丈、保靖、石阡、江口、德江。

西藏、四川、云南、贵州、湖北、湖南、甘肃、广东。

85. 山牛蒡属 Synurus Iljin（1:1:0）

（1）山牛蒡 *Synurus deltoides*（Aiton）Nakai

北京队 4524，201007122052，zdg7731；壶瓶山考察队 A26；张代贵、王业清、朱晓琴 2431；傅国勋、张志松 1312；李洪钧 6292

桑植、石门、古丈、恩施、鹤峰、五峰。

黑龙江、吉林、辽宁、河北、内蒙古、河南、浙江、安徽、江西、湖北、四川。

86. 万寿菊属 Tagetes Linnaeus（1:1:0）

（1）万寿菊 *Tagetes erecta* Linnaeus

王映明 6804；邓涛 08101；桑植县林科所 1650，1468；赵佐成 88-1910

桑植、吉首、黔江、咸丰。

墨西哥。

87. 蒲公英属 Taraxacum F. H. Wiggers（2:2:0）

（1）阿尔泰蒲公英 *Taraxacum altaicum* Schischk.

新疆。

（2）蒲公英 *Taraxacum mongolicum* Handel-Mazzetti

黑龙江、吉林、辽宁、内蒙古、河北、山西、陕西、甘肃、青海、山东、江苏、安徽、浙

江、福建、台湾、河南、湖北、湖南、广东、四川、贵州、云南。

88. 狗舌草属 Tephroseris（Reichenbach）Reichenbach（2:2:0）

（1）狗舌草 *Tephroseris*（Reichenbach）Reichenbach

刘林翰 1587；杨保民 4

吉首、龙山。

黑龙江、辽宁、吉林、内蒙古、河北、山西、山东、河南、陕西、甘肃、湖北、湖南、四川、贵州、江苏、浙江、安徽、江西、福建、广东、台湾。

（2）黔狗舌草 *Tephroseris pseudosonchus*（Vant.）C. Jeffey et Y. L. Chen

山西、陕西、湖北、贵州、湖南。

89. 女菀属 Turczaninovia Candolle（1:1:0）

（1）女菀 *Turczaninovia fastigiata*（Fischer）Candolle

吉首大学生物资源与环境科学学院 GWJ-20180712_0217；刘林翰 9750，9974；宿秀江、刘和兵 433125D00061003023

古丈、保靖。

90. 款冬属 Tussilago Linnaeus（1:1:0）

（1）款冬 *Tussilago farfara* Linnaeus

李洪钧 7564

咸丰。

91. 斑鸠菊属 Vernonia Schreber（3:3:0）

（1）南川斑鸠菊 *Vernonia bockiana* Diels

吉首大学生物资源与环境科学学院 GWJ 20170610_0179；张代贵 qq1009，080909009，zsy0089，lxq0122081，lxq0123227，lxq0123228，lxq0123229；宿秀江、刘和兵 433125D00181-114005

保靖、古丈、永顺、龙山。

（2）夜香牛 *Vernonia cinerea*（Linnaeus）Lessing

武陵队 2457；刘林翰 9839，9703；武陵山考察队 2457；田代科、肖艳、莫海波、张成 LS-2560；宿秀江、刘和兵 433125D00150807058；张代贵 4331221509070991LY，20080309033，pph1128；桑植县林科所 1719

芷江、保靖、龙山、桑植、古丈。

（3）南漳斑鸠菊 *Vernonia nantcianensis* (Pampanini) Handel-Mazzetti

壶瓶山考察队 A133

石门。

92. 李花菊属 Wollastonia Candolle ex Decaisne（1:1:0）

（1）山蟛蜞菊 *Wollastonia montana* (Blume) Candolle

张代贵 zdg4331261020, 130911003, 2013091-1003, YH140402662, YH081003663；粟林 4331-261503031191；谷忠村 477；94-1班 003；贺海生 071004023；麻超柏、石琳军 HY201808-12_0991

永顺、古丈、吉首、花垣。

93. 苍耳属 Xanthium Linnaeus（1:1:0）

（1）苍耳 *Xanthium strumarium* Linnaeus

刘正宇、张军等 RQHZ06565；王映明 6887；李洪钧 5913，7830，9311，4981；汪前生 3228；张代贵 zdg1067；李恒等 1515，2040

永顺、酉阳、恩施、鹤峰、来凤、咸丰。

94. 黄鹌菜属 Youngia Cassini（11:11:0）

（1）红果黄鹌菜 *Youngia erythrocarpa* (Vaniot) Babcock et Stebbins

北京队 0059，59；李洪钧 2427；简焯坡 400898；吴磊、邓创发 9022；赵佐成 88-1724

永顺、永定、江口、黔江、宣恩。

（2）厚绒黄鹌菜 *Youngia fusca* (Babcock) Babcock et Stebbins

无采集人 30

石阡。

（3）五峰黄鹌菜 *Youngia hangii* T.Deng, D.G.Zhang, Qun Liu & Z.M.Li

湖北。

（4）长裂黄鹌菜 *Youngia henryi* (Diels) Babcock et Stebbins

雷开东 4331271405310420；吕文玲 060716086

永顺。

（5）异叶黄鹌菜 *Youngia heterophylla* (Hemsley) Babcock et Stebbins

林祁 751；北京队 002428，002788；李洪钧 2427，4311；武陵山考察队 1015，007；鄂五峰队 10145；田代科、肖艳、陈岳 LS-1136；张代贵 zdg047

桑植、永顺、龙山、江口、松桃、五峰、宣恩。

（6）黄鹌菜 *Youngia japonica* (Linnaeus) DC.

桑植县林科所 292；北京队 2161，113；雷开东 4331271502231646；张代贵 zdg1158，080602086；杨彬 080418048；李恒、彭淑云、俞宏渊 1582；张志松 400222；何发银 F017

永顺、桑植、江口。

（7）卵裂黄鹌菜 *Youngia japonica* subsp. *elstonii* (Hochr.) Babcock et Stebbins

刘林翰 1447

永顺。

（8）长花黄鹌菜 *Youngia japonica* subsp. *longiflora* Babcock et Stebbins

江苏。

（9）戟叶黄鹌菜 *Youngia longipes* (Hemsley) Babcock et Stebbins

湖北。

（10）川西黄鹌菜 *Youngia prattii* (Babcock) Babcock & Stebbins

张代贵 YD10028

古丈。

四川。

（11）多裂黄鹌菜 *Youngia rosthornii* (Diels) Babcock et Stebbins

刘林翰 1714

龙山。

浙江、四川、湖北。

95. 百日菊属 Zinnia Linnaeus（1:1:0）

（1）百日菊 *Zinnia elegans* Jacquin

赵佐成 88-2627，88-1762，88-1506，88-1508，88-1912，88-1925，88-1449

德江、黔江。

二百一十七、五福花科 Adoxaceae（2:37）

1. 接骨木属 Sambucus Linnaeus（3:3:0）

（1）血满草 *Sambucus adnata* Wallich ex Candolle

溥发鼎、曹亚玲 0089；北京队 783、782；朱太平等 1115、1132

永顺、江口、彭水。

重庆、陕西、宁夏、甘肃、青海、四川、贵州、湖南、云南、西藏。

（2）接骨木 *Sambucus williamsii* Hance

西师生物系 2481；张代贵 zdg4331270181；雷开东 4331271405030213；田代科、肖艳、陈岳 LS-991；沈中瀚 01433；朱太平等 798；鲁道旺 5222221607150001LY；刘林翰 1636、01699；L.H.Liu 1699

沅陵、桑植、石门、永顺、龙山、施秉、江口、印江、松桃、江口、酉阳、宣恩。

黑龙江、吉林、辽宁、河北、山西、陕西、甘肃、山东、江苏、安徽、浙江、福建、河南、湖北、湖南、广东、广西、四川、贵州、云南。

（3）接骨草 *Sambucus javanica* Blume

湘黔队 3120；湖南队 0502、0402；肖艳、赵斌 LS-2177；张代贵 zdg140628005、zdg14150-30151、zdg1410051368+1、zdg4331270035、zdg1410051368

芷江、凤凰、沅陵、永顺、桑植、石门、龙山、施秉、石阡、沿河、酉阳、彭水、咸丰、来凤、宣恩。

陕西、甘肃、江苏、安徽、浙江、江西、福建、台湾、河南、湖北、湖南、广东、广西、四川、贵州、云南、西藏。

2. 荚蒾属 Viburnum Linnaeus（34:34:0）

（1）桦叶荚蒾 *Viburnum betulifolium* Batal

付国勋、张志松 1219；李洪钧 6160；方明渊 24224；聂敏祥 1444、1219；方明渊 26306；张志松等 40223、400737；中美联合考察队 467；简焯坡等 31164

江口、印江、恩施、咸丰。

河南、陕西、宁夏、甘肃、安徽、浙江、湖北、四川、贵州、云南、西藏、台湾、广西。

（2）短序荚蒾 *Viburnum brachybotryum* Hemsley

雷开东 4331271407210636；李洪钧 7097、7674、8745、9370；方明渊 24338；林文豹 585；湖南队 0170；张代贵 zdg10087；李学根 205016

芷江、凤凰、沅陵、永顺、桑植、石门、施秉、石阡、江口、印江、沿河、松桃、碧江、恩施、来凤。

江西、湖南、湖北、四川、贵州、云南、广西。

（3）短筒荚蒾 *Viburnum brevitubum*（P. S. Hsu）P. S. Hsu

李洪钧 8866

梵净山、恩施。

江西、湖北、四川、贵州。

（4）金佛山荚蒾 *Viburnum chinshanense* Graebner

曹亚玲、溥发鼎 0194；周邦楷、顾健 37；西师生物系 03111；黔北队 1454；武攻队 680；刘林翰 17563；张代贵 YD11065、080602101

永顺、石门、保靖、沅陵、梵净山、松桃、彭水。

重庆、湖南、陕西、甘肃、四川、贵州、云南。

（5）密花荚蒾 *Viburnum congestum* Rehder

张代贵 ZZ170811854、ZZ170815855、ZZ150-825863、ZZ160811423、ZZ160815424

泸溪、古丈。

湖南、甘肃、四川、贵州、云南。

（6）伞房荚蒾 *Viburnum corymbiflorum* P. S. Hsu & S. C. Hsu

杨保民 39；沈中翰 0990；李洪钧 3336、3234；黔北队 2235；武陵山考察队 0073、689、0142；P. W. Sweeney & D. G. Zhang PWS3015

桑植、沅陵、永顺、保靖、古丈、沿河、松

桃、宜恩、咸丰。

浙江、江西、福建、湖北、湖南、广东、广西、四川、贵州、云南。

（7）水红木 *Viburnum cylindricum* Buchanan-Hamilton ex D. Don

赵佐成 88-1561；周邦楷、顾健 41；王雅轩等 106；王金敖 275；赵佐成，马建生 2957；谭士贤 296；西南师范学院生物系 02396、02420

芷江、永顺、桑植、慈利、石门、石阡、江口、印江、德江、松桃、碧江、酉阳、黔江、秀山、来凤、宣恩、彭水

陕西、江西、台湾、湖北、湖南、广东、广西、四川、贵州、云南、西藏。

（8）荚蒾 *Viburnum dilatatum* Thunberg in Murray

方明渊 24466；曾宪锋 ZXF09422；李洪钧 9036；张志松 402087；李永康 8158；武陵山考察队 3298；黔北队 0363；简焯坡 32089，31715；武陵山考察队 2071

永顺、桑植、石门、石阡、印江、松桃、咸丰、来凤、宣恩。

江苏、安徽、浙江、江西、福建、台湾、广东、广西、湖南、贵州、云南、四川、湖北、陕西。

（9）宜昌荚蒾 *Viburnum erosum* Thunberg

粟林 4331261409130869；王金敖 134；方明渊 24393；傅国勋、张志松 1444；M.Y. Fang 24393；林文豹 512；H 1743；雷开东 43312715-09121628；张代贵 zdg4331270085；古忠村 194

古丈、永顺、芷江、沅陵、花垣、桑植、石门、松桃、酉阳、黔江、咸丰、宣恩、恩施鹤峰。

陕西、山东、江苏、安徽、浙江、江西、福建、台湾、河南、湖北、湖南、广东、广西、四川、贵州、云南。

日本、朝鲜。

（10）红荚蒾 *Viburnum erubescens* Wallich

H.C.Li 3388、5409；喻勋林 15060526；刘慧娟 08050458；吉首大学生物资源与环境科学学院 GWJ20170610_0218、GWJ20170610_0219；张代贵 zdg7394

永顺、古丈、黔江、恩施。

湖南、重庆、陕西、甘肃、湖北、四川、贵州、云南、西藏。

不丹、印度、缅甸、尼泊尔。

（11）直角荚蒾 *Viburnum foetidum* var. *rectangulatum*（Graebner）Rehder

曹亚玲、溥发鼎 0013；赵佐成、马健生 3013；林文豹 588；李洪钧 9417、8741、9384、9142、9275、9141；张代贵 zdg1407230963

新晃、芷江、凤凰、沅陵、花垣、永顺、桑植、慈利、石门、施秉、石阡、江口、印江、德江、沿河、松桃、酉阳、秀山、来凤、宣恩。

陕西、江西、台湾、湖北、湖南、广东、广西、四川、贵州、云南、西藏。

（12）南方荚蒾 *Viburnum fordiae* Hance

李学根 203802；沈中翰 165；张代贵 zdg-1405310364；粟林 4331261409120845；杨泽伟 5222226190809006LY；刘燕 5222226190428008LY

永顺、古丈、慈利、沅陵、印江。

安徽、浙江、江西、湖南、贵州、云南、福建、广东、广西。

（13）聚花荚蒾 *Viburnum glomeratum* Maximowicz

河南、陕西、宁夏、甘肃、安徽、浙江、江西、湖北、四川、云南、西藏。

（14）蝶花荚蒾 *Viburnum hanceanum* Maximowicz

肖艳、赵斌 LS-2505；彭海军 080416012；张代贵 080513001、4331221605080340LY、4331-221606300527LY、YH070717280、YD00117、070625019、090714046；屈永贵 080416012

龙山、花垣、永顺、泸溪、古丈、保靖、永定。

江西、湖南、贵州、福建、广东、广西。

（15）巴东荚蒾 *Viburnum henryi* Hemsley

刘林翰 9036、9001、9137；沈中翰 01245；武陵队 204；李丙贵 750082；李洪钧 8866、8929；田代科、肖艳、李春、张成 LS-1977、LS-1948

沅陵、桑植、慈利、石门、施秉、石阡、梵净山、松桃、咸丰、宣恩。

陕西、浙江、江西、福建、湖北、湖南、广西、四川、贵州。

（16）湖北荚蒾 *Viburnum hupehense* Rehder

（17）绣球荚蒾 *Viburnum macrocephalum* Fortune

江苏、浙江、江西、河北。

（18）黑果荚蒾 *Viburnum melanocarpum* P. S. Hsu

河南、安徽、江苏、浙江、江西

（19）显脉荚蒾 *Viburnum nervosum* D. Don

李学根 63701

石门。

湖南、四川、西藏、云南。

不丹、印度、缅甸、尼泊尔、越南。

（20）珊瑚树 *Viburnum odoratissimum* Ker Gawler

安明态 SQ-0842；吉首大学生物资源与环境科学学院 GWJ20180712_0114

古丈、石阡。

河北、河南、浙江、湖南、贵州、云南、福建、台湾、广东、广西、海南。

（21）日本珊瑚树 *Viburnum odoratissimum* var. *awabuki*（K. Koch）Zabel ex Rümpler

浙江、台湾。

日本、朝鲜。

（22）少花荚蒾 *Viburnum oliganthum* Batalin Trudy

L.H.Liu 9036

桑植。

湖南、湖北、四川、贵州、云南、西藏。

（23）鸡树条 *Viburnum opulus* subsp. *calvescens*（Rehder）Sugimoto

张代贵、王业清、朱晓琴 2233

五峰。

黑龙江、吉林、辽宁、河北、山西、陕西、甘肃、河南、山东、安徽、浙江、江西、湖北、湖南、四川。

日本、朝鲜、俄罗斯西伯利亚地区。

（24）粉团 *Viburnum plicatum* Thunberg

林文豹 589；李洪钧 5524、8024；彭辅松 920；彭辅松 522；聂敏祥 1493、高信芬、张羽、

朱章明 13043 — 1、13043 — 10、13043 — 11、13043 — 12

鹤峰、恩施、咸丰。

河南、陕西、安徽、江苏、浙江、江西、湖南、湖北、四川、贵州、云南、福建、台湾、广东、广西。

日本。

（25）球核荚蒾 *Viburnum propinquum* Hemsley

王金敖 149；周邦楷、顾健 42；溥发鼎、曹亚玲 0055；西师生物系 74 级 川经涪 3002；王雅轩等 107；西师生物系 03002；赵佐成、马健生 2918、3049；张代贵 zdg073、080326013

芷江、凤凰、沅陵、永顺、桑植、石门、施秉、石阡、思南、印江、沿河、松桃、碧江、酉阳、黔江、彭水、咸丰、宣恩。

陕西、甘肃、浙江、江西、福建、台湾、湖北、湖南、广东、广西、四川、贵州。

菲律宾。

（26）狭叶球核荚蒾 *Viburnum propinquum* var. *maire*i W. W. Smith Notes

Q.Z.Lin 50102；杨彬 080418032；张代贵 187、ZZ100713762、ZZ090702056、y1030、YD00186

永顺、永定、花垣。

湖南、贵州、湖北、四川、云南。

（27）鳞斑荚蒾 *Viburnum punctatum* Buchanan-Hamilton ex D. Don

广东、广西、贵州、海南、四川、云南。

不丹、柬埔寨、印度、印度尼西亚、缅甸、尼泊尔、泰国、越南。

（28）皱叶荚蒾 *Viburnum rhytidophyllum* Hemsley

张代贵 zdg4331270131；杨彬 080606021；溥发鼎、曹亚玲 0090；赵佐成、马建生 2850；西师生物系 74 级 2017；黄周斌 03888；付国勋、张志松 1492；李洪钧 8820；聂敏祥 1492；田代科、肖艳、陈岳 LS-1594

沅陵、石门、永顺、龙山、施秉、石阡、思南、德江、沿河、碧江、酉阳、彭水、恩施、鹤峰、咸丰。

陕西、甘肃、安徽、浙江、江西、福建、台湾、湖北、湖南、广东、广西、四川、贵州。

（29）陕西荚蒾 *Viburnum schensianum* Maximowicz

武陵队 530

沅陵。

河北、山西、陕西南部、甘肃、山东、江苏、河南、湖北、湖南、四川。

（30）常绿荚蒾 *Viburnum sempervirens* K. Koch

秦旭峰 522230190115008LY；林祁 848；万枝 860168

桑植、桃源、万山。

安徽、浙江、江西、湖南、四川、贵州、云南、福建、广东、广西、海南。

（31）茶荚蒾 *Viburnum setigerum* Hance

杨保民 2141；刘林翰 1594；田代科、肖艳、李春、张成 LS-1960；田代科、肖艳、陈岳 LS-1334、LS-1202；田代科、肖艳、莫海波、张成 LS-2623；肖艳、莫海波、张成、刘阿梅 LS-621；肖艳、李春、张成 LS-178；张代贵 zdg1407200828、zdg4331270167

龙山、芷江、凤凰、永顺、桑植、石门、施秉、石阡、江口、印江、咸丰、来凤、宣恩。

江苏、安徽、浙江、江西、福建、台湾、广东、广西、湖南、贵州、云南、四川、湖北、陕西。

（32）合轴荚蒾 *Viburnum sympodiale* Graebner

祁承经 3626；李洪钧 9072、6351、8728；刘林翰 9055、9190；李丙贵 750135；李学根 204310；谭策铭 03 桑植样 067；田旗、张宪权 HN-07-0041

桑植、石门、永顺、梵净山、咸丰、恩施、鹤峰、宣恩。

河南、陕西、甘肃、安徽、浙江、江西、湖南、湖北、四川、贵州、云南、福建、台湾、广东、广西。

（33）三叶荚蒾 *Viburnum ternatum* Rehder

林文豹 660；李洪钧 3297、7102、7216、3296；黔北队 1993；湖南队 274，467；沈中翰 01426；张志松 402499

凤凰、桑植、永顺、龙山、印江、松桃、施秉、沿河、宣恩、咸丰、来凤、宣恩。

湖北、湖南、四川、贵州、云南。

（34）烟管荚蒾 *Viburnum utile* Hemsley

李学根 204519；张代贵 zdg140421013、588；雷开东 4331271404210208；蔡学俊 001；田代科、肖艳、陈岳 LS-1060；肖艳、李春、张成 LS-408；肖艳、周建军 LS-023；刘天俊 522-222140430018LY；中美联合考察队 735

凤凰、沅陵、桑植、石门、永顺、龙山、江口、石阡、沿河。

陕西、湖北、湖南、四川、贵州。

二百一十八、忍冬科 Caprifoliaceae（11:46）

1. 糯米条属 Abelia R. Brown（3:3:0）

（1）糯米条 *Abelia chinensis* R. Brown

陈光林 342；肖艳、孙林 LS-2881；张代贵 YH140813580、YH140513566、YH140604561、YH140813560；鄂五峰队 10232

龙山、古丈、永顺、沅陵、五峰。

浙江、江西、福建、台湾、湖北、湖南、广东、广西、四川、贵州、云南。

（2）二翅糯米条 *Abelia macrotera*（Graebner & Buchwald）Rehder

刘林翰 17889；王映明 4811；许天全 0247、0131；鄂五峰队 30182；张代贵 Q223129、zdg-00054、YD11048

花垣、沅陵、石门、泸溪、保靖、永顺、新晃、石阡、印江、五峰、鹤峰。

陕西、河南、湖北、湖南、四川、贵州、云南。

（3）遁梗花 *Abelia uniflora* R. Brown

周辉、周大松 15041312；田代科、肖艳、李春、张成 LS-1988、LS-1861、LS-2124；张

挺、郭永杰、张玉武、向准 10CS1759；张代贵 080503093；李洪钧 7233、4960；曹亚玲、溥发鼎 0138

永定、龙山、永顺、江口、彭水、来凤。

河南、陕西、甘肃、湖南、湖北、四川、贵州、云南、福建、广西。

2. 双盾木属 Dipelta Maximowicz（2:2:0）

（1）双盾木 *Dipelta floribunda* Maximowicz

张代贵 05310393、Q223076、Q223077；武陵队 1232；杨保民 27；黄 03973；彭辅松 780；李振基、吕静 1220；宿秀江、刘和兵 433125-D00180509011、433125D00030810057

永顺、桑植、凤凰、保靖、古丈、吉首、鹤峰、五峰。

陕西、甘肃、湖北、湖南、广西、四川。

（2）云南双盾木 *Dipelta yunnanensis* Franchet

冯兵 522223140402020 LY；张志松、党成忠等 402503

桑植、印江、玉屏。

陕西、甘肃、湖北、湖南、四川、贵州、云南。

3. 川续断属 Dipsacus Linnaeus（3:3:0）

（1）川续断 *Dipsacus asper* Wallich ex C. B. Clarke

冉冲 522222140501140LY；赵佐成、马建生 2898；艾铁民 81006、81008；赵佐成 88-1608、88-2036、88-2041；李洪钧 7592；王映明 6262；雷井坤 522222140430050LY

江口、酉阳、黔江、秀山、咸丰、鹤峰。

湖北、四川、重庆、贵州、云南、西藏、广东、广西。

（2）藏续断 *Dipsacus inermis* Wallich

西藏、云南。

阿富汗、不丹、印度、克什米尔、缅甸、尼泊尔、巴基斯坦。

（3）日本续断 *Dipsacus japonicus* Miquel Verslagen

王映明 5491；赵佐成 88-1526、88-1541；李永康 8127；粟林 4331261410030977；雷开东 4331271408140936；张代贵 zdg11186

芷江、桑植、慈利、永顺、古丈、江口、印

江、德江、黔江、宣恩、咸丰、鹤峰。

湖北、湖南、江西、广西、云南、贵州、四川、西藏。

4. 忍冬属 Lonicera Linnaeus（25:25:0）

（1）淡红忍冬 *Lonicera acuminata* Wallich

赵佐成 88-1827、88-1999；谭士贤 399；李洪钧 2571；王映明 21885；郑万钧 1083；武陵山考察队 2954、1942；刘林翰 1986；李良千 140

桑植、石门、石阡、施秉、梵净山、酉阳、黔江、咸丰、宣恩。

重庆、陕西、甘肃、安徽、浙江、江西、福建、台湾、湖北、湖南、广东、广西、四川、贵州、云南、西藏。

喜马拉雅山脉东部经缅甸至印度尼西亚和菲律宾。

（2）无毛淡红忍冬 *Lonicera acuminata* var. *depilata* Hsu et H. J. Wang

沅陵、石门。

浙江、江西、福建、台湾、广东、湖北、湖南、四川。

（3）金花忍冬 *Lonicera chrysantha* Turczaninow ex Ledebour

黑龙江、吉林、辽宁、内蒙古、河北、山西、山东、河南、陕西、宁夏、甘肃、青海、安徽、江苏、浙江、江西、湖北、四川、贵州、云南、西藏。

（4）须蕊忍冬 *Lonicera chrysantha* var. *koehneana*（Rehder）Q. E. Yang

吉首大学生物资源与环境科学学院 GWJ20180712_0178

石门、古丈。

山西、陕西、甘肃、山东、江苏、安徽、浙江、河南、湖北、湖南、四川、贵州、云南、西藏。

（5）华南忍冬 *Lonicera confusa* Candolle

云南、广东、广西、海南。

（6）匍匐忍冬 *Lonicera crassifolia* Batalin Trudy

王映明 4679、5296；T.Tang 23399H；李洪钧 2644；王映明、李洪钧 6016；马健生、赵佐成 2840；刘正宇 6957；曹亚玲、溥发鼎 0109、0118；刘林翰 1804

桑植、石门、龙山、酉阳、彭水、鹤峰、宣恩。

湖北、湖南、四川、贵州、云南。

（7）锈毛忍冬 *Lonicera ferruginea* Rehder

陈翔 94160；简焯坡、张秀实等 31324

石阡、印江。

江西、湖南、四川、贵州、云南、福建、广东、广西。

（8）郁香忍冬 *Lonicera fragrantissima* Lindley & Paxton

朱国兴 85；Y.Tsiang 8024

慈利、永顺、思南。

河北、山西、山东、河南、陕西、甘肃、安徽、江苏、浙江、江西、湖南、湖北、四川、贵州。

（9）苦糖果 *Lonicera fragrantissima* var. *lancifolia*（Rehder）Q. E. Yang

田代科、肖艳、陈岳 LS-965；张代贵 zdg10175、zdg10004；吴磊 4593；吉首大学生物资源与环境科学学院 GWJ20180712_0013、GWJ-20180712_0014；田代科、肖艳、李春、张成 LS-1857

龙山、永顺、古丈、吉首。

安徽、湖南、湖北、四川。

（10）蕊被忍冬 *Lonicera gynochlamydea* Hemsley

谭士贤 400；西南师范学院生物系 02605；李洪钧 5710、5594；王映明 5852；朱太平、刘忠福 420、626；黔北队 488、626；田代科、肖艳、李春、张成 LS-1944

桑植、石门、龙山、印江、江口、酉阳、宣恩、鹤峰、咸丰。

陕西、甘肃、安徽、湖北、湖南、四川、贵州。

（11）菰腺忍冬 *Lonicera hypoglauca* Miquel

刘林翰 1522；杨龙 668；中美联合考察队 1826；何有义 860018；湘西考察队 191；S.C.Lee 204080

龙山、慈利、桃源、江口、印江。

安徽、浙江、江西、福建、台湾、湖北、湖南、广东、广西、四川、贵州、云南。

日本。

（12）忍冬 *Lonicera japonica* Thunberg

刘林翰 1522、10054；西师生物系74级 02259；鲁道旺 522222140507001LY；武陵山考察队 3243；张迅 522224160503021LY；李洪钧 7531

新晃、凤凰、沅陵、永顺、桑植、龙山、花垣、石阡、施秉、江口、印江、松桃、秀山、彭水、酉阳、来凤。

除黑龙江、内蒙古、宁夏、青海、新疆、海南和西藏外，我国其他地区均有分布。

日本、朝鲜。

（13）红白忍冬 *Lonicera japonica* var. *chinensis*（Watson）Baker

湘西调查队 0224

永顺。

湖南、安徽、浙江、贵州。

（14）女贞叶忍冬 *Lonicera ligustrina* Wallich

李洪钧 4159、3599；王映明 6519；林文豹 604；B.Bartholomew d.e.Boufford Q.H.Chen et al 193；王岚 522223140329018 LY；武陵队 1185；刘林翰 1837；田代科、肖艳、陈岳 LS-1010；壶瓶山考察队 1351

桑植、龙山、石门、凤凰、江口、松桃、玉屏、宣恩、咸丰。

湖北、湖南、广西、四川、贵州、云南。

尼泊尔、印度。

（15）蕊帽忍冬 *Lonicera ligustrina* var. *pileata*（Oliver）Franchet

武陵队 1185；欧邦洪 080718017；李永康 8001；张志松、党成忠等 401914；简焯坡、张秀实等 32327；H 1749；李洪钧 9106，4159；周邦楷、顾健03；涪陵专区野生植物普查队 02778

永顺、凤凰、桑植、武陵源、石门、江口、彭水、鹤峰、咸丰、宣恩。

陕西、湖南、湖北、四川、贵州、云南、广东、广西。

（16）亮叶忍冬 *Lonicera ligustrina* var. *yunnanensis* Franchet

陕西、甘肃、四川、云南。

（17）金银忍冬 *Lonicera maackii*（Ruprecht）Maximowicz

李洪钧 820；彭辅松 613，82；卢小刚 5222-27160609061LY，522227160609065LY；王岚 522-227160602006LY；武陵队 1073；田代科、肖艳、陈岳 LS-1637；肖艳、莫海波、张成、刘阿梅 LS-866；粟林 4331261404200266

龙山、古丈、凤凰、德江、宣恩、鹤峰。

黑龙江、吉林、辽宁、内蒙古、河北、山西、山东、河南、陕西、甘肃、安徽、江苏、浙江、湖南、湖北、四川、贵州、云南、西藏。

（18）大花忍冬 *Lonicera macrantha*（D. Don）Sprengel

姜如碧 82-74；武陵队 501；湘西调查队 0195

永顺、沅陵、石门、石阡、碧江、酉阳。

浙江、江西、福建、台湾、湖南、广东、广西、四川、贵州、云南、西藏。

尼泊尔、不丹、印度、缅甸、越南。

（19）下江忍冬 *Lonicera modesta* Rehder

湘黔队 2786

桑植、江口。

安徽、浙江、江西、湖北、湖南。

（20）短柄忍冬 *Lonicera pampaninii* H. Léveillé

芷江、沅陵、永顺、桑植、石门、施秉、江口、印江。

安徽、浙江、江西、福建、湖北、湖南、广东、广西、四川、贵州、云南。

（21）贯月忍冬 *Lonicera sempervirens* Linnaeus

上海、杭州等地区常有栽植。

原产于北美洲。

（22）细毡毛忍冬 *Lonicera similis* Hemsley

李洪钧 212，5093，7422，9040；章迺荣、刘加蒂、虞瑞生 660015；舒本胜 061；李雄、邓创发、李健玲 19061332；刘林翰 9189；钟补求 724；张志松、张永田 4558

沅陵、桑植、龙山、德江、印江、沿河、来凤、宣恩、咸丰。

陕西、甘肃、浙江、福建、湖北、湖南、广西、四川、贵州、云南。

缅甸。

（23）唐古特忍冬 *Lonicera tangutica* Maximowicz

李洪钧 3344；P. W. Sweeney & D. G. Zhang PWS2892；方英才、王小平 44；李雄、邓创发、李健玲 19061463；刘昂、丁聪、谢勇、龚佑科 LK0622

古丈、桑植、石门。

河北、山西、河南、陕西、宁夏、甘肃、青海、安徽、湖南、湖北、四川、贵州、云南、西藏、台湾。

（24）盘叶忍冬 *Lonicera tragophylla* Hemsley

李洪钧 6544；刘林翰 17599；壶瓶山考察队 0751，0767，87402；北京队 002560，4536；张桂才等 529；姚本刚 5222291605031042LY

石门、桑植、沅陵、松桃、鹤峰。

河北、山西、陕西、宁夏、安徽、浙江、河南、湖北、湖南、四川、贵州。

（25）华西忍冬 *Lonicera webbiana* Wallich ex Candolle

山西、陕西、宁夏、甘肃、青海、江西、湖北、四川、云南、西藏。

5. 败酱属 Patrinia Jussieu（4:4:0）

（1）墓头回 *Patrinia heterophylla* Bunge

北京队 002789；桑植县林科所 1183；湘黔队 3621；李洪钧 5385

桑植、来凤。

吉林、辽宁、内蒙古、河北、山西、山东、河南、陕西、宁夏、甘肃、青海、安徽、江苏、浙江、江西、湖南、湖北、四川、重庆、贵州。

（2）少蕊败酱 *Patrinia monandra* C. B. Clarke

谭士贤 405；赵佐成 88-1788；李洪钧 5091，9110，7542，7443；中美联合考察队 1010；简焯坡 32388；曹铁如 90428；湘黔队 3586

凤凰、桑植、慈利、梵净山、德江、酉阳、黔江、宣恩、来凤、鹤峰、咸丰。

辽宁、河北、山东、河南、陕西、甘肃、江苏、江西、台湾、湖北、湖南、广西、云南、贵州、四川。

（3）败酱 *Patrinia scabiosifolia* Link

李洪钧 4226、7443；宿秀江、刘和兵 4331-25D00020804033、433125D00170907042；曹亚玲、溥发鼎 2956；李丙贵、万绍宾 750276；杨昌胜 57；雷开东 4331271409090914；赵佐成 88-1818

永顺、保靖、芷江、桑植、慈利、施秉、思南、江口、黔江、宣恩、来凤。

除宁夏、青海、新疆、西藏、海南外，全国各地均有分布。

（4）攀倒甑 *Patrinia villosa*（Thunberg）Dufresne

中国西部科学院四川植物 4025；赵佐成 88-2038、88-1788；王映明 5223；李洪钧 5504、6610；简焯坡、应俊生、马成功等 32388；李丙贵、万绍宾 750130；张代贵 zdg9875

芷江、永顺、桑植、江口、黔江、秀山、咸丰、鹤峰、宣恩

台湾、江苏、浙江、江西、安徽、河南、湖北、湖南、广东、广西、贵州、四川。

日本。

6. 毛核木属 Symphoricarpos Duhamel（1:1:0）

（1）毛核木 *Symphoricarpos sinensis* Rehder

陕西、甘肃、湖北、四川、云南、广西。

7. 莛子蔍属 Triosteum Linnaeus（1:1:0）

（1）穿心莛子蔍 *Triosteum himalayanum* Wallich

河南、陕西、湖南、湖北、四川、云南、西藏。

8. 双参属 Triplostegia Wallich ex Candolle（1:1:0）

（1）双参 *Triplostegia glandulifera* Wallich ex Candolle

张代贵 YH080908716，YH080910717；中美贵州联合考察队 665

永顺、龙山、江口、恩施。

云南、西藏、四川、甘肃南部、陕西南部、湖北西部、台湾。

尼泊尔、不丹、印度、缅甸、马来西亚。

9. 缬草属 Valeriana Linnaeus（4:4:0）

（1）柔垂缬草 *Valeriana flaccidissima* Maximowicz

李雄、邓创发、李健玲 19061218；田代科、肖艳、李春、张成 LS-1939，LS-1826；麻超柏、石琳军 HY20180417_0541；王映明 4631；湘黔队 2724；张志松 400469；李洪钧 4226，3958；鲁道旺 522222160722023LY

桑植、古丈、龙山、江口、宣恩。

台湾、陕西、湖北、四川、云南。

日本。

（2）长序缬草 *Valeriana hardwickii* Wallich

中美联合考察队 447、1540；简焯坡、应俊生、马成功等 32313；简焯坡 30892；李洪钧 4226；王映明 5457；田代科、肖艳、李春、张成 LS-1763

永顺、桑植、施秉、印江、咸丰、鹤峰、宣恩。

广西、广东、江西、湖南、湖北、四川、贵州、云南、西藏。

不丹、尼泊尔、印度、缅甸、印度尼西亚。

（3）蜘蛛香 *Valeriana jatamansi* W. Jones

田代科、肖艳、陈岳 LS-986；肖艳、周建军 LS-074；刘林翰 1826；北京队 003418；桑植县林科所 9；朱太平、刘忠福 824；张志松、闵天禄、许介眉等 401056；西南师院生物系 2436；西师生物系 02436；黄仁煌、彭辅松 212

龙山、桑植、江口、印江、酉阳、鹤峰。

河南、陕西、湖北、湖南、四川、贵州、云南、西藏。

印度。

（4）缬草 *Valeriana officinalis* Linnaeus

李洪钧 2371；张志松、闵天禄、许介眉等 400469、402057；张志松 402057；安明态 YJ-2014-0121；晏朝超 522227140827001LY；姚杰 522227160529061LY；宿秀江、刘和兵 433125-D00110813062；田代科、肖艳、李春、张成 LS-1739；潘承魁 522222160727001LY

保靖、龙山、德江、江口、印江、宣恩。

内蒙古、河北、山西、山东、河南、陕西、甘肃、青海、安徽、浙江、江西、湖南、湖北、四川、重庆、贵州、西藏、台湾。

日本、俄罗斯、欧洲。

10. 锦带花属 Weigela Thunberg（1:1:0）

（1）半边月 *Weigela japonica* var. *sinica*（Rehder）Bailey

余雨 E-104；湘黔队 2707；张志松、党成忠等 402105；黔北队 378；简焯坡、张秀实等 30531；沈中瀚 01205；李丙贵、万绍宾 750173；

王映明 4050；李洪钧 7132；川经涪 2341

新晃、芷江、沅陵、永顺、桑植、古丈、江口、石阡、江口、梵净山、印江、松桃、酉阳、来凤、宣恩、鹤峰。

安徽、浙江、江西、福建、湖北、湖南、广东、广西、四川、贵州。

11. 六道木属 Zabelia（Rehder）Makino（1:1:0）

（1）南方六道木 *Zabelia dielsii*（Graebner）Makino

张代贵 Q223083，Q223085，Q223096；H 175；彭辅松合 785，788

石门、吉首、泸溪、永顺、鹤峰。

河北、山西、陕西、宁夏、甘肃、安徽、浙江、江西、福建、河南、湖北、湖南、四川、贵州、云南、西藏。

二百一十九、鞘柄木科 Torricelliaceae Hu（1:1）

1. 鞘柄木属 Toricellia de Candolle（1:1:0）
（1）角叶鞘柄木 *Toricellia angulata* Oliver

陕西、甘肃、湖南、湖北、四川、贵州、云南、西藏、广西。

二百二十、海桐花科 Pittosporaceae（1:16）

1. 海桐花属 Pittosporum Banks ex Gaertn.（16:16:0）

（1）短萼海桐 *Pittosporum brevicalyx*（Oliver）Gagnepain

钟补勤 700；肖简文 5938

桑植、德江、沿河。

湖北、湖南、江西、广东、广西、贵州、云南、西藏。

（2）大叶海桐 *Pittosporum daphniphylloides* var. *adaphniphylloides*（Hu & F. T. Wang）W. T. Wang

廖博儒 348，16172；北京队 003538；张代贵 087（+1），400548；安明态 95026；黔北队 0772；武陵山考察队 2005

桑植、永顺、保靖、江口、印江、松桃。

湖北、四川、贵州、湖南。

（3）突肋海桐 *Pittosporum elevaticostatum* H. T. Chang & S. Z. Yan

张志松 402471

桑植、石门、印江、咸丰。

贵州、四川、湖南、湖北。

（4）光叶海桐 *Pittosporum glabratum* Lindley

鲁道旺 522222141109058LY；中美梵净山调查队 546、1745；王岚 522223140324001 LY；西师生物系 74 级川经涪 3178；Anonymous 586；壶瓶山考察队 A224；俞、陈 16；肖育坊 40049；李恒等 2010

芷江、桑植、石门、永顺、龙山、印江、玉屏、彭水。

广东、广西、贵州、湖南。

（5）狭叶海桐 *Pittosporum glabratum* var. *neriifolium* Rehder & E. H. Wilson

简焯坡、张秀实等 32165；朱太平、刘忠福 1117；张拄才 401578；武陵山考察队 2016；酉阳队 500242-273；彭辅松 510；李洪钧 8916；李丙贵 750204；张兵、向新 090604020

新晃、芷江、凤凰、永顺、桑植、江口、印江、松桃、酉阳、鹤峰、咸丰、宣恩。

四川、云南、贵州、湖北、湖南、甘肃。

缅甸、越南。

（6）海金子 *Pittosporum illicioides* Makino

张银山 522223150503049 LY；赵佐成 88-1384；李洪钧 7550，3173；田代科、肖艳、陈岳 LS-1644；湖南队 0538

龙山、芷江、沅陵、永顺、石门、江口、玉屏、施秉、石阡、德江、沿河、松桃、碧江、黔江、酉阳、秀山、宣恩、来凤。

重庆、安徽、江苏、浙江、江西、湖南、湖北、四川、贵州、福建、台湾、广东、广西。

日本。

（7）峨眉海桐 **Pittosporum omeiense** H. T. Chang & S. Z. Yan

湘西考察队 187，757；席先银等 367；李洪钧 7055，7300，3173，3108

慈利、来凤、宣恩。

湖南、湖北、四川、贵州。

（8）全秃海桐 **Pittosporum perglabratum** H. T. Chang & S. Z. Yan

梵净山。

四川、贵州。

（9）柄果海桐 **Pittosporum podocarpum** Gagnepain

王映明 4560，4321，6592；张兵、向新 090-529021；简焯坡、张秀实等 31374；武陵山考察队 2111；谭策铭、张丽萍、易桂花、胡兵、易发彬 桑植 092；李雄、邓创发、李健玲 19061246；肖艳、莫海波、张成、刘阿梅 LS-815；田代科、肖艳、莫海波、张成 LS-2701

龙山、新晃、芷江、凤凰、永顺、桑植、印江、鹤峰、咸丰、宣恩。

广东、广西、江西、湖南、贵州、湖北。

（10）线叶柄果海桐 **Pittosporum podocarpum** var. **angustatum** Gowda

北京队 4327；张代贵 zdg9992，000866；张成 SZ20190427_0076；王映明 5688；粟林 4331-261409130870；张代贵 武陵山考察队 2096

永顺、古丈、桑植、慈利、印江、秀山、彭水、鹤峰。

四川、云南、贵州、湖北、湖南、甘肃。

缅甸、越南。

（11）厚圆果海桐 **Pittosporum rehderianum** Gowda

席先银等 395；川经凉 3086

慈利、彭水、咸丰、来凤、鹤峰。

重庆、湖南、四川、湖北、陕西、甘肃。

（12）海桐 **Pittosporum tobira**（Thunberg）W. T Aiton

谭士贤 241；西师生物系 2525；张志松、闵天禄、许介眉 400548；H.H.Chang 0711；中美贵州联合考察队 1879；李洪钧 7136；彭辅松 545；曹铁如 90259

桑植、松桃、江口、酉阳、彭水、黔江、宣恩。

重庆、贵州、云南、福建、台湾、广东、广西、香港、澳门、湖南、湖北。

（13）棱果海桐 **Pittosporum trigonocarpum** H. Léveillé

林亲众 10968，10902；植被调查队 368；梵净山队 274；张志松 401352；安明先 3114；李永康 8172；李洪钧 8608，6980；雷开东 4331271509121675

古丈、桑植、永顺、德江、印江、江口、咸丰、鹤峰。

湖南、四川、贵州、广西。

（14）崖花子 **Pittosporum truncatum** Pritzel

北京队 01331；田代科、肖艳、陈岳 LS-1273；肖艳、赵斌 LS-2486；王金敖、王雅轩 119；王金敖 234；张志松 402440；朱太平、刘忠福 2635；安明先 3369

桑植、永定、武陵源、石门、龙山、永顺、江口、印江、德江、石阡、松桃、黔江、彭水、来凤、宣恩、五峰。

重庆、湖北、湖南、四川、陕西、甘肃、云南、贵州。

（15）管花海桐 **Pittosporum tubiflorum** H. T. Chang & S. Z. Yan

谭沛祥 60957，60951；王映明 4517；张志松 400116

芷江、江口、宣恩。

四川、湖南、湖北。

（16）木果海桐 **Pittosporum xylocarpum** Hu & F. T. Wang

无采集人 35

秀山、鹤峰。

重庆、四川、贵州、湖北。

二百二十一、五加科 Araliaceae（17:40）

1. 楤木属 Aralia Linnaeus（8:8:0）

（1）食用土当归 ***Aralia cordata*** Thunberg

北京队 2323，002542；吉首大学生物资源与环境科学学院 GWJ20180712_0077；祁承经 30393；李洪钧 5264、9022、L5744

桑植、古丈、咸丰、鹤峰、宣恩。

湖北、湖南、安徽、江苏、江西、福建、台湾、广西。

日本。

（2）头序楤木 ***Aralia dasyphylla*** Miquel

李洪钧 7173；李永康 8079；贵州队 75-1462；简焯坡等 31212；张代贵 phx074；刘林翰 9824；武陵队 1122、1888；；长沙市药品检验所 3；湖南省卫生局药品检验所

保靖、新晃、芷江、凤凰、永顺、印江、松桃、江口、来凤。

安徽、浙江、江西、湖南、湖北、四川、重庆、贵州、福建、广东、广西。

（3）黄毛楤木 ***Aralia chinensis*** Linnaeus

黔北队 1368；武陵队 1456；湖南队 346；市卫校 3；中国 湖南省；张代贵 YD260027、lj0122043；麻超柏、石琳军 HY20180816_1025；向晟、藤建卓 JS20180630_0387

凤凰、泸溪、古丈、花垣、永顺、新晃、吉首、松桃。

江西、贵州、福建、广东、广西、海南、香港、湖南。

（4）棘茎楤木 ***Aralia echinocaulis*** Handel-Mazzetti

武陵山考察队 3042；夏凯 080713XK001；张代贵 zdg1407200824、080522057；莫岚 070717027；粟林 4331261407040346；宿秀江、刘和兵 433125-D00060805086；张洁 0426；雷开东 43312714-07200574

桑植、石门、永顺、保靖、古丈、石阡、梵净山、鹤峰。

四川、云南、贵州、湖南、湖北、安徽南部、浙江、江西、福建、广东、广西。

（5）楤木 ***Aralia elata***（Miquel）Seemann

武陵山考察队 964；贵州队 951，477；张代贵 0830142、070506036、080522057；张迅 522224160714068LY；雷开东 4331271407200576；李衡 522227160523006LY

新晃、凤凰、古丈、花垣、永顺、桑植、保靖、石阡、印江、松桃、沿河、德江、酉阳、咸丰、鹤峰。

重庆、云南、贵州、四川、甘肃、陕西、湖北、湖南、河南。

（6）龙眼独活 ***Aralia fargesii*** Franchet

陕西、甘肃、青海、湖北、四川、重庆。

（7）柔毛龙眼独活 ***Aralia henryi*** Harms

壶瓶山考察队 1349，01309；北京队 002603、3904；王映明 5460；肖艳、赵斌 LS-2388；李丙贵、万绍宾 750219

桑植、龙山、石门、宣恩。

陕西、安徽、甘肃、湖南、湖北、四川、重庆、贵州、云南。

（8）长刺楤木 ***Aralia spinifolia*** Merrill

浙江、江西、湖南、福建、台湾、广东、广西、香港。

2. 罗伞属 Brassaiopsis Decaisne & Planchon（1:1:0）

（1）广西罗伞 ***Brassaiopsis kwangsiensis*** G. Hoo

贵州、云南、广西。

3. 人参木属 Chengiopanax C.B.Shang & J.Y.Huang（1:1:0）

（1）人参木 ***Chengiopanax fargesii***（Franchet）C. B. Shang et J. Y. Huang

四川、重庆、湖南。

4. 树参属 Dendropanax Decaisne & Planchon（2:2:0）

（1）树参 ***Dendropanax dentiger***（Harms）Merrill

湖南省民族药办公室 212；刘仁理 1-444；廖博儒 330；廖衡松 16031；中美联合考察队 982，1346；安明态 YJ-0017；简焯坡等 31447，31108

慈利、桑植、凤凰、印江、江口、秀山。

长江流域以南各地区。

（2）海南树参 *Dendropanax hainanensis*（Merrill & Chun）Chun

李永康 8268；武陵山考察队 1199，301；中美联合考察队 14；中南队 92；黔南队 1063

永顺、江口。

贵州、湖南、广东、海南、广西、云南。

5. 五 加 属 Eleutherococcus Maximowicz （6:6:0）

（1）毛梗糙叶五加 *Eleutherococcus henryi* var. *faberi*（Harms）S. Y. Hu

陕西、安徽、浙江。

（2）藤五加 *Eleutherococcus leucorrhizus* Oliver

曹铁如 090560、090203；廖衡松 15990；溆浦林场 龙潭 -40；李洪钧 4137；钟补勤 1038；王育民 0430

石门、桑植、溆浦、江口、印江、施秉、石阡、秀山、黔江、彭水、宣恩。

甘肃、重庆、陕西、四川、贵州、湖北、湖南、广东、江西、福建、浙江、安徽。

（3）糙叶藤五加 *Eleutherococcus leucorrhizus* var. *fulvescens*（Harms & Rehder）Nakai

廖衡松 16116；林亲众 010953；植被调查队 711；聂敏祥、李启和 1308；曹铁如 90203、90447

桑植、石门、施秉、德江、酉阳、恩施、鹤峰、宣恩。

重庆、甘肃、陕西、河南、四川、云南、贵州、湖北、湖南、江西、浙江。

（4）细柱五加 *Eleutherococcus nodiflorus*（Dunn）S. Y. Hu

张迅 522224160713054LY；田代科、肖艳、陈岳 LS-1418；张慧 10087；谷忠村 0820078；廖衡松 00023，00063；蔡平成 20632；张代贵 y1109；吉首大学生物资源与环境科学学院

GWJ20170610_0214，GWJ20170610_0215

石门、溆浦、古丈、桑植、永顺、龙山、施秉、江口、印江、石阡、鹤峰。

黄河流域以南各地区。

（5）刚毛白簕 *Eleutherococcus setosus*（H. L. Li）Y. R. Ling

湖南队 415；赵云 0131

桑植、永顺、松桃。

广东、广西、云南、贵州南部、湖南、江西、福建、台湾。

（6）白簕 *Eleutherococcus trifoliatus*（Linnaeus）S. Y. Hu

刘林翰 9363；杨保民 2014；湖南队 515；张代贵 zdg1407230955；李永康 8088；中美联合考察队 701；李洪钧 4508，9301；西师生物系 03264

龙山、永顺、江口、酉阳、彭水、咸丰、来凤。

安徽、江苏、浙江、江西、湖南、湖北、四川、贵州、云南、福建、台湾、广东、广西、重庆。

6. 八角金盘属 Fatsia Decaisne & Planchon （1:1:0）

（1）八角金盘 *Fatsia japonica*（Thunberg）Decaisne & Planchon

安徽、江苏、浙江、江西、福建、云南。

7. 萸叶五加属 Gamblea C.B.Clarke（1:1:0）

（1）吴茱萸五加 *Gamblea ciliata* var. *evodiifolia*（Franchet）C. B. Shang

彭春良 86093；龙成良 120282；kushung-cln 82-169；谷忠村 0818042；中美联合考察队 684；钟补勤 911；宿秀江、刘和兵 433125D00021001013；黄 04048；黄升 DS1210

慈利、保靖、江口、宣恩、鹤峰。

秦岭以南和长江流域以南各地区，除台湾、河南外。

8. 常春藤属 Hedera Linnaeus（2:2:0）

（1）西洋常春藤 *Hedera helix* Linnaeus

北京、重庆、福建、广东、湖北、江苏、江西、四川、云南、浙江。

原产于欧洲、亚洲、非洲。

（2）常春藤 *Hedera nepalensis* var. *sinensis*（Tobler）Rehder

张银山 522222140501109LY；王映明 6572；李洪钧 9146，7442，4918；田代科、肖艳、李春、张成 LS-1932；龙成良 120365；张代贵 zdg10180；朱太平、刘忠福 1965；赵佐成 88-2070

龙山、慈利、新晃、芷江、凤凰、古丈、保靖、花垣、永顺、桑植、石门、施秉、江口、印江、秀山、咸丰、来凤、宣恩。

山东、河南、陕西、甘肃、安徽、江苏、浙江、江西、湖南、湖北、四川、贵州、云南、西藏、福建、广东、广西。

9. 幌伞枫属 Heteropanax Seemann（1:1:0）

（1）幌伞枫 *Heteropanax fragrans*（Roxburgh ex Candolle）Seemann

福建、云南、广东、广西、海南。

10. 天胡荽属 Hydrocotyle Linnaeus（6:6:0）

（1）中华天胡荽 *Hydrocotyle hookeri* subsp. *chinensis*（Dunn ex R. H. Shan & S. L. Liou）M. F. Watson & M. L. Sheh

武陵考察队 1681，788；简焯坡等 31875；陈代春、吴汉苟 0233；李洪钧 3245；张代贵 4331221607231140LY，2013071402026

芷江、新晃、永顺、古丈、凤凰、江口、宣恩。

云南、四川、湖南。

（2）红马蹄草 *Hydrocotyle nepalensis* Hooker

安明先 3411；李娅芳 522227160607001LY；旷兴 522222140506021LY；朱太平、刘忠福 2092；湘西考察队 895；肖艳、李春、张成 LS-203；张代贵 zdg1407200817；李洪钧 4877

慈利、龙山、沅陵、永顺、桑植、石门、施秉、石阡、印江、沿河、江口、德江、秀山、黔江、来凤、宣恩。

秦岭以南各地区。

印度尼西亚、马来西亚。

（3）天胡荽 *Hydrocotyle sibthorpioides* Lamarck

李衡 522227160603066LY；湘西考察队 1017，984；肖艳、付乃峰 LS-2840；田代科、肖艳、陈岳 LS-1123；李洪钧 2913，2872，7168；安明先 3559

沅陵、龙山、慈利、桑植、沿河、德江、来凤、宣恩。

长江流域以南各地区。

朝鲜、日本、东南亚至印度。

（4）破铜钱 *Hydrocotyle sibthorpioides* var. *batrachium*（Hance）Handel-Mazzett

张桂才等 403；曹亚玲、溥发鼎 2711，0029；李洪钧 5913，2913；溥发鼎、曹亚玲 2711；李佳佳 070716008；张代贵 ly195；吉首大学生物资源与环境科学学院 GWJ20170611_0418

沅陵、永顺、泸溪、古丈、沿河、彭水、宣恩。

长江流域以南大部分地区。

越南。

（5）南美天胡荽 *Hydrocotyle verticillata* Thunberg

我国引种栽培。

欧洲、北美洲、非洲。

（6）鄂西天胡荽 *Hydrocotyle wilsonii* Diels ex R. H. Shan & S. L. Liou

谭策铭、张丽萍、易发彬、胡兵、易桂花、桑植 012；李振基、吕静 1280

桑植、五峰。

湖北、重庆、湖南。

11. 刺楸属 Kalopanax Miquel（2:2:0）

（1）刺楸 *Kalopanax septemlobus*（Thunberg）Koidzumi

李洪钧 6518，8152，9498，4539；田代科、肖艳、陈岳 LS-1237，LS-1431；田儒明 522229-140912303LY

新晃、芷江、麻阳、凤凰、吉首、古丈、花垣、永顺、龙山、桑植、石门、黔江、彭水、鹤峰、咸丰、宣恩。

辽宁、河北、山东、长江流域及其以南各地区。

俄罗斯远东地区、朝鲜、日本。

（2）毛叶刺楸 *Kalopanax septemlobus* var. *magnificus*（Zabel）Handel-Mazzetti

浙江、湖北、四川、云南。

12. 大参属 Macropanax Miquel（1:1:0）

（1）短梗大参 *Macropanax rosthornii*（Harms）C. Y. Wu ex G. Hoo

武夷山考察队 611；刘林翰 9589，1935；沈中瀚 01430；田代科、肖艳、陈岳 LS-1215；林文豹 612；李洪钧 7456，7131，7469，6041

桑植、沅陵、龙山、永顺、江口、印江、咸丰、来凤、鹤峰。

甘肃、四川、贵州、湖北、湖南、江西、广东、福建。

13. 梁 王 茶 属 Metapanax J.Wen & Frodin（1:1:0）

（1）异叶梁王茶 *Metapanax davidii*（Franchet）J. Wen et Frodin

王映明 6880；李洪钧 9013；赵佐成、马建生 2867，3004；赵佐成 88-1533；李永康 8182；武陵队 1074；李雄、邓创发、李健玲 190611131；植被调查队 433

凤凰、沅陵、古丈、花垣、永顺、桑植、石门、施秉、江口、沿河、印江、酉阳、黔江、咸丰、来凤。

陕西、四川、云南、贵州、湖北、湖南。

14. 人参属 Panax Linnaeus（1:1:0）

（1）竹节参 *Panax japonicus*（T. Nees）C. A. Meyer

曹铁如 090559；植被调查队 816；祁承经 30387；谷忠村 0041-4

石门、桑植、印江、石阡、鹤峰、宣恩。

甘肃、陕西、河南、安徽、江西、浙江、福建、湖南、广西、贵州、湖北、四川、云南、西藏。

日本。

15. 鹅 掌 柴 属 Schefflera J.R.Forster & G. Forster（4:4:0）

（1）鹅掌藤 *Heptapleurum arboricola* Hayata
台湾、海南。

（2）短序鹅掌柴 *Schefflera bodinieri*（H. Leveille）Rehder

张代贵 LL131115006，qq1018；张志松 400-363；鲁道旺 522222140426028LY；张志松等 401041；中美联合考察队 2115；贵州队 016；李洪钧 7220，7459

古丈、保靖、石阡、江口、印江、松桃、来凤。

云南、贵州、四川、湖北、湖南。

（3）密脉鹅掌柴 *Schefflera elliptica*（Blume）Harms

桑植。

云南、贵州、广西、湖南。

印度、巴基斯坦、越南。

（4）穗序鹅掌柴 *Schefflera delavayi*（Franchet）Harms

田代科、肖艳、莫海波、张成 LS-2606；杨保民 2037；路端正 810907；谭策铭、张丽萍、易桂花、胡兵、易发彬 桑植 113；席先银等 438；李永康 8042；中美联合考察队 1572；西师 02003；李洪钧 2607

芷江、永顺、桑植、石门、龙山、慈利、江口、施秉、印江、酉阳、来凤、宣恩。

福建、江西、湖南、湖北、四川、贵州、广东、广西、云南。

16. 通脱木属 Tetrapanax K.Koch（1:1:0）

（1）通脱木 *Tetrapanax papyrifer*（Hooker）K. Koch

肖艳、莫海波、张成、刘阿梅 LS-716；粟林 433126141003997；刘林翰 09863；路端正 810823；俞宏渊、李恒等 1599；B.Bartholomew et al. 2379；张 迅 522224161104013LY；李衡 522227160531073LY；李洪钧 6911；鲁道旺 522222140513005LY

龙山、古丈、保靖、桑植、永顺、石阡、德江、江口、鹤峰。

17. 辐冠参属 Pseudocodon D. Y. Hong & H. Sun（1:1:0）

（1）珠子参 *Pseudocodon convolvulaceus* subsp. *forrestii*（Diels）D.Y.Hong

贵州、四川、云南。

二百二十二、伞形科 Apiaceae（24:61）

1. 羊角芹属 Aegopodium Linnaeus（2:2:0）

（1）湘桂羊角芹 *Aegopodium handelii* H. Wolff

北京队 4420；张代贵、王业清、朱小琴 2203

桑植、五峰。

贵州、湖南、广西、浙江。

（2）巴东羊角芹 *Aegopodium henryi* Diels

王映明 4635；李雄、邓创发、李健玲 19061186，19061219；北京队 2127，002548，001969

桑植、宣恩。

四川、湖南、湖北、陕西、甘肃。

2. 当归属 Angelica Linnaeus（5:5:0）

（1）重齿当归 *Angelica biserrata*（R. H. Shan & C. Q. Yuan）C. Q. Yuan & R. H. Shan

王映明 5390；李丙贵、万绍宾 750200；谭策铭、张丽萍、易发彬、胡兵、易桂花、桑植样 094；吉首大学生物资源与环境科学学院 GWJ20180712_0175；黔江队 500114-354

桑植、古丈、秀山、黔江、宣恩。

重庆、湖南、四川、湖北、江西、浙江、安徽。

（2）白芷 *Angelica dahurica*（Fischer ex Hoffmann）Bentham & J. D. Hooker ex Franchet & Savatier

谷忠村 6002

武陵源、秀山。

北京、黑龙江、吉林、辽宁、河北、河南、陕西、安徽、江苏、浙江、江西、湖南、湖北、四川、台湾。

（3）紫花前胡 *Angelica decursiva*（Miquel）Franchet & Savatier

李衡 522227160604059LY；宿秀江、刘和兵 433125D00020814005；张代贵、王业清、朱晓琴 2717，1975；酉阳队 500242-556；晏朝超 5222-27140606006LY；张迅 522224160127002LY；鲁道旺 522222141120072LY

永顺、桑植、保靖、江口、德江、石阡、秀

山、黔江、酉阳、五峰、鹤峰。

辽宁、河北、河南、安徽、江苏、浙江、江西、湖北、台湾、广东、广西。

（4）拐芹 *Angelica polymorpha* Maximowicz

张代贵、王业清、朱晓琴 2343

五峰。

北京、黑龙江、吉林、辽宁、河北、山东、陕西、安徽、江苏、浙江、湖北。

（5）当归 *Angelica sinensis*（Oliver）Diels

田儒明 522229150609935LY；张迅 5222241-60713106LY

石阡、松桃、酉阳。

贵州、重庆、陕西、甘肃、湖北、四川、云南。

3. 峨参属 Anthriscus Persoon（1:1:0）

（1）峨参 *Anthriscus sylvestris*（Linnaeus）Hoffmann

北京队 0404；张代贵 zdg1405040198、00614、ydw614；杨泽伟 522226191004010LY

永顺、永定、印江、彭水。

北京、安徽、甘肃、河北、河南、湖北、江苏、江西、辽宁、内蒙古、陕西、山西、四川、新疆、云南。

喜马拉雅山脉、朝鲜、日本、俄罗斯及东欧地区、引种至北美洲。

4. 芹属 Apium Linnaeus（1:1:0）

（1）旱芹 *Apium graveolens* Linnaeus

无采集人 0067；无采集人 727；无采集人 0094

秀山、彭水。

全国各地种植。

亚洲、欧洲、非洲、美洲。

5. 柴胡属 Bupleurum Linnaeus（4:4:0）

（1）紫花阔叶柴胡 *Bupleurum boissieuanum* H. Wolff

河南、陕西、甘肃、湖北、四川。

（2）贵州柴胡 *Bupleurum kweichowense* R. H.

Shan

简焯坡等 32079

印江。

贵州。

（3）空心柴胡 *Bupleurum longicaule* var. *franchetii* H. de Boissieu

壶瓶山考察队 1462；刘慧娟 080504003

桑植、石门。

云南、四川、湖南、湖北、陕西、甘肃。

（4）大叶柴胡 *Bupleurum longiradiatum* Turczaninow

黑龙江、吉林、辽宁、内蒙古、甘肃。

6. 积雪草属 Centella Linnaeus（1:1:0）

（1）积雪草 *Centella asiatica*（Linnaeus）Urban

鲁道旺 522222150702033LY；安明先 3448；医师 03120；李洪钧 2969，5323；王映明 6399；张代贵 00437，LC0098

芷江、永顺、泸溪、保靖、德江、江口、秀山、彭水、酉阳、来凤、宣恩、鹤峰。

陕西、安徽、江苏、浙江、江西、湖南、湖北、四川、云南、福建、台湾、广东、广西。

日本、印度、斯里兰卡、印度尼西亚、尼泊尔、巴基斯坦、伊朗、马来西亚、大洋洲、非洲中部和南部。

7. 细叶旱芹属 Cyclospermum Lagasca y Segura（1:1:0）

（1）细叶旱芹 *Cyclospermum leptophyllum*（Persoon）Sprague ex Britton & P. Wilson

薄发鼎、曹亚玲 0216；张代贵、张成 TD20180508_5785；张代贵 20150520003；罗超 522223150426002 LY

吉首、玉屏、彭水。

江苏、福建、台湾、广东、湖南、贵州、重庆。

8. 蛇床属 Cnidium Cusson（1:1:0）

（1）蛇床 *Cnidium monnieri*（Linnaeus）Cusson

湘黔队 2568，002677；蓝开敏 98-0119；安明态 SQ-0643；北京队 4316；张代贵 080-716079，080526021；粟林 4331261406040029

桑植、永顺、古丈、石阡、江口。

北京、天津、河北、山西、内蒙古、辽宁、吉林、黑龙江、上海、江苏、浙江、安徽、福建、江西、山东、河南、湖北、湖南、广东、广西、海南、重庆、四川、贵州、云南、西藏、陕西、甘肃、青海、宁夏、新疆、台湾、香港、澳门。

朝鲜、俄罗斯、越南、欧洲南部和北美洲。

9. 芫荽属 Coriandrum Linnaeus（1:1:0）

（1）芫荽 *Coriandrum sativum* Linnaeus

李洪钧 2820；薄发鼎、曹亚玲 0216；贵州队 410；雷开东 4331271405150337；宿秀江、刘和兵 433125D00160808083；刘林翰 1949

保靖、龙山、永顺、印江、黔江、秀山、酉阳、彭水、宣恩。

北京、天津、河北、山西、内蒙古、辽宁、吉林、黑龙江、上海、江苏、浙江、安徽、福建、江西、山东、河南、湖北、湖南、广东、广西、海南、重庆、四川、贵州、云南、西藏、陕西、甘肃、青海、宁夏、新疆、台湾、香港、澳门。

10. 鸭儿芹属 Cryptotaenia de Candolle（1:1:0）

（1）鸭儿芹 *Cryptotaenia japonica* Hasskarl

湘黔队 2551；刘天俊 522222140430131LY；王岚 522227160602009LY；曹亚玲、薄发鼎 0036；李洪钧 3067、4801；李雄、邓创发、李健玲 19061553；何龙 0714011；张代贵、邓涛 083033

桑植、永顺、保靖、江口、德江、黔江、彭水、宣恩、来凤。

黄河流域以南大多数地区，北至河北。

朝鲜、日本。

11. 胡萝卜属 Daucus Linnaeus（2:2:0）

（1）野胡萝卜 *Daucus carota* Linnaeus

姚红 522222140430044LY；冯小艺 C-046；安明先 3261；姚杰 522227160522066LY；肖艳、赵斌 LS-2223；张代贵 zdg06150559；宿秀江、刘和兵 433125D00020804005；赵佐成、马建生 2858；薄发鼎、曹亚玲 0061；王映明 5037

花垣、石门、龙山、永顺、保靖、江口、石阡、沿河、德江、酉阳、黔江、彭水、宣恩。

长江流域以南各地区。

欧洲及东南亚地区。

（2）胡萝卜 *Daucus carota* var. *sativa* Hoffmann

无采集人 0085；无采集人 0012；无采集人 1021；无采集人 67；无采集人 1741；无采集人 0169；无采集人 412

黔江、秀山、彭水、酉阳。

中国及世界各地广泛栽培。

12. 马蹄芹属 Dickinsia Franchet（1:1:0）

（1）马蹄芹 *Dickinsia hydrocotyloides* Franchet

李洪钧 5026，4128，5763，8302；张珂阡 0528-1，0528-2；李洪钧、喻勋林 15060527；严岳鸿 YYHTPS；李良千 106；张志松等 400658

桑植、江口、宣恩、鹤峰。

云南、四川、贵州、湖南、湖北。

13. 茴香属 Foeniculum Miller（1:1:0）

（1）茴香 *Foeniculum vulgare* Miller

张迅 522224160707083LY；宿秀江、刘和兵 433125D00030810026；赵佐成 88-1560；王映明 5769；鲁道旺 522222150720003LY；晏朝超 522227140415089LY；杨彬 080817040；简焯坡等 30154

吉首、保靖、德江、石阡、江口、印江、黔江、秀山、酉阳。

北京、天津、河北、山西、内蒙古、辽宁、吉林、黑龙江、上海、江苏、浙江、安徽、福建、江西、山东、河南、湖北、湖南、广东、广西、海南、重庆、四川、贵州、云南、西藏、陕西、甘肃、青海、宁夏、新疆、台湾、香港、澳门。

14. 独活属 Heracleum Linnaeus（6:6:0）

（1）独活 *Heracleum hemsleyanum* Diels

刘林翰 9232

桑植、酉阳、彭水、秀山。

湖北、四川、重庆、湖南。

（2）短毛独活 *Heracleum moellendorffii* Hance

西师生物系 02929

酉阳、彭水、秀山。

北京、黑龙江、吉林、辽宁、内蒙古、河北、山东、陕西、甘肃、安徽、江苏、浙江、江西、湖南、四川、云南。

（3）少管短毛独活 *Heracleum moellendorffii* var. *paucivittatum* R. H. Shan & T. S. Wang

山东。

（4）狭叶短毛独活 *Heracleum moellendorffii* var. *subbipinnatum*（Franchet）Kitagawa

北京、黑龙江、吉林、内蒙古、河北。

（5）椴叶独活 *Heracleum tiliifolium* H. Wolff

刘林翰 17554

石门。

湖南、江西。

（6）永宁独活 *Heracleum yungningense* Handel-Mazzetti

四川、云南。

15. 藁本属 Ligusticum Linnaeus（2:2:0）

（1）藁本 *Ligusticum sinense* Oliver

苟光前 98-0172；黔江队 500114-327；付善全 005；西师 02885；北京队 001254

永顺、桑植、慈利、石阡、黔江、酉阳、彭水。

黄河流域以南大多数地区。

（2）川芎 *Ligusticum sinense* Oliver 'Chuanxiong' S. H. Qiu et al.

宿秀江、刘和兵 433125D00021002007；张凯 5222291604131012LY；张代贵 zdg4331270100；西师 02954、03328；粟林 4331261409070687、4331261410020958；张迅 522224160713070LY；杨小玲 522222140512005LY

古丈、永顺、保靖、德江、江口、松桃、黔江、彭水。

四川盆地西部、长江流域以南多数地区，北至河北均有栽培。

16. 白苞芹属 Nothosmyrnium Miquel（1:1:0）

（1）川白苞芹 *Nothosmyrnium japonicum* var. *sutchuenense* H. de Boissieu

北京队 3867；简焯坡等 32068；李洪钧 9390，7038；湘黔队 002518

桑植、印江、江口、秀山、来凤、咸丰。

甘肃、广东、广西、贵州、湖北、江西、陕西、四川、湖南、云南。

17. 水芹属 Oenanthe Linnaeus（4:4:0）

（1）水芹 *Oenanthe javanica*（Blume）de Candolle

肖艳、李春、张成 LS-571；张代贵、邓涛 00155；李学根 204268；赵春静 B021；朱太平、刘忠福 1770；王爽 201905212015；李洪钧 7471，9213；粟林 4331261409070639

永顺、保靖、桑植、古丈、龙山、江口、德江、石阡、来凤、咸丰。

广泛分布于全国大多数地区。

印度、缅甸、越南、马来西亚、印度尼西亚、菲律宾。

（2）卵叶水芹 *Oenanthe javanica* subsp. *rosthornii*（Diels）F. T. Pu

赵佐成 88-1824；赵佐成、马建生 2976；张代贵、王业清、朱晓琴 2103；李洪钧 7471；王映明 6586；张代贵 080504002，ly-138；简焯坡等 30926；安明态 SQ-1083

芷江、沅陵、永顺、古丈、印江、石阡、酉阳、黔江、秀山、彭水、五峰、来凤、咸丰。

云南、四川、贵州、湖南、广西、广东。

（3）线叶水芹 *Oenanthe linearis* Wallich ex de Candolle

李雄、邓创发、李健玲 19061189；李学根 204314；唐蔚珺 080507041

桑植、吉首、黔江、酉阳。

湖北、四川、重庆、贵州、云南、西藏、台湾。

印度、印度尼西亚、老挝、缅甸、尼泊尔、越南。

（4）窄叶水芹 *Oenanthe thomsonii* C. B. Clarke subsp. *stenophylla*（H. de Boissieu）F. T. Pu

傅国勋、张志松 1278；吉首大学生物资源与环境科学学院 GWJ20180712_0086；张代贵 201007132002，ZZ100713783，ZZ140723359，090807007，4095，zdg4331270067；

古丈、永顺、永顺、恩施。

四川、重庆、湖南、湖北。

18. 香根芹属 Osmorhiza Rafinesque（1:1:0）

（1）香根芹 *Osmorhiza aristata*（Thunberg）Rydberg

张代贵、王业清、朱小琴 2036

沅陵、凤凰、黔江、五峰。

东北地区、华北地区、华中地区、西南地区。

印度、日本、朝鲜、蒙古、俄罗斯。

19. 前胡属 Peucedanum Linnaeus（6:6:0）

（1）竹节前胡 *Peucedanum dielsianum* Fedde ex Wolff

刘启新 90093；王、李 123

施秉、黔江、彭水、酉阳、恩施。

四川、贵州、湖北。

（2）南川前胡 *Peucedanum dissolutum*（Diels）H. Wolff

赵佐成、马建生 2828

黔江、酉阳、彭水。

四川、重庆。

（3）鄂西前胡 *Peucedanum henryi* Wolff

张代贵 zdg126，00559；张代贵、王业清、朱晓琴 2046；吉首大学生物资源与环境科学学院 GWJ20170610_0091

古丈、保靖、五峰。

湖南、湖北。

（4）华中前胡 *Peucedanum medicum* Dunn

田代科、肖艳、莫海波、张成 LS-2727；肖艳、李春、张成 LS-269；宿秀江、刘和兵 433125D00160808014；黔北队 2863；张迅 522-224160221009LY；谭士贤 154；李洪钧 3215、8245；鲁道旺 522222160805016LY；雷开东 4331271410041304

龙山、保靖、永顺、江口、德江、石阡、酉阳、宣恩、鹤峰。

江西、湖南、湖北、四川、重庆、贵州、广东、广西。

（5）岩前胡 *Peucedanum medicum* var. *gracile* Dunn ex R. H. Shan & M. L. Sheh

罗伦权 1962

凤凰、咸丰。

湖南、四川、重庆。

（6）前胡 *Peucedanum praeruptorum* Dunn

张延辉 1490；湘西考察队 1059；田苗林 17；李、沈 104；中美联合考察队 1695；黔北队

2853

慈利、永定、凤凰、桑植、德江、印江、西阳、秀山、彭水。

重庆、河南、甘肃、安徽、江苏、浙江、江西、湖南、湖北、四川、贵州、福建、广西。

20. 茴芹属 Pimpinella Linnaeus（4:4:0）

（1）锐叶茴芹 *Pimpinella arguta* Diels

雷开东 4331271410051394；王映明 5695；中美联合考察队 516；张代贵 ZZ141005360；张代贵、王业清、朱晓琴 2153，2330，1985

永顺、桑植、江口、五峰。

河北、河南、陕西、甘肃、湖北、四川、贵州。

（2）异叶茴芹 *Pimpinella diversifolia* de Candolle

肖艳、李春、张成 LS-338；赵佐成 88-2518；黄德富 2054；西师 03282；李洪钧 7501，6462；雷开东 4331271509121635

龙山、桑植、永顺、德江、松桃、黔江、西阳、彭水、来凤、鹤峰。

全国各地。

向西延伸至喜马拉雅山脉、印度、巴基斯坦、阿富汗、东至日本、南至东南亚。

（3）城口茴芹 *Pimpinella fargesii* H. de Boissieu

麻超柏、石琳军 HY20180822_1188，HY-20171212_0045，HY20180809_0846；宿秀江、刘和兵 433125D00150807003；张代贵 pph1161，lc0203，YD241051，4331221509081112LY；武陵队 1135；粟林 4331261409120796

保靖、泸溪、凤凰、古丈、花垣、龙山。

四川、湖南、湖北。

（4）菱叶茴芹 *Pimpinella rhomboidea* Diels

北京队 3863，002582；王映明 6620，6726；李洪钧 3534；傅国勋、张志松 1505；吉首大学生物资源与环境科学学院 GWJ20170610_0243，GWJ20170610_0242

古丈、桑植、酉阳、彭水、恩施、咸丰、宣恩。

四川、湖南、湖北、陕西、甘肃、河南。

21. 囊瓣芹属 Pternopetalum Franchet（6:6:0）

（1）囊瓣芹 *Pternopetalum davidii* Franch

壶瓶山考察队 1354；童芳 0718221；蓝开敏 98-0161；武陵山考察队 79；鲁道旺 52222-2150720005LY

石门、桑植、永顺、石阡、松桃、江口。

云南、四川、西藏、贵州、湖南、陕西。

（2）裸茎囊瓣芹 *Pternopetalum nudicaule*（H. de Boissieu）Handel-Mazzetti

蓝开敏 98-0197；武陵山考察队 339，2689；田代科、肖艳、陈岳 LS-1033；张代贵 zdg10269，GZ2016071003813；宿秀江、刘和兵 433125D00-030810050，433125D00060505019；雷开东 4331-271405060300；北京队 1399

永顺、保靖、龙山、古丈、江口、石阡。

湖南、云南、贵州、广东。

（3）川鄂囊瓣芹 *Pternopetalum rosthornii*（Diels）Handel-Mazzetti

方明渊 24401；田代科、肖艳、陈岳 LS-1031；谭策铭、张丽萍、易发彬、胡兵、易桂花 桑植 047；张成 SZ20190427_0104；张代贵、张代富 LS20170326007_0007；张代贵、王业清、朱晓琴 zdg，wyq，zxq0468

桑植、古丈、五峰、恩施。

湖北、四川、湖南。

（4）东亚囊瓣芹 *Pternopetalum tanakae*（Franchet & Savatier）Handel-Mazzetti

傅国勋、张志松 1426；李振基、吕静 1207；聂敏祥、李启和 1426

恩施、五峰。

安徽、浙江、江西、福建、湖北。

（5）膜蕨囊瓣芹 *Pternopetalum trichomanifolium*（Franchet）Handel-Mazzetti

田代科、肖艳、李春、张成 LS-2016；章伟 李永权 汪惠峰 ANUB00792；张代贵 yd00006，1405033，YD10057，00362；张志松等 400375；黔北队 01049

永定、龙山、保靖、古丈、江口、印江、彭水、酉阳。

江西、湖南、湖北、四川、贵州、云南、西藏、广东、广西、重庆。

（6）五匹青 *Pternopetalum vulgare*（Dunn）Handel-Mazzetti

北京队 2115，2284，2176；武陵山考察队 88079；北京植物所：张志松等 31116；李洪钧 4103；王程吕 HF90051

桑植、松桃、印江、彭水、秀山、宣恩、鹤峰。

云南、四川、贵州、湖南、湖北。

22. 变豆菜属 Sanicula Linnaeus（6:6:0）

（1）变豆菜 *Sanicula chinensis* Bunge

肖艳、李春、张成 LS-333；张代贵 080529013；谭策铭、张丽萍、易发彬、胡兵、易桂花 桑植 080；中美联合考察队 12；刘忠福、朱太平 2814；曹亚玲、溥发鼎 2720；赵佐成 88-1641；赵佐成、马建生 2855；李洪钧 7231，2707

龙山、古丈、桑植、江口、德江、沿河、黔江、酉阳、来凤、宣恩。

北京、天津、河北、山西、内蒙古、辽宁、吉林、黑龙江、上海、江苏、浙江、安徽、福建、江西、山东、河南、湖北、湖南、广东、广西、海南、重庆、四川、贵州、云南、西藏、陕西、甘肃、青海、宁夏、新疆、台湾、香港、澳门。

（2）天蓝变豆菜 *Sanicula caerulescens* Franchet

四川、重庆、云南。

（3）软雀花 *Sanicula elata* Buchanan-Hamilton ex D. Don

北京队 003701；武陵考察队 777；赵佐成、马建生 2855；曹亚玲、溥发鼎 0027，0102，2720；王映明 6527

新晃、桑植、沿河、酉阳、彭水、咸丰。

湖南、贵州、重庆、云南、四川、西藏、广西。

日本、越南、尼泊尔、不丹、缅甸、印度、马来西亚、印度尼西亚、菲律宾、斯里兰卡、非洲。

（4）薄片变豆菜 *Sanicula lamelligera* Hance

李培元 7465；涪陵普查队 1106；鲁道旺 522222140430133LY；张代贵 130227002，08030-8007，LL20130303035；张代贵、王业清、朱晓琴 zdg，wyq，zxq0034；肖艳、周建军 LS-032；田代科、肖艳、陈岳 LS-1077

石门、吉首、保靖、古丈、龙山、江口、酉阳、彭水、来凤、五峰。

长江流域以南大多数地区、台湾。日本。

（5）直刺变豆菜 *Sanicula orthacantha* S. Moore

沅陵、永顺、桑植、石门、松桃、鹤峰、宣恩。

陕西、甘肃、安徽、浙江、江西、湖南、四川、重庆、贵州、云南、福建、广东、广西。

（6）走茎变豆菜 *Sanicula orthacantha* var. *stolonifera* R. H. Shan & S. L. Liou

四川。

23. 窃衣属 Torilis Adanson（2:2:0）

（1）小窃衣 *Torilis japonica*（Houttuyn）de Candolle

赵佐成 88-1414；溥发鼎、曹亚玲 0176；张燕飞 D-035；安明先 3185；贵州队 91；李良千 93；张兵、向新 090514017；王映明 5611

桑植、龙山、石阡、德江、江口、黔江、彭水、酉阳、秀山、鹤峰。

北京、天津、河北、山西、辽宁、吉林、上海、江苏、浙江、安徽、福建、江西、山东、河南、湖北、湖南、广东、广西、海南、重庆、四川、贵州、云南、西藏、陕西、甘肃、青海、宁夏、新疆、台湾、香港、澳门。

欧亚大陆、南美洲、北美洲、非洲北部。

（2）窃衣 *Torilis scabra*（Thunberg）de Candolle

刘林翰 1457；植化室样品凭证标本 300；向爱平 0518038；张志松等 400903；安明先 3172；宿秀江、刘和兵 433125D000150807080；粟林 4331261404190214；张银山 522223150503017 LY；武陵山考察队 481

沅陵、保靖、古丈、桑植、龙山、永顺、江口、德江、玉屏、松桃、酉阳。

长江流域以南大多数地区。日本、引种至北美洲。

24. 牙签芹属 Visnaga Gaertner（1:1:0）

（1）牙签芹 *Visnaga daucoides* Gaertner

台湾。

欧洲、亚洲各地。